国家科学技术学术著作出版基金资助出版

磁致伸缩材料

周寿增　高学绪　编著

北　京
冶金工业出版社
2017

内 容 简 介

本书主要讨论了磁致伸缩合金的材料学原理与技术，简明论述了磁致伸缩材料的物理效应和功能特性、磁致伸缩材料的发展和种类及与当代新技术的关系，论述了磁致伸缩材料的磁学基础。在此基础上，讨论了磁致伸缩与磁弹性、磁致伸缩应变与磁弹性的关联。书中较系统地讨论了稀土铁系、铁基系（包括 Fe-Ga、Fe-Al、Fe-Co）和钴铁氧体磁致伸缩材料的相图、相结构、相转变、成分、显微结构、织构与工艺参数及性能相互依赖关系规律，其中涉及定向晶体生长块体材料、轧制薄板与丝材及粉末冶金法制造钴铁氧体磁致伸缩材料。除了 Fe-Co 合金是 20 世纪 50~60 年代研发的以外，其他的都是近 10~30 年发展起来的磁致伸缩材料。

磁致伸缩材料是磁功能材料的一类。这些磁致伸缩材料具有共性，也各有其材料学与制备技术的特性。本书适合从事磁功能材料研究的科研人员，以及材料生产与相关应用的科技人员，如适合从事超声技术、传感器技术、电声技术、声呐技术、换能器技术、驱动器技术以及机电一体化等技术的科技人员与管理人员阅读。本书也可作为大专院校材料科学与工程专业师生的教学用书。

图书在版编目（CIP）数据

磁致伸缩材料/周寿增，高学绪编著. —北京：

冶金工业出版社，2017.3

ISBN 978-7-5024-7374-7

Ⅰ.①磁…　Ⅱ.①周…　②高…　Ⅲ.①压磁材料

Ⅳ.①TM271

中国版本图书馆 CIP 数据核字（2016）第 311036 号

出 版 人　谭学余
地　　　址　北京市东城区嵩祝院北巷 39 号　邮编　100009　电话　(010)64027926
网　　　址　www.cnmip.com.cn　电子信箱　yjcbs@cnmip.com.cn
责任编辑　张　卫　夏小雪　美术编辑　彭子赫　版式设计　杨　帆　孙跃红
责任校对　石　静　责任印制　牛晓波
ISBN 978-7-5024-7374-7
冶金工业出版社出版发行；各地新华书店经销；三河市双峰印刷装订有限公司印刷
2017 年 3 月第 1 版，2017 年 3 月第 1 次印刷
169mm×239mm；29 印张；565 千字；445 页
99.00 元

冶金工业出版社　投稿电话　(010)64027932　投稿信箱　tougao@cnmip.com.cn
冶金工业出版社营销中心　电话　(010)64044283　传真　(010)64027893
冶金书店　地址　北京市东四西大街 46 号(100010)　电话　(010)65289081(兼传真)
冶金工业出版社天猫旗舰店　yjgycbs.tmall.com
（本书如有印装质量问题，本社营销中心负责退换）

前　言

磁致伸缩材料是磁功能材料（包括软磁、硬磁、磁致伸缩、磁记录、磁致冷、磁光材料等）的一种。它具有磁弹性性能与机械能（位移能、振动能、水声能、转矩、阻尼等）的相互转换功能。它可以制造出各种功能器件，包括：

（1）驱动器（actuator），如位移驱动器、扭转驱动器、旋转驱动器等。

（2）换能器（transducer），如水声（声呐）换能器、电声换能器、超声换能器等。

（3）振动器（oscillator），如振源器、减振器、反振动与反噪声器、阻尼器等。

（4）传感器（sensor），如扭矩传感器、压力传感器、位移传感器、液位传感器等。

（5）其他功能器件，如能量收集器（harvestor）、快速锁定与解锁器件等。

磁致伸缩材料制造的功能器件大多不需要传统的机械装置，可实现材-电-机一体化，其结构简单化、灵巧化、高效化、智能化及集成化。许多人认为磁致伸缩材料是智能材料的一大类。

自从 1842 年焦耳（Joule）发现铁丝具有线性磁致伸缩应变效应（焦耳效应）的近 170 年来，材料科学工作者坚持不懈地对其进行研究，磁致伸缩材料取得长足发展。磁致伸缩材料发展经历了四个阶段：

第一阶段是探索阶段，从 1842 年到 20 世纪 30 年代，经历了近百年，人们研究了物质磁致伸缩的物理本质和各种材料的磁致伸缩应变。

第二阶段是发现纯 Ni 和 FeCo 基合金磁致伸缩材料与应用的阶段，从 20 世纪的 30 年代到 60 年代，经历了 40~50 年，人们先后发现了纯 Ni 和 FeCo 基合金有较大的磁致伸缩应变，并用其来制造水声换能器、电话接收机、水听器和各种传感器。

第三阶段是稀土磁致伸缩材料的发展与应用研究阶段，从 20 世纪的 60 年代到 20 世纪末，经历了约 40 年，人们先后研究发展了 <112> 轴向取向及 <110> 轴向取向的 TbDyFe 磁致伸缩材料，并应用于制造低频大功率声呐发射换能器、水声对抗换能器、大功率超声换能器、大功率振源、反振动与反噪声器，极大地促进了相关技术的发展。但稀土磁致伸缩材料的原材料价格昂贵，材质脆，驱动磁场大，限制了它的应用。

第四阶段是人们发展 Fe-Ga 与钴铁氧体磁致伸缩材料以及探索其应用阶段，从 21 世纪初到现在经历了约 15 年。2000 年 Clark 等人首先发现 Fe-Ga 单晶体具有低场高磁致伸缩材料应变，引起了全球的关注。后来人们陆续发现 Fe-Ga 合金的原材料成本较低，具有高强度，可制造取向大块体材料、可冷（温）轧成板材或带材、可冷（温）拔成丝材，还可制成二维薄膜材料，也可制成一维纳米线材，甚至可加工成零维粉末材料。人们发展 Fe-Ga 磁致伸缩材料的同时，还发展了钴铁氧体磁致伸缩材料。钴铁氧体磁致伸缩材料有很多优点：磁致伸缩应变高，其 λ_s 已达到 $(300\sim400)\times10^{-6}$；它对磁场或对应力的敏感度高，它的电阻率高、涡流损耗小，适合在高频领域应用；化学稳定性好；制造设备简单；原材料成本低。Fe-Ga 与钴铁氧体磁致伸缩材料相辅相成，取长补短。它们的应用可以覆盖纯 Ni、FeCo、稀土磁致伸缩材料的各个领域。它将会促进驱动器、换能器、传感器与其他功能器件的跨越式发展，将促进材-电-机一体化，尤其是对现代制造与装备实现网络化与智能化的融合将起到重要的促进作用。

本书是作者在从事稀土磁致伸缩材料、Fe-Ga 磁致伸缩材料的科研实践、研究生教学培养以及总结国内外研究成果的基础上撰写而成的。本书论述了物质的磁致伸缩材料物理效应、材料的功能特性、材料的发展及在高新技术中的作用；论述了磁致伸缩的磁学基础、材料磁弹性效应的物理本质、磁弹性参数和磁致伸缩参数的相互关联；论述了稀土、Fe-Ga、钴铁氧体磁致伸缩材料的相图、相结构、相转变以及其显微结构、织构、性能与工艺之间相互关系规律；并扼要地论述了其他磁致伸缩材料。

本书的前言及第 1、2、3、5、9 章由周寿增撰写，第 4、6、7、8、10 章由高学绪撰写。全书由周寿增定稿。殷婷硕士为本书做了大量细致的工作，张茂才研究员、包小倩副研究员、李纪恒博士及王继全、牟星、袁超、李明明、刘阳阳、赵亚珑、戚青丽等博士研究生对本书的出版给予了大力支持，在此对他们表示衷心感谢。

作者特别在此衷心感谢国家科学技术学术著作出版基金对本书出版给予的大力支持与资助。

由于作者学术水平所限，加之磁致伸缩材料还在发展过程中，许多学术问题还在完善之中，书中不妥之处，恳请读者不吝赐教。

周寿增　高学绪

2016 年 6 月

于海淀学院路 30 号

目　录

1 绪 论

1.1 磁致伸缩材料的物理效应

物质在磁场中被磁化时，其线性长度（尺寸）或形状发生变化的现象称为**磁致伸缩现象**。磁致伸缩材料有多种物理效应[1,2]。

1.1.1 线性磁致伸缩效应（焦耳效应）

1842 年，焦耳（Joule）将铁丝放在磁场中磁化，观察到铁丝的长度发生变化。其变化的分数 $(\Delta l/l)_m$ 是由磁场引起的。为了和应力引起的应变 $(\Delta l/l)_\sigma$ 区别开来，用 $\lambda = (\Delta l/l)_m$ 表示**磁致伸缩应变**。λ 值随磁场的增大而增加，如图 1-1 所示。H_s 称为**饱和磁场**，λ_s 称为**线性饱和磁致伸缩应变**，也称**饱和磁致伸缩系数**，或简称**饱和磁致伸缩**（本书中用符号 "λ_s" 表示）。大部分物质的 λ_s 很小，其数量级为 $10^{-6} \sim 10^{-8}$。部分强磁性物质的 λ_s 可达 $(50 \sim 2000) \times 10^{-6}$，甚至更高，这类材料称为**磁致伸缩材料**。

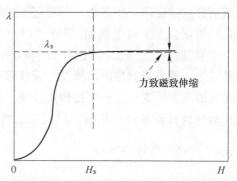

图 1-1 物质的磁致伸缩系数与磁场变化的关系

焦耳效应的物理本质是：强磁性物质在磁场作用下，内部产生畴壁位移与转动。畴壁位移与畴转均会引起原子轨道磁矩和自旋磁矩的交换耦合作用的变化，从而导致磁弹性能的变化。在磁弹性能最低的方向，相邻原子间距发生最大的位移，在宏观上表现为磁致伸缩应变。也就是说，在磁场的驱动下，物质磁畴结构的变化引起内部磁化强度（或磁通）的变化，并产生相应的线性应变。

磁致伸缩材料在磁场作用下，其畴结构发生变化，引起位移和应变，这说明**磁致伸缩材料具有将磁能转化为机械能的功能特性**。

后来的实验发现，物质磁化到饱和磁场 H_s 后，进一步增加磁化磁场，使磁化磁场远大于饱和磁场 H_s，即 $H \gg H_s$ 时（如图 1-1 所示），物质发生力致磁致伸缩效应。它是由体积磁致伸缩 $\omega = \Delta V/V$ 引起的 ω 的数值，很小，约为 10^{-10}。**体积磁致伸缩效应 ω 是由磁性原子间电子的直接交换能变化引起的**。这部分内容将在第 3 章进一步讨论。

1.1.2 维拉里效应

1865 年，维拉里（Villari）首先发现强磁性物质在应力的作用下，其磁化强度或磁通会发生变化。热力学分析证明，由应力引起的**磁感应强度 B** 对应力的变化率 $(dB/d\sigma)_H$ 与磁场引起的磁致伸缩应变对**磁场 H** 的变化 $(d\lambda/dH)_\sigma$ 是相等的。**维拉里效应的本质是：应力和磁场一样可使强磁性物质的磁畴结构发生变化。**此时若在棒状强磁体的外面缠有线圈，由于线圈内的磁通发生变化，在线圈内感应产生电动势或电流。这就说明**维拉里效应具有将机械能转变为电磁能的功能特性。**

1.1.3 魏德曼效应

1862 年，魏德曼（Weidemann）发现沿管状或棒状强磁体的轴向通电流（此电流沿管状强磁体产生一个环形磁场），再在其轴向施加一个磁场，则环形磁场与轴向磁场会发生向量叠加，并产生一个与管状强磁体的轴向呈一定角度（如 45°）的扭转磁场，从而会使管状或棒状磁体产生一个扭转应变，此效应称为**魏德曼效应。魏德曼效应的本质是：管状强磁体在扭转磁场的作用下，其磁畴结构沿扭转磁场发生变化，产生扭转式应变。这说明魏德曼效应具有将扭转磁场（磁能）转化为扭转应变（机械能）的功能特性。**

1.1.4 魏德曼效应逆效应

当给管状强磁性磁体施加一个与轴向呈一定角度的扭转力矩时，在扭转力矩的作用下，其内部的畴结构将沿扭转力矩的方向重新排列，从而沿扭转力矩的方向发生磁化强度或磁通的变化，这种现象称为**魏德曼效应的逆效应**。此时若强磁性管状磁体外缠有线圈，则线圈会产生感应电动势或感应电流。这说明**魏德曼效应的逆效应具有将扭转力矩（机械能）转化为磁能的功能特性。**

1.1.5 阻尼效应

磁致伸缩材料在磁场中磁化时，要同时发生畴壁运动以及应力与应变。无论是磁畴运动还是应力与应变的发生，它们都不会是同步的，也不会是完全可逆的。同时，应力还会改变材料的微观结构及缺陷形态，增加它们的不可逆性。因此，无论是在动态磁场还是动态应力作用下，磁致伸缩材料都会吸收能量，将这部分能量转化为热能，造成能量的损耗，这种现象称为阻尼效应。

1.1.6 ΔE 效应

强磁性磁体在不同状态下，其应力-应变曲线是不同的，如图 1-2 所示。其中曲线 1 是已经磁化到饱和的强磁体（或非强磁体）的应力-应变曲线。由于磁体已经磁化到饱和状态，应力不会引起磁畴结构的变化，也就是应力不会引起磁矩和磁通的变化，也不会产生由应力引起的磁致伸缩应变。这时应力-应变曲线是在弹性变形范围内的一条直线。

此时，其弹性模量 E 为

$$E_n = \frac{\sigma}{(\Delta l/l)_\sigma} \tag{1-1}$$

式中，$(\Delta l/l)_\sigma$ 为完全由应力引起的应变。

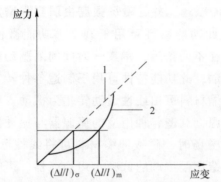

图 1-2　强磁性磁体的应力-应变曲线示意图
1—已磁化到饱和状态的强磁体应力-应变曲线；
2—未磁化的强磁体的应力-应变曲线

对于未磁化的强磁体，在应力作用下，其应变由两部分组成，一部分是由应力引起的应变 $(\Delta l/l)_\sigma$，另一部分是由应力引起磁畴结构变化，即磁化强度变化引起的应变，称为**应力感生的磁致伸缩应变** $(\Delta l/l)_m$，如图 1-2 中曲线 2，此时强磁体的弹性模量为

$$E_m = \frac{\sigma}{(\Delta l/l)_\sigma + (\Delta l/l)_m} \tag{1-2}$$

显而易见，未经磁化的强磁体的弹性模量 E_m 要比已磁化到饱和强磁体（或非强磁体）的弹性模量 E_n 小，即 $E_m < E_n$。则 $\Delta E = E_n - E_m$，称为 ΔE 效应[2]。显然，ΔE 效应是由线磁致伸缩应变引起的一种弹性反常效应。因为强磁体的矫顽力不同（即容易磁化的程度不同），所以**不同强磁体的应力-应变曲线是不同的，也就是它们的 ΔE 效应也不同。利用 ΔE 效应可以制造埃林瓦合金，也可用具有埃林瓦效应的材料来制造磁弹性延迟线**（magneto-elastic delays line）。

1.1.7　拉胀效应

随着新材料的不断出现，还将不断出现一些新物理效应。例如，21 世纪初发展起来的新型 Fe-Ga 磁致伸缩材料有很大的**拉胀效应**（auxetic effect）（详见第

3章3.4节）。

1.2　磁致伸缩材料的功能特性

磁致伸缩材料存在多种物理效应，每一种物理效应都对应着一种功能特性。这里所说的**功能特性**是指材料具有使一种能量和信息与另一种能量和信息进行相互转换的功能。

1.2.1　将电（磁）能转换为机械能的特性

当驱动磁场为直流磁场，并且磁场强度由弱到强增加时，磁致伸缩材料可实现位移而做功，此功能特性可用于制造多功能微位移驱动器、线性电机；当多个直流磁场在不同角度，按某一时间间隔驱动时，磁致伸缩材料可将线性运动转化为转动，此功能特性可用于制造各种转动马达；当驱动磁场为脉冲场时，磁致伸缩材料可由线性运动转化为振动，此功能特性可用作不同频率与功率的振动源，制造各种用途的振源器与振动器；当驱动电源为低频（$f<15\text{kHz}$）的电磁场时，磁致伸缩材料可将线性运动转化为低频振动，此功能特性可用于制造振幅可调的低频水声换能器、声呐换能器、各种宽频的振动式音响等；当驱动电源为频率大于 20kHz 的电磁场时，磁致伸缩材料可用于制造超声换能器，在超声技术方面有广阔的应用前景。

1.2.2　将机械能转化为电磁能的特性

利用此功能特性，可以用磁致伸缩材料制造多种类型的传感器，如位移传感器、水听器、反振动器、反噪声器、电子机械滤波器、磁弹性延迟线、能量收集器等，把自然界中各种形式的机械能转化为电磁能。一些利用这一功能特性的新概念性功能器件正在日新月异地发展中。

1.2.3　扭转力矩与电磁能的相互转换

利用这种效应，可以用磁致伸缩材料制造多种类型的传感器，如转矩传感器和用于密封容器或有毒物质反应罐里的液面高度和界面测量传感器等。转矩传感器，尤其是非接触式传感器在运载工具（汽车、火车、搬运机械装置）上有广泛的应用。

1.2.4　将机械能转化为热能的特性

利用此物理效应，可以用磁致伸缩材料制造各种形式的阻尼器件、反噪声器件、反振动器件等。

1.2.5 快速锁定与快速解锁机械系统

近期发展的 **Fe-Ga** 磁致伸缩材料具有很大的拉胀效应，利用此拉胀行为可实现非电机械的快速锁定与解锁机械系统，既安全又可靠（详见 3.4.3 节）。

以上论述的磁致伸缩材料的功能特性，有的已实际应用，有的还处于概念性研究和实用性研究中，另外新的概念性用途还在不断提出。新材料、新效应、新用途已呈层出不穷之势。

1.3 磁致伸缩材料的发展

1.3.1 磁致伸缩材料

自然界的所有物质都具有磁致伸缩现象。材料的饱和磁致伸缩应变 λ_s 有的是正的，有的是负的，分别表示材料在磁场中磁化时，其尺寸是伸长的和收缩的。部分物质的 λ_s 数值用现有仪器无法测量，则称其 λ_s 为零。通常，人们希望材料的磁致伸缩值 λ_s 尽量大。现在把 **λ_s 大于 $\pm 50 \times 10^{-6}$ 的材料称为磁致伸缩材料**。

1.3.2 磁致伸缩材料的发展

磁致伸缩现象是在 19 世纪 80 年代发现的。当时材料的 λ_s 还很低，约 $(20 \sim 30) \times 10^{-6}$，一直没有得到应用。直到 20 世纪 20~30 年代才发现 Ni 的 λ_s 可达到 -50×10^{-6}[2,3]，纯 Ni 是最早得到应用的磁致伸缩材料。第二次世界大战期间，美军用 Ni 来制造声呐水声换能器。此后又广泛用 Ni 片来制造电话接收机、转矩仪表、水听器（hydrophones）和振动器（oscillator）[4]。在同一时期，为了弄清楚 Ni 的磁致伸缩行为，人们开始研究 Ni 基合金，如 Fe-Ni、Ni-V、Ni-Cr、Ni-Mn、Ni-Co 等合金的磁致伸缩行为，但是 Ni 基合金的 λ_s 始终不高。

20 世纪 30~40 年代[2]，人们开始研究 Fe、Co、Fe-Ni、Fe-Co 和 Fe-Co-Ni 等合金的单晶或多晶体的磁致伸缩行为。Fe 单晶体的 λ_{100} 约为 20×10^{-6}。不同研究者报道的 Co 的 λ_s 值分散性很大，原因是 Co 的 λ_s 与样品的状态密切相关。退火多晶体 Co 的 λ_s 约为 -50×10^{-6}，然而 75Co-25Fe、65Co-35Fe、70Co-30Fe（质量分数）多晶合金，在 1.12×10^5 A/m 磁场下分别达到 114×10^{-6}、120×10^{-6}、130×10^{-6}，这在当时算是高磁致伸缩材料。但是，由于 Fe-Co 合金难加工、磁化场高，没有得到应用。到 50 年代人们对 Fe-Co 合金成分做了调整，研制出 49Co-49Fe-V（质量分数）的合金，加工性能得到改善，λ_s 可达到 70×10^{-6}。此后 Fe-Co（V）合金和 Ni 一样成为主流的磁致伸缩材料，并得到广泛应用。

从 20 世纪 50 年代开始，人们又继续研究 Fe 基二元合金的磁致伸缩性能。

Hall[5]研究了 Fe-V、Fe-Mo、Fe-Ge、Fe-Cr、Fe-Ti 和 Fe-Sn 等单晶体的 λ_{100}，发现这些合金的 λ_{100} 均为（12.1~54.8）$\times 10^{-6}$。在 1957 年和 1959 年 Hall[6,7]又先后研究了 Fe-Ni、Fe-Si、Fe-Al、Co-Ni、Fe-Co 等合金的单晶体磁致伸缩。最先发现在 Fe 中添加 Al，随着 Al 含量的提高，Fe-Al 单晶体的 λ_{100} 呈线性提高。在 Fe-19at.%Al 成分附近 $\frac{3}{2}\lambda_{100}$ 接近 140×10^{-6}，这一结果对 Fe 基磁致伸缩材料的发展起到重要的促进作用。

1961 年 Gersdorff 等[8]首先观察到将 Be 添加到 Fe 中，可以将 Fe-3.1at.%Be❶单晶体的 $\frac{3}{2}\lambda_{100}$ 提高到 55×10^{-6}，这一研究结果是十分令人鼓舞的。

上述 Fe-Al 和 Fe-Be 的发现对 Fe 基磁致伸缩合金的发展起到了奠基作用。

20 世纪 60 年代初发现了[9]稀土金属 Tb 和 Dy 在低温的磁致伸缩应变 λ_s 分别达到 8700×10^{-6}（-184℃）和 8800×10^{-6}（-53℃）。它们具有密排六方结构（hcp），且是易基面的，这一发现引起人们广泛的兴趣。

1971 年进一步发现[10]稀土铁 Laves（$REFe_2$）相化合物在室温下具有很高的 λ_s。例如 $TbFe_2$ 化合物在室温下 λ_s 达到 4000×10^{-6}。它具有 C15 型结构，其晶体结构对称性比 hcp 有所提高，磁晶各向异性常数有所降低，<111>是其易磁化方向，$\lambda_{111}>>\lambda_{100}$。$DyFe_2$ 和 $TbFe_2$ 的 λ_{111} 分别达到 1800×10^{-6} 和 3690×10^{-6}，T_c 分别为 633~638K 和 696~711K，比室温高很多，并且 $TbFe_2$ 的 K_1 是负的，$DyFe_2$ 的 K_1 是正的，但是它们的饱和磁场 $H_s \geq 2\times 10^4$ kA/m，这限制了它们的应用。

20 世纪 80 年代末，Clark 等[10]发现将 $(TbFe_2)_{1-x}(DyFe_2)_x$ 两种化合物混合，制成复合稀土化合物时，它们的磁晶各向异性常数 K_1 可以互相抵消，而它们的 λ_m 可以相互叠加。人们由此研制出 $Tb_{0.27}Dy_{0.73}Fe_2$ 稀土化合物磁致伸缩材料，其 λ_{111} 可达到 $(1600~2400)\times 10^{-6}$，而饱和磁场仅为 1.6×10^3 kA/m。这使材料达到实用化程度，该材料被命名为 Terfenol-D，此项发现给稀土磁致伸缩材料带来突破性的进展。

$Tb_{0.27}Dy_{0.73}Fe_2$ 材料虽然具有很高的 λ_{111}，但是该材料具有 $MgCu_2$ 型结构，脆性大，抗拉强度很低，几乎没有塑性变形，磁化场偏高，但稀土金属 Tb 和 Dy 价格昂贵，因此其应用受到限制。

20 世纪 90 年代末，材料工作者对磁致伸缩材料的研究又重新转向 Fe 基磁致伸缩材料。1999 年 Guruswamy 和 Clark[11]在总结过去 Fe 基磁致伸缩材料研究工作的基础上发现：在 Fe 中加入 Ga 可使其单晶体的磁致伸缩 λ_s 显著提高。在 Fe-

---

❶ 原子分数，下同。

19at.%Ga 成分附近的 Fe-Ga 单晶材料的 $\frac{3}{2}\lambda_{100}$ 可达到 $400 \times 10^{-6[12,13]}$。Fe-Ga 合金 λ_s 高，工作磁场低，$(100 \sim 200) \times 80A/m$，滞后小，居里点高，$\lambda_s$ 随温变化小，稳定性好。该合金是 α-Fe 型体心立方（bcc）固溶体，弹性模量高，强度高，且原材料成本比稀土化合物低。Fe-Ga 材料的发现，使得磁致伸缩材料的研究出现柳暗花明又一村的景象，引起了研究工作者的广泛关注和兴趣。近十几年来，人们对 Fe-Ga 合金进行了广泛的研究、试生产和试应用。

几乎是在研究与发展 Fe-Ga 磁致伸缩材料的同时，人们发展了 Co 铁氧体磁致伸缩材料。1955 年 Bozorth 等人发现了 Co 铁氧体单晶的 λ_{100} 达到 -515×10^{-6}，单晶体沿［100］方向磁场退火后，其 λ_{100} 可达到 -800×10^{-6}，1999 年非取向多晶 Co 铁氧体的 λ_p 已达到 -230×10^{-6}，2005 年 λ_p 已达到 -252×10^{-6}，2012 年 λ_p 已达到 -300×10^{-6}，2012 年非取向多晶的 λ_p 已达到 -395×10^{-6}（详见 10.1 节）。

1.4 磁致伸缩材料的种类和技术性能比较

1.4.1 磁致伸缩材料的种类

若按照**材料成分来分类**，可以分为 Ni 基材料、Fe 基材料、Fe-Ga 基材料、铁氧体材料、稀土磁致伸缩材料等。若按照**晶体状态来分**，可分为单晶材料、非取向多晶材料、取向多晶材料、非晶态材料等。若按照**材料线度来分**，可分为大块材料、冷轧薄板（带）材料、线材料、薄膜材料等。若按照**发展年代来分**，可分为传统磁致伸缩材料、新近发展磁致伸缩材料。

本书重点讨论新近发展起来的磁致伸缩材料，包括稀土磁致伸缩材料，如 <112>取向的 Tb-Dy-Fe 材料（称为 Terfenol-D）、<110>取向的 Tb-Dy-Fe 磁致伸缩材料（称为 TDT<110>）和 Fe-Ga 磁致伸缩材料为代表的 Fe 基（包括 Fe-Al，Fe-Co）以及 Co 铁氧体磁致伸缩材料等。这些**新型磁致伸缩材料**，有的被称为**巨磁致伸缩材料或超磁致伸缩材料**。

磁致伸缩材料和电致伸缩材料（或称压电陶瓷材料）**有相似的特性。磁致伸缩是在磁场**（直流或交流磁场）**作用下使材料发生应变；压电陶瓷是在电场**（静电场或交流电场）**作用下使材料发生应变**。两者都可实现能量的转换。利用这种特性可以制造电声、水声、超声换能器，各种传感器、滤波器和电抗器等，在电工、电子技术，水声技术，超声技术等领域的市场数百亿美元。

1.4.2 磁致伸缩材料的性能比较

为了便于说明新近发展起来的新稀土磁致伸缩材料和铁基磁致伸缩材料在未来高新技术中的作用和地位，作者给出了表 1-1。表 1-1 将压电陶瓷（PZT）、铁

表 1-1 磁致伸缩材料与压电陶瓷 (PZT) 材料技术性能比较

材料	材料	$\lambda_s/\times10^{-6}$	d_{33}	K_{33}	能量密度 ω/kJ·m^{-3}	工作电压与工作磁场	杨氏模量 E/GPa	声速 v/m·s^{-1}	抗拉强度 σ_b/MPa	电阻率 /Ω·cm^{-1}	居里温度 T_c/℃	相对磁导率 μ	塑性与脆性	物理效应与功能特性
压电陶瓷材料	压电陶瓷材料 PZT	100~600	0.3×10^9 m/V	0.45~0.72	0.23~1.0	124V/cm	4.6~6.0	3130	76	4.0×10^8	180~40		脆性	
磁致伸缩材料	传统铁氧体磁致伸缩材料 NiCuCo 铁氧体	28		0.25		10^{-1} kA/m	16	5500			350		脆性	
	传统磁致伸缩材料：Ni	-35~40		0.3	0.03	10^{-1} kA/m	21	4590	500		376	1100	塑性	
	FeCoV(1J 22)	60~120			0.25		35		450		980		塑性	
	新型磁致伸缩材料：Terfenol-D(112 取向)	1500~2000	38nm/A	0.7~0.72	30~50	~800kA/m	25~35(恒 H)	2750(恒 H)	28		380	9.3	脆性	
	TDT(110 取向)	1600~2000	42nm/A	0.7~0.72	30~50	~800kA/m	5~5.7(恒 B)	1720(恒 B)	28		380	8~11	脆性	
	Fe 基磁致伸缩材料：Fe$_{81.3}$Ga$_{18.7}$单晶	400~450	20 nm/A	0.6~0.70	4.6~13.0	~16kA/m <100>,	57~297	3690	580		680	85	塑性	多功能
	Fe$_{81.3}$Ga$_{18.7}$单晶	200~300	20 nm/A	0.6~0.70		<111>								
	Co 铁氧体磁致伸缩材料	300~400	2~4nm/A							10^{-8}	520			

氧体磁致伸缩材料、传统的 Ni 基和 Fe-Co 基磁致伸缩材料、稀土-Fe 磁致伸缩材料以及 Fe 基（以 Fe-Ga 为代表）磁致伸缩材料的技术性能与工艺技术性能加以比较。

表 1-1 中的 PZT 是以锆钛酸铅氧化物 $Pb(Zr_xTi_{1-x})O_3$ 为基础的陶瓷材料。它具有**电致伸缩的特性**（简称压电陶瓷材料），不同材料的电致伸缩应变为（100~600）× 10^{-6}。在 PZT 材料中，d_{33} 称为**压电系数**；在磁致伸缩材料中，也有人把 d_{33} 称为压磁系数（常数），是由 PZT 材料的说法引申到磁致伸缩材料中来。实际在磁致伸缩材料中，d_{33} **是磁致伸缩应变随磁场而变化的变化率（dλ/dH）的最大值**，即 $d_{33}=(d\lambda/dH)_{max}$。本书将 d_{33} 称为磁致伸缩应变随磁场变化率的最大值（详见 3.8.2 节），k_{33} 是**磁机电耦合系数**（详见 3.8.2 节）。ω 为磁弹性能密度，即

$$\omega = E\lambda^2/2 \tag{1-3}$$

式中，E 为弹性模量。

将表 1-1 中各种材料的 E 和 λ 代入式（1-3）可计算出它们对应的磁弹性能密度（kJ/m^3）。**电致伸缩材料（PZT）是用电压驱动的**，工作电压一般为几百到几千伏每厘米；**磁致伸缩材料是用磁场驱动的**，工作磁场一般是 800kA/m，不同材料的工作磁场不同。T_c 代表居里温度，材料的工作温度一般是（0.15~0.25）T_c。材料的 T_c 越高，工作温度越高，材料性能的温度稳定性就越好。

从表 1-1 可以看出，新近发展起来的稀土磁致伸缩材料和 Fe-Ga 磁致伸缩材料的能量密度分别是 PZT 材料和传统磁致伸缩材料的 30~60 倍和 5~10 倍。稀土磁致伸缩材料和 Fe-Ga 以及 Co 铁氧体磁致伸缩材料的 k_{33} 和 d_{33} 分别是 PZT 材料和传统磁致伸缩材料的 2~4 倍。

Fe-Ga 磁致伸缩材料具有下列特点：

（1）中高等的磁致伸缩应变和低的工作磁场。

（2）工作温度高，磁致伸缩应变随温度而变化的温度系数很小。

（3）磁致伸缩应变的滞后很小，有利于准确定位。

（4）具有较高强度，用它来制造各种器件，结实而坚固。

（5）PZT 和稀土磁致伸缩材料抗拉强度低，没有塑性，脆性大；**Fe-Ga 材料不仅强度高，而且可以通过合金化及其他技术手段来提高塑性**，然后可用传统材料的加工技术将 Fe-Ga 材料制造成棒材、线（丝）材，冷轧板（带）材，或薄膜材料，还可用传统的焊接技术与其他材料焊接在一起，**可制造任意形状的器件**。

（6）它具有 1.1 节所描述的各种物理效应和相应的功能特性。Co 铁氧体磁致伸缩材料的优点是：磁致伸缩应变 λ_p 大；（dλ/dH）$_m$ 高；电阻率是金属合金材料的 100 万倍；化学稳定性好；T_c 较高；设备制造简单；原材料成本低。Co 铁氧体与 Fe-Ga 磁致伸缩材料具有互补性，它们的应用可覆盖 Ni，Fe-Co 和稀土磁致伸缩材料的应用领域，是潜在的多功能高新技术材料。

1.5 磁致伸缩材料在新技术中的运用

磁致伸缩材料在声呐水声换能器技术、电声换能器技术、海洋探测与开发技术、微位移驱动、减振与防振、减噪与防噪系统、智能机翼、机器人、燃油喷射技术、阀门、泵、波动采油等技术领域有广泛的应用前景。

海洋占地球面积的 70%。它是人类生命的源泉,但是大多数人对海洋还缺乏了解。21 世纪是海洋世纪,人类的生活、科学实验和资源的获取将逐渐地从陆地转移到海洋。而舰艇水下移动通信,海水温度、海流、海底地形地貌的探测就需要声呐系统。声呐是一个庞大的系统,它包括声发射系统和接收系统,将声信息转换成电信息与图像以及图像识别系统等,其中声发射系统中的水声发射换能器及其材料是关键的技术之一。过去声呐的水声发射换能器主要用压电陶瓷材料 (PZT) 来制造,这种材料制造的水声换能器的频率高 (20kHz 以上),同时发射功率小、体积大、笨重。另外,随着舰艇隐身技术的发展,现代舰艇可吸收频率在 3kHz 以上的声波,起到隐身的作用。工业发达国家都正在大力发展低频 (频率为几十至 2000Hz) 大功率 (声源级 180~220dB) 的声呐用或水声对抗用发射水声换能器,并已用于装备海军。**低频可打破敌方舰艇的隐身技术,大功率可探测更远距离的目标,同时体积小、质量轻,可提高舰艇的作战能力。**低频大功率是声呐和水声对抗发射水声换能器今后的发展方向,而**制造低频大功率水声换能器的关键材料是新型磁致伸缩材料。**发展新型磁致伸缩材料对发展声呐技术、水声对抗技术、海洋开发与探测技术将起到关键性作用。目前已用新型磁致伸缩材料来制造海洋声学断层分析系统 OTA (ocean acoustic topography) 和海洋气候声学温度测量系统 ATOC (acoustic thermometry of ocean climate) 的水声发射换能器,其信号可发射到 1000km 的范围,可用于测量海水温度和作海流的分布图。

新型磁致伸缩材料在声频和超声技术方面也有广阔的应用前景,例如用该材料可制造超大功率超声换能器。过去的超声换能器主要是用压电陶瓷材料 (PZT) 来制造,它仅能制造小功率 (不大于 2.0kW) 的超声波换能器,国外已用新型磁致伸缩材料来制造出超大功率 (6~25kW) 的超声波换能器。**超大功率超声波技术可产生低功率超声技术所不能产生的新物理效应和新的用途,**如它可使废旧轮胎脱硫再生,可使农作物增产,可加速化工过程的化学反应,在污水处理、制药工业、冷轧钢板除锈处理等领域有重大的经济、社会和环保效益;用该材料制造的电声换能器可用于波动采油,能提高油井的产油量,促进石油工业的发展;用该材料制造的薄型 (平板型) 喇叭,振动力大、音质好、高保真,可使楼板、墙体、桌面、玻璃振动和发音,可作水下音乐、水下芭蕾伴舞的喇叭和防窃听装置等。

此外,用磁致伸缩材料可制造反噪声与噪声控制、反振动与振动控制系统。

将反噪声控制器安装在与引擎推进器相连接的部件内，使它与噪声传感器连接，有可能使运载工具的噪声降低到使旅客感到舒服的程度。反振动与减振器应用到运载工具，如汽车等，可使汽车振动减少到令人舒服的程度。

用新磁致伸缩材料制造的微位移驱动器，可用于机器人、自动控制、超精密机加工、红外线、电子束、激光束扫描控制、照相机快门、线性电机、智能机翼、燃油喷射技术、阀门、泵、传感器等。**有专家认为，新型磁致伸缩材料的应用可诱发一系列的新技术、新设备、新工艺。它是一种可提高国家竞争力的材料，是 21 世纪的战略性智能材料。**

参 考 文 献

［1］ 近角聪信. 磁性体手册（中译本）［M］. 北京：冶金工业出版社，1984.

［2］ Bozorth R M. Ferromagnetism ［M］. New York：D. Van Nostrand Company INC，1951.

［3］ Cullity B，Graham C. An Introduction to Magnetic Materials ［M］. Introduction to magnetic materials，Addison-Wesley，1972：45.

［4］ De Lacheisserie E D T. Magnetostriction：theory and applications of magnetoelasticity ［M］. CRC，1993.

［5］ Hall R C. Single-Crystal Magnetic Anisotropy and Magnetostrction Studies in Iron-Base Alloys ［J］. Journal of Applied Physics，1960，31（6）：1037-1038.

［6］ Hall R C. Magnetostriction of Aluminum−Iron Single Crystals in the Region of 6 to 30 Atomic Percent Aluminum ［J］. Journal of Applied Physics，1957，28（6）：707-713.

［7］ Hall R C. Single Crystal Anisotropy and Magnetostriction Constants of Several Ferromagnetic Materials Including Alloys of NiFe，SiFe，AlFe，CoNi，and CoFe ［J］. Journal of Applied Physics，1959，30（6）：816-819.

［8］ Gersdorf R. On magnetostriction of single crystals of iron and some dilute iron alloys ［D］. Universiteit van Amsterdam，1961.

［9］ Plessis P V. Magnetoelastic behavior of terbium single crystal 1，anisotropic single-iron properties ［J］. Philosophical Magazine，1968，18.

［10］ Clark A E，Hathaway K B. Physics of giant magnetostriction ［J］. Handbook of Giant Magnetostrictive Materials，2000：1-125.

［11］ Guruswamy S，Srisukhumbowornchai N，Clark A E，et al. Strong，ductile，and low-field-magnetostrictive alloys based on Fe-Ga ［J］. Scripta Materialia，2000，43（3）：239-244.

［12］ Cullen J R，Clark A E，Wun-Fogle M，et al. Magnetoelasticity of Fe-Ga and Fe-Al alloys ［J］. Journal of Magnetism & Magnetic Materials，2001，226-230：948-949.

［13］ Clark A E，Wun-Fogle M，Restorff J B，et al. Magnetostrictive Galfenol/Alfenol single crystal alloys under large compressive stresses ［C］//Proceedings of ACTUATOR 2000，Seventh International Conference on New Actuator，2000：111-115.

2 磁致伸缩材料磁学理论概要

2.1 磁致伸缩现象与磁学基础

  磁致伸缩材料是磁性材料的一种，它的物理基础是铁磁性理论。磁致伸缩应变 λ 与磁化磁场的关系有两种表述。第一种是图 1-1 所示的磁致伸缩曲线。它是 λ 随磁场的增加而增加的曲线。第二种是磁致伸缩滞后回线，如图 2-1 所示。图中"↖和↗"箭头表示 λ 随着磁场而增加的曲线。"↘和↙"表示 λ 随着磁化场降低而降低的曲线。两条曲线不重合表示材料的 λ 有滞后，其滞后程度可用相同磁场下 λ 的差值（10^{-6}）表示，也可用相同 λ、H 的差值表示。实际应用中，要求其滞后越小越好。图 2-1 所示为磁致伸缩材料的特性[1]。

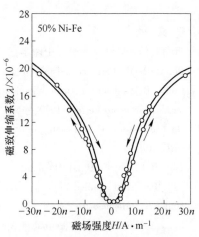

图 2-1　50Ni-Fe 软磁合金的磁致
伸缩滞后回线（$n=79.6$）

  磁致伸缩滞后回线对材料的成分、晶体织构及微结构、磁畴结构、畴壁运动难易程度都十分敏感。

  $Fe_{82.2}Ga_{16.8}$（原子比例）冷轧带材（厚度 0.26mm）在不同压力下测量的磁致伸缩滞后回线[2]如图 2-2 所示。可见，在不同压力下测量的 λ_s 是变化的，λ_s 对应的 H_s 也是变化的。λ_s 的理论极限值是 $\frac{3}{2}\lambda_{100}$ 或 $\frac{3}{2}\lambda_{111}$，而 λ_{100} 或 λ_{111} 是材料的本征常数，它与材料的电子自旋磁矩、轨道磁矩及晶场三者之间的相互耦合作用有关，也与晶体的磁晶各向异性有关；λ_s 与测量时施加的压力有关，主要原因是应力影响了材料的磁畴结构。不同压力下 H_s 也是不同的，λ-H 曲线的斜率也是不同的，这与磁畴结构及畴壁运动难易程度有关；滞后回线滞后的大小与材料的矫顽力有关。

  这些特性说明材料的磁致伸缩行为，在本质上是铁磁学基础理论问题。为了能定性地从磁学概念对磁致伸缩行为和各种参量有所理解，首先要对与磁致伸缩现象和行为相关的铁磁学基础理论概要进行介绍。

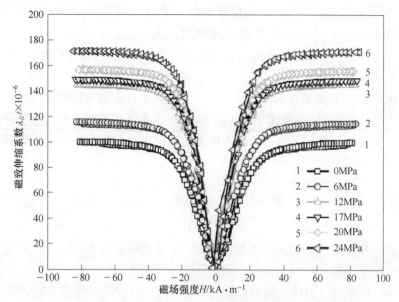

图 2-2　$Fe_{82.2}Ga_{16.8}$（原子比例）冷轧带材（厚度 0.26mm）
在不同压力下测量的磁致伸缩滞后回线

2.2　磁学量的定义与单位制

在书刊中有关磁学物理量的单位使用同时存在 CGS、MKS 和 SI 三种单位制。由于单位制的混乱妨碍国际贸易与学术交流，1960 年 11 届国际计量大会上规定采用一种适合于一切计量领域的单位制，叫做**国际单位制**，用符号"SI"表示。我国政府已经于 1977 年决定采用"SI"作为我国的法定单位制。SI 单位制是以长度单位米（m）、质量单位千克（kg）、时间单位秒（s）、电流强度单位安培（A）、热力学单位开尔文（K）、发光强度单位坎德拉（cd）和物质的量单位摩尔（mol）作为基本单位，并对单位的名称和符号做了一系列的规定。**本书磁学单位采用 SI 单位**并给出与 CGS 单位制的换算（详见附录 A）。下面介绍磁学量定义并给出其 SI 单位。

磁矩 M_m　可以从两方面来定义：一个圆电流的磁矩定义为 $M_m = i \cdot S$，式中 i 为电流强度（A），S 为圆电流回线包围的面积（m^2），磁矩 M_m 的单位是 A·m^2，M_m 的方向可以由右手定则来确定；另外，一根长度为 l 端面磁极强度为 m 的棒状磁铁的磁矩定义为 $M_m = m \cdot l$，其方向由 S 极指向 N 极，单位是 Wb·m（韦伯·米），也称为磁偶极矩。$i \cdot S$ 与 $m \cdot l$ 有相同的量纲。

磁场 H　可由永久磁铁产生，也可由电流产生。一个每米有 N 匝线圈，通以 i 电流（A）的无限长螺线管轴线中央的磁场强度为 $H = N \cdot i$，磁场 H 的单位是安·

匝/米，简写成安/米（A/m）。**磁极强度**为 m_1 的永久磁铁在距离 r 远处产生的磁场可用单位极强（$m_2 = l$）在该处受到作用力来定义，$H = F/m_2 = k \cdot m_1/r^2$。若 m_1 为正极（N 极），则 F 的方向与 H 方向相同；若 m_1 为负极（S 极），则 F 的方向与 H 方向相反。

磁化强度 M 与磁感应强度 B 一个宏观磁体由许多具有固有原子磁矩的原子组成，当原子磁矩同向平行排列时，则其对外显示的磁性最强；当原子磁矩紊乱排列时，则对外不显示磁性。单位体积磁体表现出的宏观磁性用单位**体积磁化强度 M** 表示，即

$$M = \frac{\sum\limits_{i=1}^{n} \mu_{原子}}{V} \tag{2-1}$$

式中，M 的单位为 A/m；$\mu_{原子}$ 为原子磁矩；V 为磁体的体积；n 为体积为 V 的磁体内的磁性原子数。

另外，根据式（2-1），当圆棒状磁体的长度为 l、截面积为 S 时，其磁化强度 M 定义为 $M = l \cdot m/V = l \cdot m/S \cdot l = m/S$，在数值上它等于磁极单位面积的极强。有时用物质的单位质量的磁矩来表示磁化强度，称为**质量磁化强度**，$\sigma = M/d$。式中，d 是物质的密度，kg/m^3；σ 的单位为 $A \cdot m^2/kg$，有时 σ_A 的单位也用 $A \cdot m^2/mol$。

任何物质在外磁场作用下，除了外磁场 H 外，还有本身被磁化而产生的一个附加磁场。物质内部的外磁场和附加磁场的总和，称为**磁感应强度 B**。真空中的磁感应强度与外磁场成正比。

$$B = \mu_0 H \tag{2-2}$$

式中，μ_0 为真空磁导率。在物质内部磁感应强度为

$$\left. \begin{array}{l} B = \mu_0(H + M) \\ B = \mu_0 H + \mu_0 M \\ J = \mu_0 M \end{array} \right\} \tag{2-3}$$

式（2-2）与式（2-3）中，B 的单位为 Wb/m^2，$1Wb/m^2 = 1T$；J 称为**磁极化强度**，单位为 Wb/m^2，有时也称为**内禀磁感应强度**。

磁化曲线热退磁状态的铁磁性物质的 M、J 和 B 随磁化场 H 的增加而增加的关系曲线，称为**起始磁化曲线**，简称为**磁化曲线**，如图 2-3 所示。它们分别称为 **M-H**、**J-H**、**B-H 磁化曲线**。M_s、J_s 和 B_s 分别为**饱和磁化强度**、**饱和磁极化强度**以及**饱和磁感应强度**。某些磁性材料，如软磁材料、部分磁致伸缩材料，它们的饱和磁场 H_s 很低，由式（2-3）可知

$$B = \mu_0(H_s + M_s) \approx \mu_0 M_s = J$$

磁化率和磁导率 在 *M-H* 磁化曲线上，*M* 和 *H* 的比值称为**磁化率**χ；在 *B-H* 磁化曲线上，*B* 与 *H* 的比值称为**磁导率** μ，即

$$\chi = \frac{M}{H}, \ \mu = \frac{B}{H} \qquad (2\text{-}4)$$

式中，μ 称为**绝对磁导率**。将 $B = 1\text{T}$（特斯拉），$H = 1\text{A/m}$（安培/米）代入式 (2-4)，则得到磁导率的单位是 H/m（亨利/米）。磁导率被真空磁导率来除则为

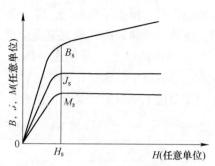

图 2-3 铁磁性物质的磁化曲线

相对磁导率 $\mu = \mu/\mu_0$。χ 和 μ 是无量纲。此外还常用质量磁化率 χ_σ 和摩尔磁化率 χ_A，它们之间的关系为

$$\left. \begin{array}{c} \chi_\sigma = \chi/d \\ \chi_A = \chi_\sigma A \end{array} \right\} \qquad (2\text{-}5)$$

式中，d 为密度，kg/m^3；A 为 1mol 物质的量。

主要磁参量及 SI 单位制与 CGS 单位的换算列于本书附录 A 中。

2.3 原子的电子结构与原子磁矩 μ_J

2.3.1 磁性的普遍性

宇宙万物，包括地球上所有的生物都有磁性，小到我们身边的桌、椅、凳、锅、碗、盆，大到整个地球及宇宙中的行星、太阳等，无一物质不具有磁性，不论它们处于什么状态（晶态、非晶态、液态与气态或等离子态），处于高温或低温，处于高压或低压，均具有磁性。所不同的是有些物质的磁性强，有些物质的磁性弱，几乎可以说，**没有磁性的物质是不存在的**。

为什么所有的物质都具有磁性？ 其原因是，在宇宙中，我们身边的任何物质，包括人体各个组成部分，都是由原子组成的，而原子是由原子核和电子组成的，而原子核和核外电子均具有磁矩，故所有物质都具有磁性。虽然原子核和核外电子均具有磁矩，但是原子核磁矩仅是电子磁矩的 1/1836.5，因此原子核磁矩主要起源于电子磁矩，原子核磁矩一般被忽略不计。

下面首先介绍原子中电子结构，然后介绍孤立原子的原子磁矩和晶体中的原子磁矩。

2.3.2 孤立原子的电子结构

在多电子的原子中，假定所有电子都处于低能状态，即物质体系处于能量最

低的稳定态。根据经典理论，电子围绕原子核做轨道运动，电子不可能在同一轨道上运动，就像人造地球卫星（全世界已有数万颗人造卫星正环绕在地球太空轨道上），不同的人造卫星轨道的高低、轨道平面是不同的。同理，围绕原子核做轨道运动的电子，也是在不同的轨道上的。电子的轨道有主壳层轨道，在同一个主壳层轨道上的电子，又分为次壳层轨道，如表 2-1 所示。

表 2-1　多电子原子中电子轨道的分布

轨 道 名 称	电子轨道编号									
主壳层电子轨道	1	2		3			4			
次壳层电子轨道	1	1	2	1	2	3	1	2	3	4
次壳层电子轨道名称	1s	2s	2p	3s	3p	3d	4s	4p	4d	4f
次壳层电子轨道可容纳的电子数/个	2	2	6	2	6	10	2	6	10	14

可见，主壳层为 1 的电子轨道上，只有一个电子轨道，称为 **1s 轨道**。在主壳层为 2 的电子轨道上，有两个次电子层轨道，分别称为 **2s 轨道**和 **2p 轨道**。在第 3 主壳层电子轨道上，有三个次电子轨道，它们分别称为 **3s**、**3p**、**3d 电子轨道**；在第 4 主壳层电子轨道上，有 4 个次电子轨道，它们分别称为 **4s**、**4p**、**4d**、**4f 电子轨道**，以此类推。

原子核外电子是如何分布在各个电子轨道上的呢？实验和理论已经证明，在最低能状态（最稳定的状态）或称基态下，每一个次电子层的电子轨道所能容纳的电子数分别是 s 轨道有 2 个电子，p 轨道有 6 个电子，d 轨道有 10 个电子，f 轨道有 14 个电子。原子核外电子占据轨道优先次序大体上是：

$$1s \rightarrow 2s \rightarrow 2p \rightarrow 3s \rightarrow 3p \rightarrow 3d \rightarrow 4s \rightarrow 4p \rightarrow 4d \rightarrow 4f \rightarrow 5s \rightarrow 5p$$

但是，实际上某种元素的原子核外电子分布不是完全遵循这一顺序的，因为有时电子占据序数较高的轨道时有更低的能量。例如氢原子，原子序数为 1，其核外有一个电子，它占据 1s 轨道。又例如 Fe 原子，原子序数为 26，其原子核外有 26 个电子，它们占据 1s 轨道，电子数为 2 个，2s 轨道的电子数为 2 个，2p 轨道的电子数为 6 个，3s 轨道的电子数为 2 个，3p 轨道的电子数为 6 个，3d 轨道的电子数为 10 个，但是实际上 3d 轨道上仅有 6 个电子，另外有 2 个电子占据了 4s 轨道。因为此时，有 2 个电子占据 4s，其能量更低，因此 Fe 原子的 3d 轨道上不满 10 个电子，而只有 6 个电子。后面会提到，**凡 3d 轨道不满 10 个电子的金属元素**，均称为 **3d 过渡族元素**，如 Co、Ni、Mn、Cr 等，见表 2-2。Be、B、Al、Si、Zn、Ga、Ge 等原子的电子壳层结构列于表 2-2。可以看出，Al 和 Si 的电子壳层结构是相同的，只是 Si 比 Al 在次电子壳层 3p 上多 1 个电子。Ga 和 Zn 电子壳层结构是相同的，它们的 3d 次电子层都填满了 10 个电子，Ge 比 Ga 在 5p 次电子壳层上多 1 个电子。

表 2-2 元素原子电子壳层结构及电子个数

主电子层		1（K）	2（L）		3（M）			4（N）				5（O）			
次电子壳层		1s	2s	2p	3s	3p	3d	4s	4p	4d	4f	5s	5p	5d	5f
元素	原子序数														
Be	4	2	2												
B	5	2	2	1											
Al	13	2	2	6	2	1									
Si	14	2	2	6	2	2									
Sc	21	2	2	6	2	6	1	2							
Ti	22	2	2	6	2	6	2	2							
V	23	2	2	6	2	6	3	2							
Cr	24	2	2	6	2	6	5	1							
Mn	25	2	2	6	2	6	5	2							
Fe	26	2	2	6	2	6	6	2							
Co	27	2	2	6	2	6	7	2							
Ni	28	2	2	6	2	6	8	2							
Cu	29	2	2	6	2	6	10	1							
Zn	30	2	2	6	2	6	10	2							
Ga	31	2	2	6	2	6	10	2	1						
Ge	32	2	2	6	2	6	10	2	2						

再例如，稀土金属元素的 Tb 和 Dy 的电子壳层结构如表 2-3 所示。金属铽（Tb）和镝（Dy）的原子序数分别为 65 和 66，它们分别有 65 和 66 个电子，它们的次电子壳层没有填满电子，如果 5d 和 5f 壳层上的电子作为价电子共有化后，仅有 4f 次电子壳层上的电子不满，因此成为 4f 金属或稀土金属，又称为 **4f 过渡族金属**。其他元素自由（基态）原子电子的分布见附录 C。

表 2-3 稀土元素 Tb 和 Dy 的电子壳层结构及电子数

主电子层		1（K）	2（L）		3（M）			4（N）				5（O）				6（P）	
次电子壳层		1s	2s	2p	3s	3p	3d	4s	4p	4d	4f	5s	5p	5d	5f	6s	6p
元素	原子序数																
Tb	65	2	2	6	2	6	10	2	6	10	8	2	6	1		2	
Dy	66	2	2	6	2	6	10	2	6	10	10	2	6			2	
填满电子程度		满	满	满	满	满	满	满	满	满	不满	满	满	不满	不满		

2.3.3 电子轨道磁矩 μ_1

设电子围绕原子核做轨道运动时（图2-4），其轨道半径为 r，电子的电量为 e，电子的质量为 m_e，电子做轨道运动的周期为 T，因此电子轨道运动相当于一个元电流，电路的电阻为零，轨道运动产生的电子轨道磁矩为 μ_1

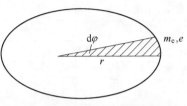

图2-4 电子轨道运动示意图

$$\mu_1 = \mu_0 S i$$

$$\mu_1 = \mu_0 S \times \frac{e}{T} \tag{2-6}$$

式中，S 为闭合回路的面积，$S = \frac{1}{2} \int_0^{2\pi} r^2 \mathrm{d}\varphi$；$i = \frac{e}{T}$，为电子轨道运动时的电流。

电子做轨道运动的电子**动量矩** P_1 为

$$P_1 = m_e \cdot v \cdot r = m_e \cdot r \frac{\mathrm{d}S}{\mathrm{d}t} = m_e \cdot r \frac{\mathrm{d}(r\varphi)}{\mathrm{d}t} = m_e \cdot r^2 \frac{\mathrm{d}\varphi}{\mathrm{d}t}$$

式中，$m_e \cdot v$ 称为**动量**，$m_e \cdot v \cdot r$ 称为**电子动量矩**，用 P_1 表示，由上式得

$$r^2 \cdot \mathrm{d}\varphi = \frac{P_1}{m_e}\mathrm{d}t$$

将此式代入上式，则得

$$S = \frac{1}{2} \int_0^{2\pi} r^2 \mathrm{d}\varphi = \frac{1}{2} \int_0^T \frac{P_1}{m_e}\mathrm{d}t = \frac{P_1}{2m_e}T \tag{2-7}$$

将式（2-7）代入式（2-6），就可以得到**电子动量矩**或**角动量** P_1 与电子轨道磁矩 μ_1 的关系，即

$$\mu_1 = \mu_0 \frac{P_1}{2m_e}T \times \frac{e}{T} = \frac{\mu_0 e}{2m_e}P_1 \tag{2-8}$$

另外，从量子力学得知，电子做轨道运动时，电子轨道的角动量为

$$P_1 = \hbar\sqrt{l(l+1)} \tag{2-9}$$

所以得电子轨道磁矩 μ_1

$$\mu_1 = \frac{\mu_0 e\hbar}{2m_e}\sqrt{l(l+1)} = \mu_B\sqrt{l(l+1)} \tag{2-10}$$

$$\mu_B = \frac{\mu_0 e\hbar}{2m_e} \tag{2-11}$$

式中，e 为电子的电量，$e = 1.602 \times 10^{-19}$C；$m_e$ 为电子质量，$m_e = 9.1093879 \times 10^{-31}$

kg；$\hbar = \dfrac{h}{2\pi}$，$h = 6.6260755 \times 10^{-34} \text{J} \cdot \text{S}$；$\mu_0$ 为真空磁导率，$\mu_0 = 4\pi \times 10^{-7} \text{H/m}$。它们都是常数，代入上式，可计算得出，$\mu_B = 1.165 \times 10^{-29} \text{Wb} \cdot \text{m}$，$\mu_B$ 称为玻尔磁子，它是电子磁矩的最小值。

另外，上式中 l 称为轨道量子数，它可能的取值为

$$l = 0, 1, 2, 3, \cdots, n-1 \quad (n \text{ 代表主电子轨道})$$

l 值数分别代表次电子轨道，即 s、p、d、f，也就是在次电子轨道上，次电子轨道的轨道量子数分别为 0(s)、1(p)、2(d) 等，代入式（2-10），可以计算出次电子轨道上运动的电子轨道磁矩，详见表 2-4。

表 2-4　次电子壳层上电子的轨道磁矩

次电子壳层	s	p	d	f
电子轨道磁矩 $\mu_1 = \mu_B \sqrt{l(l+1)}$	0	$\sqrt{2}\mu_B$	$\sqrt{6}\mu_B$	$\sqrt{12}\mu_B$

尽管次电子轨道上的电子都有轨道磁矩，但在磁场的作用下，次电子轨道发生轨道分裂：p 轨道分裂成 3 个次次级轨道，d 轨道分裂成 5 个次次级轨道，f 轨道分裂成 7 个次次级轨道，每一个次次级电子轨道，可容纳 2 个电子。如果次电子层填满了电子，则次电子层轨道磁矩在磁场方向上的投影值相互抵消，它们对原子磁矩没有贡献，所以凡是填满了电子的次电子轨道上的电子轨道磁矩在磁场方向的投影均相互抵消，因此只需计算次电子轨道不填电子的那些轨道上的轨道磁矩就可以了。这是非常重要的结论，对了解电子磁矩有非常重要的作用。

2.3.4　电子的自旋磁矩 μ_s

原子核外的电子除了做轨道运动之外，还做自旋运动。电子的**自旋运动**，是微观粒子的效应，在宏观物体中找不到一种运动与它对应。但是为了便于理解，我们可以用地球运动来比喻。地球围绕太阳做轨道运动，其绕太阳运行一周为一年，另外地球还围绕地球轴做旋转运动，每旋转一周就是一天（24h）。

理论与实践都已经证明，电子自旋也相应的有**电子自旋动量矩** $P_s = \sqrt{s(s+1)}\,\hbar$ 和相应的**电子自旋磁矩**。电子自旋磁矩是电子的自旋运动产生的。电子自旋磁矩为

$$\mu_s = 2\sqrt{s(s+1)} \cdot \mu_B$$

式中，s 为自旋量子数；μ_B 为玻尔磁子。

电子自旋磁矩在外磁场中的投影值为

$$\mu_{sH} = \pm\mu_B = \pm\frac{\mu_0 e\hbar}{2m_e} \tag{2-12}$$

前面已指出，在次电子轨道上，如果次电子轨道填满了电子，如 d 电子轨道中填满了 10 个电子，这 10 个电子分别分布在 5 个次级电子轨道上，即每个次次级电子轨道上有 2 个电子。在同一个电子轨道上的 2 个电子的自旋磁矩 μ_{sH} 按照式（2-12），在磁场中一个为"+"，一个为"–"，也就是一个顺着磁场的方向，一个逆着磁场的方向。例如，d 电子轨道，在磁场中它分裂为 5 个次级电子轨道。每一个次级轨道上有 2 个电子。次次级轨道上自旋电子磁矩在磁场中的投影分布如表 2-5 所示。说明 d 电子壳层填满了 10 个电子后，这 10 个电子自旋磁矩在磁场中的投影值的总和为零，它们相互抵消了。**在计算原子磁矩时，就可以不考虑那些填满了电子的次电子轨道中电子的自旋磁矩了。这一结果对于认识原子磁矩也是十分重要的。**

表 2-5　d 电子轨道行 5 个次次级电子轨道上电子自旋磁场方向与磁场的关系

次次级电子轨道的编号	2	1	0	-1	-2	磁场方向
每一个次次级电子轨道上两个电子自旋磁矩的方向	↑↓	↑↓	↑↓	↑↓	↑↓	↑H

2.3.5　孤立原子的原子磁矩 μ_J

原子磁矩应是电子轨道磁矩与电子自旋磁矩的总和，因此说周期表中所有元素的原子都有原子磁矩 μ_J。但是根据上面的描述，如果原子次电子轨道的每一个次级电子轨道都填满了电子，则这些元素的原子没有**净原子磁矩** μ_J，只是在磁场作用下，电子轨道运动会感生一个**附加原子磁矩**。这一附加原子磁矩的值是很小的。

2.3.6　晶体中的原子磁矩

前面讨论的是孤立的自由原子磁矩 μ_J，这些原子磁矩 μ_J 间彼此是独立的、自由的。但是在固体晶体中（在非晶体中也一样），原子处于晶体结点上。每一个处于晶体结点上的原子（或离子）都处于近邻原子（或离子）的核电场和电子的静电场中，**这种晶体内的电场称为晶场。这种晶场相当于一个等效磁场。**

2.3.6.1　3d 过渡族金属晶体的原子磁矩

Fe、Co、Ni 3d 过渡族金属的电子结构如表 2-6 所示。当 Fe、Co 和 Ni 为 2 价离子，4s 轨道的 2 个电子变成公有化的自由电子时，那么 Fe^{2+}、Co^{2+}、Ni^{2+} 的 3d 电子成为最外层，直接暴露在晶场中。3d 电子的轨道磁矩受到晶场的作用，它们被晶格场固定，再也不能随外场转动。也就是说，**在晶场的作用下 3d 电子的轨道磁矩对晶体中的原子磁矩没有贡献**，这种现象称为原子轨道磁矩"**冻结**"，此时，对晶体中原子磁矩 μ_J 有贡献的仅是 3d 电子自旋磁矩，这样 Fe、Co、Ni 等 3d 过渡族金属在晶体中的原子磁矩的实验值比理论值要小很多。

表 2-6 Fe、Co、Ni 原子的磁矩 μ_J

金属	原子序数	1s	2s	2p	3s	3p	3d	4s	原子磁矩 μ_J/μ_B	
									理论值	实验值
Fe	26	2	2	6	2	6	6	2	6.7	2.221
Co	27	2	2	6	2	6	7	2	6.4	1.716
Ni	28	2	2	6	2	6	8	2	5.58	0.606

2.3.6.2 稀土金属晶体中的原子磁矩

周期表中从原子序数为 57 的镧（La）到 71 的镥（Lu），共 15 个元素，称为稀土金属元素。这些稀土金属元素的电子结构如表 2-7 所示。另外，周期表第 $\mathrm{III_B}$ 族的元素钪（Sc）和钇（Y）的电子结构与稀土金属的电子结构相似。因此，**这 17 个元素统称为稀土金属元素**。当稀土金属在金属晶体中成为 3 价离子时，也只有 6s 的 2 个电子或 5d 或 5p 的 1 个电子成为公有化的自由电子时，4f 次轨道的电子的外层还有 5s 和 5p 电子壳层，也就是说，3 价稀土金属离子，4f 轨道或壳层的电子外还有 5s 和 5p 电子屏蔽，使 4f 电子不直接暴露在晶体的晶场中。因此，4f 次电子轨道或壳层的电子轨道磁矩 μ_l 和自旋磁矩 μ_s，都对稀土金属晶体的原子磁矩有贡献，而没有轨道磁矩冻结的现象。表 2-7 列出的是稀土金属 3 价离子磁矩的实验值，它们的实验值与理论值符合很好。

表 2-7 稀土金属原子磁矩 μ_J

稀土金属元素	原子序数	电子壳层中电子的排列															原子磁矩 μ_J/μ_B
		1s	2s	2p	3s	3p	3d	4s	4p	4d	4f	5s	5p	5d	5f	6s	
镧（La）	57	2	2	6	2	6	10	2	6	10		2	6	1		2	0
铈（Ce）	58	2	2	6	2	6	10	2	6	10	1	2	6	1		2	2.51
镨（Pr）	59	2	2	6	2	6	10	2	6	10	3	2	6			2	3.56
钕（Nd）	60	2	2	6	2	6	10	2	6	10	4	2	6			2	3.3/3.71
钷（Pm）	61	2	2	6	2	6	10	2	6	10	5	2	6			2	
钐（Sm）	62	2	2	6	2	6	10	2	6	10	6	2	6			2	1.7
铕（Eu）	63	2	2	6	2	6	10	2	6	10	7	2	6			2	3.4
钆（Gd）	64	2	2	6	2	6	10	2	6	10	7	2	6	1		2	7.98
铽（Tb）	65	2	2	6	2	6	10	2	6	10	9	2	6			2	9.77
镝（Dy）	66	2	2	6	2	6	10	2	6	10	10	2	6			2	10.63
钬（Ho）	67	2	2	6	2	6	10	2	6	10	11	2	6			2	10.60
铒（Er）	68	2	2	6	2	6	10	2	6	10	12	2	6			2	9.5

稀土金属元素	原子序数	电子壳层中电子的排列														原子磁矩 μ_J/μ_B
		1s	2s	2p	3s	3p	3d	4s	4p	4d	4f	5s	5p	5d	5f	6s	
铥(Tm)	69	2	2	6	2	6	10	2	6	10	13	2	6			2	7.61
镱(Yb)	70	2	2	6	2	6	10	2	6	10	14	2	6			2	4.5
镥(Lu)	71	2	2	6	2	6	10	2	6	10	14	2	6	1		2	—

2.4　自发磁化理论要点

前面已经指出，3d 铁磁金属和多数铁磁性稀土金属的原子都有固有的原子磁矩，每一个原子都相当一个元磁铁。理论与实践均已证明，在居里温度下，在没有外磁场的作用下，铁磁体内部分成若干个小区域，每一个小区域内的原子磁矩已同向平行排列，即已自发磁化到饱和，**这些原子磁矩彼此同向平行排列的小区域，称为磁畴**[2~4]。为什么在磁畴内部原子磁矩已自发地彼此平行排列而磁化到饱和呢？这种自发磁化的起因，在 3d 金属、4f 金属和 R-TM 化合物中是不同的，下面做简要的介绍（铁氧体材料的自发磁化放第 9 章讨论）。

2.4.1　3d 金属与合金的自发磁化与磁有序

在 3d 金属（如铁、钴、镍）中，当 3d 电子云重叠时，相邻原子的 3d 电子存在交换作用，它们以 $10^8/s$ 的频率交换位置。相邻原子 3d 电子的**交换作用能** E_{ex} 与两个电子自旋磁矩的取向（夹角）有关，可以表示为

$$E_{ex} = - 2A\sigma_i\sigma_j \tag{2-13}$$

式中，σ 表示以**普朗克常数**（$\hbar = \dfrac{h}{2\pi}$）为单位的**电子自旋角动量**。若用经典矢量模型来近似并且 $\sigma_i = \sigma_j$ 时，上式可以写成

$$E_{ex} = - 2A\sigma^2\cos\phi \tag{2-14}$$

式中，ϕ 为相邻原子 3d 电子自旋磁矩的夹角；A 为交换积分常数。

在平衡状态，相邻原子 3d 电子磁矩的夹角值应该遵循**能量最小原理**。当 $A>0$ 时，为使交换作用能最小，则相邻原子 3d 电子的自旋磁矩夹角为零，即彼此同向平行排列，或称**铁磁性耦合**，即**自发磁化**，出现**铁磁性**磁有序，如图 2-5b 所示；当 $A<0$ 时，为使交换作用能最小，相邻原子 3d 电子自旋磁矩夹角 $\phi = 180°$，即相邻原子 3d 电子自旋磁矩反向平行排列，称为**反铁磁性耦合**，出现**反铁磁性**磁有序，如图 2-5c 所示；当 $A=0$ 时，相邻原子 3d 电子自旋磁矩间彼此不存在交换作用，或者说交换作用十分微弱。在这种情况下，由于热运动的影响，原子自旋磁矩混乱取向，变成磁无序，即**顺磁性**，如图 2-5a 所示。

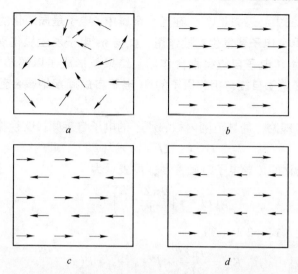

图 2-5 晶体中或磁畴内部原子磁矩的排列

a—顺磁性；*b*—铁磁性；*c*—反铁磁性；*d*—亚铁磁性（详见第 9 章内容）

交换积分常数 A 的绝对值的大小及其正负与相邻原子间距离 a 与 3d 电子云半径 r_{3d} 的比值关系如图 2-6 所示。可见，在室温以上 Fe、Co、Ni 和 Gd 等的交换积分常数 A 是正的，是铁磁性的。反铁磁性的交换积分常数 A 为负，顺磁性物质的交换积分常数 A 接近零。

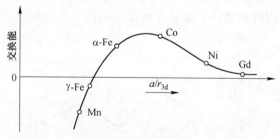

图 2-6 3d 金属的交换积分常数 A 与 a/r_{3d} 的关系

2.4.2 稀土金属的自发磁化与磁有序

部分稀土金属元素在低温下要转变为铁磁性。在稀土金属中，对磁性有贡献的是 4f 电子。4f 电子是局域化的，它的半径仅为 $(0.6 \sim 0.8) \times 10^{-1}$ nm，外层还有 5s 和 5p 电子层对 4f 电子起屏蔽作用，相邻的 4f 电子云不可能重叠。即它们不可能像 3d 金属那样存在直接交换作用。那么稀土金属为什么会转变成铁磁性的呢？为了解释这种铁磁性的起因，茹德曼（Ruderman）、基特尔（Kittel）、胜谷（Kasuya）、良田（Yosida）等人先后提出，并逐渐完善了间接交换作用，**称为 RKKY 理论**。这一理论很好地解释了稀土金属和稀土化合物的自发磁化。

RKKY 理论的中心思想是[5]，在稀土金属中 f 电子是局域化的，6s 电子是巡游电子，f 电子和 s 电子要发生交换作用，使得 6s 电子发生极化现象。而极化了的 6s 电子自旋对 4f 电子自旋有耦合作用，结果就形成了以巡游的 6s 电子为媒介，使磁性的 4f 电子自旋与相邻原子的 4f 电子自旋间接地耦合起来，从而产生自发磁化。

根据 RKKY 理论，局域范围内相邻原子的电子自旋间接交换作用能为

$$E_{ex} = -2\Gamma \cdot \rho(r) \cdot s_i \tag{2-15}$$

式中，$\rho(r)$ 为极化的传导电子自旋密度，可表示为

$$\rho(r) = -\left(\frac{9\pi Z^2 \Gamma S}{4E_F}\right) F(x) \tag{2-16}$$

将式（2-16）代入式（2-15）得

$$E_{ex} = \frac{9\pi Z^2}{2E_F} \cdot \Gamma \cdot s_i \cdot s_j \cdot F(x) \tag{2-17}$$

式中，Z 为每一个原子的传导电子数；$E_F = K^2 h^2 / 2m$，为自由电子的费米能；$F(x) = x^{-4}(x\cos x - \sin x)$，$x = 2K_F \cdot r_{ij}$，$K_F$ 为费米球的半径；$F(x)$ 为 RKKY 函数；r_{ij} 为 j 原子到磁性原子 i 的距离；s 为中性原子的自旋量子数；Γ 为有效交换积分常数，它常常是负的。可见，在局域范围内，相邻原子的电子自旋间接交换作用能是一个周期性的函数，并随着给定的原子的距离 r_{ij} 阻尼衰减，见图 2-7。但是它的符号和极化自由电子自旋的密度的符号相反［由式（2-16）和式（2-17）的对比可以看出］，因此相邻原子自旋方向是相同的，从而使稀土金属元素实现自发磁化。

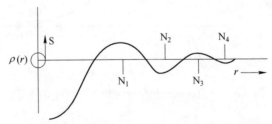

图 2-7　$T < T_c$ 时，极化的自由电子自旋密度与到磁性原子距离 r 的关系

由于在局域区域内相邻原子自旋交换作用随着原子距离 r_{ij} 做周期变化，因而稀土金属原子磁矩的有序化呈现多样性和周期性的变化。图 2-8 所示为稀土金属原子磁矩排列的多种螺磁性。所谓螺磁性是指相邻原子磁矩呈非共线的螺磁排列。这种螺磁性共有如下几种：轴型反向畴亚铁磁性（图 2-8a）、轴型调制反铁磁性（图 2-8b）、锥形螺旋磁反铁磁性（图 2-8c）；锥形螺旋磁铁磁性（图 2-8d）、面型螺旋磁反铁磁性（图 2-8e）、面型简单（共线）铁磁性（图 2-8f）、轴型简单（共线）铁磁性（图 2-8g）等。

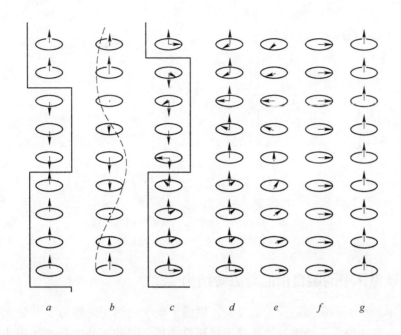

a   b   c   d   e   f   g

图 2-8 稀土金属中的各种螺旋磁性示意图[6]

2.4.3 稀土金属间化合物的自发磁化

稀土金属 (R) 与 3d 过渡族金属 (M) 形成一系列化合物[7]。其中富 3d 过渡族金属间化合物如 RM_2、RM_5、R_2M_{17}、$R_2M_{14}B$、$R(Fe,M)_{12}$ 等已经成为重要的磁功能材料。这类化合物的晶体结构都是由 $CaCu_5$ 型六方结构派生而来的，其中 RM_5，如 $SmCo_5$ 的结构与 $CaCu_5$ 型结构相同。在这类化合物中，R-R 以及 R-M 原子间距都较远。不论是 4f 电子云间，还是 3d～4f 电子云间都不可能重叠，4f 电子云间不可能有直接交换作用，它也是以传导电子为媒介而产生的间接交换作用，从而使 3d 与 4f 电子磁矩耦合起来的。在稀土金属化合物中，传导电子的媒介作用，使得 3d 金属的自旋磁矩与 4f 金属的自旋磁矩总是反平行排列的。根据洪德 (Hund) 法则可知，轻稀土化合物中 3d 与 4f 电子轨道磁矩是铁磁性耦合的；而重稀土化合物中，3d 与 4f 电子轨道磁矩是亚铁磁性耦合的，如图 2-9 所示。图中 μ_S^{3d} 代表 3d 电子自旋磁矩，μ_S^{4f} 代表稀土金属 4f 电子自旋磁矩，μ_L^{4f} 代表稀土金属 4f 电子轨道磁矩，μ_J^{4f} 代表稀土金属原子磁矩。可见，在轻稀土化合物中，3d 电子自旋磁矩 μ_S^{3d} 与稀土金属原子磁矩 μ_J^{4f} 是同向平行排列的，即铁磁性耦合。而在重稀土化合物中，3d 电子自旋磁矩 μ_S^{3d} 与稀土金属原子磁矩 μ_J^{4f} 是反平行排列的，属于亚铁磁性耦合。

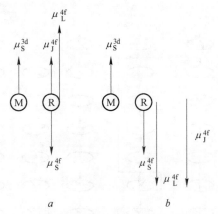

图 2-9　稀土化合物中原子磁矩的耦合方式

a—轻稀土化合物；*b*—重稀土化合物

2.5　铁磁体中的磁自由能与磁畴结构

原子的次电子层（s、p、d、f…）填满了电子的原子磁矩为零，是无净磁矩原子，**具有这种原子特性的物质属于抗磁性物质**；除此之外的其他物质的原子均有净原子磁矩。尽管组成物质的原子都有原子磁矩，但是不同物质的磁性相差很大。**按物质磁性的不同，可将物质的磁性分为弱磁性和强磁性两大类**。其中，包括抗磁性、顺磁性、反铁磁性、铁磁性和亚铁磁性[8~10]。图 2-10 所示为周期表

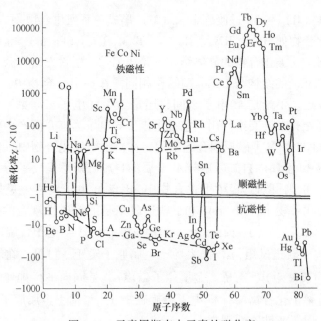

图 2-10　元素周期表中元素的磁化率

中各元素的磁化率和它们的磁性分类。表 2-8 列出上述 5 种磁性的异同点。前 3 种属于弱磁性,后两者属于强磁性。**强磁性物质的最大特点是很容易磁化到饱和**,原因是强磁性物质中有若干项磁自由能以及由磁自由能所决定的磁畴结构。一般所说的**无磁材料属于弱磁性材料**,而所有的**磁性材料都属于强磁性材料**。为便于了解磁性材料的性能,下面将简单叙述强磁性物质中的磁自由能和它们决定的磁畴结构。

表 2-8 不同磁性物质磁性的异同点

磁特性	抗磁性	顺磁性	反铁磁性	铁磁性	亚铁磁性
原子磁矩 μ_J	$\mu_J = 0$	$\mu_J \neq 0$	$\mu_J \neq 0$	$\mu_J \neq 0$	$\mu_J \neq 0$
磁化率 χ	$-(10^{-5} \sim 10^{-6})$	$+(10^{-4} \sim 10^{-5})$	$+(10^{-2} \sim 10^{-4})$	$+(10^2 \sim 10^6)$	$+(10^2 \sim 10^6)$
交换积分常数 A	0	约 0	负	正	负
磁化曲线	线性	线性	线性	非线性	非线性
饱和磁化场 $H_s / \text{A} \cdot \text{m}^{-1}$	无限大	$>10^{10}$	$>10^{10}$	$10^2 \sim 10^5$	$10^2 \sim 10^5$
磁性强弱	弱	弱	弱	强	强

强磁性物质中存在**交换作用能、静磁能、磁晶各向异性能、退磁场能和磁弹性能**等。交换作用能在前面已介绍,它属于近邻原子间静电相互作用,是各向同性的,它比其他各项磁自由能大 $10^2 \sim 10^4$ 数量级,它使强磁性物质相邻原子磁矩有序排列,即**自发磁化**。其他各项磁自由能不改变其自发磁化的本质,而仅能改变其磁畴结构。

2.5.1 静磁能 E_H

强磁性物质的磁化强度与外磁场的相互作用能,称为静磁能 E_H。磁化强度为 M 的磁体,在外磁场 H 的作用下,有一个力矩 L 作用在磁体上,它力图使磁体 M 的方向与 H 的方向一致,此时 $L = \mu_0 MH$。因此,磁体在静磁场中使 M 与 H 呈 θ 角的能量在数值上应和反抗力矩 L 所做的功相等,即

$$E_H = \int L \cdot \mathrm{d}\theta = \int \mu_0 MH \sin\theta \mathrm{d}\theta = -\mu_0 MH\cos\theta + C$$

$$E_H = -JH\cos\theta + C$$

设 $\theta = 90°$ 时, $E_H = 0$,则静磁能 E_H 可表达为

$$E_H = -JH\cos\theta = -JH \tag{2-18}$$

式中, E_H 的单位为 J/m^3。

2.5.2 磁晶各向异性能 E_K

单晶体的磁性各向异性称为磁晶各向异性。例如 Fe 的单晶体的 [100]、

[110] 和 [111] 晶向的磁化曲线是不同的，见图 2-11a。沿磁化曲线与 J 轴包围的面积（相当于图 2-11 影线面积）是外次场对铁磁体所做的磁化功，即 $W = \int_0^{J_s} H \mathrm{d}J$。磁化功小的晶体方向称为易磁化方向；磁化功大的方向称为难磁化方向。Fe、Ni、Co 的易磁化方向和难磁化方向分别为 <100>、<111>、<0001> 和 <111>、<100>，基面上任何一方向如 [10$\bar{1}$0] 和 [11$\bar{2}$0] 等。沿立方晶体的 <u，v，w> 方向与 <100> 方向磁化功的差值 $E_K = W_{<u,v,w>} - W_{<100>}$ 称为磁晶各向异性能。磁晶各向异性能 E_K 是磁化强度 M 方向（即磁化方向）的函数。立方晶体的磁晶各向异性能 E_K 可表示为

$$E_K = K_0 + K_1(\alpha_1^2\alpha_2^2 + \alpha_2^2\alpha_3^2 + \alpha_3^2\alpha_1^2) + K_2(\alpha_1^2\alpha_2^2\alpha_3^2) + \cdots \qquad (2\text{-}19)$$

当沿 [100] 方向磁化时，$\alpha_1 = \cos 0 = 1$，$\alpha_2 = \alpha_3 = \cos 90° = 0$，代入上式得 $E_{K<100>} = K_0$，K_0 是沿 <100> 方向磁化所做的磁化功 W_{100}，W_{100} 与 M_s 方向无关，在讨论到磁晶各向异性时，往往把 K_0 忽略不计，因此磁晶各向异性可表达为

$$E_K = K_1(\alpha_1^2\alpha_2^2 + \alpha_2^2\alpha_3^2 + \alpha_3^2\alpha_1^2) + K_2(\alpha_1^2\alpha_2^2\alpha_3^2) \qquad (2\text{-}20)$$

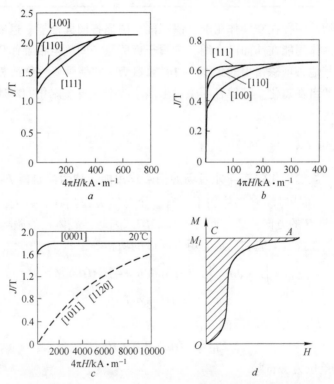

图 2-11 Fe、Ni、Co 单晶在不同晶轴方向的磁化曲线

a—Fe；b—Ni；c—Co；d—磁化功

当沿<110>磁化时，$\alpha_1 = \alpha_2 = \cos 45° = \dfrac{1}{\sqrt{2}}$，代入式（2-19）得

$$W_{110} = W_{100} + \frac{1}{4}K_1 \quad \text{或} \quad W_{110} - W_{100} = \frac{1}{4}K_1 \tag{2-21}$$

则 $K_1 = 4(W_{110} - W_{100})$。

可见，K_1 是<110>方向磁化功与<100>方向磁化功的差值的 4 倍，它最能说明磁晶各向异性能的大小，通常用 K_1 表示磁晶各向异性常数就可以了。所以，式（2-19）可简化为

$$E_K = K_1(\alpha_1^2\alpha_2^2 + \alpha_2^2\alpha_3^2 + \alpha_3^2\alpha_1^2) \tag{2-22}$$

当沿<111>方向磁化时，$\alpha_1 = \alpha_2 = \alpha_3 = \dfrac{1}{\sqrt{3}}$ 代入式（2-19）得

$$W_{111} = K_0 + \frac{1}{3}K_1 + \frac{1}{27}K_2 = W_{100} + \frac{1}{3}K_1 + \frac{1}{27}K_2$$

或

$$W_{111} - W_{100} = \frac{K_1}{3} + \frac{K_2}{27} \tag{2-23}$$

当 $W_{111} = W_{110}$ 时，则 $\dfrac{K_1}{4} = \dfrac{K_1}{3} + \dfrac{K_2}{27}$，最后可得：

$$K_2 = -\frac{9}{4}K_1 \tag{2-24}$$

金属 Co、$\beta\text{-}Fe_3Ga$（DO_{19}）和钡铁氧体（$BaO \cdot 6Fe_2O_3$）都属于六方晶体，且<0001>晶向是易磁化轴，基面是难磁化面，这种只有一个易磁化轴的晶体称为单轴晶体。单轴晶体的磁晶各向异性能 E_K 可表示为

$$E_K = K_1\sin^2\theta + K_2\sin^4\theta \tag{2-25}$$

式中，θ 为磁化强度 M_s 与 [0001] 轴的夹角。

事实上，具有最低能量 E_K 的方向为易磁化方向。对式（2-19）取一次微分，并令 $dE_K/d\theta = 0$，就可以求出其磁化方向。由式（2-25）可得

$$\frac{dE_K}{d\theta} = 2\sin\theta\cos\theta(K_1 + 2K_2\sin^2\theta)$$

令 $dE_K/d\theta = 0$，可求出三个解，即：

（1）$\sin\theta_1 = 0$，$\theta_1 = 0$。此时，$K_1 > 0$，$K_2 < -K_1$，沿 [0001] 轴，即 c 轴具有最低能量，c 轴为易磁化轴，基面是难磁化面。

（2）$\cos\theta_2 = 0$，$\theta_2 = \pi/2$。$K_1 < 0$，$K_2 < \dfrac{1}{2}|K_1|$，或者 $K_1 > 0$，$K_2 < -K_1$，c 轴为难磁化轴，基面是易磁化面。

（3）$K_1 + 2K_2\sin^2\theta_3 = 0$，$\theta_3 = \sin^{-1}(K_1/2K_2)^2$。此时 $K_1 < 0$，$K_1 + 2K_2 > 0$。它

是属于易锥面，锥面角为 θ。当材料的 K_1 和 K_2 随温度或成分变化时，其易磁化方向可以随之变化，这种现象称为自旋再取向。表 2-9 列出了几种典型磁性合金在室温时的磁晶各向异性常数 K_1 和 K_2。

表 2-9 几种磁性材料在室温的磁晶各向异性常数

材　料	结　构	$K_1/\text{J} \cdot \text{m}^{-3}$	$K_2/\text{J} \cdot \text{m}^{-3}$
Fe	立方	48.1×10^{-3}	12×10^3
Ni	立方	-5.48×10^3	-2.47×10^3
50%Ni-Fe（有序）	立方	0.5×10^3	-0.2×10^3
3.2%Si-Fe	立方	35×10^3	
Co	六方	412×10^3	143×10^3
MnBi	六方	910×10^3	260×10^3
$SmCo_5$	六方	15500×10^3	
Sm_2Co_{17}	六方	3300×10^3	
$Nd_2Fe_{14}B$	四角	5700×10^3	
$CoFe_2O_4$	尖晶石型结构（立方）	380×10^3	—

多晶体材料在凝固、热处理和加工形变过程中常常形成感生各向异性，且多数情况下是单轴各向异性的。感生各向异性能可表示为

$$E_K = K_u \sin^2\theta \tag{2-26}$$

式中，K_u 称为感生各向异性常数。

2.5.3 退磁场与退磁场能 E_d

一个环状磁体沿其圆周方向磁化时，形成的磁路是闭合的，不存在磁极，也就不产生退磁场，见图 2-12a。一个开路磁体（有缺口）的两端则出现磁极，即 N 极和 S 极，并在其周围产生退磁场。磁极产生的退磁场的方向总是由 N 极到 S 极，见图 2-12b。**在磁体的内部，退磁场方向与其磁化强度方向相反，起着退磁作用，故称为退磁场，用 H_d 表示**。如图 2-13 所示，退磁场与磁化强度的大小成正比，即

$$H_d = -NM \tag{2-27}$$

式中，N 称为退磁因子；"−"号表示 H_d 与 M 的方向相反。退磁因子的大小与磁体形状和尺寸比有关。球状铁磁体的退磁因子为 $N_x + N_y + N_z = 1$，且 $N_x = N_y = N_z = 1/3$。有限长的长旋转椭球体沿长轴 l 向的退磁因子为

$$N_l = \frac{1}{k^2 - 1}\left(\frac{k}{2\sqrt{k^2 - 1}}\ln\frac{k + \sqrt{k^2 - 1}}{k - \sqrt{k^2 - 1}} \right) - 1 \tag{2-28}$$

$$N_l + 2N_d = 1$$

式中，$k = \dfrac{l}{d}$ 为尺寸因子；d 为短轴方向的半径；N_d 为短轴方向的退磁因子。

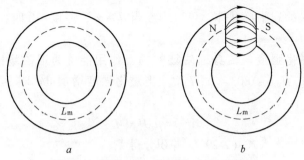

图 2-12 闭路 (a) 与开路 (b) 永磁体

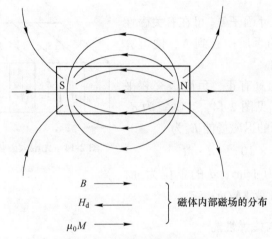

$B \longrightarrow$

$H_d \longleftarrow$

$\mu_0 M \longrightarrow$

磁体内部磁场的分布

图 2-13 开路磁体的退磁场

三种形状的磁铁在长轴方向的退磁因子 N 与尺寸 k 的关系列于表 2-10。可见，随长度 l 的增加退磁因子迅速减少，即退磁场逐渐降低。当棒状磁铁长 $l \approx 5d$ 时，其退磁场可忽略不计。

表 2-10 在长轴上磁化的长旋转椭球、扁平椭球和圆柱体的退磁因子

k	长椭球退磁因子	扁平椭球退磁因子	圆柱体（实验值）退磁因子
0	1.0	1.0	1.0
1	0.3333	0.3333	0.27
2	0.1735	0.2364	0.14
5	0.0558	0.1248	0.040
10	0.0203	0.0696	0.0172
20	0.00675	0.0369	0.00617
50	0.00144	0.01472	0.00129
100	0.000430	0.00772	0.00036
200	0.000125	0.00390	0.000090
500	0.0000236	0.001567	0.000014
1000	0.0000066	0.000784	0.0000036

对于无限大的扁平椭球体，可以推断当 $d \to \infty$，厚度 $\to 0$ 时，则 $N_d \to 0$，厚度方向的退磁因子 $N_厚 \to 1$。

铁磁体的磁化强度与自身退磁场的相互作用能称为退磁场能 E_d，根据式 (2-18)，$E_d = -\mu_0 H_d \cos 180° = \mu_0 H_d M$。当磁化强度增加 dM 时，退磁场能的增值为

$$dE_d = \mu_0 H_d dM \tag{2-29}$$

将式 (2-27) 代入式 (2-29)，并积分得

$$E_d = \frac{1}{2}\mu_0 N M^2 \tag{2-30}$$

已知磁体的尺寸因子 k，可在有关磁性材料与应用方面的手册中查到 N，便可算出磁体的退磁场能。

对于无限大的具有正、负磁极交替平行排列的片状畴，见图 2-14，其畴宽为 d，它的磁极单位面积的退磁场能 E_d 为

$$E_d = 1.70 \times 10^{-7} \cdot d \cdot M^2$$

式中，E_d 的单位为 J/m^2，d 的单位为 m，M 的单位为 A/m（或 kA/m）。

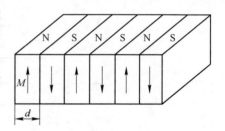

图 2-14 无限大磁体的片状畴结构

2.5.4 磁致伸缩与磁弹性能

详见第 3 章内容。

2.5.5 磁畴壁与畴壁能 E_w

理论和实验都已证明，铁磁体内存在磁畴。图 2-15 所示为在 Si-Fe 合金单晶 (001) 晶面上观察到的磁畴，它由片状畴和三角畴组成。**畴与畴之间的边界称为畴壁**。相邻两个片状畴的磁矩夹角为 180° 时，它们的边界称为**180°畴壁**。片状畴与三角畴（又称封闭畴）之间磁矩相互垂直，它们的边界称为**90°畴壁**。畴壁的宽度、磁畴的形状、尺寸和取向等磁畴结构因素是由交换能、退磁场能、磁晶各向异性能及磁弹性能决定的。平衡状态的磁畴结构，应具有最小的能量。

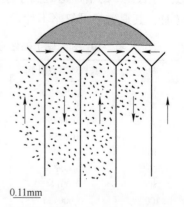

0.11mm

图 2-15 Si-Fe(001)面上片状畴与封闭（三角形）畴

2.5.5.1 磁畴壁

1932 年布洛赫（Bloch）首先从能量的观点分析了大块铁磁体的畴壁，称为**布洛赫壁**。在 180°畴壁中，如果原子磁矩在相邻两原子间突然反向，见图 2-16a，则交换能的变化为 $4A\sigma^2$；若在 n 个等距离的原面间逐步均匀转向，见图 2-16b，则在 $n+1$ 个自旋磁矩的转向中，交换能 E_{ex} 的总变化为

$$\Delta E_{ex} = A\pi^2\sigma^2/n \tag{2-31}$$

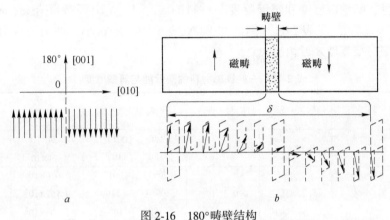

图 2-16　180°畴壁结构

可见，n 越大，交换能就越低。因此畴壁中的原子磁矩必然是逐渐转向的。

2.5.5.2 畴壁能

畴壁是原子磁矩由一个磁畴的方向逐渐转向到相邻磁畴的方向的过渡区。畴壁内的交换能、磁晶各向异性能与磁弹性能都可能比畴内的高，所高出的这一部分能量称为**畴壁能**，用 E_w 表示。畴壁单位面积的能量称为**畴壁能密度**，用 γ_w 表示，单位为 J/m^2。

由式（2-31）可知，如果只考虑交换能，则畴壁越厚，交换能越小，即交换能使畴壁无限地加宽。事实上这是不可能的，因为 n 越大，就有更多的原子磁矩偏离易磁化轴方向，使磁晶各向异性能增加，即磁晶各向异性能力图使畴壁变薄。综合考虑以上两方面因素，为使总能量最小，可求得畴壁能密度 γ_w 和畴壁厚度 δ 的表达式分别为

$$r_w = 2\pi\sqrt{A_1 K_1} \tag{2-32}$$

$$\delta = \pi\sqrt{A_1/K_1} \tag{2-33}$$

式中，$A_1 = A\sigma^2/a$，A 为交换积分常数；a 为点阵常数；σ 与式（2-14）中的 σ 意义相同。

当材料存在内应力时，由于应力引起的各向异性，则式（2-23）和式（2-

18）中应含有应力各向异性常数，见式（2-28）。这时，式（2-32）和式（2-33）可写成

$$r_{\mathrm{w}} = 2\pi \sqrt{A_1 \left(K_1 + \frac{3}{2}\lambda_{\mathrm{s}}\sigma \right)} \qquad (2\text{-}34)$$

$$\delta = \pi \sqrt{A_1 \Big/ \left(K_1 + \frac{3}{2}\lambda_{\mathrm{s}}\sigma \right)} \qquad (2\text{-}35)$$

可见，畴壁能密度和畴壁厚度与材料的 K_1、A、$\lambda_{\mathrm{s}}\sigma$ 等参量有关，K_1 越大，δ 越小，γ_{w} 越大，见表 2-11。例如在 Fe-Ni 合金中，K_1 很小，如果内应力也很小的话，则畴壁宽度 δ 可相当大。

表 2-11　一些铁磁材料的畴壁能与畴壁厚度

材　料	$M_{\mathrm{s}}/\mathrm{A}\cdot\mathrm{m}^{-1}$	$K_1/\mathrm{J}\cdot\mathrm{m}^{-3}$	畴壁类型	$\gamma_{\mathrm{w}}/\mathrm{J}\cdot\mathrm{m}^{-2}$	δ/nm
Fe	17.08×10^5	4.8×10^4	$180°$，（001）	1.24×10^5	141
			$180°$，（110）	1.71×10^5	72.8
Ni	5.22×10^5	-0.5×10^4	$70°53'$，（001）	0.076×10^5	100
			$109°47'$，（110）	0.152×10^5	∞ ①
			$180°$，（110）	0.306×10^5	208
Co	14.30×10^5	45×10^6	$180°$	8.2×10^{-3}	15.7
$SmCo_5$	8.55×10^5	15×10^6	$180°$	85×10^{-3}	5.1
$PrCo_5$	8.43×10^5	5×10^6	$180°$	35×10^{-3}	5.5
$CeCo_5$	6.15×10^5	3×10^6	$180°$	25×10^{-3}	6.5
$CeCo_{3.5}\text{-}Cu_{1.0}Fe_{0.5}$	4.77×10^5	2.9×10^6	$180°$	23.5×10^{-3}	6.5

①磁弹性能，在 Ni 中（001）面上的 $109°47'$ 和 $70°53'$ 的畴壁将是连续的，可以认为 $\delta\to\infty$。

在六方结构的 Co 和 $SmCo_5$ 等金属与合金中，由于 K_1 很大，γ_{w} 很大，δ 很小。在低温下 Dy 和 Dy_3Al_2 的 K_1 很大，如 Dy 在接近 0K 时，$K_1 = 0.9\times10^8\ \mathrm{J/m^3}$。在 4.2K 时，$Dy_3Al_2$ 的畴壁厚度可能窄到原子间距。

在 3d 金属及合金中，畴壁较厚，畴壁内相邻原子间磁矩的角度 ϕ 仅有 $0.18°\sim1.8°$，磁矩的分布近似具有连续性，这种畴壁模型称为连续性的畴壁模型。在稀土金属和合金中畴壁十分窄，其 ϕ 角可达到 $6°\sim180°$，并且 ϕ 角的分布是不均匀的，这种畴壁称为非连续性的畴壁模型。窄畴壁对材料磁性能有重要的影响。

2.5.6　磁畴的形成和磁畴结构

畴结构受到畴壁能 E_{w}、磁晶各向异性能 E_{K}、磁弹性能 E_σ 和退磁场能 E_{d} 的制约，其中退磁场能是铁磁体分成磁畴的驱动力，其他能量仅决定磁畴的形状、

尺寸和取向。

为方便起见，我们观察边长为 1cm×1cm×0.5cm 方块状单晶体的情况，见图 2-17。如果不分畴，它是一个单畴体，见图 2-17a，如不考虑磁弹性能，显然 E_w 和 E_K 均为零，但是退磁场能很大，即

$$E_d^a = \left(\frac{1}{2}\mu_0 N M_s^2\right) \cdot V \tag{2-36}$$

式中，V 为磁体的体积。

方块状铁磁体的退磁因子接近球状的退磁因子，令 $N = 1/3$，设 $M_s = 1.73 \times 10^6 A/m$，$V = 5 \times 10^{-7} m^3$，代入式（2-36）得到 $E_d^a = 0.313J$，它比畴壁能高很多，是一种不稳定状态。若分为 $n = 8$ 块片状封闭式磁畴（见图 2-17b），则总能量降低到 $E = 2.42 \times 10^{-6} J$。可见，随磁畴数目的增加，系统的能量逐渐降低，这与实际观察到的磁畴结构一致。

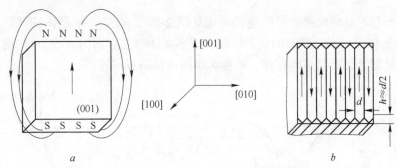

图 2-17 边长为 1cm×1cm×0.5cm 方形单晶体 Fe
的可能磁畴结构，正面是（001）面

实际材料中的畴结构还要受到材料的尺寸、晶界、应力、掺杂和缺陷等的影响，因此实际材料的畴结构是相当复杂的。例如，为减少畴壁能和退磁场能，畴壁一般要穿透掺杂物或空洞的中心，或在掺杂附近出现三角畴或钉状畴，见图 2-18b。畴壁一般不能穿越晶粒边界，见图 2-18c。当观察平面与晶面（001）或（111）呈一不大的角度时，则容易形成树枝状磁畴。

铁磁体的尺寸对畴结构也有很大影响。当把铁磁体粉碎成细小的单晶颗粒时，它就可能不再分畴，而以单畴体存在。设 $K_1 > 0$ 时，λ_s 或 σ 很小，对一个半径为 R 的球状单晶体颗粒，如不分畴，见图 2-19a，其他能量为零，只有退磁场，可表达为

$$E_d = \left(\frac{1}{2}\mu_0 N M_s^2\right) \cdot V = \frac{2}{3}\pi\mu_0 N M_s^2 R^3 \tag{2-37}$$

若分成如图 2-19a 所示的四块封闭畴，这时其他能量为零，只有畴壁能，可表达为

$$E_w = 2\pi\gamma_{90°} \cdot R^2 \tag{2-38}$$

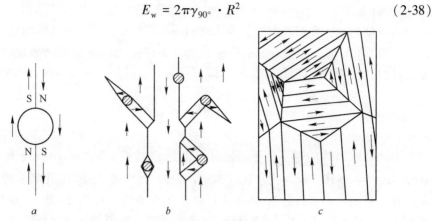

图 2-18 在实际强磁体的磁畴结构中空洞（a）、掺杂（b）和
晶界（c）对磁畴结构的影响

分畴与不分畴两种情况的能量变化见图 2-19b。可见，单晶体的球状粉末的半径大于 R_c 时，则分畴时的能量很低，以多畴体存在。而当 $R<R_c$ 时，则不分畴时的能量最低，以单畴体存在。R_c 称为单畴体的临界尺寸。

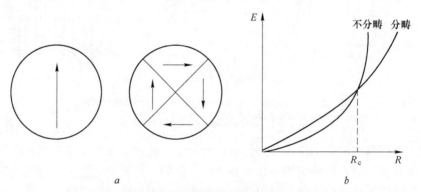

图 2-19 在粉末颗粒的磁畴中的球状单畴体不分畴（a）与
分畴（b）及其能量随 R 的变化

如果将单畴体的临近尺寸继续减小到一定程度后，由于表面和体积比大大的增加，处于表面的原子数增加，处于颗粒表面的原子的能量比较高。热运动有可能使得磁有序方向不稳定，则单畴体要转变为超顺磁体。由单畴体转变为超顺磁体的临界尺寸为 D_p，称为**超顺磁体的临界尺寸**。

2.6 技术磁化与反磁化过程

磁性材料的磁特性与其技术磁化及反磁化过程密切相关，讨论这两个过程有利于弄清楚磁性材料的技术参量，如磁导率、剩磁、矫顽力等的物理意义和它们的影响因素。本节重点讨论磁性材料在直流磁场（静态场）作用下的技术磁化与反磁化过程。

2.6.1 技术磁化与反磁化过程

处于热退磁状态的大块铁磁体（多晶体）在外磁场中磁化，当磁场由零逐渐增加时，铁磁体的 M 或 B 也逐渐增加，这个过程称为**技术磁化过程**。在这一过程中，反映 B 与 H 或 M 与 H 的关系曲线称为**磁化曲线**。图 2-20 所示为 3%Si-Fe（质量分数）钢在 27℃时的磁化曲线。磁化曲线对组织是敏感的，它的形状强烈地依赖于晶体的方向、多晶材料的织构、显微组织和畴结构等因素。

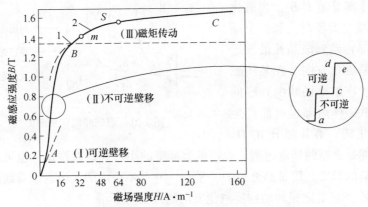

图 2-20　3%Si-Fe 在 27℃的磁化曲线
（图中放大的插图是曲线第Ⅱ部分巴克豪森效应）

如图 2-20 所示，磁化曲线可分为四部分，每一部分都与一定的畴结构相对应。图中第Ⅰ部分（$0A$）是可逆磁化过程。可逆是指磁场减小到零时，M 或 B 沿原曲线减小到零。在可逆磁化阶段，磁化曲线是线性的，没有剩磁与磁滞。在金属软磁材料中，这一阶段是以可逆壁移为主。图中第Ⅱ部分（AB）是不可逆磁化阶段。在此阶段内，M 或 B 随磁化场的增加而急剧地增加。M 与 H 或 B 与 H 的曲线不再是线性的，如果把磁场减小到零，M 或 B 不再沿原曲线减小到零，而出现剩磁，这种现象称为**磁滞**。1919 年巴克豪森（Barkhausen）指出，这一阶段是由许多 M 或 B 的跳跃性变化组成的（见图 2-20 中的插图 $a \to b$，$c \to d$），实际上，这是由畴壁的不可逆跳跃引起的。图中的第Ⅲ部分（BC 段）是磁化矢量的转动过程，不可逆壁移阶段结束后，即磁化到 B 点时，畴壁已经消失，整个铁磁体为一个单畴体。但是它的磁化强度方向与外磁场方向不一致，因此随磁化场进一步的增加，磁矩逐渐转动到与外磁场一致的方向。当磁化到图中的 S 点时，磁体已磁化到技术饱和，这时的磁化强度称为**饱和磁化强度** M_s，相应的磁感应强度称为**饱和磁感应强度** B_s。自 S 点以后，M-H 曲线已近似于水平线，B-H 曲线已大体呈直线。自 S 点继续增加磁化场，从 S 点到 C 点为第Ⅳ部分，此时 M_s 还稍有增加，这一过程称为**顺磁磁化过程**。

正如图 2-21 所示，由 C 点的磁化状态（$+M_s$）到 C′点的磁化状态（$-M_s$），称为**反磁化过程**。与反磁化过程相对应的 B-H 曲线或 M-H 曲线称为**反磁化曲线**。两条反磁化曲线组成的闭合回线称为**磁滞回线**。退磁曲线由四部分组成：第Ⅰ部分是 C-B_r，当磁化场自 C 点减少到零时，每一个晶粒的磁矩都转动到该晶粒最靠近外磁场的易磁化方向。在某些磁性材料中，在磁化场减少到零的过程中，铁磁体内部也可能产生新的反磁化畴。第Ⅱ部分 B_r-D，

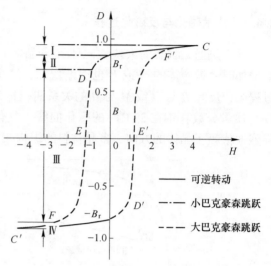

图 2-21　退磁曲线与磁滞曲线

该阶段可能是磁矩的转动过程，也可能是畴壁的小巴克豪森跳跃，也可能是有新的反磁化畴的形成。第Ⅲ部分是 D-F 阶段，它是不可逆的大巴克豪森跳跃。第Ⅳ部分是 F-C′，它是磁矩转动到反磁化方向的过程。

以上讨论的多是多畴体的技术磁化和反磁化过程。如果是单畴体或单畴集合体，则整个磁化和反磁化过程都是磁矩的可逆与不可逆的转动过程，而不存在壁移过程。总的来说，技术磁化与反磁化过程是以畴壁位移和磁矩转动两种方式进行的。

2.6.2　畴壁位移的磁化过程

由式（2-34）知道，当铁磁体的成分、结构或内应力分布不均匀时，其畴壁能密度的分布也是不均匀的。设铁磁体内部的畴壁能密度分布如图 2-22 所示。在平衡状态时，180°畴壁位于 x_0 处。在磁场的作用下（磁场与 y 轴呈 θ 角），畴壁向右移动了 x 的距离，则单位面积的畴壁位移了 x 的距离后，引起的静磁能的变化为

$$E_H = - 2\mu_0 M_s H\cos\theta \cdot x \qquad (2-39)$$

式中，负号表示位移过程静磁能是降低的，它是畴壁位移的驱动力。如图 2-22 所示，畴壁位移过程中，畴壁能是升高的。因此畴壁位移了 x 距离后，系统的能量变化为

$$\Delta E = \gamma_w(x) - 2\mu_0 M_s H\cos\theta \cdot x \qquad (2-40)$$

根据 $\dfrac{\partial(\Delta E)}{\partial x}=0$，可得

$$2\mu_0 M_s H\cos\theta = \partial\gamma_{\mathrm{w}}/\partial x \qquad (2\text{-}41)$$

式中，左边是静磁能的变化率，它是推动畴壁向右移动的驱动力，而右边是畴壁能梯度，是畴壁位移的阻力。畴壁能梯度的变化见图 2-22c。随着畴壁位移，畴壁位移的阻力逐渐增加。畴壁位移到 A 点以前，畴壁位移是可逆的。因为去掉外磁场后，畴壁要自动地回到 x_0 处。在 A 点有最大阻力峰 $(\partial\gamma_{\mathrm{w}}/\partial x)_{\max}$，一旦畴壁位移到 A 点，它就要跳跃到 E 点，即**巴克豪森跳跃**。此时去掉外磁场，畴壁再也不能回到 x_0 处，而只能回到 D 点，即发生了不可逆壁移。如果铁磁体内部存在一系列 $(\partial\gamma_{\mathrm{w}}/\partial x)_{\max}$，则畴壁要发生一连串的巴克豪森跳跃。畴壁由可逆壁移转变为不可逆的壁移所需要的磁场，称为**临界场** H_0，由式（2-41）可得临界场的表达式为

$$H_0 = \frac{1}{2\mu_0 M_s\cos\theta}\left(\frac{\partial\gamma_{\mathrm{w}}}{\partial x}\right)_{\max}$$

$$(2\text{-}42)$$

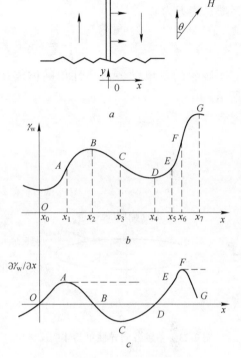

图 2-22 畴壁运动过程中能量的变化
a—在磁场作用下 180° 畴壁位移；
b—铁磁体内部畴壁能的不均匀分布；
c—畴壁密度的变化率 $\mathrm{d}\gamma/\mathrm{d}x$

一般说的使畴壁越过最大阻力峰 $(\partial\gamma_{\mathrm{w}}/\partial x)_{\max}$ 所需要的磁场就相当于材料的矫顽力。如果铁磁体内部仅存在一系列大小一样的阻力峰，则临界场就是矫顽力。

2.6.3 磁矩转动的磁化过程

磁矩（或磁化矢量）的转动是磁化与反磁化过程的重要方式之一。**畴内的磁矩转动可以是一致转动，也可以是非一致转动。所谓一致转动是指畴内原子磁矩均匀一致地转向外磁场方向。**

磁矩转动包括可逆转动与不可逆转动。一般来说，在低场下是可逆转动。对于单轴各向异性的磁体，发生不可逆转动要有两个条件：

（1）磁场方向与原始的磁化强度方向的夹角 $\theta \geqslant \pi/2$。

（2）磁场应大于临界场 H_0。

图 2-23 所示的单畴体，M_s 沿易磁化轴，即 x 轴的正方向。现在沿 x 轴的负方向加反磁化场，使之反磁化。设在反磁化场作用下，M_s 偏离易磁化轴 θ 角，系统总能力为

$$\frac{E}{K_u} = \sin^2\theta + \frac{\mu_0 M_s H}{K_u}\cos\theta \tag{2-43}$$

它所表明的是单轴各向异性单畴体能量与 H 和 θ 的关系，这一关系如图 2-24 所示。

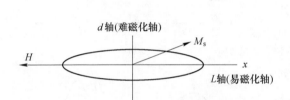

图 2-23　单轴各向异性单畴体的反磁化

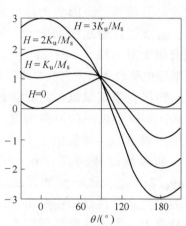

图 2-24　单畴体反磁化时，能量随 H 和 θ 的变化

当 H 为一定值时，θ 的取值应使 E 为最小。由于

$$\frac{\mathrm{d}}{\mathrm{d}\theta}\left(\frac{E}{K_u}\right) = 2\sin\theta \cdot \cos\theta - \frac{\mu_0 M_s H}{K_u}\sin\theta$$

$$\frac{\mathrm{d}^2}{\mathrm{d}\theta^2}\left(\frac{E}{K_u}\right) = 2\cos2\theta - \frac{\mu_0 M_s H}{K_u}\cos\theta \tag{2-44}$$

$$\left.\begin{array}{l} H < \dfrac{2K_u}{\mu_0 M_s} \text{ 时，} \theta = 0° \\[3mm] H > \dfrac{2K_u}{\mu_0 M_s} \text{ 时，} \theta = 180° \end{array}\right\} \tag{2-45}$$

也就是说，当磁化场由 0 增加到 $\dfrac{2K_u}{\mu_0 M_s}$ 以前，单畴体的磁化强度一直停留在 $\theta = 0°$ 处。当反磁化场一旦增加到 $\dfrac{2K_u}{\mu_0 M_s}$ 时，磁矩就立即反转 180°（$\theta = 180°$）。这是一

种不可逆的转动，因此它的临界场 H_0 为

$$H_0 = \frac{2K_u}{\mu_0 M_s}$$ (2-46)

这就是单轴单畴体的矫顽力的一般表达式。单轴各向异性单畴体和应力各向异性单畴体的磁化与反磁化过程与上述情况一致，也有类似的临界场 H_0 的表达式，只不过是 K_u 有所不同而已。

2.7 磁性材料的磁学性能

（铁）磁性材料是重要的功能材料之一。磁性材料的使用，主要是利用它的磁学性能。如果材料是在直流磁场（静态场）中使用，主要是利用其直流磁场下的性能；如果材料是在交流磁场中使用，主要是用其交流磁场中的磁性能。材料不论是在静态场还是在交变场中，其磁学性能可分为两大类：一类是**组织不敏感性能（或参量），这些参量决定于晶体结构与成分，与材料的显微组织无关或关系不大，所以称为内禀磁参量**。如饱和磁化强度 M_s、居里点 T_c、磁晶各向异性常数 K_1、磁致伸缩系数 λ_s、交换积分常数 A 等；另一类是**组织敏感参量，这些参量除了与晶体结构、化学成分有关外，更重要的决定于磁畴结构、显微组织、晶粒取向与晶体缺陷**。也就是说，在成分和晶体点阵类型相同的情况下，只要畴结构、显微组织、晶粒取向、晶体缺陷的类型与数量不同，它们可以在几倍、几十倍甚至百倍的范围内变化。这些磁参量包括磁化率、矫顽力、剩磁、磁能积和损耗等。**从实用角度来看，组织结构敏感量对功能材料是十分有用的；但从基础的角度来看，内禀参量是十分有用的，它是决定组织结构敏感参量极限值的基本参量。**本节重点讨论静态场下参量的物理本质和影响因素，同时对在交流场下的使用的动态磁参量做简要介绍。

2.7.1 饱和磁化强度与饱和磁感应强度

自发磁化强度通常是指磁畴内单位体积的磁矩，而**饱和磁化强度是指多畴体（一般是多晶体，也可能是单晶体）在技术所能达到的最大磁化强度 M_s**。理论上，两者在数值上应相等。饱和磁化强度是温度的函数，它随温度的升高而降低。在低温下遵循布洛赫（Bloch）定律

$$M_s = M_0 \left[1 - 0.1187a \left(\frac{T}{T_c} \right)^{3/2} \right]$$ (2-47)

对于简单立方晶体 $a = 2$，体心立方晶体 $a = 1$，面心立方晶体 $a = 1/2$。当 $T \to 0K$ 时，$M_s \to M_0$，M_0 称为绝对饱和磁化强度。

由式（2-1）得：

$$M_0 = n_{eff} \cdot \mu_B \quad （单位体积的原子磁矩数）$$

$$= n_{\text{eff}} \cdot N \cdot d_0 \cdot \mu_B / A \tag{2-48}$$

式中，N 为 1 摩尔（mol）的磁性原子数；d_0 为 0K 时的密度；A 为原子质量；μ_B 为玻尔磁子。说明 M_0 是内禀磁参量，与组织状况无关。通常在 4.2K（液氦的沸点）测出 M_s，外推到 $T=0$K 时，可求得 M_0。

在磁性材料的应用中，多使用**饱和磁感应强度** B_s。由式（2-3）得：

$$B_s = \mu_0 M_s + \mu_0 H_s \tag{2-49}$$

式中，$\mu_0 M_s$ 为内禀饱和磁感应强度。B_s 为饱和磁感应强度，是组织敏感参量，因为在式（2-49）中包含 H_s。同样成分的材料，不同的热处理，不同的显微组织，有不同的 H_s，即 H_s 随冶金学工艺因素变化而变化。但是对矫顽力较小的软磁材料，相对于 M_s，H_s 很小，甚至可以忽略不计，在此情况下，B_s 与 $\mu_0 M_s$ 相差很小；然而对于硬磁材料，H_s 很大，B_s 与 $\mu_0 M_s$ 相差很大。

2.7.2　剩磁

铁磁体磁化到饱和并去掉外磁场后，在磁化方向保留的 M_r 或 B_r，称为**剩磁**，即 M_r 称为**剩余磁化强度**，B_r 称为**剩余磁感应强度**。M_r 由 M_s 到 M_r 的反磁化过程来决定。图 2-25 所示为单轴各向异性无织构的多晶体在各种磁化状态下的磁矩角分布的二维矢量模型。磁化到技术饱和后每个晶粒的磁化矢量都大体上转向外磁场的方向。而去掉外磁场后，各晶粒的磁化矢量都转动到最靠近外磁场方向的易磁化方向上。因此，多晶体的剩余磁化强度为

$$M_r = \frac{1}{V} \sum_1^n M_s V_i \cos\theta_i \tag{2-50}$$

式中，V_i 为第 i 个晶粒的体积；θ_i 为第 i 个晶粒的 M_s 方向（即最靠近外磁场方向的易磁化方向）与外磁场的夹角；V 为样品的总体积。

如果是单晶体，其剩磁为

$$M_r = M_s \cos\theta \tag{2-51}$$

当沿单晶体的易磁化方向磁化时，则 $M_r = M_s$，或 $B_r = \mu_0 M_r = \mu_0 M_s$，这说明 B_r 的极限值是 $\mu_0 M_s$。

对于单轴各向异性无织构的多晶体，在原磁化方向的半球内，总球心立体角为 2π。而一个微小单元的球心立体角 $\mathrm{d}\Omega$ 的磁化强度是 M_s 的 $\dfrac{\mathrm{d}\Omega}{2\pi}$ 倍。这一部分磁矩在原磁化方向的分量是

$$\mathrm{d}M_r = \frac{\mathrm{d}\Omega}{2\pi} M_s \cos\theta \tag{2-52}$$

那么，单位体积中在原磁化方向的磁化强度的分量（即剩磁 M_r）是

$$M_r = \int \mathrm{d}M_r = \frac{1}{2\pi} \int_\Omega M_s \cos\theta \mathrm{d}\Omega \tag{2-53}$$

对式（2-53）求积分，就可得到单轴无织构多晶体的剩磁，即

$$M_r = \frac{1}{2}M_s \tag{2-54}$$

同理，可以证明体心立方的无织构的 Fe 多晶体剩磁为 $M_r = 0.832M_s$；面心立方无织构的 Ni 多晶体的剩磁为 $M_r = 0.866M_s$。

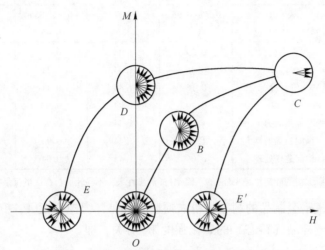

图 2-25　磁化各阶段的磁矩角分布的二维矢量模型

式（2-50）表明，**剩磁是组织敏感参量，它对晶体取向和畴结构十分敏感。** M_r 主要决定于 M_s 和 θ_i 角。为获得高剩磁，首先应选择高 M_s 的材料。θ_i 主要决定于晶粒的取向与畴结构，通常用获得晶体织构或磁织构的办法来提高剩磁。表 2-12 列出了几种软磁材料的剩磁随冶金因素的变化。其中 4%Si-Fe 合金经冷轧和退火后形成了一定的高斯结构（110）[001]，因而剩磁有所提高。而 65%Ni-Fe 坡莫合金，施加张应力或纵向磁场处理后，形成 180°畴结构，因此沿 180°畴结构的方向剩磁大大地提高。而经过横向磁场处理，由于形成了 90°畴结构，因此垂直磁场处理方向的剩磁大大降低。又如 AlNiCo8 永磁合金（42%Co，8%Al，14%Ni，5%Ti，质量分数）利用定向结晶的办法获得柱晶，即 [001] 织构，沿织构方向的剩磁可提高 10%～20% 或更高一些。

表 2-12　几种软磁材料的剩磁

材　料	处　理	$B_{r\rightarrow s}$	B_s	$B_{r,s}/B_s$	$B_{r\rightarrow s}/B_s$ 理论值
Fe	冷　拉	0.5～1.1	2.16	0.4～0.5	0.5
	退　火	0.6～1.4	2.16	0.5～0.7	0.832 / 0.5

材 料	处 理	$B_{r \to s}$	B_s	$B_{r,s}/B_s$	$B_{r \to s}/B_s$ 理论值
Ni	冷 拉	0.29~0.39	0.61	0.5~0.65	0.5
	退 火	0.2~0.4	0.61	0.3~0.65	0.866 / 0.5
4%Si-Fe	退 火	0.6~0.8	1.98	0.3~0.4	0.832 / 0.5
	冷轧与退火	1.4	2.02	0.7	0.832 / 0.5
45%Ni-Fe	退 火	0.75~0.95	1.6	0.45~0.6	0.5
	冷轧(95%)与退火	0.7	1.6	0.45	0.5
65%Ni-Fe	淬 火	0.59	1.44	0.41	0.5
	快 冷	0.45	1.44	0.31	—
	慢 冷	0.16	1.44	0.11	—
	熔 烧	0.10	1.44	0.07	0
	加张应力	1.41	1.44	0.98	1.0
	纵向磁场处理	1.30	1.44	0.90	1.0
	横向磁场处理	0.06	1.44	0.04	0

注：通常，高斯织构的硅钢片是 3%Si 的，因 4%Si 的脆性大，不易轧制，在这里仅是特例。

铁磁性粉末冶金制品的剩磁与粉末颗粒的取向（织构）度 A、粉末制品的相对密度 ρ 和致密样品（铸态）的磁化强度 M_s 有关，即

$$M_r = A\rho M_s \tag{2-55}$$

可见，提高粉末制品的取向度和相对密度，可提高剩磁。

2.7.3 矫顽力

铁磁体磁化到饱和以后，使它的磁化强度或磁感应强度降低到零所需要的反向磁场，称为**矫顽力**，分别记作 H_{ci} 和 H_{cb}。前者又称为**内禀矫顽力**。矫顽力与铁磁体由 M_r 到 $M = 0$ 的反磁化过程的难易程度有关。与技术磁化过程一样，磁体的反磁化过程也包括**畴壁位移**和**畴矩转动**两个基本方式。

2.7.3.1 畴壁位移过程所决定的矫顽力

图 2-26 所示为单晶体的剩磁状态，图中在大的正向畴的边上存在一个小的反向畴。当加反向磁场后，由于反向畴的静磁能低，反向畴要长大，即畴壁沿箭头方向位移。当反磁化场较低时，畴壁位移是可逆的。当反磁化场逐渐增加到临界场时，畴壁就要发生不可逆位移。同磁化过程一样，在不可逆畴壁位移过程中，畴壁要发生若干次巴克豪森跳跃，反向畴跳跃式地长大。当反向畴的体积长大到和正向畴的体积相等时，$M = 0$，这时的反向磁场就是矫顽力 H_{ci}。由式（2-42）得单晶体畴壁位移的矫顽力为

$$H_{ci} = \frac{1}{2}\mu_0 M_s \cos\theta \left(\frac{d\gamma_w}{dx}\right)_{max} \tag{2-56}$$

式中，θ 为反向磁畴磁矩方向与反磁化场方向的夹角。可见，单晶体畴壁位移决定的矫顽力主要取决于两个因素，即 θ 角和畴壁能密度梯度的最大值 $\left(\dfrac{\mathrm{d}\gamma_{\mathrm{w}}}{\mathrm{d}x}\right)_{\max}$。$\theta$ 角对矫顽力的影响如图 2-27 所示。当 $\theta=0$ 时，矫顽力最低，随 θ 角的增加，H_{ci} 也逐渐增加。

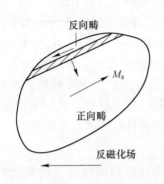

图 2-26　反磁化的畴壁位移过程

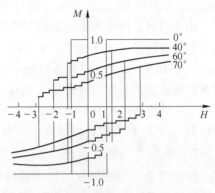

图 2-27　单轴晶体在不同 θ 角时的
反磁化曲线与矫顽力

对于单易磁化轴的多晶体，如果晶体取向是任意的，各晶粒的易磁化方向与反磁化方向的夹角有各种不同的数值，因而有不同的矫顽力。多晶体的矫顽力应是各个晶粒的矫顽力的平均效应值。它的反磁化曲线应是各个晶粒的反磁化曲线的综合反映，如图 2-28 所示。

畴壁能梯度的最大值 $\left(\dfrac{\mathrm{d}\gamma_{\mathrm{w}}}{\mathrm{d}x}\right)_{\max}$ 与铁磁体的内应力、掺杂物和缺陷的大小、数量与分布有密切的关系。

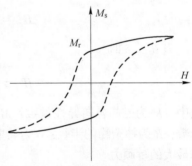

图 2-28　单轴多晶体的磁化曲线

A　矫顽力的应力理论

早在 20 世纪 30 年代初期，贝克尔（Becker）首先提出铁磁体的内应力阻碍畴壁运动的概念。接着克斯顿（Kersten）和康道尔斯基（Kondorsky）先后独立地提出材料内部周期性分布的内应力对 180°畴壁位移的矫顽力公式。

当 $L \ll \delta$ 时，

$$H_{\mathrm{ci}} = \frac{\pi\lambda_{\mathrm{s}}\sigma}{\mu_0 M_{\mathrm{s}}} \cdot \frac{L}{\delta} \tag{2-57}$$

当 $L \gg \delta$ 时，

$$H_{ci} = \frac{\pi \lambda_s \sigma}{\mu_0 M_s} \cdot \frac{\delta}{L} \quad (2-58)$$

式中，λ_s 为磁致伸缩系数；σ 为材料的内应力；L 为应力波的波长；δ 为畴壁厚度。当应力波长 L 与畴壁厚度 δ 相当时，有最大的矫顽力，对于 3d 过渡族金属与合金，δ 约为 10^2 nm，可见，只有第 II 类内应力对矫顽力有贡献。

由于材料的内应力不可能超过它的断裂强度，因此通过提高内应力来提高矫顽力似乎有限。设 $\lambda_s = 10^{-6}$，$M_s = 1$T，$\sigma = 980 \times 10^6$ N/m^2，$\delta = L$，由式（2-58）得 $H_{ci} = 8.0 \sim 0.8$ A/m。说明矫顽力的应力理论适用于描述软磁合金的矫顽力，这是因为软磁合金的矫顽力一般均在 $8.0 \sim 0.08$ A/m 的范围内。为降低软磁材料的矫顽力，应该设法降低材料的内应力，同时应选择 λ_s 低的材料。最好是选用 $\lambda_s \to 0$ 的材料。当 λ_s 很大时，只要微小的内应力都会引起材料矫顽力的提高。

B 矫顽力的掺杂理论

1943 年克斯顿把贝克尔提出的铁磁体内应力能阻碍畴壁运动的概念扩展到非铁磁性掺杂物，认为它也能阻碍畴壁的运动。他以碳钢中的碳化物为例，假定球状碳化物按简单立方点阵分布，对于刚性 180° 畴壁位移的矫顽力为

当 $R < \delta$ 时，

$$H_{ci} = \frac{K_1}{2\mu_0 M_s} \cdot \beta^{2/3} \cdot \frac{R}{\delta} \quad (2-59)$$

当 $R > \delta$ 时，

$$H_{ci} = \frac{K_1}{2\mu_0 M_s} \cdot \beta^{2/3} \cdot \frac{\delta}{R} \quad (2-60)$$

式中，K_1 为磁晶各向异性常数；M_s 为材料的自发磁化强度；β 为掺杂物的体积分数；R 为掺杂物的半径；δ 为畴壁厚度。当掺杂物半径 R 与畴壁厚度 δ 相当时，有最大的矫顽力。

克斯顿的掺杂理论把 A、K_1、E_σ 和 E_d 等物理量作为常数，而仅考虑非磁性掺杂物引起畴壁能的变化。设 $M_s = 1$T，$K_1 = 10^5$ J/m^3，$\beta^{2/3} = 0.1$，$R = \delta$，代入式（2-59），得到矫顽力约为 796A/m，说明掺杂物矫顽力理论能用来描述 $10^{-2} \sim$ 10kA/m 数量级的矫顽力。例如，80Co-10Fe-M（M 代表 Ti、Nb、Al 等）半硬磁合金，其矫顽力在 $3.9 \sim 7.9$ kA/m 范围内变化。合金靠析出周期性分布的 Co_3M 型非铁磁性掺杂物来阻碍畴壁位移。合金的畴壁厚度为 $100 \sim 200$ nm，析出物半径为 100nm，体积分数 β 约为 6%，按式（2-59）计算，矫顽力的理论值与实验值符合很好。

C 矫顽力的缺陷理论

钉扎理论晶体中的点缺陷（如空位、错位原子等）、线缺陷（如位错等）、

面缺陷（如晶界、亚晶界、相界、反相畴边界、堆垛层错和孪晶界等）和体缺陷（如空洞、大块掺杂物等）与畴壁存在相互作用。如果缺陷处的 A（交换积分常数）或 K_1 比非缺陷区的 A 和 K_1 小时，则缺陷处的畴壁能比非缺陷区的畴壁能低，在平衡状态时，畴壁位于缺陷处。这样畴壁与缺陷是相互吸引的，缺陷对畴壁起钉扎作用。相反，属于排斥型钉扎。使磁畴摆脱缺陷区所需的反磁场 H，就是材料的钉扎矫顽力。不同的晶体缺陷引起的钉扎矫顽力的表达式和大小是不同的，在此不再赘述。

2.7.3.2 磁矩转动的反磁化过程决定的矫顽力

20 世纪 30 年代初期，出现了 FeNiAl 系和 AlNiCo 系永磁合金。这些永磁合金的矫顽力达到 8.0kA/m 的数量级。当时还没有提出矫顽力的近代钉扎理论，又不能用矫顽力的应力或掺杂物理论来解释这些合金的矫顽力。

20 世纪 40 年代末，吉特尔（Kittel）提出单畴临界尺寸的概念。同时斯通纳（Stoner）和乌尔法斯（Wohlfarth）用单畴体的一致转动模型来解释 AlNiCo 系合金的矫顽力，从而建立了单畴体的矫顽力理论。

单畴体的临界尺寸为 $10^{-7} \sim 10^{-8} \mathrm{m}$。单畴体是单晶体（但单晶体不一定是单畴体）。它是各向异性，或者是磁晶各向异性（图 2-29a），或者是形状各向异性（图 2-29b），或者是应力各向异性（图 2-29c），如图 2-29 所示。反磁化时，如果反磁化场较弱，磁矩的转动是可逆的。当反磁化场达到临界场时，磁矩就立即不可逆地转动到反磁化方向。不可逆转动的临界场就是单畴体的矫顽力，见式（2-46）。

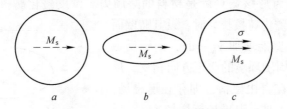

图 2-29　三种各向异性单畴的粒子

a—磁晶各向异性；b—形状各向异性；c—应力各向异性

对于单轴各向异性单畴体，式（2-46）中的 $K_u = K_1$，则它的矫顽力为

$$H_{ci} = \frac{2K_1}{\mu_0 M_s} \tag{2-61}$$

对于单轴各向异性单畴体，式（2-46）中的 $K_u = \frac{3}{2}\lambda_s \sigma$，则它的矫顽力为

$$H_{ci} = \frac{3\lambda_s \sigma}{\mu_0 M_s} \tag{2-62}$$

对于形状各向异性单畴体，当 M_s 在 d-l 平面，并且与 l 轴呈 θ 角时，M_s 在

d、l 轴上的分量分别为 $M_{sd} = M_s \sin\theta$，$M_{sl} = M_s \cos\theta$，这时长旋转椭球体的退磁场能为

$$E_d = \frac{1}{2} N_l \mu_0 M_s^2 + \frac{1}{2}(N_d - N_l)\mu_0 M_s^2 \sin^2\theta \qquad (2\text{-}63)$$

式中，第二项与单畴体的形状有关。其中 $\frac{1}{2}(N_d - N_l)\mu_0 M_s^2$ 称为**形状各向异性常数**，即

$$K_f = \frac{1}{2}\mu_0(N_d - N_l)M_s^2 \qquad (2\text{-}64)$$

将式（2-64）代入式（2-46），可得到形状各向异性单畴体的矫顽力为

$$H_{ci} = (N_d - N_l)M_s \qquad (2\text{-}65)$$

一个孤立的单畴粒子是没有实用意义的，工业上常将许多单畴体组合成大块的单畴集合体。单畴集合体的矫顽力与单畴粒子的取向度、填充密度、单畴粒子本身的各向异性和单畴体的尺寸有关。

2.7.3.3 反磁畴形核场决定的矫顽力——矫顽力的形核场理论

在多畴的磁性材料中，如果畴壁位移遇到的阻力十分小，很容易磁化到饱和。同时，如果材料的磁晶各向异性常数 K_1 很大，在反磁化的过程中形成一个临界大小的反磁化畴核十分困难，一旦形成一个临界大小的反磁化核，反磁化畴核就迅速地长大，而实现反磁化。因此，**形成一个临界大小的反磁化畴核所需要的反磁化场（称为形核场）就是材料的矫顽力**。设反磁化畴核为旋转椭球体，见图 2-30。当反磁化畴核长大时，设其畴壁面积增加 dS，则畴壁能增加 $\gamma_w \cdot dS$，由于反磁化畴核的磁矩与周围环境的磁矩方向相反，反磁化畴的表面存在自由磁荷，即存在退磁场。当反磁化畴核长大时，退磁场能增加 dE_d。反磁化畴核的长大是畴壁的位移过程，它要克服畴壁位移阻力而做功。畴壁位移克服最大阻力

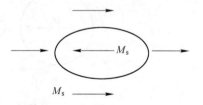

图 2-30 反磁化畴核与长大

所做的功为 $2H_0 M_s \mu_0 dV$，式中，H_0 为临界磁场；dV 为反磁化畴核长大时体积的增量。反磁化畴核的长大，是在反磁化场的作用下进行的。其静磁能的变化为 $2H M_s \mu_0 dV$。上述四项能量中，前三项起阻碍反磁化畴核长大的作用，而后一项将促进反磁化畴核的长大。反磁化畴核长大的能量条件为

$$2H M_s \mu_0 dV - \gamma_w \cdot dS - dE_d \geqslant 2H_0 M_s \mu_0 dV \qquad (2\text{-}66)$$

由上式可求得形成一个临界大小的反磁化畴核所需要的磁场为

$$H_{ci} = H_s = H_0 + \frac{5\pi}{8\mu_0 M_s} \cdot \frac{\gamma_w}{d} \qquad (2\text{-}67)$$

式中，H_s 为形核场（或称发动场），也就是矫顽力。形核场与畴壁能密度 γ_w 成正比，在畴壁能密度很大的材料中，形核场可以很大，如在 SmCo5 合金中，矫顽力由形核场来决定，其矫顽力可达到 1200~4800kA/m。

式（2-67）中的 d 是反磁化畴核的直径。可见，当 $d \to 0$ 时，$H_s \to \infty$。说明当反磁化畴核直径 d 变小时，反磁化畴核长大所需要的反磁化场越来越大。即反磁化畴核的长大变得困难。当反磁化畴核的 d 很小时，它实际上是不能长大的。

2.7.4 磁化率与磁导率

根据式（2-4）磁化率的定义可知，M-H 磁化曲线上任何一点的 M 与 H 的比值都称为磁化率。

根据式（2-4）磁导率的定义可知，**B-H 磁化曲线上任何一点的 B 与 H 的比值都称为磁导率**。如图 2-31 所示，磁导率随磁化场而变化。**磁导率反映了铁磁体的磁导能力和对磁场的敏感程度**，所以磁性功能器件的灵敏度取决于材料的磁导率。磁导率是软磁材料

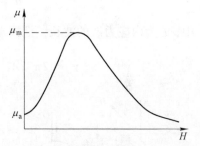

图 2-31　铁磁体磁导率随磁化场的变化

的重要磁参量。由于磁性器件的用途不同，可以有各种不同的磁导率。

在直流磁场中测量的磁导率，称为静态磁导率。根据不同的用途和直流磁场的特点，可以有**起始磁导率 μ_a、最大磁导率 μ_m、增量磁导率 μ_d、微分磁导率 μ_b** 等。最常用的是起始磁导率和最大磁导率。

2.7.4.1 起始磁导率 μ_a

起始磁导率可定义为：

$$\mu_a = \lim_{\substack{H \to 0 \\ \Delta H \to 0}} \frac{\Delta B}{\Delta H} \quad 或 \quad \mu_a = \lim_{H \to 0} \frac{dB}{dH} \tag{2-68}$$

它相当于磁化曲线起始点的斜率。在技术上规定在某一弱磁场（例如 8.0~0.08A/m）下测得的磁导率为**起始磁导率**。它与可逆壁移阶段畴壁位移的难易程度有关。

早在 1938 年克斯顿（Kersten）首先讨论了 2%碳钢中碳化物对 180°畴壁可逆位移以及起始磁化率的影响。为便于计算，他假定：掺杂物（即碳化物）为球状，半径为 R，掺杂物按简单立方点阵分布，点阵立方边与晶体的易磁化轴平行，掺杂物间距为 a，畴壁的厚度 $\delta \leq R$，畴壁是刚性的，在位移过程中保持平面，而且畴壁能密度保持不变。

如图 2-32 所示，当 $H=0$ 时，为使畴壁能最小，畴壁贯穿掺杂物的中心。当畴壁位移的距离 $x<R$ 时，畴壁位移是可逆的。根据畴壁可逆位移的特点，得出掺

杂物作用下的起始磁导率为:

$$\mu_a = \frac{\mu_0 M_s^2}{3a\sqrt{A_1 K_1}} \cdot \frac{1}{d} \cdot R^2 \left(\frac{4\pi}{3\beta}\right)^{2/3} \qquad (2\text{-}69)$$

式中,d 为180°畴宽;β 为掺杂物体积分数。由式 (2-69) 可知,掺杂物越少,磁导率就越高。

如果不考虑掺杂物的影响,而仅考虑材料中的内应力,并假定内应力按照余弦规律分布 (见图 2-33),即

$$\sigma = -\sigma_0 \cos 2\pi \frac{x}{L} \qquad (2\text{-}70)$$

式中,L 为内应力波的波长,把式 (2-70) 代入式 (2-34) 得

$$\gamma_w = 2\pi \sqrt{A_1 \left(K_1 - \frac{3}{2}\lambda_s \sigma_0 \cos 2\pi \frac{x}{L}\right)} \qquad (2\text{-}71)$$

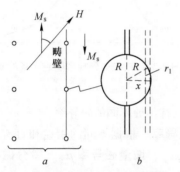

图 2-32　掺杂物作用下可逆壁移磁化过程

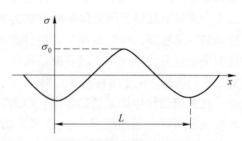

图 2-33　材料内部内应力的分布

由于内应力的影响而导致的铁磁体的畴壁能也随 x 周期的变化。当 $H=0$ 时,180°畴壁应处于畴壁能最低的位置。在很小的磁场下,畴壁可逆地位移,在周期性内应力作用下的起始磁化率为:

$$\chi_a = \frac{2\mu_0 M_s}{9\pi^2 \lambda_s \sigma_0} \cdot \frac{L}{\delta} \qquad (2\text{-}72)$$

式中,δ 为畴壁厚度;L 为180°畴宽。由式 (2-69) 和式 (2-72) 不难看出,铁磁性材料的起始磁导率是组织敏感参量,它不仅与材料的内禀参量有关,还与材料的冶金因素有关。

影响 μ_a 的主要因素是三个参量,即 K_1、M_s、λ_s。M_s 越高,K_1 和 λ_s 越小,μ_a 就越高。K_1、M_s 和 λ_s 主要由成分来决定。例如 Fe-Ni 合金,在 78%~80%Ni 附近,K_1 和 λ_s 都接近零,可获得高的 μ_a 和 μ_m,如图 2-34 所示。为获得具有高的起始磁导率的材料,在成分的设计和选择上,应选取 K_1 和 λ_s 同时趋近于零的合金。

　　影响合金起始磁导率的冶金因素有晶粒尺寸、掺杂物的数量、尺寸与分布、内应力的大小与分布、缺陷等。为获得高μ_a的材料，在冶炼时除了应做到成分准确外，还要求材质纯净以减少掺杂物的影响。在热处理时应合理地选择热处理工艺，使合金在热处理时能起到净化和减少内应力等的作用。热处理还可以改变合金的磁各向异性和磁致伸缩，从而对合金的起始磁导率有重要的影响，如图 2-35 所示。

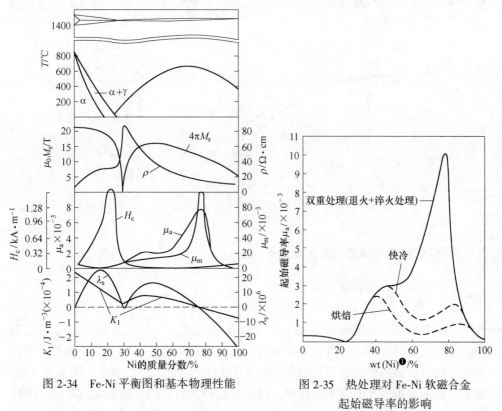

图 2-34　Fe-Ni 平衡图和基本物理性能　　　图 2-35　热处理对 Fe-Ni 软磁合金
　　　　　　　　　　　　　　　　　　　　　　　　　起始磁导率的影响

2.7.4.2　最大磁导率 μ_m

　　B-H 起始磁化曲线上 B 与 H 比值的最大值为**最大磁导率**，如图 2-36 所示。它一般是靠近临界场，即发生最大不可逆壁移时的磁导率。最大磁导率与畴壁的不可逆壁移的难易程度有关。当只考虑材料中的内应力，并且内应力按照余弦定理（$\sigma = -\sigma_0 \cos 2\pi \dfrac{x}{L}$）分布，或者只考虑掺杂物作用，并掺杂物按简单立方规律分布时，与畴壁的不可逆位移相联系的磁导率分别为：

---

❶　质量分数，下同。

$$\mu_{\text{不可逆}} = \frac{4\mu_0 M_s^2}{3\pi^2 \lambda_s \sigma_0} \cdot \frac{L}{\delta} \tag{2-73}$$

$$\mu_{\text{不可逆}} = \frac{4\mu_0 M_s^2}{9d\sqrt{A_1 K_1}} \cdot \frac{R^2}{\beta} \tag{2-74}$$

以上两式中，各参量的意义与式（2-69）和式（2-72）相同。可见畴壁不可逆位移相联系的磁导率与起始磁导率的表达式基本上是相同的。因此影响 μ_a 与 $\mu_{\text{不可逆}}$ 的因素是完全一致的。

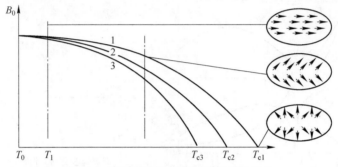

图 2-36　温度对磁体内部磁矩排布的影响

2.7.5　磁化强度与温度的关系及居里温度

前面已指出，磁感应强度 B 为

$$B = \mu_0(H + M)$$

式中，μ_0 为常数。假定磁场 H 维持恒定，B 随温度的变化主要是由磁化强度 M 随温度的变化引起的。过渡族铁磁材料，在一块磁畴内部，相邻原子磁矩间存在交换作用，交换能使相邻原子磁矩同向平行排列，如图 2-36 所示。例如在 T_1 温度下，原子磁矩彼此同向平行排列，因此有比较高的 B 值，随温度的升高，固体中原子热运动加剧，原子热运动是扰乱原子磁矩同向平行排列的一种能量，它和交换能的作用是相反的。

随温度的升高，由于原子热运动能提高，它抵消一部分交换作用能，因此随温度的升高，原子磁矩由彼此平行排列，逐渐转变为不那么平行排列，即温度的升高，原子平行排列的程度逐渐降低。当温度升到某一温度 T_c 时，原子热运动能完全抵消交换作用能，使原子磁矩转变为完全不规则排列，此温度就称为**居里温度**，或称为**居里点**，用 T_c 表示。原子磁矩的不规则排列，就是顺磁性的重要特征。因此，有时也说，**居里点是铁磁性物质在加热时，由铁磁性转变为顺磁性的临界温度**。

不同铁磁性物质的交换能，或者说交换积分常数 A 的大小是不同的。图 2-36

中有三种铁磁性物质,它们的居里温度分别是T_{c1}、T_{c2}和T_{c3},并且$T_{c1} > T_{c2} > T_{c3}$,说明交换积分常数A越大,其居里温度T_c也就越高。随温度升高,磁感应强度降低速度越慢,其温度的稳定性越好。

2.8 交流磁场中的磁化过程与动态磁参量

在有的情况下,磁致伸缩材料是在直流磁场(静态场)下工作的(如位移器),但是大部分是在交流磁场(动态场)下工作的,如水声、电声换能器和超声换能器等。当材料在频率较高的动态磁场下工作时,材料的物理特性,如复数磁导率会出现频散(复数磁导率随频率而变化)、磁感应强度B会降低等多种形式的能量损耗。鉴于大部分磁致伸缩材料工作频率范围为$0.1 \sim 20$kHz,本节不打算讨论频散效应等在特定频率下的现象和相关理论,而仅讨论在频率为$f < 30$kHz下的动态磁导率和能量损耗。

2.8.1 铁磁性材料在交流磁场中的磁化特点

图2-37所示为厚度0.2mm的$Fe_{88}Al_{12}$(质量分数)合金,厚度0.2mm的冷轧薄带(板)的静态磁滞回线和在频率60Hz下的交流(动态)磁化曲线。可见,铁磁材料在直流磁场(静态)回线的面积较小,双角尖锐,H_c较小,但相同成分和状态的样品在交流磁场的频率固定(如60Hz)、改变磁化场的峰值的大小进行磁化时,可以获得一组大小不同的动态磁滞回线。图中1、2、3、4分别是各个磁滞回线的顶点(测量时可在示波器显示)。各个顶点交流磁场的峰值H_m和相应磁感应强度的B_s的峰值B_m分别是1点(H_{m1},B_{m1})、2点(H_{m2},B_{m2})、3点(H_{m3},B_{m3})、4点(H_{m4},B_{m4})等。当交流磁场的峰值增加时,动态回线的面积增加。当交流磁场的峰值增加到H_s时,动态磁滞回线的面积不再增加,

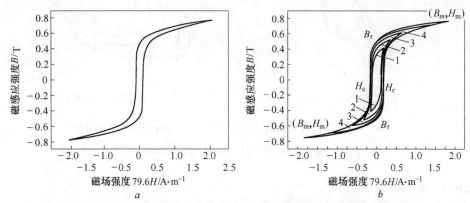

图2-37 $Fe_{88}Al_{12}$(质量分数)合金,厚度为0.2mm的薄板的静态磁滞回线(a)
和在60Hz下交流(动态)磁滞回线(b)[11]

而达到一个稳定的最大的面积，即达到饱和，此时动态磁滞回线就是动态饱和磁滞回线。在动态饱和磁滞回线上的 H_s 和 B_s 分别称为动态饱和磁场强度 H_s 和动态饱和磁感应强度 B_s，而 B_r 和 H_c 分别称为材料的动态剩余磁感应强度和动态矫顽力。图 2-37b 动态磁滞回线的 0-1-2-3-4-H_m 的连线称为动态磁化曲线。在动态磁化曲线上，任意点的 B_{mi} 和 H_{mi} 的比值称为振幅磁导率 μ_m

$$\mu_m = \frac{B_{mi}}{\mu_0 H_{mi}} \tag{2-75}$$

由图 2-37 可以看出，铁磁材料的动态磁滞回线随频率的提高而发生很大变化：

（1）在直流磁场中磁化，当磁化场较弱时，静态磁滞回线可能是一条直线，但在动态下，尽管在弱磁场下，动态磁滞回线也是一个回线。

（2）在动态下随频率的增加，在相同磁场下，其磁感应强度 B 值降低。

（3）随频率的提高，动态磁滞回线双角由锐角变为圆角，逐渐失去双角性。

（4）随频率的增加，动态回线的倾斜度逐渐变小，表明动态磁导率随频率的提高而降低。

（5）在磁化磁场强度相同的情况下，随频率的提高，动态磁滞回线的面积随频率的提高而明显增大，如图 2-38 所示。原因是静态磁滞回线的面积仅反映了铁磁材料的磁滞损耗，而动态磁滞回线的面积除了反映磁滞损耗外，还反映了涡流损耗和其他损耗。

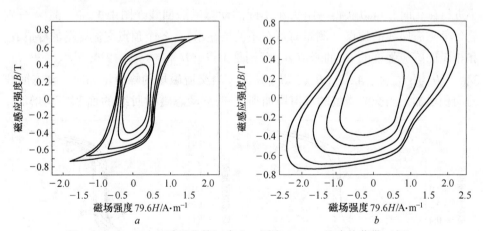

图 2-38 $Fe_{88}Al_{12}$（质量分数）合金，厚度 0.2mm 的冷轧薄带（板）

在频率为 1kHz（a）和 4kHz（b）下的动态磁滞回线[11]

2.8.2   动态磁导率

在交变磁场下测得的磁导率，称为动态磁导率。由于材料的使用条件和测量条件不同，可以有各种不同的动态磁导率，如复数磁导率、峰值磁导率、有效磁

导率、电感磁导率、脉冲磁导率等。在这里仅讨论复数磁导率。

当交变场按正弦规律变化时，即

$$H = H_m \sin\omega t \qquad (2\text{-}76)$$

如果是在低场或低频的情况下，则 B 的变化也基本上保持正弦规律，所不同的是 B 落后 H 一个 δ 角（图 2-39），即

$$B = B_m \sin(\omega t - \delta) \qquad (2\text{-}77)$$

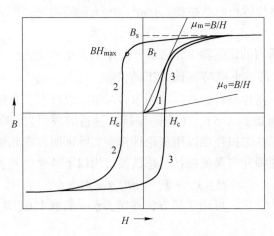

图 2-39 起始磁化曲线与磁滞回线及相应的磁参量

根据欧拉公式和磁导率的定义，可得复数磁导率为

$$\tilde{\mu} = B/H = \frac{B_m \exp[i(\omega t - \delta)]}{H_m \exp(i\omega t)}$$

$$= \mu_p \cos\delta - i\mu_p \sin\delta$$

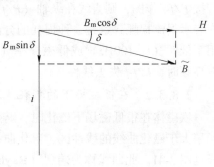

图 2-40 B 与 H 的矢量图

$$\tilde{\mu} = \mu_1 - i\mu_2 \qquad (2\text{-}78)$$

式中，$\mu_p = B_m/H_m$，称为峰值磁导率。$\mu_1 = \mu_p \cos\delta$ 为复数磁导率的实数部分，它是与 H 同位相的 B 的分量与 H 的比值，见图 2-40。它相当于直流磁场下的磁导率。它与磁性材料存储的能量成正比，即

$$\text{存储能量} = \frac{1}{2}\mu_1 H^2 = \frac{1}{2}\mu_p \cos\delta H^2 \qquad (2\text{-}79)$$

它与固体弹性变形时所存储的弹性能相似，因此 μ_1 又称为弹性磁导率。$\mu_2 = \mu_p \sin\delta$ 是复数磁导率的虚数部分，它表示磁性材料在交变磁场中磁化时能量的损耗，因此 μ_2 又称为黏性磁导率。其中 δ 角的正切 $\tan\delta$ 称为**损耗角**。这说明磁性材料在交流磁场中磁化时既有能量的损耗，也有能量的存储。

2.8.3 铁磁材料在交流磁场中的能量损耗

各种电声、超声、水声换能器铁芯在使用时要发热，它表明磁性材料在交变场中使用时要发生能量损耗，这一损耗称为铁芯损耗（简称铁损或磁损）。换能器由于导线发热造成的能量损耗称为铜损。磁性材料的铁芯损耗包括三部分，即

$$P = P_h + P_e + P_c \tag{2-80}$$

式中，P 为材料单位体积的总损耗，J/m^3；P_h 为磁滞损耗；P_e 为涡流损耗；P_c 为剩余损耗。

这三种损耗所占的比例随工作磁场和频率的大小而变化。

2.8.3.1 在高、中磁场，低频下的铁损

在换能器中，磁性材料常在频率为 $50 \sim 500Hz$ 以及中、高磁场下工作。工作磁通密度一般达到 $0.2 \sim 1.5T$，工作磁场接近材料的矫顽力。在这一磁场下，磁导率已不是常数，铁芯损耗难以用理论计算。实际证明，在此情况下，剩余损耗甚微，主要是磁滞损耗与涡流损耗。总铁损可用以下经验公式表示，即

$$P = P_h + P_e = \eta B_m^n f + \xi B_m^2 f^2 \tag{2-81}$$

式中，η、ξ 和 n 为常数，可用实验方法测定。η 一般取 1.6，B_m 为工作磁感，式（2-81）也可写成

$$\frac{P}{f} = \eta B_m^n + \xi B_m^2 f \tag{2-82}$$

若按 P/f-f 作图，则直线在纵轴（P/f）的截距表示每周的磁滞损耗，而直线的斜率表示涡流损耗。这是一种损耗的分离法。但一般来说，这种损耗分离方法仅适用于低频（$f \approx 100Hz$）或低磁导率（小于 5000）的材料。对于高磁导率材料或在高频时，P/f-f 失去线性。

2.8.3.2 在低磁场下的损耗

铁磁体在很低磁场下磁化时，畴壁位移是可逆的，磁化曲线呈线性。当磁化场稍大于磁化曲线的线性区，磁化曲线便失去线性。这时反复磁化一周的磁滞回线见图 2-41。此回线称为**瑞利（Rayliegh）磁滞回线**。根据约旦（Jorden）和列格（Legg）的工作，在瑞利区材料的铁芯损耗为

$$\frac{R}{\mu f L} = 2\pi \frac{\tan\delta}{\mu} = aB_m + ef + c \tag{2-83}$$

式中，$\tan\delta$ 为损耗角因子；δ 为 B 和 H 的相位差；R 为相应于铁芯损耗的有效电阻；L 为铁芯线圈的自感系数；f 为测量频率；μ 为磁导率；式（2-83）右边第一项为反复磁化一周的磁滞损耗，它与磁感应强度的振幅 B_m 成正比；a 为磁滞损耗系数；第二项为反复磁化一周的涡流损耗，它与频率成正比；e 为涡流损耗系数。第三项为剩余损耗。

式（2-83）左边的量可用电桥法测量。测量在不同频率 f 和不同磁感应强度 B_m 下的 R 和 L，可得到如图 2-42 所示的损耗曲线图。由曲线的斜率得到 e 的大小。各曲线外推到 $f=0$ 时的纵轴上的截距，即是 $aB_m + c = \left(\dfrac{R}{\mu L f}\right)_{f=0}$，如图 2-42b 所示。再由 $aB_m + c$ 对 B_m 的斜率和纵轴的截距可得出 a 和 c。这种将损耗系数分离出来的方法称为约旦损耗分离法。表 2-13 所示为几种常用的磁性材料在低频时的各种损耗系数值。

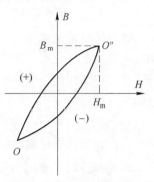

图 2-41 瑞利区磁滞回线

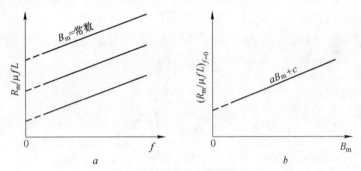

图 2-42 磁性材料损耗的分离方法

a—B_m＝常数的损耗曲线；b—$\dfrac{R}{\mu f L} = aB_m + c$ 相对于 B_m 的曲线

表 2-13 常用磁性材料的低频损耗

材 料	材料尺寸	μ_0	$e \times 10^9$	$a \times 10^6$	$c \times 10^6$
羰基铁粉芯	5μm	13	1	5	60
钼坡莫合金片	0.001in	13000	10	2	0
钼坡莫合金粉芯	120 目	125	19	1.6	30
钼坡莫合金粉芯	400 目	14	7	11	140
锰锌铁氧体	—	1500	0.3	1.6	4.8
镍锌铁氧体	—	200	0.2	7	—
$CuFe_2O_4$	—	8	44	2.5	6300
$NiFe_2O_4$	—	12	3.3	450	1800
$MgFe_2O_4$	—	6	0.8	730	5800
$MnFe_2O_4$	—	100	2	45	400
$Cu_{0.1}Zr_{0.6}Fe_2O_4$	—	1000	3	—	400

注：1in＝25.4mm。

2.8.3.3   磁滞损耗

铁磁体反复磁化一周，由磁滞现象所造成的损耗，称为**磁滞损耗**，它与磁滞回线的面积成正比。一般情况下，磁滞回线不能用数学式来描述，因此难以用积分法求得磁滞损耗。但是在瑞利区，$B\text{-}H$ 曲线存在两个简单的实验规律。磁化曲线的实验规律为

$$B = \mu_a H + bH^2 \tag{2-84}$$

式中，μ_a 为起始磁导率；b 为瑞利常数。

磁滞回线的实验规律为：

$$B = (\mu_a + bH_m) \pm \frac{1}{2}b(H_m^2 - H) \tag{2-85}$$

式中，H_m 为回线的最大磁化场。"+" 表示回线的上支，"−" 表示回线的下支，如图 2-41 所示，回线的面积代表了反复磁化一周材料的单位体积的磁滞损耗，即

$$P_h = \oint H dB$$

$$P_h = \int_{(\text{上})+B_m}^{-B_m} H dB + \int_{(\text{下})-B_m}^{+B_m} H dB \tag{2-86}$$

式（2-85）代入式（2-86），并经积分和化简得

$$P_h = \frac{4}{3}bH_m^3 \tag{2-87}$$

单位体积的磁滞损耗功率为

$$P_h = \frac{4}{3}fbH_m^3 \tag{2-88}$$

在中、高磁场下，磁滞损耗不能用式（2-87）表示。实践证明，在中、高磁场下，磁滞损耗可用经验公式来描述，即

$$P_h = f\eta B_m^{1.6} \tag{2-89}$$

式中，η 为常数。

2.8.3.4   涡流损耗与趋肤效应

当铁磁体在交变场中磁化时，铁磁体内部的磁通也周期性变化。在围绕磁通反复变化的回路中出现感应电动势，因而形成涡流。感应电流（涡流）所引起的损耗称为涡流损耗。

设一圆柱状的铁磁体，如图 2-43 所示，若沿轴向均匀磁化到 M，在圆柱体内 B 和感应电动势均匀分布时，根据电磁感应和欧姆定律可以求单位体积的涡流损耗为

$$P_e = \mu_a r_0^2 f^2 / 8\rho \tag{2-90}$$

该式说明涡流损耗 P_e 与交流磁场的频率的平方成正比，而与材料的电阻率成反比。

上式并没有考虑畴壁位移对涡流损耗的影响，实际上涡流损耗与畴壁位移有密切关系。假定圆柱体分为两个平行的180°畴，其内部畴的半径为 R，见图2-43。当磁化场方向与内部畴的磁矩方向一致时，则畴壁向外位移。如果把畴壁位移引起的 M 的变化对涡流损耗的影响考虑进去，则得到单位体积的涡流损耗为

$$P_e = \frac{\mu_a r_0^2}{2\rho} \left(\frac{dM}{dt}\right)^2 \tag{2-91}$$

式中，μ_a 为磁导率；ρ 为电阻率；$\dfrac{dM}{dt}$ 为由畴壁位移引起的磁化强度变化率。

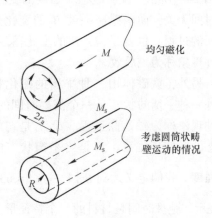

均匀磁化

考虑圆筒状畴壁运动的情况

图2-43　计算涡轮损耗的两种模型

实践证明，按式（2-90）计算的涡流损耗值约为实验值的 25%，按式（2-91）计算的涡流损耗值仍与实验值有差别，这是因为实际材料的畴结构要比图2-43 情况复杂得多。

计算证明，对于厚度为 t 的片状铁磁体，在低频（$f<500\text{Hz}$）磁场下的涡流损耗为

$$P_e = \pi^2 t^2 f^2 B_m^2 / 6\rho \tag{2-92}$$

可见，涡流损耗除了与交变场的频率 f、交变场的大小有关外，还与材料的尺寸（厚度 t）和电阻率 ρ 有关。把材料做成薄片状，提高材料的电阻率 ρ，可降低材料的涡流损耗。

铁磁材料在交变磁场下，感应电流（涡流）的磁通总是与外磁通的方向相反，从而使得铁磁体的磁场或磁通分布不均匀。铁磁体的表面磁场高，越向铁磁体内部磁场逐渐减少，这种现象称为趋肤效应。我们把磁场振幅减小到表面磁场振幅（$H=H_m e^{iwt}$）的 $1/e$ 倍的深度，称为**趋肤深度**，用 d_s 表示，即

$$d_s = 503 \sqrt{\frac{\rho}{\mu f}} \tag{2-93}$$

式中，ρ 的单位是 $\Omega \cdot m$；d_s 的单位是 m。

表面趋肤深度 d_s 与 ρ、μ、f 有关。频率越高，趋肤深度 d_s 越小。为使磁化均匀，应使 $d_s \approx 0.5t$（t 为材料的厚度）。当磁化场的频率很高时，磁化场变得十分不均匀，从而使在一定磁场下，磁性材料的磁感应强度 B 降低，磁导率也降低。这时试样所表现出来的磁导率称为表观磁导率或有效磁导率。在这种情况下，涡

流损耗不能用式（2-91）和式（2-92）来描述。

2.8.3.5　剩余损耗

从总损耗中扣除磁滞损耗 P_h 与涡流损耗 P_e 所剩余的那一部分损耗，称为**剩余损耗** P_c。软磁铁氧体一般在高频或超高频下使用，而金属磁性材料一般在低频下使用。在低频磁场中，剩余损耗主要由磁后效引起。

设在外磁场 H_s 作用下，铁磁体已磁化到 B_s。在去掉外磁场的瞬间，磁感应强度降低到 B'，而经过一段时间后才逐渐地降低到 B_r，如图 2-44 所示。说明磁感应强度的变化量 B_1 与时间无关，而磁感应强度 B_2 的变化是一个时间的过程，也就是说，B 的变化落后于 H，这种现象称为磁后效。

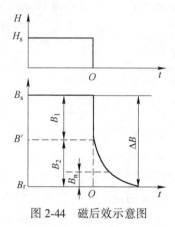

图 2-44　磁后效示意图

另外，铁磁体由一种平衡的磁化状态到另外一种平衡的状态是一个需要时间的过程，这种现象称为磁弛豫过程。设 B_s 是初始磁化状态的磁感应强度，B_r 是终平衡状态的磁感应强度。我们定义达到 $B_r\left(1 - \dfrac{1}{e}\right) = 63.2\%B_r$ 所需要的时间，称为弛豫时间，用 τ 表示。弛豫时间是材料的一个特征量，它表示由一个平衡状态达到另一平衡状态所需要的时间的长短。一般用弛豫时间 τ 或弛豫频率 $\omega_c = \dfrac{1}{\tau}$ 来描述弛豫过程。

引起磁弛豫现象的原因是多方面的。例如，畴壁位移或磁化矢量的转动过程也存在弛豫现象，但这种过程的弛豫时间很短，或者说弛豫频率很高。在金属磁性材料中磁弛豫过程主要不是由这种弛豫过程引起的，而是由磁后效引起的。磁后效实际上是指具有很长弛豫时间的磁弛豫现象。

可以想象，在交变磁场下铁磁体的涡流将是引起磁后效的原因之一。但是实验表明，由涡流引起的磁后效比总后效小得多。图 2-45 所示为 Fe-Ni 软磁合金的总后效与涡流后效的比较。a 曲线是总后效部分 B_n/B_2 与时间的关系；b 曲线是涡流引起的后效部分 B_n/B_2 与时间的关系。它表明涡流不是引起磁后效的主要原因。我们把引起 a 曲线所表示的总后效的主要部分称为磁后效。

在金属磁性材料中，引起磁后效的主要原因有两种，一种称为**李希特（Richter）后效**，第二种称为**约旦（Jorden）后效**。关于这一部分内容，在此不再赘述。

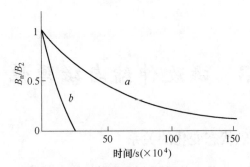

图 2-45　Fe-Ni 合金的 B_n/B_2 与时间的关系

a—总后效部分 B_n/B_2 与时间的关系；b—涡流引起的后效部分 B_n/B_2 与时间的关系

参 考 文 献

[1] Bozorth R M. Ferromagnetism [M]. New York：D. Van Nostrand Company INC，1951.

[2] Li J H, Gao X X, Xie J X, et al. Recrystallization behavior and magnetostriction under precompressive stress of Fe-Ga-B sheets [J]. Intermetallics, 2012, 26：66-71.

[3] Chen C. Magnetism and metallurgy of soft magnetic materials [M]. North-Holland Publishing Company, Amsterdam, New York, Oxford, 1972：33.

[4] Chikazumi S. Physics of magnetism [M]. Syokado Publishing Company, Tokyo Japan, printed in the United States of America, 1964：60.

[5] Kirchmayr H R, Poldy C. Magnetic properties of intermetallic compounds of rare earth metals [J]. Elsevier North-Holland, Inc., Handbook on the Physics and Chemistry of Rare Earths, 1979, 2：55-230.

[6] 李国栋. 物质磁性认识的发展 [J]. 大自然探索, 1985 (2)：131.

[7] 周寿增. 稀土永磁材料及其应用 [M]. 北京：冶金工业出版社, 1990.

[8] Cullity B D. Introduction to magnetic materials [M]. Addison-Wesley Publishing Company Inc, 1972.

[9] 钟文定. 铁磁学 (中册) [M]. 北京：科学出版社, 1992.

[10] 戴导生. 铁磁学 (上册) [M]. 北京：科学出版社. 1992.

[11] 软磁合金手册编写组. 软磁合金手册 [M]. 北京：冶金工业出版社, 1975.

3 磁致伸缩与磁弹性

3.1 磁致伸缩与磁状态变化的关系

物质的磁致伸缩效应是由其磁状态变化引起的[1~3]。下面用一个球状单晶铁磁体磁状态变化引起的磁致伸缩效应来说明。

3.1.1 直接交换作用能引起的磁致伸缩效应

图 3-1a 是球状单晶铁磁体，其晶体取向如箭头所示。假定<100>为易磁化方向，$\lambda_{100} > \lambda_{111}$，当温度在居里温度以上（$T > T_c$）时，原子热运动能 $E_热$ 较大，相邻原子磁矩 μ_J 间彼此不存在直接交换耦合相互作用，因此相邻原子磁矩是无序排列的。当温度降低到居里点 T_c 或 T_c 以下时，对 3d 过渡族金属来说，相邻原子 3d 电子云重叠，相邻 3d 电子以 $10^8/s$ 的频率交换位置。其交换能如式（2-14）所示。它与交换积分常数 A 成正比，并与交换积分常数 A 和原子间距 d 与 3d 电子云半径 r_{3d} 比有关（见图 2-6）。在 $T > T_c$ 时，$E_{ex} \approx 0$，在 $T < T_c$ 时，$E_{ex} \neq 0$，即增加一项能量（交换能）E_{ex}。由式（2-14）可知，A 越大，E_{ex} 越小。交换能是各向同性的，根据能量最小的原理，为了降低交换能，铁磁体的原子间距 a 自发增加，也就是说，铁磁体 $T < T_c$ 时，会产生体积膨胀现象，见图 3-1b，即产生体积磁致伸缩，$w = \dfrac{\Delta v}{v}$。对多数金属与合金交换作用引起的体积伸缩效应 w 很小，其数量级为 $10^{-11} \sim 10^{-13}$。但某些合金，例如因瓦（Invar）合金，如 36% Ni-Fe 合金的 w 可达到 30×10^{-6}。当合金具有负磁致伸缩效应时，并且当 $T < T_c$ 时，产生负体积磁致伸缩，即 w 为负，其原理与正体积磁致伸缩应变相同。

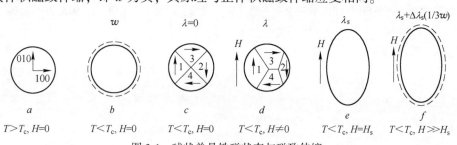

图 3-1　球状单晶铁磁状态与磁致伸缩

在交换能的作用下，球状单晶体会自发磁化到饱和，称为**自发磁化**。根据磁畴理论，如果球状单晶体自发磁化到饱和，它会产生磁极。有磁极就会有退磁场，而产生退磁场能 E_d，为了降低退磁场能，球状单晶体会自发分成磁畴，见图 3-1c。图 3-1c 和图 3-1b 所示磁致伸缩是同时产生的。当外磁场为零时，图3-1c 中磁畴 1、2、3 和 4 的体积相等，形成闭合回路，不产生磁极，处于热退磁状态，$\lambda = 0$。

3.1.2 外磁场中磁化产生的线性磁致伸缩应变

如图 3-1d 所示，沿箭头方向施加磁场 H 时，根据式（2-18），第 1 个磁畴的静磁能（$-\mu_0 M_s H$）最小，第 2 个磁畴的静磁能（$\mu_0 M_s H$）最大，第 3、4 个磁畴的静磁能（$-\mu_0 M_s H \cos\theta$）介于中间。说明在外磁场作用下，第 1 个磁畴要长大，第 2、3、4 个磁畴要缩小，其中第 2 个磁畴缩小速度最大。这种磁畴的缩小与长大，是通过 90° 畴壁的位移来实现的。这时球状单晶体的线性磁致伸缩应变 λ 随外磁场的增加而增加，其 λ-H 的关系曲线见图 1-1。说明线性磁致伸缩应变 λ 是非 180° 畴壁位移的结果。

3.1.3 力致磁致伸缩效应

如图 3-1e 所示，当外磁场增加到 H_s 时，通过畴壁位移，第 1 个磁畴吞并其他 3 个磁畴，即磁化到饱和，也就是说，当外磁场增加到 H_s 时，球状单晶体 λ 也达到 λ_s。尽管 λ 已达到 λ_s，但由于温度仍然远高于 0K，此时原子还有热运动，原子的热运动能使其原子磁矩 μ_J 不可能完全平行于外磁场方向，也就是在磁场增加到 $H=H_s$ 时，球状单晶铁磁体的原子磁矩 μ_J 还是分布在朝向磁场方向的一个立体角的范围内。在此情况下，当把外磁场进一步大大地增加到 $H \gg H_s$ 时，超大的静磁场能进一步克服热运动能，迫使原子磁矩之间的交换作用能 E_{ex} 进一步降低，从而使原子磁矩朝磁场方向的分布角降低，使材料的饱和磁化强度 M_s 升高 ΔM_s，称为 **ΔM_s 效应**。这一效应是由交换能引起的，因此实现体积磁致伸缩效应 w，此效应对线致磁致伸缩应变的贡献是 $1/3w$。此线性磁致伸缩应变又称为**力致磁致伸缩应变**，如图 1-1 和图 3-1f 所示。

3.2 多晶材料线致磁致伸缩应变 λ_s 的表述

设有一个球状非取向多晶铁磁体，从宏观上来说，λ_s 是各向同性的。设 λ_s 是正的，未磁化前此球体的半径为 r_0，此球体在磁场中，沿 x 轴方向磁化到饱和（见图 3-2）。由于线磁致伸缩效应，它会变成一个旋转椭球体。椭球体的长轴为 a，短轴为 b，沿磁场方向的伸长为：

$$\Delta l_s = a - r_0$$

沿平行磁场方向和与磁场成 θ 角方向
的平均线磁致伸缩应变分别为：

$$\left.\begin{aligned}\overline{\lambda}_s &= \frac{a - r_0}{r_0} = \frac{\Delta l_s}{r_0} \\ \overline{\lambda}_\theta &= \frac{r_\theta - r_0}{r_0} = \frac{\Delta l_\theta}{r_0}\end{aligned}\right\} \qquad (3\text{-}1)$$

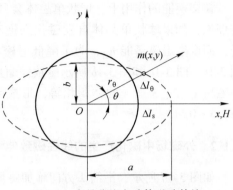

图 3-2 表明，该球体的线性磁致
伸缩应变是随方向即随 θ 角而变化
的，下面求 $\overline{\lambda}_s$ 和 $\overline{\lambda}_\theta$ 与 θ 角的关系。

图 3-2　多晶非取向球体磁致伸缩
变形示意图和相变参数

设坐标原点在球体中心，也就是
在椭球体的中心。磁致伸缩变形后，
在椭圆上的 m 点的坐标为 (x, y)，随 θ 角变化时，$m(x, y)$ 的轨迹应遵循椭圆
的公式，即

$$\frac{x^2}{a^2} + \frac{y^2}{b^2} = 1$$

式中，$x = r_\theta \cos\theta$，$y = r_\theta \sin\theta$，代入上式，并简化后得

$$r_\theta = b \left[1 - \left(1 - \frac{b^2}{a^2} \right) \cos^2\theta \right]^{\frac{1}{2}} \qquad (3\text{-}2)$$

一般铁磁体的线性磁致伸缩应变很小，因而磁致伸缩应变前后体积变化很
小，可忽略不计。当 $\overline{\lambda}_s > 0$ 时，铁磁体沿平行磁场方向伸长，沿垂直磁场方向缩
短。设磁致伸缩前后球体与椭球体的体积相等，即

$$\frac{4}{3}\pi r_0^3 = \frac{4}{3}\pi a b^2$$

$$r_0^3 = a b^2$$

$$b = \sqrt{r_0^3 / a}$$

由于 $a = \Delta l_s + r_0$，所以得

$$\left.\begin{aligned}b &= \sqrt{r_0^3 / a} \\ a &= \Delta l_s + r_0\end{aligned}\right\} \qquad (3\text{-}3)$$

将式 (3-3) 代入式 (3-2) 化简后得

$$r_\theta = b \left[1 - \left(1 - \frac{b^2}{a^2} \right) \cos^2\theta \right]^{\frac{1}{2}} \qquad (3\text{-}4)$$

进一步化简后得

$$r_\theta = r_0 + \frac{1}{2}\Delta l_s (3\cos^2\theta - 1) \qquad (3\text{-}5)$$

将式（3-1）代入式（3-5）化简后得

$$\overline{\lambda}_\theta = \frac{3}{2}\overline{\lambda}_s\left(\cos^2\theta - \frac{1}{3}\right)$$

(3-6)

此式就是多晶非取向球体线性磁致伸缩应变 $\overline{\lambda}_\theta$ 的表达式，它是球体内非取向的各个晶粒线性磁致伸缩应变的平均值。

用上式叮以计算出非取向多晶球状铁磁体在任意 θ 角方向的平均线性磁致伸缩应变。当 $\theta = 0$ 时，即沿磁场方向的线性磁致伸缩应变为 $\overline{\lambda}_{/\!/} = \overline{\lambda}_s$。当 $\theta = 90°$ 时，即垂直于磁场方向的线性磁致伸缩应变为 $\overline{\lambda}_\perp = -\frac{1}{2}\overline{\lambda}_s = \frac{1}{2}\overline{\lambda}_s$。

3.3 立方晶系单晶体的线性磁致伸缩应变表达

3.3.1 立方晶系单晶体线性磁致伸缩应变的方程式

假定 x、y、z 三个坐标轴分别沿立方晶系单晶体的三个晶轴 [100]、[010]、[001] 方向（见图 3-3），磁化方向与观察（测量线性磁致伸缩应变）方向的夹角为 θ。磁场方向与三个晶轴夹角的方向余弦分别为：$\alpha_1 = \cos a_1$，$\alpha_2 = \cos a_2$，$\alpha_3 = \cos a_3$。观察线性磁致伸缩应变与三个晶轴夹角的方向余弦分别为：$\beta_1 = \cos b_1$，$\beta_2 = \cos b_2$，$\beta_3 = \cos b_3$。

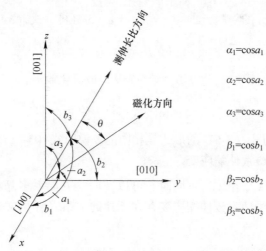

图 3-3 立方晶系单晶体磁场方向与观察方向与三个坐标轴夹角的方向余弦

对立方晶体来说，[100]、[010]、[001] 三个晶体方向的原子排列和原子间距是相同的，这三个晶体方向的线性磁致伸缩应变是相同的，可用 λ_{100} 表示。同理，[111] 晶体方向也一样，可用 λ_{111} 表示。一般情况下，λ_{100} 和 λ_{111} 是不同的，即它的线性磁致伸缩应变是各向异性的。当在理想热退磁状态时，即晶体在

[100]、[$\bar{1}$00]、[010]、[0$\bar{1}$0]、[001]、[00$\bar{1}$] 六个方向磁畴体积相等，也就是说，在任何一个方向上均没有剩磁。根据经验和理论分析可推出单晶体在 θ 角方向的线性磁致伸缩应变 λ_θ 为：

$$\lambda_\theta = \frac{\Delta l}{l} = \frac{3}{2}\lambda_{100}\left(\alpha_1^2\beta_1^2 + \alpha_2^2\beta_2^2 + \alpha_3^2\beta_3^2 - \frac{1}{3}\right) + 3\lambda_{111}(\alpha_1\alpha_2\beta_1\beta_2 + \alpha_2\alpha_3\beta_2\beta_3 + \alpha_3\alpha_1\beta_3\beta_1)$$

$$(3\text{-}7)$$

式中，λ_{100} 和 λ_{111} 分别为沿 [100] 和 [111] 晶体方向的饱和线性磁致伸缩（应变）常数。式 (3-7) 对易磁化方向为 [100] 或 [111] 的立方晶体均有效。在某些文献中，通常把常数写成 $h_1 = \frac{3}{2}\lambda_{100}$，$h_2 = \frac{3}{2}\lambda_{111}$ 的形式，并称为**磁致伸缩系数**。

当 $\theta = 0$ 时，即施加磁场方向与测量磁致伸缩方向相同时，即 $\alpha_1 = \beta_1$，$\alpha_2 = \beta_2$，$\alpha_3 = \beta_3$ 时，式 (3-7) 可以写成：

$$\left.\begin{array}{l}\lambda_{\theta=0} = \dfrac{3}{2}\lambda_{100}\left(\alpha_1^4 + \alpha_2^4 + \alpha_3^4 - \dfrac{1}{3}\right) + 3\lambda_{111}(\alpha_1^2\alpha_2^2 + \alpha_2^2\alpha_3^2 + \alpha_3^2\alpha_1^2) \\[3mm] \lambda_{\theta=0} = \dfrac{3}{2}\lambda_{100}\left(\alpha_1^4 + \alpha_2^4 + \alpha_3^4 + \alpha_4^4 - \dfrac{1}{3}\right) + 3\lambda_{111}(\alpha_1^4 + \alpha_2^4 + \alpha_3^4)\end{array}\right\}\quad(3\text{-}8)$$

通过下列关系，$(\alpha_1^2 + \alpha_2^2 + \alpha_3^2)^2 = (\alpha_1^4 + \alpha_2^4 + \alpha_3^4) + 2(\alpha_1^2\alpha_2^2 + \alpha_2^2\alpha_3^2 + \alpha_3^2\alpha_1^2) = 1$，可以将式 (3-8) 写成：

$$\lambda_{\theta=0} = \lambda_{100} + 3(\lambda_{111} - \lambda_{100})(\alpha_1^2\alpha_2^2 + \alpha_2^2\alpha_3^2 + \alpha_3^2\alpha_1^2) \quad (3\text{-}9)$$

另外，对于各向同性的材料，即 $\lambda_{100} = \lambda_{111} = \lambda_s$ 的材料，式 (3-9) 可简化为：

$$\lambda_{\theta=0} = \frac{\Delta l}{l} = \frac{3}{2}\lambda_s\left[(\alpha_1\beta_1 + \alpha_2\beta_2 + \alpha_3\beta_3)^2 - \frac{1}{3}\right] \quad (3\text{-}10)$$

式 (3-10) 中 $(\alpha_1\beta_1 + \alpha_2\beta_2 + \alpha_3\beta_3)^2 = \cos\theta$，最后化简为：

$$\lambda_{\theta=0} = \frac{3}{2}\lambda_{100} = \frac{3}{2}\lambda_s\left(\cos^2\theta - \frac{1}{3}\right) \quad (3\text{-}11)$$

可见，式 (3-11) 与式 (3-6) 的形式是相同的。说明式 (3-11) 可用来描述各向同性多晶体的线性磁致伸缩应变。

当立方晶体的 λ_{100} 和 λ_{111} 不同时，可以证明立方晶系多晶材料的 $\bar{\lambda}_s$ 与其相应的单晶体材料的线性磁致伸缩应变存在下述的关系（详见文献 [1] 中 262 页的 8.3 节）：

$$\bar{\lambda}_s = \frac{2\lambda_{100} + 3\lambda_{111}}{5} \quad (3\text{-}12)$$

3.3.2　磁致伸缩应变系数$\frac{3}{2}\lambda_{100}$和$\frac{3}{2}\lambda_{111}$的测量

对于磁致伸缩材料的研究，测量磁致伸缩系数十分重要。$\frac{3}{2}\lambda_{100}$ 和 $\frac{3}{2}\lambda_{111}$ 是

材料的重要性质，是磁弹性能耦合能表达式的重要参数，需要准确地测量这些系数。另外，$\frac{3}{2}\lambda_{100}$ 或 $\frac{3}{2}\lambda_{111}$ 也是材料 λ_s 的理论值。

3.3.2.1　测量方法

首先制备单晶体，根据需要切割成某种取向的单晶样品，并进行适当的热处理。例如，可切割成 [001] 或 [110] 或 [211] 取向圆片状样品，样品尺寸可以是直径 10~12mm，厚 3~4mm 的圆片。例如，为测量系数 $\frac{3}{2}\lambda_{100}$ 的数值，首先切 [001] 取向的圆片样品，如图 3-4 所示。然后进行适当的热处理，以使样品处于理想的退磁状态。在 [001] 取向平面上沿 [010] 方向贴应变片，如图 3-4b 所示。沿 [010] 方向施加直流磁场，并测量此方向的磁致伸缩应变 λ_1。然后将圆片样品转动 90°，测量与 [010] 垂直方向，即 [100] 方向的磁致伸缩应变为 $\lambda_{测}=-\lambda_2$，它是垂直磁场方向的应变，因此 λ_2 是负的。

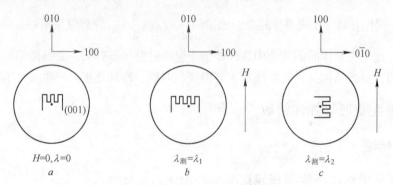

图 3-4　测量 $\frac{3}{2}\lambda_{100}$ 的样品示意图和测量步骤

3.3.2.2　$\frac{3}{2}\lambda_{100}$ 的测量方法

根据图 3-4b，测量 λ 方向与磁场方向均沿样品的 [010] 方向。对照图 3-3 可知，$\alpha_1=\beta_1=0$，$\alpha_2=\beta_2=1$，$\alpha_3=\beta_3=0$，代入式 (3-7)，得 $\lambda_1=\lambda_{100}$，根据图 3-4c，磁场方向沿 [100] 方向，而测量方向沿 [0$\bar{1}$0] 方向，两者夹角 $\theta=90°$，所以 $\alpha_1=\beta_2=1$，$\alpha_2=\alpha_3=0$，$\beta_1=\beta_3=0$，代入式 (3-7)，得 $\lambda_2=-0.5\lambda_{100}$，很显然，$\lambda_1$ 与 λ_2 的差值就是 $\frac{3}{2}\lambda_{100}$ 的理论值。

$$\lambda_1-(-\lambda_2)=\lambda_{100}-(-0.5\lambda_{100})=\frac{3}{2}\lambda_{100} \tag{3-13}$$

例如，对于 $Fe_{85}Ga_{15}$ 和 $Fe_{80}Ga_{20}$ 合金单晶体经 1250℃ 退火 70 天，淬水冷却，

保留 bcc 无序结构（A2 相）。按图 3-4 所示的样品和方法，分别测量它的 λ_1 和 λ_2，就可以得到合金的 $\frac{3}{2}\lambda_{100}$ 数值，如表 3-1 所示。

表 3-1　$Fe_{85}Ga_{15}$ 和 $Fe_{80}Ga_{20}$ 合金单晶体 $\frac{3}{2}\lambda_{100}$ 的测量值

合金成分	λ_1	λ_2	$\frac{3}{2}\lambda_{100}=\lambda_1-(-\lambda_2)$
$Fe_{85}Ga_{15}$ 单晶	75×10^{-6}	-120×10^{-6}	195×10^{-6}
$Fe_{80}Ga_{20}$ 单晶	136×10^{-6}	-164×10^{-6}	300×10^{-6}

$\frac{3}{2}\lambda_{111}$ 数值的测量方法和原理与 $\frac{3}{2}\lambda_{100}$ 的相同，在此不再赘述。

$\frac{3}{2}\lambda_{100}$ 和 $\frac{3}{2}\lambda_{111}$ 的理论值与实际测量值是否一致，与样品是否处于理想退磁状态有关。不同作者对于相同成分的合金测量的 $\frac{3}{2}\lambda_{100}$ 或 $\frac{3}{2}\lambda_{111}$ 的数值是不一致的，有较大差别。这与测量样品的畴结构是否处于理想的退磁状态有关，而显微结构也会影响畴结构，显微结构又与热处理工艺（温度、时间、冷却速度、气氛等）有关。

3.4　弹性变形与弹性常数

3.4.1　概述

材料的磁致伸缩应变在弹性变形的范围内。材料的弹性变形量为 $10^{-3}\sim10^{-6}$，与线磁致伸缩应变的数量级相当。材料的磁致伸缩应变与材料弹性存在紧密的联系。**材料的弹性模量或弹性越高，磁致伸缩材料能量转换的效率越高**，因此要求其弹性模量或弹性常数要高。另外，弹性软化有利于获得高的磁致伸缩应变。磁弹性耦合与磁致伸缩材料密切关联。本节先讨论弹性变形与弹性常数，在后续的章节讨论磁弹性的耦合，弹性常数与磁致伸缩应变的关联。

3.4.2　材料简单受力的弹性变形与弹性常数

材料的简单受力主要包括拉伸（或压缩）、剪切与水静压（等静压），图 3-5 为这三种弹性变形的原理图。图 3-5a 为拉伸弹性变形；图 3-5b 为剪切弹性变形；图 3-5c 为水静压。如图 3-5a 所示，棒状材料在拉伸应力 σ 的作用下，纵向伸长，横向收缩，纵向弹性应变为 $\varepsilon_{11}=\dfrac{\Delta l}{l}$，应力与应变遵循胡克定律，即

$$\sigma = E \cdot \varepsilon_{11} \tag{3-14}$$

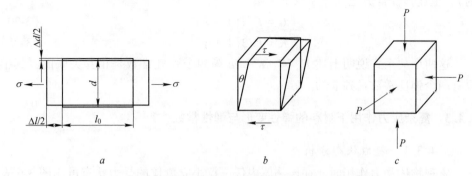

图 3-5　简单受力作用材料的弹性变形原理图

a—拉伸；b—剪切；c—水静压

式中，E 为正应变的弹性模量，一般称为杨氏模量（Young's modulus）。当正应变沿立方结构单晶体的 [100]、[110] 或 [111] 方向时，则其弹性模量可分别表示为 E_{100}、E_{110} 或 E_{111}。σ 的单位为 MPa，E 的单位为 GPa。杨氏模量 E 是材料的重要弹性常数之一。

材料在拉伸应力作用下，横向收缩应变为 $\varepsilon_\perp = \dfrac{\Delta d}{d}$。定义横向收缩应变 $\varepsilon_\perp$ 与纵向伸长应变 $\varepsilon_{//}$ 的负比值，称为泊松比 ν（Poisson's ratio）

$$\nu = -\frac{\varepsilon_\perp}{\varepsilon_{//}} \tag{3-15}$$

它也是材料的弹性常数之一。如图 3-5b 所示，材料的立方体样品在上、下两个面剪切力的作用下产生剪切弹性变形，形变为斜方体。剪切弹性变形的应变 γ 是图中 θ 角的正切（$\tan\theta = \gamma$），切应变与切应力 τ 的关系为

$$\gamma = \frac{\tau}{G} \tag{3-16}$$

式中，G 为**切变模量**（shear modulus），它也是材料的**弹性常数**。

当材料受等静压 P 作用时，水静压力与材料的体积应变 $\dfrac{\Delta V}{V}$ 之比为

$$K = \frac{-P}{\Delta V/V} \tag{3-17}$$

式中，K 称为**体积弹性模量**。水静压力与三个方向压应力的关系为

$$P = -(\sigma_{11} + \sigma_{22} + \sigma_{33})/3 \tag{3-18}$$

其体积应变为

$$\Delta V/V = \varepsilon_{11} + \varepsilon_{22} + \varepsilon_{33} \tag{3-19}$$

由弹性力学可以证明，对于各向同性材料（无取向多晶体材料是各向同性

的），上述弹性常数之间存在以下关系

$$G = E/2(1 + \nu) \tag{3-20}$$

$$K = E/3(1 + \gamma) \tag{3-21}$$

这两个关系式说明上述 E、G、K 和 ν 等四个弹性常数是相互关联的，其中只有两个弹性常数是独立的。

3.4.3 复杂应力作用下材料的弹性变形与弹性常数[4~6,19]

3.4.3.1 受力状态分析

宏观物体受力作用时，在该物体内任一点小立方体的受力状态可用图 3-6 表示。小立方体的三个棱边分别与坐标 x、y、z 轴平行，可见小立方体受到三个正应力和六个切应力张量的作用。为便于后面的叙述，这里用 1、2、3 分别代表 x、y、z 轴，见图 3-6b。该小立方体受力状态如表 3-2 和表 3-3 所示。可见，该小立方体受 6 个独立的应力张量的作用。

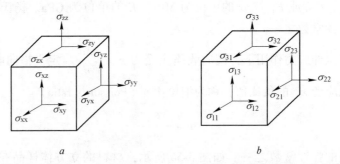

图 3-6　材料在外力作用下，其内部任意一个小立方体（多晶或单晶）受力状态示意图

表 3-2　三个独立正应力张量和相应的正应变张量的关系

正应力张量	正应变张量
$\sigma_{xx} = \sigma_{11} = \sigma_1$	$\varepsilon_{xx} = \varepsilon_{11} = \varepsilon_1$
$\sigma_{yy} = \sigma_{22} = \sigma_2$	$\varepsilon_{yy} = \varepsilon_{22} = \varepsilon_2$
$\sigma_{zz} = \sigma_{33} = \sigma_3$	$\varepsilon_{zz} = \varepsilon_{33} = \varepsilon_3$

表 3-3　三个独立切应力张量和相应的切应变张量的关系

剪切力张量	剪切应变张量
$\sigma_{yz} = \sigma_{zy} = \sigma_{23} = \sigma_{32} = \sigma_4 \ (\tau_4)$	$\varepsilon_4 \ (\gamma_4 \text{ 或 } \gamma_{23})$
$\sigma_{zx} = \sigma_{xz} = \sigma_{31} = \sigma_{13} = \sigma_5 \ (\tau_5)$	$\varepsilon_5 \ (\gamma_5 \text{ 或 } \gamma_{13})$
$\sigma_{xy} = \sigma_{yx} = \sigma_{12} = \sigma_{21} = \sigma_6 \ (\tau_6)$	$\varepsilon_6 \ (\gamma_6 \text{ 或 } \gamma_{12})$

由于 $\sigma_{xx} = \sigma_{11} = \sigma_1$，$\sigma_{yy} = \sigma_{22} = \sigma_2$，$\sigma_{zz} = \sigma_{33} = \sigma_3$，在三个独立的剪切应力张量

中，也可用双数角标和单数角标表示，即 $\sigma_{23} = \sigma_4(\tau_4)$，$\sigma_{13} = \sigma_5(\tau_5)$，$\sigma_{21} = \sigma_6(\tau_6)$，其中双数角标中第一个数表示切应力所在平面的法线方向，第二个数表示切应变的方向。它们的对应关系如表3-3所示。由于 σ_4，σ_5 和 σ_6 是切应力，可用 τ_4 代替 σ_4，τ_5 代替 σ_5，τ_6 代替 σ_6。同样，相应的切应变也可用 γ_4 代表 ε_4，γ_5 代表 ε_5，γ_6 代表 ε_6。

3.4.3.2 各向异性材料在复杂应力作用下的弹性变形和广义胡克定律 (Hooke's Law)

各向异性材料，如三斜晶体，或对称不高的多晶体材料均属于各向异性材料。这种材料受到如图3-6所示复杂应力（3个正应力张量和3个切应力张量）作用时，各向异性材料中，正应力（σ_1，σ_2 和 σ_3）不仅可引起正应变，也可引起切应变；同样，切应力（$\sigma_4(\tau_4)$、$\sigma_5(\tau_5)$ 和 $\sigma_6(\tau_6)$）不仅可引起切应变，也可引起正应变。3个正应力张量和3个切应力张量的弹性变形，可用广义的胡克定律来描述。人们在长期的科技实践和理论分析中发现，"在弹性限度范围内，物体内任意一点的应变分量和该点的应力分量之间存在线性关系"。参考式(3-14)，完全各向异性材料，在复杂应力作用下，其6个应力张量与6个应变张量间，遵循下式的规律，即

$$\sigma_i = \sum_{j=1}^{6} c_{ij}\varepsilon_j \qquad (3-22)$$

式中，$i=1$、2、3、4、5、6。c_{ij} 称为材料的弹性刚度常数（常称为弹性常数或弹性系数）。式(3-22)可以写成以下矩阵的形式：

$$
\begin{bmatrix} \sigma_1 \\ \sigma_2 \\ \sigma_3 \\ \sigma_4 \\ \sigma_5 \\ \sigma_6 \end{bmatrix} =
\begin{bmatrix}
c_{11} & c_{12} & c_{13} & c_{14} & c_{15} & c_{16} \\
c_{21} & c_{22} & c_{23} & c_{24} & c_{25} & c_{26} \\
c_{31} & c_{32} & c_{33} & c_{34} & c_{35} & c_{36} \\
c_{41} & c_{42} & c_{43} & c_{44} & c_{45} & c_{46} \\
c_{51} & c_{52} & c_{53} & c_{54} & c_{55} & c_{56} \\
c_{61} & c_{62} & c_{63} & c_{64} & c_{65} & c_{66}
\end{bmatrix}
\begin{bmatrix} \varepsilon_1 \\ \varepsilon_2 \\ \varepsilon_3 \\ \varepsilon_4 \\ \varepsilon_5 \\ \varepsilon_6 \end{bmatrix} \qquad (3-23)
$$

式(3-22)和式(3-23)是等同的。

同样的道理，在弹性限度范围内，各向异性材料的应变张量 ε_i 与应力张量 σ_i 也存在以下关系：

$$\varepsilon_i = \sum_{j=1}^{6} s_{ij}\sigma_j \qquad (3-24)$$

式中，$i=1$、2、3、4、5、6。s_{ij} 称为弹性柔性常数或弹性柔性系数，它们也是描述材料弹性能的弹性常数。

同理，式(3-24)也可以写成张量矩阵的形式：

$$
\begin{bmatrix} \varepsilon_1 \\ \varepsilon_1 \\ \varepsilon_1 \\ \varepsilon_1 \\ \varepsilon_1 \\ \varepsilon_1 \end{bmatrix} = \begin{bmatrix} s_{11} & s_{12} & s_{13} & s_{14} & s_{15} & s_{16} \\ s_{21} & s_{22} & s_{23} & s_{24} & s_{25} & s_{26} \\ s_{31} & s_{32} & s_{33} & s_{34} & s_{35} & s_{36} \\ s_{41} & s_{42} & s_{43} & s_{44} & s_{45} & s_{46} \\ s_{51} & s_{52} & s_{53} & s_{54} & s_{55} & s_{56} \\ s_{61} & s_{62} & s_{63} & s_{64} & s_{65} & s_{66} \end{bmatrix} \begin{bmatrix} \sigma_1 \\ \sigma_2 \\ \sigma_3 \\ \sigma_4 \\ \sigma_5 \\ \sigma_6 \end{bmatrix} \tag{3-25}
$$

式 (3-24) 和式 (3-25) 也是等同的。

上述式 (3-23) 和式 (3-25) 说明完全各向异性材料的弹性变形行为需要用 36 个弹性常数来描述。

3.4.3.3 立方结构多晶材料与单晶材料的弹性变形与弹性常数

立方结构 (包括 sc、bcc、fcc) 非取向多晶体的各个晶体的晶体方向是混乱取向的, 在宏观上它表现为各向同性。因为它是许多各向异性晶粒的弹性行为的平均结果 (可以视为准各向同性)。但是立方结构的单晶体中, 沿不同晶体方向 (如 [100]、[110] 和 [111] 晶体方向) 原子排列的密度不同, 原子间的键合力或键合能不同, 导致了沿不同的晶体方向有不同的弹性行为。因此描述立方结构单晶体的弹性行为需要用各向异性材料的广义胡克定律来描述。为了便于讨论, 将表 3-2 和表 3-3 中的双数角标的正应力张量 (σ_{11}, σ_{22}, σ_{33}), 正应变张量 (ε_{11}, ε_{22}, ε_{33}), 切应力张量 (τ_{23}, τ_{13}, τ_{12}), 切应变张量 (γ_{23}, γ_{13}, γ_{12}) 代入式 (3-23), 并写成线性关系的胡克定律形式, 则得:

$$
\left. \begin{aligned}
\sigma_{11} &= c_{11}\varepsilon_{11} + c_{12}\varepsilon_{22} + c_{13}\varepsilon_{33} + c_{14}\gamma_{23} + c_{15}\gamma_{13} + c_{16}\gamma_{12} \\
\sigma_{22} &= c_{21}\varepsilon_{11} + c_{22}\varepsilon_{22} + c_{23}\varepsilon_{33} + c_{24}\gamma_{23} + c_{25}\gamma_{13} + c_{26}\gamma_{12} \\
\sigma_{33} &= c_{31}\varepsilon_{11} + c_{32}\varepsilon_{22} + c_{33}\varepsilon_{33} + c_{34}\gamma_{23} + c_{35}\gamma_{13} + c_{36}\gamma_{12} \\
\tau_{23} &= c_{41}\varepsilon_{11} + c_{42}\varepsilon_{22} + c_{43}\varepsilon_{33} + c_{44}\gamma_{23} + c_{45}\gamma_{13} + c_{46}\gamma_{12} \\
\tau_{13} &= c_{51}\varepsilon_{11} + c_{52}\varepsilon_{22} + c_{53}\varepsilon_{33} + c_{54}\gamma_{23} + c_{55}\gamma_{13} + c_{56}\gamma_{12} \\
\tau_{12} &= c_{61}\varepsilon_{11} + c_{62}\varepsilon_{22} + c_{63}\varepsilon_{33} + c_{64}\gamma_{23} + c_{65}\gamma_{13} + c_{66}\gamma_{12}
\end{aligned} \right\} \tag{3-26}
$$

在式 (3-26) 中有 36 个不同的弹性常数 c_{ij}, 但是由于立方晶体结构的对称性较高, 它的正应力不能产生切应变, 切应力也不能产生正应变, 因此凡是 $i \neq j$ > 3, $c_{ij} = c_{ji} = 0$, 如 $c_{14} = c_{41} = c_{15} = c_{51} = c_{16} = c_{61} = c_{24} \cdots = 0$, 即它们都等于零。另外, 沿立方晶体的 [100]、[010]、[001] 方向是等同的, 即 $c_{11} = c_{22} = c_{33}$, 同理 c_{44} $= c_{55} = c_{66}$, $c_{12} = c_{13} = c_{23}$。这样, 描述立方结构单晶体的弹性行为的线性方程式可将式 (3-26) 简化为下式:

$$
\left.\begin{array}{l}
\sigma_{11} = c_{11}\varepsilon_{11} + c_{12}\varepsilon_{22} + c_{12}\varepsilon_{33} \\
\sigma_{22} = c_{12}\varepsilon_{11} + c_{11}\varepsilon_{22} + c_{12}\varepsilon_{33} \\
\sigma_{33} = c_{12}\varepsilon_{11} + c_{12}\varepsilon_{22} + c_{11}\varepsilon_{33} \\
\tau_{23} = c_{44}\gamma_{23} \\
\tau_{13} = c_{44}\gamma_{13} \\
\tau_{12} = c_{44}\gamma_{12}
\end{array}\right\} \tag{3-27}
$$

式（3-27）说明描述立方单晶体的弹性行为仅需要三个独立的弹性参数，即 c_{11}、c_{12} 和 c_{44}。由式（3-27）可以看出，$(c_{11}-c_{12})/2$ 代表的是 {010} 面沿 <100>方向剪切变形的抗力，因此它等价于 c_{44}，即

$$
(c_{11} - c_{12})/2 = c_{44} \tag{3-28}
$$

实际上，c_{44} 是代表立方晶体剪切面 {100} 沿<010>方向剪切变形的抗力。

同理，立方结构单晶体的弹性柔性常数也只有三个，即 s_{11}、s_{12} 和 s_{44}，它们与独立的弹性常数有以下关系：

$$
c_{11} = \frac{s_{11} + s_{12}}{(s_{11} - s_{12})(s_{11} + 2s_{12})} \tag{3-29}
$$

$$
c_{12} = \frac{-s_{12}}{(s_{11} - s_{12})(s_{11} + 2s_{12})} \tag{3-30}
$$

$$
c_{44} = \frac{1}{s_{44}} \tag{3-31}
$$

在文献 [5] 中讨论了立方晶体的各向异性，它给出立方晶体各向异性因子 A 与弹性常数的关系，即

$$
A = \frac{2c_{44}}{c_{11} - c_{12}} \tag{3-32}
$$

当 $A=1$ 时，材料是各向同性的。在立方晶体金属中仅有 W 是各向同性的。当 $A<1$ 时，表明晶体沿<100>棱边是最难变形的，而沿<111>的塑性较好，较容易发生变形。当 $A>1$ 时，沿立方晶体<100>晶体方向的可塑性较好，而沿<111>方向是比较难变形的[7]。

此外，根据式（3-25），参照式（3-26）和式（3-27）相同的处理，也可以得到立方晶体的柔性常数，即

$$
\left.\begin{array}{l}
s_{11} = \dfrac{c_{11} + c_{12}}{(c_{11} - c_{12})(c_{11} + 2c_{12})} \\[3mm]
s_{12} = \dfrac{-c_{12}}{(c_{11} - c_{12})(c_{11} + 2c_{12})} \\[3mm]
s_{44} = \dfrac{1}{c_{44}}
\end{array}\right\} \tag{3-33}
$$

3.4.3.4　立方晶体的泊松比与拉胀行为（AB，auxetic behavior）

式（3-15）表明泊松比是材料样品横向应变 $\varepsilon_\perp$ 与纵向应变 $\varepsilon_{/\!/}$ 的比值。各向同性材料只有一个泊松比，但单晶材料的泊松比可能有两个，它决定于负载方向。当负载沿立方晶体的 [100] 晶体方向，泊松比可表达为

$$\nu_{010} = \nu_{001} = \frac{c_{11}}{c_{11} + c_{12}} \tag{3-34}$$

式中，角标 010 和 001 表示该方向与负载方向 [100] 垂直，c_{11} 和 c_{12} 是立方晶体的弹性常数。

文献 [8] 指出当沿 [110] 方向加负载时，可能有两个泊松比，它们可分别表示为：

$$\nu_{(110,\,1\bar{1}0)} = \frac{R - 2c_{44}}{R + 2c_{44}} \tag{3-35}$$

$$\nu_{(110,\,001)} = \frac{4c_{12}c_{44}}{c_{11}(R + 2c_{44})} \tag{3-36}$$

式中

$$R = c_{11} + c_{12}\left(1 - \frac{c_{12}}{c_{11}}\right) \tag{3-37}$$

式（3-37）表明，当 $R < 2c_{44}$ 时，$\nu_{(110,1\bar{1}0)}$（第一个角标 110 表示负载方向，第二个角标 $1\bar{1}0$ 表示沿此方向的泊松比）是负的，而式（3-36）表示的泊松比 $\nu_{(110,001)}$ 是正的。材料具有负的泊松比的现象，首先由 Evans 等人[9]于 1991 年提出，命名为拉胀现象 AB。

文献 [8] 指出已发现 69% 的立方金属，当沿单晶体的 [110] 方向拉伸时，沿 [1$\bar{1}$0] 方向是膨胀的，即 $\nu_{(110,1\bar{1}0)}$ 是负的，如表 3-4 所示，多数立方金属的 $\nu_{(110,1\bar{1}0)}$ 的负值均很小，部分在 -0.13 以下，$\nu_{(110,1\bar{1}0)}$ 的理论值为 -1.0。Fe-Ga 磁致伸缩材料的 $\nu_{(110,1\bar{1}0)} = -0.7$，是目前发现的具有最大拉胀效应的材料。

表 3-4　某些具有拉胀行为的材料[9]

材　料	晶体结构	$\nu_{(110,1\bar{1}0)}$
Li	bcc	-0.5498
Fe	bcc	-0.0587
Ni	fcc	-0.0676
Cu	fcc	-0.1358
Fe-Ga	bcc	≥-0.75
理论值	bcc	≤-1.0

拉胀效应的原理可用图 3-7 所示的刚性原子模型做定性的说明。可见，当拉

伸力沿［110］方向时，原子 1 和原子 3 之间
（即 001 方向）的距离减小，而原子 5 和原子 6
之间的距离被拉开（膨胀），从而导致
$\nu_{(110, 1\bar{1}0)}$ 具有负值。

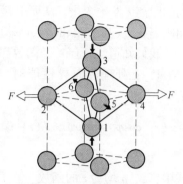

图 3-7　立方金属拉胀行为刚
性原子模型原理图[11]

最近有学者[10]提出拉胀行为的概念性应用
模型，如图 3-8 所示。在压缩力的作用下，紧固
件 F_C 的宽边变窄，允许插入连接件的内孔。当
去除压缩力时，紧固件将变宽，使它牢牢地固
定连接，只有拉伸力的作用，也难以解除连接。
若需要打开它们的连接时，施加压缩力即可。
由于 Fe-Ga 合金具有很高的强度，因此该合金
可以用来制造快速连接的紧固件，而不需要焊接、铆钉等工序。

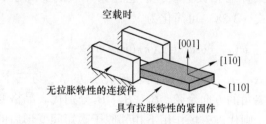
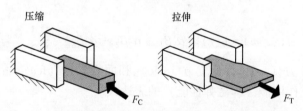

图 3-8　利用拉胀行为来制造快速压缩紧固连接件原理图

3.5　立方结构材料的磁弹性能以及磁致伸缩应变与弹性常数的关联

3.5.1　概述

上面已经指出，铁磁体磁致伸缩应变主要
起源于原子轨道磁矩间，轨道磁矩与自旋磁矩
间，以及自旋交换耦合作用[12]。如图 3-9 所示，
当受到外界因素，如磁场、拉伸（压缩）力、
温度等作用时，原子自旋的交换作用，原子轨
道磁矩自旋磁矩之间相互作用要迫使原子磁矩

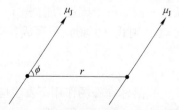

图 3-9　相邻原子磁矩间相互作用
（r 为原子间距；ϕ 为原子磁矩间
μ_J 与 r 之间的夹角）

间的距离 r 发生变化，从而引起相互作用能 w 发生变化。这种能量的变化是原子间距离 r、交换作用和磁致伸缩应变的函数。

我们知道，任何一个函数都可以用勒让德（Legendre）多项式来表示。奈尔（Neel）在处理各向异性能时，首先提出原子磁矩 μ_J 之间相互作用能的表达式[13]，即

$$w(r,\ \cos\phi) = g(r) + L(r)\left(\cos^2\phi - \frac{1}{3}\right) + q(r)\left(\cos^4\phi - \frac{6}{7}\cos^2\phi + \frac{3}{15}\right) + \cdots$$

$$(3-38)$$

式中，g、q 均为 r 的函数。

式（3-38）中第一项是仅与交换能相关的项，它仅对体积磁致伸缩有贡献，对线性磁致伸缩没有贡献，在此忽略不计；第二项是与原子轨道磁矩间，轨道磁矩与自旋磁矩间的相互作用有关的能量项，它是线性磁致伸缩应变的主要来源；第三项也是与线性磁致伸缩相关的项，但它比第二项的贡献小 3~4 个数量级，在此忽略不计。这样式（3-38）可简化为

$$w(r,\ \cos\phi) = L(r)\left(\cos^2\phi - \frac{1}{3}\right)$$

$$(3-39)$$

假定在立方晶体中，α_1、α_2、α_3 分别代表磁化强度 M_s 与三个晶体轴（100，010，001）为坐标的夹角的方向余弦。β_1、β_2、β_3 分别代表晶格变形后原子键合间距夹角的方向余弦，则代表磁场作用下相邻原子磁矩间变形后的磁弹性能表达式为：

$$w(r,\ \phi) = L(r)\left[(\alpha_1\beta_1 + \alpha_2\beta_2 + \alpha_3\beta_3)^2 - \frac{1}{3}\right]$$

$$(3-40)$$

下面讨论简单立方（sc）、体心立方（bcc）和面心立方（fcc）晶体原子磁矩 μ_J 与 r 变化的相互作用能（即磁弹性能）的表达式。

3.5.2　简单立方晶体材料的磁弹性能

设在外磁场作用下，简单立方晶体的应变张量分别为 ε_{xx}、ε_{yy}、ε_{zz}、ε_{xy}、ε_{yz} 和 ε_{zx}，当晶体在磁场作用下引起应变时，每一对原子间同时改变键合方向和长度。例如一个成键方向平行 x 轴的原子对，无应变状态的能量由于 $\beta_1 = 1$、$\beta_2 = 0$、$\beta_3 = 0$，则式（3-40）可写成：

$$w(r,\ \phi) = L(r_0)\left(\alpha_1^2 - \frac{1}{3}\right)$$

$$(3-41)$$

当晶体在磁场作用下发生应变时，其键长由 r_0 变为 $r_0(1 + \varepsilon_{xx})$，键的方向余弦变为 $\beta_1 = 1$、$\beta_2 = \varepsilon_{yy}/2$，$\beta_3 = \varepsilon_{zz}/2$，则原子对的能量式（3-40）的改变量为

$$\Delta w_x = \left(\frac{\partial L}{\partial x}\right)r_0\varepsilon_{xx}\left(\alpha_1^2 - \frac{1}{3}\right) + L\alpha_1\alpha_2\varepsilon_{xy} + L\alpha_3\alpha_1\varepsilon_{zx}$$

$$(3-42)$$

同理，可以求得键长沿 y 轴方向和沿 z 轴方向的键长有相同变化时，其相邻原子对的能量变化分别为：

$$\Delta w_y = \left(\frac{\partial L}{\partial y}\right) r_0 \varepsilon_{yy} \left(\alpha_2^2 - \frac{1}{3}\right) + L\alpha_2\alpha_3\varepsilon_{yz} + L\alpha_1\alpha_2\varepsilon_{xy} \tag{3-43}$$

$$\Delta w_z = \left(\frac{\partial L}{\partial z}\right) r_0 \varepsilon_{zz} \left(\alpha_3^2 - \frac{1}{3}\right) + L\alpha_3\alpha_1\varepsilon_{zx} + L\alpha_2\alpha_3\varepsilon_{yz} \tag{3-44}$$

将简单立方晶体中单位体积内的所有近邻原子对的能量相加，就可得到单位体积的磁弹性能（magnetoelastic energy），用 E_{me} 表示，即

$$E_{me} = b_1\left[\varepsilon_{xx}\left(\alpha_1^2 - \frac{1}{3}\right) + \varepsilon_{yy}\left(\alpha_2^2 - \frac{1}{3}\right) + \varepsilon_{zz}\left(\alpha_3^2 - \frac{1}{3}\right)\right] + b_2(\varepsilon_{xy}\alpha_1\alpha_2 + \varepsilon_{yz}\alpha_2\alpha_3 + \varepsilon_{zx}\alpha_3\alpha_1) \tag{3-45}$$

式中，b_1、b_2 称为磁弹性耦合系数，它们分别为

$$b_1 = N\left(\frac{\partial L}{\partial r}\right) r_0 \qquad b_2 = 2NL \tag{3-46}$$

式中，N 为单位体积内原子磁矩对的数目；r_0 为晶格变形前相邻原子对的键长；$\frac{\partial L}{\partial r}$ 为晶格变形时，键长的变化率。

这说明在磁场作用下，由于磁化强度的变化引起线性磁致伸缩应变张量的变化。应变张量的变化要引起晶体能量的变化，此能量称为磁弹性能，用 E_{me} 表示，单位为 J/m^3。

3.5.3 体心立方晶体与面心立方晶体材料的磁弹性能 E_{me}

同理，可以求出 bcc 和 fcc 晶体材料的磁弹性能 E_{me}。它们的表达式与式（3-45）相同，所不同的是磁弹性能耦合系数 b_1、b_2 不同。

bcc 晶体材料的 b_1 和 b_2 分别为

$$\left.\begin{aligned} b_1 &= \frac{8}{3}NL \\ b_2 &= \frac{8}{9}N\left[L + \left(\frac{\partial L}{\partial r}\right)r_0\right] \end{aligned}\right\} \tag{3-47}$$

fcc 晶体材料的 b_1 和 b_2 分别为

$$\left.\begin{aligned} b_1 &= \frac{1}{2}N\left[6L + \left(\frac{\partial L}{\partial r}\right)r_0\right] \\ b_2 &= N\left[2L + \left(\frac{\partial L}{\partial r}\right)r_0\right] \end{aligned}\right\} \tag{3-48}$$

式（3-47）与式（3-48）中的 N、L、$\frac{\partial L}{\partial r}$、$r_0$ 的含义，与式（3-46）相同。

3.5.4　立方晶体弹性能

式（3-45）表明，立方晶体的磁弹性能 E_{me} 与应变张量 ε_{xx}、ε_{yy}、ε_{zz}、ε_{xy}、ε_{yz} 和 ε_{zx} 呈线性关系。也就是说，磁弹性能随应变张量的增加而线性地增加。因为磁弹性能的出现，使得铁磁体的总能量升高，而变得更加不稳定。为了降低铁磁性立方材料的总能量，立方晶体材料在没有外力作用下会自发地产生弹性变形，产生一项纯弹性能 E_{el}。该能量可表示为

$$
\begin{aligned}
E_{el} = {} & \frac{1}{2}c_{11}(\varepsilon_{xx}^2 + \varepsilon_{yy}^2 + \varepsilon_{zz}^2) + \frac{1}{2}c_{44}(\varepsilon_{xy}^2 + \varepsilon_{yz}^2 + \varepsilon_{zx}^2) + \\
& c_{12}(\varepsilon_{yy}\varepsilon_{zz} + \varepsilon_{zz}\varepsilon_{xx} + \varepsilon_{xx}\varepsilon_{yy})
\end{aligned}
\tag{3-49}
$$

式中，c_{11}、c_{12} 和 c_{44} 是材料的弹性常数。

当磁弹性能 E_{me} 与纯弹性能 E_{el} 相互补偿，使其总能量（$E_{me}+E_{el}$）达到最小值时，达到一个平衡态。

3.5.5　线性磁致伸缩应变与磁弹性常数的关联

铁磁性立方结构晶体材料在磁场作用下，相邻原子对沿键长方向发生应变。实际上是沿磁场方向发生磁致伸缩应变。当沿 β 方向观察（或者说测量）其磁致伸缩应变时，其应变可表达为：

$$
\frac{\partial l}{l} = \varepsilon_{xx}\beta_1^2 + \varepsilon_{yy}\beta_2^2 + \varepsilon_{zz}\beta_3^2 + \varepsilon_{xy}\beta_1\beta_2 + \varepsilon_{yz}\beta_2\beta_3 + \varepsilon_{zx}\beta_3\beta_1
\tag{3-50}
$$

通过磁弹性能 E_{me} 与纯弹性能 E_{el} 的总和，即（$E_{me}+E_{el}$）对应变量的偏微分等于零，即平衡态，即可得到立方晶体材料在平衡状态的应变张量与磁弹性常数之间的关系。用下面的关系式来表示：

$$
\left.
\begin{aligned}
\varepsilon_{xx} &= \frac{b_1}{c_{12} - c_{11}}\left(\alpha_1^2 - \frac{1}{3}\right) \\[2mm]
\varepsilon_{yy} &= \frac{b_1}{c_{12} - c_{11}}\left(\alpha_2^2 - \frac{1}{3}\right) \\[2mm]
\varepsilon_{zz} &= \frac{b_1}{c_{12} - c_{11}}\left(\alpha_3^2 - \frac{1}{3}\right) \\[2mm]
\varepsilon_{xy} &= \frac{b_2}{c_{44}}\alpha_1\alpha_2 \\[2mm]
\varepsilon_{yz} &= \frac{b_2}{c_{44}}\alpha_2\alpha_3 \\[2mm]
\varepsilon_{zx} &= \frac{b_2}{c_{44}}\alpha_3\alpha_1
\end{aligned}
\right\}
\tag{3-51}
$$

将式 (3-51) 代入式 (3-50)，并化简后可得：

$$\frac{\Delta l}{l} = \frac{b_1}{c_{12} - c_{11}}\left(\alpha_1^2\beta_1^2 + \alpha_2^2\beta_2^2 + \alpha_3^2\beta_3^2 - \frac{1}{3}\right) - $$
$$\frac{b_2}{c_{44}}(\alpha_1^2\alpha_2^2\beta_1^2\beta_2^2 + \alpha_2^2\alpha_3^2\beta_2^2\beta_3^2 + \alpha_3^2\alpha_1^2\beta_3^2\beta_1^2) \tag{3-52}$$

如果磁化强度方向沿立方晶体 [100] 方向（即观察方向）时，则 $\alpha_1 = \beta_1 = 1$，$\alpha_2 = \alpha_3 = \beta_2 = \beta_3 = 0$，代入式 (3-52)，则可沿 [100] 方向的线性磁致伸缩应变 λ_{100} 为

$$\lambda_{100} = \frac{2}{3}\frac{b_1}{c_{12} - c_{11}} \quad \text{或} \quad \lambda_{100} = \frac{2}{3}\frac{-b_1}{c_{11} - c_{12}} \tag{3-53}$$

同理，当磁化强度 M_s 沿 [111] 方向时，则 $\alpha_i = \beta_i = \frac{1}{\sqrt{3}}(i = 1, 2, 3)$，代入式 (3-52)，则得到沿 [111] 方向的线性磁致伸缩应变为

$$\lambda_{111} = -\frac{1}{3}\frac{b_2}{c_{44}} \tag{3-54}$$

同理，当磁化强度 M_s 沿 [110] 方向时，则 $\alpha_1 = \beta_1 = \frac{1}{\sqrt{2}}$，$\alpha_3 = \beta_3 = 0$，将此结果和式 (3-53)、式 (3-54) 同时代入式 (3-52)，化简后得

$$\lambda_{110} = \frac{1}{6}\frac{b_1}{c_{12} - c_{11}} - \frac{3}{4}\frac{b_2}{c_{44}} \tag{3-55}$$

以上结果说明，立方晶体在 [100] 方向线性磁致伸缩应变 λ_{100} 与弹性常数 ($c_{12} - c_{11}$) 有关；λ_{111} 与 c_{44} 有关；λ_{110} 同时与 ($c_{12} - c_{11}$) 和 c_{44} 有关。当然，它们均与磁弹性耦合系数 b_1 或 b_2 有关。

表 3-5 和表 3-6 所示分别为纯 Fe、$Fe_{100-x}Ga_x$ 磁致伸缩合金磁致伸缩应变，弹性常数与磁弹性耦合系数的对应关系[14]。它说明磁弹性耦合系数 b_1（或 b_2）对 λ_{100}（或 λ_{111}）有明显的依赖关系。

表 3-5 $Fe_{100-x}Ga_x$ 单晶体室温下的 $\frac{3}{2}\lambda_{100}$ 与 $\frac{1}{2}(c_{11} - c_{12})$ 和 b_1 的关系

材　料	$\frac{1}{2}(c_{11} - c_{12})$/GPa	b_1/MJ·m^{-3}	$\frac{3}{2}\lambda_{100} \times 10^{-6}$
纯 Fe	48	-2.9	30
$x = 5.8$	40	-6.3	79
$x = 13.2$	28	-11.8	210
$x = 17$	21	-13.1	311

材　料	$\frac{1}{2}(c_{11}-c_{12})$/GPa	b_1/MJ·m^{-3}	$\frac{3}{2}\lambda_{100}\times10^{-6}$
$x=18.7$	19.7	−15.6	395
$x=24.1$	9.4	−5.1	270
$x=27.2$	6.8	−4.8	350

表 3-6　Fe$_{100-x}$Ga$_x$单晶体室温下的$\frac{3}{2}\lambda_{111}$与c_{44}与b_2的关系

材　料	c_{44}/GPa	b_2/MJ·m^{-3}	$\frac{3}{2}\lambda_{111}\times10^{-6}$
纯 Fe	116	7.4	−32
$x=8.6$	119	6.4	−27
$x=13.2$	~119	5.7	−24
$x=20.88$	~120	−10.1	42
$x=28.63$	~120	−14.6	61

3.6　立方结构铁磁材料的应力能与应力各向异性

3.6.1　应力能的表述

当立方结构铁磁材料的单晶体同时受到磁场和应力作用时，磁场引起的磁致伸缩应变与应力之间存在相互作用，其相互作用能称为应力能。它也是磁弹性能的一种。当应力和磁场与三个晶轴的关系如图 3-10 所示时，设应力 σ 与三个晶轴夹角的方向余弦分别为 γ_1、γ_2、γ_3，磁场与三个晶轴夹角的方向余弦分别为 α_1、α_2、α_3。

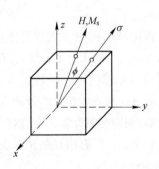

图 3-10　立方结构单晶体同时受应力 σ 和外磁场 H 作用的示意图

磁场引起的磁致伸缩应变张量与应力张量的相互作用，参照式（3-24）和式（3-25）可写成：

$$\left.\begin{array}{l}\varepsilon_{11}=\sigma[s_{11}\gamma_1^2+s_{12}(\gamma_1^2+\gamma_3^2)+\cdots]\\[2mm]\varepsilon_{12}=\sigma\cdot s_{44}\gamma_1\gamma_2\end{array}\right\}\tag{3-56}$$

式中，s_{11}、s_{12}、s_{44} 称为弹性柔性常数（简称弹性常数）。利用与式（3-45）相同的原理，可将应力能表达为

$$E_{\sigma} = b_1\sigma(s_{11} - s_{12})\left(\alpha_1^2\gamma_1^2 + \alpha_2^2\gamma_2^2 + \alpha_3^2\gamma_3^2 - \frac{1}{3}\right) +$$
$$b_2\sigma s_{44}(\alpha_1\alpha_2\gamma_1\gamma_2 + \alpha_2\alpha_3\gamma_2\gamma_3 + \alpha_3\alpha_1\gamma_3\gamma_1) \tag{3-57}$$

利用式（3-53）和式（3-54）中的 b_1 和 b_2 分别与 λ_{111} 和 λ_{100} 之间的关系，再根据 c_{11}、c_{12}、c_{44} 和 s_{11}、s_{12}、s_{44} 之间的关系，见式（3-33），立方晶体的应力能为

$$E_{\sigma} = -\frac{3}{2}\lambda_{100}\sigma\left(\alpha_1^2\gamma_1^2 + \alpha_2^2\gamma_2^2 + \alpha_3^2\gamma_3^2 - \frac{1}{3}\right) -$$
$$3\lambda_{111}\sigma(\alpha_1\alpha_2\gamma_1\gamma_2 + \alpha_2\alpha_3\gamma_2\gamma_3 + \alpha_3\alpha_1\gamma_3\gamma_1) \tag{3-58}$$

例如 Fe，$K_1 > 0$，当 M_s，即 H 沿 [100] 晶向时，$\alpha_1 = 1$，$\alpha_2 = \alpha_3 = 0$，代入式（3-58），则得

$$E_{\sigma} = -\frac{3}{2}\lambda_{100}\sigma\gamma_1^2 \tag{3-59}$$

同理，可得 Fe 的 [010] 和 [001] 方向，当 H 沿该方向时，应力能分别为

$$E_{\sigma} = -\frac{3}{2}\lambda_{010}\sigma\gamma_2^2 \tag{3-60}$$

$$E_{\sigma} = -\frac{3}{2}\lambda_{001}\sigma\gamma_3^2 \tag{3-61}$$

当沿 [111] 方向时，由于有下列关系：$\gamma_1\gamma_2 + \gamma_2\gamma_3 + \gamma_3\gamma_1 = 1/2[(\gamma_1 + \gamma_2 + \gamma_3)^2 - 1]$ 和 $\alpha_1 = \alpha_2 = \alpha_3 = \sqrt{3}/3 = \alpha$，$3\alpha^2 = 1$。利用这些关系，可将式（3-58）写成

$$E_{\sigma} = -\lambda_{111}\sigma 3\alpha^2(\gamma_1\gamma_2 + \gamma_2\gamma_3 + \gamma_3\gamma_1) \tag{3-62}$$

最后得

$$E_{\sigma} = -\lambda_{111}\sigma(\gamma_1\gamma_2 + \gamma_2\gamma_3 + \gamma_3\gamma_1) \tag{3-63}$$

设应力与 [111] 方向的夹角为 ϕ 时，由几何学可知：

$$\cos\phi = \frac{1}{\sqrt{3}}(\gamma_1 + \gamma_2 + \gamma_3)$$

这样，式（3-63）可写成

$$E_{\sigma} = -\frac{3}{2}\lambda_{111}\sigma\cos^2\phi \tag{3-64}$$

如果立方晶体是各向同性的，$\lambda_{111} = \lambda_{100} = \lambda_{110} = \lambda_s$，则式（3-64）适用于各向同性的多晶体材料，则应力能可写成

$$E_{\sigma} = -\frac{3}{2}\lambda_s\sigma\cos^2\phi \tag{3-65}$$

式（3-65）中的 λ_s 是用来描述立方结构非取向多晶体的线磁致伸缩应变的，

将它代入式（3-12），则它可描述各向异性立方结构非取向多晶体的应力能。式中 φ 角是外磁场与应力的夹角。应用式（3-65）可以很好地理解应力对于立方晶体磁化曲线与磁滞回线影响和应力引起的各向异性。

3.6.2 立方结构材料应力引起的各向异性

我们知道，磁场可使铁磁材料磁化，改变其磁化状态，同样，外应力也可以改变铁磁材料的磁化状态。图 3-11 所示为应力对纯 Ni 和 68wt.％Ni-Fe❶坡莫软磁合金磁化曲线（a）和磁滞回线（b）的影响[3]。可见，对于 λ<0 的纯 Ni，$2kg/mm^2$ 的拉伸力可使其磁化曲线和磁滞回线变为扁平，使其磁导率 μ 大大地降低。矫顽力 H_c 大大地提高。然而对于 λ>0 的 68wt.％Ni-Fe 坡莫合金，$2kg/mm^2$ 的拉伸力可使其磁化曲线变陡，其磁导率 μ 可提高数十倍，使其更容易磁化到饱和，使其矫顽力 H_c 大大地降低。造成这种变化的原因是外应力（拉伸力或压缩力）大大地改变了磁畴的结构，如图 3-12a 所示。对于 λ>0 的材料，在拉伸力的作用下，尽管外磁场 H=0，磁化强度 M 或磁矩与拉伸应力平行的磁畴 1 和 2 长大，磁矩与拉伸应力垂直的磁畴 3 和 4 缩小，当拉伸应力提高到 $σ_2$ 时，就可能变成两个磁畴，即 1 磁畴和 2 磁畴。也就是说，对于 λ>0 的材料，沿拉伸力的方向变成了易磁化的方向，而与拉伸力垂直的方向变成难磁化的方向。这一点从图

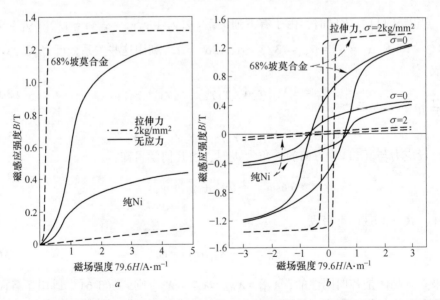

图 3-11　外应力对纯 Ni 和 68wt.％Ni-Fe 坡莫合金的磁化曲线（a）和磁滞回线（b）的变化[15]

---

❶ 质量分数，下同。

3-11 中所示的 68wt.%Ni-Fe 坡莫合金的磁化曲线和磁滞回线的变化可以得到证明。如图 3-12b 所示，$\lambda<0$ 的材料在压缩应力 ($-\sigma$) 作用下的畴结构与图 3-12a 中 ($\lambda>0$) 的材料的畴结构变化正好相反。大量的实验证明材料的磁致伸缩曲线 $\lambda \sim H$ 的变化与材料在应力作用下磁化曲线的变化是相似的，也就是应力也会导致材料的磁致伸缩变成各向异性。由式 (3-65) 可知，应力引起的材料磁致伸缩的各向异性常数为

$$K_\sigma = -\frac{3}{2}\lambda_s\sigma \qquad (3\text{-}66)$$

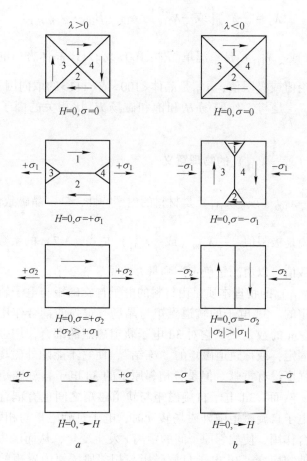

图 3-12 应力对 $\lambda>0$ 材料 (a) 和应力对 $\lambda<0$ 材料 (b) 磁畴结构的影响[1]

对立方结构材料来说，应力引起的材料磁致伸缩各向异性常数 K_σ，也可近似地用材料的弹性常数来描述，即

$$K_\sigma = -\frac{9}{4}\left[(c_{12}-c_{11})\lambda_{100}^2 + 2c_{44}\lambda_{111}^2\right]$$

$$\text{或} \qquad K_\sigma = \frac{9}{4}\left[\,(c_{11} - c_{12})\lambda_{100}^2 - 2c_{44}\lambda_{111}^2\,\right] \tag{3-67}$$

3.7　材料磁致伸缩应变 λ_s 的理论值与影响实际值的因子

磁致伸缩材料的应用在于实现磁弹性与机械能的相互转换。其能量转换效率与材料的弹性模量 E 和磁致伸缩应变平方 λ^2 的乘积成正比，（见式（1-3））。制造磁致伸缩材料的基本目标是要求材料具有大的 λ 和 E。

根据理论分析和经验，实际应用的多晶体磁致伸缩材料的 λ_s 可用下式来表达：

$$\lambda_s = \frac{3}{2}\lambda_{100}\left(\text{或}\frac{3}{2}\lambda_{111}\right)\cdot\alpha_{GO}\cdot\beta_{DO}\cdot\gamma_{(H/H_s)} \tag{3-68}$$

式中，$\frac{3}{2}\lambda_{100}$（或 $\frac{3}{2}\lambda_{111}$）是室温单晶体<100>或<111>晶体方向的线性饱和磁致伸缩应变的理论值或极限值；α_{GO} 是晶体<100>或<111>的取向因子；β_{DO} 是磁畴取向因子；$\gamma_{(H/H_s)}$ 是与工作磁场 H 和饱和磁场 H_s 比相关的因子。下面做简单介绍。

3.7.1　$\frac{3}{2}\lambda_{100}$（或 $\frac{3}{2}\lambda_{111}$）的物理意义

单晶体的 $\frac{3}{2}\lambda_{100}$（或 $\frac{3}{2}\lambda_{111}$）是材料的内禀特性，是多晶磁致伸缩材料 λ_s 的理论值，或者说是极限值。$\frac{3}{2}\lambda_{100}$（或 $\frac{3}{2}\lambda_{111}$）是式（3-7）的系数，称为磁致伸缩系数，它的数值可以由测量确定。测量方法见 3.3.2 节。

λ_{100}（或 λ_{111}）的物理本质是由材料的电子自旋磁矩与电子轨道磁矩之间的耦合作用来决定的。3d 电子的轨道磁矩与晶场有很强的耦合作用。晶场的数量级可达到 10^9 A/m 的数量级。它对 3d 电子轨道磁矩的耦合作用强大到足以使轨道磁矩牢牢地固定，或称轨道磁矩的 "冻结"，使它不能随外磁场而转动，所以它对材料磁化强度没有贡献。但是，相邻原子的 3d 电子自旋磁矩是可以随着外磁场而转动的。然而，3d 电子自旋磁矩与轨道磁矩之间也有耦合作用。在外磁场的作用下，电子自旋磁矩随外磁场转动时，电子自旋磁矩与相邻原子 3d 电子轨道磁矩的耦合作用，使相邻原子间的距离 r 发生变化，从而产生一种磁弹耦合能和产生磁致伸缩应变。3d 电子自旋磁矩与相邻原子轨道磁矩的耦合作用和电子结构，尤其是与外层电子组态有关。这就是添加元素可以提高（或改变）Fe 基合金磁致伸缩的重要原因。

3.7.2　晶体取向因子 α_{GO}

单晶体的磁致伸缩有明显的各向异性，沿晶体的不同晶体方向的磁致伸缩应变显著不同，称为磁致伸缩各向异性。这种各向异性与磁晶各向异性是密切相关的。表 3-7 所示为几种材料单晶体 λ_{100} 和 λ_{111} 的数值。可见，$TbFe_2$ 和 $DyFe_2$ 的 λ_{111} 几乎是 λ_{100} 的 2 倍，$Fe_{81.9}Ga_{19.1}$ 的 λ_{100} 是 λ_{111} 的约 10 倍，Co 铁氧体的 λ_{100} 是 λ_{111} 的 5 倍。为使材料具有高的 λ_s 值，最好的办法是将材料做成单晶体，沿其 λ 值最大的方向使用。但是单晶体成本高，使用磁致伸缩材料大都是多晶材料，使每一个晶粒具有最大 λ 值的方向沿使用方向排列，称为晶体取向，即 GO（grain orientation）。晶体取向下面用织构来描述。α_{GO} 包括两项：第一项是 <100> 或 <111> 取向晶粒的百分数，第二项是 <100> 或 <111> 与使用方向的夹角 θ 的 $\cos\theta$ 的值。当 <100> 或 <111> 取向晶粒的百分数为 100%，和 θ 角为零（理想的晶体取向）时，$\alpha_{GO} = 1.0$，否则 $\alpha_{GO} < 1$。

表 3-7　几种材料单晶体的 λ_{100} 和 λ_{111} 及其晶体结构

材　料	晶体结构	$\lambda_{111}/\times 10^{-6}$	$\lambda_{100}/\times 10^{-6}$	易磁化方向
$TbFe_2$	$MgCu_2$ 型	4400	2400	<111>
$DyFe_2$	$MgCu_2$ 型	4200	1260	<111>
Ni	fcc	−26	−48	<111>
Fe-3wt.%Si	bcc	−5	~27	<100>
Fe-40wt.%Ni	fcc	26	~−8	<100>
$Fe_{79.4}Ga_{20.6}$（at.%）	bcc	42	400[①]	<100>
$Fe_{81.9}Ga_{19.1}$（at.%）	bcc	~−5	440[①]	<100>
$Co_{0.8}Fe_{2.2}O_4$	bcc	+110	−590	<100>

①λ_{111}，λ_{100} 分别是从式 $\frac{3}{2}\lambda_{111}$ 或 $\frac{3}{2}\lambda_{100}$ 的计算值。

3.7.3　磁畴结构因子 β_{DO}

实践和理论已经证明，磁畴结构与测量方向（即使用方向）的相对取向对磁致伸缩有重要的影响。实际上在磁场作用（磁化）下，磁畴结构的变化引起的线磁致伸缩，其本质是由畴壁位移引起的。磁畴壁不外乎是三种：第一种是 90° 畴壁，第二种是大于 90°、小于 180° 的非 180° 畴壁，第三种是 180° 畴壁。实际上仅有第一种和第二种畴壁位移对线磁致伸缩有贡献，其中贡献最大的是 90° 畴壁位移，第三种畴壁位移对线磁致伸缩没有贡献。例如，假定存在如图 3-13 所示的 A、B、C 三种畴结构，这三种畴结构在零磁场中的畴结分别如 a_1、b_1 和 c_1 所示。其中 a_1 存在四个磁畴，即 90° 畴壁，b_1 和 c_1 仅有 1 和 2 两个磁畴。磁化磁场如箭头所示，a_2 中 1 和 3，1 和 4 间的磁畴壁是 90° 畴壁，1 畴和 2 畴之间的畴壁是 180° 畴，b_2 的 1 畴和 2 畴之间的畴壁均是 180° 畴，c_2 中的 1 畴和 2 畴是 90° 畴（相对外磁场）。根据静磁能 E_H，见式（2-18），a_2 的磁化过程，同时有

90°和180°的畴壁位移,但以90°畴壁位移为主,可产生中等高的λ_s;在b_2中仅是180°畴壁位移,其λ_s很低,或为零;在c_2中,1畴和2畴的静磁能是相等的,磁化过程是90°畴的磁矩转动,因此可以获得最高的λ_s。

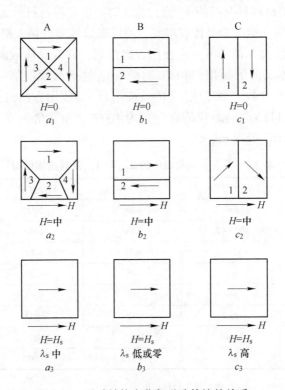

图 3-13 磁畴结构变化与磁致伸缩的关系

可见,为获得高的λ_s,需要通过磁场热处理或应力热处理,或者测量施加压缩应力(对于$\lambda>0$材料)或拉伸应力(对于$\lambda<0$材料)以变成90°畴结构,从而获得高的λ_s值,并使其λ_s尽可能接近理论值$\frac{3}{2}\lambda_{111}$或$\frac{3}{2}\lambda_{100}$。

3.7.4 $\gamma_{(H/H_s)}$ 因子

$\gamma_{(H/H_s)}$因子是与磁化场及饱和磁场H_s比有关的因子。H_s是与材料的各向异性场、材料的成分、显微结构和畴织构等有关的量。例如,$TbFe_2$和$DyFe_2$化合物的λ_{111}很高,但是由于其H_s也很高,H_s达到20000kA/m,若H只达到100kA/m,$\gamma_{(H/H_s)}$也小于0.01,则这两种稀土化合物没有实际应用的意义。实用的磁致伸缩材料,Tb-Dy-Fe和Fe-Ga合金,由于织构、畴结构和显微组织控制不好,磁化场H远低于H_s时,所制备材料的λ_s也很低。

3.8 磁致伸缩材料应用的原理和对材料的性能（技术参量）的要求

3.8.1 磁致伸缩材料的应用原理

本节通过讨论磁致伸缩材料的应用原理来阐述应用时对磁致伸缩材料的性能的要求。下面用磁致伸缩材料来制造微位移驱动器（见图 3-14）来说明磁致伸缩材料的应用原理。磁致伸缩材料换能器装置，由驱动棒材、施加偏场磁铁、施加预压力弹簧、驱动线圈、外壳以及输出力（能）轴等六部分组成。

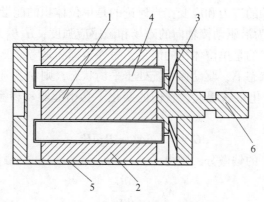

图 3-14　磁致伸缩材料微位移驱动器的结构简图[16]

1—磁致伸缩材料驱动棒；2—磁铁；3—弹簧；4—驱动线圈；5—外壳；6—输出力（能）轴

设驱动棒是<112>或<110>轴向取向的 Tb-Dy-Fe 棒材。施加偏磁场的磁体可用稀土永磁材料，目的是使 Tb-Dy-Fe 驱动棒材起始工作点位于 H_b 处，并产生 $\Delta\lambda_b$ 的应变值，见图 3-15。施加预压力的目的：一是改变畴结构，使 λ-H 曲线变陡，使在偏场 H_b 处的 λ 值变得更大；二是由于 Tb-Dy-Fe 材料的抗拉强度较低，应避免使材料处于受张应力状态。

驱动线圈通过交变电流 $i = i_M \sin\omega t$，使 Tb-Dy-Fe 棒在偏场 H_b 作用所产生的应变 λ_b 的基础上，再施加一个交变磁场 $H = H_M \sin\omega t$。当交变场 H 变化一周期后产生 λ_a 的应变时，Tb-Dy-Fe 驱动棒的总应变值达到 $\lambda = \lambda_b + \lambda_a$。

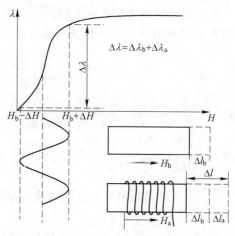

图 3-15　Tb-Dy-Fe 微位移驱动器工作原理图

3.8.2   磁致伸缩驱动棒的能量转换原理和磁机械耦合常数 k_{33} [12~16]

微位移驱动器的应用原理与其他磁致伸缩材料应用的原理基本上是相同的。假定磁致伸缩材料的 λ_s 为正，磁致伸缩材料在使用时，基本上处于预压力、偏场、交变驱动场的作用下工作。这样，在工作状态时，磁致伸缩驱动棒系统的自由能可表达为

$$G = w - TS - \sigma_3 \lambda_3 - H_3 B_3 \tag{3-69}$$

式中，G 为吉布斯自由能；w 为内能；S 为熵；T 为温度；TS 为温熵，σ_3 和 λ_3 分别为沿驱动棒对称轴的应力和应变；当讨论的是单位体积的能量时，$\sigma_3 \lambda_3$ 为磁弹性能；H_3 和 B_3 分别为沿驱动棒轴向的磁场和磁感应强度；$H_3 B_3$ 为磁能。

式（3-69）描述的是单位体积的能量，另外角标 3 是考虑驱动器的轴的对称情况。假定在工作状态下，驱动棒系统处于平衡状态，则 w 为常数，同时假定应力 σ 和磁场 H_s 的变化足够缓慢，它们的变化不会引起驱动棒系统温度的变化，则 $TS = 0$，此时，

$$dG = - \lambda_3 d\sigma_3 - B_3 dH_3 \tag{3-70}$$

考虑式（3-70）的偏微分，则得

$$\lambda_3 = - \frac{\partial G}{\partial \sigma_3}$$
$$B_3 = - \frac{\partial G}{\partial H_3} \tag{3-71}$$

在前面已指出，λ 既是 σ 的函数，也是 H 的函数；而 B 既是 H 的函数，也是应力 σ 的函数，则式（3-71）可写成[17]：

$$\Delta\lambda = \left(\frac{\partial \lambda_3}{\partial \sigma_3}\right)_H \Delta\sigma_3 + \left(\frac{\partial \lambda_3}{\partial H_3}\right)_\sigma \Delta H_3$$
$$\Delta B = \left(\frac{\partial B_3}{\partial \sigma_3}\right)_H \Delta\sigma_3 + \left(\frac{\partial B_3}{\partial H_3}\right)_\sigma \Delta H_3 \tag{3-72}$$

式中，$\left(\frac{\partial \lambda_3}{\partial \sigma_3}\right)_H = c_H = \frac{1}{E_H}$，称为柔性系数，它是在恒定磁场下的弹性模量 E_H 的倒数；$\left(\frac{\partial \lambda_3}{\partial H_3}\right)_\sigma = d$ 是恒定应力下磁致伸缩应变随磁场的变化率；$\left(\frac{\partial B_3}{\partial \sigma_3}\right)_H$ 是恒定磁场下的压磁系数；$\left(\frac{\partial B_3}{\partial H_3}\right)_\sigma = \mu_\sigma$ 是恒定应力下的磁导率；参照式（3-72），可得

$$d = \left(\frac{\partial^2 G}{\partial \sigma \partial H}\right)_{H\sigma}, \quad d^* = \left(\frac{\partial^2 G}{\partial H \partial \sigma}\right)_{\sigma H}$$，只有当 H 和 σ 变化很大时，d 和 d^* 才有区别，当 H 和 σ 变化很小时，$d = d^*$。

在许多情况下，应力与应变 λ 的比例系数 c_H（或 E_H）、磁感应强度 B 和磁场 H 的比例系数 μ_σ 是张量，因此磁致伸缩应变随磁场的变化率 d 也应是一个张量。这里讨论的仅涉及沿驱动棒对称轴 d 的分量，则 d 记为 d_{33}。当式（3-72）中的 $\Delta\lambda$ 和 ΔB 变化很小时，式（3-72）也可写为

$$\varepsilon = d_{33}H + \frac{1}{E_H}\sigma = d_{33}H + c_H\sigma$$

$$B = d_{33}^*\sigma + \mu_\sigma H \tag{3-73}$$

由式（3-69）、式（3-73）可得

$$dG = -d\left(\frac{1}{2}c_H\sigma^2 + d_{33}\sigma H + \frac{1}{2}\mu H^2\right) \tag{3-74}$$

式中，第一项为弹性能 w_e，第二项为磁弹性能 w_{me} 的 2 倍，第三项为磁能 w_m，即外场对驱动棒磁化时所做的磁化功。

使驱动棒对外做功的能量是磁弹性能 w_{me}。弹性能 w_e 和磁能 w_m 分别是外加预应力和偏场与驱动交变场对驱动棒所做的功。一般来说，若施加给驱动棒所做功（包括弹性能和磁能）越小，而输出功（磁弹性能）越大，则整个系统的效率就越高。我们将磁弹性耦合系数（也称为机电耦合系数）记作 k_{33}，则

$$k_{33} = \frac{w_{me}}{\sqrt{w_e w_m}} \tag{3-75}$$

由式（3-74）和式（3-75）可得

$$k_{33} = \frac{d_{33}}{\sqrt{c_H\mu_\sigma}} = d_{33}\sqrt{\frac{E_H}{\mu_\sigma}} \tag{3-76}$$

式中，d_{33} 是驱动棒轴向上的磁致伸缩应变对磁场的变化率，E_H 和 μ_σ 分别是恒磁场下驱动棒的弹性模量、恒压力下驱动棒的磁导率。

当把驱动棒的磁感应强度 B 和磁致伸缩 λ 作为自变量时，可以导出 k 的另外的表达式，即

$$k = \frac{\mu_\sigma - \mu_\lambda}{\mu_\sigma} \tag{3-77}$$

或

$$k = \frac{\frac{1}{2}\mu_\sigma H^2 - \frac{1}{2}\mu_\lambda H^2}{\frac{1}{2}\mu_\sigma H^2} \tag{3-78}$$

也就是说，在恒应力情况下，磁弹性能转变为磁能，磁能值最大。

同理，在恒应变的情况下，也可得

$$k = \frac{\dfrac{1}{2}E_B\lambda^2 - \dfrac{1}{2}E_H\lambda^2}{\dfrac{1}{2}E_B\lambda^2} \tag{3-79}$$

式中，μ_σ 和 μ_λ 分别为恒应力和恒应变时驱动棒的磁导率，E_B 和 E_H 分别为在恒磁感 B 和恒磁场 H 时驱动棒的弹性模量。

式（3-78）中 $\dfrac{1}{2}\mu_\sigma H^2$ 和 $\dfrac{1}{2}\mu_\lambda H^2$ 分别为恒应力下和恒应变下的磁能；$\dfrac{1}{2}E_B\lambda^2$ 和 $\dfrac{1}{2}E_H\lambda^2$ 分别为恒磁感下和恒磁场下的磁弹性能。对比式（3-78）和式（3-79）可知，在恒应力下弹性能转变为磁能，磁能有最大值；在恒磁感下磁能转变为弹性能，弹性能有最大值。

在预应力 σ、偏磁场 H_b、正弦交变场（$\widetilde{H}=H_m\sin\omega t$）的驱动下，驱动棒的长度按正弦规律地伸长和缩短。这样可看作是一个正弦纵波在驱动棒内传播。实际上它相当于驱动棒长度变化的振动。按振动理论，当驱动场的半波长 $\lambda/2$ 等于驱动棒的长度 l 时（$\lambda/2=l$），驱动棒的长度变化就发生共振，共振频率为

$$f = \frac{v}{\lambda} = \frac{1}{2l}\sqrt{\frac{E}{\rho}} \tag{3-80}$$

式中，v 为纵波传播速度；ρ 和 E 分别为驱动棒的密度和弹性模量。

对某一特定驱动场 H，磁感应强度 B 发生最大的变化时，对应的共振称为正共振。正共振频率为

$$f_H = \frac{v_H}{2l} = \frac{1}{2l}\sqrt{\frac{E_H}{\rho}} \tag{3-81}$$

式中，v_H 为某一特定磁场即恒磁场时的声速；E_H 为恒磁场时的弹性模量。

当磁感应强度 B 的变化最小时，其对应的共振称为反共振。反共振频率为

$$f_B = \frac{v_H}{2l} = \frac{1}{2l}\sqrt{\frac{E_B}{\rho}} \tag{3-82}$$

由式（3-81）和式（3-82），可计算出磁机械耦合系数 k[18]

$$k^2 = 1 - \left(\frac{f_H}{f_B}\right)^2 \tag{3-83}$$

式（3-77）、式（3-79）、式（3-81）和式（3-82）中的 k 与样品尺寸有关。当样品为环状时，$k_{33}=k$；当样品为细长棒状时，$k_{33}=\left(\dfrac{\pi}{\sqrt{8}}k\right)$。磁机械耦合系数 k_{33} 本身是与样品的形状与尺寸无关的量。

3.8.3 使用时对磁致伸缩材料性能的要求[17,18]

综上所述，磁致伸缩材料在使用的过程是能量转换的过程，包含有三种能量。其中，w_e是纯弹性能，它是预压力给驱动棒输入的纯弹性能，在本质上它不参加能量的转换。能量转换的实质是磁能w_m和磁弹性能w_{me}的相互转换。即在某一个预压应力σ和偏场H_b作用下，驱动棒的交变场变化一周所做的磁能为w_m，在磁能w_m的驱动下，驱动棒要产生磁致伸缩应变λ，从而将磁能转化为磁弹性能w_{me}。当偏场为H_b，预压应力为σ时，交变驱动场所产生的磁能为

$$w_m = \frac{1}{2}\mu_\sigma H^2$$

或

$$w_m = \frac{1}{2}BH$$
$$B = \mu_\sigma H \tag{3-84}$$

式中，μ_σ为恒应力下的磁导率；H为交变场的峰值；B为驱动棒的磁感应强度。

磁弹性能密度为

$$w_{me} = d_{33}H\sigma$$

或

$$w_{me} = \Delta\lambda\sigma$$
$$\Delta\lambda = d_{33}H \tag{3-85}$$

式中，$d_{33} = \left(\dfrac{\mathrm{d}\lambda}{\mathrm{d}H}\right)_{max}$，$H$与上式相同；$\sigma$为预压应力；$\Delta\lambda$为交变驱动场磁化一周所产生的应变量，它相当于图 3-15 中的$\Delta\lambda_a$；d_{33}为磁致伸缩应变曲线的斜率，即磁致伸缩应变随磁化场的变化率。

d_{33}随外磁场的变化如图 3-16 所示。

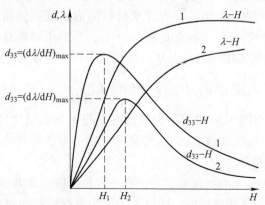

图 3-16　材料 1 和材料 2 的磁致伸缩应变曲线及对应的 d_{33}-H 曲线

在某一磁场 H 下出现一个峰值 $\left(\dfrac{\mathrm{d}\lambda}{\mathrm{d}H}\right)_{\max}$。式（3-85）中的 d_{33} 通常为 d_{33} 的峰值。$\Delta\lambda$ 值相应于图 3-17 中的 $\Delta\lambda$。图中 H_b 为偏场，假定在偏场 H_b 和预压应力作用下，当有一个交变场 $\pm\Delta H$ 作用于磁致伸缩驱动棒时，它产生的磁致伸缩应变为 $\Delta\lambda$。

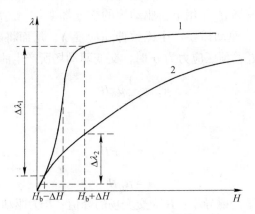

图 3-17　材料 1 与材料 2 的磁致伸缩应变曲线

综上所述，对磁致伸缩材料的基本要求是"三高一大"，即磁弹性能量高、密度 w_{me} 高、能量转换效率 k_{33} 高，输出的力 $F = E \cdot \lambda$ 大。一般输出功率与输出力 F 成正比。为满足"三高一大"的要求，对磁致伸缩材料技术参量的要求主要有以下几方面：

（1）λ_s 和 $\Delta\lambda$ 要大，λ-H 曲线要陡，即低磁场下磁致伸缩应变值大，通常是在 $0.1 \sim 2\mathrm{kA/m}$ 下的应变值要高。在一定应力作用下，$\Delta\lambda$ 越大，磁弹性密度（$w_{\mathrm{me}} = \Delta\lambda \cdot \sigma$）越高。图 3-17 表明，当偏场为 H_b 时，在交流场（$+\Delta H$，$-\Delta H$）作用下产生的 $\Delta\lambda$ 的大小与材料磁致伸缩应变曲线的陡度有关。如图 3-17 所示两种材料的磁致伸缩应变曲线，曲线 1 的陡度比曲线 2 的陡度要大。因此 $\Delta\lambda_1$ 要远大于 $\Delta\lambda_2$。如何获得高 $\Delta\lambda$ 值，首先要求材料的饱和磁致伸缩应变 λ_s 要高。λ_s 高是获得高 $\Delta\lambda$ 的前提条件。没有足够高的 λ_s，当然不可能有足够大的 $\Delta\lambda$。其充分条件是 λ-H 曲线要陡，或者 λ-H 曲线在低场具有明显的跳跃效应。

（2）d_{33} 要大。d_{33} 是指 d_{33}-H 关系上的峰值 $\left(\dfrac{\mathrm{d}\lambda}{\mathrm{d}H}\right)_{\max}$。式（3-85）表明，$d_{33}$ 越高，磁弹性越高。由图 3-16 中可看出，材料 1 的 λ-H 曲线比材料 2 的 λ-H 曲线陡度大，曲线 1 的 d_{33} 比曲线 2 的 d_{33} 要高。可见，为获得高的 d_{33}，也要求在低场区 λ-H 曲线越陡越好。

（3）k_{33} 要大。k_{33} 是磁致伸缩驱动棒在一定预压应力 σ 和偏场 H_b 下，交变磁化一周，磁弹性能与磁能的比值，即磁能转化为磁弹性能的效率（%），k_{33} 有多种不同的定义，分别由式（3-76）~式（3-79）和式（3-83）表示。它表明 k_{33} 的数值受多种因素的影响。式（3-76）表明，为获得高的 k_{33}，最重要的是 d_{33} 要高，弹性柔顺系数 c_H 要小，其实质是恒磁场下材料的弹性模量要高。

（4）与 d_{33} 相对的磁场要小。偏场是 λ-H 曲线上出现 $\left(\dfrac{d\lambda}{dH}\right)_{\max}$ 对应的磁场，也就是说，在设计磁致伸缩驱动棒系统时，要根据 $\left(\dfrac{d\lambda}{dH}\right)_{\max}=d_{33}$ 对应的磁场来确定偏场大小。一般来说，偏场与材料的矫顽力有关，材料的矫顽力越低，材料 $\left(\dfrac{d\lambda}{dH}\right)_{\max}$ 对应的场就越小。为此，材料的矫顽力 H_c 要尽可能低。

（5）μ_σ 要高，它是恒压应力下材料的磁导率。为获得高的 μ_σ，要求材料的 B 高，磁晶各向异性场（H_A）要低，这是获得高的 μ_σ 的重要条件，所以要求 λ/K 越高越好。

（6）要求材料有适当高的弹性模量，材料的环境（化学、振动、冲击）稳定性和时间稳定性要好。

（7）要求材料有低的铁芯损耗。换能器是在交变磁场下工作的，磁致伸缩材料在交变磁场下，必然有能量损耗（称为铁芯损耗）（详见 2.7 节）。

（8）要求材料的价格要低。这是材料使用者所关心的。

参 考 文 献

［1］Cullity B D. Introduction to magnetic materials ［M］. Addison-Wesley Publishing Company Inc, 1972.

［2］近角聪信. 磁性体手册（中译本）［M］. 北京：冶金工业出版社，1984.

［3］Bozorth R M. Ferromagnetism ［M］. D. Van Nostrant Company INC, 1951.

［4］秦自楷. 压电石英晶体 ［M］. 北京：国防工业出版社，1980.

［5］Thuanboon S. Magnetic, Magnetostrictive and elastic behaviors of Fe-binary alloys ［D］. Department of Metallurgical Engineering, University of Utah, 2008.

［6］Erans K E, Alderson K L. Auxetic materials：the positive side of being negative ［J］. Engineering Science and Education Journal, 2000, 9 (4)：148-154.

［7］Migliori A, Sarrao J L. Resonant ultrasound spectroscopy：applications to physics, matetials measurement and non-destructive evaluation ［M］. Wiley-Interscience, 1997.

［8］Baughman R H, Shacklette J M, Zakhidov A A, et al. Negtive poisson's ratios as a common feature of cubic metals ［J］. Nature, 1988, 392 (6674)：362-365.

［9］Jain M, Verma M P. Poisson's ratios in cubic crystals corresponding to (110) Loading ［J］. Indian Journal of Pure & Applied Physics, 1990, 28 (4)：178-182.

［10］Ting T C T, Chen T. Poisson's ratio for anisotropic elastic materials can have no bounds ［J］. The Quarterly Journal of Mechanics and Applied Mathematics, 2005, 58 (1)：73-82.

［11］ Kellogg R A. Development and modeling of iron-gallium alloys ［D］. Iowa State University, Ames, Iowa, 2003.

［12］ 近角聪信. 铁磁性物理（中译本）［M］. 兰州：兰州大学出版社, 2002.

［13］ 钟文定. 技术磁学（上册）［M］. 北京：科学出版社, 2009.

［14］ Clark A E, Hathaway K B, Wun-Fogle M, et al. Extraordinary magnetoelasticity and lattice softening in bcc Fe-Ga alloys ［J］. Journal of Applied Physics, 2003, 93 （10）：8621-8623.

［15］ Bozorth R M. Ferromagnetism ［M］. D. Van Nostrand Company Inc, 1993：596.

［16］ Wakiwaka H, Umezawa T, Yamada H. Analysis of magnetic field on a vibration element using giant magnetostrictive material, Proc. Of International Symposium on Giant Magnetostrictive Materials and their Applications ［M］. Tokyo, Japan, November, 5-6, 1992：125-129.

［17］ Clark A E. Magnetostrictive rare earth-Fe$_2$ compounds. In：Wohlfarth E P. eds. Ferromagnetic materials ［M］. Vol. 1. Amsterdam：North-Holland Publishing Company, 1980：542.

［18］ Savage H T, Clark A E, Powers J M. Magnetomechanical coupling and ΔE effect in highly magnetostrictive rare earth-Fe$_2$ compounds ［J］. IEEE Trans. Magn. 1975, 11 （5）：1355-1357.

［19］ 北京大学物理系铁磁学编写组. 铁磁学 ［M］. 北京：科学出版社, 1976.

4 稀土铁系磁致伸缩材料

4.1 稀土磁致伸缩材料的发展

1963~1965 年，Legvold[1]、Clark[2]、Rhyne[3] 等人先后发现纯金属 Tb、Dy 在 4.2K 时，其单晶体、易基面的 λ_s 达到 8300×10^{-6}，它相当于传统 3d 金属与合金 λ_s 值的 100~10000 倍，直到今天它仍然是所观察到的最大值。但是，这些纯稀土元素的居里温度远低于室温，在室温以上，它们呈非铁磁性，因此它们不能应用于室温磁致伸缩器件。

20 世纪 70 年代，发现了 3d 过渡族金属与重稀土金属 Tb、Dy 等形成的化合物也具有很高的磁致伸缩，并且其居里温度远高于室温，如富 Co 的 R_2Co_{17}（R 为稀土元素）的 T_c 高达 1200K，但它在室温仅具有中等的磁致伸缩应变。Ni 与重稀土金属形成的化合物的居里温度低于室温。而 Fe 与重稀土金属形成的化合物的居里温度随稀土金属的提高而提高，见图 4-1。其中具有 Laves 相结构的 RFe_2 化合物的居里温度是最高的，并且它也具有最高的磁致伸缩效应。如 $TbFe_2$ 和 $SmFe_2$ 的室温磁致伸缩应变分别达到 1753×10^{-6}、-1590×10^{-6}。但是二元重稀土元素与 Fe 的 Laves 化合物的磁晶各向异性场 H_A 大于 8000kA/m，它比传统 3d 金属与合金的 H_A 大 2 个数量级。这就意味着该化合物不能在低场下工作而使其没有实用意义。

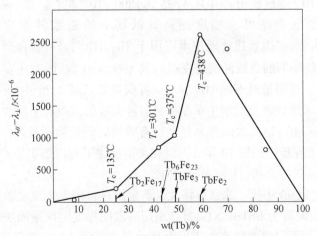

图 4-1　Tb-Fe 化合物的居里温度与 Tb 含量的关系[4]

20 世纪 70 年代末发现，由 $R'Fe_2$、$R''Fe_2$（R'、R'' 为两种不同的稀土元素）组成复合的化合物 $(R'Fe_2)_{1-x}(R''Fe_2)_x$ 时，它们的 λ 和 K_1 均有叠加效应。如果 $R'Fe_2$ 和 $R''Fe_2$ 的 λ 均为正值，则伪二元化合物的 λ 也为正值；而当 $R'Fe_2$ 和 $R''Fe_2$ 的 K_1 的符号相反时，则在一定的配比下，它们的二元化合物 K_1 相互抵消，从而可获得低 K_1 和高 λ 的 $(R'Fe_2)_{1-x}(R''Fe_2)_x(x = 0.27 \sim 0.34)$ 的新型磁致伸缩材料[5,6]。这是稀土巨磁致伸缩材料一个突破性的发展。此后由于晶体生长技术的进步和制备技术的改进，稀土巨磁致伸缩材料得到迅速的发展。从 70 年代初期开始到现在稀土巨磁致伸缩材料分为以下几个阶段：

（1）20 世纪 70 年代，多晶非取向材料。由于 Tb-Dy-Fe 材料晶体的磁致伸缩有很大的各向异性，非取向材料的磁致伸缩应变只能达到 $(700 \sim 800) \times 10^{-6}$。

（2）20 世纪 80 年代，多晶取向 Tb-Dy-Fe 材料得到迅速发展。当时还不清楚晶体择优方向是什么，只是知道获得晶体取向样品后其磁致伸缩性能大幅度提高。在 53.3kA/m 磁场下，λ 可达到 1200×10^{-6}，达到创纪录的水平。同时，Clark 等人在测量时发现，在取向多晶体轴向施加一个预压力时，可大幅度提高其磁致伸缩应变和 d_{33} 值。这是技术上的重要进展[7]。1987 年前后，Verhoeven 等人[8,9] 和 Jiles 等人[10] 分别系统地研究后指出，不论是用布里奇曼法还是垂直悬浮区熔法技术来制造 Tb-Dy-Fe 合金时，其 Laves 相（$R'R''$）Fe_2 晶体的 <112> 方向均沿棒状轴向择优生长，从而制备出具有很高磁致伸缩应变的 <112> 轴向取向的 Tb-Dy-Fe 材料，并命名为 Terfenol-D。并且他们认为 <110> 方向的磁致伸缩性能很低。1988 年 Clark 等人[11] 制造出 $Tb_{0.3}Dy_{0.7}Fe_{1.95}$ 的 <112> 轴向取向的孪生单晶材料，发现孪晶晶面为 {111} 面。在测量时施加较小的预压应力（7.6MPa），就可使 λ-H 曲线出现很大的跳跃效应，在 $20 \sim 24$kA/m 的磁场下出现 $(900 \sim 1000) \times 10^{-6}$ 的跳跃值，并且 λ_s 达到 1800×10^{-6} 左右。这一结果告诉人们，制造大尺寸孪生单晶可大幅度提高其低场下的磁致伸缩应变。1989 年，Verhoeven 等人[12] 将磁场热处理技术应用于 $Tb_{0.32}Dy_{0.68}Fe_{1.98}$ 合金，可使该合金在 20kA/m 的磁场下的磁致伸缩应变提高到 1900×10^{-6}；同时还发现某些合金经磁场热处理后，在测量时不施加预应力也可获得低场高 λ 和很大的 λ 跳跃效应。遗憾的是，磁场热处理只对孪生单晶样品有较大效果，而对于用改进的布里奇曼法制造的多晶 <112> 轴向取向样品虽然也有效果，但效果不显著。80 年代是 Tb-Dy-Fe 材料技术进步最快的 10 年，同时在美国组建了专门组织生产 <112> 轴向取向材料 Terfenol-D 的公司，即 Etrema INC。

（3）20 世纪 90 年代，北京科技大学新金属材料国家重点实验室功能材料研究组[13]（下面简写为 USTB-SKL-FM）采用高温度梯度定向凝固法系统地研究了 Tb-Dy-Fe 合金在不同温度梯度和不同晶体生长速度下 Laves 相晶体的轴向取向，有两项重要发现。首先，Laves 相晶体轴向择优取向是可诱导的、可控制的，适当调节 G_L/V（G_L 为温度梯度，V 为晶体生长速度），晶体的轴向择优生长方向可以是<110>或<112>或<113>或<110>、<112>、<113>混合轴向取向。其次，<110>轴向取向具有比<112>轴向取向更高的低场磁致伸缩应变，从而发展了<110>轴向取向 Tb-Dy-Fe 材料，称为 TDT110 材料。在 90 年代另一个重要的进展是产业化技术逐渐走向成熟，认为提拉法不适合工业生产，垂直悬浮区熔法只能制造尺寸小于 $\phi10mm$ 的产品。美国 Etrema INC 主要用改进的布里奇曼法来生产；而北京科技大学主要采用高温度区熔定向凝固法。这两种制造技术生产效率高，重复性好。90 年代末期同时还发展了黏结 Tb-Dy-Fe 材料、薄膜 Tb-Dy-Fe 材料和 SmFe₂ 合金材料等。

4.2　RFe₂系材料的相图，稀土铁化合物的结构与内禀磁特性

前面的论述表明，大部分巨磁致伸缩材料都是 RFe₂ 型化合物。为了更好地了解 RFe₂ 型巨磁致伸缩材料的性能（包括磁性能和其他物理性能与晶体结构、组织结构之间的关系），首先介绍这些化合物的相图、化合物晶体结构与性能。

4.2.1　Tb-Fe、Dy-Fe、Sm-Fe 二元系相图

Tb-Fe、Dy-Fe、Sm-Fe 二元系相图分别如图 4-2、图 4-3 和图 4-4 所示。

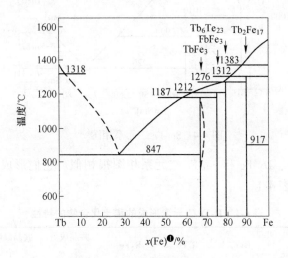

图 4-2　Tb-Fe 二元系相图[14]

---

❶　摩尔分数，下同。

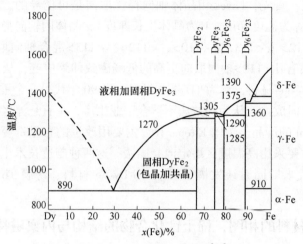

图 4-3   Dy-Fe 二元系相图[14]

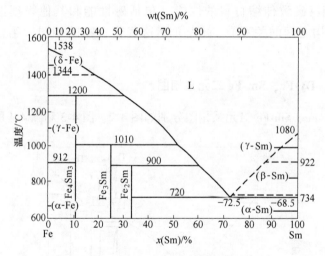

图 4-4   Sm-Fe 二元系相图[14]

可见，Tb-Fe、Dy-Fe 和 Sm-Fe 二元系相图很相似。它们形成的 R-Fe 二元化合物的特征列于表 4-1。

表 4-1   R-Fe 二元素形成的稀土化合物的特性

合金系	RFe_2	RFe_3	R_6Fe_{23}	R_2Fe_{17}	共晶成分 /at. %	共晶温度 /℃	包晶反应温度 /℃
Tb-Fe	$TbFe_2$	$TbFe_3$	Tb_6Fe_{23}	Tb_2Fe_{17}	$Tb_{72}Fe_{28}$	847	1187
Dy-Fe	$DyFe_2$	$DyFe_3$	Dy_6Fe_{23}	Dy_2Fe_{17}	$Dy_{70}Fe_{30}$	890	1270
Sm-Fe	$SmFe_2$	$SmFe_3$		Sm_2Fe_{17}	$Sm_{72.5}Fe_{27.5}$	734	900

可见，Tb、Dy 与 Fe 均形成 1：2、1：3、6：23、2：17 相，Sm 与 Fe 仅形成 1：2、1：3 和 2：17 相，没有形成 6：23 相。1：2 相包晶反应温度分别为 1460K（$TbFe_2$）、1543K（$DyFe_2$）和 1173K（$SmFe_2$）。由相图可知，RFe_2 化合物由液相 L 冷却下来，初次晶为 RFe_3 相，然后由包晶反应 L→L+ RFe_3→ RFe_2 相（平衡态）或 RFe_2 相＋RFe_3 相（非平衡态）。当合金成分偏离 RFe_2 成分时，如为 RFe_{2+x}，则形成 1：2＋1：3 相；如为 RFe_{2-x}，则形成 1：2＋R(Fe) 相；R(Fe) 为含 Fe 的富稀土相。

4.2.2 Tb-Dy 的二元相图

Tb-Dy 的二元相图如图 4-5 所示。Tb 和 Dy 在周期表是相邻的元素。它们的原子结构和电子结构十分相似，因此这两种金属在液相和固相都完全互溶。由图 4-5 可知，Tb-Dy 合金由液相冷却时，首先结晶为体心立方结构的β-Dy 或β-Tb 固溶体相，然后固相转变为六方密排（α-Tb 或α-Dy）固溶体相。

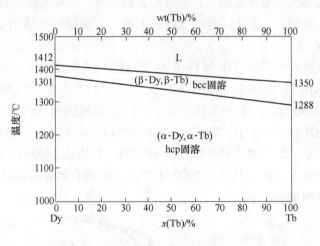

图 4-5 Tb-Dy 二元相图[14]

4.2.3 R-Fe 二元化合物的晶体结构和磁致伸缩

4.2.3.1 稀土金属元素的结构与磁致伸缩

稀土金属 Pr、Nd、Sm、Gd、Tb、Dy、Ho、Er 的结构和特性列于表 4-2。

表 4-2 某些稀土元素的结构与特性[15]

稀土元素	Pr	Nd	Sm	Gd	Tb	Dy	Ho	Er
晶体结构	dhex	dhex	Sm 型 hcp	hcp	hcp	hcp	hcp	hcp

续表 4-2

稀土元素		Pr	Nd	Sm	Gd	Tb	Dy	Ho	Er
点阵常数	a/nm	0.3671	0.3656	0.3628	0.3634	0.3606	0.3593	0.3586	0.3561
	c/nm	1.1831	1.1795	2.6231	0.5781	0.5697	0.5654	0.5627	0.5593
	c/a	1.611	1.613	1.607	1.591	1.580	1.5735	1.572	1.570
密度/kg·m^{-3}		6.78 ×10^3	7.0 ×10^3	7.54 ×10^3	7.89 ×10^3	8.27 ×10^3	8.54 ×10^3	8.80 ×10^3	9.05 ×10^3
熔点/℃		935	1024	1072	1312	1356	1407	1461	1497
沸点/℃		3127	3027	1900	3000	2800	2600	2600	2900
原子半径/nm		0.6769	0.2978	0.1802	0.1802	0.1782	0.1773	0.1766	0.1757
居里温度/K					293	219.5	89	20	20
$\lambda/\times10^{-6}$ (78K)						1230	1400		

实验表明，所有重稀土金属在低于居里温度下均具有很大的磁致伸缩，但是它们的居里温度都大大低于室温。在室温其 λ 值很低，而在低温具有高的 λ，可达 $(3000\sim6000)\times10^{-6}$。这是目前已知的最大值。下面简单介绍 Tb、Dy 单晶体与磁致伸缩应变。

Tb 和 Dy 具有六方结构。Tb 和 Dy 的居里温度分别为 219.5K 和 89K，在 78K 测量得到的多晶体 Tb 和 Dy 的磁致伸缩应变分别为 1230×10^{-6} 和 1400×10^{-6}。图 4-6 所示为在不同磁场下，Tb 单晶体的 a 轴、b 轴、c 轴的磁致伸缩应变。可见，在 2400kA/m 的外磁场下，在 77K 时 a 轴的磁致伸缩应变 λ 是负的，其值达 -6000×10^{-6} 左右；b 轴的磁致伸缩应变 λ 是正的，其值达 2400×10^{-6} 左右；c 轴的磁致伸缩应变 λ 是正的，其值达 2000×10^{-6} 左右，具有明显的各向异性。但在室温下的磁致伸缩应变很小。

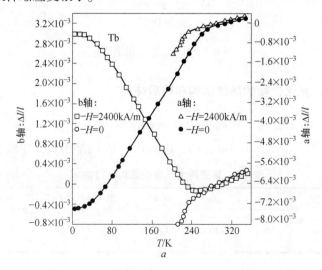

a

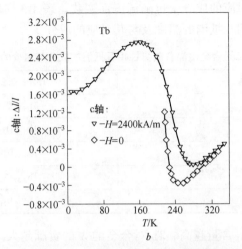

图 4-6　不同磁场下 Tb 单晶体不同晶轴磁致伸缩应变随温度的变化[16]

a—a 轴与 b 轴；b—c 轴

图 4-7 所示为在不同磁场下，Dy 单晶体的 a 轴、b 轴、c 轴的磁致伸缩应变随温度的变化。在 77K 时 b 轴的磁致伸缩应变 λ 是负的，其值在 -6000 ×10⁻⁶ 左右；a 轴的 λ 值很小；c 轴的 λ 是正的，在 5600kA/m 的外磁场下其值在 3500 × 10⁻⁶ 左右。

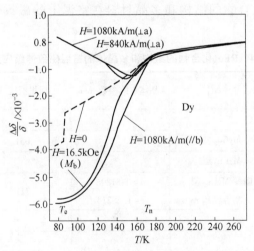

图 4-7　不同磁场下 Dy 单晶体不同晶轴磁致伸缩应变随温度的变化[17]

由于 Tb 和 Dy 在固态下是互溶的，可形成连续固溶体，并且单晶体 Tb 的易磁化方向为 b 轴，而 Dy 单晶体的易磁化方向是 a 轴。当 Tb_xDy_{1-x} 形成固溶体合金时，在单晶体基面上的磁晶各向异性是可以相互补偿（或相互抵消）的。由于 Tb 和 Dy 的磁晶各向异性常数 (K_1+K_2) 是随温度变化的，因此 Tb_xDy_{1-x} 合金的各向异性相互抵消所对应的成分 x 也随温度而变化。表 4-3 列出了 Tb_xDy_{1-x} 二元合金的磁晶各向异性相互抵消的温度及与其对应的成分。

表 4-3 Tb_xDy_{1-x} 二元合金磁晶各向异性相互抵消的成分与温度的关系[18]

温度/K	Tb-Dy 合金成分
46	$Tb_{0.67}Dy_{0.33}$
77	$Tb_{0.60}Dy_{0.40}$
100	$Tb_{0.50}Dy_{0.50}$
120	$Tb_{0.33}Dy_{0.67}$
135	$Tb_{0.17}Dy_{0.83}$

在 Tb-Dy 合金中，Tb 含量越高，Tb 对合金的 λ 的贡献越大。当抵消点小于 100K 时，Tb_xDy_{1-x} 合金，如 $Tb_{0.6}Dy_{0.4}$ 合金，在 77K 时其磁致伸缩应变可达 6500×10^{-6}，k_{33} 可达 0.95。由于 $Tb_{0.6}Dy_{0.4}$ 合金的固态相变与合金熔点十分接近，因此很难用常规制备单晶的方法来制备 Tb-Dy 二元合金。后来发展了热轧法来制造 c 轴与板面垂直的板，即高磁致伸缩的热轧板材，其 λ 值达到单晶体的 65%，k_{33} 达到 0.75[19]。

4.2.3.2 稀土-铁二元化合物的室温磁致伸缩

稀土-铁二元化合物的结构和多晶材料在室温下的磁致伸缩应变值列于表 4-4。

表 4-4 RFe_2 化合物的结构和多晶体的室温磁致伸缩应变[20]

化合物	晶体结构	晶体点阵参数/nm	居里温度/K	室温磁致伸缩应变/$\times 10^{-6}$
YFe_2				1.7
$SmFe_2$	$MgCu_2$ 型		651	−1560
$GdFe_2$	$MgCu_2$ 型			39
$TbFe_2$	畸变 $MgCu_2$ 型（菱方结构）	$a = 0.51896$ $c = 1.28214$	711	1753
$TbNi_{0.4}Fe_{1.6}$				1151
$TbCo_{0.4}Fe_{1.6}$				1487
$TbFe_2$（非晶态）				308
$DyFe_2$	$MgCu_2$ 型（立方）	$a = 0.7325$	635	433
$DyFe_2$（非晶态）				38
$HoFe_2$	$MgCu_2$ 型		606	80
$ErFe_2$	$MgCu_2$ 型		590/597	−299

化合物	晶体结构	晶体点阵参数/nm	居里温度/K	室温磁致伸缩应变/×10⁻⁶
$TmFe_2$	$MgCu_2$型		676	-123
$SmFe_3$	$MgCu_2$型			$-211/-1560$
$TbFe_3$	$PuNi_3$型		650	693/911
$DyFe_3$	$PuNi_3$型		610	352/514
$HoFe_3$	$PuNi_3$型			57
$ErFe_3$	$PuNi_3$型			-69
$TmFe_3$	$PuNi_3$型			-43
Ho_6Fe_{23}	Tb_6Mn_{23}型			58
Er_6Fe_{23}	Tb_6Mn_{23}型			-36
Tm_6Fe_{23}	Tb_6Mn_{23}型			-25
Sm_2Fe_{17}	Tb_2Zn_{17}型或 Tb_2Ni_{17}型			-63
Tb_2Fe_{17}（铸态）	Tb_2Zn_{17}型或 Tb_2Ni_{17}型			131
Tb_2Fe_{17}	Tb_2Ni_{17}型		408	$-14/69$
Dy_2Ni_{17}	Tb_2Ni_{17}型		370	$-60/-46$
Ho_2Ni_{17}	Tb_2Ni_{17}型			-106
Er_2Ni_{17}	Tb_2Ni_{17}型			-55
Tm_2Ni_{17}	Tb_2Ni_{17}型			-29
YCo_3				0.4
$TbCo_3$				65
$TbFe_{17}$				14
Y_2Co_{17}				80
Pr_2Co_{17}				336
Tb_2Co_{17}				207
Dy_2Co_{17}				73
Er_2Co_{17}				28
$Tb_{0.04}Co_{0.5}Fe_{0.5}$				95
$Tb_{85}Fe_{15}$（质量分数）				539
$Tb_{70}Fe_{30}$（质量分数）				1590

　　表中所列的重稀土钴二元化合物和 R-Fe 二元化合物中，只 $TbFe_2$、$DyFe_2$ 和 $SmFe_2$ 的居里温度高于室温，在室温具有高磁致伸缩应变。其他所有的 R-Fe 和 R-Co 二元化合物的室温磁致伸缩应变均较低。下面重点讨论 $TbFe_2$、

$DyFe_2$、$SmFe_2$ 及（$TbFe_2$）$_x$（$DyFe_2$）$_{1-x}$ 赝二元化合物的晶体结构与磁致伸缩应变及其他物理性能。在相图上，由于（Tb,Dy）Fe_2 化合物与 RFe_3 化合物相邻，在制备 RFe_2 化合物时，难免要出现 RFe_3 化合物，因此也简要介绍 RFe_3 化合物的特性。

4.2.3.3 RFe_2 化合物的晶体结构

图 4-8 为 RFe_2 相单胞晶体结构的立体示意图。可见，一个单胞由 8 个 RFe_2 分子组成，有 8 个 R 原子和 16 个 Fe 原子。R 原子占据 8a 晶位，按立方结构排列。其排列规律与金刚石结构相似，组成立方结构亚点阵。Fe 原子占据 16d 晶位，组成四面体亚阵。R 原子组成的立方点阵与 Fe 原子的四面体亚点阵相互穿插，形成图 4-8 所示的单胞结构。它是 $MgCu_2$ 型立方 Laves 相结构，每个 R 原子有 4 个 R 原子为最近邻，12 个 Fe 原子为最近邻，配位数为 16；每个 Fe 原子有 6 个 R 原子为最近邻，6 个 Fe 原子为

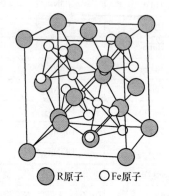

○R原子 ○Fe原子

图 4-8 RFe_2 相单胞晶体结构立体图，$MgCu_2$ 型立方 Laves 相（C15 结构）

最近邻，配位数为 12。这是一种典型的 Laves 相立方结构。因为 R 原子半径 r_R 与 Fe 原子半径 r_{Fe} 的比十分接近 Laves 相形成理论值，即 $r_R/r_{Fe} = 1.225$，Fe 原子组成的四面体的各个面构与立方 Laves 相晶体的 {111} 面平行。在直角坐标系中，R 原子和 Fe 原子的位置分别为 (000)、$\left(\dfrac{3}{8}\ \dfrac{3}{8}\ \dfrac{3}{8}\right)$、$\left(\dfrac{3}{8}\ \dfrac{5}{8}\ \dfrac{3}{8}\right)$、$\left(\dfrac{5}{8}\ \dfrac{3}{8}\ \dfrac{3}{8}\right)$

及 $\left(\dfrac{5}{8}\ \dfrac{5}{8}\ \dfrac{5}{8}\right)$。值得强调的是 $Tb_xDy_{1-x}Fe_2$ 赝二元化合物（$x = 0.23 \sim 0.50$）也具有 $MgCu_2$ 型立方 Laves 相结构（C15）。

4.2.3.4 RFe_2 化合物的磁特性

表 4-5 列出了 RFe_2 化合物的磁特性。为了比较，还列出了 Fe、Ni、Fe-Co 和 Co-Ni 合金的磁晶各向异性常数 K_1 值。由表 4-5 可看出，尽管 RFe_2 化合物（尤其是 R=Tb、Dy、Sm 时）的室温磁致伸缩应变 λ_{111} 很大，但是它们的磁晶各向异性常数 K_1 很高，比金属 Fe 和 Ni 的 K_1 高约两个数量级。说明它们的工作场很大，即在很大的磁场作用下才能产生较大的 λ 值。例如，图 4-9 所示就是多晶 RFe_2 化合物的 λ-H 曲线。可见，$TbFe_2$、$DyFe_2$、$SmFe_2$ 化合物样品均需要在 400kA/m 以上的磁场才能产生较大的 λ，说明 RFe_2 化合物的各向异性场过大，需要的工作场过高，它们没有实际使用的意义。

表 4-5　RFe$_2$化合物的磁特性

化合物	密度 /kg·m^{-3}	磁化强度				磁晶各向异性常数 K_1/ J·m^{-3}	磁晶各向异性能 /J·m^{-3}	单晶体的磁致伸缩应变/×10^{-6}		
		σ_s/A·m^2·kg^{-1}		M_s/kA·m^{-1}				λ_{111}	λ_{100}	λ_s
		0K	300K	0K	300K					
TbFe$_2$	9.06 ×10^3	120	88	1090	800	−760 ×10^4	−4.9 ×10^7	2460		1753
DyFe$_2$	9.28 ×10^3	140	87	1300	810	210.0 ×10^4	−4.7 ×10^7	1260	4	433
HoFe$_2$	9.44 ×10^3	135	62	1274	590	58 ×10^4	−1.8 ×10^7	1855	−60	
ErFe$_2$	9.62 ×10^3	116	29	1120	280	−33 ×10^4	−1.7 ×10^7	−300		80
TmFe$_2$	9.79 ×10^3	74	10	725	98	−5.3 ×10^4	4.2 ×10^7	−210		−299
SmFe$_3$	8.53 ×10^3	48	27	411	400		−3.5 ×10^7	−2100		−123
Fe						4.5 ×10^4				−156
Ni						0.35 ×10^4				
Fe$_{70}$Co$_{30}$						4.3 ×10^4				
Co$_{65}$Ni$_{35}$						2.6 ×10^4				

注：λ_s 为多晶体的磁致伸缩应变值。

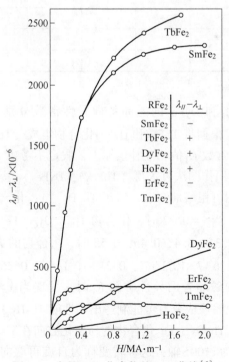

图 4-9　多晶 RFe$_2$化合物的 λ-H 曲线[6]

4.3　(Tb，Dy)Fe₂合金的磁晶各向异性的相互补偿

根据前述可知，有实用意义的稀土巨磁致伸缩材料要具备下列条件：

(1) 磁致伸缩应变 λ 要大。

(2) 磁晶各向异性常数 (K_1+K_2) 要小。

(3) 饱和磁化强度 M_s 或磁感应强度 B_s 要高。

(4) 居里温度要高，起码要比室温高 200℃ 以上。

上面讲到单一个 RFe_2 化合物的磁晶各向异性均很大，有的为正，有的为负；它们的磁致伸缩应变 λ 均很大，而有的同时为正，有的为负。能否将 λ 符号相同和 K_1 符号相反的两种 RFe_2 化合物组成一种具有高 λ 和低 (K_1+K_2) 的巨磁致伸缩材料呢？从理论上来说是可能的，因为材料的磁致伸缩应变和磁晶各向异性的起源在本质上有所不同。表 4-6 列出一些 RFe_2 化合物的 λ 和 (K_1+K_2) 的符号。可见，组成高 λ 和低 (K_1+K_2) 的磁致伸缩材料有 $Tb_{1-x}Dy_xFe_2$、$Tb_{1-x}Ho_xFe_2$、$Tb_{1-x}Pr_xFe_2$、$Sm_{1-x}Tm_xFe_2$、$Sm_{1-x}Yb_xFe_2$。它们均可能成为有实用意义的磁致伸缩材料。

表 4-6　一些 RFe_2 化合物的 λ 和 (K_1+K_2) 的符号

化合物	$PrFe_2$[①]	$SmFe_2$	$TbFe_2$	$DyFe_2$	$HoFe_2$	$ErFe_2$	$TmRFe_2$	$YbFe_2$[①]
λ	+	−	−	+	+	−	−	−
K_1+K_2	+	−	−	+	+	−	−	−
K_2	−		−	+	+	−	+	−

①$PrFe_2$ 在高压下才能合成，$YbFe_2$ 尚未人工合成。

实验表明，$TbFe_2$ 和 $DyFe_2$ 的磁晶各向异性常数分别为 $-7.60 \times 10^6 J/m^3$ 和 $2.1 \times 10^6 J/m^{3[21\sim23]}$。根据将 $TbFe_2$ 和 $DyFe_2$ 化合物组成 $(TbFe_2)_x(DyFe_2)_{1-x}$ 化合物时其磁晶各向异性常数 K_1 值相互补偿原理，假定不考虑 K_2，两个化合物 K_1 的补偿是线性的话，则用作图法可求得 $(TbFe_2)_x(DyFe_2)_{1-x}$ 合金的 K_1 与 x 的关系，如图 4-10 所示。由图可粗略地知道，对于 $Tb_xDy_{1-x}Fe_2$ 化合物来说，$x=0.23$ 时，合金有最小的 K_1 值；当 $x=0.27$ 时，化合物 $Tb_{0.27}Dy_{0.73}Fe_2$ 的 K_1 约为 $0.060 \times 10^6 J/m^3$。当 $x=0.30$，0.35，0.4，0.45，0.55 时，化合物的 K_1 分别为 $0.08 \times 10^6 J/m^3$，$0.12 \times 10^6 J/m^3$，$0.17 \times 10^6 J/m^3$，$0.21 \times 10^6 J/m^3$，$0.26 \times 10^6 J/m^3$。实验测定 $Tb_xDy_{1-x}Fe_2$ 化合物的磁晶各向异性常数 K_1 时，发现当 $x=0.27\sim0.3$ 时，K_1 为 $60.0\sim80.0 kJ/m^3$。说明该成分有可能制造出高性能 Tb-Dy-Fe 材料。

图 4-10 还表示，$Tb_xDy_{1-x}Fe_2$ 化合物的易磁化方向在 $x=0.27$ 附近，其易磁化轴要由 <111> 轴转变为 <100> 轴，这种转变称为自旋再取向。自旋再取向的转变点在 $x=0.27$ 附近。该点也称为磁晶各向异性抵消点。

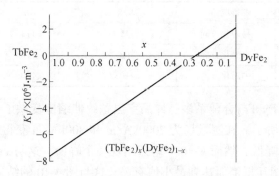

图 4-10 （TbFe₂）$_x$（DyFe₂）$_{1-x}$ 化合物的磁晶各向异性常数 K_1 与 x 的关系

1973 年 Atzmony 等人实验测定了 $Tb_{1-x}Dy_xFe_2$ 和 $Tb_{1-x}Ho_xFe_2$ 的磁晶各向异性常数相互抵消的温度与成分的关系[24]，如图 4-11 所示。

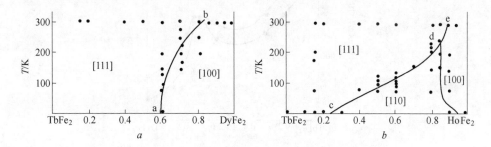

图 4-11 $Tb_{1-x}Dy_xFe_2$ （a）和 $Tb_{1-x}Ho_xFe_2$ （b）合金系磁晶
各向异性常数 K_1 相互补偿点成分与温度的关系

图 4-11a 中，ab 线是 $Tb_{1-x}Dy_xFe_2$ 的各向异性常数 K_1 相互抵消点的成分与温度的关系。例如在 293K 时，$Tb_{0.27}Dy_{0.73}Fe_2$ 具有较小的 K_1 值。具有实用意义的 $Tb_xDy_{1-x}Fe_2$ 合金成分为 $x = 0.27 \sim 0.5$。从此就确定了巨磁致伸缩材料的基本成分。从图 4-11 也可以看出某一成分的合金，其自旋再取向随温度的变化。如 $Tb_{0.27}Dy_{0.73}Fe_2$ 和 $Tb_{0.5}Dy_{0.5}Fe_2$ 的自旋再取向的变化，如表 4-7 所示。图 4-11b 所示为 $Tb_{1-x}Ho_xFe_2$ 合金自旋再取向与温度及与成分的关系。

表 4-7 $Tb_{1-x}Dy_xFe_2$ 自旋再取向的温度

合金系	再取向	293K	260K	115K
$Tb_{0.27}Dy_{0.73}Fe_2$	易磁化方向	<111>	<100>	<100>
	难磁化方向	<100>	<110>	<111>
	中磁化方向	<110>	<111>	<110>

合金系	再取向	293K	70K	115K
$Tb_{0.5}Dy_{0.5}Fe_2$	易磁化方向	<111>	<111>	<100>
	难磁化方向	<100>	<110>	<111>
	中磁化方向	<110>	<100>	<110>

后来对 $Tb_{1-x}Dy_xFe_2$ 合金系多晶样品室温磁致伸缩应变做了系统的实验研究，其结果如图 4-12 所示。在测量场为 2000kA/m 和 800kA/m 获得的（$\lambda_{//}-\lambda_{\perp}$）随 Dy 的含量增加而降低，然而 $x\approx0.7$ 附近出现一个峰值，这与 $x\approx0.7$ 附近处的磁晶各向异性常数相互抵消而达到最小值有关。这与图 4-10 的结果一致。

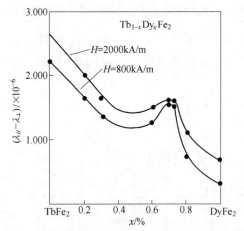

图 4-12 $Tb_{1-x}Dy_xFe_2$ 的室温磁致伸缩与成分的关系

4.4 $Tb_xDy_{1-x}Fe_2$ 稀土巨磁致伸缩材料的制备与晶体生长原理

4.4.1   概述

目前制备高性能 Tb-Dy-Fe 巨磁致伸缩材料有四条工艺路线，如图 4-13 所示。其中工艺路线 Ⅰ 是通过液体定向凝固法制造单晶或取向多晶材料。目前 90% 以上的产品都是应用这种方法来制造的。工艺路线 Ⅱ 是用粉末冶金法，通过磁场取向法来制造多晶体取向 Tb-Dy-Fe 材料。该方法所制造的 Tb-Dy-Fe 材料的性能较低，但具有较好的力学性能。工艺路线 Ⅲ 是用黏结成型的方法来制造黏结 Tb-Dy-Fe 材料。这种材料的磁致伸缩性能较低，但电阻率高，适合高频下的应用。工艺路线 Ⅳ 是制造 Tb-Dy-Fe 薄膜材料，主要用于制造薄型传感器或微型机械、微型驱动器或器件。本章重点是讨论液体定向凝固法制造单晶或取向多晶的 Tb-Dy-Fe 材料的原理与技术。

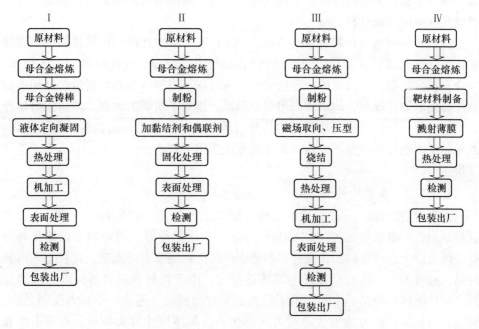

图 4-13 Tb-Dy-Fe 巨磁致伸缩材料的制备工艺路线

4.4.2 熔体定向凝固制造单晶或取向多晶材料的技术

目前采用熔体定向凝固法制造高性能 Tb-Dy-Fe 材料的主要方法有晶体提拉法、布里奇曼法、区熔凝固法（包括悬浮区熔法）等。下面对这些方法做简要的介绍。

4.4.2.1 提拉法

该方法是丘克拉尔斯基（Czochralski）于 1918 年提出的，因此通常也称为丘克拉尔斯基法，简称 CM 法。该方法的原理如图 4-14 所示。首先将原材料放入坩埚内，用高频感应加热法将炉料加热直至熔化并保持恒定温度。在熔池的上方有一个可旋转和可垂直升降的拉杆，拉杆内部可通水冷却造成单方向冷却的条件。杆的下端有一个夹头，其上裹有籽晶。调整拉杆的高度，使籽晶与熔体接触，以籽晶为结晶核心，使熔体定向

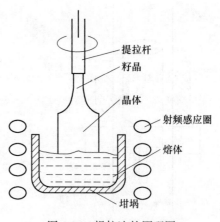

图 4-14 提拉法的原理图

结晶凝固生长，然后拉杆以一定速度提升。提升速度与晶体生长速度相应，以获得单晶或取向多晶材料。

提拉法所用坩埚材料有 NB、ZrO_2、MgO_2 等。熔体直接与坩埚接触，当熔体有化学活性元素时（如稀土元素等），容易与坩埚反应，反应物可能进入熔体，使合金材料污染。最近发展一种新的水冷铜坩埚。当感应加热炉料后，利用电磁悬浮力使熔体浮起来，使熔体与坩埚不接触，避免了坩埚的污染。但由于熔体浮在坩埚上层，材料的成分偏析与热传导过程的扰动，使生长晶体的外形不规则，或先后凝固的晶体成分不一致。因此该方法多用于制造研究样品，不适于工业化规模生产。

4.4.2.2　布里奇曼法

布里奇曼（Bridgeman）法的原理图如图 4-15 所示。首先将炉料或母合金装在坩埚内，用电阻加热法（如 SiC 棒、Mo 片、电热丝等）将炉料全部熔化并保持在熔点以上，维持恒温，拉杆内部通水冷却使热流单方向流动。拉杆上端可装籽晶，也可不装。当拉杆顶端与熔体接触时，由于拉杆顶端表面温度与水温相同，而使熔体形核结晶生长。由于热流是单方向流动，造成一个单方凝固条件，从而获得柱晶。此方法的优点是可连续生产，晶体尺寸可大可小，有利于产业化。但由于熔体是整体熔化容易引起低熔点或易挥发元素烧损，定向凝固棒轴上成分不均匀，不够致密等。

最近对布里奇曼法进行了改进，称为改进的布里奇曼法（Modified Bridge-man），简称 MB 法[25]。MB 法的原理如图 4-16 所示。它由真空感应炉，可加热的石英模管、结晶器和水冷拉杆等器部件组成。感应炉内的坩埚底部小孔由热电

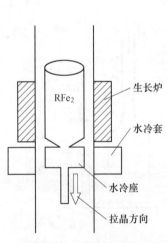

图 4-15　布里奇曼法的原理图

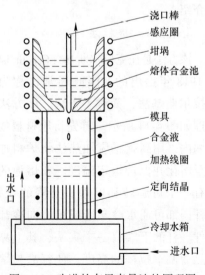

图 4-16　改进的布里奇曼法的原理图

管堵住，熔化合金炉料的同时，将石英模管加热到设定温度。热电管向上拉时，均匀熔化的合金液由底部出口注入石英模管。合金液与结晶器表面接触时，由于结晶器表面温度与冷却液相同，而迅速结晶凝固。石英模管维持恒温，合金液热量沿向下拉杆单方向流动，造成单向定向结晶凝固棒。定向结晶凝固棒可以是单根，可以是多根棒材，也可以是方棒、圆棒或管材。尺寸可大可小，直径为 $\phi10\sim38$mm，长度为 $25\sim200$mm。这种方法有利于产业化，但存在晶体的结晶方向不易控制、定向结晶棒不够致密、沿棒长方向的性能不均匀等缺点。

4.4.2.3 垂直悬浮区熔(floatzone melting)法

该方法简称 FZM 法。其原理如图 4-17 所示。它由熔器、感应加热和感应加热线圈移动系统、母合金棒的旋转机构组成。将预先冶炼好的母合金铸棒，置于熔器（如石英管）内，开始将盘式感应加热线圈移至母合金棒下端，接通感应电流，利用高频加热原理将母合金棒区域熔化（熔区宽度一般为 $8\sim10$mm）。利用熔体的表面张力和感应线圈对熔体的电磁浮力，使熔区维持柱状而不下塌，也不与坩埚容器接触，以减少坩埚反应污染。使熔区向下端形成单向热流，而导致单向定向结晶凝固，从而得到柱状晶。但由于感应加热线圈对浮区产生的电磁悬浮力有限，用这种方法制备的定向凝固棒的尺寸为直径 $5\sim7$mm，长度 $25\sim200$mm，可制造小尺寸高性能的棒状产品。

4.4.2.4 高温度梯度区熔定向凝固法(HTGZM 法)[26]

图 4-18 为这种方法的原理图。它由真空容器、抽拉系统、冷却系统、感应加热系统组成。盘式感应加热线圈将母合金局部区域熔化，由抽拉系统将熔区下

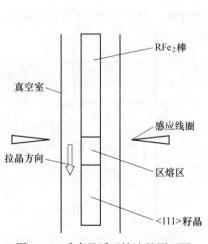

图 4-17 垂直悬浮区熔法的原理图

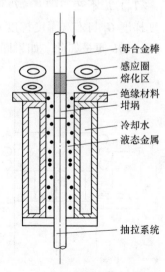

图 4-18 高温度梯度区熔定向凝固法的原理图

拉到 Ga-In-Sn 冷却液附近，使熔区与冷却液表面的距离很短，形成很大的温度梯度，从而得到定向凝固棒。由于熔区短，熔体与坩埚接触时间短，坩埚反应小，污染小，成分偏析小，成分均匀。定向凝固棒的直径可为 10~60mm，长度可为 50~300mm。晶体取向可通过抽拉速度来控制，取向棒沿轴向性能均匀。

4.4.3　熔体定向凝固制备轴向取向柱晶材料的原理

由图 4-2 可知，化学计量成分为 RFe_2 的化合物，以包晶反应的方式凝固，首先析出 RFe_3 一次晶，然后进行包晶反应 $L + RFe_3 \rightarrow RFe_2$。对于 RFe_y，当 $y = 1.85~1.95$ 时，可能避免包晶反应，而从熔体直接结晶为 $L \rightarrow L + RFe_2$（Laves 相）。但由于在 1073~1273K 存在一个 Laves 相扩展区，低于 1053K 左右合金的平衡组织以 Laves 相（RFe_2）+ 离异共晶相为主，合金凝固温度跨度约为 300K。然而对于 $RFe_{1.85~1.95}$ 合金来说，其熔体定向凝固过程的结晶特征与凝固显微组织往往要由溶质组元在液相中的扩散和所造成的成分过冷，以及定向凝固速率、固-液相温度梯度、样品尺寸、样品的导热特征来决定。下面以区熔定向凝固为例来讨论定向凝固时晶体生长方式、柱状晶生长速率、固-液相界面状态，说明柱晶生长的条件。

区熔定向凝固如图 4-19 所示。ab 为固-液相界面。图 4-19a 中固-液相界面为平面，图 4-19b 中固-液相界面为凹面，T_L 为熔区的最高温度，h 为感应圈中心（温度 T_S）与冷却液面的距离。由于冷却液（Ga-In-Sn）的热容量特别大，同时有水冷，可以认定冷却液的温度 T_0 固定不变，则区熔定向凝固的宏观温度梯度 $G = (T_L - T_0)/h$ 不变。$(T_L - T_s)/l = G_L$ 称为液相内温度梯度。严格地说，液相内的温度梯度 G_L 与宏观温度梯度 G_L 是不相同的，特别是对于固-液相界面为非平面时，图 4-19b 便是如此。如果固-液相界面为平面，则液相内的温度梯度 G_L 几

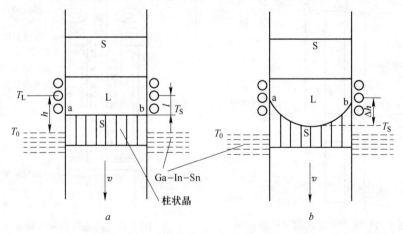

图 4-19　区熔定向凝固过程固液相界面状态与抽拉速度及温度梯度之间的关系

乎与宏观温度梯度 G_L 相等。为此，要求样品径向热量分布均匀，从而使感应圈到 ab 平面间建立稳定的垂直温度梯度。

根据成分过冷的理论，可得：

$$\frac{G_L}{v} \geq \frac{-mc_0(1-k)}{kD_L} \tag{4-1}$$

式中，G_L 为固-液相界面处液相内的温度梯度；v 为凝固速度，即抽拉速度；m 为液相线的斜率；c_0 为合金的成分；k 为液相中溶质的分配系数；D_L 为液相溶质的扩散系数。

当 $\dfrac{G_L}{v} \geq \dfrac{-mc_0(1-k)}{kD_L}$ 时，固-液相界面处不出现成分过冷，固-液相界面的 ab 为平面，则晶体以平面晶方式生长。

当 $\dfrac{-mc_0(1-k)}{kD_L} < \dfrac{G_L}{v} < \dfrac{-mc_0(1-k)}{2D_L}$ 时，晶体以胞状晶方式生长；当 $\dfrac{G_L}{v} <$ $\dfrac{-mc_0(1-k)}{2D_L}$ 时，晶体以树枝晶方式生长。对 Tb$_{0.27}$Dy$_{0.73}$Fe$_{1.95}$ 合金来说，可以把 m、c_0、k、D_L 看作是固定不变的。由式（4-1）可以看出：

（1）当 G_L 不变时，随 v 的提高，晶体的生长方式由平面晶向胞状晶再向树枝晶转变，而随 v 的降低，晶体的生长方式由树枝晶转变为胞状晶再转变为平面晶。

（2）当 v 不变时，随 G_L 的提高，晶体的生长方式由树枝晶转变为胞状晶再转变为平面晶，而随 G_L 的降低，晶体的生长方式由平面晶向胞状晶再向树枝晶转变。

（3）保持固-液相界面（ab）为平面十分重要。如果固-液相界面为非平面，则局部的温度梯度大小和方向不同，这样会造成晶体生长方向偏离样品的轴向，造成小角度晶界和局部的显微组织疏松。通过调控 G_L/v 值来调整固-液相界面成为平面，这是获得理想轴向取向和无缺陷显微组织的重要条件。

4.4.4　Tb-Dy-Fe 区熔定向凝固时轴向择优生长方向

4.4.4.1　［112］轴向择优生长

Clark 等人于 1986 年，Verhoven 等人于 1987 年分别采用布里奇曼法和悬浮区熔技术制造 Tb$_{0.27}$Dy$_{0.73}$Fe$_{1.95}$ 合金棒，并系统地研究了晶体生长方式和定向凝固晶体择优生长方向。用高纯 Fe、Tb 和 Dy 作原材料，用真空电弧炉冶炼，避免了坩埚污染，采用布里奇曼法制备<112>轴向取向的 Tb-Dy-Fe 合金棒。把钢液浇注在直径为 25mm 的石英管中，用 450kHz 的高频电流感应加热，晶体生长速度为56~71μm/s。此外，还用悬浮区熔法制造<112>轴向取向样品，用相同原材料，将母合金棒装入直径为 25mm、长 150mm 的石英管中，用单匝盘式感应线圈通以 450kHz 的高频电流使母合金棒区域熔化（熔区长为 8～10mm）。感应线圈以 7.1～141μm/s 的速度移动（即晶体生长速度）。没有测定液相内温度梯度 G_L。采用光学显微镜和 SEM 观察其显微组织及孪晶界（采用 Vilella 浸蚀液：95mL 甲醇+5mL 盐酸+1g 苦味酸）。为了观察孪晶界，先电解抛光，抛光液为 6% 高氯酸+甲醇，然后浸蚀。浸蚀剂为：95mL 甲醇+5mL 盐酸+5g 苦味酸。观察结果表明，用上述两种方法制造的 $Tb_{0.27}Dy_{0.73}Fe_{1.95}$ 合金棒均生长成柱状晶。晶体的择优生长方向是 <112>。每一个柱状晶均以树枝状方式生长，见图 4-20b[8]。样品的顶部可观察到树枝晶，其前端为 [112] 方向，与定向凝固样品轴向偏约 5°～10°，树枝晶呈偏平状，像是树枝状板。板面与晶体 {111} 面平行。在两个平行的片状树枝间存在离异共晶稀土相。在片状树枝内有 {111} 孪晶，如图 4-20a 和 b 所示。

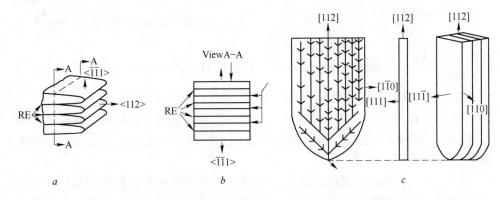

图 4-20　悬浮区熔定向凝固时 $Tb_{0.27}Dy_{0.73}Fe_{1.95}$ 合金的晶体生长

a—晶体生长方式及孪晶界示意图；b—a 中 A-A 截面示意图；c—$Tb_{0.27}Dy_{0.73}Fe_{1.95}$ 合金定向凝固时的片状树枝晶生长方式

4.4.4.2　[110] 轴向择优生长

USTB-SKL-FM[27] 用高纯原材料，将成分为 $Tb_{0.3}Dy_{0.7}(Fe_{1-x}M_x)_{1.95}$（M = Mn、Al、Ti、B；$x = 0.01～0.03$）的合金用高频真空感应炉冶炼，并铸成 $\phi(10～60)mm×(150～250)mm$ 棒，用温度梯度为 $G_L = 400～1000K/cm$ 的区熔定向凝固炉，生长速度为 $v = 1、4、8、12、20、30mm/min$，得到 $\phi(10～60)mm×(100～200)mm$ 的定向凝固棒。经 1223～1323K 的真空热处理 4～6h，在距底端 40mm 处切取 $\phi10mm×3mm$ 样品作 x 射线衍射分析，确定其晶体取向；用 Villela 浸蚀剂浸蚀后观察其金相显微组织。

实验结果表明，当 $G_L = 700K/cm$，$v = 4mm/min$ 时，定向凝固组织如图 4-21a 和 b 所示。它有柱状晶的特征，X 射线衍射分析表明为 [110] 轴向取向（见 4-21c）。当 $G_L = 700K/cm$，$v = 12mm/min$ 时，柱状组织如图 4-22a 和 b 所

示，X 射线衍射分析表明为［112］轴向取向（见图 4-22c）。当 G_L = 400K/cm，v = 12mm/min 时，定向凝固组织如图 4-23a 所示，此时是<110>+<113>+<112>混合轴向取向（见图 4-23b），但适当调整 v 后，可获得<113>轴向取向（见图 4-23c）。

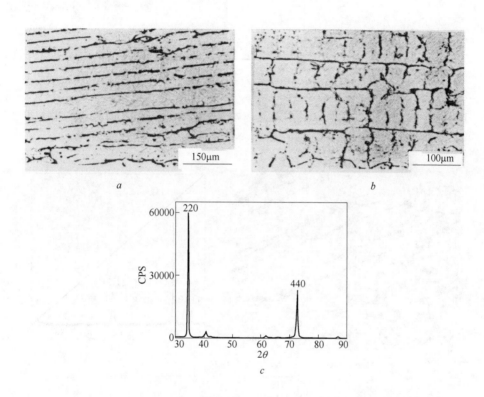

图 4-21　Tb$_{0.3}$Dy$_{0.7}$(Fe$_{1-x}$M$_x$)$_{1.95}$合金在 G_L = 700K/cm，v = 4mm/min 时的定向凝固组织
a—纵截面图；b—横截面图；c—垂直取向方向的截面 X 射线衍射谱

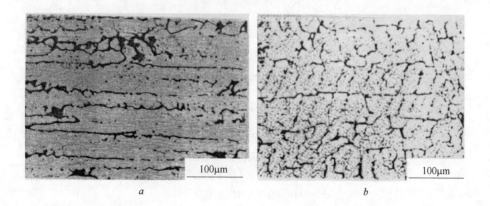

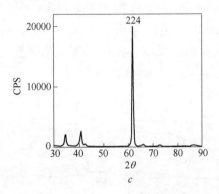

图 4-22 $Tb_{0.3}Dy_{0.7}(Fe_{1-x}M_x)_{1.95}$ 合金在 $G_L = 700K/cm$, $v = 12mm/min$ 时的定向凝固组织

a—纵截面图；b—横面图；c—方向的截面 X 射线衍射谱

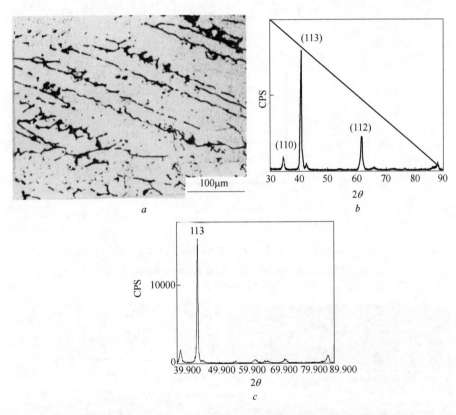

图 4-23 $Tb_{0.3}Dy_{0.7}(Fe_{1-x}M_x)_{1.95}$ 合金在 $G_L = 400K/cm$, $v = 12mm/min$ 时的

定向凝固组织与垂直取向方向的截面 X 射线衍射谱

a—纵截面组织；b—<110>+<113>+<112>混合轴向取向时的 X 射线衍射谱；

c—<113>轴向取向时的 X 射线衍射谱

研究结果表明，$Tb_{0.3}Dy_{0.7}(Fe_{1-x}M_x)_{1.95}$合金在区熔定向凝固时其轴向择优生长方向可通过调整 G_L/v 值来改变和控制。只要适当改变 G_L/v 值，就可获得 <110>或<113>或<112>轴向取向或<110>+<113>+<112>混合轴向取向。这一研究结果丰富与发展了 Tb-Dy-Fe 合金定向凝固与晶体生长的理论与技术。

4.5 Tb-Dy-Fe 合金的晶体定向凝固晶体轴向取向与商品巨磁致伸缩材料

4.5.1 Tb-Dy-Fe 合金单晶体磁致伸缩应变的各向异性

Teter 和 Clark 等人[28]将 $Tb_xDy_{1-x}Fe_{1.95}$（$x=0.27$，0.30）用悬浮区熔技术制造出圆棒状样品，然后用高速金刚石锯切成 7.28mm×7.28mm×55.9mm 的块状样品，$[11\bar{2}]$沿样品长度方向，而 $[111]$ 和 $[11\bar{2}]$ 分别沿两个相互垂直的 7.28mm 方向。在三个面上各贴 4 片应变片，用标准的四接点应变仪法测量三个方向的磁致伸缩应变。所得的结果见图 4-24。可见，预压应力为 $\sigma>6MPa$ 时 $[111]$ 方向的磁致伸缩应变值最高，其次是 $[11\bar{2}]$、$[1\bar{1}0]$ 方向的磁致伸缩应变最低。根据这一实验结果，Teter 和 Clark 等人认为，制造<112>轴向是制造高性能 Tb-Dy-Fe 材料的途径，因为至今还无法制造<111>轴向取向的多晶样品。

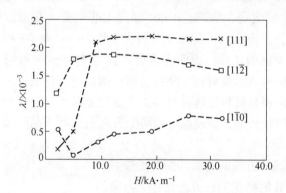

图 4-24　$Tb_{0.3}Dy_{0.7}Fe_{1.95}$悬浮区熔技术制备的<112>轴向取向样品在 60kA/m 磁场和

不同预压应力下沿 $[11\bar{2}]$、$[111]$、$[1\bar{1}0]$ 三个方向测得的磁致伸缩应变

B. W. Wang 等人[29]采用提拉法将 $Tb_{0.27}Dy_{0.73}Fe_{1.95}$ 合金制成 $[11\bar{1}]$ 轴向取向的单晶棒状样品，根据 Laue X 射线分析确定 $[11\bar{1}]$、$[2\bar{1}1]$ 和 $[011]$ 晶体方向，用高速金刚石锯沿上述三个方向切取方块状样品，用四接点应变仪测量单晶体上述三个方向的磁致伸缩应变和磁致伸缩应变率 d_{33}，其结果见图 4-25 和图 4-26。与图 4-24 的结果一致，沿 $[11\bar{1}]$ 方向有最大的 λ 值，$[2\bar{1}1]$ 方向次之，

[011] 方向最低。而 [11$\bar{1}$]、[2$\bar{1}$1] 和 [011] 三个方向的磁致伸缩应变的变化率（d_{33} 常数）分别为 19nm/A、8nm/A、3nm/A。B. W. Wang 等人的结果与 TeTer 等的结果是一致的。

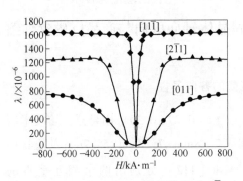 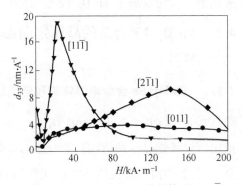

图 4-25 Tb$_{0.27}$Dy$_{0.73}$Fe$_{1.95}$ 单晶体沿 [11$\bar{1}$]、[2$\bar{1}$1] 和 [011] 的磁致伸缩应变曲线

图 4-26 Tb$_{0.27}$Dy$_{0.73}$Fe$_{1.95}$ 单晶体沿 [11$\bar{1}$]、[2$\bar{1}$1] 和 [011] 的磁致伸缩应变的变化率（d_{33}）

4.5.2 非取向多晶与取向多晶体的磁致伸缩应变

由于 Tb-Dy-Fe 合金 Laves 相化合物单晶体的磁致伸缩应变有很大的各向异性，<111>轴向上的应变 λ 最高，<100>轴向上的应变 λ 最低。因此非取向多晶的样品的 λ 值很低，而取向样品的 λ 值可大大地提高。表 4-8 所示是非取向多晶体与取向多晶体 λ 值的比较，说明为获得高性能 Tb-Dy-Fe 材料，必须将这种材料做成取向多晶材料或单晶材料。从材料商品的价格与性能比来考虑，单晶体制备成本较高。取向多晶材料是这种材料的产业化方向。这种材料的应用多数是圆棒、方棒状或圆筒状。那么应使晶体的哪个方向沿棒状样品的轴向？这要决定于两个因素：

（1）哪一个晶体方向的磁致伸缩性能最好？

（2）晶体生长的择优生长方向是什么方向？

本节将论述哪一个晶体方向的磁致伸缩性能最好，下一节讨论晶体的择优生长方向。

表 4-8 Tb-Dy-Fe 非取向多晶体与取向多晶体合金在 53kA/m
磁场和 8.3MPa 预应力下的磁致伸缩应变

材　　料	晶体取向状态	$\lambda/\times10^{-6}$
TbFe$_2$	非取向	210
Tb$_{0.27}$Dy$_{0.73}$Fe$_2$	非取向	500
Tb$_{0.27}$Dy$_{0.73}$Fe$_{1.9}$	取向	1200

材　　料	晶体取向状态	$\lambda/\times10^{-6}$
$Tb_{0.27}Dy_{0.73}Fe_{1.95}$	取向	1130
$Tb_{0.26}Dy_{0.53}Ho_{0.21}Fe_2$	非取向	560

4.5.3　Tb-Dy-Fe 合金的 [112] 轴向取向的磁致伸缩应变 λ_{112}

上一节已介绍从<111>或<112>轴向取向的单晶体中切取沿<112>、<111>和<110>方向的六面体样品，并沿三个方向测量出的 λ_{112}、λ_{111}、λ_{110} 结果，证明 $\lambda_{111}>\lambda_{112}>\lambda_{110}$。另外，前面已经指出，$Tb_{0.27\sim0.35}Dy_{0.73\sim0.65}Fe_{1.9\sim1.95}$ 合金在定向凝固晶体轴向既可是<112>也可是<110>或<113>。那么<112>和<110>轴向取向的材料的磁致伸缩应变值情况如何？

Teter 和 Clark 等人从理论与实验两个方面系统地研究了 $Tb_{0.27}Dy_{0.73}Fe_{1.95}$ 单晶体（Laves 相立方晶体）的主轴与非主轴方向的磁致伸缩应变值，他们假定磁化强度在（110）面内变化，则由式（3-1）可得：

$$\lambda_{\perp-//} = \frac{3}{4}\lambda_{100}(1-5\cos^2\theta+6\cos^4\theta) + \frac{4}{3}\lambda_{111}(1-5\cos^2\theta-6\cos^4\theta)$$

$$(4-2)$$

式中，$\lambda_{\perp-//}$ 为磁化强度从垂直的方向转到平行测量方向时的磁致伸缩应变；θ 为测量方向与 [001] 方向的夹角。

可见，当 $\theta=0$ 时，即测量方向沿 [001] 方向时，$\lambda_{\perp-//} = \frac{3}{2}\lambda_{100}$；当测量方向沿 [111] 方向时，$\theta=54.7°$，则 $\lambda_{\perp-//} = \frac{3}{2}\lambda_{111}$；当测量方向沿 [11$\bar{2}$] 方向时，$\theta=35.3°$，则 $\lambda_{\perp-//} = \frac{1}{4}\lambda_{100} + \frac{5}{3}\lambda_{111}$。所有的<111>、<112>、<100>方向的磁致伸缩应变值的计算结果，和在不同磁场下实际测量的结果列于表 4-9。可见，<111>晶轴磁致伸缩应变的理论值与实验值都是最高的，其次是<112>轴向的磁致伸缩应变。实验还发现在低场下磁致伸缩棒在压应力作用时，180°畴壁运动对磁致伸缩没有贡献，只有非 180°畴壁位移和磁矩转动对磁致伸缩应变才有贡献。这样就可能出现，当测量磁场沿<112>晶轴时，最大磁致伸缩应变不是发生在<112>方向上，而是发生在与<112>偏离一定角度（如 14.75°）的方向上。

表 4-9 还表明，虽然 $Tb_{0.27}Dy_{0.73}Fe_{1.95}$ 单晶体的<112>与<111>晶轴呈 19.5°，但在<112>晶轴上仍然有与<111>相比拟的 λ 值。表 4-8 和表 4-9 还表明，[110] 晶向应变值的实验值远低于 [111] 和 [112] 晶向的实验值。

表 4-9 $Tb_{0.27}Dy_{0.73}Fe_{1.95}$ 单晶体的磁致伸缩应变

测量方向	与晶体生长方向 $[11\bar{2}]$ 的角度/(°)	磁致伸缩理论值	实测 $\lambda_s/\times10^{-6}$		
			800kA/m	1200kA/m	1600kA/m
$11\bar{1}$	19.5	$\frac{3}{2}\lambda_{111}$	2250	2280	2280
$\bar{1}1\bar{1}$	61.8	$\frac{3}{2}\lambda_{111}$	2320	2330	2380
$1\bar{1}1$	61.8	$\frac{3}{2}\lambda_{111}$	2260	2290	2330
111	90	$\frac{3}{2}\lambda_{111}$	2270	2300	2330
$11\bar{2}$	0	$\frac{\sqrt{33}}{4}\lambda_{111}$	2150	2200	2210
$\bar{1}1\bar{2}$	48.2	$\frac{\sqrt{33}}{4}\lambda_{111}$	2250	2300	2310
$1\bar{1}\bar{2}$	48.2	$\frac{\sqrt{33}}{4}\lambda_{111}$	2000	2240	2280
112	70.5	$\frac{3}{2}\lambda_{111}$	2250	2280	2330
110	54.5	$\frac{3}{2}\lambda_{111}$	2070	2070	2110
$1\bar{1}0$	90	$\frac{3}{2}\lambda_{111}$	1970	1980	1990
001	35.5	$\frac{3}{2}\lambda_{100}$	154	141	135

4.5.4 Tb-Dy-Fe 合金的 [110] 轴向取向的磁致伸缩应变 λ_{110}

USTB-SKL-FM[30,31]采用高温度梯度（$G_L=100\sim600K/cm$）和晶体生长速度 $v=0.1\sim20mm/min$ 的区熔定向凝固法，将 $Tb_{0.31}Dy_{0.69}(Fe_{1-x}M_x)_{1.95}$（M = Al，B，Cr，Mn；$x=0.01$）制备成<110>轴向取向的圆棒样品，尺寸为直径 10~50mm，长度 150~200mm。样品经 1173~1353K 热处理 3~24h，快冷。

垂直取向轴截面上的 X 射线衍射谱如图 4-27 所示。它表明样品的底部几乎全部是<110>轴向取向。样品上部也大部分是<110>轴向取向，但存在少量的<113>取向。

沿样品的取向轴方向测量的磁致伸缩应变值见图 4-28。为了便于比较，表 4-10 列出不同轴向取向样品在不同磁场下及预压应力下的取向轴方向的磁致伸缩应变。如表 4-10 所示，对于<110>轴向取向的样品，在 40kA/m 和 0MPa、5MPa、10MPa 预压应力下的 λ 值达到 950×10^{-6}、1300×10^{-6}、1400×10^{-6}，d_{33} 分别达到 28nm/A、38nm/A、42nm/A。

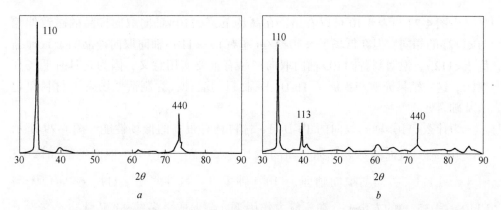

图 4-27 $Tb_{0.31}Dy_{0.69}(Fe_{1-x}M_x)_{1.95}$ 区熔定向凝固棒沿垂直取向截面的 X 射线衍射谱

a—棒底部；b—棒上部

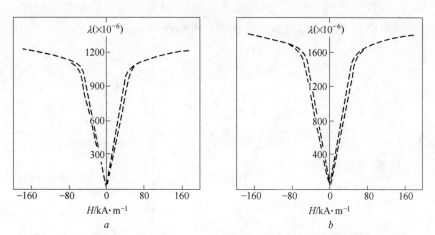

图 4-28 $Tb_{0.31}Dy_{0.69}(Fe_{1-x}M_x)_{1.95}$ <110>轴向取向样品的磁致伸缩应变曲线

a—p=0；b—p=5MPa

表 4-10 $Tb_{0.31}Dy_{0.69}(Fe_{1-x}M_x)_{1.95}$ ［110］轴向取向与 ［112］轴向取向

及 ［111］轴向取向单晶体的磁致伸缩应变比较

晶体取向	预压应力/MPa	$\lambda_{110}/\times10^{-6}$		$d_{33}/nm \cdot A^{-1}$
		40kA/m	80kA/m	
［110］轴向取向	0	950	1170	28
	5	1300	1500	38
	10	1400	1800	42
［11$\bar{2}$］轴向取向	7	1200	1490	
［111］轴向取向	0	600	1500	
	6	400	1400	

　　由图 4-28 与表 4-10 可以看出，在高场下，<110>轴向取向样品的磁致伸缩与<112>的相同，但在低场下（40kA/m 左右），<110>轴向取向样品的磁致伸缩优于<112>。说明制备<110>轴向取向产品有重要实用意义，因为它具有低场高性能。这一结果充实与扩展了 Tb-Dy-Fe 材料的品种，为制造低场高 λ 材料奠定了基础。

　　为什么<110>轴向取向的 Tb-Dy-Fe 材料具有很高的低场性能？图 4-29 所示为<110>轴向取向晶体各晶体方向的相对关系。在 [$\bar{1}10$] 为取向轴的晶体中，有 4 个 [111] 方向与取向轴即 [$\bar{1}10$] 轴垂直，另外两个 [111] 方向位于与 [$\bar{1}10$] 呈 35°角的方位上。在压应力作用下，会形成更多的 90°畴结构，它为形成更多的 90°畴转创造了条件。相比之下， [$\bar{1}12$] 轴向取向棒状样品，仅有 [1$\bar{1}$1] 与 [$\bar{1}$11] 方向 [$\bar{1}12$] 晶轴垂直。90°畴转的结构与路径可能较少。因此<110>轴向取向有可能获得更高的低场磁致伸缩特性。

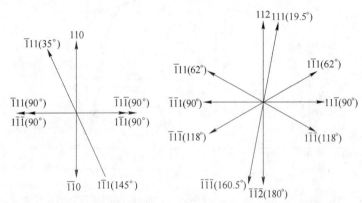

图 4-29　Tb$_{0.3}$Dy$_{0.7}$Fe$_{1.95}$合金<110>与<112>轴向取向棒状样品各个晶体方向的相对关系[51]

4.5.5　商品稀土巨磁致伸缩材料及其特性

　　目前在世界市场上有两类稀土巨磁致伸缩材料，一种是<112>轴向取向 Tb$_{0.27~0.3}$Dy$_{0.7~0.73}$Fe$_{1.95}$ 材料，另一种是<110>轴向取向 Tb$_{0.27~0.35}$Dy$_{0.65~0.73}$（Fe$_{1-x}$M$_x$）$_{1.95}$（M＝Mn，Al，Ti，B；x＝0.01~0.03）材料。下面简单介绍这两类商品磁致伸缩材料。

4.5.5.1　<112>轴向取向材料——Terfenol-D 材料

　　美国海军水面武器实验室从 20 世纪 50 年代或更早一些时候就开始研究 Fe 基磁致伸缩材料。最早研究的是 Fe-Al（13%）合金。当时将这种材料命名为 Alfenol。Al 代表铝，Fe 代表铁，nol 是美国海军武器实验室（naval ordnance laboratory）的字母缩写。该实验室以 A. E. Clark 为代表的研究组，于 20 世纪 60 年代发现 Tb、Dy 等稀土金属在低温下有很高的磁致伸缩应变；70 年代发现 RFe_2 化合物有很高的磁致伸缩应变（但应用场过高，没有实用意义）；70 年代中期发现 $TbFe_2$（$-K_1$）和 $DyFe_2$（$+K_1$）的 K_1 可相互补偿，而其 λ 均为正，且可叠加，从而获得有实用意义的 $Tb_{0.27\sim0.3}Dy_{0.7\sim0.73}Fe_{1.95}$ 合金；到 80 年代初发现 Tb-Dy-Fe 合金液体在定向凝固时，<112>是择优生长方向，从而发明了<112>轴向取的 $Tb_{0.27\sim0.3}Dy_{0.7\sim0.73}Fe_{1.95}$ 稀土巨磁致伸缩材料，并**命名为 Terfenol-D**（Ter 代表铽，Fe 代表铁，nol 代表美国海军武器实验室，D 代表 Dy）。1987 年美国海军武器实验室和依阿华州立大学 Ames 实验室（Ames Laboratory, Iowa State University）共同将这种材料的制备技术转让给美国前沿技术公司并组建了 Etrema INC，专门从事 Terfenol-D 材料的生产和应用开发工作。该公司主要采用改进的布里奇曼（MB）法及悬浮区熔（FZM）法来生产 Terfenol-D 材料。

4.5.5.2 <110>轴向取向材料——TDT110 材料

USTB-SKL-FM 研究组周寿增等人从 20 世纪 80 年代中期开始研究 Tb-Dy-Fe 材料，他们采用与 Etrema INC 完全不同的定向凝固技术，即采用高温度梯度区熔定向凝固法。该研究组有两个重要发现：一是在区熔定向凝固时，Tb-Dy-Fe 合金的轴向择优生长方向不是唯一的<112>方向，通过调整温度梯度 G_L 与晶体生长速度 v 的比值，其轴向晶体择优生长方向可以是<110>或<112>或<113>或<110>+<113>+<112>混合轴向取向。二是<110>轴向取向样品有优异的磁致伸缩应变值，特别是在低场（如在 40kA/m）下具有比<112>轴向取向样品更好的磁致伸缩特性，从而发明了这种<110>轴向取向的 Tb-Dy-Fe 材料。已获国家发明专利[13]，并**命名为 TDT110 材料**。其中 T、D 代表铽、镝，T 是铁中文拼音的第一个字母，110 代表<110>轴向取向。USTB-SKL-FM 研究组从事 TDT110 材料的生产和应用开发工作，主要采用高温度梯度区熔定向凝固法来生产 TDT110 材料。

4.5.5.3 两种商品稀土巨磁致伸缩材料的性能比较

两种商品稀土巨磁致伸缩材料的性能比较列于表 4-11，由表可见，TDT110 与 Terfenol-D 相比，除了晶体轴向取向不同外，其他物理性能与力学性能大体上相同，在性能上 TDT110 具有比较高的磁致伸缩应变和较高的 d_{33}。

表 4-11　两种商品稀土巨磁致伸缩材料的性能比较

性 能 参 数	TDT110	Terfenol-D
磁致伸缩应变/$\times10^{-6}$	1500	1490
预压应力/MPa	10	7
磁场/$kA \cdot m^{-1}$	80	80

性 能 参 数	TDT110	Terfenol-D
磁致伸缩应变的变化率 $d_{33}/\text{nm} \cdot \text{A}^{-1}$	42	38
磁机械耦合参数 k_{33}	0.70~0.72	0.70~0.72
磁极化强度/T	0.98~1.0	1.0
相对磁导率 μ	8.0~11.0	9.3
矫顽力/$\text{A} \cdot \text{m}^{-1}$	800~1000	800~1000
居里温度/K	653~659	660
磁弹性能密度/$\text{kJ} \cdot \text{m}^{-3}$	30~50	20~50
密度/$\text{kg} \cdot \text{m}^{-3}$	9250	9250
杨氏模量 E/GPa	25~35（恒 B） 5.0~5.7 ×（恒 H）	25~35（恒 H） 5.0~5.7 ×（恒 B）
抗压强度/MPa	650	700
抗拉强度/MPa	28	28
声速/$\text{m} \cdot \text{s}^{-1}$	1800~2500	2750（恒 H） 1720（恒 B）
电阻率/$\Omega \cdot \text{m}$	5.7×10^{-7}	6.0×10^{-7}
热膨胀系数（$H=0$)/$℃^{-1}$	12.0×10^{-6}	12.0×10^{-6}
偏场/$\text{kA} \cdot \text{m}^{-1}$	24~32	32~40

4.6 稀土巨磁致伸缩材料（Tb，Dy）Fe$_y$的显微结构

Tb-Dy-Fe 合金是以 Laves 相 RFe$_2$ 化合物为基体的合金。该合金的磁致伸缩特性，包括 λ、d_{33}、k_{33}、ΔE、声速 v、磁导率 μ 等各个参量，都是对显微组织结构敏感的参量。这里所说的显微结构，包括材料的相组成、基体相的晶体取向、晶体缺陷、第二相的分布和形态等。

4.6.1 Tb-Dy-Fe 三元合金的相图和相组成

图 4-5 表明，Tb/Dy 比对相组成没有影响。因为 Tb、Dy 是周期表中相邻元素，它们有非常相似的电子结构，仅是 4f 电子数相差一个。两个金属在固态和液态是完全互溶的。然而 R/Fe（R 代表 Tb、Dy）比的变化对相组成有显著的影响。

Landin 和 Ågren[32]用热力学计算了 R-Fe（R = Tb$_{0.27}$Dy$_{0.73}$）系纵截面相图，其结果见图 4-30。当 Fe 的含量为 0~1.0%（摩尔分数）时，它与纯二元 Tb-Fe、Dy-Fe 一样均形成 RFe$_2$、RFe$_3$、R$_6$Fe$_{23}$、R$_2$Fe$_{17}$ 相。RFe$_2$ 相以包晶反应方式形

成。从高温到低温区，以 Tb$_{0.27}$Dy$_{0.73}$Fe$_2$化学计量的化合物存在。Westwood 等人[33]用 X 射线和差热分析的方法研究了 Tb$_{0.27}$Dy$_{0.73}$Fe$_y$纵截面高温区相图，其结果见图 4-31。

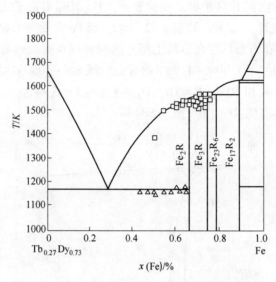

图 4-30　R-Fe（R = Tb$_{0.27}$Dy$_{0.73}$）三元纵截面相图

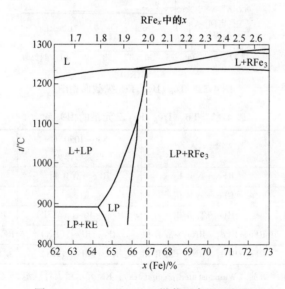

图 4-31　Tb$_{0.27}$Dy$_{0.73}$Fe$_y$ 纵截面高温区相图

当 Fe 为 2.0 时，Tb$_{0.27}$Dy$_{0.73}$Fe$_2$以包晶反应 L + Tb$_{0.27}$Dy$_{0.73}$Fe$_3$→Tb$_{0.27}$Dy$_{0.73}$Fe$_2$形成 Laves 相。在 1073~1123K 温度区间存在 Laves 均匀单相，该单相区向富 R 相扩展。当 Fe 含量为 1.85%~1.95%（摩尔分数）时，选择合适的退火温度

均可获得单一 Laves 相结构。

X 射线和 SEM 分析方法的研究表明[34]，当 Fe 含量为 33%~35%（摩尔分数）时（见图 4-32），存在一个 Laves 单相区，该单相区在高温附近向富 Fe 区扩展，而在低温附近向富 R 区扩展。实验表明，$Tb_{0.3}Dy_{0.7}Fe_y$ 三元系的相关系与 Fe 含量及状态（热处理）有关，如表 4-12 所示。当 Fe 含量为 1.6%~(2.2~2.4)%（摩尔分数）时，在铸态均存在富稀土相。这与铸锭在凝固过程中的不平衡凝固有关。对于 Fe 含量 y = 1.90%~1.93% 的合金，经 850~1050℃ 退火后淬火冷却后可获得单一的 Laves 相 RFe_2（$R = Tb_{0.3}Dy_{0.7}$）。随 Fe 含量进一步的提高，如 $y \geqslant$ 1.98% 时，则合金出现 RFe_3（RN 或 WSP）相。

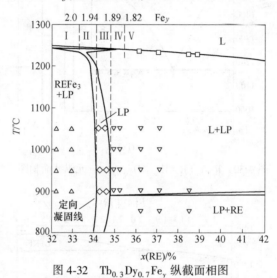

图 4-32 $Tb_{0.3}Dy_{0.7}Fe_y$ 纵截面相图

表 4-12 $Tb_{0.3}Dy_{0.7}Fe_y$ 三元系的相关系

y/%	铸 态	850~1050 ℃ 退火后淬火	7000~800 ℃ 退火后淬火
1.60~1.88	RFe_2+富 R 相	RFe_2+富 R 相	RFe_2+富 R 相
1.90~1.95	RFe_2+富 R 相	RFe_2	RFe_2
1.98	RFe_2+富 R 相	RFe_2+ RFe_3（WSP）	RFe_2+ RFe_3（WSP）
2.03~2.1	RFe_2+RFe_3（RN）+富 R 相	RFe_2+RFe_3（RN）	RFe_2+RFe_3（RN+WSP）
2.2~2.4	RFe_2+RFe_3（RN）+富 R 相	RFe_2+RFe_3（RN）	RFe_2+RFe_3（RN）

注：WSP 为魏氏组织沉淀（Widnanstatten precipitates）；RN 表示粗大针状组织（Rough needle）；富 R 相为富稀土相。

4.6.2 $Tb_{0.27~0.35}Dy_{0.73~0.65}Fe_{1.95}$ 合金铸态的显微组织

USTB-SKL-FM 研究小组[35]用背散射 SEM 研究了 $Tb_{0.23}Dy_{0.73}Fe_x$（x = 1.75、

1.85、1.95、2.0）合金铸态的显微组织结构，所得的结果见图 4-33（合金样品用电弧炉熔炼并经 1273K 退火 20h）。可见，在 Tb$_{0.23}$Dy$_{0.73}$Fe$_x$ 合金铸态组织中存在四种颜色不同的相，即灰色基体相（RFe$_2$）、白色的富稀土相（它沿晶界形成网络状或沿树枝晶边界处析出）、黑色的针状魏氏组织或粗棒状的 RFe$_3$ 相以及黑灰色的鱼骨状共晶相。当 $x=1.95$ 和 2.0 时，同时存在 RFe$_2$ 相、RFe$_3$ 相和富 R 相。从理论上来说，当 $x<2.0$ 时，不应存在 RFe$_3$ 相。根据图 4-30，化学计量 RFe$_2$ 相偏离 $x=2.0$，而是在 $x<2.0$ 以下某一成分内。$x=1.95$ 的铸态合金应处于 RFe$_2$+富 R 相区内，但经过退火处理后接近平衡时，富 R 相大部分被溶解或吸收，使过剩的 Fe 变成 RFe$_3$ 相。它以魏氏组织存在或沿晶界析出。

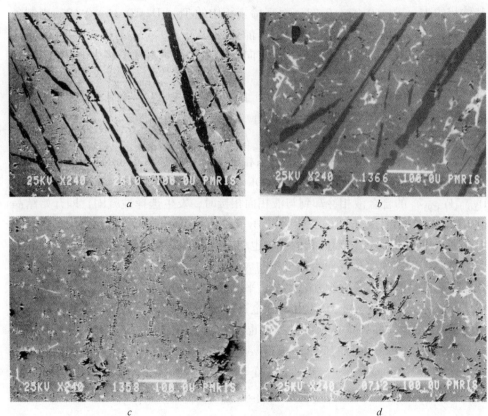

图 4-33　Tb$_{0.23}$Dy$_{0.73}$Fe$_x$ 合金铸态的显微组织结构

a—$x=2.0$；b—$x=1.95$；c—$x=1.90$；d—$x=1.75$

$x=1.90$ 的合金样品处于 RFe$_2$+富 R 相区。但铸态样品经过退火后，富 R 相大部分被吸收，从而达到 RFe$_2$ 单相性能最好的状态。当 $x<1.9$ 时，RFe$_2$ 相首先结晶，随温度的降低，RFe$_2$ 相以胞状晶或树枝晶的形式长大。以胞状长大的 RFe$_2$ 相将富 R 相的液相推向晶界处最后凝固，从而形成网络状的白色离异共晶

组织。若 RFe_2 相是树枝晶长大时，则将富 R 相推向树枝之间，最后凝固，从而形成鱼骨状的离异共晶组织（见图 4-33）。

4.6.3　重稀土元素 Tb 和 Dy 在组成相中的分布

　　商品 Tb-Dy-Fe 巨磁致伸缩材料不论是 <112> 轴向取向的 Terfenol-D 还是 <110> 轴向取向的 TDT110，其 Tb 和 Dy 成分比均为 Tb : Dy = (0.27 ~ 0.35) : (0.65 ~ 0.73)，R : Fe 为 1.90 ~ 1.95。根据相图，这种材料是以 RFe_2 Laves 相化合物为基体的合金，主要由 RFe_2 相和富稀土相组成。显微探针微区成分分析表明，合金中 Tb : Dy 与富稀土相中的 Tb : Dy 是不同的。例如在 $Tb_{0.27}Dy_{0.73}Fe_{1.9}$ 合金中，基体相的 Tb : Dy = 0.27 : 0.73；而富稀土相中的 Tb : Dy = 0.31 : 0.69。当制备工艺变化时，富稀土相中的 Tb : Dy 可能达到 0.35 : 0.65，有时甚至到 0.45 : 0.55。这说明材料制备工艺，尤其是定向凝固工艺，对富稀土相中的 Tb : Dy 有重要的影响。

　　是什么原因造成富稀土相中的 Tb : Dy 的变化呢？为弄清其原因，根据 Tb-Fe 相图（图 4-2）、Dy-Fe 相图（图 4-3）和 Tb-Dy 相图（图 4-4）并参考图 4-30，构建了 Tb-Dy-Fe 三元系部分立体相图，如图 4-34a 所示。图 4-34b 为 RFe_2 Laves 相凝固路径的投影。由于 Dy-Fe 二元系相图的液相线是由 1543K 倾斜到 1169K，而 Tb-Fe 二元系相图的液相线是由 1460K 倾斜到 1120K，因此当成分为 $C(Tb_{0.27}Dy_{0.73}Fe_{1.95})$ 的合金液相冷却到与液相面相接时，发生选择性凝固，即开始结晶的 RFe_2 Laves 相的成分为 C_0，它是富 Dy 的。随温度的降低，Laves 相的成分 C_0 变化到 C_1 再变化到 C_2，而液相的成分也相应地由 O 变化到 L_1 再变化到 L_2，即沿图 4-34b 中的 cd 线变化，而富稀土相的成分由 R_1 变化到 R_2。R_2 相比 R_1 相更富含 Tb。说明后结晶的富稀土相含有比合金平均成分更高的 Tb。而基体 Laves 相中含有比计量成分相对较多的 Dy。由于合金这种选择性凝固所造成的富稀土相有更高的 Tb : Dy 比，在后续热处理过程中也难以消除。然而 Laves 相中先结晶部分的 Tb : Dy 比后结晶部分的低，造成 Laves 相内不同区域的 Tb : Dy 值不相同，从而造成微区磁晶各向异性、磁致伸缩应变等参数的不同。因此铸态或定向凝固态合金要经过较长时间的退火，使 Laves 相成分均匀化，以达到改进磁性能的目的。

4.6.4　Tb-Dy-Fe 磁致伸缩材料的晶体缺陷

　　成分为 $Tb_{0.27 ~ 0.35}Dy_{0.73 ~ 0.65}Fe_{1.95}$ 的 Tb-Dy-Fe 合金的基体相是 Laves 相化合物即 RFe_2 相和少量的第二相（富稀土相）。Laves 相内的晶体缺陷对 Tb-Dy-Fe 合金的磁致伸缩性能有重要影响。研究表明[25,36~38]，Laves 相内可能存在下列晶体缺陷，即魏氏体沉淀、孪晶界、堆垛层错、位错与位错网、氧化物等。样品或产品究竟存在哪些缺陷，与材料的制造方法和热处理有关。

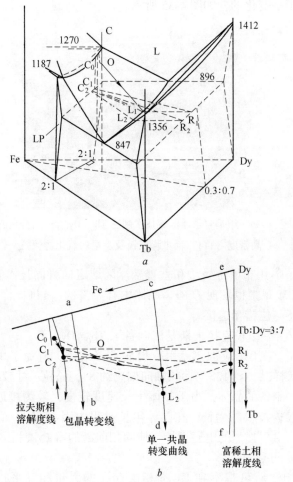

图 4-34 Tb-Dy-Fe 三元系部分立体相图示意图 (a) 和
成分为 Tb$_{0.3}$Dy$_{0.7}$Fe$_{1.95}$凝固路径的投影图 (b)

　　Verhoeven 等人[8]用光学显微镜和 SEM 观察了用布里奇曼法和垂直悬浮区熔法制备的 Tb$_{0.3}$Dy$_{0.7}$Fe$_2$合金，发现定向凝固过程中，RFe$_2$晶体以片状树枝晶的方式生长，生长方向是<112>，片状的树枝晶平面与立方晶体的 {111} 面平行，在一个片状晶内存在两个或两个以上的 {111} 孪晶界，孪晶界平面的距离约 0.2μm，或者正好是一个孪晶面。还发现在孪晶界处磁畴发生了变化。说明孪晶界有可能影响畴壁位移或磁矩转动而造成能量损耗。

　　Y. J. Bi 等人[39]用垂直悬浮区熔技术 (FSZM) 制备了 Tb$_{0.3}$Dy$_{0.7}$Fe$_{1.9}$合金，晶体生长速度为 126mm/h，得到<112>轴向取向晶体。用硝酸酒精浸蚀后，在光学金相显微镜和 SEM 中观察到片状树枝晶与它们之间的片状富稀土相。没有观察到 WSP。在 TEM 中观察到 Laves 相晶体内存在高密度的 {111} 面堆垛层错。

堆垛层错的间距是变化的，如图 4-35 所示。

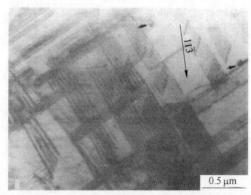

图 4-35　用垂直悬浮区熔技术制备 $Tb_{0.3}Dy_{0.7}Fe_{1.9}$ 合金的

高密度 {111} 面堆垛层错及少量的氧化物颗粒

　　Jenner 等人[38]用布里奇曼法和垂直悬浮区熔定向凝固技术制备了 $Tb_{0.3}Dy_{0.7}$ Fe_2合金，用 TEM 观察也发现了 RFe_2晶体中有大量的 {111} 面堆垛层错，并且部分堆垛层错还与位错相连接。

　　Y. J. Bi 等人[39]用丘克拉夫斯基法制备了 $Tb_{0.3}Dy_{0.7}Fe_{1.95}$ 合金。提拉速度很慢，约 28mm/h。采用感应加热，用冷坩埚悬浮熔炼，避免了坩埚反应与污染。提拉得到的棒状样品，<112>与棒状轴向偏离约 8°，晶粒尺寸较大。TEM 观察表明，用这种方法制备的晶体，由于晶体生长速度较慢，较为接近平衡生长速度，RFe_2晶体不是以树枝状晶生长，在晶体生长过程中固-液相界面是平面，以平面晶的方式生长。由于强烈的电磁搅拌，使固相前沿的富 R 液相迅速扩散，最终使富 R 相在胞状晶间凝固。

　　用光学金相法就可观察到 Laves 相内存在的大量相互平行的 WSP 相，即 RFe_3相。它们之间的平均距离约 10μm，见图 4-36。用 TEM 观察发现 Laves 相内

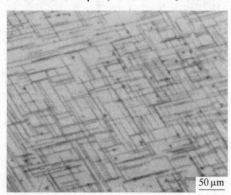

图 4-36　光学金相法观察到用丘克拉夫斯基法制备的 $Tb_{0.27}Dy_{0.73}Fe_{1.95}$

<112>轴向取向棒中 Laves 相内存在 WSP

存在大量的 {111} 面堆垛层错。堆垛层错的间距不等，见图 4-37。还观察到与堆垛层错相连接的部分位错。另外还有单独存在的位错。

高倍 TEM 观察发现，图 4-37 中某些 WSP 是由大量面位错组成的。实质上，它是一组平面位错组成的位错网络，如图 4-38 所示。

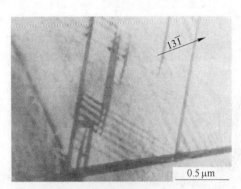

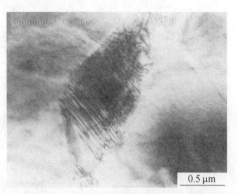

图 4-37　TEM 亮场像观察到用丘克拉夫斯基法制备的 $Tb_{0.27}Dy_{0.73}Fe_{1.95}$ 晶体内存在 {111} 面堆垛层错

图 4-38　TEM 亮场像观察到用丘克拉夫斯基法制备的 $Tb_{0.27}Dy_{0.73}Fe_{1.95}$ 晶体内存在平面位错组成的位错网络

4.7　稀土巨磁致伸缩材料 Tb-Dy-Fe 的热处理

4.7.1　概述

Tb-Dy-Fe 巨磁致伸缩材料无论是<112>轴向取向的 Terfenol-D 还是<110>轴向取向的 TDT110，商品材料大都是用垂直悬浮区熔定向凝固，或改进的布里奇曼法，或高温度梯度区熔定向凝固来制备的棒状材料。采用上述方法制备的材料，由于其冷却速度远大于平衡的冷却速度，定向凝固态的显微组织结构不是平衡态的。例如成分不均匀，因为在定向凝固过程中有选择性凝固，包晶反应可能被抑制，富稀土相的数量与分布状态都是不平衡的。Laves 相内也有较多的缺陷，如孪晶界、空位、位错、堆垛层错等。显微结构的不均匀性和缺陷会使材料的磁致伸缩性能降低，或使其磁机械耦合系数受到影响。为提高材料的 λ 值，改善磁弹性能，定向凝固的材料需要进一步热处理。热处理有两种，即一般热处理和磁场热处理。

4.7.2　一般热处理

由图 4-31、图 4-32 和表 4-12 可知，对 $(Tb,Dy)Fe_{1.90\sim1.95}$ 的材料来说，在 900~1050℃温度范围内合金处于单 Laves 相区。为此，这种材料的热处理温度一般为 900~1050℃，时间一般为 2~24h。

图 4-39 所示为<112>轴向取向的 Terfenol-D 合金，$Tb_{0.31}Dy_{0.69}Fe_{1.96}$ 在 650～950 ℃ 范围内，在 Ar 保护或真空下热处理 24h 后，在 6.9MPa 预压应力下的磁致伸缩应变曲线与热处理温度的关系[14]。可见，900℃ 和 950℃ 热处理后，其低场的磁致伸缩性能和高场都得到提高。

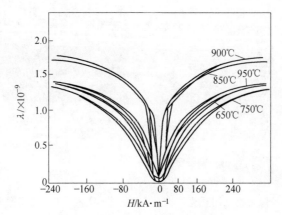

图 4-39　Terfenol-D($Tb_{0.31}Dy_{0.69}Fe_{1.96}$)的热处理温度与磁致伸缩应变的关系

(<112>轴向取向，6.9MPa 预压应力)

表 4-13 所示为<110>轴向取向的 TDT110 合金 $Tb_{0.3}Dy_{0.7}(FeM)_{1.95}$（M = Mn, Al, Ti, B）的磁致伸缩应变曲线与热处理时间的关系。可见测量场为 40kA/m, 预压应力为 6MPa 时，定向凝固态的 λ 值仅有 600×10^{-6}，当在 1293K 热处理 2h 后，λ 值几乎增加了一倍。热处理可显著地提高 λ、d_{33} 和 k_{33}。

表 4-13　TDT110 合金（$Tb_{0.3}Dy_{0.7}(FeM)_{1.95}$）于 1293K 热处理

0～24h 后的磁致伸缩应变值

测　量　条　件		热处理时间			
磁　场	预压应力	0h	2h	8h	34h
40kA/m	6MPa	600×10^{-6}	1050×10^{-6}	1100×10^{-6}	1150×10^{-6}
80kA/m	6MPa	1020×10^{-6}	1440×10^{-6}	1500×10^{-6}	1800×10^{-6}

4.7.3　热处理前后材料的显微组织结构的变化

图 4-40 所示为<110>轴向取向 TDT110 合金（$Tb_{0.3}Dy_{0.7}(FeM)_{1.95}$）定向凝固态($a$)和 1293K 热处理 6h 后的光学金相显微组织(b)。样品是用高温度梯度区熔定向凝固法制造的。图 4-40 是晶体生长方向的横截面的显微组织。表明区熔定向凝固时晶体以片状树枝晶的方式生长，在两个片状树枝晶之间存在富稀土相薄层。Laves 相片状晶的厚度为 70～100μm，富稀土相薄层的厚度为 0.3～0.7μm。经 1293K 热处理 6h 后，部分片状树枝晶之间的富稀土相薄层减少，并且部分富

稀土相薄层已溶解，变得不连续。片状 Laves 相的厚度长大。X 射线衍射分析表明，$Tb_{0.3}Dy_{0.7}(FeM)_x$（$x=1.9$，1.95，2.0，2.05）合金铸锭和在 1273K 热处理 7 天后 Laves 相点阵常数的变化如图 4-41 所示[40]。原因是铸态或定向凝固态时，Laves 相处于非平衡态，有较多的 R 原子空位，因此 Laves 相点阵常数偏低，因而有更多富稀土相。经 1273K 退火处理后，富稀土相通过扩散溶解到 1273K 的 R 原子空位上，因此 Laves 相的点阵常数增加，富稀土相减少和消失，而使样品变成单一的 Laves 相。这一结果与表 4-12 的结果是一致的。也就是热处理减少 Laves 相中的 R 原子空位和缺陷，也减少富稀土相，因而热处理后其磁致伸缩应变有明显的提高。

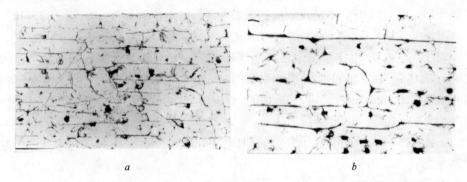

a　　　　　　　　　　　　　　　b

图 4-40　<110>轴向取向 TDT110 合金 $Tb_{0.3}Dy_{0.7}(FeM)_{1.95}$ 定性凝固态和热处理后的金相照片

a—定向凝固态；b—热处理后

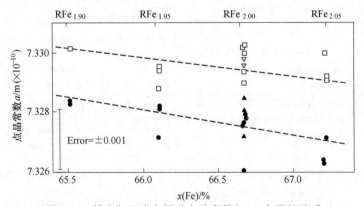

图 4-41　铸态与回火态样品点阵常数与 Fe 含量的关系

（●和○分别为感应炉冶炼的铸态与回火态；▲和▽分别为电弧炉冶炼的
铸态与回火态。虚线仅是为方便看图而画出的线）

4.7.4　磁场热处理

磁场热处理是晶体轴向取向的 Tb-Dy-Fe 棒材在热处理时，沿取向轴垂直的方向施加一定强度的磁场，然后以一定的冷却速度由高温冷却至居里温度（656～670K）以下的某一个温度（例如 373～473K）。这样的热处理称为磁场热处理。

4.7.4.1 <112>孪生单晶体的磁场热处理[12]

用纯度为 99.97% 的稀土金属 Tb 和 Dy 及 99.98% 的 Fe 作原材料，在真空电弧炉熔炼母合金，用垂直悬浮区熔法制造<112>轴向取向的孪生单晶，晶体生长速度为 100～140μm/s。切取长度 50mm 的样品进行磁场热处理。样品的成分与磁场热处理的工艺及磁致伸缩性能列于表 4-14。1 号～6 号样品有相同的成分。对比后可见，非取向样品的热处理效果不明显。5 号（$Tb_{0.318}Dy_{0.682}Fe_{1.963}$）采用Ⅳ工艺进行磁场热处理，在 1.72MPa 和 200kA/m 的磁场下测得的 λ 值为 1990×10^{-6}，在 1.44kA/m 的磁场（低场）下测得的 λ 值为 1250×10^{-6}，d_{33} 常数达到 200nm/A。

对于 $Tb_{0.318}Dy_{0.682}Fe_{1.963}$ 孪生单晶体来说，其 λ 值（200kA/m 的磁场下）随热处理磁场强度的增加而增加。当磁场处理强度分别为 80kA/m、400kA/m、740kA/m、2000kA/m 时，其 λ 值（200kA/m 的磁场下）分别为 970×10^{-6}、1870×10^{-6}、1990×10^{-6}、1800×10^{-6}；d_{33} 常数分别达到 18.6nm/A、107.5nm/A、200nm/A、150nm/A。可见，磁场处理时磁场强度为 740kA/m 可获得最佳的磁致伸缩性能。

表 4-14　$Tb_xDy_{1-x}Fe_y$<112>轴向取向孪生单晶体磁场热处理工艺与磁致伸缩性能

样品号	合金成分（原子数）		磁场热处理	孪生单晶体的磁致伸缩性能（测量时施加的预压应力为 1.72MPa）		
	x	y		$\lambda / \times 10^{-6}$ (200kA/m)	λ_m / H_m $10^{-6}/(A/m)$	d_{33} / H_s (nm/A)/(A/m)
1	0.318	1.963	非取向样品。723K ×1h，然后在磁场中空冷至室温（工艺Ⅰ）	975	157/5040	37.5/3200
2	0.318	1.963	孪生单晶。1223K ×1h，空冷至室温，然后加热至 723K，在零磁场中空冷（工艺0）	800	53/3840	12.5/240
3	0.318	1.963	孪生单晶。1223K ×1h，在 80kA/m 磁场中冷却至 T_c 以下（工艺Ⅱ）	970	210/6640	18.6/360
4	0.318	1.963	孪生单晶。1223K ×1h，在 400kA/m 磁场中冷却至 T_c 以下（工艺Ⅲ）	1870	1085/14400	107.5/12800
5	0.318	1.963	孪生单晶。1223K ×1h，在 740kA/m 磁场中冷却至 T_c 以下（工艺Ⅳ）	1990	1250/14800	200/14400

续表 4-14

样品号	合金成分（原子数）		磁场热处理	孪生单晶体的磁致伸缩性能（测量时施加的预压应力为 1.72MPa）		
	x	y		$\lambda/\times10^{-6}$ (200kA/m)	λ_m/H_m $10^{-6}/(A/m)$	d_{33}/H_s (nm/A)/(A/m)
6	0.315	1.963	孪生单晶。1223K ×1h，在 1200kA/m 磁场中冷却至 T_c 以下（工艺 V）	1800	1040/16000	150/14400
7	0.316	1.982	同 5 号样品及工艺	1900	1245/16800	337.5/13600
8	0.318	1.922	同 5 号样品及工艺	1730	970/12000	120/13600
9	0.314	1.918	同 5 号样品及工艺	1490	570/14800	20/15200
10	0.310	1.897	同 5 号样品及工艺	1420	460/9600	33.8/760
11	0.283	1.980	同 5 号样品及工艺	1265	460/24800	10.6/15200
12	0.285	1.940	同 5 号样品及工艺	1265	220/20800	10.3/13600

图 4-42 所示为 $Tb_{0.318}Dy_{0.682}Fe_{1.963}$ 不同磁场处理工艺在 0MPa 和 6.9MPa 下的磁致伸缩应变曲线。在表 4-14 中，$Tb_{0.318}Dy_{0.682}Fe_{1.963}$ 合金采用 0 号热处理工艺，在 0MPa 下的磁致伸缩应性能很低；然而相同的合金成分，采用工艺 Ⅳ，在 0MPa 下测量时就出现了很大的磁致伸缩跳跃效应。在 14.8kA/m 磁场下测量时，其 λ 值就由原来的 200×10^{-6} 突然跳跃到约 1500×10^{-6}。在 6.9MPa 的预压应力下测量时，也有相同的跳跃效应，但磁致伸缩开始跳跃的磁场由 8kA/m 增至 24kA/m 左右，如图 4-42 所示。为什么在 0MPa 的预压应力下，表 4-14 中的 5 号合金会在很低的磁场下出现如此大的 λ 的跳跃效应，与磁场热处理的本质有关。

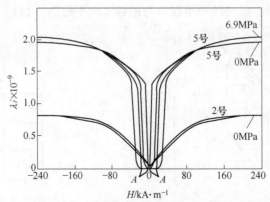

图 4-42 $Tb_{0.318}Dy_{0.682}Fe_{1.963}<112>$ 轴向取向的孪生单晶经磁场热处理后，
在预压应力为 0MPa 和 6.9MPa 下测得的 λ-H 曲线
（图中曲线的编号与表 4-14 中合金的编号相同）

图 4-43 所示为表 4-14 中不同成分的孪生单晶样品经磁场热处理或非磁场热处理后在 1.72MPa 预压应力下测得的 λ-H 曲线。可见，$Tb_{0.318}Dy_{0.682}Fe_{1.963}$ <112>轴向取向的孪生单晶体在零磁场中冷却处理，磁致伸缩很低；而该样品经工艺Ⅳ磁场热处理后的磁致伸缩性能显著提高。然而，如果合金中 Tb 含量降低或稀土总量提高（Fe 含量减少）时，磁场热处理的效果降低。

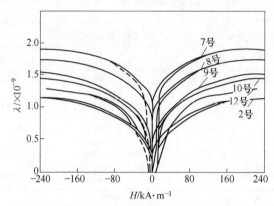

图 4-43 表 4-14 中不同合金的<112>轴向取向孪生单晶样品经磁场热处理
或非磁场热处理后在 1.72MPa 预压应力下测得的 λ-H 曲线
（合金的编号与表 4-14 中的相同）

孪生单晶<112>轴向取向样品是指样品内存在一个或几个孪晶界的单晶体。假定<112>轴向取向的孪生单晶存在一个孪晶面 {111}。在磁场热处理时，孪生单晶的晶体位向关系如图 4-44 所示。当在磁场中样品由高温（高于 T_c）冷却下来，通过 T_c 时，样品由顺磁性转变为铁磁性，同时形成磁畴。若没有磁场的作用，磁畴的磁矩可能均匀地沿<111>晶族的 8 个等效方向。然而在磁场作用下，由于静磁能的作用，磁畴的磁矩仅沿与磁场方向平行的 $[11\bar{1}]$（90°）和 $[\bar{1}\bar{1}1]$

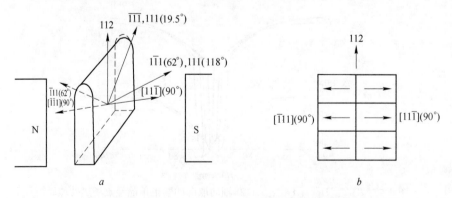

图 4-44 <112>轴向取向的孪生单晶样品在磁场热处理时施加磁场方向
与晶体方位之间的关系（a）和 90°畴结构（b）

（90°）晶向，形成90°（相对于<112>晶体轴来说）畴结构。这样的90°畴结构在高温下形成时，由于自发磁致伸缩应变，进而导致晶体的应变，而固定下来。这样的90°畴结构自然在0MPa的预压应力下产生很大的磁致伸缩跳跃。

4.7.4.2　<112>轴向取向多晶样品的磁场热处理[41]

用改进的布里奇曼法（MB 法）制造 $Tb_{0.3}Dy_{0.7}Fe_{1.92}$<112>轴向取向的多晶样品，经950 ℃ 热处理后作为起始状态，采用两种磁场热处理工艺：

（1）在 Ar 气保护下，加热至950 ℃ 保温 7h，然后以 20K/min 的速度在磁场强度为 1000kA/m 的环境中冷却至室温。

（2）将样品加热至450℃，然后以 20K/min 的速度在磁场强度为 1000kA/m 的环境中冷却至室温。

磁场方向与样品轴向垂直。测量所得样品在不同磁场（0~120kA/m）和不同预压应力（0~20MPa）磁致伸缩性能，所得结果见图4-45。可见，与样品的起始状态相比，950℃和450℃的磁场热处理，可提高材料低应力（$\sigma<7MPa$）下的 λ 值（在 120kA/m），但最大的 d_{33} 常数有所降低。例如，起始状态样品在 10MPa 下，d_{33} 可达 185nm/A 左右；而经950℃ 磁场热处理后，最大的 d_{33} 仅有 80nm/A 左右。950℃ 磁场热处理后样品的 k_{33} 值保持不变。经磁场热处理后，最大磁导率大大下降，这与90°畴结构的形成有关。

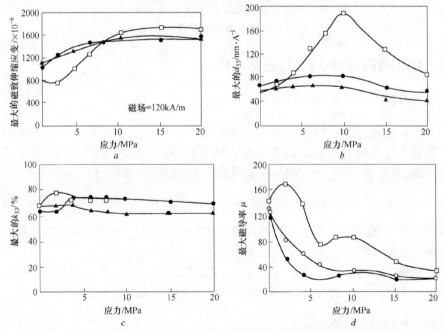

图 4-45　$Tb_{0.3}Dy_{0.7}Fe_{1.92}$<112>轴向取向的多晶样品在 120kA/m 下的 λ 值（a）、
最大的 d_{33} 常数（b）、k_{33}值（c）、最大的磁导率（d）
■—起始态；●—950℃磁场热处理；○—450℃磁场热处理

图 4-46 所示为 $Tb_{0.3}Dy_{0.7}Fe_{1.92}$<112>轴向取向的多晶样品在 1223K 磁场热处理前后在 10MPa 预压应力测得的 λ-H 曲线。可见，950℃磁场热处理对<112>轴向取向的多晶样品来说，处理效果远没有孪生单晶的处理效果好。原因是<112>轴向取向的多晶体各不同晶粒的 $[11\bar{1}]$（90°）和 $[\bar{1}\,\bar{1}1]$（90°）（见图 4-43）是任意取向的，磁场热处理时，磁场不一定与每一个晶粒的 $[11\bar{1}]$ 和 $[\bar{1}\,\bar{1}1]$ 都平行。因此，不可能形成完整的 90°畴结构，磁场热处理效果不如孪生单晶的效果那么明显。

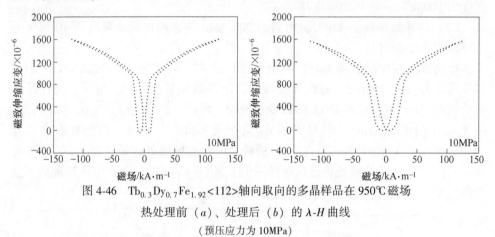

图 4-46　$Tb_{0.3}Dy_{0.7}Fe_{1.92}$<112>轴向取向的多晶样品在 950℃磁场

热处理前（*a*）、处理后（*b*）的 λ-H 曲线

（预压应力为 10MPa）

4.8　Tb-Dy-Fe 的畴结构与磁化过程

4.8.1　概述

稀土巨磁致伸缩材料是借助于磁能转化为磁弹性能来实现能量转换或做功的。磁能是外磁场对稀土巨磁致伸缩材料驱动棒磁化时所做的功。它可表达为 $E_m = -H\mu_0 M_s \cos\theta$ 或 $E_m = -HB\cos\theta$。可见，在一定的磁场作用下，磁能的大小与 B 的变化和 θ（θ 是 H 与 M_s 的方向的夹角）的变化有关。磁弹性能 $E_{me} = \frac{1}{2}E\lambda^2$，依赖于 E 和 λ 的平方之积。也就是将驱动棒磁化并做功，此功又以磁弹性能的形态来储存在驱动棒内，并驱动驱动棒做功。

上面所讲的磁场对驱动棒所做的功与 ΔB 和 Δθ 有关，那么 ΔB 和 Δθ 对 E_m 的贡献哪一个更大呢？这与材料的畴结构有关。为此首先讨论材料的畴结构。

4.8.2　Tb-Dy-Fe 的畴结构

前面已指出，Tb-Dy-Fe 具有立方 Laves 相结构，它的<111>轴是易磁化轴，<100>轴是难磁化轴，并且它的磁致伸缩各向异性特别大，<111>方向的磁致伸缩应变是<100>方向的16.4倍。样品磁致伸缩应变主要由<111>晶轴的磁致伸缩应变来贡献。对于<112>轴向取向的多晶材料来说，在热退磁状态，磁矩沿8个方向分布。<112>轴向取向的多晶材料的磁畴磁矩的可能方向如图4-47所示。但样品的实际情况可能较为复杂。原因是热退磁状态的样品的磁畴结构要受其退磁能以及畴壁与孪晶界、与树枝晶边界、与其他晶体缺陷相互作用的影响。对于长棒状样品来说，退磁场能的影响可能是最重要的。因此在多数情况下，在长棒状样品中可观察到与取向轴成19.5°、62°的180°的畴壁结构，或少量的封闭畴。如果没有外界（磁场及应力）的影响，很少出现90°畴结构。例如，图4-48所示为$Tb_{0.3}Dy_{0.7}Fe_{1.95}$合金<112>轴向的孪生单晶体，在垂直晶体生长方向<112>的截面上，用Kerr效应法观察到的180°畴结构图。图4-49所示为在28kA/m磁场下，用毕特法观察到的片状畴结构[42]。而图4-50所示为用SEM观察到的多晶Terfenol-D的畴结构。不同晶粒内均存在彼此平行的片状畴结构，同时存在不同角度的畴结构，在样品表面还存在封闭畴等。

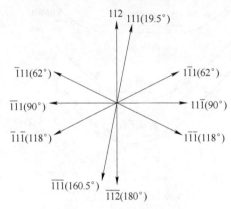

图4-47 <112>轴向取向的多晶 Tb-Dy-Fe 材料的磁畴磁矩的可能方向

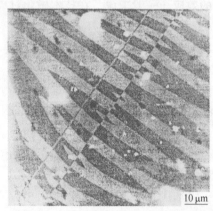

图4-48 $Tb_{0.3}Dy_{0.7}Fe_{1.95}$合金孪生单晶体在垂直晶体生长方向<112>的截面上观察到的180°畴
（该180°畴的磁矩在孪晶界处发生弯折）

图4-49 $Tb_{0.3}Dy_{0.7}Fe_{1.95}$ Terfenol-D 多晶合金在28kA/m磁场下观察到的毕特畴结构

图 4-50　用 SEM 观察到的多晶 Terfenol-D 的畴结构

4.8.3　磁化过程与磁致伸缩应变

　　线性磁致伸缩应变是技术磁化过程的效应。一般来说，在技术磁化过程中，180°畴壁位移对磁致伸缩应变的贡献很小，只有非 180°畴壁位移或 90°畴的磁矩转动才对磁致伸缩有贡献。基于这样的认识就不难理解在 4.8.1 节中提出的 ΔB 和 $\Delta\theta$ 中哪一个参量对线性磁致伸缩应变贡献大的问题。实验证明[43]，λ 与 B 存在如图 4-51 所示的关系。该图的横轴代表 B 值，纵轴代表 λ，其大小分别用相应的标尺来度量。在零应力状态下，外

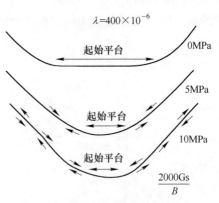

图 4-51　Tb-Dy-Fe 晶体中 λ-B 关系曲线及与预压应力的关系

磁场的作用使 B 变化很大（起始平坦阶段），但引起的 λ 变化很小，这可以认为是在零应力的情况下，磁化引起的主要是 180°畴壁的位移，它对 λ 的贡献几乎为零。当预应力分别增至 5MPa 和 10MPa 时，B 轴的平坦阶段缩小，而 B 的变化引起了 λ 急剧地增加。原因是对于<112>轴向取向多晶 Tb-Dy-Fe 材料来说，随应力的增加，磁弹性能 $E_{me}=-\dfrac{3}{2}\lambda_s\sigma\cos^2\theta$（$\theta$ 是磁场与预压应力的夹角）降低，磁矩将向预压应力的方向偏转。当 $\theta=90°$ 时，$\cos\theta=0$，磁弹性能最低。很明显，当预压应力足够大时，对于<112>轴向取向多晶来说，其 19.5°、62°的 180°畴结构将消失，或对于<110>轴向取向多晶来说，其 35°的 180°畴结构将消失，从而形成 $[11\bar{1}]$（90°）和 $[\bar{1}11]$（90°）或 $[\bar{1}1\bar{1}]$、$[\bar{1}11]$、$[1\bar{1}\bar{1}]$、$[11\bar{1}]$（90°）畴结构。当外场沿<112>方向时，外场使这种 90°畴转动，导致 λ 的急剧增加，

即 λ 的跳跃效应，这就可获得大的磁致伸缩应变。表 4-10 表明，<110>轴向取向的多晶 Tb-Dy-Fe 材料比<112>轴向取向的多晶有更高的低场磁致伸缩应变值，其原因就在于<110>轴向取向的多晶材料，有 4 个<111>晶轴方向与<110>轴向垂直，同时在热退磁状态只有 1 个 35°角的 180°畴存在。它在外加预压应力作用下更容易消失，从而形成更加完整的 90°畴结构。因此<110>轴向取向的多晶 Tb Dy-Fe 材料有更高的低场磁性能。

4.9 预压应力与磁致伸缩材料的性能

4.9.1 概述

Tb-Dy-Fe 材料，不论是<112>轴向取向的 Terfenol-D，还是<110>轴向取向的 TDT110 材料，在热退磁状态其畴结构都以 180°畴结构为主。<112>轴向取向多晶棒状材料，主要是与棒状样品呈 19.5°和 62°的 180°畴结构；<110>轴向取向多晶棒状材料，主要是与棒状样品呈 35°的 180°畴结构。当然还存在与棒状轴垂直的 180°封闭畴。当外磁场沿轴向使这种材料磁化时，在零预压应力下其磁致伸缩应变值颇低，见图 4-42 和图 4-53 中的 2 号样品。为获得高的磁致伸缩应变，必须使材料的原始状态存在与棒状样品轴垂直的 90°畴结构。获得这种畴结构的途径有两条，一是横向磁场热处理，使其形成 90°畴结构，这样在零压应力下也有很大的磁致伸缩的跳跃效应和很高的低场磁致伸缩应变；二是施加预压应力，在预作用下使在垂直压应力方向的弹性能降低，从而使样品以 180°畴为主转化为以 90°畴为主。90°畴结构越完全，低场磁致伸缩性能越好。Tb-Dy-Fe 合金驱动棒材施加预应力的主要作用是将以 180°畴为主转化为以 90°畴为主。

4.9.2 预压应力的大小对 λ-H 曲线的影响

4.9.2.1 预压应力对<112>轴向取向样品的 λ-H 曲线的影响

图 4-52 所示为预压应力对垂直悬浮区熔法（FSZM 法）制备的 $Tb_{0.3}Dy_{0.7}Fe_{1.95}$ <112>轴向取向的大晶粒样品的影响。可见，若压力小于 3.9MPa，则样品的磁致伸缩应变较大，不管是低场下还是高场下都是如此。当预压力增至 6.5MPa 时，可明显提高低场的磁致伸缩应变和低场下 λ 的跳跃效应。当预压力增至 13.5MPa 时，低场的磁致伸缩应变及 λ 的跳跃效应仍较明显。然而继续增加预压力，如 $\sigma = 27.4$MPa，虽然高场的 λ 有所增加，但出现 λ 的跳跃效应对应的磁场也明显增大，d_{33} 对应的磁场也增大。当预压力增至 55.3MPa 时，λ 的跳跃效应对应的磁场已增加到 80kA/m 左右。并且高磁场（200kA/m）下的 λ 值也有所降低。从应用的角度来说，最佳应力应是 6.5MPa 左右。

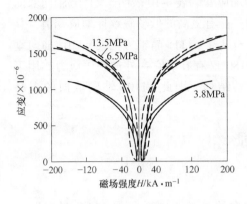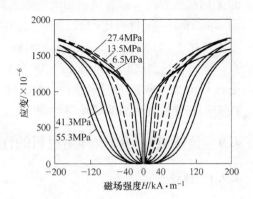

图 4-52 预压应力<112>轴向取向的 $Tb_{0.3}Dy_{0.7}Fe_{1.95}$ 大晶粒样品 λ-H 曲线的影响

4.9.2.2 预压应力对<110>轴向取向样品的 λ-H 曲线的影响

图 4-53 所示为预压应力对高温度梯度定向凝固法制造的<110>轴向取向的 $Tb_{0.3}Dy_{0.7}(FeM)_{1.95}$ 多晶样品 λ-H 曲线的影响。可以看出,不加压力时,其磁致伸缩系数较低;加压力后,材料表现出 λ 的跳跃效应。随着压力的提高,磁致伸缩值向高场处转移。在静态下,<110>轴向取向材料在 5~8MPa 下具有最优的低场性能。

因此,在以位移输出为主要目的的功能器件的设计当中,对<110>轴向取向的多晶材料来说,其预压应力应选择在 5~8MPa。

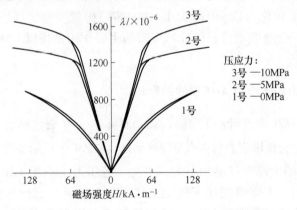

图 4-53 预压应力对<110>轴向取向的 $Tb_{0.3}Dy_{0.7}(FeM)_{1.95}$ 多晶样品 λ-H 曲线的影响

4.9.3 预压应力大小对 k_{33} 曲线的影响

由预压应力与材料磁致伸缩应变曲线 λ-H 的关系可知,预压应力显著影响 d_{33},由式(3-8)可知,d_{33} 直接影响 k_{33}。实验结果表明,<110>轴向取向

$Tb_{0.3}Dy_{0.7}(FeM)_{1.95}$合金棒的$k_{33}$与预压应力的关系如图4-54所示。可见，零预压应力下，k_{33}仅有0.64左右，随预压应力的提高，k_{33}提高，在预压应力为5MPa左右时，k_{33}可达0.70。此后预压应力的提高会导致k_{33}的降低。当预压应力为20MPa时，k_{33}降低到0.61左右。

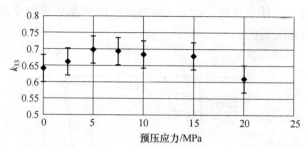

图4-54   <110>轴向取向的$Tb_{0.3}Dy_{0.7}(FeM)_{1.95}$合金的$k_{33}$与预压应力的关系

4.9.4 三种轴向取向样品形成90°畴结构所需的预压应力

<111>、<112>和<110>三种轴向取向样品，在热退磁状态，其180°畴结构沿4个<111>晶轴的8个晶体方向均匀形成180°畴为主的畴结构。假定多晶体的三种轴向取向十分完整，整个样品就像一个伪单晶。假定考虑其不存在孪晶，那么三种轴向取向的棒状样品，在预压应力、外磁场作用下，整个样品的能量应包括磁晶各向异性能E_K、磁弹性能E_σ、静磁能E_H，它们分别是：

$$E_K = K_1(\alpha_1^2\alpha_2^2 + \alpha_2^2\alpha_3^2 + \alpha_3^2\alpha_1^2) + K_2(\alpha_1^2\alpha_2^2\alpha_3^2) \tag{4-3}$$

$$E_{me} = -\frac{3}{2}\lambda_{100}\sigma(\alpha_1^2\gamma_1^2 + \alpha_2^2\gamma_2^2 + \alpha_3^2\gamma_3^2) -$$

$$3\lambda_{111}\sigma(\alpha_1\alpha_2\gamma_1\gamma_2 + \alpha_2\alpha_3\gamma_2\gamma_3 + \alpha_3\alpha_1\gamma_3\gamma_1) + \frac{1}{2}\lambda_{100}\sigma \tag{4-4}$$

$$E_H = \mu_0 M_s H\cos\theta \tag{4-5}$$

式中，α_1、α_2、α_3分别表示M_s与三个晶轴<100>、<010>、<001>的方向夹角的余弦；γ_1、γ_2、γ_3分别代表磁场方向与磁化强度方向夹角的余弦；K_1和K_2为Tb-Dy-Fe材料的各向异性常数；λ_{100}和λ_{111}为Tb-Dy-Fe单晶体沿<100>和<111>材料晶向的磁致伸缩应变；M_s为Tb-Dy-Fe材料的饱和磁化强度。对于$Tb_{0.3}Dy_{0.7}Fe_2$合金，$K_1 = 0.06 \times 10^6 J/m^3$，$K_2 = -0.2 \times 10^6 J/m^3$，$\lambda_{100} = 50 \times 10^{-6}$，$\lambda_{111} = 1640 \times 10^{-6}$，$M_s = 0.8MA/m$。

根据能量最小原理，可计算出三种轴向取向样品在预压应力作用下形成完全的90°畴所需的预压应力的大小，其结果如图4-55所示。在热退磁状态下，<111>、<112>和<110>三种轴向取向样品的磁矩沿<111>晶轴的分布如图4-56所示。可见，对于<111>轴向取向的样品来说，当预压应力σ沿<111>轴向取向时，要使 0°畴和 71°畴的磁矩转到与样品轴向呈 90°，形成 90°畴，大约需要 80MPa。对于<112>轴向取向的样品来说，要使 19.5°畴和 62°畴的磁矩转到与样品轴向呈90°，形成 90°畴，分别需要 20MPa 和 40MPa 的预压应力。对于<110>轴向取向的样品来说，要使 35°畴的磁矩转到与样品轴向呈 90°，形成 90°畴，约需要 30MPa 的预压应力。计算表明，<110>轴向取向的样品形成完全的 90°畴结构所需的预压应力值是最低的。

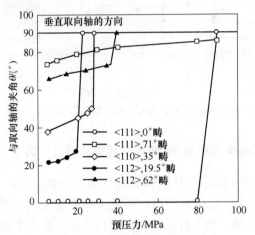

图 4-55 <111>、<112>和<110>三种轴向取向样品形成完全 90°畴
所需的预压应力的大小

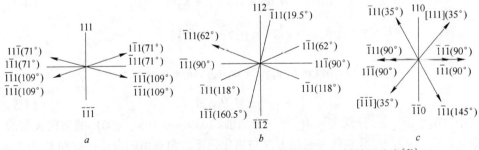

图 4-56 三种轴向取向样品在热退磁状态磁矩沿<111>晶轴的分布[51]
a—<111>; b—<112>; c—<110>

4.10 其他稀土磁致伸缩材料

从磁晶各向异性的补偿来说，能够形成高 λ 和低（K_1+K_2）的磁致伸缩材料有 Tb-Dy-Fe、Tb-Ho-Fe、Tb-Pr-Fe、Sm-Tm-Fe、Sm-Yb-Fe。它们均可能成为有实用意义的磁致伸缩材料。在室温下，$SmFe_2$ 是磁致伸缩仅次于 $TbFe_2$ 的材料。它具有负的磁致伸缩应变。在很多情况下，需要负的磁致伸缩或与正的磁致伸缩配

合使用，并且 Sm 的价格远低于 Tb。因此 Sm-Fe 及 Sm-R-Fe 是除 Tb-Dy-Fe 合金之外，人们研究最多的巨磁致伸缩材料。

Samata 等人的研究认为[44]，$SmFe_2$ 具有 $MgCu_2$ 立方结构，其自旋重取向温度为 175K。在此温度之下，<110>是易磁化方向；在此温度之上，<111>是易磁化方向。在室温下，单晶沿<111>方向的磁致伸缩达到 $\lambda_{111} = -2010 \times 10^{-6}$；而 $\lambda_{100} = -130 \times 10^{-6}$。其磁晶各向异性常数 $K_1 = -5.3 \times 10^6 \text{ erg/cm}^3$，$K_2 = 1.9 \times 10^6 \text{ erg/cm}^3$。$SmFe_2$ 多晶合金的 $\lambda_s = -1560 \times 10^{-6}$；在 40kA/m 的磁场下，其磁致伸缩应变约 300×10^{-6}。

由于 $SmFe_2$ 的磁晶各向异性常数较低，因而可以通过较少量的其他稀土元素进行补偿，以获得室温下高 λ/K 的材料。

图 4-57 所示为 $Sm_{1-x}Yb_xFe_2$ 合金的 λ-H 曲线[45]。当 $x = 0.05$ 时，其磁致伸缩应变比 $SmFe_2$ 提高了约 15%。

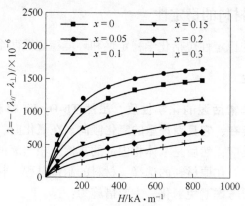

图 4-57　$Sm_{1-x}Yb_xFe_2$ 合金的 λ-H 曲线

图 4-58 所示为 $Sm_{1-x}Dy_xFe_2$ 合金的 λ-H 曲线[46]。由图可见，随 Dy 的含量的增加，其高场下的磁致伸缩性能单调降低，但低场下的性能升高，在 $Sm_{0.85}Dy_{0.15}Fe_2$ 左右具有最好的低场性能。需要注意的是，虽然 $SmFe_2$ 和 $DyFe_2$ 的 (K_1+K_2) 的符号是相反的，但它们的磁致伸缩的符号也是相反的。因此，这种赝二元化合物仅实现磁晶各向异性的成分补偿，而未能实现磁致伸缩的叠加。当 Dy 含量较高（如 $Sm_{0.2}Dy_{0.8}Fe_2$）时，随磁场的增加，磁致伸缩会出现由负值变为正值的现象[47]。

Sm-R-Fe 系合金在相组成及制备工艺方面，均与 Tb-Dy-Fe 合金相似，但由于 Sm 的蒸气压高，化合物液体的表面张力小，与坩埚、模具的浸润性强，坩埚反应强烈，不易形成定向凝固的晶体，因而在成分控制及制备上比 Tb-Dy-Fe 合金要困难得多。由于 Sm-R-Fe 系合金产生负的磁致伸缩，在加压应力时性能降低，不产生 λ 的跳跃效应。

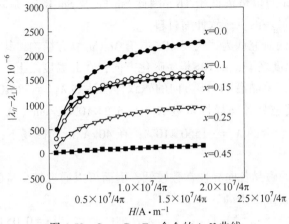

图 4-58 $Sm_{1-x}Dy_xFe_2$ 合金的 λ-H 曲线

4.11 Tb-Dy-Fe 材料的稳定性

Tb-Dy-Fe 材料的稳定性包括化学稳定性和环境稳定性两个方面。

4.11.1 化学稳定性

稀土元素具有非常活泼的化学性质，虽然 Tb-Dy-Fe 材料的主相是化合物，但由于富稀土相的存在，它具有严重的氧化倾向。在氧化时，首先是基体相之间的稀土薄层与氧的反应，然后是基体相内部的富稀土相与氧的反应，最终导致材料的粉化解体。因此，在原材料的选择、材料的制备过程、材料的包装运输及最终使用过程中，都要考虑避免氧化。主要措施为：

（1）应使用高纯度的原材料。

（2）在材料的制备过程中，应采用尽可能高的真空度，使用高纯度的惰性气体。

（3）在材料的包装运输过程中，应采用真空包装或充以惰性气体。

（4）如果材料使用是暴露在空气中或在具有腐蚀性的液体（如石油）中，应对材料进行电镀或涂覆处理。

4.11.2 环境稳定性

环境稳定性包括材料的温度特性和在服役条件下的时间稳定性。

4.11.2.1 Tb-Dy-Fe 材料的温度特性

Tb-Dy-Fe 材料的温度使用范围为自旋重取向温度至居里温度。在此温度范围内，总体上来说，磁致伸缩及磁机械耦合系数随温度的升高呈现降低的趋势。

对 $Tb_{0.27}Dy_{0.73}Fe_2$ 来说，最低的磁晶各向异性所对应的温度为 20℃。Clark 等人对<111>轴向取向的 $Tb_{0.27}Dy_{0.73}Fe_2$ 样品（通过定向凝固法制备<112>轴向取向样品，然后按晶体学方向进行切割制取）在室温至 400℃ 的饱和磁致伸缩值进行了测量，所得结果如图 4-59 所示[48]。从图中可以看出，饱和磁致伸缩应变值随温度升高呈线性降低的关系。在 200℃ 时，其 $\lambda_{//} - \lambda_{\perp}$ 的饱和值为在室温下的 50% 左右。

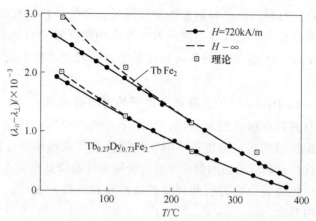

图 4-59 温度对 $Tb_{0.27}Dy_{0.73}Fe_2$ 饱和磁致伸缩应变的影响

材料的成分与预压应力的不同，使得这种趋势线性降低的趋势中出现阶段性的起伏。Prajapati 等人通过对 $Tb_{0.27}Dy_{0.73}Fe_2$ 和 $Tb_{0.3}Dy_{0.7}Fe_{1.95}$ 的对比研究指出[49]，通过合适的预压应力，$Tb_{0.27}Dy_{0.73}Fe_2$ 合金在约 60℃ 时具有最大的磁致伸缩应变；对 $Tb_{0.3}Dy_{0.7}Fe_{1.95}$ 来说，最低的磁晶各向异性所对应的温度为 20℃。通过合适的预压应力（2~10MPa），材料在约 25℃ 时具有最大的磁致伸缩应变。图 4-60 所示为 $Tb_{0.27}Dy_{0.73}Fe_2$ 和 $Tb_{0.3}Dy_{0.7}Fe_{1.95}$ 合金最佳的 d_{33} 与 k_{33} 所对应的磁场随温度变化的曲线。该曲线表明：

（1）$Tb_{0.3}Dy_{0.7}Fe_{1.95}$ 合金的 d_{33} 与 k_{33} 随温度的升高单调降低；而 $Tb_{0.27}Dy_{0.73}Fe_2$ 合金的 d_{33} 与 k_{33} 在随温度的升高而降低的过程中出现拐点。

（2）随温度的升高，两种合金出现最佳的 d_{33} 与 k_{33} 所需要的磁场降低，这就意味着，在较高温度下使用 Tb-Dy-Fe 材料时，所

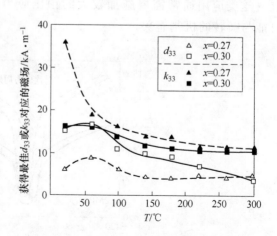

图 4-60 $Tb_{0.27}Dy_{0.73}Fe_2$ 和 $Tb_{0.3}Dy_{0.7}Fe_{1.95}$ 合金最佳的 d_{33} 与 k_{33} 所对应的磁场随温度变化的曲线

需要的偏场减小。

（3）在高于80℃的温度时，$Tb_{0.3}Dy_{0.7}Fe_{1.95}$合金的$k_{33}$要大于$Tb_{0.27}Dy_{0.73}Fe_2$合金的$k_{33}$；而在室温以上，$Tb_{0.3}Dy_{0.7}Fe_{1.95}$合金的$d_{33}$要大于$Tb_{0.27}Dy_{0.73}Fe_2$合金的$d_{33}$。

图4-60还说明，在较高温度下使用时，应选择Tb∶Dy比值较高的材料。因为随温度的升高，材料的磁晶各向异性常数降低；要使材料具有高的d_{33}与k_{33}，则需要材料表现出较大的磁致伸缩跳跃效应（大的跳跃效应对应着高的d_{33}，而k_{33}是d_{33}的函数）；而一定的磁晶各向异性是使材料表现出较大的磁致伸缩跳跃效应的必要条件。

4.11.2.2　Tb-Dy-Fe材料在服役条件下的时间稳定性

Tb-Dy-Fe材料具有很高的可靠性，有两个方面的原因：首先，Tb-Dy-Fe材料在过热后，重新回到居里温度以下时，仍能保持其磁致伸缩性能。在这一点上，它和永磁材料过热后重新回到使用温度会使磁性能降低有所不同。其次，与PZT材料（去极化失效及疲劳引起裂纹扩展而导致失效）相比，Tb-Dy-Fe材料有高得多的使用寿命。

此外，Greenough等人[50]研究发现，轴向取向的$Tb_{0.3}Dy_{0.7}Fe_{1.95}$合金在大的预压应力（约120MPa）下，经过约$10^6$次大的循环应力（±100MPa）作用，材料的磁致伸缩应变有大幅度的上升，如图4-61所示。这种现象对以获取材料的位移输出为目的的应用来说，并无实质性的影响（并不需要在10^6个周期后调整预压应力参数，因为这类应用并不需要施加如此大的预压应力）；而对以获取材料的能量输出为目的的应用来说，则是一个可喜的进展（这类应用通常需要施加较大的预压应力）。这是一种非常有趣的现象，可能与畴转的机制有关。

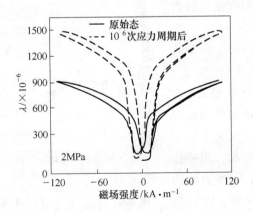

图4-61　大的循环应力对$Tb_{0.3}Dy_{0.7}Fe_{1.95}$合金的$\lambda$-$H$曲线的影响

参 考 文 献

[1] Legvold S, Alstad J, Rhyne J. Giant Magnetostriction in Dysprosium and Holmium Single Crystals [J]. Physics Review Letters, 1963, 10 (12): 509~511.

[2] Clark A E, Desavage B F, Bozorth R. Anomalous Thermal Expansion and Magnetostriction of Single Crystal Dysprosium [J]. Physics Review A, 1965, 138 (1A): A216~A224.

[3] Rhyne J, Legvold S. Magnetostriction of Tb Single Crystals [J]. Physics Review. 1965, 138 (2A): 507~514.

[4] Clark A E, Belson H S. Giant Room-temperature Magnetostrictions in $TbFe_2$ and $DyFe_2$ [J]. Physics Review B, 1972, 5 (9): 3642~3644.

[5] Clark A E. Magnetic and Magnetoelastic Properties of Highly Magnetostrictive Rare Earth-Iron Laves Phase Compounds [J] AIP Conference Proceedings, 1974, 18: 1015~1029.

[6] Clark A E, Abbundi R, Savage H T, et al. Magnetostriction of Rare Earth-Fe_2 Laves Phase Compounds [J]. Physica B & C, 1977, 86: 73~74.

[7] Clark A E, Savage H T, Spano M L. Effect of Stress on the Magnetostriction and Magnetization of Single Crystal $Tb_{0.27}Dy_{0.73}Fe_2$ [J]. IEEE Transactions on Magnetics, 1984, 20 (5): 1443~1445.

[8] Verhoeven J D, Gibson E D, McMaster O D, et al. The Growth of Single Crystal Terfenol-D Crystals [J]. Metal Trans. A. 1987, 18: 223~231.

[9] Verhoeven J D, Gibson E D, Mcmasters O D, et al. Directional Solidification and Heat Treatment of Terfenol-D Magnetostrictive Materials [J]. Metallurgical & Materials Transactions A, 1990, 21 (8): 2249~2255.

[10] Jiles D C, Ostenson J E, Owen C V, et al. Barkhausen Effect and Discontinuous Magnetostriction in Terfenol-D [J]. Journal of Applied Physics, 1988, 64 (10): 5417~5418.

[11] Clark A E, Teter J P, Mcmasters O D. Magnetostriction "Jumps" in Twinned $Tb_{0.3}Dy_{0.7}Fe_{1.9}$ [J]. Journal of Applied Physics, 1988, 63: 3910~3912.

[12] Verhoeven J D, Ostenson J E, Gibson E D, et al. The Effect of Composition and Magnetic Heat Treatment on the Magnetostriction of $Tb_xDy_{1-x}Fe_y$ Twinned Single Crystals [J]. Journal of applied physics, 1989, 66 (2): 772~779.

[13] 周寿增, 张茂才, 高学绪, 等. 稀土铁巨磁致伸缩材料及其制造工艺 [P]: 中国. ZL 98 10 1191.8, 2001.

[14] Goran Engdahl. Handbook of Giant Magnetostrictive Materials [M]. San Diago: Academic Press, 2000.

[15] 周寿增, 董清飞. 超强永磁体-稀土铁系永磁材料 [M]. 2版. 北京: 冶金工业出版社, 2004: 110.

[16] Rhyne J, Legvold S. Magnetostriction of Tb Single Crystals [J]. Physics Review. 1965, 138 (2A): 507~514.

[17] Clark A E, Desavage B F, Bozorth R. Anomalous Thermal Expansion and Magnetostriction of

Single-Crystal Dysprosium [J]. Physics Review A, 1965, 138 (1A): 216~A224.

[18] Spano M B, Clark A E, Wun-Fogle M. Magnetostriction of Dy-rich $Tb_x Dy_{1-x}$ Single crystals [J], IEEE Transactions On Magnetics, 1989, 25 (5): 3794~3796.

[19] Clark A E, Wun-Fogle M, Restorff J B. Magnetostriction and Magnetomechanical Coupling of Grain Oriented $Tb_{0.6} Dy_{0.4}$ Sheet [J]. IEEE Transactions On Magnetics, 1993, 29 (6): 3511~3513.

[20] Clark A E. Magnetostrictive Rare Earth-Fe_2 Compounds [M]. In: Wohlfarth E P. eds. Ferromagnetic materials, Vol. 1. Amsterdam: North-Holland Publishing Company, 1980: 542.

[21] Clark A E, Belson H S. Magnetostriction of Tb-Fe and Tb-Co Compounds [J]. AIP Conference Proceedings, 1972, 5: 1498.

[22] Clark A E, Belson H S. Giant Room-temperature Magnetostrictions in $TbFe_2$ and $DyFe_2$ [J]. Physics Review B, 1972, 5 (9): 3642~3644.

[23] Clark A E, Belson H S. Magnetostriction of Terbium-iron and Erbium-iron Alloys [J]. Magnetics, IEEE Transactions on, 1972, 8 (3): 477~479.

[24] Atzmony U, Dariel M P, Bauminger E R, et al. Magnetic Anisotropy and Spin Rotations in $Ho_x Tb_{1-x} Fe_2$ Cubic Laves Compounds [J]. Physics Review Letters, 1972, 28 (4): 244~247.

[25] Moffett M B, Clark A E, Wun-Fogle M, et al. Characterization of Terfenol-D for magnetostrictive transducers [J]. The Journal of the Acoustical Society of America, 1991, 89 (3): 1448~1455.

[26] Zhou S Z, Zho Q, Zhang M C, et al, Giant Magnetsstrictieve Materials of Tb-Dy-Fe Alloy with [110] Axied Alignment [J]. Progress in Natural Science, 1998, 8 (6): 722~723.

[27] 周寿增, 蒋成保, 李春和, 等. 稀土超磁致伸缩合金结晶形貌研究 [J]. 金属热处理学报, 1997, 18 (3): 73~78.

[28] Teter J P, Wun-Fogle M, Clark A E, et al. Anisotropic Perpendicular Axis Magnetostriction in Twinned $Tb_x Dy_{1-x} Fe_{1.95}$ [J]. Journal of Applied Physics, 1990, 67 (9): 5004~5006.

[29] Wang B W, Busbrige S C, Li Y X, et al. Magnetostriction and Magnetization Process of $Tb_{0.27} Dy_{0.73} Fe_2$ Single Crystal [J]. Journal of Magnetism and Magnetic Materials, 2000, 218 (2): 198~202.

[30] Zhou S, Zhao Q, Zhang M, et al. Giant Magnetostrictive Materials of Tb-Dy-Fe Alloy with [110] Axial Alignment [J]. Progress in Natural Science. 1998, 8 (6): 722~725.

[31] Zhou S, Gao X, Zhang M, et al. Giant Magnetostriction of Tb-Dy-Fe Polycrystals with <110> Axial Alignment [J]. Journal of Materials Science and Technology. 2000, 16 (2): 175~176.

[32] Landin S, Ågren J. Thermodynamic Assessment of Fe-Tb and Fe-Dy Phase Diagrams and Prediction of Fe-Tb-Dy Phase Diagram [J]. Journal of alloys and compounds, 1994, 207: 449~453.

[33] Westwood P, Abell J S, Pitman K C. Phase relationships in the Tb-Dy-Fe ternary system [J]. Journal of Applied Physics, 1990, 67 (9): 4998~5000.

[34] Mei Wu, Toshimitsu O, Takateru U. Phase Diagram and Inhomogeneity of (Tb, Dy)-Fe(T) (T=Mn, Co, Al, Ti) System [J]. Journal of alloys and compounds, 1997, 248: 132~137.

[35] 周寿增, 梅武, 唐伟忠, 等. 铸态 $Tb_{0.27}Dy_{0.73}Fe_x$ 合金的组织与结构 [J]. 北京科技大学学报, 1993, 15 (2): 159~163.

[36] Atzmony U, Dariel M P, Bauminger E R, et al. Magnetic Anisotropy and Spin Rotations in $Ho_xTb_{1-x}Fe_2$ Cubic Laves Compounds [J]. Physics Review Letters, 1972, 28 (4): 244~247.

[37] Clark A E, Belson H S, Tamagawa N, et al. Magnetic Properties of Rare Earth-Fe_2 Intermetallic Compounds [C] //Proceedings of the International Conference of Magnetism ICM-73. 1973, 4: 335~345.

[38] Jenner A, Lord D G, Faunce C A. Microstructure and Magnetic Properties of TbDyFe [J]. IEEE Trans. Mag, 1988, 24 (2): 1865~1867.

[39] Bi Y J, Abell J S, Hwang A M H. Defects in Terfenol-D Crystals [J]. Journal of Magnetism and Magnetic Materials, 1991, 99 (1): 159~166.

[40] Westood P, Abell J S, Pitman K C. Microstructural Characteristics of Ternary Rare Earth-iron Alloys [J]. Magnetics, IEEE Transactions on, 1988, 24 (2): 1873~1875.

[41] Galloway N, Greenough R D, Schulze M P, et al. The Effects of Magnetic Annealing and Compressive Stress on the Magnetic Properties of the Rare Earth-iron Compound Terfenol-D [J]. Journal of magnetism and magnetic materials, 1993, 119 (1): 107~114.

[42] Branwood A, Janio A L, Piercy A R. Domain Structures in Polycrystalline $Tb_{0.27}Dy_{0.73}Fe_2$ (Terfenol) in the Applied Field Region of Optimum Magnetoelastic Properties [J]. Journal of applied physics, 1987, 61 (8): 3796~3798.

[43] Mei W, Okane T, Umeda T. Magnetostriction of Tb-Dy-Fe Crystals [J]. Journal of applied physics, 1998, 84 (11): 6208~6216.

[44] Samata H, Fujiwara N, Nagata Y, et al. Magnetic Anisotropy and Magnetosgtriction of $SmFe_2$ Crystal [J]. Journal of Magnetism and Magnetic Materials, 1999, 195 (2): 376~383.

[45] Guo Z, Zhang Z, Busbridge S, et al. Magnetostriction Enhancement in Laves Compound (Sm, Yb)Fe_2 [J]. Journal of Magnetism and Magnetic Materials, 2001, 231 (2): 191~194.

[46] Guo H, Yang H, Gong H, et al. Mangetic and Mangetostrictive Properties of $Sm_{1-x}Dy_xFe_2$ Compounds and its Mössbauer Effect Studies [J]. Journal of Applied Physics, 1994, 75 (11): 7429~7532.

[47] Abbundi R, Clark A E, McMaster O D. Temperature Dependence of the Magnetostriction in $Sm_xDy_{1-x}Fe_2$ Compounds [J]. Journal of Applied Physics, 1982, 53 (3): 2664~2665.

[48] Clark A E, Crowder D N. High Temperature Magnetostricticonof $TbFe_2$ and $Tb_{0.27}Dy_{0.73}Fe_2$ [J]. Magnetics, IEEE Transactions on, 1985, 21 (5): 1945~1947.

[49] Prajapati K, Greenough R D, Jenner A G. Device Oriented Magnetoelastic Properties of (x=0.27, 0.3) at Elevated Temperature [J]. Journal of Applied Physics, 1994, 76 (10): 7154~7156.

[50] Prajapati K, Greenough R D, Wharton A, et al. Effect of cyclic stress on Terfenol-D [J]. IEEE Transactions on Magnetics, 1996, 32 (5): 4761~4763.

[51] 周寿增, 张茂才, 高学绪, 等. 低场高性能<110>轴向取向的新型稀土磁致伸缩材料 [A]. 中国工程院化工冶金与材料工程学部第五届学术会议论文集, 中国石化出版社, 2005: 553~559.

5 Fe-Ga 系磁致伸缩材料基础

5.1 概述

Fe 基磁致伸缩材料的发展在 1.3.2 节已有描述。自 2000 年 Guruswamy 等人[1]发现在 Fe 中添加 Ga，可以获得低场高磁致伸缩的同时还有高强度以来，立即引起材料工作者的广泛重视。研究者很快对 Fe-Ga 系合金的相平衡、相变、亚稳态微结构、Ga 含量对 Fe-Ga 系合金磁致伸缩性能的影响进行了广泛的研究。与此同时，还对块体、轧制薄板、拉拔丝材、快淬 Fe-Ga 系合金等做了系统的研究。研究发现，Fe-Ga 系磁致伸缩材料的技术参数，如 λ_s、k_{33}、d_{33}、损耗等与 Ga 含量、制造方法、热处理、显微结构、相组成、织构、畴取向等因素有密切关系。本章重点讨论 Fe-Ga 系合金相图、相组成、相转变、织构、显微结构与其技术参数之间的关系，这是了解 Fe-Ga 系磁致伸缩材料的基础。

5.2 Fe 基磁致伸缩合金相图[2~6]

5.2.1 Fe-Ga 二元系平衡相图与相关系

如图 5-1a 所示，Fe-Ga 二元系平衡相图相当复杂。图中的虚线是推测的，未经实验证实。图 5-1b 是富 Fe 区 10at.%～35at.%Ga 的部分相图。从相图中相区的拓扑关系可以看出：在平衡态，在富 Fe 区存在 A2 相（α 相）、B2 相（α′）、DO$_3$（α″）相、DO$_3$(M)（α‴）相、A2+DO$_3$ 相、DO$_{19}$（Fe$_3$Ga）相、L1$_2$（α-Fe$_3$Ga）相、（DO$_3$+DO$_{19}$）相、（A2+L1$_2$）相等多个相区。

A2 相是 Ga 在 α-Fe 中的无序固溶体。在室温时 Ga 在 α-Fe 中的固溶度约为 12at.%，在 1037℃时可达到 36at.%Ga。

当 Ga 含量为 15at.%～25at.% 时，在 680℃ 以下，DO$_3$（α″）相和 DO$_3$(M)（α‴）相是不稳定的，在 619℃ 以下，DO$_{19}$ 相也是不稳定的。当 Ga 含量在 25at.% 以上的区域，在 580℃ 以下以 L1$_2$ 相存在。

最近 Ikeda 等人[2]利用扩散耦 DC(diffusion coupling)法和浓度梯度 CGM(concentration gradient method)法并配合 TEM（透射电镜）、SEM（扫描电镜）与 EDS（能谱分析技术），系统地研究了 Fe$_{100-x}$Ga$_x$(x = 10at.%～35at.%Ga) 合金的相平衡图，其结果见图 5-2。比较后可以看出，A2、B2、DO$_3$、DO$_{19}$ 和 L1$_2$ 相区与相

关系与图 5-1a、b 的结果是一致的。但是在 L1$_2$ 和 DO$_{19}$(Fe$_3$Ga) 之间的相平衡还存在一些差异。另外，从图 5-2 还可以看出，当 Ga 含量大于 17at.%Ga 时，在低温区，A2 相还可能转变为不同的有序固溶体，即 B2、DO$_3$、DO$_{19}$ 和 L1$_2$ 相。

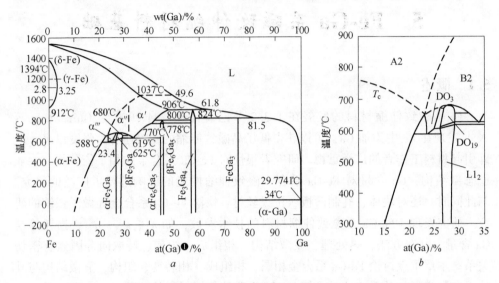

图 5-1 Fe-Ga 二元合金平衡相图（a）与 Fe-Ga 二元系富 Fe 区部分相平衡图（b）

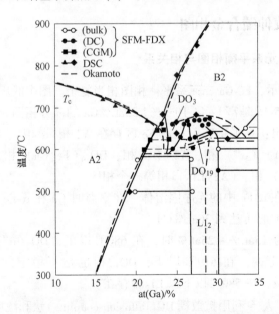

图 5-2 Fe-Ga 二元系富 Fe 区实验平衡相图[2]

---

❶ 原子分数，下同。

5.2.2 Fe-Ga 二元系亚稳定（非平衡）相图与相关系[4]

图 5-3 所示为 Fe-Ga 二元系在低温区 A2 相、DO$_3$ 相与 B2 相之间的亚稳定相关系。图中①线是 A2 相的居里温度 T_c 线，它随着 Ga 含量的提高而降低；②线是 A2/A2+DO$_3$ 相区的边界线，该线的高温区是用浓度梯度法测定的，低温区（580℃以下）是用反相畴的衬度法测定的；③线是 A2+DO$_3$/DO$_3$ 相区的边界线；④线是 A2 相转变为 B2 相的边界线；⑤线是 DO$_3$ 相的居里温度 T_c 线，它是用差热分析法测定的，它表明 DO$_3$ 相的居里温度 T_c 随着 Ga 浓度的提高而线性地降低。

图 5-3 表明，在低温度区，A2 相与的 DO$_3$ 相的相关系存在以下两个特点：

（1）A2/A2+DO$_3$ 相边界处 Ga 的浓度随温度的降低而降低。

（2）在 580℃以下，A2+DO$_3$/DO$_3$ 相边界的 Ga 浓度向富 Ga 一侧扩展。这一扩展行为，可能受到 DO$_3$ 化学有序和磁有序之间相互转换作用的影响。

比较图 5-2 和图 5-3 可以看出，在平衡相图中：在室温区存在 A2、A2+L1$_2$ 和 L1$_2$ 相三个平衡相区；Ga 含量在 10at.% 以下为 A2 相，Ga 含量为 20at.% ~ 26.7at.% 时，为 A2+L1$_2$ 两相，含量为 26.7at.%~27.4at.%Ga 是 L1$_2$ 的单相区。然而非平衡相图则不同：在室温区存在 A2、A2+DO$_3$ 相和 DO$_3$ 三个相区；在室温 A2 相中 Ga 的浓度可以大大提高，直到 22.5%Ga 才进入 DO$_3$ 单相区。

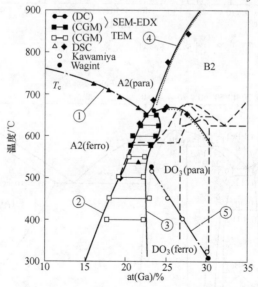

图 5-3 Fe-Ga 二元系在 580℃以下的亚稳定相图

5.2.3 Fe-Al 与 Fe-Be 平衡相图[3]

Fe-Al 与 Fe-Be 平衡相图见图 5-4 和图 5-5，将它们与图 5-1a 相比，可以看出，Fe-Al、Fe-Be 的平衡相图与 Fe-Ga 二元平衡相图的富 Fe 区部分十分相似。它们在富 Fe 区存在的相的成分、空间群、相的符号、相结构，分别列于表 5-1、表 5-2 和表 5-3。表中相的符号有两种命名，括号内标明的是相图中的标称相，可见在低温区（400℃以下）Fe-Ga 系和 Fe-Al 系均存在 A2 相，三个二元系中 A2 相存在的成分范围也相近。

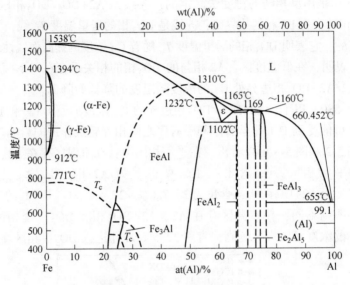

图 5-4　Fe-Al 二元系平衡相图

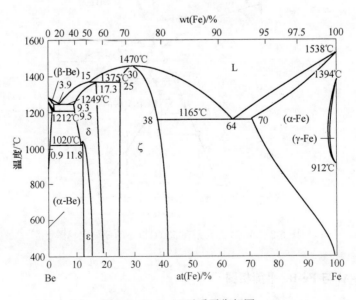

图 5-5　Fe-Be 二元系平衡相图

表 5-1 Fe-Ga 二元系平衡相图在富 Fe 区 0~35at.%Ga 内存在的相

相的符号	相结构/是否有序	存在的成分范围 at(Ga)/%	Pearson 符号	空间阵	代表性化合物
A2(α)	bcc/无序	0~35	CI₂	Im$\overline{3}$m	W
B2(α′)	bcc/有序	31.5~47.5	CP₂	pm$\overline{3}$m	CsCl
DO₃(α″)	bcc/有序	22.8~32.1	CF₁₆	Fm$\overline{3}$m	BiF₃
DO₃(M)(α‴)	bcc/有序	22.8~35.9	CF₁₆	Fm$\overline{3}$m	BiF₃
DO₁₉(β-Fe₃Ga)	hcp/有序	26~29	hp₈	P63/mmc	Ni₃Sn
L1₂(α-Fe₃Ga)	fcc/有序	26~29.2	CP₄	pm$\overline{3}$m	AuCu₃

表 5-2 Fe-Al 二元系平衡相图富 Fe 区内存在的相[5]

相的符号	相结构/是否有序	存在的成分范围 at(Ga)/%	Pearson 符号	空间阵	代表性化合物
A2(α-Fe)	bcc/无序	0~45	CI₂	Im$\overline{3}$m	W
B2(FeAl)	bcc/有序	23.5~55	CP₈	pm$\overline{3}$m	CsCl
DO₃(Fe₃Al)	bcc/有序	23~34	CF₁₆	Fm$\overline{3}$m	BiF₃

表 5-3 Fe-Be 二元系平衡相图富 Fe 区内存在的相[6]

相的符号	相结构/是否有序	存在的成分范围 at(Ga)/%	Pearson 符号	空间阵	代表性化合物
A2(α-Fe)	bcc/无序	0~30	CI₂	Im$\overline{3}$m	W
A1(γ-Fe)	fcc/无序	0~2	CF₄	Fm$\overline{3}$m	Cu

5.2.4 Fe-Al 与 Fe-Ga 二元系亚稳相图的比较

Fe-Al 与 Fe-Ga 二元系富 Fe 区亚稳相图比较如图 5-6 所示，图中 Fe-Al 相图

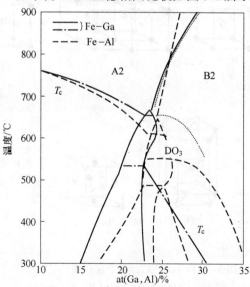

图 5-6 Fe-Ga 与 Fe-Al 二元系富 Fe 区亚稳相图比较

用虚线画出。可见，当 Al（Ga）浓度在 10at.%～35at.%的范围内，温度为 300～900℃的相图十分相似。在富 Fe 区 Fe-Al 与 Fe-Ga 亚稳相图，同样存在 A2 相、B2 相和 DO₃ 相三相区，A2/A2+DO₃ 相边界以及 A2+DO₃/ DO₃ 相边界 Al（Ga）浓度的变化趋势相同。所不同的是，相区存在的温度有所不同，例如 Fe-Ga 系中 DO₃ 相区的温度比 Fe-Al 系的 DO₃ 相区的温度高 100℃左右。另外，Fe-Ga 系中 A2 相的 T_c 温度也比 Fe-Al 系的高一些；A2 与 B2 相之间的相转变温度也不同。

5.3   Fe-Ga 二元系存在的相

Fe-Ga 合金在 Ga 浓度为 0～35at.%的范围内存在 A2 相、B2 相和 DO₃ 相、DO₃（M）相、DO₁₉ 相和 L1₂ 相。这些相的符号、存在范围、空间群、结构和是否有序见表 5-1。在 Fe-Al 和 Fe-Be 中相同的相具有相同的结构，详见表 5-2 和表 5-3。下面分别介绍这些相的晶体结构与特点。

5.3.1   A2 相的晶体结构

A2 相是 Ga（或 Al 或 Be）在 α-Fe 中的固溶体，具有体心立方（bcc）结构，它的 pearson 符号 CI₂，空间阵为 1m3̄m。

A2 相晶体点阵的单胞如图 5-7a 所示。单胞内有两个原子，它们分别占据

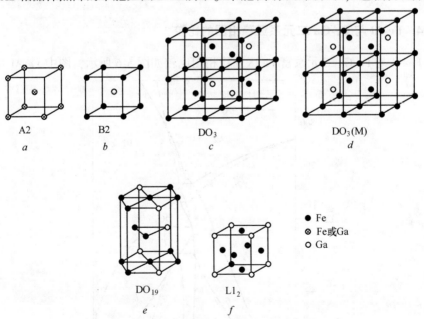

图 5-7   Fe-Ga 二元合金中存在相的晶体结构
a—A2 相；b—B2 相；c—DO₃ 相；d—DO₃（M）相；e—DO₁₉ 相；f—L1₂ 相

$(0, 0, 0)$, $\left(\dfrac{1}{2}, \dfrac{1}{2}, \dfrac{1}{2}\right)$ 两个晶位（以点阵常数为单位）。Fe 和 Ga 原子随机占据两个晶位，它是无序相。它的相对密排面是（110）面。每个原子有 8 个最近邻的原子和 6 个次近邻的原子，原子配位数为 8。次近邻原子仅比最近邻原子间距大 15%，在考虑原子间相互作用时，有时也将其配位数写成 14。

bcc 结构最密排的晶体方向是 <111>。<111> 方向上原子与原子间是相切的，因此其原子半径为 $r = \dfrac{a_{<100>}}{4}$，$r = \dfrac{\sqrt{3}}{4}a$。

在 Fe-Ga 系中，A2 相的点阵常数 a 与 Ga 的浓度有关。

bcc 结构有两种间隙晶位，一个是八面体间隙，另一个是四面体间隙，见图 5-8。可见，八面体围成的间隙的中心在（001）面的中心，距（001）面 4 个角点的距离是 $\dfrac{\sqrt{2}}{2}a$。但距离上、下两个原子中心为 $a/2$，所以它不是正八面体，而是扁八面体。八面体间隙的坐标是 $\left(\dfrac{1}{2}, \dfrac{1}{2}, 0\right)$。每一个晶胞有 6 个八面体间隙。八面体间隙晶位的半径为 $r_{OC} = 0.1547r$。

四面体间隙由 [100] 和 [001] 方向的相邻两个原子组成。四面体的中心位置是 $\left(\dfrac{1}{2}, \dfrac{1}{4}, 0\right)$。一个晶胞有 12 个四面体间隙晶位。四面体间隙半径为 $r_{TC} = 0.291r$。

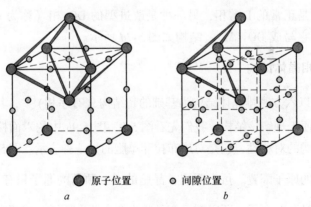

● 原子位置　○ 间隙位置

a　　　　　　　　　　　b

图 5-8　bcc 结构的间隙晶位

a—八面体间隙；b—四面体间隙

5.3.2　B2 相的晶体结构

B2 相也是 Ga（或 Al）在 α-Fe 中的固溶体，具有体心立方结构（bcc），与

A2 相不同的是 B2 相是有序相，或称超结构相。Ga 原子占据 bcc 中心位置 $\left(\dfrac{1}{2}, \dfrac{1}{2}, \dfrac{1}{2}\right)$ 的晶位，Fe 原子占据 bcc 角顶的晶位 (0, 0, 0) 或者相反，两者是等效的。B2 相的 pearson 符号 CP$_8$，空间阵 pm$\bar{3}$m。其他结构特征与 A2 相似。在 Fe-Ga 中出现 B2 相的数量与 Ga 含量、制造技术、工艺参数等有关。B2 相结构的单胞如图 5-7b 所示。

5.3.3   DO$_3$ 相的晶体结构

DO$_3$ 相是 Ga 在 Fe$_3$Ga 中的固溶体，是一种有序相，或称超结构相。它是由 8 个 bcc 单胞组成的一个大单胞，如图 5-7c 所示。在 DO$_3$ 结构中共有四种原子占位（晶位），即 a 晶位是大单胞的 8 个角顶和 6 个面心的晶位；b 晶位是大单胞的 6 个棱边的中间点，以及大单胞的中心晶位；c 和 d 是各个小单胞的 4 个中心晶位。它们是交错分布的，即 c 晶位旁边都是 d 晶位，反之亦然。在 Fe$_3$Ga 型的超结构中，Fe 原子占据 a、b、d 三个晶位，Ga 原子占据 c 晶位。实际上，这时点阵已演变成为一个大的面心立方点阵。它的 pearson 符号为 CF16，空间群为 Fm$\bar{3}$m。

实际上在 Fe-Ga 合金中，DO$_3$ 型有序相的数量以及 Fe、Ga 原子占位还与 Ga 的含量与制造技术、工艺参数等有关。当含量为 26at.%~28at.% 时，经过适当的处理可以得到 DO$_3$ 单相。

由于工艺条件不同，Ga 原子占位会有些调整。所以有些研究者把 DO$_3$ 相分成两种，一种是正常的 DO$_3$ 相，另一种是改进型的 DO$_3$ 相（称为 modified-DO$_3$）。在这里我们把它写成 DO$_3$(M)，结构如图 5-7d 所示。

5.3.4   DO$_{19}$ 相晶体结构

DO$_{19}$ 相是以六方密排晶体结构为基础的超结构（有序相）[7]，其点阵结构如图 5-7e 所示。为便于理解该结构，我们先看图 5-9。图 5-9b 中的六面棱柱体显示了六方密排晶体结构的对称性，它是对应布拉菲单胞的另一种表示。图 5-9c 所示为包含在一个晶胞内的原子配置。可以看出，晶胞的 8 个顶角的原子只有 $\dfrac{1}{8}$ 属于该晶胞。在晶胞内还有另一个原子，所以在一个晶胞内含有两个原子。这两个原子的晶位分别为 (0, 0, 0) 和 $\left(\dfrac{2}{3}, \dfrac{1}{3}, \dfrac{1}{2}\right)$（以点阵常数 a 和 c 为单位）。晶胞内原子位置并排等同点，故晶胞属于 p 晶胞，其 pearson 符号为 hp8，空间群为 P63/mmc。

如图 5-9a 所示，密排六方是由两个原子层，即 A 层和 B 层堆垛而成的，其堆垛顺序为 ABABAB…。

在 Fe-Ga 合金中 A 层有 2 个晶位被 Ga 原子占据，B 层有一个晶位被 Ga 原子占据（见图 5-7e）。

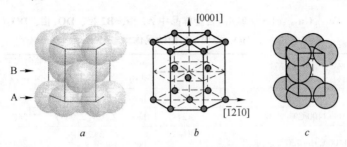

图 5-9 密排六方晶胞的结构

a—与晶胞相关的 15 个原子的原子实球模型；b—原子中心位置的点模型；
c—包含在一个单胞内的原子配置

5.3.5 L1$_2$ 相晶体结构（或称 Cu$_3$Au 型结构）

L1$_2$ 相的晶体结构相当于面心立方点阵（fcc）[8]。在 Fe$_3$Ga 合金中，晶胞的顶角由 Ga 原子占据，晶胞各面心由 Fe 原子占据，如图 5-7f 所示。可见 Ga 原子占位为 $(0, 0, 0)$，Fe 原子占位为 $\left(\frac{1}{2}, \frac{1}{2}, 0\right)$，$\left(\frac{1}{2}, 0, \frac{1}{2}\right)$，$\left(0, \frac{1}{2}, \frac{1}{2}\right)$。从某种意义上来说，这种结构可以看作是简单立方结构，因为 Fe（或 Cu）和 Ga（或 Au）原子有序排列。这种晶体结构的布拉菲点阵由 F 点阵变为 p 点阵。因此，晶体的 pearson 符号为 CP$_4$，空间群为 pm $\bar{3}$m。除 Fe$_3$Ga 和 Cu$_3$Au 外，还有近 60 余种合金系中发现这种晶体结构。

5.4 Fe-Ga 合金中各种相的物理性质[9]

Fe-Ga 二元系磁致伸缩合金的成分范围为 10at.% ~ 30at.%Ga-Fe。上面已经提出的成分范围内存在 A2 相、B2 相、DO$_3$ 相、DO$_3$(M) 相、DO$_{19}$ 相和 L1$_2$ 相等 6 种相。这些相的性质将直接影响 Fe-Ga 合金的性能。介绍这些合金相的物理性能，是为了解 Fe-Ga 系磁致伸缩材料的性能打下基础。

5.4.1 晶体结构参数

采用定向凝固法（DS）制备的 Fe$_{72.5}$Ga$_{27.5}$ 合金经不同热处理后得到 A2 相、B2 相、DO$_3$ 相、DO$_3$(M) 相、DO$_{19}$ 相和 L1$_2$ 相，并用 X 射线衍射法测量这些相的点阵常数，平均原子半径和原子密度列于表 5-4[9]，同时给出了 Fe 的相应参数。可见，Fe$_{72.5}$Ga$_{27.5}$ 合金的 A2 相（bcc）的点阵常数比纯 Fe 的高 2.2% 左右，原子密度有所降低。用 13.75at.%Al 取代 Ga 的 $Fe_{72.5}Ga_{13.75}Al_{13.75}$ 合金的点阵常数与 $Fe_{72.5}Ga_{27.5}$ 合金的相同。此外，原子半径与原子密度也几乎相同。

表 5-4 $Fe_{72.5}Ga_{27.5}$(DS 法制造)合金样品中 A2 相、B2 相、DO_3 相、DO_3(M) 相、DO_{19} 相和 $L1_2$ 相的晶体学参数

序号	样品与工艺条件	存在的相	晶体结构	点阵常数[①]/Å[②]	平均原子半径/Å	原子密度/原子数·nm^{-3}
1	纯 Fe(ICDD 卡)	α-Fe	bcc	2.866	1.241	84.92
2	DS+1100℃ 1h 水淬	A2	bcc	2.929(2.905)	1.268	79.60
3	DS+1100℃ 1h+730℃ 1h 水淬	DO_3 (+少量 A2)	bcc	2×2.919 =5.838(5.799)	1.264	80.38
4	DS+1100℃ 1h+730℃ 220h 水淬	DO_3(M) (+少量 A2)	bcc	2×2.917 =5.834	1.263	80.583
5	DS+1100℃ 1h+650℃ 400h 水淬	DO_{19} (+少量 A2)	hcp	a=5.223 c=8.509	1.305	75.38
6	DS+1100℃ 1h+500℃ 75h+300℃ 水淬	$L1_2$	fcc	3.675(3.666)	1.299	86.62
7	DS+1100℃ 1h+730℃ 1h 水淬 $Fe_{72.5}Ga_{13.75}Al_{13.75}$	DO_3	bcc	2×2.919 =5.838	1.264	80.40
8	$Fe_{81}Ga_{19}$，水淬	B2	bcc	2.905	—	—

①表中括号的数据引自文献 [10]；

②1Å = 10^{-10} m = 0.1nm。

5.4.2   力学性能[11]

用布里奇曼（Bridgman）法制造 $Fe_{72.5}Ga_{27.5}$ 合金的单晶，在 1000℃ 均匀化处理，830℃ 热处理水淬冷却得到 A2 相。另外，将单晶体在 1000℃ 1h+730℃ 75h 处理，水淬得到 DO_3 相，然后用超声共振谱（RUS）测量样品的弹性常数，将结果列于表 5-5 和表 5-6。

表 5-5 $Fe_{72.5}Ga_{27.5}$ 单晶体的 A2 相和 DO_3 相的弹性常数[11]（一）

单晶体 [100]取向	A	E_{100}/GPa	E_{110}/GPa	E_{111}/GPa	G_{100}/GPa	G_{110}/GPa	B/GPa	ν_{100}/GPa
A2 相	0.074	22.28	71.35	265.21	101	7.5	256.41	0.485
DO_3 相	0.059	19.35	64.65	290.29	111	6.5	279.51	0.488
α-Fe	—	131	219	283.0	—	—	—	—

表 5-6 $Fe_{72.5}Ga_{27.5}$ 单晶体的 A2 相和 DO_3 相的弹性常数[11]（二）

相	c_{11}/GPa	c_{12}/GPa	c_{44}/GPa
A2 相	269	254	101
DO_3 相	291	278	111
α-Fe	241	146	112
Ni	250	160	118

表 5-5 中 A 是各向异性因子，见式（3-32）。E_{100}、E_{110}、E_{111} 分别是沿单晶体的［100］、［110］和［111］晶轴的弹性模量或剪切模量（G）。B 是体积模量，ν_{100} 是沿着［100］晶轴的泊松比。它是利用 $\dfrac{w}{k} = \sqrt{\dfrac{E}{\rho}}$ 的关系式来计算材料的弹性模量。式中 ρ 为材料密度；w 为共振频率；k 为波数；ρ 和 k 可由实验测得，再测量出共振频率 w，便可计算 E_{100}、E_{110}、E_{111}。再利用 E 与 c_{11}、c_{12}、c_{44} 的关联式可以计算出表 5-6 中的结果。研究者试图研究 DO_{19} 相和 $L1_2$ 相的相关常数，但是 $Fe_{72.5}Ga_{27.5}$ 的 A2 相单晶通过热处理转变为 DO_{19} 相和 $L1_2$ 相后已经不是单晶体，因而无法算出 DO_{19} 相和 $L1_2$ 相的弹性常数。

由表 5-5 和表 5-6 可以看出，A2 相和 DO_3 相的弹性常数大体上相差无几。它们在［111］晶体方向有最大的杨氏模量，在［100］方向有最低的剪切模量。

5.4.3　磁学性能与磁致伸缩性能[12]

用光学悬浮区的方法制造了成分为 24at.%～25at.%Ga-Fe 合金的单晶[12]，该单晶体分别在 1000℃、690℃ 和 650℃ 加热淬火冷却，分别得到 A2 相、B2 相、DO_3 相的单晶体，在 $T = 10K$ 的温度下，测量了 A2 相、B2 相、DO_3 相的单晶体磁化曲线，如图 5-10 所示。可见，A2 相、B2 相、DO_3 相的易磁化方向均为［100］。

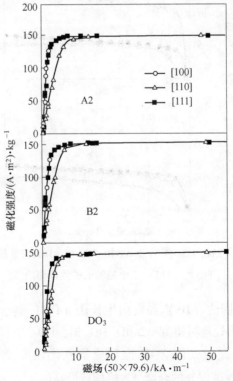

图 5-10　A2 相、B2 相、DO_3 相单晶体在 10K 温度测量的磁化曲线

[111] 易磁化程度与 [100] 接近，[110] 是难磁化方向。A2 相的磁晶各向异性常数 $K_1 = 10^4 \text{J/m}^3$，$| K_2 | > K_1 > 0$，$K_2 < 0$[13]。对于 24at.%~25at.%Ga-Fe 合金来说，A2 相、B2 相、DO$_3$ 相三个相的磁化强度几乎相等，约为 $M_s = 150\text{A} \cdot \text{m}^2/\text{kg}$。

图 5-11 所示为 24at.%~25at.%Ga-Fe 合金单晶体沿着三个晶轴的磁致伸缩曲线。可见，A2 相的 λ_{100} 最高，在 4kA/m 时，λ_{100} 达到 140×10^{-6}。其次是 B2 相，在 4kA/m 时，达到 $\lambda_{100} = 100 \times 10^{-6}$，然而 DO$_3$ 相在 4kA/m 时，λ_{100} 仅达到 50×10^{-6}。

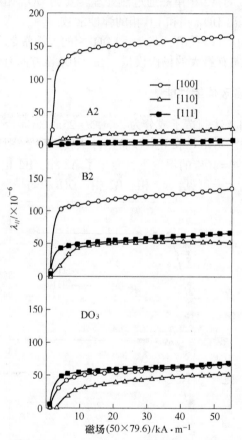

图 5-11   24at.%~25at.%Ga-Fe 合金 A2 相、B2 相、DO$_3$ 相单晶体沿着 [100]、
[110]、[111] 三个晶轴的磁致伸缩曲线

另外，用定向凝固法（DS）和定向生长法（DG）制造的 27.5at.%Ga-Fe 多晶合金[14]，经不同热处理后得到 A2 相、DO$_3$ 相、DO$_{19}$ 相和 L1$_2$ 相合金，这些不同相的合金的磁致伸缩应变值 λ_s 和饱和质量磁化强度 σ_s 分别如图 5-12 和图 5-13[14] 所示。可见，该成分的合金 A2 相具有最高的 λ_s，其次是 DO$_3$ 相，L1$_2$ 相

的磁致伸缩应变 λ_s 最低。这种变化趋势与图 5-11 的结果是一致的。$Fe_{72.5}Ga_{27.5}$ 的合金不同相的 σ_s 几乎变化不大，反而 $L1_2$ 相具有最高的 σ_s。

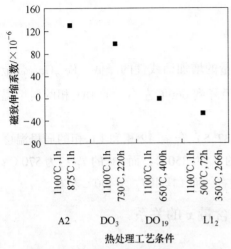

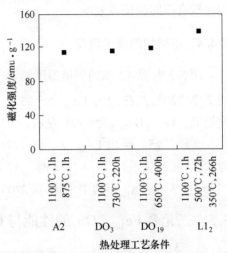

图 5-12　27.5at.%Ga-Fe 定向生长法
制造的织构多晶合金经不同热处理
得到不同相的 λ_s

图 5-13　27.5at.%Ga-Fe 定向生长法
制造的织构多晶合金经不同热处理
得到不同相的饱和质量磁化强度 σ_s

表 5-7 列出 $Fe_{72.5}Ga_{27.5}$ 合金经不同热处理后得到不同相的矫顽力（H_c）、饱和质量磁化强度（σ_s）和磁致伸缩应变（λ_s）值。可以看出，相同成分的合金，当热处理后为 A2 相或 DO_3 相时，λ_s 是正的，数值最高，饱和磁化强度变化不大，而矫顽力降低。而经热处理后，得到 DO_{19} 相或 $L1_2$ 相的，其 λ_s 变为负，并且数值很低，矫顽力也很高。这说明获得单一的 A2 相或单一的 DO_3 相是获得高 λ_s 的前提条件。另外，相同成分（$Fe_{72.5}Ga_{27.5}$）用 DG 法比用 DS 法制造可获得

表 5-7　$\mathbf{Fe_{72.5}Ga_{27.5}(DG)}$ 多晶合金经不同热处理得到不同相的磁性能[14]

合金成分	制造方法	热处理工艺	相组成	H_c /A·m^{-1}	σ_s /A·m^2·kg^{-1}	λ_s /×10^{-6}
$Fe_{72.5}Ga_{27.5}$	DS	1100℃1h+875℃1h 淬水冷	A2 或 $DO_3$①	200	115	132
$Fe_{72.5}Ga_{27.5}$	DS	1100℃1h+730℃226h 快冷	DO_3(+少量 A2)	160	117	99
$Fe_{72.5}Ga_{27.5}$	DS	1100℃1h+650℃400h 快冷	DO_{19}(+少量 A2)	584	120	−7
$Fe_{72.5}Ga_{27.5}$	DS	1100℃1h+500℃72h+350℃266h 快冷	$L1_2$	4072	143	−32
$Fe_{72.5}Ga_{27.5}$	DG	DG+22.5mm/h+830℃1h 快冷	A2 或 $DO_3$①	104	103	271

①表示 $Fe_{72.5}Ga_{27.5}$ 合金经过 1100℃1h+875℃1h 或 830℃1h 快冷后，是 A2 还是 DO_3，不同的研究者有不同的结果，文献 [14] 对此没有给出实验数据。

更高的 λ_s。这与用 DG 法制造的合金具有更高的 ［001］织构有关。另外相同成分 $Fe_{72.5}Ga_{27.5}$ 合金不同的相 （A2 相、DO_3 相、DO_{19} 相和 $L1_2$ 相）的磁致伸缩应变曲线有不同的压力效应。

5.4.4　不同相的居里温度

图 5-3 表明 A2 相的居里温度随 Ga 含量的增加而线性的降低。$Fe_{85}Ga_{15}$ 合金的 T_c 为 720℃左右，$Fe_{80}Ga_{20}$ 合金的 T_c 已经降到 660℃左右，而 DO_3 相的居里温度更低，$Fe_{72.5}Ga_{27.5}$ 为 450℃左右。

文献 ［15］给出 $Fe_{100-x}Ga_x(x=27.5\sim37.5)$ 合金 A2 相和 $L1_2$ 相的居里温度与 Ga 含量的关系。当 $x=27.5$ 时，A2 相的 T_c 为 350℃，而 $L1_2$ 的 T_c 约为 570℃；当 $x=37.5$ 时，A2 相的 T_c 降低到 270℃左右，而 $L1_2$ 相 T_c 为 490℃左右。

5.5　二元系 $Fe_{100-x}Ga_x$ 的性能与 Ga 含量 x 的关系

5.5.1　$\dfrac{3}{2}\lambda_{100}$ 和 $\dfrac{3}{2}\lambda_{111}$ 与 Ga 含量的关系

Clark 等人[16] 早在 2003 年就已经研究了 $Fe_{100-x}Ga_x$ 合金的 $\dfrac{3}{2}\lambda_{100}$ 和 $\dfrac{3}{2}\lambda_{111}$ 与 Ga 含量 （$4<x<35$）的关系。到 2007 年，Summers 等人[17] 也得出了相同的结果，同时还给了 $Fe_{100-x}Al_x$ 合金的 $\dfrac{3}{2}\lambda_{100}$ 与 x 的关系，如图 5-14 所示。图中点线是 $\phi6mm\times3mm$ 单晶样品在 1000℃ 处理 $72\sim168h$ 炉冷至室温 （冷却速度为 10℃/ min，以下称为慢冷）的 $\dfrac{3}{2}\lambda_{100}$-$x$ 关系曲线。点划线是直接从 800℃或 1000℃水淬至室温 （下面称为快冷）的 $\dfrac{3}{2}\lambda_{100}$-$x$ 关系曲线。可以看出从 $x=5at.\%Ga$ 到 $x=$ 17at.%Ga 的合金，不论是快冷还是慢冷，合金的 $\dfrac{3}{2}\lambda_{100}$-$x$ 关系曲线都是重叠的，都是随着 x 含量的增加，$\dfrac{3}{2}\lambda_{100}$ 线性地提高。当 $x>17at.\%Ga$ 时，合金的 $\dfrac{3}{2}\lambda_{100}$ 与 Ga 含量 x 存在双峰的关系。在两个峰值之间，出现先降低到谷值，随后又上升的反常关系。在 $x=17at.\%\sim35at.\%Ga$ 成分范围内，始终是快冷样品 $\dfrac{3}{2}\lambda_{100}$ 高于慢冷样品的数值。$Fe_{100-x}Al_x$ 合金的 $\dfrac{3}{2}\lambda_{100}$ 与 x 的关系也存在类似的关系，但是双峰的关系不那么明显。

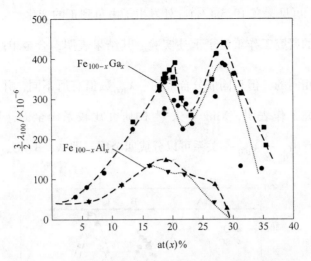

图 5-14 $Fe_{100-x}Ga_x$ 合金单晶体 $\frac{3}{2}\lambda_{100}$ 与 Ga 含量的关系

(为便于比较, 图中还给出了 Fe-Al 合金 $\frac{3}{2}\lambda_{100}-x$ 的关系)

图 5-15 所示为 $Fe_{100-x}Ga_x$ 合金单晶样品的 $\frac{3}{2}\lambda_{111}$ 与 x 的关系曲线。当 $x<$

19at.%Ga 时, 合金的 $\frac{3}{2}\lambda_{111}$ 是负的, 为 $-(30\sim20)\times10^{-6}$。当 x 接近 19at.%Ga 时,

合金的 $\frac{3}{2}\lambda_{111}$ 发生急剧变化, 大约在 $x=21$at.%Ga 时, 合金的 $\frac{3}{2}\lambda_{111}$ 从 -30×10^{-6} 变

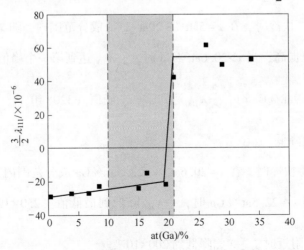

图 5-15 $Fe_{100-x}Ga_x$ 合金单晶体 $\frac{3}{2}\lambda_{111}$ 与 Ga 含量的关系[16,17]

化为 50×10^{-6}，可见 x 在 19.5at.%Ga 处发生了由负到正的变化。

此后很多的研究工作重复了上述实验。其结果表明，合金单晶的 $\frac{3}{2}\lambda_{111}$ 与 x 的关系趋势是相同的，但相同成分合金的 $\frac{3}{2}\lambda_{100}$ 数值有所不同，并且有较大的分散性。这些研究工作表明，Xing 等人[18] 的研究比较系统全面，其结果见图 5-16。由图可以看出，$\frac{3}{2}\lambda_{100}$-x 关系可以分成四个区，即 A、B、C、D 四个区。

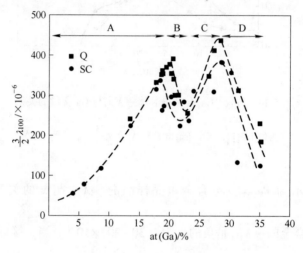

图 5-16 $Fe_{100-x}Ga_x$ 合金单晶体 $\frac{3}{2}\lambda_{100}$ 与 Ga 含量 x 的关系[18]

（1）A 区：快冷时，在 $x = 5at.\% \sim 20at.\%Ga$ 成分范围内，随 x 的增加，样品的 $\frac{3}{2}\lambda_{100}$ 线性地提高，当 $x > 20.6at.\%Ga$ 时，$\frac{3}{2}\lambda_{100}$ 达到第一个峰值（390×10^{-6}）。慢冷时，$x = 17.9at.\%Ga$ 时，$\frac{3}{2}\lambda_{100}$ 达到第一个峰值（320×10^{-6}）。$x > 17.9at.\%Ga$ 以后，$\frac{3}{2}\lambda_{100}$ 值降低。

（2）B 区：快冷时，在 $x = 20.6at.\% \sim 22.5at.\%Ga$ 成分范围内，随 x 的增加，$\frac{3}{2}\lambda_{100}$ 降低。当 $x \approx 22.5at.\%Ga$ 时，$\frac{3}{2}\lambda_{100}$ 降低到最低值（250×10^{-6}）；慢冷时，$x = 22.5at.\%Ga$ 附近时，$\frac{3}{2}\lambda_{100}$ 降低到 200×10^{-6}。

（3）C 区：快冷时，当 $x = 22.5at.\% \sim 28.5at.\%Ga$ 时，随 Ga 含量的增加，样

品的 $\frac{3}{2}\lambda_{100}$ 再一次提高。在 $x \approx 28.5at.\%Ga$ 时，达到第二个峰值（440×10^{-6}），而慢冷样品的第二个峰值仅有 380×10^{-6}。

（4）D 区：快冷时，$x > 28.5at.\%Ga$ 时，随着 Ga 含量的增加，样品的 $\frac{3}{2}\lambda_{100}$ 迅速降低。当 $x = 35at.\%Ga$ 时，样品的 $\frac{3}{2}\lambda_{100}$ 已经降低到 160×10^{-6} 左右，而慢冷样品降至更低，$\frac{3}{2}\lambda_{100}$ 为 120×10^{-6} 左右。

上述研究也给我们提出了下列问题：

（1）当 Ga 含量 x 在 $17at.\% \sim 35.5at.\%Ga$ 时，样品的 $\frac{3}{2}\lambda_{100}$ 与热处理工艺（特别是冷却速度）有密切关系。并且在此范围内，快冷样品的 $\frac{3}{2}\lambda_{100}$ 值总是比慢冷样品的高，为什么？

（2）$Fe_{100-x}Ga_x$ 合金单晶样品的 $\frac{3}{2}\lambda_{100}$ 与 x 的关系存在双峰值，它是由什么因素决定的？

（3）在 $x = 17.9at.\%Ga$ 以下，不论是快冷还是慢冷，$\frac{3}{2}\lambda_{100}$ 随 x 的增加都均匀提高，它与热处理工艺无关，为什么？

$\frac{3}{2}\lambda_{100}$ 与合金的磁弹性耦合等，详见 5.6 节和 5.7 节。

5.5.2 其他性能与 Ga 含量的关系

5.5.2.1 饱和磁极化强度 J_s 与 Ga 含量 x 的关系

Restorff 等人[19]系统地研究了 $Fe_{100-x}Ga_x$ 合金单晶体的磁致伸缩应变、J_s 和 c' 与 Ga 含量及工艺条件的关系，其结果列于表 5-8。在表 5-8 中，$\dfrac{\Delta J_s}{J_s} \cdot x = \dfrac{J_{Fe} - J_{Fe-Ga}}{J_{Fe}} \cdot x$，$J_{Fe}$ 为纯 Fe 的饱和磁极化强度，J_{Fe-Ga} 是 Ga 浓度为 x 的 Fe-Ga 的磁极化强度，x 为 $Fe_{100-x}Ga_x$ 合金 Ga 的含量（原子分数）。另外 $(-b_1)^*$ 是约化量，$(-b_1)^* = -b_1/(-b_1)_{max}$。其中选取 $x = 18.2at.\%Ga$-Fe 合金的 $-b_1 = 16.2MJ/m^3$ 作为 $(-b_1)$ 的最大值，$(-b_1)$ 是磁弹性耦合能系数，同时，$(c')^*$ 也是约化量，$(c')^* = c'/(c')_{max}$，选取 $x = 13.4at.\%Ga$-Fe 合金的 $c' = 29.8GPa$ 作为 $(c')_{max}$，

c' 是 Fe-Ga 合金的弹性常数，$c' = \dfrac{1}{2}(c_{11} - c_{22})$。

由表 5-8 可见，Fe-Ga 合金的磁极化强度 $J_s = \mu_0 M_s$（有些文献称为磁化强度 M_s，磁化强度的单位是 A/m，准确地说，J_s 是磁极化强度，它的单位是 T）与 x 的关系。可见，合金的 J_s 仅取决于成分，属于内禀磁性能，与热处理工艺无关。当 $x<18$at.%Ga 时，合金的 J_s 似乎是均匀线性地降低，每增加 1.0at.%Ga，J_s 降低速度为−1.210%，见表 5-8。Ga 的原子磁矩为零，Ga 的添加起到磁稀释的作用。当 $x>18.6$at.%Ga 时，合金的 J_s 以更快的速度降低。说明 Ga 的价电子有可能转移到 Fe 3d 次电子层，降低了 3d 自旋电子朝上与电子自旋朝下的电子差，从而使得合金的 J_s 以更快的速度降低。当 $x>31.4$at.%Ga 时，这种倾向更加明显。另有研究表明[10]，当 $x<14$at.%Ga 时，Fe-Ga 合金的 Fe 原子磁矩有增加的趋势。Ga 的价电子有可能进入到 Fe 3d 次电子层朝向的电子壳层，增加 3d 电子壳层自旋朝向与自旋朝下的电子数值差，引起 Fe 原子磁矩增加。

表 5-8 $Fe_{100-x}Ga_x$ 合金室温下，J_s、$\dfrac{3}{2}\lambda_{100}$、$-b_1$、$c'$ 与成分 x 和工艺的关系[34]

序号	成分与工艺		J_s /T	$\dfrac{3}{2}\lambda_{100}$ /$\times 10^{-6}$	$(\Delta J_s/J_s)\cdot x$ /%·10^{-2}	$-b_1$ /MJ·m^{-3}	$(-b_1)^*$ /%	c' /GPa	$(c')^*$ /%
	x/at.%	工艺							
1	0		2.08	35	0	3.4	20	48	161.0
2	13.4	800℃，4h，水淬	1.78	217	−1.076	12.9	79.6	29.8	100.0
3	13.4	1350℃，4h，水淬	1.78	234		13.9	85.8	29.8	100.0
4	17.9	800℃，4h，水淬	1.63	303	−1.210	13.2	81.4	21.7	72.8
5	17.9	1350℃，4h，水淬	1.63	327		14.2	87.6	21.7	72.8
6	18.2	1000℃，4h，水淬	1.62	332	−1.210	14.1	87.0	21.25	71.3
7	18.2	1350℃，4h，硅油淬	1.62	380		16.2	100.0	21.25	71.3
8	18.2	1000℃，4h，水淬	1.62	371		15.8	97.5	21.25	71.3
9	18.6	1000℃，4h，水淬	1.60	337	−1.240	13.8	88.1	20.5	68.9
10	18.7	1000℃，4h，水淬	1.60	352		14.3	88.2	20.3	68.1
11	19.0	1000℃，4h，水淬	1.59	340	−1.230	13.4	82.7	19.7	66.1
12	19.5	1000℃，4h，水淬	1.57	354		13.3	82.1	18.9	63.4
13	19.5	700℃，4h，水淬	1.57	352		13.3	82.1	18.9	63.4

序号	成分与工艺		J_s /T	$\frac{3}{2}\lambda_{100}$ /×10^{-6}	$(\Delta J_s/J_s)\cdot x$ /%·10^{-2}	$-b_1$ /MJ·m^{-3}	$(-b_1)^*$ /%	c' /GPa	$(c')^*$ /%
	x/at.%	工艺							
14	20.6	1000℃，4h，水淬	1.53	320	−1.288	10.8	66.6	16.9	57.7
15	20.6	1000℃，4h，水淬	1.53	279		9.45	58.3	16.9	57.7
16	20.6	1000℃，4h，水淬	1.53	331		11.2	69.1	16.9	57.7
17	20.6	800℃，4h，水淬	1.53	375		12.7	78.4	16.9	57.7
18	20.6	800℃，4h，水淬	1.53	370		12.5	77.2	16.9	57.6
19	22.3	730℃，4h，水淬	1.46	261		7.38	45.5	14.2	47.6
20	22.9	800℃，4h，水淬	1.44	199		5.27	32.5	13.2	44.3
21	23.1	1000℃，4h，水淬	1.43	219		5.65	34.8	12.9	43.2
22	26.5	1000℃，4h，水淬	1.28	324		5.77	35.6	8.9	29.8
23	27.3	1000℃，4h，水淬	1.25	390		6.51	48.2	8.3	27.8
24	27.9	1000℃，4h，水淬	1.22	423		6.75	41.6	7.98	26.7
25	28.5	1000℃，4h，水淬	1.19	369		5.71	35.2	7.74	25.9
26	31.4	1000℃，4h，水淬	1.05	302	−1.157	5.04	31.3	8.34	27.9
27	31.4	800℃，168h，水淬	1.05	287		4.79	29.5	8.34	27.9
28	35.2	1000℃，4h，水淬	0.86	179	−1.660	5.30	32.7	14.8	49.6
29	35.2	800℃，4h，水淬	0.86	223		6.59	40.6	14.8	49.6

5.5.2.2 磁晶各向异性常数 K_1 和 K_2 随 x 的变化

Rafique 等人[20]研究了 Fe$_{100-x}$Ga$_x$合金单晶体的 K_1 和 K_1 随着 Ga 含量的变化，见图 5-17。当 x = 5.0at.%Ga 时，合金的 K_1 比纯 Fe 的 K_1（4.8×10^{4}J/m^3）明显地提高，达到约 6.5×10^{4}J/m^3。但是进一步提高 Ga 的含量时，直到 x<18at.%Ga 时，合金的 K_1 均匀地线性降低。当 x 达到 x = 12.5at.%Ga 时，合金的 K_1 约为 5.5×10^{4}J/m^3。当 x 提高到接近 19at.%Ga 时，合金的 K_1 急剧降低。该研究提出，当 x = 19at.%Ga 时，多次反复测量 K_1 的值，有时是负的，有时是正的，十分不稳定，测量误差很大，多次测量后确定 K_1 = −0.3×10^{4}J/m^3。

图 5-18 所示为合金 K_2 与 x 的关系。K_2 随着 x 的变化趋势与 K_1 随 x 的变化趋势正好相反。当 x<12at.%Ga 时，合金的 K_2 约为 −12.5×10^{4}J/m^3。总的来看，当

x 较低时，Fe-Ga 合金的磁晶各向异性较明显。图 5-19 所示为 $Fe_{87.5}Ga_{12.5}$ 合金单晶体沿着 [100]、[110]、[111] 三个晶体方向的磁化曲线。很明显，该合金的 [100] 是易磁化方向，而 [110]、[111] 两个方向的磁化曲线几乎重合，两者均为难磁化方向，属于双难磁化方向的材料。随着 x 的提高，Fe-Ga 合金的磁晶各向异性明显地降低。例如，Fe-Ga 合金 K_1 和 K_2 均在 $x = 19$at.% ~ 20at.% Ga 时趋近于 0，或者说 K_1 和 K_2 均在 $x = 20$at.% Ga 附近发生由正到负或由负到正的变化。也就是说，Fe-Ga 合金均在 $x = 19.5$at.% ~ 20at.% Ga 附近趋于零。由 $x = 20$at.% Ga 单晶体的 [100]、[110]、[111] 磁化曲线（见图 5-20），可以说明这一点。因为 $Fe_{80}Ga_{20}$ 合金单晶体的 [100]、[110]、[111] 三个晶体方向的磁化曲线几乎是重合的。说明 $x = 20$at.% Ga 附近是 Fe-Ga 合金十分重要的临界成分。

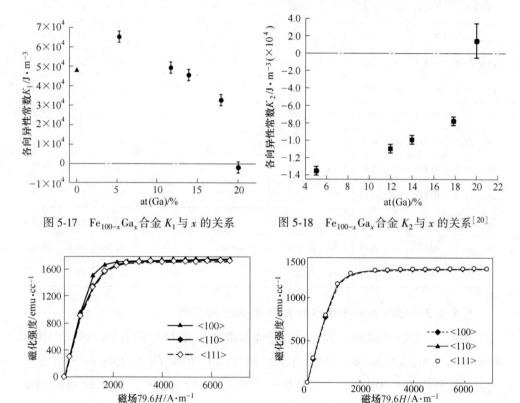

图 5-17 $Fe_{100-x}Ga_x$ 合金 K_1 与 x 的关系

图 5-18 $Fe_{100-x}Ga_x$ 合金 K_2 与 x 的关系[20]

图 5-19 $Fe_{87.5}Ga_{12.5}$ 合金单晶体沿着 [100]、[110]、[111] 三个晶体方向的磁化曲线[20]

图 5-20 $x = 20$at.% Ga 单晶体的 [100]、[110]、[111] 磁化曲线[20]

由图 5-19 可知，由于在 $x = 12.5$at.% ~ 18at.% Ga 合金的 [110] 和 [111] 磁化曲线是重叠的，就是说沿着 [110] 方向的磁化功 w_{110} 与沿着 [111] 方向的磁化功 w_{111} 是相等的。根据 2.5.2 节的论述，以式（2-23）证明在该成分范围内，Fe-Ga 合金 K_2 值大体遵循 $K_2 = -\dfrac{4}{9}K_1$ 的规律。

5.5.2.3 居里温度 T_c 及点阵常数 a 与 x 的关系

$Fe_{100-x}Ga_x$ 多晶合金居里温度 T_c 及 A2 相点阵常数 a 与 x 的关系分别见图 5-21a 和 b。可见，Fe-Ga 合金的 T_c 随着 Ga 含量的增加而逐渐降低。当 $x = 20$at.% Ga 时，合金的 T_c 由纯 Fe 的 785℃ 降低到 680℃。当 $x = 25$at.%Ga 时，合金的 T_c 更显著地降低到 427℃。

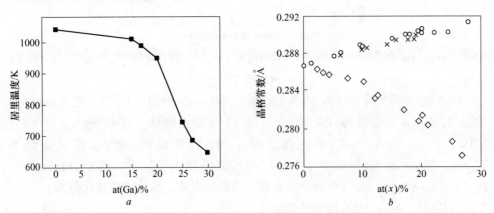

图 5-21 $Fe_{100-x}Ga_x$多晶合金居里温度 $T_c(a)$ 及 A2 相点阵常数 a 与 x 的关系(b)

$Fe_{100-x}Ga_x$ 合金 A2 相的点阵常数 a，随着 Ga 含量的增加而线性地提高，它大体上遵循式 (5-1) 的规律，即

$$a = 0.2869(2) + 0.00020(1)x \tag{5-1}$$

5.5.2.4 弹性常数 $-b_1$ 和 c' 与 Ga 含量 x 的关系

$Fe_{100-x}Ga_x$ 合金的磁弹性耦合常数 $-b_1$、弹性常数 $c' = \dfrac{1}{2}(c_{11} - c_{12})$ 与 Ga 含量的关系分别见表 5-8 和图 5-22。其中，$(-b_1)^*$ 是磁弹性耦合能系数 $-b_1$ 的约化量，即 $(-b_1)^* = -b_1/(-b_1)_{max}$，其中 $(-b_1)_{max}$ 选择 $x = 18.2$ 的 $-b_1 = 16.2\text{mJ/m}^3$ 作为 $(-b_1)_{max}$，而 $(c')^*$ 是其弹性常数 c' 的约化量，即 $(c')^* = c'/(c')_{max}$，其中 $(c')_{max}$ 选择 $x = 13.4$ 的 $c' = 29.8\text{GPa}$ 作为最大值。$(-b_1)^*$ 和 $(c')^*$ 与 x 的关系数据列于表 5-8，同时根据 $(-b_1)^*$ 和 $(c')^*$ 与 x 的关系作图 5-22。由图 5-22 可以看出，在 α-Fe 中添加 Ga，随 Ga 含量的提高，磁弹性耦合系数的约化量 $(-b_1)^*$ 由纯 Fe 的 20% 提高到 $x = 18.2$at.%Ga 的约 100%，提高近 10 倍，$(-b_1)^*$ 在 $x = 18$at.%~20at.%Ga 时达到最大值 $(-b_1)^*$ 约为 88%~100%，此后随 Ga 含量的提高，Fe-Ga 合金的 $-b_1$ 和 $(-b_1)^*$ 急剧降低。在 $x = 23$at.%Ga 附近，$(-b_1)^*$ 降低到 35% 左右，并且在 $x = 23$at.%~35at.%Ga 的范围内，合金的 $-b_1$ 或 $(-b_1)^*$

仅在很小的范围内波动，没有明显的变化。

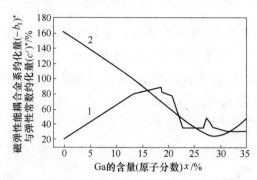

图 5-22　$Fe_{100-x}Ga_x$ 合金的磁弹性能耦合系数约化量 $(-b_1)^*$、弹性常数约化量 $(c')^*$ 与 x 的关系

1— $(-b_1)^*$；2— $(c')^*$

图 5-22 表明，纯 Fe 的 c' 约为 48GPa。当在 α-Fe 中添加 Ga 时，随着 Ga 含量的提高，Fe-Ga 合金的弹性常数 c' 或 $(c')^*$ 急剧地降低。纯 Fe 的 $(c')^*$ 约为 161%，当 $x = 13.4$at.% Ga 时，合金的 $(c')^*$ 已降低到 100%，几乎降低了 37.8%。当 $x = 26.5$at.% Ga 时，$(c')^*$ 已经降低到 30% 以下。当 $x = 13.4$at.% ~ 26.5at.%Ga 时，Fe-Ga 合金的弹性常数 c' 降低的现象，称为弹性软化行为。当 $x = 35$at.%Ga 时，$(c')^*$ 又有增加的趋势。

5.5.2.5　弹性性能、拉胀行为与 Ga 含量 x 的关系[21]

表 5-9 和图 5-23 所示分别为 $Fe_{100-x}Ga_x$ 合金的弹性模量、各向异性和泊松比与 Ga 含量 x 的关系。其中，c_{11}、c_{22} 和 c_{44} 是弹性常数，E_{100}、E_{110} 和 E_{111} 分别是沿 [100]、[110]、[111] 晶体轴向的弹性模量，$\nu_{[010]}$ 是负载沿 [100] 方向的泊松比。当负载沿单晶体的 [110] 方向时，有两个泊松比，第一个是沿 [$1\bar{1}0$] 方向的泊松比 $\nu_{(001)[1\bar{1}0]}$，它是负的，称为拉胀行为（或称拉胀效应）；第二个是沿 [001] 方向的泊松比 $\nu_{[1\bar{1}0][001]}$，它是正的，为正常的泊松比。泊松比有两个下角标，第一个下角标代表晶面，第二个下角标代表方向。如 $\nu_{(001)[1\bar{1}0]}$ 表示，当负载沿着 [$1\bar{1}0$] 方向时，在 (001) 面的 [$1\bar{1}0$] 方向产生负的泊松比。同理，$\nu_{(1\bar{1}0)[001]}$ 表示，当负载沿着 [001] 方向时，在 ($1\bar{1}0$) 面的 [001] 方向产生正的泊松比。

表 5-9　$Fe_{100-x}Ga_x$ 合金的弹性模量、各向异性和泊松比与 Ga 含量 x 的关系[21]

材　料	c_{11} /GPa	c_{22} /GPa	c_{44} /GPa	E_{100} /GPa	E_{110} /GPa	E_{111} /GPa	R	泊松比		
								负载沿[100] 方向	负载沿[110] 方向	
								$\nu_{(001)[010]}$	$\nu_{(001)[1\bar{1}0]}$	$\nu_{(1\bar{1}0)[001]}$
Fe	228	132	117	131	219	283	2.4	0.37	-0.06	0.61

材　料	c_{11} /GPa	c_{22} /GPa	c_{44} /GPa	E_{100} /GPa	E_{110} /GPa	E_{111} /GPa	R	泊松比		
								负载沿[100]方向	负载沿[110]方向	
								$\nu_{(001)[010]}$	$\nu_{(001)[1\bar{1}0]}$	$\nu_{(1\bar{1}0)[001]}$
$x=17.0$at.%	225	181	128	65	160	315	5.7	0.45	-0.37	1.11
$x=18.7$at.%	196	156	123.1	57	145	297	6.2	0.44	-0.41	1.23
$x=24.1$at.%	186	168	120	27	86	183	12.9	0.47	-0.65	1.48
$x=27.2$at.%	221	207	135	20	68	334	19.9	0.48	-0.75	1.64

表中 c_{11}、c_{22}、c_{44}、E_{100}、E_{110} 和 E_{111} 是实验数据，将这些数据代入式（3-34）~式（3-37），就可以计算出相应合金的泊松比和 R 值。

可见，Fe-Ga 合金的 $E_{111}>E_{110}>E_{100}$，并且随 Ga 含量的提高，合金的 E_{100} 和 E_{110} 逐渐降低，而 E_{111} 则逐渐提高。

根据计算出泊松比的值，作出 Fe-Ga 合金的泊松比与 Ga 含量的关系图，如图 5-23 所示。可见，随 Ga 含量 x 的提高，泊松比 $\nu_{(001)[1\bar{1}0]}$ 的负值逐渐增加，即 Fe-Ga 合金的拉胀行为随着 Ga 含量的增加而显著加强。近期的研究结果[22]认为，它与磁致伸缩应变的增大有关。

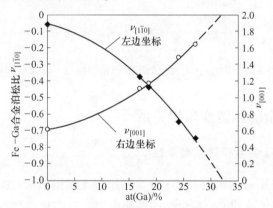

图 5-23　Fe-Ga 合金的泊松比 ν 与 Ga 含量的关系[21]

5.5.2.6　超精细场$<B>_{hf}$与 Ga 含量 x 的关系

晶体中的原子核总是处在核外环境所形成的电磁场中，这些电磁场或者由核外电子产生，或者由相邻原子的电子引起。原子核带的电荷具有各种核磁矩（如磁偶极矩，电偶极矩），因此原子会与所处的电场和磁场发生相互作用。这种相互作用称为超精细相互作用，超精细相互作用的强度可用超精细场$<B>_{hf}$来表示。超精细场$<B>_{hf}$与近邻原子占位类型、晶体结构、有序化、氧化态等信息相关[23]。一种成分与相应的晶体结构都具有一定的超精细场$<B>_{hf}$（单位为 T）。

利用穆斯堡尔效应测量材料的超精细场，可以分析材料的相结构，相变和有序化，它是研究材料的一种现代物理技术。

例如，$Fe_{100-x}Ga_x$ 合金在室温下的超精细场如图 5-24 所示[24]。可见，$Fe_{100-x}Ga_x$ 当 $x<20$at.%Ga 合金的室温时，超精细场 $<B>_{hf}$ 随着 Ga 含量的增加而线性地降低，$<B>_{hf}$ 与 x 的关系遵循式（5-2）线性规律。

$$< B >_{hf} = 33.1(3) - 0.23(2)x \qquad (5-2)$$

当 $x=0$ 时，$<B>_{hf}$ 表示纯 Fe 的超精细场（33.0T）。为便于比较，图中还给出 Fe-Al、Fe-Ge 和 Fe-Si 合金的 $<B>_{hf}$。可见，对于 Fe-Ga 和 Fe-Al，当 $x=20$at.%Ga（或 Al）时，合金的 $<B>_{hf}$ 有跳跃的变化，然而 Fe-Si 合金没有。

值得考虑的是，$Fe_{100-x}Ga_x$ 的 K_1、K_2、$\frac{3}{2}\lambda_{111}$、$-b_1$ 均在 Ga 含量 $x=20$at.%Ga 处发生突变。这与合金在 $x=20$at.%Ga 处发生相变有直接的关系。

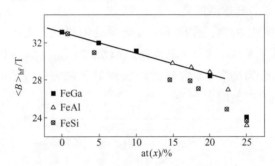

图 5-24　$Fe_{100-x}Ga_x$ 合金的室温超精细场与 x 的关系[24]

5.6　Fe-Ga 合金的相转变与相关系

5.6.1　讨论 Fe-Ga 合金相变的必要性

有两个因素决定必须讨论 Fe-Ga 合金的相转变和相关系：

（1）5.5.1 节讨论的 Fe-Ga 合金的性能中，有一些是内禀特性，如饱和磁极化强度 J_s、磁晶各向异性常数 K_1 与 K_2、居里温度 T_c、弹性模量 E 等，它们与合金成分有关，而与显微结构没有密切关系。但是作为磁致伸缩材料的 Fe-Ga 合金最重要的性能是磁致伸缩应变 λ_s 和相关参数，如 d_{33}、k_{33}、H_s（饱和磁化磁场）等。它们是显微组织结构敏感的参量。为了回答 5.5.1 节结尾提出的三个问题，必须要讨论 Fe-Ga 合金的相转变，相关系和显微结构。

（2）有应用前景的 $Fe_{100-x}Ga_x$ 合金的成分，位于 $x=16$at.%～28.5at.%Ga 的范围内，由图 5-2 可知，在该成分内，尤其是在 $x=18$at.%～28.5at.%Ga 的范围内，尽管在高温区（730℃以上），是处于 A2 相的单相区，但是在中间温度区（700～

400℃），它们可能发生 A2 相到 B2 相或 DO₃相或 DO₃(M) 相或 DO₁₉相或 L1₂相的相变。是否发生这些相变，与成分 x、加热温度、冷却速度有关。所以，为了弄清楚 Fe-Ga 合金的 $\frac{3}{2}\lambda_{100}$ 与 Ga 含量的关系。首先要讨论其相转变和显微结构。

5.6.2　富 Fe 区 （$x=5\mathrm{at}.\%\sim35\mathrm{at}.\%\mathrm{Ca}$） 相转变的特点

由无序的 bcc 结构的 A2 相转变为 bcc 有序相 （B2 相或 DO₃相或 DO₃(M) 相） 是一种纯化学上的有序与无序转变，没有结构重组。然而由 A2 相到有序的 DO₁₉相(hcp 结构) 或到有序的 L1₂相(fcc 结构) 的转变，除了有由无序到有序的相转变外，还要发生结构重组，即从 bcc 结构到 hcp 结构或到 fcc 结构的转变。

从无序的结构转变到有序结构可能有**两种机制**：一是整个晶体内部均匀地出现局部性的短程序 （SRO），然后短程序逐渐地扩展，最终导致长程有序 （LRO）。这种有序化过程是均匀、连续发生的，与固溶体的连续调幅分解相似。尽管如此，刚开始出现的相邻短程序的位相可能不同，长大到两个短程序相接触时，两个相邻的有序畴，就会出现反相畴边界 （APB），见图 5-25c。二是先形成小的有序区，称为**有序畴**。然后这些有序畴逐渐地长大，形成大的有序区或称有序畴。这一过程与固溶体相变的脱溶过程相似。相邻两个有序畴的位相不同时，也会出现反相畴边界 （APB），如图 5-25 所示。反相畴边界能否观察到，与成像方法有关。

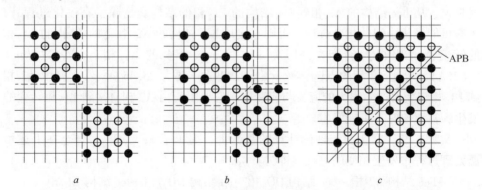

a　　　　　　　　　　b　　　　　　　　　　c

图 5-25　在 {100} 面看到的 Cu₃Au 中两个相位不同的有序畴的反相畴边界[8]

没有结构重组的单纯化学有序化通常比较容易发生，有结构重组的有序化过程，除了需要原子扩散 （原子位置调整） 外，还要发生结构的变化，需要较大的驱动力，并且其动力学过程是相当缓慢的。

目前对 Fe-Ga 合金富 Fe 区相转变的研究不够充分，还处于研究中，根据已有的研究结果，下面简单介绍恒温过程的相变、淬火冷却的相变和冷却速度对相变的影响。

5.6.3 富 Fe 区 ($x = 5$at.%～35at.%Ga) Fe-Ga 合金的恒温相变过程

下面以成分 $x = 27.5$at.%Ga-Fe 合金为例，说明 Fe-Ga 合金在恒温处理过程中的相转变。由图 5-1a 可知，当 $x = 27.5$at.%Ga，在 1100℃加热恒温处理时，合金始终为 bcc 结构的 A2 相。表 5-4 和表 5-7 说明用定向凝固（DS）和定向生长（DG）的方法制造的 $Fe_{72.5}Ga_{27.5}$ 合金，经过 1100℃加热 1h，然后水淬冷却到室温，样品是 bcc 结构的 A2 相，说明从 1100℃水淬冷却可以抑制合金的相转变。即 A2 相可过冷至室温，称为亚稳定的 A2 相。但表 5-7 的结果表明，相同成分（$x = 27.5$at.%Ga）的合金，经过 1100℃加热 1h，然后冷至 875℃保温 1h，或冷至 730℃保温 1h，然后水冷却到室温，得到不同的结果。有的说是 A2 相，也有的说是 DO_3 相。详见表 5.7 的说明。

表 5-7 说明 DS 法制造 $Fe_{72.5}Ga_{27.5}$ 合金，经过 1100℃加热 1h，然后在 730℃恒温处理 226h，合金样品已转变为 DO_3 相，若在 1100℃加热 1h，然后在 650℃恒温处理 400h，合金发生 A2→DO_{19} 相（$L1_2$ 相）转变，有可能残余少量的 A2 相。DS 合金样品在 1100℃加热 1h，然后在 500℃热处理 72h，接着再在 350℃等温处理 266h，样品基本上完成了 A2→$L1_2$ 相转变。从 350℃冷却到室温后，样品为单一的 $L1_2$ 相，与平衡相图的结果是一致的。

事实上合金样品在 1100℃1h+500℃等温处理 72h，有可能发生 A2→DO_3 相的相转变。因为 A2→DO_3 相的相转变只有化学有序化的转变，没有结构的重组。也就是说，从 bcc 结构的 A2 相到 fcc 结构的 $L1_2$ 相的结构转变除了有序化过程外，还有可能经历中间的相变过程。否则直接从 bcc 结构的 A2 相到 fcc 结构的 $L1_2$ 相的转变要克服很大的能垒，因为 $Fe_{72.5}Ga_{27.5}$ 合金的 $L1_2$ 相点阵常数（$a = 3.675$Å），要比 A2 相的点阵常数（$a = 2.929$Å）要大 25.45%。若直接由 A2 相到 $L1_2$ 相转变要产生很大的应变与应变能。它要阻碍由 A2 相直接到 $L1_2$ 相转变的发生，甚至使它不可能发生。

文献［23］在实验与理论计算的基础上，提出了 $Fe_{72.5}Ga_{27.5}$ 合金在上述恒温处理过程中发生相变的过程，即为：

bcc 结构 A2 相→bcc 结构 DO_3 相→fct 结构 DO_{22} 相→fcc 结构 $L1_2$ 相

图 5-26 为这一相变过程的原理图。首先依靠原子调换位置，由 bcc 结构的 A2 相转变为 bcc 结构 DO_3 相，以 DO_3 相结构单胞的框架，借助贝茵体（Brian）应变（无扩散应变）使母相（DO_3 相）bcc 结构点阵在没有原子位置转换的条件下转变为面心四角（fct）点阵结构，母相（DO_3 相）与面心四角（fct）的 DO_{22} 相存在以下的贝茵体取向关系：

$$[001]_{bcc} // [110]_{DO_{22}}$$

$$(100)_{bcc} // (110)_{DO_{22}}$$

$$(010)_{bcc} // (1\bar{1}0)_{DO_{22}}$$

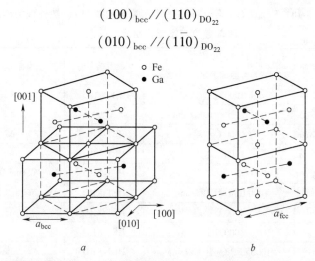

图 5-26 bcc 结构 DO_3 相转变为面心四角（fct）点阵结构，再到 fcc 结构 $L1_2$ 相[23]

$a—DO_3$ 单胞；$b—DO_{22}$ 单胞

fct 结构的 DO_{22} 相就是 bcc 结构的 A2 相转变为 fcc 结构 $L1_2$ 相过程的中间过渡相。通过贝茵体应变产生的 fct 结构的 DO_{22} 相，再到 fcc 结构 $L1_2$ 相的相变能量大大降低，从而使得由 bcc 结构的 A2 相到 fcc 结构 $L1_2$ 相的相变变得容易。但是由于这一过程要发生无扩散型应变，这一相变的动力学过程仍然是十分缓慢的。

5.6.4 富 Fe 区（$x = 5at.\% \sim 37at.\%Ga$）合金以不同速度冷却的相变

研究富 Fe 区（$x = 5at.\% \sim 37at.\%Ga$）$Fe_{100-x}Ga_x$ 合金样品以不同速度冷却的相转变的目的是想从相组成和显微结构的角度来弄清楚 Fe-Ga 合金的 $\frac{3}{2}\lambda_{100}$ 与 x 存在双峰值的关系。由图 5-16 可知，Fe-Ga 合金的 $\frac{3}{2}\lambda_{100}$ 与 Ga 含量 x 的关系分成四个成分区，即 A 区：$x = 5at.\% \sim 19.5at.\%Ga$；B 区：$x = 19.5at.\% \sim 22.5at.\%Ga$；C 区：$x = 22.5at.\% \sim 28.5at.\%Ga$；D 区：$x > 28.5at.\%Ga$。这种成分分区的界限是粗略的，不精确的。因为不同研究者获得 $\frac{3}{2}\lambda_{100}$ 的峰值与谷值对应的成分 x 是有差别的。为此，在上述四个成分区选择有代表性的成分，即 A 区：$x = 19at.\% \sim 20at.\%Ga$；B 区：$x = 20at.\% \sim 22at.\%Ga$；C 区：$x = 24at.\% \sim 25at.\%Ga$；D 区：$x > 30at.\%Ga$，分析研究它们以不同的冷却速度冷却到室温存在哪些相。其结果列于表 5-10 和表 5-11。

表 5-10 $Fe_{100-x}Ga_x$ 合金样品在成分 A 区的成分 x、热处理条件、冷却速度与室温相组成的关系

成分区与序号	x/at.%	样品	热处理温度与冷却速度	研究方法	室温相组成	文献
A-1	8.6	单晶	1000℃水淬	HET-XRD[1]	A2	[18]
A-2	10	单晶	1000℃炉冷(10℃/min)		A2	[25]
A-3	13	单晶	1000℃水淬	HET-XRD	A2	[18]
A-4	14	单晶	1000℃水淬	HET-XRD	A2	[26]
A-5	14	单晶	1000℃炉冷(10℃/min)	HET-XRD	A2+nm DO$_3$[2]	[26]
A-6	14	单晶	1000℃慢冷(2℃/min)	HET-XRD	A2+nm DO$_3$	[26]
A-7	17	—	1000℃水淬	HET-XRD	A2	[18]
A-8	18.7	—	1000℃水淬	HET-XRD	A2	[18]
A-9	18.7	—	1000℃炉冷(10℃/min)	HET-XRD	A2+少量 DO$_3$	[18]
A-10	19	—	700℃水淬		A2	[29]
A-11	19	—	700℃炉冷(10℃/min)		A2+少量 DO$_3$	[29]
A-12	19	多晶	800℃ 3h 水淬		A2	[27]
A-13	19	多晶	800℃ 3h 1.29℃/min		A2+ DO$_3$	[27]
A-14	19	多晶	800℃ 3h 0.32℃/min		冷至 500℃出现 A1 相或 L1$_2$ 相 (少量)	[27]
A-15	19	多晶	800℃水淬	HET-XRD	A2	[28]
A-16	19	多晶	800℃空冷(160℃/min)	HET-XRD	A2	[28]
A-17	19	多晶	800℃炉冷(~5℃/min)	HET-XRD	92.1%A2+7.9% DO$_3$	[28]
A-18	19	多晶	800℃炉冷(~1.29℃/min)	HET-XRD	A2+ DO$_3$	[28]
A-19	19	多晶	800℃慢冷(~0.5℃/min)	HET-XRD	A2+ DO$_3$+fcc 相	[28]
A-20	20	单晶	1000℃水淬	HET-XRD	A2	[26]
A-21	20	单晶	1000℃(10℃/min)	HET-XRD	A2+nm DO$_3$	[26]
A-22	20	单晶	1000℃(2℃/min)	HET-XRD	A2+ DO$_3$	[26]

①HET-XRD 是高能透射射线衍射仪。

②nm DO$_3$ 是指纳米尺寸的 DO$_3$ 颗粒。

由表 5-10 可见，在 x=8.6at.%～20at.%Ga 样品的结果比较一致，水淬冷却（包括空冷 160℃/min），均能使高温区无序 bcc 结构的 A2 过冷保留到室温。也就是说，水淬冷却可以抑制 x<20at.%Ga-Fe 合金样品的 A2 相→DO$_3$ 相的转变。5.5 节也说明 x=19.5at.%～20at.%Ga 是一个临界成分，合金的许多性能，如 $\frac{3}{2}\lambda_{100}$、$\frac{3}{2}\lambda_{111}$、K_1、K_2、T_C 和 $<B>_{hf}$ 等，在 x=19.5at.%～20at.%Ga 附近均发生突变。这与 Fe-Ga 合金在 x=19.5at.%～20at.%Ga 发生 A2 相→DO$_3$ 相变有关。

根据图 5-2，在 300℃附近，Ga 在 α-Fe 中的溶解度上限为 15at.%，在室温，Ga 在 α-Fe 中的溶解度更低一些。表 5-10 表明，14at.%Ga-Fe 合金样品（A-6）从 1000℃以 2℃/min 速度冷却到室温时，A2 相就开始分解出少量 DO_3 相。$x = 19at.\%$ Ga-Fe 合金样品以 1.29℃/min 的速度，从 800℃冷却到室温时，样品发生了 A2 相→DO_3 相的分解。另外，还发现 $x = 19at.\%$ Ga-Fe 合金样品，在从 800℃以 0.32℃/min 速度冷却到室温过程中，在 500℃附近除了发现 A2 相→DO_3 相变化外，还发现 fcc 结构相的反常相变，后来分析发现此 fcc 结构相不是 $L1_2$ 相，而是 A1 相（A1 相是 Ga 在 γ-Fe 中的固溶体），此反常相的机理还不清楚。

值得注意的是，用 HRXRD（高分辨 X 射线衍射仪）研究发现：在 $x < 20at.\%$ Ga-Fe 合金样品中，800～1000℃的温度水淬冷却至室温均是 A2 相。但是 A2 相均存在 X 射线漫散射峰，这些漫散射峰是 A2 相的固溶体不均匀性的反映。但这些固溶体不均匀性的本质是什么？它对合金样品的 $\frac{3}{2}\lambda_{100}$ 有什么影响，这些问题将在后续章节中讨论。

表 5-11　$Fe_{100-x}Ga_x$ 合金样品在成分 A 区的成分 x、热处理条件、
冷却速度与室温相组成的关系

成分区与序号	x/at.%	样品	热处理温度与冷却速度	研究方法	室温相组成	文献
B 区						
B-1	20.1	单晶	1000℃慢冷	HRXRD, HRTEM	A2+20～30nm DO_3	[18]
B-2	21.2	单晶	1000℃慢冷	HRXRD, HRTEM	A2+80～150nm DO_3	[18]
B-3	22.0	单晶	1000℃75h+700℃25h 水淬	HRXRD	40%A2+60%DO_3	[29]
B-4	22.0	单晶	慢冷	HRXRD	DO_3	[29]
C 区						
C-1	25.0	单晶	水淬	HRXRD		[26]
C-2	25.0	单晶	炉冷（10℃/min）	HRXRD		[26]
C-3	25.0	单晶	2℃/min	HRXRD		[26]
D 区						
D-1	27.5	多晶	875℃水淬		A2	[10]
D-2	28.5	多晶	1000℃水淬		DO_3	
D-3	29.9	单晶	1000℃水淬		A2+B2+DO_3	[18]
D-4	29.9	单晶	1000℃水淬		A2+DO_3	[18]
D-5	30.0	单晶	1000℃水淬		A2+B2+DO_3	[18]
D-6	27.5	多晶	1000℃3 天		A2	[30]
D-7	32.5	多晶	1000℃3 天		A2	[30]
D-8	35.0	多晶	1000℃3 天		A2	[30]
D-9	37.5	多晶	1000℃3 天		A2	[30]

表5-11 中的结果表明，对于 B 区、C 区、D 区三个成分区的研究结果还不够充分，所得的结果有的是对的，有的是相互矛盾的。例如，B-1、B-2、D-2 的结果与显微结果观察是一致的，并且 $\frac{3}{2}\lambda_{100}$ 的第二峰值对应的成分在 $x = 28.5at.\%$ Ga-Fe（D-2 样品）能说得通。但是，D1 与 D-6 ~ D-9 的结果不同。也就是说，27.5at.% ~ 37.5at.% Ga-Fe 合金从 1000℃ 水淬冷却，有的结果是单一的 A2 相，也有的说是 A2+DO₃ 相的，并且没有指出 DO₃ 与 DO₃(M) 的区别。**造成上述矛盾的主要原因有两个方面：一是 Fe-Ga 合金存在复杂的相关系，并且这些相难以区分；二是不同作者采用的研究方法、样品尺寸与制造方法各不相同。**

5.6.5　Fe-Ga 合金中存在多种相的识别

在 $Fe_{100-x}Ga_x$ 合金的富 Fe 区，即 $x = 5at.\% \sim 35at.\%$ Ga-Fe 范围内，存在 A2、B2、DO₃ 和 DO₃(M) 等四个都是 bcc 结构的相。它们不仅结构相同，单胞尺寸（点阵常数）也接近，Fe 原子和 Ga 原子对 X 射线的散射因子也相差无几，并且超点阵的 X 射线的衍射峰很弱。因此用传统的 X 射线方法很难将 A2 相内存在的 B2、DO₃ 和 DO₃(M) 区分开。另外，A2 相是无序相，而 B2、DO₃ 和 DO₃(M) 都是有序相。多数情况下，有序畴的尺寸很小（约几纳米到几十纳米），并且反相畴界不易观察。因此用传统的 XRD 和 TEM 很难识别与区分上述那些相。

Lograsso 等人[7] 根据 19at.% Ga-Fe 合金中存在的相的点阵常数，$a(A2) = 2.905\text{Å}$，$a(DO_3) = 5.799\text{Å}(\approx 2.905\text{Å} \times 2)$，$a(B2) = 2.905\text{Å}$ 和 $a(L1_2) = 5.666\text{Å}$，利用 CuKα 的波长（波长为 1.5406Å）代入 X 射线衍射公式，计算出 Fe-Ga 合金中几个相的 XRD 的 2θ 角与相对应的 X 射线衍射峰的晶面指数，其结果列于表 5-12。为了便于比较，还给出了三种取向单晶体样品实验观察到的 2θ 角与相对应的 X 射线衍射峰的晶面，同时还给出了 α-Fe 的 XRD 衍射峰的 2θ。

表 5-12　19at.%Ga-Fe 合金中各相的 2θ 角对应的 CuKα XRD 衍射峰以及取向单晶样品出现的衍射峰面与 2θ 角 （实验值）

$2\theta/(°)$	A2	B2	DO₃	L1₂	α-Fe	取向单晶样品观察到的衍射峰对应 2θ 角		
						(100)	(110)	(111)
24.26				100		√		
26.60			111					√
30.81		110	200			√		
34.58				110			√	
42.69				111				√
44.14	110①		220①	110①			√	

2θ/(°)	A2	B2	DO$_3$	L1$_2$	α-Fe	取向单晶样品观察到的衍射峰对应 2θ 角		
						（100）	（110）	（111）
49.71				200		√		
52.58			311					
54.79		111	222					√
56.05				210				
61.19				211				
64.19	200	200	400		200	√		
70.76								
81	211			211				
95	200			220				
64.073[②] （a＝2.904A）	200		DO$_3$（M） 2θ＝64.308° （2.8849Å×2）					

①表示最强衍射峰；

②引自文献［28］。

由表 5-12 可见，无序的 A2 相在 2θ＝44.14°出现强衍射峰与 DO$_3$ 相出现的最强衍射峰的 2θ＝44.14°是重叠的，并且它们的衍射峰强度仅仅相差 0.6%，超点阵 DO$_3$ 相的其他衍射峰均很弱。采用传统的 XRD 技术无法分辨 A2 相内存在 DO$_3$ 相。

另外，B2 相的三个衍射峰中有两个，即 2θ＝30.81°的（110）峰和 2θ＝54.79°的（111）峰与 DO$_3$ 相的（200）峰和（222）峰是重叠的，并且它们的强度很弱，不注意就有可能将 DO$_3$ 相误认为是 B2 相。

自 2000 年 Clark 等人[13]发现 Fe-Ga 合金具有低场高磁致伸缩应变以来，为克服上述困难，人们陆续开始采用取向单晶技术，并结合采用高分辨 X 射线（HRXRD）、高分辨透射电镜（HRTEM）、高功率选区电子衍射技术（SAED）、高功率透射 X 射线（HET-XRD）、高功率电子衍射和穆斯堡尔（Mossbauer spectra）等新技术，先后找到区分 A2 相和 DO$_3$ 相、A2 相和 DO$_3$（M）相、A2 相与 B2 相、A2 相固溶体结构不均匀性的研究方法，并取得进展，下面举例说明。

5.6.5.1 A2 相与 DO$_3$ 相的识别

A 采用高分辨 X 射线衍射技术（HRXRD）

Cao 等人[26]采用 HRXRD 研究了 Fe$_{100-x}$Ga$_x$（x＝14at.%、20at.%、25at.%）合金取向单晶样品，经过 1100℃2h 处理后以三种方式冷却：水淬冷却；炉冷

（10℃/min）；慢冷（2℃/min）到室温后的相组成。

X 射线采用 CuKα=1.5406Å，X 射线分辨率为 0.0068°，采用单晶样品尺寸为 5mm×5mm×3mm，用两种不同取向的样品，即（100）/（010）/（001）和（110）/（1$\bar{1}$0）/（001）样品。

研究结果表明，三种成分的样品经过 1100℃ 2h 水淬后，室温时为单一的 A2 相。说明水淬冷却可抑制 x=14at.%、20at.%、25at.% Ga-Fe 单晶样品（5mm×5mm×3mm）由 A2 相到 DO$_3$ 相的转变。

图 5-27 是 x=14at.%、20at.%、25at.% Ga-Fe 取向单晶样品沿着（100）、（110）和（200）面扫描得到的 X 射线衍射谱，它们不够尖锐，具有散漫的特征。炉冷（10℃/min）对 x=14at.% 和 20at.% Ga 的样品，在 2θ=30.81° 没有衍射峰，而仅有 2θ=44.19° 的（200）衍射峰和 2θ=64.39° 的（400）衍射峰，而没有 2θ=30.81° 的超点阵衍射峰存在。说明它是单一的 A2 相，在炉冷情况下，x=14at.% Ga 样品的 A2 相→DO$_3$ 相转变被抑制。

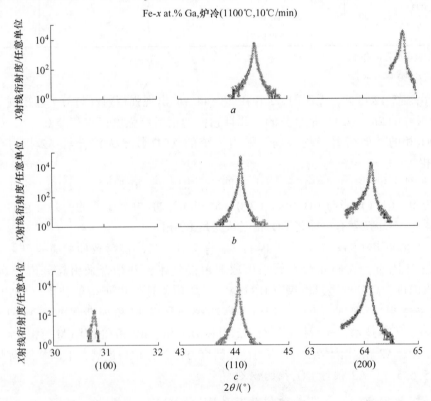

图 5-27　x=14at.%、20at.%、25at.% Ga-Fe 取向单晶样品沿着（100）、（110）和（200）面扫描得到的 X 射线衍射谱[26]

a—x=14at.%，a=2.883Å；b—x=20at.%，a=2.897Å；c—x=25at.%，a=2.899Å

对于 $x=20$at.%Ga 样品，在炉冷情况下，与 $x=14$at.%Ga 样品的 X 射线衍射谱相似。说明它仍然是 A2 单相，所不同的是 $2\theta=\sim 44.14°$ 的衍射峰变化来说，说明此时 A2 相存在不均匀结构，甚至可能有纳米级的 DO_3 相存在。

对于 $x=25$at.%Ga 的样品，同时出现了 $2\theta=\sim 30.81°$、$\sim 44.14°$ 和 $64.19°$ 角的衍射峰，足以说明 $x=25$at.%Ga 的样品在炉冷情况下，已经不可能抑制 DO_3 相的转变，可能大部分完成了 DO_3 相的转变。因为 $2\theta=\sim 30.81°$、$\sim 44.14°$ 和 $\sim 64.19°$ 三个衍射峰同时出现是判断 DO_3 相存在的重要依据。

图 5-28 为 $x=14$at.%、20at.%、25at.%Ga-Fe 取向单晶样品经过 1100℃、2h 处理后，以 2℃/min 的速度冷却到室温的 X 射线衍射谱。它表明该衍射谱具有漫散射的特征，衍射峰不够尖锐。对于 $x=14$at.%Ga 样品，从 1100℃ 慢冷（2℃/min）时，A2 相已分解为 A2+ DO_3 两相共存。$2\theta=98.28°$ 的衍射峰是 DO_3 相，它的点阵常数为 $a=2.880$Å，衍射峰的半高宽 FWHM 为 $0.046°$，衍射峰下面的面积经高斯函数拟合分析结果为 $A_{DO_3}=48.14$（任意单位），此时 A2 相在 $2\theta=98.46°$ 的衍射峰的面积为 133（任意单位），点阵常数为 $a=2.877$Å，FWHM 为 $0.066°$，根据 X 射线峰下面的面积，可以粗略地估计出 $x=14$at.%Ga-Fe 样品内 DO_3 相与 A2 相体积分数分别为 25% 和 75%。

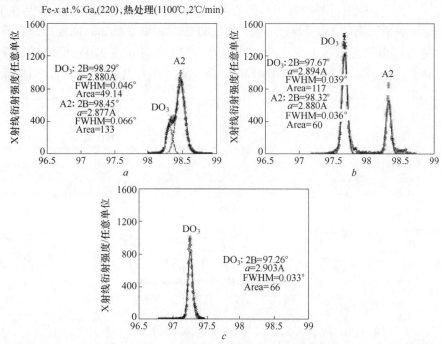

图 5-28 $x=14$at.%、20at.%、25at.%Ga-Fe 取向单晶样品经过 1100℃、2h 处理后，以 2℃/min 的速度冷却到室温的 X 射线衍射谱[26]

a—14%；b—20%；c—25%

对于 $x = 20$at.%Ga-Fe 样品中已经明显存在 A2+ DO$_3$ 两相。A2 和 DO$_3$ 相的点阵常数分别降低到 $a_{A2} = 2.880$Å， $a_{DO_3} = 2.894$Å，两相的 FWHM 已经分别降低到 $0.039°$（DO$_3$） 和 $0.036°$（A2）。

对于 $x = 25$at.%Ga-Fe 样品，以慢冷（2℃/min）到室温后，仅在 $2\theta = 97.26°$ 的衍射峰，其点阵常数为 $a_{DO_3} = 2.903$Å，FWHM $= 0.033°$。衍射峰的面积减低到 66（任意单位），说明衍射峰已经变得十分尖锐。A2 相已经完全分解为 DO$_3$ 相。

由图 5-28 观察到的 $x = 20$at.%Ga-Fe 合金取向单晶样品的 X 射线衍射谱与表 5-10 不完全一致。原因有两个：

（1）Fe 原子的原子序数为 26，它与 Ga 的原子序数（$Z = 31$）十分接近，两种原子对 X 射线的散射因子几乎无差别。

（2）XRD 的穿透深度一般为 5~10μm。在 $x = 14$at.% 和 $x = 20$at.%Ga 合金的样品中很难区分 DO$_3$ 相。但是在中子衍射谱中，对 $x = 19$at.%Ga-Fe 样品就可以清晰地显示 DO$_3$ 相的衍射峰。

B 用中子衍射技术

图 5-29 为 $x = 19$at.%Ga-Fe 合金单晶体（定向生长态 DG）和随后经过 1100℃、2h 以 2℃/min 速度冷却到室温的中子衍射谱。可见，定向生长态（DG 态），在 $2\theta = 48°$ 附近几乎没有明显的衍射峰，只是稍有起伏，说明该样品在 DG 态仅存在纳米级别的 DO$_3$ 颗粒。而经过 1100℃、2h 以 2℃/min 速度冷却到室温后，在 $2\theta = 48°$ 附近出现尖锐的 DO$_3$ 衍射峰，与 DO$_3$ 相的（220）面的衍射峰对应。中子衍射分析发现，$x = 19$at.%Ga-Fe 合金样品在高温区为 A2 相，当样品从高温区以 2℃/min 速度冷却到 680℃ 附近时，开始发生 A2→DO$_3$ 相的转变。

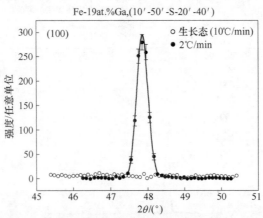

图 5-29 $x = 20$at.%Ga-Fe 合金取向单晶样品的中子衍射谱[26]

C 采用穆斯堡尔技术区分 A2 相与 DO$_3$ 相

Borrego 等人[24] 用电弧炉冶炼 Fe$_{100-x}$Ga$_x$（$x = 17$at.%、20at.%、23at.%、

25at.%、27at.%和30at.%）多晶样品。钢锭在950℃处理5h，然后以一定的冷却速度冷却到室温。用 VSM 测量多晶样品的磁性能，用穆斯堡尔谱仪测量它的超精细场$<B>_{hf}$，用$<B>_{hf}$确定样品的相组成。其结果列于表5-13。可见，$x = 17at.\%$ Ga-Fe 仅存在单一的 A2 相，$x = 20at.\%$Ga 的样品存在 A2+DO$_3$ 相，$x \geqslant 23at.\%$Ga 的样品均存在三个相，A2 相、DO$_3$ 相和 L1$_2$ 相的$<B>_{hf}$分别为30T、20T 和24T。应说明的是，上面已经指出 A2→L1$_2$ 相转变，既存在有序与无序的相变，又存在结构重组（bcc→fcc）。这一相变过程是十分缓慢的过程。根据作者的认识，表5-13 中与$<B>_{hf} = 24T$ 对应的相可能不是 L1$_2$ 相，而可能是 A1 相，但是不能最后确定，需要进一步的研究。

表 5-13　$\mathbf{Fe_{100-x}Ga_x}$（$x = 17at.\%$、20at.%、23at.%、25at.%、27at.%和30at.%）多晶样品经 950℃5h 后，以一定的冷却速度冷却至室温的磁性能，相组成和各相相应的超精细场$<B>_{hf}$

x/at.%	M_s /A·m^2·kg^{-1}	H_c /A·m^{-1}(×80)	λ_s /×10^{-6}	$<B>_{hf}$/T	相组成	相数
17	169	2	75	30.8	A2	1
20	153	2	65	29.8	A2	2
				24.8	DO$_3$	
23	139	3	55	29.8	A2	3
				24.8	L1$_2$	
				20.3	DO$_3$	
25	131	3	70	30.1	A2	3
				24.8	L1$_2$	
				20.3	DO$_3$	
27	129	8	50	30.1	A2	3
				24.8	L1$_2$	
				20.0	DO$_3$	
30	128	35	25	30.2	A2	3
				24.8	L1$_2$	
				20.0	DO$_3$	

5.6.5.2　识别 A2 相与 DO$_3$ 相的实例

Lograsso 等人[7] 为了识别 $Fe_{100-x}Ga_x$（$x = 17at.\% \sim 30at.\%$）合金样品是否存在 DO$_3$(M) 相，将样品从高温（800~1100℃）水淬或以一定速度冷却至室温后，首先采用（100）或（111）取向单晶样品，用高分辨 X 射线（HRXRD）技术，研究了 $x = 19at.\%$Ga 合金。所得到的 X 射线衍射谱分别见图 5-30 和图 5-31。由图 5-30 可以看出，该合金样品从 1000℃慢冷（10℃/min）时，在 $2\theta = 64.19°$附近出现 A2 相的（200）衍射峰。对照表 5-12 可看出，在 $2\theta = 30.81°$附近出现 DO$_3$

相的（200）衍射峰（B2 相的（100）峰）。说明该样品从 1000℃ 以 10℃/min 的速度冷却到室温，以 A2 相为主，同时有少量的 DO$_3$ 相（或 B$_2$ 相），然而相同的样品经过 1000℃、800℃、600℃ 水淬冷却到室温得到单一的 A2 相（$2\theta =$ 64.19°），而 $2\theta = 30.18$° 附近的衍射峰已消失，说明 DO$_3$ 相（或 B2 相）已经被抑制。然而，在 $2\theta = 44.19$° 附近出现一个新的衍射峰，为了确定 $2\theta = 44.19$° 的衍射峰是什么相，又做了 19at.%Ga-Fe 的（111）取向单晶 X 射线衍射谱（见图 5-31）。可见，1000℃ 以 10℃/min 冷却的样品，并对应表 5-12 可知，在 $2\theta = 26.60$° 附近出现的（111）的衍射峰是 DO$_3$ 相。在 $2\theta = 54.29$° 附近出现的（222）衍射峰是 DO$_3$ 相。但是同样的样品经过 1000℃、800℃、600℃ 水淬冷却到室温，DO$_3$ 相已经消失，而在 $2\theta = 44.19$° 附近出现一个新的衍射峰。此衍射峰对应的晶面肯定是（hhh），它与 $2\theta = 44.19$° 的 A2 相（110）和 DO$_3$ 相（220）是不对应的。可

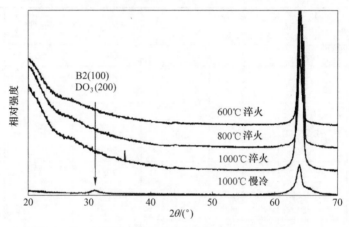

图 5-30 $x = 19$at.%Ga-Fe 合金（100）取向单晶体经过 1000℃ 慢冷（10℃/min）和从 1000℃、800℃、600℃ 淬水冷却到室温的中子衍射谱[7]

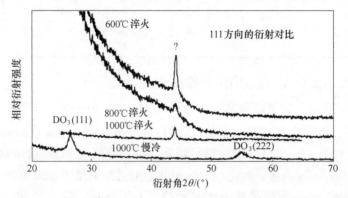

图 5-31 $x = 19$at.%Ga-Fe 合金（111）取向单晶体经过 1000℃ 慢冷（10℃/min）和从 1000℃、800℃、600℃ 淬水冷却到室温，在（111）面扫描的中子衍射谱[7]

以断定（111）面扫描的 X 射线衍射峰肯定不是 A2 相和 DO_3 相。说明 19at.%Ga-Fe 合金从 1000℃、800℃、600℃淬水冷却到室温时，抑制了 A2 相到 DO_3 相的转变，将高温状态的 A2 相保留到室温，同时出现一个新相。

这一新相是什么？Lograsso 等人推算是 $DO_3(M)$ 相，并推断出 $DO_3(M)$ 相的单胞模型，见图 5-32b。由图 5-32a 可以看出，在 DO_3 单胞中，Fe 和 Ga 原子交替地占据 bcc 中心的晶位，Ga 原子沿着［110］的方向。在 $DO_3(M)$ 相结构单胞中，Fe 和 Ga 原子仍然是交替地占据 bcc 中心的晶位，但是 Ga 原子沿着［001］方向取向，形成［001］方向的 Ga 原子对。Lograsso 等人提出一个简略的模型来描述图 5-32b 的 $DO_3(M)$ 单胞结构。如图 5-33 所示，该图可看作是交替的层状结构，即纯 Fe 层和 Fe/Ga = 50∶50 层交替组成。在布拉菲点阵中这样的 fct 结构不是唯一的。当 $c/a \neq \sqrt{2}$ 时，可以定义为体心四角结构（bct），也可定义为 fct 结构（当 $c/a = \sqrt{2}$ 时）。在这一结构中，Ga 原子占据一套相反的晶位，因此结构转变为四角结构，其 pearson 符号位 tp4，晶体结构为 L6。

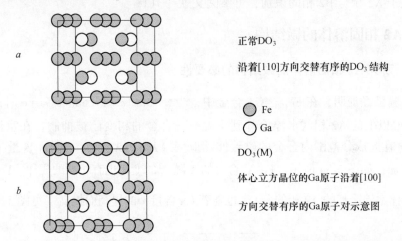

a

正常 DO_3

沿着[110]方向交替有序的 DO_3 结构

⚪ Fe
◯ Ga

$DO_3(M)$

体心立方晶位的 Ga 原子沿着[100]

b

方向交替有序的 Ga 原子对示意图

图 5-32　x = 19at.%Ga-Fe 合金（111）取向单晶根据水淬冷却 XRD 衍射谱而得到的 $DO_3(M)$ 单胞结构（b），为了对比还给出 DO_3 相的单胞结构（a）[7]

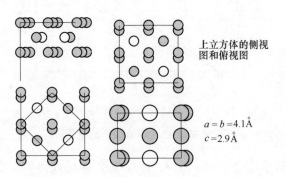

上立方体的侧视图和俯视图

$a = b = 4.1$Å
$c = 2.9$Å

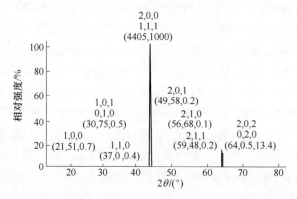

图 5-33　在 $DO_3(M)$ 单胞结构的基础上，构造了一个面心四角（fct）结构单胞，

它是 $DO_3(M)$ 单胞结构上部 4 个立方体侧面视图与俯视图[7]

（$a=b=4.1Å$，$c=2.9Å$，并计算出 fct 结构的 XRD 谱的强度）

关于 A2 相与 B2 相的识别，可参阅文献 [31]。

5.7　A2 相固溶体的微结构

5.7.1　研究 A2 相固溶体的微结构的必要性

实验已经证明，在 $Fe_{100-x}Ga_x$ 合金中，当 $x=5at.\% \sim 19.5at.\%$Ga-Fe 时，合金从 800℃以上的 A2 相区水淬冷却到室温时，合金的相变已被抑制，在室温保留 A2 相。在此成分范围内合金的磁致伸缩应变（$\lambda_{合金}-\lambda_{纯Fe}$），随 Ga 含量 x^2 呈正比地增加，如图 5-34 所示。Fe-Al 合金的 λ 随 x^2 的变化也有相同的规律。Fe-Ga 合金单晶体水淬冷却的 A2 相的 $\frac{3}{2}\lambda_{100}$ 也随着 Ga 含量 x 的提高而提高（见图 5-16）。

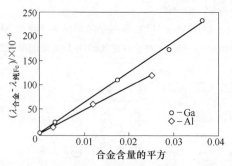

图 5-34　Fe-Ga 与 Fe-Al 合金磁致伸缩（$\lambda_{合金}-\lambda_{纯Fe}$）与

Ga 或 Al 含量（$x=at.\%$）^{2} 的变化[7]

为什么 Fe-Ga 合金（$x=5at.\% \sim 17at.\%$Ga）的磁致伸缩应变与热处理无关？

经过 800℃ 以上的温度加热，随后不论是淬火冷却还是炉冷（冷速约为 10℃/min），都可以得到相同的磁致伸缩应变值。但是当 $x = 17at.\% \sim 19.5at.\%Ga$ 时，对于经高温热处理后的冷却速度十分敏感，炉冷（10℃/min）比水淬冷却的磁致伸缩应变值低 25% 左右。由此可见，Fe-Ga 合金的 λ_s 值与 Ga 含量 x 的关系可分成两段：

（1）$x < 17at.\%$ 时，合金的 λ_s 仅与成分有关，而与热处理的冷却速度（>10℃/min）无关。

（2）当 $x = 17at.\% \sim 19.5at.\%Ga$ 时，合金的 λ_s 对冷却速度十分敏感。说明当 Ga 含量大于 17at.%Ga 时，Fe-Ga 合金的 λ_s 除了与 Ga 含量有关外，还与 A2 相固溶体的微结构有关。A2 相是 Ga 在 α-Fe 中的固溶体，具有 bcc 结构。但它不是理想固溶体，即 Ga 原子不完全是混乱均匀地分布；bcc 结构也不是理想、完整、无缺陷的。弄清楚 Fe-Ga 合金 A2 相固溶体结构，对于弄清楚 Fe-Ga 合金的 λ_s 随 Ga 含量增加的规律是有必要的。

5.7.2 Fe-Ga 合金 A2 相固溶体的微结构的特征和研究手段

实验已经证明，当 $x = 17at.\% \sim 19.5at.\%Ga$-Fe 合金从 800℃ 以上单相区水淬冷却到室温的 A2 相固溶体，在化学结构上，在 nm-μm 量级的范围内是不均匀的，称为不均匀固溶体。它存在以下几方面的特征：存在局域范围的应变调幅结构、短程序、原子团簇（Cluster）、共格与非共格沉淀、位错与其他结构缺陷等。有些文献把短程序（SRO）与原子团簇结构混为一谈，实际上两者是不同的。在短程序内，溶剂与溶质原子均占特定的晶位。在原子团簇结构中，原子在晶格内的占位是无序的、随意的、混乱的。它会引起原子配位层原子类型的无规律性。

用传统的研究手段，如金相分析、传统的 XRD、SEM、TEM 等技术很难分析不均匀固溶体的微结构。近期多采用取向单晶、高分辨 X 射线（HRXRD）、大功率透射 X 射线（HET-XRD）、HRTEM、HRSED、穆斯堡尔谱，以及回旋加速器高能光电子等新技术来研究 Fe-Ga 合金 A2 相不均匀固溶体的微结构[32~35]。

5.7.3 采用 HRXRD 和高能透射 XRD 技术，研究 A2 相固溶体结构的不均匀性

Guruswamy 等人[34] 制备了 $Fe_{100-x}Ga_x$（$x = 15at.\%$、20at.%、22at.%、27.5at.% Ga）和其他 $Fe_{100-x}M_x$（M = W, Mo）合金 [001] 取向单晶样品（用布里奇曼法制备单晶），用 HRXRD 技术研究了 A2 固溶体的微结构。图 5-35 所示为 20at.% Ga-Fe 合金 [001] 取向单晶样品的 HRXRD 谱，扫描面为（001）面，$2\theta = 20° \sim 90°$，样品是 DG 态经 1250℃ 退火 70 天后水淬冷却（用 LTA 态表示）。这是为了保证样品成分均匀和保留高温区的 A2 相状态冷却到室温。对照表 5-12 可知，LTA 态样品在 $2\theta = 64.19°$ 有 A2 相的（200）最强峰，说明 LTA 态样品的主相是 A2 相。图 5-35 表明在 $2\theta = 20° \sim 40°$ 和 $2\theta = 61° \sim 65°$ 内出现漫散射现象。为此特地将各个成

分的 LTA 态样品和其他样品的漫散射峰放大, 得到图 5-36a 和 b 的漫散射峰。

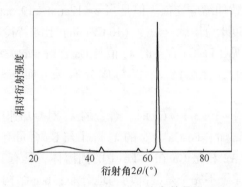

图 5-35 20at.% Ga-Fe 合金 [001] 取向单晶样品的 HRXRD 谱

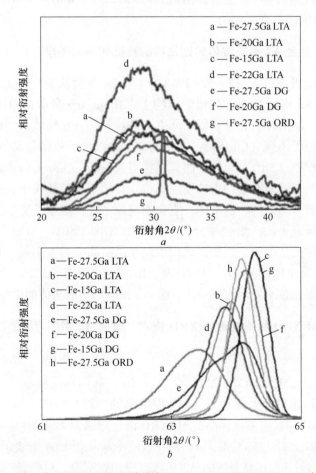

图 5-36 在 Ga-Fe 合金 [001] 取向单晶在 2θ=20°~40°和 2θ=61°~65°的 HRXRD 谱

(图中曲线 DG 态为单晶生长态, LTA 态 (DG 态+1250℃, 70d, 水淬冷+730℃, 75d),

ORD 为有序化处理态, 即 1100℃, 1h+730℃, 75h 水淬冷却到室温)

由图 5-36a 可见，g 样品 LTA 态（DG 态 + 1250℃，70d，水淬冷 + 730℃，75d）的 XRD 衍射在 $2\theta \approx 31°$ 出现 DO_3 相（200）的衍射峰，同样，图 5-36b 的 h 样品的 XRD 衍射谱在 $2\theta = 64°$ 附近也出现尖锐的衍射峰。因为两个样品的有相同的成分和相同的热处理工艺。表明这两个样品都发生了 $A2 \rightarrow DO_3$ 相的相变。但是图 5-36 中 h 样品在 $2\theta = 64°$ 附近衍射峰不够尖锐，原因是 $2\theta = 64°$ 附近除了有 DO_3 相衍射峰外，还有 A2 相的衍射峰。两者的重叠性使图 5-36b 中 h 样品在 $2\theta = 64°$ 附近衍射峰不够尖锐，而保留有漫散射的特征。

图 5-36a 中除了 g 曲线是清晰的 DO_3 相的衍射峰外，其他不同成分和不同热处理的 XRD 衍射谱均没有尖锐的衍射峰，而是漫散射峰（包）。这种漫散射包的出现是不均匀固溶体的典型特征。

图 5-36a 中 c 曲线是 15at.%Ga-Fe 合金，经 LTA 处理后，在 $2\theta = 30°$ 附近有跨越 $2\theta = 20° \sim 40°$ 的漫散射峰（包），说明该合金经 LTA 处理（1250℃70 天水淬），合金是单一的 A2 相。在图 5-36b 中，c、g 曲线重合，也同样有漫散射的特征，说明 LTA 处理并没有改变 15 at.%Ga-Fe 合金 DG 态的不均匀固溶体的特征。

图 5-36a 中 f 曲线和 b 曲线分别是 20at.%Ga-Fe 合金的 DG 态和 LTA 态的漫散射包。两条曲线形状和特征没有显著的变化。说明 LTA 处理不能改变该合金在 DG 态已存在的 A2 不均匀固溶体的特征。

图 5-36a 中的 e 曲线和 a 曲线分别是 27.5at.%Ga-Fe 合金的 DG 态和 LTA 态的 XRD 谱，这两条曲线的基本特征是相同的。它们都反映了 A2 相固溶体不均匀性的特征，只是它们的漫散射包的强度不同而已。

Xing 等人[31]也采用 HET-XRD 技术研究了 $Fe_{100-x}Ga_x$（$x = 8.6at.\%$、$17at.\%$、$20.1at.\%$、$21.2at.\%$、$25at.\%$、$29.9at.\%$、$31.2at.\%$ 和 $35.2at.\%$ Ga）合金 A2 相固溶体结构的不均匀性。

高能透射 XRD 的原理和透射微区电子衍射分析原理是相同的，它们最大的不同是前者可以分析厚度为毫米级的样品，它可以探测固体内毫米级范围内的不均匀性或探测体积分数很小的第二相。

Xing 等人[31]采用（001）取向、尺寸为 5mm×5mm×0.5mm 的单晶样品，沿着 [100] 晶带轴探测晶体的衍射图像，见图 5-37a。所记录的衍射斑点的强度已用实验时记录的总衍射度做了归一化处理。图 5-37b 给出了 $x = 15at.\% \sim 18.7at.\%$Ga-Fe 合金经过 1000℃水淬（001）取向单晶样品的（200）面附近的稍有偏离 A2 相（200）或 DO_3 相（100）超点阵的漫散射包的位置（相当于 $2\theta = 64°$ 附近的 XRD 衍射）。由此可见，由 1000℃ 慢冷（10℃/min），$x = 15.1at.\%$、$17.7at.\%$、$18.3at.\%$取向单晶样品在（200）附近的漫散射包的强度随着 x 的增加而提高。说明 $x < 18.3at.\%$Ga-Fe 合金样品从 1000℃ 炉冷（10℃/min）至室温还保留 A2 相，但此时 A2 相是不均匀的固溶体。对于 $x = 18.3at.\%$Ga-Fe 合金样

品，当水淬冷却时，还是 A2 单相的不均匀固溶体，但当该合金从 1000℃炉冷（10℃/min）至室温时，已经出现了 DO$_3$ 相尖锐的衍射峰，说明该样品已经发生了 A2→DO$_3$ 相变。这一点与已有文献[34]的实验结果是一致的。该实验还观察到 Fe$_{100-x}$Ga$_x$ 合金，当 $x=13$at.%Ga 时，不论是炉冷还是水淬冷却都存在 A2 相固溶体的不均匀性。

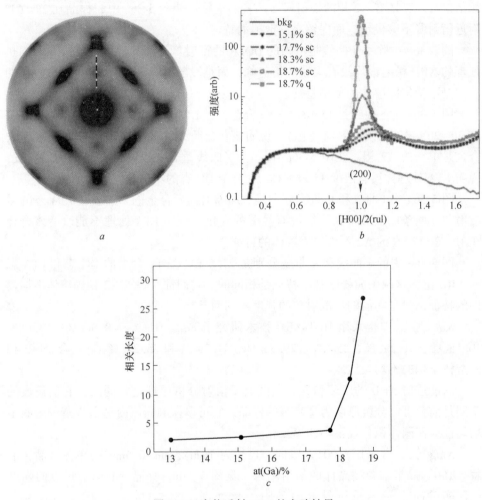

图 5-37 高能透射 XRD 的实验结果

a—沿着 $x=18.7$at.%Ga-Fe 合金（001）取向单晶的 [100] 晶带轴的衍射图像，虚线表示探测点移动的轨迹；b—（200）超点阵的漫散射包强度，横坐标以（200）倒易点阵为单位；c—相关长度与 Ga 含量的关系，它代表 A2 相单胞的长度用（200）附近衍射峰强度最大值的一半对应的宽度来除得到的数值，即 d/FWHM

图 5-38 所示为 Fe$_{100-x}$Ga$_x$ 合金（001）取向单晶样品在 $2\theta=30°$ 附近的漫散射包相对强度最大值的一半时的漫散射包宽度——FWHM 与 Ga 含量 x 的关系。

FWHM 是描述固溶体不均匀性的一个参数。可见，FWHM 随 Ga 含量 x 的增加而增加。也就是说，A2 固溶体的不均匀性随 Ga 含量 x 的增加而增加。但是当 A2 发生 A2→DO$_3$ 相变时，FWHM 急剧地降低。这种相转变越完全，FWHM 就会越小。如 x = 27.5at.% Ga-Fe 合金，在 DG 态时，FWHM 约为 0.8°；在 LTA 态（1000℃1h+730℃75h 水淬）时，已发生 A2 相到 DO$_3$ 相的转变，其 FWHM 就降低到 0.25°左右。如果发生 100% 的转变，则 FWHM 有可能降低到 0.1°以下，这一点与图 5-37c 的相关长度随 Ga 含量的增加而增加的结果是一致的。

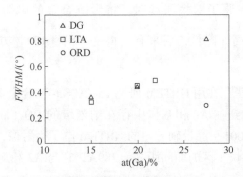

图 5-38　在 2θ = 30°附近的漫散射包的 FWHM 与 Ga 含量 x 的关系

5.7.4　A2 相固溶体结构不均匀性的本质

前面已经指出，XRD 漫散射包是不均匀固溶体的特征。从理论上来说，造成固溶体不均匀性的可能因素有应变的调幅结构、短程序、原子团簇（Cluster）、共格与非共格沉淀、位错与其他结构缺陷等。研究者对 Fe-Ga 合金的 A2 相内出现不均匀固溶体的原因，已从理论和实验做了研究[29~34]，提出了两种不同的看法。

5.7.4.1　A2 相中的短程序（SRO）

在合金中当溶质原子与溶剂原子的混合熵为负值时，溶质原子 B 与溶剂原子 A 优先作为最近邻，它有可能出现 SRO，这里所说的 SRO 是指纳米量级范围内的化学有序化，即原子在点阵中占据特定的晶位。SRO 与 Cluster 不同，后者的 B 原子在晶格点阵的占位是混乱的、无序的和不均匀的。

短程序参数可定义为

$$\alpha_i = 1 - (n_i/m_A c_i) \tag{5-3}$$

式中，n_i 为第 i 个配位层中的溶质原子 B 的原子数；c_i 为第 i 个配位层的原子数；m_A 为溶剂原子的摩尔分数。

SRO 与合金的成分和成分的均匀性有关，而合金成分的均匀性又与制造方法、热处理工艺，特别是热处理温度与冷却速度有关。

　　Clark 等人[16]于 2001 年根据 Fe-Ga 合金在 $x<19$at.%Ga-Fe 范围内，随 x 的提高，合金的 $\frac{3}{2}\lambda_{100}$ 与 x^2 成正比，提出三个简单的热力学模型，即 Ga-Ga 原子对模型。认为当 Ga 原子浓度小于 $x=19$at.% 时，随 Ga 浓度 x 的提高，合金的 Ga-Ga 原子对数目提高，并且 Ga-Ga 原子对倾向于沿着 [100] 方向。所以合金的 $\frac{3}{2}\lambda_{100}$ 线性地提高。当 $x>20$at.%Ga 时，合金的 Ga-Ga 或 Fe-Al 合金中的 Al-Al 原子对数目增加到形成原子对大团簇时，将影响合金的磁矩转动，所以合金的 $\frac{3}{2}\lambda_{100}$ 反而随 x 的提高而降低，后来有人将这一沿 [100] 方向的 Ga-Ga 原子对称为一种短程序。

　　2005 年 Liu 等人[35]在用 HRTEM 研究 15at.%Ga-Fe 合金熔体快淬薄带时，在快淬薄带合金中观察到在 A2 相基体中存在纳米级的 $DO_3(M)$ 相，其结果见图 5-39。图中 a 是沿 [001] 晶带轴方向的 HRTEM 电子衍射像，可见存在两个明显不同的区域。其中方块 1 区的面间距 $d_1=289$Å，它与 A2 相对应。方块 2 区的面间距 $d_2=\sqrt{2}d_1=4.09$Å，并具有超结构的特征，判断它（方块 2 区）是 $DO_3(M)$ 相超点阵结构。从图 5-32 可看出，在 $DO_3(M)$ 结构单胞中，Ga 原子沿 [001] 方向取向，形成 [001] 方向的 Ga-Ga 原子对。如果把文献 [35] 的实验结果看作是文献 [27] 的实验证明的话，那么 Fe-Ga 合金确实存在沿 [001] 方向的 Ga-Ga 原子对短程序 （SRO）。

　　实验还表明，$DO_3(M)$ 相纳米超结构仅在 17at.%$<x<$20at.%Ga-Fe 合金的淬火态样品中存在。这一点与文献 [7] 的结果是一致的。另外，在 Fe-Ga 合金中，$DO_3(M)$ 超结构相的数量与 Ga 的含量有关，随着 x 含量的提高，$DO_3(M)$ 超结构相有增加的趋势。例如在 15at.%Ga-Fe 合金 $DO_3(M)$ 相的数量很少，其尺寸为纳米量级。如果说纳米量级的 $DO_3(M)$ 的出现与沿 [001] 方向 Ga-Ga 原子对有序的概念是一致的话，则在成分 17at.%$<x<$20at.%Ga-Fe 合金水淬态样品的 $\frac{3}{2}\lambda_{100}$ 随 x 的提高与 [001] 方向 Ga-Ga 原子对短程序有关的说法是有一定道理的。

　　Du 等人[33]提出在倒易空间所观察到的漫散射包是 SRO 的特征。他们采用抽拉法制备 $Fe_{100-x}Ga_x$ 合金单晶，随后在 1000℃ 处理 168h 后以 10℃/min 速度冷却至室温。切成 (100) 和 (110) 取向的单晶样品，尺寸为 5mm×5mm×0.5mm，样品取向精度达到±0.25°，样品还经过精心的研磨和抛光，并用 EDS 法核实样品的成分。用高功率透射 XRD 测量不同成分 x 样品倒易空间的漫散射包 （X 射线束的尺寸为 0.5mm 并可穿透 0.5mm 厚的样品）。X 射线束沿 [011] 或 [001] 的晶体方向，基于晶体几何学，所探测的倒易空间分别为 [hll] 或 [$hk0$] 平

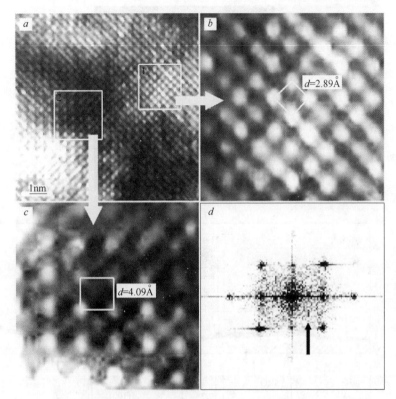

图 5-39 15at.%Ga-Fe 合金，熔体快淬样品的 HRTEM 的电子衍射谱

a—沿着 [001] 晶带轴方向的 HRTEM 电子衍射像，存在两个明显不同的方块区；b—方块 1 区

TEM 的放大像，面间距 $d_1 = 289$Å；c—方块 2 区的面间距 $d_2 = \sqrt{2}\,d_1 = 4.09$Å；d—方块 2 区

的弱的超点阵斑点的 FFT 像，说明方块 2 区具有 $DO_3(M)$ 相结构的特征

面，其结果见图 5-40。图中 a 是 $x = 18.3$at.%Ga-Fe 单晶慢冷（10℃/min）单晶样品。当 X 射线沿着 [011] 晶体方向而得到漫散射强度平面分布图，其他成分的未给出。X 射线沿着 [0ll] 和 [h00] 方向扫描，得到 b、c、d、e 的漫散射包，相应的 $Fe_{100-x}Ga_x$ 合金成分，在图中给出。比较图 5-40 中的 b、c、d、e 以及对照 A2 相、B2、DO_3 三种不同的晶体的布拉格衍射面（表 5-14）可知，（0.5，0.5，0.5）的散射包是 DO_3 的 SRO 的漫散射包。而（100）的漫散射包可能是 B2 或 DO_3 相的漫散射包。说明 $x = 13$at.%、15.1at.%、17.7at.%、18.3at.%、18.7at.%、19.3at.%、19.8at.%、20.3at.% 和 21at.%Ga-Fe 合金，不论是水淬冷却还是慢冷均出现 SRO 的（0.5，0.5，0.5）和（100）的漫散射包。它们的 SRO 度随着 Ga 含量的提高而提高，另外，慢冷比水淬冷却 SRO 程度更高。如果是慢冷，当 $x = 13$at.%Ga 时，就出现短程序。当 $x = 18.7$at.%Ga 时，（100）面的漫散射包就变得更加尖锐，说明此时短程序有向 DO_3 相转变的倾向。

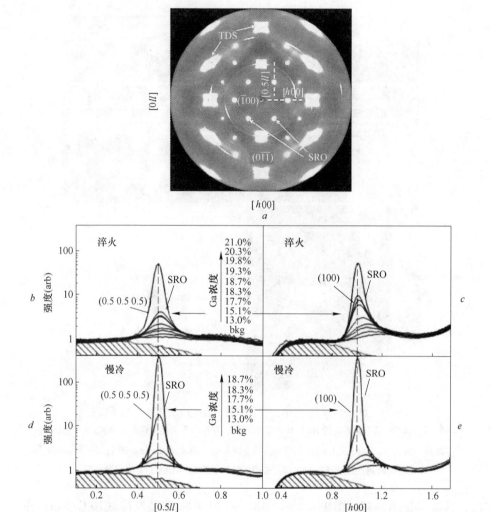

图 5-40   用高功率透射 XRD 研究 $x = 18.3$ at.%Ga-Fe 合金不同热处理状态的倒易空间漫散射包

a—单晶慢冷（10℃/min）单晶样品，当 X 射线沿着 [011] 晶体方向而得到漫散射强度平面分布图；

b—水淬样品沿着 [0.5ll] 方向的线扫描；c—水淬；d—慢冷样品沿 [0.5ll] 方向的线扫描；

e—慢冷样品沿 [h00] 方向的线扫描

5.7.4.2   A2 相中的共格或非共格纳米 DO₃ 沉淀

Bhattacharyya 等人[36]采用 HRTEM，研究了用定向凝固法制造的 $Fe_{100-x}Ga_x$ 合金（$x = 10$at.%、19at.%、23at.%）单晶样品，并用离子轰击法双面减薄。单晶样品具有（010）超点阵反射。三种成分样品的 TEM 暗场像见图 5-41。图中 a、b、c 分别是 $x = 10$at.%、19at.%、23at.% 的 TEM 暗场像。图中右上角或左下角是沿 [001] 晶带轴的衍射斑点。它们是在基体 A2 相中 DO₃沉淀的超点阵反射。当然也可看作是 B2 相的 100 超点阵反射。但是 B2 仅在高温下存在，此实验是在室温下进行的，B2 的超点阵反射可以排除。

表 5-14   A2、B2 和 DO₃ 三种晶体的相变的 X 射线衍射面指数

衍射晶面指数				A2	B2	DO₃
h	k	l				
0.5	0.5	0		×	×	×
0.5	0.5	0.5	超点阵	×	×	√
1	0	0	超点阵	×	√	√
1	1	0	基体 A2 相加超点阵	√	√	√
1	1	1	超点阵	×	√	√
2	0	0	基体 A2 相加超点阵	√	√	√

注：√表示相应结构可以观察到衍射峰，×表示不可能出现衍射峰。

图 5-41   Fe₁₀₀₋ₓGaₓ合金（010）取向单晶样品的 DO₃（010）反射的暗场像（HRTEM）
（其中 a、b、c 分别是 x = 10at.%、19at.%、23at.%，a、b、c 中的图是沿着晶带轴 [001] 的
点阵衍射谱，其中 ○、〇、□ 分别表示（010）、（$\bar{1}$10）和（$\bar{1}\bar{1}$0）面的衍射斑点）

　　图中的暗场像清楚地显示了在暗灰色基体 A2 相中存在纳米尺寸的 DO_3 沉淀
(亮点)。根据分析，DO_3 纳米颗粒的尺寸为 2~8nm。它的密度为 10^{-3}~10^{-2}。随
着 Ga 含量的提高，纳米 DO_3 颗粒的数量提高，但是它的尺寸始终保持在 2~8nm
而不变。

　　对于 19at.%Ga-Fe 合金中 DO_3 纳米颗粒的特征存在不同的看法。DO_3 纳米颗
粒不是沿着基体 A2 相的 [100] 方向，纳米 DO_3 颗粒与 A2 相的界面是沿着
[110] 方向，并且它不是立方的，具有低对称性的四角结构的特征；文献 [32]
提出在 19at.%Ga-Fe 合金中的 DO_3 纳米颗粒存在高密度的 [100] 缺陷，它的
Burgars 矢量为 $\dfrac{a_{bcc}}{2}<100>$，并且 DO_3 纳米颗粒存在空位的回状物，它的出现可
补偿 DO_3(Fe_3Ga, 25at.%Ga) 与基体相 (19at.%Ga-Fe) 成分差别引起的应变能
的提高，这也是 DO_3 纳米尺寸沉淀的热力学条件之一。

　　为什么在 19at.%Ga-Fe 合金基体 A2 相中的 DO_3 纳米沉淀物具有上述特征？
Khachaturyan 等人[23]认为 Ga 与 Al 在周期表中同属ⅢA 族。描述 Fe-Al bcc 结构
的 A2 相不均匀固溶形成的 Fe-Al 平衡相图，可用来说明 Fe-Ga 合金 A2 相 DO_3 纳
米沉淀，如图 5-42 所示。由平衡相图可见，在低温区有四个相区，即 A2 区、K
区、(A2+DO_3) 区、DO_3 区。(A2+DO_3) 区是平衡相区，在此相区内，A2→DO_3
相变是平衡相变，A2 相与 DO_3 相是非共格的两相。A2 相与 DO_3 相边界没有应
力，也不会产生应变能。这一平衡相变过程是十分缓慢的过程，因此这一相区比
较窄。

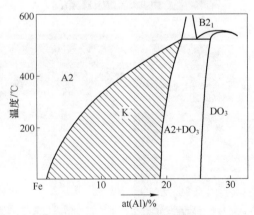

图 5-42　Fe-Al 合金的平衡相图

　　K 区是亚稳定的相变区，出现这个亚稳定相变区的原因：

　　(1) A2 相和 DO_3 相都是 bcc 结构，K 区域的 Ga 含量一般低于 20at.%Ga，而
DO_3 相的成分为 Fe_3Ga，其 Ga 的化学计量为 25at.%Ga，在 K 区域形成 DO_3 相，

需要 Ga 原子由 19at.%富集到 25at.%Ga，两者相差的 6at.%Ga。Ga 原子的富集过程中 Ga 原子是上坡扩散的过程，此过程会遇到很大能垒和阻力。

（2）Fe^{3+} 的平均半径为 0.655Å，Ga^{3+} 的平均半径为 0.62Å，两者相差 2.17%，Ga 原子的富集将会引起点阵错配，从而产生体积效应，产生内应力和应变能。

因此说应变能是 K 区域内共格 DO_3 颗粒长大的阻力，这是一方面。另一方面，DO_3 纳米颗粒形成产生的应变能，又可能成为 Ga 原子富集的驱动力。这是由于 Ga 原子的富集，又促使它吸收过量的空位，过量空位的增加可以湮灭（annihilate）附加的体积应变。吸收空位的能力是由体积应变引起的。所以当吸收空位的能力与应变能达到平衡时，DO_3 纳米颗粒就停止长大。所以图 5-42 中的 K 区域成为 Fe-Al 或 Fe-Ga 合金共格纳米 DO_3 沉淀区。在室温条件下，在 K 区域 DO_3 纳米颗粒的尺寸是稳定的，它有可能长大成为大尺寸的 DO_3 长程有序相。

在 K 区域内，即成分为 $x=13at.\% \sim 19at.\% \sim 20at.\%Ga$ 范围内，均可能在 A2 相基体内形成 DO_3 纳米颗粒沉淀。而 DO_3 纳米颗粒沉淀也会使 A2 相成为不均匀固溶体，并出现 XRD 的漫散射现象。

5.8　Fe-Ga 合金磁致伸缩应变与成分、显微结构及磁弹性的关系

图 5-16 表明无论是 800～1000℃ 的 A2 相水淬还是炉冷（10℃/min 慢冷），$Fe_{100-x}Ga_x$ 合金单晶体的 $\frac{3}{2}\lambda_{100}$ 与成分 x 均存在双峰的关系，并且当 $x>17at.\%Ga$ 时，快冷（水淬）样品的 $\frac{3}{2}\lambda_{100}$ 总是比慢冷的高。综合 5.5、5.6、5.7 节讨论的内容可知，Fe-Ga 合金的 $\frac{3}{2}\lambda_{100}$ 与 x 的复杂关系是由多种因素决定的。下面按图 5-16 中的四个成分区，分别讨论 $\frac{3}{2}\lambda_{100}$ 与其他因素的关系。

5.8.1　决定 A（成分）区内 $\frac{3}{2}\lambda_{100}$ 变化及第一个峰值的主要因素

当 x 为 13at.%～19.5at.%Ga 时，随 Ga 含量的提高，单晶样品的 $\frac{3}{2}\lambda_{100}$ 线性地提高。在快淬冷却条件下，决定合金 $\frac{3}{2}\lambda_{100}$ 及其第一个峰值的主要因素有：

（1）随 x 的提高，Fe-Ga 单晶的磁弹性能耦合系数（$-b_1$）的数值提高。表 5-14 和图 5-22 表明 $\frac{3}{2}\lambda_{100}$ 与（$-b_1$）成正比。（$-b_1$）的提高，将促进 $\frac{3}{2}\lambda_{100}$ 的提高（见式（3-53））。

（2）式（3-53）还表明，λ_{100} 与（$c_{11}-c_{12}$）成反比。表 5-8 和图 5-22 给出了在上述成分范围内 $\frac{3}{2}\lambda_{100}$ 与 $\frac{1}{2}$（$c_{11}-c_{12}$）的关系。在 3.4.3.3 节中，指出（$c_{11}-c_{12}$）在本质上代表单晶体 $\{100\}$ 面沿 $[100]$ 方向的剪切变形抗力。它的降低是弹性软化的表现。说明随 Ga 含量的提高，弹性的软化促进了其 $\frac{3}{2}\lambda_{100}$ 的提高。

（3）在 $x=4$at.%Ga-Fe 合金中没有观察到 SRO 出现，但是在 $x=13$at.% ~ 19.5at.%Ga 的成分范围内，水淬冷却的 A2 相基体内出现了 SRO。图 5-38 观察到漫散射包强度（它反映了 SRO 的浓度）随 x 的提高而提高，说明 Fe-Ga 合金的 $\frac{3}{2}\lambda_{100}$ 随 x 的提高而提高是与 SRO 的提高有关的。

（4）在 5.7.4.2 节指出相同的成分区域内，Fe-Ga 合金的 DO$_3$ 纳米共格沉淀的粒子尺寸不变，但它的数量随 x 的提高而提高。说明合金的 $\frac{3}{2}\lambda_{100}$ 随 x 的提高也与纳米共格沉淀颗粒的数量有关。纳米 DO$_3$ 共格沉淀颗粒的结构是非立方结构，而是低对称性的四角结构，有大量的空位，同时由纳米 DO$_3$ 共格沉淀颗粒引起的体积效应，而产生调幅应变。这些都可能引起 A2 相固溶体不均匀性的增加。它们也可能是影响 $\frac{3}{2}\lambda_{100}$ 的因素之一。但是，A2 相内 SRO 的程度、纳米 DO$_3$ 共格沉淀、空位、应变调幅结构是如何影响 $\frac{3}{2}\lambda_{100}$ 的，目前在理论上还不清楚。

实验表明，在 $x=17$at.% ~ 19.5at.%Ga-Fe 成分范围内，若慢冷到室温，A2 相要发生 A2 相到 DO$_3$ 相的转变，使合金具有 A2+DO$_3$ 两相组织，它是造成慢冷合金 $\frac{3}{2}\lambda_{100}$ 比水淬冷却的 $\frac{3}{2}\lambda_{100}$ 低的主要原因。$x=19.5$at.%Ga 是 Fe-Ga 合金出现 $\frac{3}{2}\lambda_{100}$ 第一个峰值的成分。该成分是 Fe-Ga 合金重要的临界线成分。在该成分附近 Fe-Ga 合金的磁晶各向异性常数 K_2 由负值转变为正值，λ_{111} 也由负转变为正。与此同时，合金的居里温度 T_c，超精细场 $<B>_{hf}$，磁弹性耦合系数（$-b_1$）都要在 $x=19.5$at.%Ga 附近发生跳跃性的变化，这其中的原因值得进一步研究。

我们认为，这是因为当 $x<19.5$at.%Ga 时，水淬冷却的合金是 A2 相的固溶体（尽管它不是理想固溶体，是不均匀的固溶体）。一旦 $x>19.5$at.%Ga 时，Fe-Ga 合金就要发生 A2 相到 DO$_3$ 相的转变。此相变的重要标志是 DO$_3$ 相已是长程有序相，其尺寸已长大至几十纳米至几百纳米量级，此时 DO$_3$ 相与 A2 相已失去共格的关系。

5.8.2 决定 B（成分）区内 $\frac{3}{2}\lambda_{100}$ 变化的主要因素

B（成分）区的成分范围为 $x = 19.5$at.%~23at.%Ga。Xing 等人[18]用 HRTEM 研究了 Ga 含量处于 B（成分）区的 Fe-Ga 合金，即 $x = 20.1$at.% 和 21.2at.%Ga-Fe 合金取向单晶样品的显微结构。其结果见图 5-43。可见，慢冷态两种成分的含量都是 A2 相基体内均匀地分布着 DO$_3$ 相。对于 $x = 20.1$at.%Ga-Fe 合金样品，DO$_3$ 相（有序）的尺寸已长大到 $30~50$nm，有序畴的边界模糊，不清晰。而 $x = 21.2$at.%Ga-Fe 合金样品，DO$_3$ 相长程有序畴的尺寸已长大到 $80~150$nm，A2 相与 DO$_3$ 相长程有序畴的边界变得清晰分明。说明在 B 成分区内，由于 A2 相转变为 DO$_3$ 相，形成 A2 + DO$_3$ 相两相组织时，则合金的 $\frac{3}{2}\lambda_{100}$ 就会降低。当 $x = 22.5$at.%Ga 附近时，Fe-Ga 合金的 $\frac{3}{2}\lambda_{100}$ 已降低到谷值，即 $\frac{3}{2}\lambda_{100} = 250\times10^{-6}$。

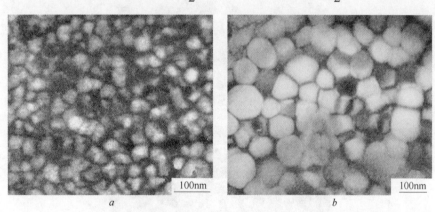

图 5-43 由（200）超点阵反射 HRTEM 的暗场（DF），慢冷取向单晶[18]

（（200）超点阵反射像，表明两个合金均由 A2 相（暗）和 DO$_3$ 相（亮）两相组成）

a—$x = 20.1$at.%Ga；b—$x = 21.2$at.%Ga

5.8.3 决定 C（成分）区内 $\frac{3}{2}\lambda_{100}$ 变化及第二个峰值的主要因素

C（成分）区的成分范围为 $x = 22.5$at.%~28.53at.%Ga。Xing 等人[31]用 HR-TEM 和 HRXRD 研究了 25at.%Ga-Fe 合金的取向单晶样品的超点阵的暗场像（DF）和选区电子衍射，其结果见图 5-44。其中，图 5-44b 是慢冷（10℃/min）的取向单晶样品的（111）超点阵反射暗场像（DF）。从表 5-14 可知，（111）面没有 A2 相反射，只有超点阵反射。它是 DO$_3$ 相或是 B2 相，或是 DO$_3$+B2 相。而图 5-44b 没有像边界反衬它，说明 $x = 25$at.%Ga-Fe 合金经慢冷后是单一的 DO$_3$ 相，或是 DO$_3$+B2 相。因为由相图可知，成分为 25at.%Ga-Fe 合金应该是 DO$_3$+

B2 相，但在该成分区，在高温区可能 B2 相+A2 相共存，因为 B2 相与 A2 相边界是模糊的，当高温区存在 B2+A2 相时，在慢冷过程中，A2 转变为 DO₃ 相，而 B2 相有可能过冷至室温。因此该合金慢冷后可能由 DO₃+B2 两相组成，但 DO₃ 相是主相，B2 相是少量的相。Xing 等人[18,31]还指出，25at.%Ga 取向单晶样品，若水淬冷却可能存在 A2+DO₃+B2 三个相。A2 相的存在是 25at.%Ga-Fe 合金单晶水淬冷却样品比慢冷样品的 $\frac{3}{2}\lambda_{100}$ 高的原因之一。

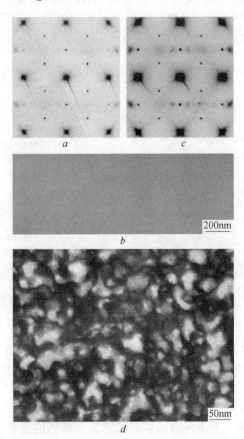

图 5-44 25at.%Ga-Fe 合金取向单晶的 HRTEM 结果[18]

a—沿着［011］晶带轴的选区电子衍射谱；b—慢冷（10℃/min）的取向单晶样品的（111）超点阵反射暗场像（DF）；c—沿［011］晶带轴的选区电子衍射谱；d—水淬样品的 DF 像

在 C（成分）区内，随 Ga 含量的增加，取向单晶样品的 $\frac{3}{2}\lambda_{100}$ 线性地增加。

在 C 区成分范围内，$\frac{3}{2}\lambda_{100}$ 随 x 的提高而提高，主要有两个原因：

（1）合金水淬样品存在 A2+DO$_3$+B2 三个相，慢冷样品存在 DO$_3$+B2 两相，不论是快冷还是慢冷，随 x 的提高，合金样品的 DO$_3$ 相数量是提高的。而快淬样品得到较纯的单一的 DO$_3$ 相，慢冷样品不是纯的 DO$_3$ 相，可能有第二相存在。因此，快淬样品（x＝28.5at.%Ga-Fe）的 $\frac{3}{2}\lambda_{100}$ 可达到 440×10^{-6}（第二个峰值），而慢冷样品（相同成分）的 $\frac{3}{2}\lambda_{100}$ 仅达到 380×10^{-6}（第二个峰值）。

（2）随 x 的提高，弹性软化效应使得第二个峰值比第一个峰值低，如图 5-45 和图 5-22 所示。

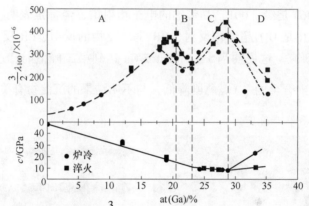

图 5-45　Fe$_{100-x}$Ga$_x$ 合金的 $\frac{3}{2}\lambda_{100}$ 和剪切弹性常数 c' 与 Ga 含量的关系[37]

5.8.1 节的讨论指出，Fe$_{100-x}$Ga$_x$ 合金的 $\frac{3}{2}\lambda_{100}$ 随 x 而变化受到四个因素的影响，其中有显微结构（包括相组成和 A2 相不均匀固溶体性质）、磁弹性耦合能系数和弹性软化效应（c'）。在 C（成分）区 $\frac{3}{2}\lambda_{100}$ 随 x 的提高，主要受两个因素的影响：一是 DO$_3$ 相的单向性；二是弹性软化效应。表 5-8 表明：当以 x＝13.4at.%Ga 合金的（c'）* 作为 100% 时，纯 Fe 的（c'）* 是 161%，当 x＝20.6at.%Ga 时，（c'）* 已降低到 57.6%，当 x＝28.5at.%Ga 时，（c'）* 已降低到 25.9%，达到最低值。这说明弹性软化效应对第二个 $\frac{3}{2}\lambda_{100}$ 峰值起主要的决定作用。DO$_3$ 相是 Ga 在 Fe$_3$Ga 化合物中的固溶体，目前仅知道有 DO$_3$(M) 相和 DO$_3$ 相。快淬冷却容易得到 DO$_3$(M) 相，DO$_3$(M) 相内沿 [001] 存在 Ga-Ga 原子对的短程序，也可能是 DO$_3$(M) 相会对 $\frac{3}{2}\lambda_{100}$ 的第二个峰值有一定的贡献。目前对 DO$_3$ 固溶体微结构还未见研究报道。在 C(成分) 区内，由于 c' 已降低到很低的数值，估计磁弹性耦合能量 $(-b_1)$ 对 $\frac{3}{2}\lambda_{100}$ 的作用已经很微弱。

5.8.4　决定 D（成分）区内 $\frac{3}{2}\lambda_{100}$ 变化的主要因素

　　Xing 等人[18]用 HRTEM 对 D 成分区内的 29.9at.%Ga-Fe 单晶取向样品做了研究，其结果见图 5-46。图 5-46a 是亮场（BD）像，表明样品的基体 DO_3 相内反相畴结果。该成分合金慢冷样品的基体是 DO_3 相，DO_3 相的反向畴尺寸达到微米量级，同时 DO_3 相反相畴边界处有少量的第二相沉淀，这些沉淀相呈针状或点状或团聚状，呈暗色。针状沉淀物的长度约几微米，在 DO_3 基体相内没有观察到沉淀物。图 5-46b 是沿 [001] 晶带轴的电子衍射谱，经标定表明，FR 是 DO_3 相的基本反射，SR 是 DO_3 超结构反射，PR 是沉淀物的反射，PR 反射的沉淀物结构有待进一步研究。这说明当 x = 28.5at.%Ga 达到第二峰值时，进一步提高 Ga 的浓度 x，Fe-Ga 合金的 $\frac{3}{2}\lambda_{100}$ 急剧降低，与不明结果的沉淀物有关，但与弹性软化 $(c')^*$ 的关系不能确定。

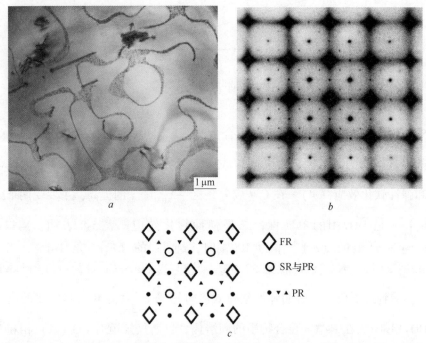

图 5-46　29.9at.%Ga-Fe 单晶取向样品 HRTEM 结果[18]

a—亮场相，在反相畴边界有明显的细小沉淀和其他针状沉淀物；b—沿着 [001] 晶带轴选区电子
衍射谱（EFPD，实际应为 SAPD）；c—说明图 b 中存在不同的相，其中 FR 为 DO_3 相的基础反射，
SR 是 DO_3 相的超点阵的反射，PR 是不明沉淀物的反射

5.9 第三组元对 Fe-Ga 单晶合金磁致伸缩性能的影响

5.9.1 概述

为了改善与提高 Fe-Ga 合金的磁致伸缩性能或工艺性能，已广泛地研究第三组元的添加的影响。根据已有的研究结果，添加第三组元的作用大体上分为以下几类：

（1）第三组元的添加提高 Ga 原子在 α-Fe 基固溶体中的固溶度极限，也就是提高 A2 的稳定性。

（2）第三组元的添加提高了 DO_3 的稳定性，也就是降低了 Ga 在 α-Fe 基固溶体中的溶解度极限，促进了 A2 相的分解。

（3）改善 Fe-Ga 合金塑性，提高它的机械加工性能（锻、轧、拔丝和非晶形成能力）。

（4）促进 A2 相的某些取向晶粒的长大，形成织构。

（5）提高 A2 相的其他物理性能如电阻率、声学性能等。

这里分三部分来叙述第三组元添加的作用，即第一部分是第三组元的添加在 Fe-Ga 合金单晶材料的作用；第二部分是放在多晶块体材料中来论述；第三部分是放在轧制薄板材料中来论述。本节重点讨论添加元素在 Fe-Ga 单晶材料中的作用。

5.9.2 少量添加间隙原子（C、N、B）对 Fe-Ga 合金单晶体性能的影响

Huang 等人[38] 研究了添加微量间隙原子 C 对 Fe-Ga（Ga 含量为 9.7at.% ~ 22.7at.%）合金单晶 $\frac{3}{2}\lambda_{100}$ 的影响（图 5-47）。Fe-Ga-C 单晶样品的 $\frac{3}{2}\lambda_{100}$ 的数值

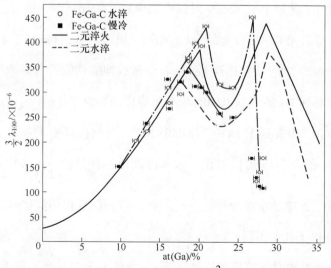

图 5-47 Fe-Ga-C 和 Fe-Ga 二元合金单晶 $\frac{3}{2}\lambda_{100}$ 与 Ga 含量的关系[38]

与成分关系列于表 5-15。

表 5-15　Fe-Ga-C 单晶样品的成分与 $\frac{3}{2}\lambda_{100}$ 的关系[38]

成　分	$\frac{3}{2}\lambda_{100}/\times 10^{-6}$	
	慢　冷	水　淬
$Fe_{90.14}Ga_{9.7}C_{0.16}$	152	147
$Fe_{87.84}Ga_{11.9}C_{0.16}$	202	204
$Fe_{83.78}Ga_{16.0}C_{0.22}$	326	310
$Fe_{83.7}Ga_{16.2}C_{0.08}$	268	279
$Fe_{82.4}Ga_{17.6}C_{0.07}$	322	298
$Fe_{81.4}Ga_{18.6}C_{0.08}$	369	334
$Fe_{81.3}Ga_{18.6}C_{0.17}$	342	369
$Fe_{80.38}Ga_{19.6}C_{0.03}$	311	396
$Fe_{78.92}Ga_{20.9}C_{0.18}$	307	432
$Fe_{77.1}Ga_{22.7}C_{0.20}$	258	317
$Fe_{75.21}Ga_{24.3}C_{0.49}$	251	310
$Fe_{73.2}Ga_{26.7}C_{0.10}$	169	450
$Fe_{72.59}Ga_{27.3}C_{0.11}$	131	125
$Fe_{72.17}Ga_{27.7}C_{0.13}$	113	141
$Fe_{71.76}Ga_{28.1}C_{0.14}$	110	169

可见，当 Ga 含量小于 12at.%时，添加少量（0.16at.%）的 C，快冷和慢冷样品的 $\frac{3}{2}\lambda_{100}$ 与二元 Fe-Ga 合金的 $\frac{3}{2}\lambda_{100}$ 相同。说明当 Ga 含量小于 12at.%时，添加少量（0.16at.%）的 C 对提高 Fe-Ga 合金磁致伸缩性能没有影响。Fe-20.9Ga-0.10C 合金单晶和 Fe-26.7Ga-0.10C 单晶慢冷样品和快淬样品的 $\frac{3}{2}\lambda_{100}$ 分别由 301×10^{-6} 和 169×10^{-6} 提高到 432×10^{-6} 和 450×10^{-6}，分别提高了 43%和 165%。

从图 5-47 和表 5-15 可以看出，水淬冷却单晶样品的 $\frac{3}{2}\lambda_{100}$ 与 Ga 含量的关系，与 Fe-Ga 二元单晶水淬冷却的 $\frac{3}{2}\lambda_{100}$ 与 Ga 含量的变化趋势相同，均存在双峰关系，但存在以下几点不同：

（1）Fe-Ga-C 单晶水淬冷却样品（当 Ga 含量小于 27at.%）的 $\frac{3}{2}\lambda_{100}$ 比 Fe-Ga

单晶慢冷样品的 $\frac{3}{2}\lambda_{100}$ 高。

（2）Fe-Ga-C 单晶水淬冷却样品的第一个峰值 $\frac{3}{2}\lambda_{100} = 432 \times 10^{-6}$，而 Fe-Ga 二元水冷单晶样品的第一个峰值仅为 400×10^{-6}，前者比后者提高约 10%。

（3）Fe-Ga 二元合金单晶水淬样品第一个峰值出现在 Ga 含量 19.5at.% 左右，而 Fe-Ga-C 三元合金单晶水淬冷却样品的第一个峰值对应的 Ga 含量为 20.9at.%，其 Ga 含量提高 1.4at.%，说明 C 的添加有利于提高 A2 相稳定性，或者说有利于提高 Ga 在 A2 相中的固溶度上限。

（4）Fe-Ga-C 合金单晶水淬样品的 $\frac{3}{2}\lambda_{100}$ 的第二个峰值为 450×10^{-6}，而 Fe-Ga 二元合金的第二个峰值仅为 440×10^{-6}。

（5）值得强调指出的是，Fe-Ga 二元合金的第二个峰值对应的 Ga 含量为 28.5at.% 而 Fe-Ga-C 三元合金第二个峰值对应 Ga 含量仅为 26.7at.%，后者比前者的 Ga 含量降低了 1.8at.%，Fe-Ga-C 合金的第二个峰值由 $Fe_{73.2}Ga_{26.7}C_{0.10}$ 的 450×10^{-6} 降低到 $Fe_{73.2}Ga_{27.3}C_{0.11}$ 的 125×10^{-6}，几乎是急剧降低。

（6）X 射线衍射分析证明，在 Fe-Ga 二元合金中，当 Ga 浓度大于 28.5at.% 时，合金的 $\frac{3}{2}\lambda_{100}$ 急剧降低的原因与 Fe_6Ga_5 相沉淀析出有关。在 Fe-Ga-C 三元合金中，当 Ga 含量大于 26.7at.% 左右以后，有可能出现两个相：第一个是 $Fe_3GaC_{0.5}$ 碳化物相，它具有钙钛矿（perovskite）结构；第二个相有待进一步确定。

5.3 节已经提出，bcc 结构的八面体和四面体的间隙晶位的半径 r 分别为 $r_{OC} = 0.1547r$ 和 $r_{TC} = 0.291r$，r 为 bcc 结构平均原子半径。从间隙晶位的尺寸来说，Fe-Ga-C 中的 C 原子（其原子半径为 0.16~0.2Å）比 Fe（0.67Å（Fe^{3+}））和 Ga（0.62Å（Ga^{3+}））的原子半径要小，它倾向于进入四面体晶位。但是 C 原子是进入四面体晶位，还是先进入八面体晶位，与它在晶体中的键能和势垒有关，要由实验来确定。不论 C 原子是占据四面体晶位，还是进入八面体晶位，都要引起 bcc 结构的四角畸变。C 原子的添加引起 bcc 结构的四角畸变是 C 的添加引起 Fe-Ga-C 的 $\frac{3}{2}\lambda_{100}$ 提高的原因之一。它是导致相同的 Ga 含量 Fe-Ga 二元合金 A2 相的 $\frac{3}{2}\lambda_{100}$ 获得最高值的原因之一。

添加微量 B 和 N 到 Ga 含量大于 18.7at.% 的 Fe-Ga 合金中的作用，与添加 C 有相同的作用，如图 5-48 和表 5-16 所示[39]。值得注意的是，当 Ga 含量为 18.7at.% 时，Fe-Ga-B 慢冷样品比相同 Ga 含量的 Fe-Ga 二元单晶水淬冷却样品的

$\frac{3}{2}\lambda_{100}$ 高出 20%, 不像 Fe-Ga-C 合金中那么明显。添加少量 B 对于多晶 Fe-Ga-B 的影响见第 6 章。

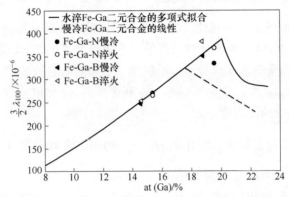

图 5-48 添加 B 和 N 的 Fe-Ga-B 和 Fe-Ga-N 单晶样品的 $\frac{3}{2}\lambda_{100}$

与 Fe-Ga 二元单晶水淬冷却样品的 $\frac{3}{2}\lambda_{100}$ 的比较[39]

表 5-16 Fe-Ga-N 和 Fe-Ga-B 单晶样品的 $\frac{3}{2}\lambda_{100}$ 与成分的关系

合金单晶样品成分	$\frac{3}{2}\lambda_{100}/\times10^{-6}$	
	慢　冷	水淬冷却
$Fe_{85.48}Ga_{14.5}B_{0.02}$	247	253
$Fe_{81.22}Ga_{18.7}B_{0.08}$	350	383
$Fe_{84.59}Ga_{15.4}N_{0.01}$	270	266
$Fe_{80.49}Ga_{19.5}N_{0.01}$	334	370

5.9.3 添加取代 Ga 的金属元素对 Fe-Ga 合金单晶样品性能的影响

Hall 等人[40]研究了添加元素对纯 Fe 的 λ_{100} 的影响, 研究结果见图 5-49, 发现除了 Ti、Sn 外, 添加少量其他组元均能提高 Fe-M (M=Al、V、Cr、Mo、Ge) 合金单晶样品的 λ_{100}。自从 2000 年发现 Fe-Ga 单晶合金具有低场高磁致伸缩后, 人们就开始致力于研究添加元素对 Fe-Ga 合金单晶磁致伸缩应变的影响。已经研究的添加元素包括取代 Ga 的 Al、Ge、Sn、Be 等元素, 以及取代 Fe 的 3d 过渡族元素对 Fe-Ga-M 合金单晶样品的磁致伸缩的影响[41~44]。

人们早已知道在纯 Fe 中添加少量金属元素 (如 Al、V、Cr 等) 可以提高

$Fe_{100-x}Al_x$ 二元合金单晶样品的 $\frac{3}{2}\lambda_{100}$。Al
和 Ga 同属ⅢA 族，Ge 与 Ga 同属一个周
期，位置相邻，$Al(3p^1)Sn(5p^2)Ga(4p^1)$
电子组态相似。因此研究了 Al、Sn、Ge
等元素取代 Ga 对 Fe-Ga-M 三元合金的
影响。研究的结果见图 5-50。可见，
$Fe_{87}Ga_{13-x}Al_x$ 合金单晶样品的 $\frac{3}{2}\lambda_{100}$ 随 Al
含量 x 的提高而迅速的降低。在室温时，
Sn 在 Fe 中的溶解度很低，但是 Sn 原子的
尺寸较大（例如 Sn 的原子半径为
3.70Å），人们设想添加 Sn 有可能使 Fe-
Ga-Sn 合金的单晶样品的 $\frac{3}{2}\lambda_{100}$ 提高，其

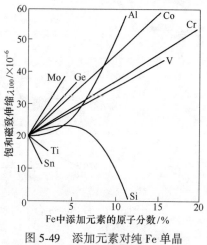

图 5-49　添加元素对纯 Fe 单晶
λ_{100} 的影响[40]

结果如图 5-51 所示。可见，在 Ga 含量少于 17at.%Ga-Fe 合金中添加少量 Sn，单
晶样品（不论是炉冷还是快淬）均可以改善 Fe-Ga-Sn 合金单晶样品的 $\frac{3}{2}\lambda_{100}$。

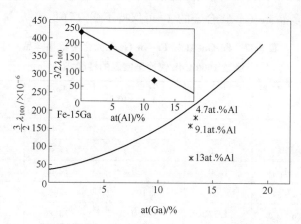

图 5-50　$Fe_{87}Ga_{13-x}Al_x$ 合金单晶样品的 $\frac{3}{2}\lambda_{100}$ 与 Al 含量 x 的关系[44]

　　文献［19］研究 Al 和 Ge 对 Fe-Ga-M(Al，Ge) 三元合金单晶样品的 $\frac{3}{2}\lambda_{100}$、
$-b_1$、J_s、C' 的影响，其结果列于表 5-17。发现添加少量的 Al 和 Ge 都使三元合
金单晶样品的 J_s 降低，但不明显。Ge 使三元合金单晶样品的 $-b_1$ 和 $\frac{3}{2}\lambda_{100}$ 的降低

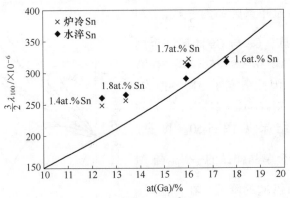

图 5-51 Fe-Ga-Sn 合金的单晶样品的 $\frac{3}{2}\lambda_{100}$ 与 Sn 添加量的关系

最为明显。添加 Al 也使得 Fe-Ga-Al 合金的 $\frac{3}{2}\lambda_{100}$ 降低，$-b_1$ 也降低。估计在 Fe-Ga 合金添加 Al 使得 Fe-Ga-Al 合金的磁弹性耦合系数降低，是导致其 $\frac{3}{2}\lambda_{100}$ 降低的主要原因。关于多晶 Fe-Ga 合金中，当 Ga 含量为 10at.%Ga 时，添加相同数量的 Al 不会使得 Fe-Ga-Al 合金的 λ_s 降低。但当 Ga 含量为 18at.% ~ 19at.%Ga，添加少量 Al 时，多晶 Fe-Ga-Al 合金的 λ_s 可保持不变（详见第 7、8 章）。

表 5-17 Fe-Ga-Al 和 Fe-Ga-Ge 三元合金单晶样品
经过 1000℃4h 慢冷至室温的性能[19]

序号	样品成分	e/a	$\frac{3}{2}\lambda_{100}/\times10^{-6}$	$-b_1$ /mJ·m^{-3}	J_s/T	c' /GPa
1	Fe	1.0	35	3.4	2.08	48.0
2	Fe$_{87.1}$Ga$_{3.8}$Al$_{9.1}$	1.26	164	11.4	1.8	34.6
3	Fe$_{85}$Ga$_{10.6}$Al$_{4.4}$	1.30	220	12.5	1.72	28.4
4	Fe$_{85.3}$Ga$_{5.8}$Al$_{8.9}$	1.29	190	12.1	1.73	31.8
5	Fe$_{83.5}$Ga$_{8.0}$Al$_{8.5}$	1.33	250	13.8	1.65	27.6
6	Fe$_{83.2}$Ga$_{8.5}$Al$_{8.3}$	1.34	252	13.5	1.64	26.7
7	Fe$_{80.5}$Ga$_{8.8}$Al$_{10.7}$	1.39	241	10.8	1.50	22.3
8	Fe$_{79.2}$Ga$_{9.9}$Al$_{10.9}$	1.42	211	8.54	1.43	20.2
9	Fe$_{76.2}$Ga$_{11.1}$Al$_{12.7}$	1.48	193	6.49	1.25	16.8
10	Fe$_{76.1}$Ga$_{11.5}$Al$_{12.4}$	1.48	200	6.58	1.24	16.5
11	Fe$_{88.1}$Ga$_{6.2}$Ge$_{6.7}$	1.30	142	8.82	1.84	31.1
12	Fe$_{86.9}$Ga$_{9.9}$Ge$_{3.2}$	1.29	191	11.4	1.79	29.9

续表 5-17

序号	样品成分	e/a	$\frac{3}{2}\lambda_{100}/\times10^{-6}$	$-b_1$ /mJ·m^{-3}	J_s/T	c' /GPa
13	$Fe_{81.8}Ga_{9.5}Ge_{8.7}$	1.45	−28	−1.0	1.57	18.2
14	$Fe_{80.8}Ga_{14.5}Ge_{4.7}$	1.43	102	3.71	1.52	18.1
15	$Fe_{80.5}Ga_{14.5}Ge_{4.7}$	1.45	49	1.6	1.50	16.5
16	$Fe_{79.6}Ga_{11.7}Ge_{8.7}$	1.50	−59	−1.7	1.46	14.3
17	$Fe_{77.7}Ga_{15.2}Ge_{7.1}$	1.52	−9	−0.3	1.34	14.3
18	$Fe_{76.2}Ga_{18.2}Ge_{5.6}$	1.53	55	1.4	1.25	12.7
19	$Fe_{76.2}Ga_{22.5}Ge_{1.3}$	1.49	183	4.13	1.25	11.3
20	$Fe_{75.3}Ga_{21.2}Ge_{3.5}$	1.53	129	2.96	1.19	11.5

5.9.4　添加过渡族金属元素对 Fe-Ga-*M* 合金性能的影响

金属元素 M 的添加对 Fe-Ga-*M* 合金（*M* = V、Cr、Mo、Mn）三元合金单晶样品的 $\frac{3}{2}\lambda_{100}$ 的影响见图 5-52。Ni、Co、Rh 的添加对 Fe-Ga-*M* 三元合金单晶样品 $\frac{3}{2}\lambda_{100}$ 的影响见图 5-53。Cr、Co、Mn 对 Fe-Ga-*M* 三元合金单晶样品的 $\frac{3}{2}\lambda_{111}$ 的影响见图 5-54。可见，添加 0.9at.%Mn，对 Fe-Ga-Mn 合金单晶样品的 $\frac{3}{2}\lambda_{100}$ 几乎没有影响。当 Mn 的添加量大于 1.6at.%时，Fe-Ga-Mn 三元合金单晶样品的 $\frac{3}{2}\lambda_{100}$ 显著降低。同样，添加少量的 V、Cr、Mo 均使得 Fe-Ga-*M* 合金单晶样品的 $\frac{3}{2}\lambda_{100}$

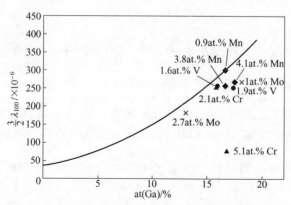

图 5-52　*M* = V、Cr、Mo、Mn 的添加对 Fe-Ga-*M* 三元合金单晶样品 $\frac{3}{2}\lambda_{100}$ 的影响[17]

（图中实线是根据实验拟合 Fe-Ga 二元合金单晶样品的 $\frac{3}{2}\lambda_{100}$）

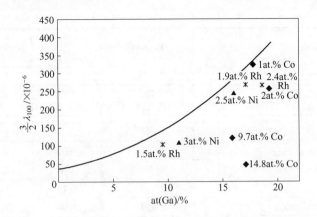

图 5-53　Ni、Co、Rh 的添加对 Fe-Ga-*M* 三元合金单晶样品$\frac{3}{2}\lambda_{100}$的影响[17]

(实线是根据实验数据拟合的 Fe-Ga 合金单晶样品的$\frac{3}{2}\lambda_{100}$与 Ga 含量的关系)

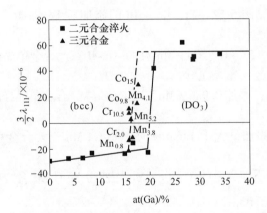

图 5-54　Cr、Co、Mn 的添加对 Fe-Ga-*M* 三元合金单晶样品的$\frac{3}{2}\lambda_{111}$的影响[17]

(图中实线是根据 Fe-Ga 二元合金单晶样品$\frac{3}{2}\lambda_{111}$实验值拟合的结果)

明显降低。图 5-53 也表明，Ni、Co、Rh 的添加也与前者有相同的影响，为什么？图 5-54 给出了答案。图 5-54 表明，Cr、Co、Mn 的添加将显著改变 Fe-Ga-*M* 合金单晶样品的$\frac{3}{2}\lambda_{111}$的符号。$Fe_{100-x}Ga_x$二元合金在 $x = 19.5$at.%Ga 附近$\frac{3}{2}\lambda_{111}$由负值变为正值。前面已经指出，$\frac{3}{2}\lambda_{111}$在 $x = 19.5$at.%Ga 附近改变符号，是 $Fe_{100-x}Ga_x$二元合金在 $x = 19.5$at.%Ga 附近发生 A2→DO₃ 转变的结果。$x = 19.5$at.%Ga 是 Fe-Ga 二元合金 A2 相对 Ga 溶解度的上限，因此 $x = 19.5$at.%Ga，

也就是 A2 相稳定性的度量。当 $\frac{3}{2}\lambda_{111}$ 由负变正时，对应的 Ga 浓度升高，就表明 A2 相的稳定性降低。图 5-54 表明 Cr、Co、Mn 添加使得 Fe-Ga-M 合金单晶样品的 $\frac{3}{2}\lambda_{111}$ 改变符号对应的 Ga 浓度降低到 15at.%～16at.%，也就是说，这些第三组元的添加降低了 A2 相稳定性，实际上是提高了 DO$_3$ 相的稳定性。这就是上述金属元素添加使得 Fe-Ga-M 合金的 $\frac{3}{2}\lambda_{100}$ 降低的主要原因。

5.10 Fe-Ga 合金单晶体的畴结构

5.10.1 研究磁畴结构的目的

式 (3-68) 表明，Fe-Ga 磁致伸缩应变 λ_s 的大小，与 $\frac{3}{2}\lambda_{100}$、α_{GO}、β_{DO}、$\gamma_{(H/H_s)}$ 等四个因子有关。其中 β_{DO} 是磁畴结构因子，磁畴结构不能改变 $\frac{3}{2}\lambda_{100}$，磁畴取向可能改变 α_{GO}。研究材料磁畴结构的目的主要是了解材料起始态的畴结构，以便于找出一种工艺技术来控制起始磁畴结构，使得畴结构因子 β_{DO} 尽可能接近 1.0，以便使材料的 λ_s 达到或尽可能接近理论值 $\left(\frac{3}{2}\lambda_{100}\right)$。另外，畴结构对 $\gamma_{(H/H_s)}$ 也有一定影响，主要是降低 H_s，H_s 降低后，就可以使材料在低磁场下工作，这也是材料工作者的目的。

5.10.2 样品制备方法对 MFM 磁畴结构的形貌的影响

相同成分的 Fe-Ga 合金样品，制备方法不同，所观察的 MFM 磁畴结构的形貌图像也是不同的，有的差别很大。

Bai 等人[45]用磁力显微镜技术（MFM）研究了 Fe$_{80}$Ga$_{20}$ 合金（001）取向单晶样品（尺寸为 10mm×10mm×2mm，（001）面位于 10mm×10mm 平面上）的磁畴结构形貌。如图 5-55c 所示为图 5-55a 中小方块内的放大像。图 5-55a 中存在沿 [100] 晶向的片状畴，畴宽 10～50μm，长 30～50μm。由图 5-55c 可以看出，在片状畴的两侧存在亚磁畴。比较图 5-55b 和 c 可以看出，经 PA 处理（700℃ 1h 水淬），（001）面上观察的畴尺寸比较细小，畴宽约为 0.4μm，畴长约 2μm，倾向于沿 [010] 取向。由图 5-55d 可以看出，畴呈树枝状，亚磁畴甚为发达，畴宽约为 5～10μm，畴长约 30～50μm。树枝状畴没有严格的晶体学方向。图 5-55d 中的树枝状畴与样品经 PA 处理后发生了 DO$_3$ 相变有关，说明发生 A2→DO$_3$ 转变后畴结构有变化。

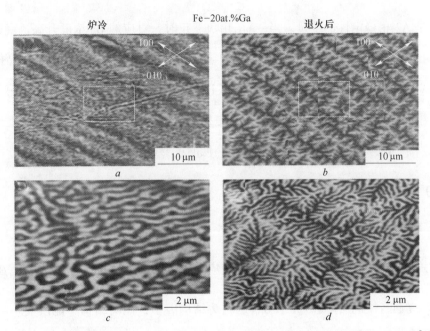

图 5-55 Fe$_{80}$Ga$_{20}$合金 (001) 取向单晶样品在 (001) 面上观察到的磁畴结构形貌[45]

a, c—炉冷样品 (10℃/min); b, d—PA 处理 (700℃ 1h 水淬冷却)

Zhang 等人[28] 用 MFM 研究了 Fe$_{81}$Ga$_{19}$ 取向多晶样品，在某一个晶粒的 {001} 面观察到的畴结构图像，如图 5-56a 所示为水淬样品，它是 A2 相的畴结构，具有片状畴的特征，畴宽 0.7~1.2μm，长约 20μm，但不能确定片状畴取向的方向。图 5-56b 所示为炉冷 (~5℃/min) 样品的 MFM 畴形貌，它是 A2+DO$_3$ 相两相区的磁畴图像。可见，它是片状畴与树枝状畴共存，片状畴变短 (和水淬样品的相比)。A2 单相区和 A2+DO$_3$ 相两相区磁畴图像有所不同。

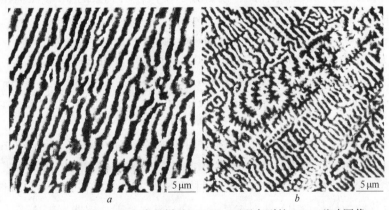

图 5-56 Fe$_{81}$Ga$_{19}$取向多晶样品 (001) 面观察到的 MFM 磁畴图像

a—水淬; b—炉冷

Muaivarthic 等人[15]用 MFM 研究了 SO1、SO2 和 SO3 三种单晶样品（001）面的 MFM 磁畴结构图像，如图 5-57 所示。三种样品的成分与工艺条件列于表 5-18。观察磁畴样品的表面是用传统金相样品制备方法制备（即用 1200 目的 SiC 砂纸磨光，然后用 0.5μm 级的 SiC 悬浮液进行抛光）。

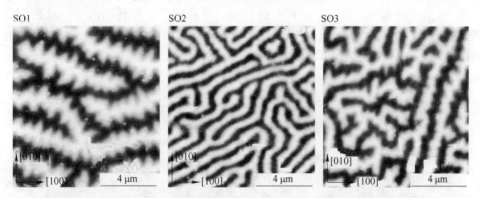

图 5-57　SO1、SO2 和 SO3 三种单晶样品（001）面的 MFM 磁畴结构图像

（其中 SO3 样品还经过电子不规律辐射，促进 A2 到 DO$_3$ 的相变）

表 5-18　图 5-57 中三种样品的成分与工艺条件

样品	成　分	热处理	单晶样品尺寸/mm×mm×mm	观察面
SO1	Fe$_{83.5}$Ga$_{17.5}$	慢冷（10℃/min）至室温	18×15×2	（001）
SO2	Fe$_{83.5}$Ga$_{17.5}$	800℃1h 水淬至室温	18×125×2	（001）
SO3	Fe$_{81}$Ga$_{19}$	800℃1h 水淬至室温	25×18×0.5	（001）

图 5-57 中 SO3 的 MFM 磁畴图像与 Bai 等人[45]、Song 等人[46]、Chikazumi 等人[47]和 Zhou 等人[48]观察到 Fe$_{80-81}$Ga$_{20-19}$合金 MFM 畴结构图像是相似的，较为复杂。存在树枝状畴或迷宫畴，即使存在片状畴，也不是严格的<100>方向取向。原因是上述 MFM 磁畴图像所用的样品都是用传统的金相样品制备方法来制备的，样品表面还存在晶体的破坏层和存在内应力的小坑。

Song 等人[46]有意地研究了应力对 Fe$_{81}$Ga$_{19}$多晶合金样品的 MFM 磁畴图像的影响，如图 5-58 所示。可见，经传统的金相抛光的样品，不论是图 5-58a 还是图 5-58b，均存在树枝状畴或迷宫畴的特征，亚畴结构非常明显。用传统金相抛光法制备的样品表面不可避免地存在晶体破坏层和内应力。

Chikazumi 和 Suzuki 等人[47]实验发现，在 Fe-Si 合金中当观察磁畴的表面存在晶体破坏层和内应力，此时所观察到的迷宫磁畴或树枝状畴或亚畴不是真实的磁畴。

Hua 等人[49]的研究工作已经证实，在制备样品的过程中要在样品的表面产生强的各向异性，因此会导致稠密的条纹状畴结构。

基于上述考虑，Muaivarthic 等人[15]将图 5-57 所用的 SO1、SO2 和 SO3 三种

单晶样品在传统的金相抛光的基础上，进一步用 0.26μm SiO₂悬浮液做附加的抛光 1~3h，消除了表面的晶体破坏层，消除表面应力和小坑。经过附加的抛光，SO1、SO2 和 SO3 三种（001）单晶样品的 MFM 磁畴图像如图 5-59 所示。对比图 5-59 和图 5-57 可以看出，经过附加的抛光（消除样品表面晶体破坏层和消除应力）后，MFM 磁畴图像大不相同：迷宫畴、树枝状畴、亚畴已消失；观察到的是在（001）面上的 90°或 180°畴壁。因为它们是在（001）取向单晶样品观察的 MFM 磁畴，它们仅存在 90°或 180°畴壁，这和理论的预测是一致的。

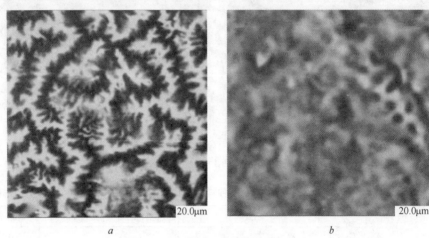

图 5-58　Fe₈₁Ga₁₉多晶合金样品的 MFM 磁畴图像[46]

（样品真空电磁炉冶炼多次，切成厚度为 2mm 的方块，晶粒尺寸为 300~800μm）

a—传统金相抛光样品在 20μm² 内的 MFM；b—经过 500MPa 压缩应力作用，在压缩应力平面上，20μm² 内的 MFM，观察面经过传统金相样品的抛光

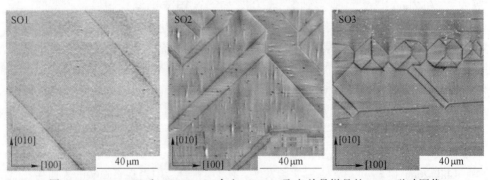

图 5-59　SO1、SO2 和 SO3 Fe-Ga 合金（001）取向单晶样品的 MFM 磁畴图像

5.10.3　决定 Fe-Ga 合金磁畴结构的因子

根据 2.5.5 节和 2.5.6 节关于磁畴形成的理论可知，决定 Fe-Ga 合金磁畴结

构的主要是能量因子、晶体取向因子和应力分布因子。下面分别做简要讨论。

5.10.3.1　能量因子

在单晶体中主要涉及各向异性能 K，它包括磁晶各向异性常数 K_1 和感生各向异性常数 K_u 以及结构各向异性能常数 K_s，另外是退磁场能 K_d。能量因子 Q 可表达为：

$$Q = K/K_d \tag{5-4}$$

式中，$K = K_1 + K_u + K_s$，感生各向异性 K_u 往往包括感生应力各向异性常数 K_σ 和 K_s 是 A2 相四角畸变各向异性因子。感生应力各向异性能常数 K_σ，见式（3-66）或式（3-67）。退磁场能 K_d 为：

$$K_d = 0.5N\mu_0 M_s^2 \tag{5-5}$$

它实际上是式（2-30），这样式（5-4）可以写成

$$Q = (K_1 + K_u + K_s)/K_d \tag{5-6}$$

当 $Q>1$ 时，即 $K_1 + K_u + K_s$ 远大于 K_d 时，并且 $K_1 + K_u + K_s$ 彼此与（001）平行时，畴结构主要由 $K_1 + K_u + K_s$ 各向异性能决定。畴的形成力求减小各向异性能常数，为此磁畴内磁矩力求沿着易磁化方向。因此在（001）取向的单晶样品内，基本是由 90°或 180°畴壁组成的，如图 5-60 所示。

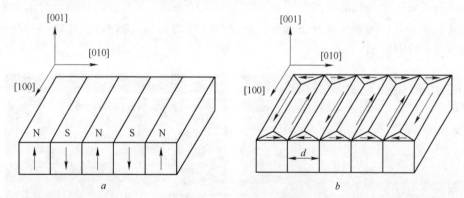

图 5-60　当 $Q\gg1$，即 $K_1 + K_u + K_s \gg K_d$ 时，可形成 180°畴（a）或 180°+90°畴（b）

当 $Q<1$ 时，即 $K_d \gg K_1 + K_u + K_s$，并且 $K_1 + K_u + K_s$ 彼此平行，并沿着（001）晶体方向时，退磁场对磁畴的形成起到决定性的作用。在形成磁畴时，力求减小退磁场能，它有可能形成复杂的畴结构，如波纹畴或波纹畴加钉状畴或形成迷宫畴。

5.10.3.2　多晶体中的晶体取向因子和应力分布因子对畴结构的影响

多晶体中的各个晶粒的易磁化方向与多晶体样品观察磁畴的平面的夹角为 θ，$\cos\theta$ 为取向因子。当 $\theta=0$ 时，则取向因子 $\cos\theta=1.0$；当 $\theta=90°$ 时，取向因子 $\cos\theta=0$。在这两种情况下，一般观察到的 180°畴或 180°、90°畴的结构。当 $0<\theta<$

90°，则会出现复杂的畴结构，如迷宫畴、树枝状畴和波纹畴+针状畴。

　　同样，在多晶体中当感生的应力各向异性 K_u 的方向与观察磁畴的平面的夹角为 φ 时，则 $\cos\varphi$ 称为应力分布因子。当 $\varphi = 0$ 时，则一般观察到 180°畴或 90°畴的结构，否则就会出现复杂的畴结构。

　　在做观察磁畴实验时，为便于识别真实的畴结构，应该选择取向单晶样品或规则取向的多晶样品，否则，观察到的畴结构都是很复杂的，难以识别其真伪性。

5.10.4　观察磁畴方法（技术）的选择

　　目前用来观察 Fe-Ga 合金磁畴的方法有磁力显微镜（MFM）、电子扫描显微镜法（SEAM）、洛伦兹透射显微镜法（Lorentz TEM）和克尔（Kerr）磁光效应法。用不同的方法观察到的磁畴图像是不同的。

　　Song 等人[46]用电声扫描显微镜法（SEAM）研究了 $Fe_{81}Ga_{19}$ 多晶合金的磁畴结构图像，见图 5-61。图 5-61a 是二次电子图像，图 5-61b 是在图 5-61a 原位，在调幅频率为 485kHz 的电声磁畴图像（EAI），可清楚显示晶粒边界的磁畴结构，符号 A 显示磁畴横跨晶粒边界，形成孪生结构，符号 B 是三个晶粒的交界处，它表明三个晶粒的取向不同，磁畴宽 10~100μm，存在的问题是至今未见有如此宽和如此长的磁畴（穿透晶粒，晶粒尺寸可达到数百微米）。片状畴与晶粒取向关系没有给出。

图 5-61　$Fe_{81}Ga_{19}$ 多晶合金（厚度为 2mm）的磁畴
（该样品曾经在 500MPa 压应力下作用，观察平面与压应力平面垂直）
a—二次电子像；b—电子扫描电声磁畴结构图像（EAI）

　　Xing 和 Lograsso[25]用洛伦兹透射电镜观察 $Fe_{90}Ga_{10}$ 合金单晶样品（样品从 1000℃以 10℃/min（即炉冷）冷却至室温）。用电喷法制造 TEM 样品，用 Lorentz TEM 来观察磁畴，观察磁畴并非用常规的 TEM 透镜，而是用散焦法观察磁畴。观察磁畴图像如图 5-62 所示。左侧上部为穿孔区，在靠近穿孔区的薄区即亮区，可以观察到暗线和亮线，它们都是磁畴壁。实验观察到 $Fe_{100-x}Ga_x$ 合金，当 $x \leqslant 20at.\%Ga$ 的 Lorentz TEM 磁畴结构图像都如此。它显示的是 180°畴和 90°畴结构。磁畴尺寸没有随 Ga 含量 x 而变化。磁畴宽约微米量级。畴壁厚度约为 12nm。实验观察到 Fe-Ga 合金的磁畴结构不受 Fe-Ga 合金中的第二相的影响，即 Fe-Ga 合金的磁畴结构与合金基体的显微结构不存在直接的关联。另外，在常规 TEM 电镜物镜产生的磁场作用可驱动 Fe-Ga 合金磁畴壁的运动。观察表面在 A2 相基体的纳米 DO_3 沉淀颗粒或 A2 相+DO_3 相均不影响畴运动，但是观察到掺杂物对 A2 相畴壁运动有钉扎的作用。这一点与 Keratem 理论是一致的。

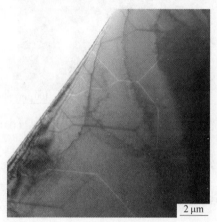

图 5-62　$Fe_{90}Ga_{10}$ 合金单晶 A2 单相的洛伦兹透射电镜的磁畴结构图像

（样品经 1000℃加热后以 10℃/min 冷却）

　　Muaivarthic 等人[15]用磁光克尔效应法对表 5-18 所列的三个样品进行磁畴观察，所得结果见图 5-63。它清楚地显示了 180°畴和 90°畴壁。磁畴的磁化矢量分别沿 $[100]$、$[\bar{1}10]$、$[010]$ 和 $[0\bar{1}0]$ 方向。由于四种畴的磁化矢量的方向不同，它们具有不同的颜色。Fe-Ga 合金具有较高的磁化强度，它的 Kerr 效应是比较强的。但是由于观察面为 (001) 面，磁化矢量均在平面内，为了获得较强的不同畴的可视度，在利用 Kerr 效应观察畴壁时，使入射的偏振光与观察表面有一定倾斜角，也就是说，采用倾斜光的纵向 Kerr 效应来观察磁畴，其效果较好。

　　总之，用 MFM、洛伦兹 TEM、磁光克尔效应三种方法观察到了 Fe-Ga 合金的磁畴图像，都从一个侧面反映了它的磁畴结构。**要强调指出的是，为了观察到真正的磁畴结构，磁畴样品表面经过传统金相抛光后一定要经过附加抛光，以便消除样品表面晶体破坏层、内应力和小坑。**Fe-Ga 合金的磁致伸缩应变量（400×10^{-6}）比纯 Fe 的（30×10^{-6}）大十多倍。它对应力敏感性要比纯 Fe 大十多倍。因此制备磁畴观察样品时必须十分仔细，才能观察到真实的磁畴结构图像。

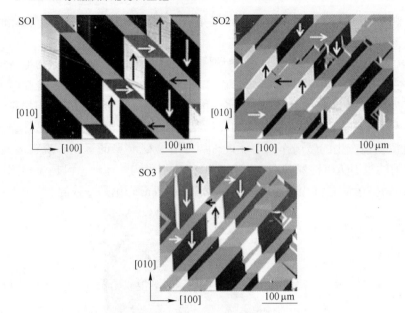

图 5-63　用磁光克尔效应观察表 5-18 中的三个单晶 （001） 取向样品的
磁光克尔的磁畴结构图像[15]

（观察表面在传统金相抛光的基础上再进行附加的抛光）

5.11　Fe-Ga 合金织构表述

5.11.1　铁基合金单晶体磁致伸缩应变的各向异性和材料的织构

金属与合金的单晶体大部分均具有明显的各向异性，在此以磁致伸缩应变为例。Fe 基合金沿单晶体<100>和<111>晶体方向的磁致伸缩应变如表 5-19 所示。可见，Fe-20at.%Al 合金单晶体<100>晶向的 λ_{100}（$\sim 100 \times 10^{-6}$）是其<111>的（$\sim 5 \times 10^{-6}$）的 20 倍。Fe-18.7at.%Ga 单晶体 λ_{100}（$\sim 395 \times 10^{-6}$）是其 $\lambda_{<111>}$ 的（$\sim 42 \times 10^{-6}$，20.8at.%Ga-Fe）的 10 倍。

表 5-19　铁基或镍基合金磁致伸缩应变 λ_{100} 与 $\lambda_{<111>}$ 的数值

合金单晶体的成分/at.%	<100>晶向的饱和磁致伸缩应变 $\lambda_{100}/\times 10^{-6}$	<111>晶向的饱和磁致伸缩应变 $\lambda_{111}/\times 10^{-6}$
纯 Fe[43]	20	−17.5
Fe-20Al[43]	~100	~5
Fe-3.06Si[43]	23	−4.1
纯 Ni[43]	−58.3	−24.3
Fe-45Ni[50]	−9	28
Fe-13.2Ga[16]	210	5.7
Fe-18.7Ga[16]	395	42
Fe-27.2Ga[16]	350	61

工程实用材料大部分是多晶材料，各个晶粒的晶体方向是混乱取向的，是各向同性的，不能发挥材料的性能的潜力，不能有效的利用材料。这样使用材料是一种很大的浪费。

如果能使多晶材料的各个晶粒的性能优异的方向有规律地沿某一个方向规则取向，将会高效率地发挥材料的潜力。我们将材料的各个晶粒的某一个晶体方向，如<100>或<111>沿材料的某一个特定方向（如棒材的轴向，轧板的轧向）规则的取向，称为择优取向。这种择优取向的多晶材料结构称为材料的织构。

材料工作者已经成功地在材料的制备过程中利用磁场、温度梯度场、电场、力场、物流场或晶粒的表面能或晶界能等外部和内部的物理条件，使得材料的各个晶粒的同一个晶体方向沿着材料的某一个方向择优取向来制造有织构的材料。

由于材料的制造方法的不同，就有不同的织构，如定向凝固织构、形变织构、薄膜沉积织构、快淬薄带织构、二次再结晶织构、粉末磁场成型烧结材料的织构。

5.11.2 材料织构的表述

这里不详细论述材料晶体取向与晶体学织构关系的原理，详细内容可参考文献［51，52］，在此仅介绍晶体取向或者织构的表述，通常用极图（PF）、反极图（IPF）、取向分布函数（ODF）来表述材料的织构。

5.11.2.1 极图

极图是表示被测材料中各个晶粒的某一选定的晶面 $\{hkl\}$ 的法线或者取向的分布图形。在极图的表示中通常选择材料外观上三个彼此正交的特征方向作为参考坐标。例如，冷轧板材，以轧制方向（RD）、横向（TD）和轧面法线（ND）作坐标，以轧面作投影面，作出各个晶粒某一个晶面 $\{hkl\}$ 的法线在参考球球面上的交点。把每一个点代表的晶粒体积作为权重，这些极点在球面上的加权密度称为极密度分布。球面上极密度分布在参考球赤道面上（即轧板的轧面上）的投影，称为 $\{hkl\}$ 的极图。如果多晶体是完全无规则的取向的，则极在整个参考球面上是均匀分布的。如果多晶体存在织构，则球面上的极密度分布是不均匀的。极密度就会在某些取向上偏高，投影后，极点也在这些取向附近密集。为便于分析，常在极图上画出等密度线（如图 5-64 所示）。极密度线以取向的极密度作为 1.0，织构的极密度作为 1.0 的倍数。图 5-64a 所示的极图表面 RD 方向上出现了 $\{100\}$ <001>为主体的立方织构。

5.11.2.2 反极图

对立方晶体来说，每一个晶粒有四个 $\{111\}$ 晶面，有三个 $\{100\}$ 晶面，在极图上的 111 极点极密度是由 4 个点组成的，在 100 极点的极密度是由 3 个点组成的。为避免这种重复，对立方晶体，采用一种简便的方法，事实上从投影面

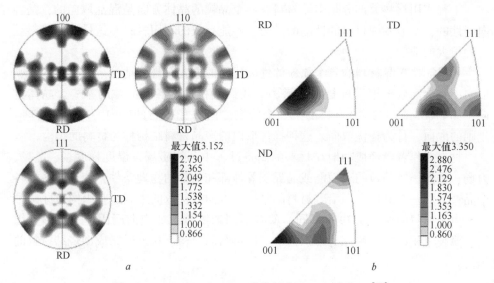

图 5-64 $(Fe_{85}Ga_{15})_{99}Nbc_1$冷轧板在 1300℃退火 2h[53]

a—极图；b—反极图

上三个低指数晶面的法线的极密度的分布状态就可以了解材料的织构状态。所以立方晶体通常从中心投影点为标准（001）表面投影图中心水平线向右取右上侧第一个球面三角区，在该球面三角区内画出极密度分布图，用它来反映织构状态就可以了（见图 5-65）。这样的三角区极密度分布，称为反极图。如图 5-64b 所示，在轧板中，沿轧制方向（RD）形成了（100）取向点优势的织构。在轧板的侧向（TD）形成了部分<101>织构。在轧面的法线方向（ND）形成了部分<001>织构和<111>织构。

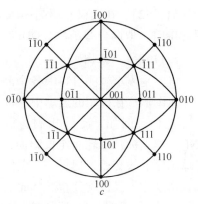

图 5-65 立方晶体的反极图

5.11.2.3 材料中几种代表性织构

在 Fe-Ga，Fe-Al 和 Fe-Si 系立方晶体，在冷轧板的织构形式有以下几种。

A 高斯织构（Goss）

它是指（110）面与轧面平行，<001>晶向与轧向（RD）平行的织构，写成｛110｝<001>。它是 1933 年由高斯（Goss）在 Fe-3.0wt.%Si 钢中发现的，1935 年被 Bozorth 用 X 射线衍射实验证实，并命名为高斯织构（如图 5-66 所示）。完整的高斯织构应该是要求 [110] 与轧面法线方向（ND）的夹角 γ 及 [001] 与轧向 RD 的夹角 α 越小越好。

B　立方织构

立方织构是指体心立方晶体的 {100} 面与轧面平行，<001>方向与轧向平行，通常写成 {100} <001>。这种织构是 1956 年由阿什姆斯（F. Assmus）在 0.3mm 厚冷轧 Fe-3.0wt.%Si 钢板中发现的。立方织构沿轧向（RD）和侧面（TD）都是易磁化方向，又称为双取向硅钢。但是这种立方织构的电工钢板的生产技术难以掌握，至今还是小批量工业生产。

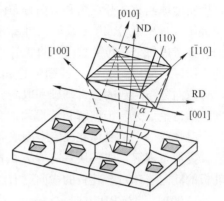

图 5-66　高斯织构的示意图

C　纤维织构

在线材、丝材和定向凝固棒材的生产中，通常只关心沿着线材与棒材的轴向的晶体取向。这种轴向晶体取向称为纤维织构。在轧板生产过程中的织构，也常用纤维织构来表示。通常把纤维织构分成以下几种：

（1）立方晶体的 <110> 晶向与轧向平行的，称为 α-型织构，写成 {hkl} <110>//RD。

（2）立方晶体的 <111> 晶向与轧向平行的，称为 γ-型织构，写成 {hkl} <111>//RD。

（3）立方晶体的 <100> 晶向与轧向平行的，称为 η-型织构，写成 {hkl} <100>//RD。

（4）立方晶体的 <112> 晶向与轧向平行的，称为 ε-型织构，写成 {hkl} <112>//RD。

当然，在线材、丝材和棒材中，凡<100>与线、丝、棒材轴向平行的均称为 η-型织构，其余依此类推。实际上高斯织构和立方织构也是 η-型织构的一种特殊形式。

纤维织构用反极图来表示是较为清晰和简便的，例如图 5-64b 所示的 RD 的反极图。说明它是以 η-型织构为主的织构。在后面的章节中，凡是棒材和丝材的织构均用反极图来表示。

5.11.3　晶体取向分布函数（ODF）

用极图和反极图来表述晶体的空间取向有局限性。因为极图和反极图是用二维图形来描述空间取向的。采用空间取向 $g(\varphi_1, \phi, \varphi_2)$ 的分布密度 $f(g)$ 可更准确地表述多晶体在整个空间的取向分布，这称为空间取向分布函数（ODF）。

ODF 是根据极图和极密度分布计算出来的。计算方法是把极密度分布函数展开成球函数级数，相应的空间取向分布函数展开成广义的球函数的线性组合，计算极密度球函数展开系数和取向分布函数广义球函数展开系数的关系。测量若干个极图（极密度分布），就可以计算出 ODF，也可以从测量出来的单个晶粒取向，并考虑每个晶粒的权重而直接计算出来。ODF 是三维图形，用立体图形不方便，所以一般用固定 φ_2（或固定的 φ_1）的一组二维截面来表示。

取向分布函数的数学基础和取向分布函数的计算原理可参阅文献 [51]，在此不做讨论。为便于理解和读懂取向分布函数（ODF），仅对立方晶系多晶中的一个晶粒或一个单晶体在任意空间取向如何表达做一简介。

为便于理解，取一块具有立方织构的轧板。设三个坐标轴（x、y、z）与该轧板的轧向（RD）、轧板的横向（TD）和轧板轧面的法线方向（ND）重合，并且使 [001] 沿着 RD 方向，[010] 沿着 TD 方向，[001] 沿着 ND 方向。如图 5-67 所示。

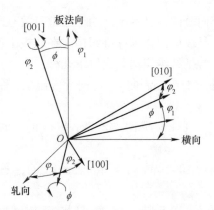

图 5-67　立方晶体三个晶轴转动的欧拉角示意图[52]

一般以 $\{hkl\}$ 代表某一个晶面，该晶面的晶体方向用 $[uvw]$ 代表。用 $[rst]$ 代表同一个晶面 $\{hkl\}$ 的另一个晶体方向。立方晶体的三个晶体方向是相互垂直的。当 $\{hkl\}$ $[uvw]$ 表示某一个晶粒的晶向时，就可以用一个标准的正交矩阵 g 来代表某一个晶粒在 x、y、z 坐标系空间的取向 g，即

$$g = \begin{bmatrix} u & r & h \\ v & s & k \\ w & t & l \end{bmatrix} \tag{5-7}$$

对于初始取向为 e，即 [100]//RD(x)、[010]//TD(y)、[001]//ND(z)、则初始取向 e，可表达为：

$$e = \begin{bmatrix} 1 & 0 & 0 \\ 0 & 1 & 0 \\ 0 & 0 & 1 \end{bmatrix} \tag{5-8}$$

假定从初始取向出发，第一步以轧面的法线 ND（即 001 轴），转动 φ_1 角，第二步以转动后的［100］轴转动 ϕ 角；第三步以两次转动后的［001］轴再转动 φ_2 角。经上述三步操作后，得到最终的取向。

φ_1、ϕ、φ_2 三个独立的转动角称为欧拉角，以三个欧拉角为坐标构成空间取向。通常三个欧拉角的取值都是 $0 \sim 2\pi$。但对立方晶体和试样的对称性，φ_1、ϕ、φ_2 的取值范围为 $0 \sim \pi/2$ 就可以了。根据空间坐标的变换（可参阅文献［52］），可将式（5-7）转换成从欧拉公式角转动后的晶体取向 g 的形式，见式（5-9）。

$$
\begin{aligned}
g &= \begin{bmatrix} \cos\varphi_2 & \sin\varphi_2 & 0 \\ -\sin\varphi_2 & \cos\varphi_2 & 0 \\ 0 & 0 & 1 \end{bmatrix} \begin{bmatrix} 1 & 0 & 0 \\ 0 & \cos\phi & \sin\phi \\ 0 & -\sin\phi & \cos\phi \end{bmatrix} \begin{bmatrix} \cos\varphi_1 & \sin\varphi_1 & 0 \\ -\sin\varphi_1 & \cos\varphi_1 & 0 \\ 0 & 0 & 1 \end{bmatrix} \\
&= \begin{bmatrix} \cos\varphi_1\cos\varphi_2 - \sin\varphi_1\sin\varphi_2\cos\phi & \sin\varphi_1\cos\varphi_2 + \cos\varphi_1\sin\varphi_2\cos\phi & \sin\varphi_2\sin\phi \\ -\cos\varphi_1\sin\varphi_2 - \sin\varphi_1\cos\varphi_2\cos\phi & -\sin\varphi_1\sin\varphi_2 + \cos\varphi_1\cos\varphi_2\cos\phi & \cos\varphi_2\sin\phi \\ \sin\varphi_1\sin\phi & -\cos\varphi_1\sin\phi & \cos\phi \end{bmatrix}
\end{aligned}
$$

$$(5\text{-}9)$$

对比式（5-7）和式（5-9），可以得出任意取向的欧拉角（φ_1，ϕ，φ_2）对应的晶体取向的关系。

表 5-20 所示为立方晶体金属轧板常见的晶体取向的欧拉角与其晶面、晶向指数的换算关系。在 $oxyz$ 坐标中，ox 为轧板的轧向（RD）方向，oy 为轧板横向（TD），oz 为轧板轧面的法线方向（ND）。

表 5-20　立方金属轧板常见晶体取向的欧拉角与其相应的晶面、晶向指数的关系

取向的名称	欧拉角/(°)			晶面与晶向指数的对应关系
	φ_1	ϕ	φ_2	
立方取向	0	0	0	$\{001\}$　$<100>$
旋转立方取向	45	0	0	$\{001\}$　$<110>$
铜型取向	90	35	45	$\{112\}$　$<111>$
黄铜型取向	35	45	0	$\{011\}$　$<211>$
高斯取向	0	45	0	$\{011\}$　$<100>$
黄铜 R 型取向	79	31	33	$\{236\}$　$<305>$
	0	22	0	$\{025\}$　$<100>$
	90	55	45	$\{111\}$　$<112>$
	0	55	45	$\{111\}$　$<110>$

5.12　Fe-Ga 材料应力退火处理和磁场退火处理

5.12.1　应力退火处理工艺

图 5-68 为应力退火处理的示意图。图中 1 是加热炉；2 是具有高度 η-型织构的棒状（或层片棒）样品，可以是方棒或圆棒，其尺寸为 $\phi 60 \sim 70$mm，长约50～60mm；3 是给样品施加压应力（$-\sigma$）的装置，它可以是弹簧或波纹状压力包，可以通过调节送入空气压力来调节压应力（5～300MPa）；4 是传输压力棒。

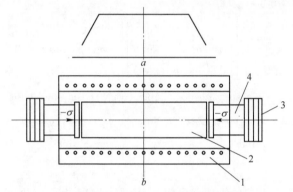

图 5-68　应力退火处理炉示意图

a—炉内温度分布曲线；b—退火处理炉示意图

1—炉体；2—Fe-Ga 棒材；3—压力装置；4—传递压力棒

将样品装入炉内，使样品处于加热炉均温区，通入 Ar 气保护，升温至比样品居里温度 T_c 低 40～55℃（对棒材）或低 140～155℃（对叠片棒状），开始施加 100～300MPa 压应力（对于 $\lambda > 0$ 的材料），进行压应力退火处理 10～25min，再在恒应力下炉冷至室温。

5.12.2　应力退火对 Fe-Ga 合金磁致伸缩性能的影响

5.12.2.1　应力退火对具有高度 η-型织构圆棒样品性能的影响

Wun-Fogle 等人[54] 用垂直悬浮区熔法制造具有高度 η-型织构的 $Fe_{81.6}Ga_{18.4}$ 合金棒状样品（$\phi 6.35$mm，长 50.8mm）。晶体生长态样品为 A1，与经过 625℃、-100MPa 应力退火处理 10min，恒应力炉冷至室温样品为 A2，然后在 $-1.4 \sim -96.5$MPa 压力下测量磁极化强度 J_s(T) 和轴向磁致伸缩应变 λ_s 与磁化场的关系曲线，分别见图 5-69 与图 5-70。比较这两个图可以看出：

（1）应力退火处理前后样品的饱和磁极化强度 J_s 不变，仅是相对磁导率 μ_{rec} 有变化。

（2）样品饱和磁致伸缩应变 λ_s 的最大值也没有变化。

（3）应力退火后在测量时，当测量时施加的压应力较低时，λ_s 有所提高，例如，在测量时施加的压应力为 $-1.5MPa$、$6.9MPa$、$13.8MPa$ 时，其磁致伸缩应变分别比 A1 样品的 λ_s 高出 66%、34.6%、15.8%。这一点从图 5-71 看得更清楚。该图所示为 $Fe_{81.6}Ga_{18.4}$ 合金具有高度 η-型织构的不同状态的棒状样品的磁致伸缩应变的测量值与测量时施加应力的关系。经过应力退火后，样品性能的变化除了上述 3 点外，由图 5-71 还可以看出：

1）任何状态的样品在大于 $-30MPa$ 的压应力测量时，其饱和磁致伸缩应变 λ_s 都是相同的。

2）在大于 $-100MPa$ 压应力退火后，样品在测量时，不加压应力下，就可以获得最大的 λ_s。

3）在 625℃、$-100MPa$ 应力退火处理 10min 的样品，可以承受 20MPa 的拉伸力。若在 625℃、$80\sim150MPa$ 应力退火处理 20min 的样品，可承受约 30MPa 的拉伸力（图 5-71b）。样品承受拉伸应力的数值，又随着应力退火处理时的压应力的增加而增加的趋势。在拉伸应力下工作可使 Fe-Ga 合金产生新的功能特性和新的用途。

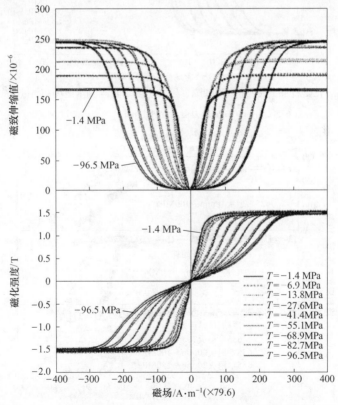

图 5-69　$Fe_{81.6}Ga_{18.4}$ 未经应力退火处理的样品 A1 的磁致伸缩应变 λ、磁极化强度 J_s 与测量磁场和测量应力的关系曲线[54]

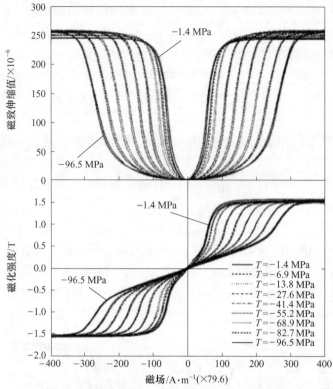

图 5-70　$Fe_{81.6}Ga_{18.4}$ A2 样品的磁致伸缩应变 λ、磁极化强度 J_s 与测量磁场和测量应力的关系曲线[54]

（经过 625℃、−100MPa 应力退火处理 16min，恒应力炉冷至室温）

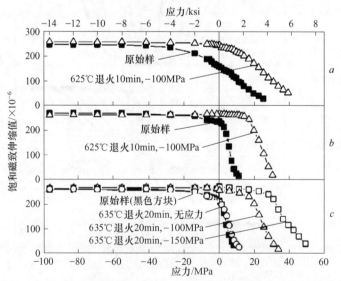

图 5-71　$Fe_{81.6}Ga_{18.4}$ 合金具有高度 η-型织构的不同状态的棒状样品的

磁致伸缩应变的测量值与测量时施加应力的关系[54]

5.12.2.2　应力退火处理对具有高度 η-型织构切片叠层粘结棒状样品性能的影响

Yoo 等人[55]用 FSZM 区熔法将 Fe-Ga 合金制造出具有高度 η-型织构的圆棒，然后沿平行轴向切成片状，用黏结剂将片状样品再黏结成叠层圆柱状样品，并在平行轴向进行应力处理，合金成分与压应力退火工艺列于表 5-21。进行应力退火处理时，为了防止片状样品弯曲变形，做了专用的夹具，详见文献 [56]。经过表 5-21 中的工艺进行应力退火处理前后，样品的磁致伸缩应变与测量时预压应力的关系见图 5-72。经对比可以看出，应力退火处理前，在测量时不施加压应力，所得的 λ_s 小于 200×10^{-6}，原因是样品的磁矩不完全沿样品轴的垂直方向（即径向）排

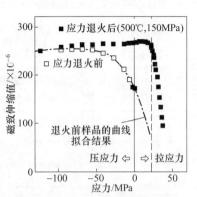

图 5-72　样品 A 应力退火前和应力退火处理后的 λ_s 与测量应力的关系[55]

列；随测量压应力的提高，垂直轴向的磁矩逐渐增加，导致样品的 λ_s 逐渐增加，直到测量压应力达到 -100MPa，样品的大部分磁矩（约 98% 以上）已转向与样品轴向垂直的方向，导致样品 90° 畴转动，从而获得最大的磁致伸缩应变值，即 $\lambda_s=250\times10^{-6}$。

表 5-21　叠片柱状样品的成分与应力退火工艺

样品	成分/at.%	尺寸/mm×mm	片的层数	应力退火工艺条件
A	$Fe_{81.6}Ga_{18.4}$	$\phi6.35\times50$	6	500℃，-150MPa，30min，恒压应力炉冷到室温
B	$Fe_{80.5}Ga_{19.5}$	$\phi6.35\times50$	9	500℃，-200MPa，30min，恒压应力炉冷到室温

A 样品经过 500℃，-150MPa 应力退火 30min，恒应力下炉冷至室温，样品形成一个感生单轴各向异性。在该各向异性的作用下，样品 98% 以上的磁矩已与轴向垂直。在测量时，不加压应力，磁矩就会转动 90°，转向与样品轴向平行的方向。因此可在零压力下测量就可获得 λ_s（最大值）$=250\times10^{-6}$。经模拟计算可获得样品的各项参数，列于表 5-22。表中 $\mu M_s=J_s$ 是饱和磁极化强度，λ_s 为饱和磁致伸缩系数，$K_{立方}$ 为立方磁晶各向异性常数，$K_{单轴}$ 为应力退火感生的单轴各向异性常数，Ω 为拟合 B-H、λ-H 曲线的引入的光滑参数，$T_{建立}$ 的大小与应力退火处理感生的单轴异性常数 $K_{单轴}$ 成正比。

表 5-22　不同成分和不同状态的样品经应力退火前后各项性能参数

样品成分	应力退火工艺条件	μM_s /T	λ_s /×10^{-6}	$K_{立方}$ /kJ·m^{-3}	$K_{单轴}$ /kJ·m^{-3}	Ω /kJ·m^{-3}	$T_{建立}$ /MPa	E /G
A $Fe_{81.6}Ga_{18.4}$	应力退火前 （原始态）	1.4	261.3	-13.5	1.6	1.6	6.2	—
SA1 $Fe_{81.6}Ga_{18.4}$	500℃，-150MPa， 30min 恒应力，炉冷	1.4	277.1	-13.6	7.2	1.7	25.8	—
B（SA2） $Fe_{80.5}Ga_{19.5}$	500℃，-200MPa， 30min 恒应力，炉冷	1.5	241.9	-10.9	11.2	0.9	44.6	—
C_1 $Fe_{87.5}Ga_{12.5}$[①]	600℃，-200MPa， 20min 恒应力，炉冷	1.75	166.0	-40.3	3.61	—	—	97.0
C_2 $Fe_{81.6}Ga_{18.4}$[①]	600℃，-219MPa， 20min 恒应力，炉冷	1.61	262.0	-13.4	13.61	—	—	75.0
C_3 $Fe_{78}Ga_{22}$[①]	600℃，-200MPa， 20min 恒应力，炉冷	1.34	132.0	-1.32	1.86	—	—	67.0

①引自文献［57］。

5.12.3　Fe-Ga 应力退火处理感生的单轴各向异性的来源与模拟计算

5.12.3.1　应力退火处理感生的单轴各向异性的来源

先前的研究工作已经指出，Fe-Ga 合金样品经应力退火处理后会感应产生单轴各向异性，但没有说明单轴各向异性的来源。Du 等人[58]用布里奇曼法制造 $Fe_{80.5}Ga_{19.5}$ 合金单晶，随后在 1000℃ 热处理 168h，随后炉冷（10℃/min），切取 ϕ6mm 圆棒，使圆棒轴向沿着［010］方向。在 600℃、-100MPa 进行应力退火，在恒应力下炉冷（10℃/min）至室温，用同步加速器的透射 X 射线仪进行测试，其实验装置如图 5-73 所示。应力退火时，压应力

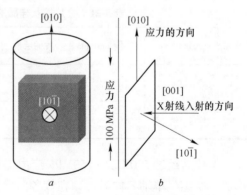

图 5-73　样品的晶体学关系
a—样品的晶体方向与应力退火时应力的方向；b—X 射线入射的方向

方向沿着样品的轴向。测量结果表明单轴各向异性常数 $K_{单轴}$ = 1.6kJ/m³，相应样品产生了 $T_{建立}$ = 5.1MPa 拉伸应力。但 X 射线分析发现，该样品存在 A2+DO₃ 两相，DO₃ 相为长程有序相，并观察到很强、很尖锐的 DO₃ 超结构衍射峰，然而样

品没有 SRO 和短程有序各向异性。DO₃ 沉淀相与 A2 相是非共格的，是各向同性的，不存在结构各向异性，DO₃ 相的 LRO 与磁单轴各向异性也没有关联。

实验结果表明，应力退火产生的单轴各向异性可能来自磁矩（磁畴）的各向异性，它与合金基底的显微结构没有关系。

5.12.3.2　应力退火处理单晶棒状样品性能的模拟计算

A　单轴各向异性的物理意义

基于上述的实验结果，Restorff 等人[59]提出一个磁矩转动模型，如图 5-74 所示。对于 bcc 结构来说，在热退磁状态，为降低退磁场能，磁矩沿着 100、$\overline{1}$00、010、0$\overline{1}$0、001 和 00$\overline{1}$ 六个晶体方向均匀分布，并形成闭路回路，没有退磁场能，处于能量最低的稳定态，样品在 600℃、−100MPa（沿着<001>方向）退火处理 20min，随后在恒应力状态炉冷至室温。为了降低磁弹性能，在应力退火的整个

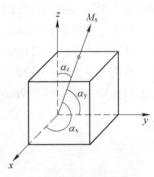

图 5-74　磁矩转动的模型

过程中，磁矩将转向与［001］轴垂直的 010、0$\overline{1}$0、100、和 $\overline{1}$00 晶体方向。因为这 4 个晶体学方向既是易磁化方向，又是应力作用下产生弹性应变，磁矩转动到这些方向的磁弹性能最低。应力退火后磁矩就被固定在与［001］轴垂直方向上，从而形成单轴各向异性。

当样品在磁场中磁化时，假定磁矩 M_s 方向与晶体轴 x、y、z 夹角的方向余弦分别为 α_x、α_y、α_z，则系统的总能量为：

$$E = -\mu_0 M_s H \alpha_z + K_{立方}(\alpha_x^4 + \alpha_y^4 + \alpha_z^4) + K_{单轴}\alpha_z^2 + \lambda_{sat} T \alpha_z^2 + \cdots \quad (5\text{-}10)$$

式中，M_s、$K_{立方}$、$K_{单轴}$、λ_{sat} 分别为样品的饱和磁化强度、立方晶体的磁晶各向异性常数、应力退火处理产生的感生单轴各向异性常数、饱和磁致伸缩应变。

对一定成分和状态的样品来说，上述这些常数均可通过实验来测定。式（5-10）中第一项是静磁能，第二项是立方晶体的各向异性能，第三项是感生单轴各向异性能，第四项是应力能，它是磁弹性能的一种。

B　λ-H 和 B-H 关系曲线的模拟计算

Restorff 等人[59]提出取式（5-10）的能量最小值的原理。在 Armstrong[60]针对 Terfenol-D 的 λ-H 和 M-H 关系曲线计算模型的基础上，提出了 Fe-Ga 样品的 λ-H 和 M-H 关系曲线，即

$$S = \left[\sum_i S_i \exp\left(-\frac{E_i}{\Omega}\right) \right] \Big/ \left[\sum_i \exp\left(-\frac{E_i}{\Omega}\right) \right]$$

$$M = \left[\sum_i M_i \exp\left(-\frac{E_i}{\Omega}\right) \right] \Big/ \left[\sum_i \exp\left(-\frac{E_i}{\Omega}\right) \right] \quad (5\text{-}11)$$

式中，$S_i = \lambda_{sat}\alpha_z^2$，$M_i = M_s\alpha_z$，$\Omega$ 为修正参数，即 S-H 或 M-H 非线性曲线的光滑系数。

利用式（5-11）可模拟计算样品的 S-H 和 M-H 关系曲线。但是这是非线性的复杂计算，取式（5-11）的能量最小值后，常常会导致 S-H 和 M-H 关系曲线出现尖锐角，呈不连续性，即出现非物理意义的角。为避免这种不连续性，Restorff 等提出应采用加权平均数，并规定 α 在空间的等间距值。

基于上述考虑，Restorff 等人[59]用 $Fe_{81.6}Ga_{18.4}$ 合金具有高度 η-型织构圆柱样品，并经过 635℃、−219MPa 应力退火处理 20min，在恒应力条件下炉冷至室温后，利用式（5-11）模拟计算了其 λ-H 和 M-H 关系曲线，见图 5-75。实验结果与模拟计算结果大体一致。

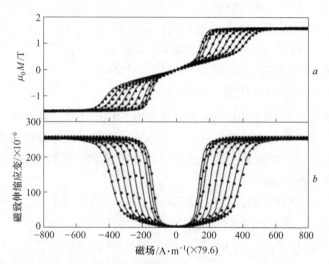

图 5-75　$Fe_{81.6}Ga_{18.4}$ 合金具有高度 η-型织构圆柱样品，并经过 635℃、−219MPa 应力退火处理 20min，在恒应力条件下炉冷至室温后，其 λ-H 和 M-H 关系曲线[59]

C　应力退火处理感应产生的拉伸应力 $T_{建立}$ 的计算

Restorff 等人[59]提出 Fe-Ga 合金经应力退火处理后，在样品内建立拉伸应力区与应力退火处理感生的单轴各向异性常数 $K_{单轴}$ 的大小有关，并提出用下式来计算样品内建立的拉伸应力 $T_{建立}$ 的大小，即

$$T_{建立} = K_{单轴}/\lambda_{sat} \tag{5-12}$$

例如，具有高度 η-型织构的 $Fe_{81.6}Ga_{18.4}$ 合金圆柱样品，经过 635℃、−219MPa 应力退火处理 20min，在恒应力条件下炉冷前后，经实验测定样品的 $K_{单轴} = -0.45\ kJ/m^3$、$\lambda_{sat} = 263\times10^{-6}$（炉冷前）；$K_{单轴} = 13.6kJ/m^3$、$\lambda_{sat} = 62\times10^{-6}$（炉冷后），代入式（5-12）计算，可知该样品的应力退火前、后的 $T_{建立}$ 分别为 −1.7MPa 和 51.9MPa，表 5-22 中的 $T_{建立}$ 就是用该式计算的。

D 应力退火前、后 Fe-Ga 样品的相对磁导率 μ_{rel}、常数 d、磁机械耦合常数 k_{33} 的模拟计算

Wun-Fogle 等人[57]根据式（5-10）和式（5-11）计算得到 M_i、H_i 和 S_i（即 λ_i）的数值，并在恒 B（磁感应强度）下测出样品的杨氏模量 E^B，见表 5-22（在磁场为 80kA/m、0.8MPa<T<152MPa 条件下测量），并将这些数据代入式（5-13）、式（5-14）、式（5-15），就可以计算出应力退火前后样品的 μ_{rel}、d 常数和 k_{33} 的数值，以及它们与测量磁场 H、测量应力之间的关系，其结果分别见图 5-76 和图 5-77。

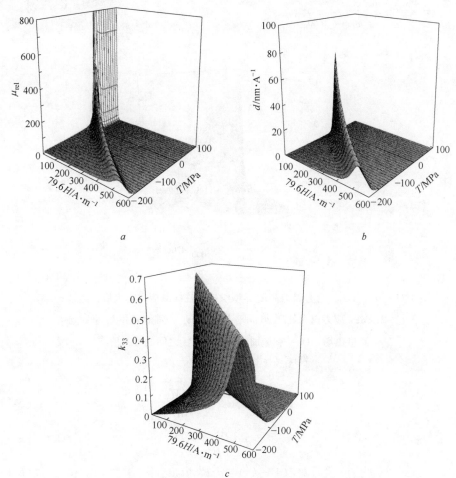

图 5-76 Fe$_{81.6}$Ga$_{18.4}$ 合金具有高度 η-型织构圆柱样品的 μ_{rel}、常数 d 和

k_{33} 与测量磁场（Oe）和施加应力（MPa）的关系[57]

a—相对磁导率；b—d 常数；c—k_{33}常数

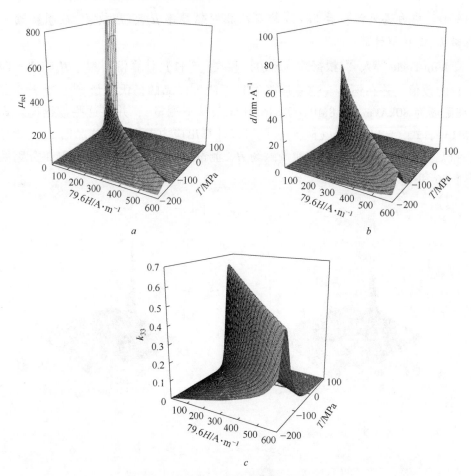

图 5-77　$Fe_{81.6}Ga_{18.4}$ 合金具有高度 η-型织构圆柱样品应力退火后，经过 635℃、

-219MPa 应力退火处理 20min，样品的 μ_{rel}、常数 d 和 k_{33} 系数与

测量磁场（Oe）和施加应力（MPa）之间的关系值[57]

a—相对磁导率；b—d 常数；c—k_{33} 系数

$$(\mu_{rel} - 1)\mu_0 = \mu_0 \frac{\mathrm{d}M}{\mathrm{d}H} \qquad (5\text{-}13)$$

$$d = \frac{\mathrm{d}S}{\mathrm{d}H} \qquad (5\text{-}14)$$

$$k^2/(1 - k^2) = d^2 E^B/\mu_0\mu_{rel} \qquad (5\text{-}15)$$

要特别强调指出，这里 d 为压磁常数，$d = \mathrm{d}S/\mathrm{d}H$，是从压电陶瓷材料那里引申过来的说法，实际上它是磁致伸缩应变 λ 对磁化场的变化率。本书称其为 d 常数或称磁致伸缩应变对磁化场的变化率。比较图 5-76 和图 5-77 可知，该合金样品经应力退火前和应力退火后，样品的相对磁导率 μ_{rel}、d 常数（磁致伸缩应

变对磁化场的变化率)、磁机械耦合常数 k_{33} 发生了变化,详见表 5-23。可见,应力退火处理可改善 Fe-Ga 合金的磁致伸缩性能。

表 5-23　具有高度 η-型织构的 $Fe_{81.6}Ga_{18.4}$ 合金圆棒样品
经应力退火处理前、后的性能变化

性　能	应力退火前	应力退火后
相对磁导率 μ_{rel}	1. 低磁场下,μ_{rel} 超过 800; 2. 随测量磁场增加,μ_{rel} 峰值急剧地降低; 3. 在拉伸力区,μ_{rel} 为零	1. 低磁场下,μ_{rel} 超过 800; 2. 随测量磁场增加,μ_{rel} 峰值急剧地降低; 3. 在拉伸力区,在测量磁场为 200Oe 时,仍有较高的 μ_{rel}
常数 d	1. 在测量磁场约 30Oe 以下,d 可为 65~70nm/A; 2. d 的峰值随测量磁场和测量应力的增加而急剧降低; 3. 在拉伸力区,d 常数几乎为零	1. 在测量磁场约 23.90A/m 以下,d 常数约为 60nm/A; 2. d 的峰值随测量磁场和测量应力的增加而降低; 3. 在测量磁场约 11.94kA/m 以下,可维持 40~60nm/A,说明应力退火在样品内建立了拉伸应力区
磁机械耦合常数 k_{33}	1. 在低磁场(约 80Oe 以下),可达到 0.68; 2. k 的峰值随测量磁场和测量应力的增加,缓慢降低; 3. 在拉伸力区,k 几乎为零	1. 在低磁场(约 63.6kA/m 以下)和拉伸力(50~60MPa)条件下,k 值可达到 0.65; 2. 随测量磁场和测量应力的增加,k 的峰值缓慢降低; 3. 存在明显的拉伸应力区,在测量磁场为 159.2kA/m,拉伸力为 10MPa 条件下,k 值可达到 0.4

注:磁场的 SI 单位为 A/m,1Oe = 79.6A/m。

5.12.4　Fe-Ga 合金的磁场退火处理

5.12.4.1　磁场退火工艺

Yoo 等人[61,62] 和 Brooks 等人[63] 先后把单晶取向圆片(见图 5-78a)和具有高度 η-型织构的 $Fe_{81.6}Ga_{18.4}$ 合金圆柱(尺寸为 ϕ6.35mm× 50.8mm)(见图 5-78b)以及具有高度 η-型织构的 $Fe_{82}Ga_{18}$、$Fe_{82.5}Ga_{17.5}$ 合金圆柱的切片样品(尺寸为(30.2~51.0)mm×(6.31~6.38)mm×(0.48~0.51)mm)(见图 5-78c),在磁场中做退火处理。磁场强度为 0.8~1.27T,退火温度为 300~550℃,退火时间为 1~3h,随后在恒磁场中炉冷至室温。其中图 5-78b 和 c 所示为磁场退火时,磁场方向与晶体学的关系是大体上的,不够精确。磁场是电磁场或恒磁场。

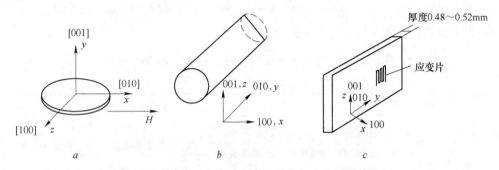

图 5-78 磁场退火处理样品晶体方向与磁场方向的关系

a—Fe$_{82.5}$Ga$_{17.5}$合金单晶圆片状样品 $H//[010]$；

b—具有高度 η-型织构的 Fe$_{81.6}$Ga$_{18.4}$合金圆棒状样品 $H//[100]$；

c—具有高度 η-型织构的棒切成方片样品 $H//[010]$

5.12.4.2 Fe-Ga 磁场退火后形成的单轴各向异性

Fe-Ga 合金磁场退火后，在样品内形成单轴各向异性的原理与应力退火相同。下面以图 5-78a 所示单晶圆片磁场退火处理为例，说明其单轴各向异性的形成。Fe-Ga 为 bcc 结构，单晶体的 [100]、[010]、[001] 三个方向均为易磁化方向。沿着三个方向的磁化曲线是重叠的，也就是说，沿这三个方向磁化的磁化功是相同的。当沿 [010] 方向施加磁场进行磁场退火处理时，单晶体的所有磁矩都转动到 [010] 方向（因为这时样品具有最低的静磁能），并在 [010] 方向产生磁致伸缩应变。当在恒磁场中炉冷至室温时，磁致伸缩应变 ε_{010}（或 λ_{010}）就固定下来。这样样品的 [010] 方向就成了易磁化方向。而与 [010] 方向垂直的 [100] 和 [001] 方向就成了难磁化方向。也就是说，经磁场退火处理后，立方结构的样品就变成了单轴各向异性。转矩测量结果就证明了这一点。

图 5-79 所示为 Fe$_{82.5}$Ga$_{17.5}$合金取向单晶样品磁场退火前和磁场退火后的磁致伸缩应变 λ 随 θ 角的变化曲线。图中有上、中、下三条曲线，中间的那条曲线是磁场退火处理前样品的曲线。λ 随 θ 角的变化大体上是正弦波形曲线。说明它是立方晶体的各向异性。上边的那条曲线是磁场退火时，磁场沿 [010] 方向进行磁场退火（500℃、12kOe、3h，恒磁场炉冷到室温）后，样品的 λ 与 θ 角的关系曲线。当 θ=0°、180°、360°时，$λ_{//}$有最大值，当 θ=90°、270°时，$λ_{//}$的数值接近零。与未经磁场退火的样品相比，整个 λ-θ 关系曲线向上移，说明它形成了单轴各向异性。下面的那条曲线是磁场退火时，磁场沿 [100] 方向，磁场处理后所得到的 λ-θ 关系曲线，正好与上面那条曲线相反。在 θ=0°、180°、360°时，$λ_{//}$为零，而在 θ=90°、270°时，$λ_{//}$接近最大值，与未经磁场退火的样品相比，整个 λ-θ 关系曲线向下移动。从另一侧面说明，磁场退火后样品内形成了单轴各向异性。

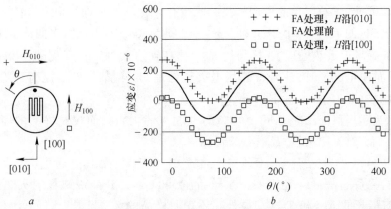

图 5-79　$Fe_{82.5}Ga_{17.5}$ 合金取向单晶样品磁场退火前后的磁致伸缩应变随测量角的变化[61]

a—取向单晶体圆片状样品的晶体方向与磁场退火时磁场方向的关系；b—样品磁场退火前和磁场退火后磁致伸缩应变测量值与测量角度 θ 的关系曲线（测量磁场为 8kOe）

5.12.4.3　样品单轴各向异性常数的确定

Fe-Ga 单晶取向样品经磁场退火后与应力退火处理后是相同的，均形成了单轴各向异性。单轴各向异性样品的能量也符合式（5-10）的规律。磁场退火处理后在样品建立的拉伸应力 $T_{建立}$ 也用式（5-12）来计算。另外可用 VSM 测量不同磁场下的转矩，或磁化功与立方晶体转动角度的关系，运用非线性曲线拟合程序来计算单轴各向异性常数 $K_{单轴}$ 与测量磁场的关系，得到的结果分别见图 5-80 和

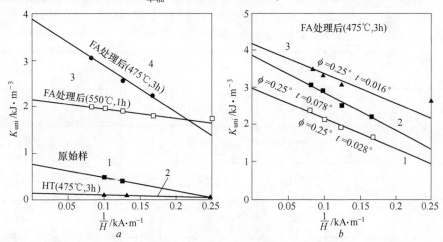

图 5-80　用 VSM 测量转矩并拟合计算得到的经不同退火处理样品的单轴各向异性常数 K_{uni}

a—表 5-24 中的 B 样品，曲线外推至无限大磁场时，与纵坐标的截距为 K_{uni} 中 1 曲线是原始态样品，2 是在 475℃、3h 的样品（不加磁场），3 是 550℃、955kA/m 磁场退火热处理 1h 样品，4 是 475℃、955kA/m 磁场退火热处理 3h 样品；b—表 5-24 中的 B、C、D 样品，其中 1 为 ϕ6.35mm，厚度为 2mm；2 为 ϕ6.35mm，厚度为 0.7mm；3 为 ϕ6.35mm，厚度为 0.4mm

表 5-24。可见，Fe-Ga 单晶取向样品的原始态（磁场退火前）和 475℃（不加磁场）退火 3h 的 $K_{单轴}$ 均小于 1.0kJ/m^3（见图 5-80a 中的 1 和 3 曲线）。550℃、955kA/m 磁场退火热处理 1h 样品的 $K_{单轴}$ 提高到约 2.1kJ/m^3（见图 5-80a 中的 3 曲线）。而在 475℃、955kA/m 磁场退火热处理 3h 样品的 $K_{单轴}$ 提高到约 3.8kJ/m^3（见图 5-80a 中的 4 曲线）。说明磁场退火时间长有益于 $K_{单轴}$ 的提高。图 5-80b 所示为磁场退火工艺相同（475℃、955kA/m、3h）而仅是样品的厚度不同的 $K_{单轴}$，似乎薄一些的样品有利于提高 $K_{单轴}$。

表 5-24 所示为磁场退火工艺与样品的 λ_{sat}、$K_{单轴}$、ΔA_{MH}（磁化功）与磁场退火时间的关系。表 5-24 还表明，A 样品在 500℃、955kA/m 磁场退火热处理 1h 后，具有最高的 K_{uni} 和 $T_{建立}$，另外，还表明样品的 λ_{sat} 与退火时间及样品厚度（t）的关系没有明显的规律。

表 5-24　Fe$_{82.5}$Ga$_{17.5}$ 合金具有高度 η-型织构圆片状样品（ϕ6.3mm，厚度为 t mm）
经过磁场为 955kA/m 不同温度、不同处理时间后，恒磁场冷却至室温，测量样品的
λ_{sat}、$K_{立方}$、$K_{单轴}$、ΔA_{MH} 和 $T_{建立}$ 的拉伸力

磁场退火处理条件	样品厚度 t/mm	λ_{sat} /×10^{-6}	$K_{立方}$ /kJ·m^{-3}	$K_{单轴}$ /kJ·m^{-3}	ΔA_{MH} /kJ·m^{-3}	$T_{建立}$ /MPa
475℃，1h	A (t=2.0)	231.3	-22.9	2.94	1.11	-12.3
	D (t=1.4)	212.9	-20.7	2.60	2.19	-12.2
500℃，1h	A (t=2.0)	213.5	-23.2	4.24	1.58	-19.9
	D (t=1.4)	218.4	-21.4	3.21	2.40	-14.7
550℃，1h	A (t=2.0)	241.7	-23.2	3.10	0.56	-12.8
	B (t=2.0)	270.9	-19.7	2.14	—	-7.9
	D (t=0.4)	197.1	-22.5	3.76	2.22	-19.1
475℃，3h	B (t=2.0)	282.5	-19.8	3.88	2.25	-13.7
	C (t=0.7)	271.1	-20.5	2.98	1.11	-11.0
	D (t=0.4)	223.5	-19.4	3.83	3.14	-18.6
550℃，3h	B (t=2.0)	276.7	-20.0	0.64	1.10	-2.3

5.12.5 Fe-Ga 合金磁场退火与应力退火结果的比较

Brooks 等人[63]用定向凝固法对 $Fe_{81.6}Ga_{18.4}$ 制备了具有高度 η-型织构的圆棒，其尺寸为 $\phi6.3mm\times50.8mm$，在磁场为 1T、300~700℃处理一定时间后，恒磁场中炉冷至室温，测量和模拟计算其 $\lambda\text{-}H$ 曲线和 $B\text{-}H$ 曲线。图 5-81 和图 5-82 所示分别为不加压力测量的三种样品的 $\lambda\text{-}H$ 曲线和 $B\text{-}H$ 曲线。由这两个图可以得出三种样品的磁性能参数，列于表 5-25。可见，原始态样品具有高度 η-型织构，但仍是立方结构各向异性，而经磁场退火和应力退火后，样品产生了单轴各向异性。应力退火处理的样品的 $K_{单轴}$（14.6kJ/m³）比磁场退火处理的 $K_{单轴}$（1.8kJ/m³）

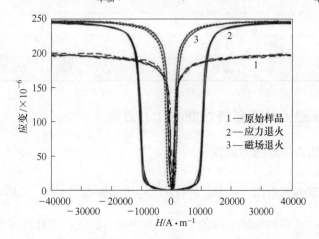

图 5-81　$Fe_{81.6}Ga_{18.4}$ 合金具有高度 η-型织构的圆棒不加压力测量的三种样品的 $\lambda\text{-}H$ 曲线[63]

（尺寸为 $\phi6.3mm\times50.8mm$）

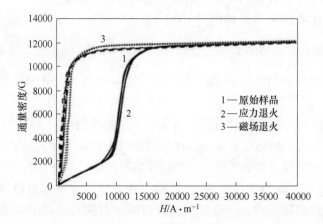

图 5-82　$Fe_{81.6}Ga_{18.4}$ 合金具有高度 η-型织构的圆棒不加压力测量的三种样品的 $B\text{-}H$ 曲线[63]

（尺寸为 $\phi6.3mm\times50.8mm$）

高 7 倍。但应力退火样品的饱和磁场 H_s 比磁场退火样品的 H_s 高 1.2 倍。原始态样品不能在拉伸力下工作，而应力退火处理的样品可承受 62.3MPa 的拉伸力，磁场退火样品仅能承受 6.2MPa 的拉伸力。

表 5-25　$Fe_{81.6}Ga_{18.4}$ 合金具有高度 η-型织构圆棒样品（ϕ6.3mm×50.8mm）原始态、
应力退火态和磁场退火态样品的各项性能比较

性　能	原始态	应力退火态	磁场退火态
$\lambda_{sat}/\times10^{-6}$	200（$-\sigma$=0MPa）	290（$-\sigma$=0MPa）	286（$-\sigma$=0MPa）
$H_s/kA \cdot m^{-1}$	~8.0	~18.0	~8.0
$K_{单轴}/kJ \cdot m^{-3}$	—	14.6	1.8
$T_{建立}/MPa$	0	62.3	6.2
B_s/T	1.2	1.2	1.2
工作状态是否需要压应力	需要	可在零压应力下工作	可在零压应力下工作

5.13　Fe-Ga 磁致伸缩材料性能的压力效应

5.13.1　研究压力效应的必要性

在 3.3.1 节中已指出，$\frac{3}{2}\lambda_{100}$ 是 bcc 结构单晶体沿 [100] 晶体方向磁致伸缩应变的理论值，或称为物理上限值。它的大小由材料的三个物理因素决定：

（1）电子轨道磁矩之间的相互作用。

（2）电子轨道磁矩与电子自旋磁矩之间的耦合作用。

（3）上述两个相互作用与材料磁弹性能相互耦合作用。

当沿单晶体或取向多晶体的 [100] 方向测量 λ_s 时，样品的 λ_s 总是小于 $\frac{3}{2}\lambda_{100}$ 值。实际上，样品的 λ_s 能达到其理论值 $\left(\frac{3}{2}\lambda_{100}\right)$ 的程度与实际样品的 90° 畴结构的百分数和畴结构运动的状态有关。这一点在 3.7 节中已经做了详细的叙述。

既然 λ_s 值与样品的畴结构有关，λ-H、B-H 曲线的形状，d_{33} 与 k_{33} 的大小也就与样品的畴结构和畴运动有关，而样品的畴结构和畴运动状态又受到压缩应力的影响，因此可以通过调节压应力来控制样品的性能。在材料的应用过程中，为获得最大的 λ_s 值，适当提高 B 值和 d_{33} 值，在设计磁致伸缩材料器件（如驱动器、传感器或振动器）时，一般要施加适当的压缩应力（对于 λ 为正的材料）。因此，需要详细地研究磁致伸缩材料性能的压应力效应，包括压缩应力对 λ-H、B-H 曲线形状的影响。

5.13.2 Fe-Ga 合金单晶体<100>晶向的压应力效应

Atulasimha 和 Flatau 等人[64]系统地研究了 $Fe_{100-x}Ga_x$（$x = 19at.\%$、$24.7at.\%$ 和 $29at.\%$）三种成分单晶体沿<100>方向的 λ-H 和 B-H 曲线的压应力效应。这三种成分的数值 x 分别对应 $Fe_{100-x}Ga_x$ 合金单晶体的 $\frac{3}{2}\lambda_{100-x}$ 关系曲线的两个峰值与谷值。研究结果分别如图 5-83、图 5-84 和图 5-85 所示。实验样品的尺寸为 $\phi 6.35mm \times 35mm$ 单晶，其<100>沿棒状样品的轴向。样品用改进的布里奇曼法制造。晶体生长速度为 2mm/h，经 1000℃、168h 退火处理（其中 29at.%Ga 样品经 800℃、168h 退火），以 10℃/min 的速度冷却到室温，λ-H 和 B-H 曲线在恒温和准静态（磁场变化速度为 0.01Hz）下进行测量。

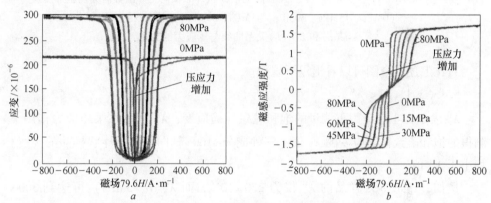

图 5-83　19at.%Ga-Fe 合金单晶，其<100>方向沿棒状样品轴向，并沿轴向分别施加压应力
（0MPa、15MPa、30MPa、45MPa、60MPa 和 80MPa）时测量得到的
λ-H（a）和 B-H（b）关系曲线与压应力的关系

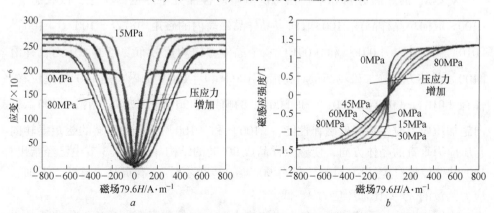

图 5-84　24.7at.%Ga-Fe 合金单晶，其<100>方向沿棒状样品轴向，并沿轴向分别施加压应力
（0MPa、15MPa、30MPa、45MPa、60MPa 和 80MPa）时测量得到的
λ-H（a）和 B-H（b）关系曲线与压应力的关系

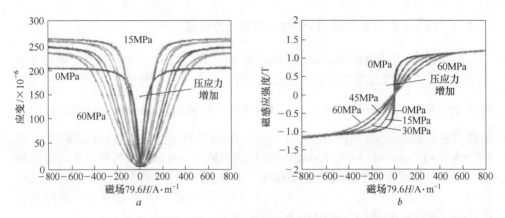

图 5-85 29at.%Ga-Fe 合金单晶，其<100>方向沿棒状样品轴向，并沿轴向分别施加压应力
（0MPa、15MPa、30MPa、45MPa、60MPa）时测量得到的
λ-$H(a)$ 和 B-$H(b)$ 关系曲线与压应力的关系

对比上述三个图可以看出以下规律。

5.13.2.1 $\lambda_s^0 < \lambda_s^\sigma$

λ_s^0 表示在零压应力下测量的饱和磁致伸缩应变，λ_s^σ 表示在某压应力作用下测得的饱和磁致伸缩应变的 λ_s 值。三种成分<100>轴向取向圆棒状样品的 λ_s^0 值均小于 λ_s^σ 值。

例如，19at.%Ga 样品的 λ_s^0 仅为 220×10^{-6}，而 $\lambda_s^\sigma(\sigma>5\mathrm{MPa})$ 可达到 300×10^{-6} 以上；24.7at.%Ga 样品的 λ_s^0 仅为 200×10^{-6}，而 $\lambda_s^\sigma(\sigma>15\mathrm{MPa})$ 均大于 275×10^{-6} 以上；29at.%Ga 样品也是如此。

$\lambda_s^0 < \lambda_s^\sigma$ 的原因分析如下：在每次测量时样品处于热退磁状态，该状态下，<100> 取向单晶样品或<100>取向多晶样品磁畴内的磁矩均沿着 $[100]$、$[\bar{1}00]$、$[010]$、$[0\bar{1}0]$、$[001]$ 和 $[00\bar{1}]$ 六个晶体方向均衡分布。当不加压力，并沿 $[100]$ 晶体方向施加磁场测量时，沿 $[100]$ 和 $[\bar{1}00]$ 的磁畴是 180°畴壁位移，仅有 $[010]$、$[0\bar{1}0]$、$[001]$ 和 $[00\bar{1}]$ 的畴壁是 90°畴壁位移。当沿 $[100]$ 方向施加压应力时，为降低磁弹性能，$[100]$ 和 $[\bar{1}00]$ 方向的磁畴的磁矩要转向与压应力垂直的晶体方向，使整个样品成 90°畴的结构。在 3.7.3 节中已经指出，180°畴壁位移对 λ_s 没有贡献，仅有 90°畴的转动才对 λ_s 有贡献。显然，不加压应力测量的 λ_s^0 要比加压应力 λ_s^σ 低。

由图 5-83b 也可以看出，在不施加应力时，在低磁场区，B-H 磁化曲线几乎没有弯曲点，并在低磁场迅速地磁化到饱和。因为 19at.%Ga 样品的磁晶各向异性很低，在零压应力下，又没有应力各向异性，它同时存在 180°畴和 90°畴，因而在低磁场区就可以迅速磁化到饱和。

5.13.2.2　最佳压应力和 λ_s 与 σ 的关系

上节所述的三种成分样品的 λ-H 曲线的变化趋势是相同的。在一定压应力和压应力范围内样品的磁致伸缩应变达到一个饱和值 λ_s，称为最大值。当样品的 λ 达到最大值时所需要的最小压应力称为最佳压应力（从本质上说，它是使样品的 180°畴全部转化为 90°畴所需要的压应力）。上述三个图表明，三个样品的最佳压应力均小于 15MPa。热退磁状态棒状样品的磁畴多数倾向于沿棒状样品轴向形成 180°畴，少数为 90°畴。当沿棒状样品轴向施加压应力时，在弹性能驱动下，180°畴要逐渐全部转化为 90°畴。此时沿棒状样品轴向施加压应力测量，样品全部都是 90°畴转动，所以就会获得最大磁致伸缩应变值 λ_s。

Liu 等人[65]在更宽的压应力范围内研究了 19at.%Ga-Fe 合金的 [100] 轴向取向单晶的 λ_s 与压应力的关系。其结果见图 5-86。可见，λ_s 与压应力的关系存在两种情况：在 0~90MPa 的低压应力范围内，随着压应力的增加，λ_s 逐渐增加。例如，在 0MPa 时，λ_s 为 98×10^{-6}，当压应力分别增加到 26MPa、39MPa 和 52MPa 时，λ_s 分别增加到 228×10^{-6}、300×10^{-6} 和 320×10^{-6}，它的最佳压应力为 52MPa。当压应力增加到大于 90MPa 以上时，λ_s 值随压应力的增加有所降低。例如，当压应力增加到 431MPa 时，λ_s 已降低到 270×10^{-6} 左右。图 5-86 中的最

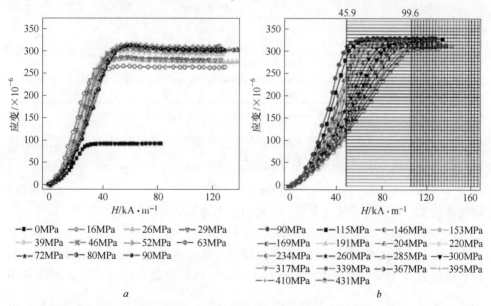

图 5-86　19at.%Ga-Fe 合金 [100] 轴向取向圆柱状样品（ϕ7.2mm×120mm）沿轴向
施加压应力，并测量 λ-H 关系曲线与压应力的关系
a—σ 为 0~90MPa；b—σ 为 90~431MPa

佳压应力与图 5-83 有所不同，可能与样品的热处理工艺、退磁状态和测量方法等因素有关。

三种成分样品 λ_s 与压应力 (σ) 的关系有所不同。19at.%Ga-Fe 样品在低压力区测量时，λ_s 由两部分来组成：一是有磁弹性耦合引起的磁致伸缩应变，二是纯弹性变形引起的应变。因此，总的磁致伸缩应变比较高一些。当施加压应力继续增加到足够大时，有可能会抑制纯弹性应变的发生，从而使 19at.%Ga-Fe 样品在高应力区的 λ_s 有所降低。

对于 24.7at.%Ga-Fe 和 29at.%Ga-Fe 合金样品，高压应力区时，λ_s 比低压应力区的 λ_s 小得更明显，其原因除了上述的两个元素以外，还可能与后两个样品存在复相（即 A2+DO$_3$ 或 DO$_3$+B2 相）有关。

5.13.2.3 饱和磁场 H_s 随压应力而增加，d_{33} 与压应力的关系

由 λ-H 曲线可以看出，开始阶段随测量磁场 H 的增加，λ 值线性增加，当 H 增加到某一定值 (H_s) 时，λ 就达到一个饱和值 λ_s，此时对应的磁场称为饱和磁场 (H_s)，表 5-26 所示为三种成分<100>轴向取向单晶圆柱状样品的 H_s 与测量时施加压应力的关系。

表 5-26 三种成分<100>轴向取向单晶圆柱样品，在不同预压应力
测量的磁致伸缩应变 ($\times 10^{-6}$)

合金成分 /at.%Ga	H_s/Oe	压应力/MPa					
		0	15	30	45	60	80
19	50	~100	~130	~190	~210	~400	
24.7	200	~210	~400	~500	~600	~600	
29	250	~400	~600	~700	~700	~700	

注：H_s 的数值是根据图 5-83、图 5-84 和图 5-85 读出的，是一个近似值。1Oe = 79.6A/m。

Liu 等人[65]认为，根据图 5-86 的结果，经拟合后可得到低压力区 λ 值随压应力的增加，H_s 与压力的关系是非线性的，即

$$H_s \propto (-\sigma)^{\frac{3}{2}} \tag{5-16}$$

称为曲线 I。在高应力区（II），H_s 随应力的增加呈线性关系，即

$$H_s \propto (-\sigma) \tag{5-17}$$

称为曲线 II。如图 5-87a 所示，两条曲线交点对应的磁场，就是在最佳压应力的饱和磁场 H_s。实验结果还给出了 19at.%Ga-Fe 样品的磁致伸缩应变 λ 对磁场 H 的变化率 $d_{33} = \left(\dfrac{\mathrm{d}\lambda}{\mathrm{d}H}\right)_{/\!/}$，$d_{33}$ 有时又称为压磁常数，此名称是从压电陶瓷材料引申过来的。它与压应力 σ 的关系，如图 5-87b 所示。可见，在最佳压应力（$\sigma = 52$MPa）附近 d_{33} 有最大值。在设计磁致伸缩器件（如驱动器、传感器、振动器）

时，应使器件在 d_{33} 对应的压应力（最佳压应力）下工作。

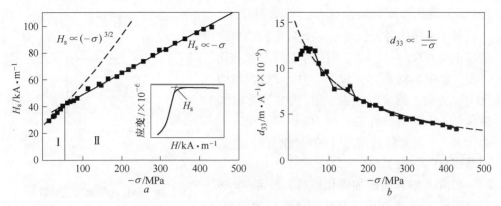

图 5-87　19at.%Ga-Fe 合金［100］轴向取向，并沿轴向加压力时测量的 H_s 值与压应力的
关系（a）和磁致伸缩应变 λ 对磁场的变化率即压磁常数 $d_{33} = \left(\dfrac{\mathrm{d}\lambda}{\mathrm{d}H}\right)_{/\!/}$ 与压应力的关系（b）

5.13.2.4　饱和磁场 H_s 的模拟计算

A　Fe-Ga 合金<100>轴向取向单晶或多晶样品的磁化过程与 B-H 曲线的弯曲点

前面已经指出，12.3at.%Ga-Fe 合金的磁晶各向异性常数 K_1 约为 $5.5\times10^4\,\mathrm{J/m^3}$。但当 Ga 含量增加到 19at.%Ga-Fe 时，合金的 K_1 急剧地降低到零。此时［100］、［010］和［001］的磁化曲线几乎是重合的。这说明 19at.%Ga-Fe 合金的 K_1 已经很低。分析图 5-83 的 B-H 磁化曲线，当 $\sigma = 0$ 时，在低磁场没有弯曲点，也表明该样品的磁晶各向异性很低。这说明该样品在 $\sigma = 0$ 时同时存在 180° 和 90° 畴，在磁化时同时存在 180° 畴壁位移和 90° 畴的转动。由于 180° 畴壁位移对于 λ_s 没有贡献，所以在 $\sigma = 0$ 时，λ_s 很低，B-H 曲线也没有弯曲点。

当在测量时施加压应力，图 5-83 的 B-H 磁化曲线在低磁场区开始出现弯曲点，随压应力的增加，B 曲线弯曲点对应的磁场 $H_{弯曲}$ 增加。**$H_{弯曲}$ 实际上就是压应力在样品上造成的磁弹性各向异性场。**当外磁场小于 $H_{弯曲}$ 时，90° 畴转动是可逆的。当外磁场增加到 $H_{弯曲}$ 时，磁场足以克服压应力引起磁弹性各向异性，而使 90° 畴发生不可逆转动，而使样品迅速地磁化到饱和。因此，对于 19at.%Ga-Fe 合金［100］取向单晶样品，**H_s 就是压应力引起的磁弹性各向异性场。**

对比图 5-83、图 5-84 和图 5-85 的 B-H 曲线可以看出，B-H 曲线可以分为两个区域：在低磁场区即 $H < H_{弯曲}$，B-H 曲线是线性的。此时磁导率 μ 较低，称为**低 μ 区**。在高磁场（$H > H_{弯曲}$）区，B-H 曲线是急剧上升的，为非线性区，也称为**高 μ 区**。19at.%Ga-Fe 合金样品的 $H_{弯曲}$ 较明显。而 24.7at.%Ga-Fe 和 29at.%Ga-Fe 合金样品 B-H 曲线的弯曲点不明显，是圆滑过渡的。这可能与后两个样品的多相性有关。

B 简化的磁化模型和 $H_{弯曲}$ 的模拟计算

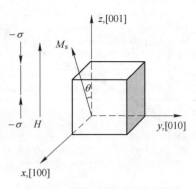

图 5-88 简化的单畴磁化模型

基于上述的考虑，可用一个简化的模型来描述 19at.%Ga-Fe［001］取向单晶样品的磁化过程，如图 5-88 所示。设压应力沿 z 轴方向即［001］方向，测量时也沿 z 轴［001］方向加磁场。为降低磁弹性能，当 $H=0$ 时，在压应力作用下，磁矩将转向与［001］垂直的方向，即形成 90°畴结构。

当沿 Z 轴方向施加磁化场时，假定 90°畴的磁矩仅在 xz 平面内，并且随外磁场的增加，磁矩将逐渐地由［100］（［010］、［01̄0］）方向转动到与 z 轴呈 θ 角的方向上。此时系统的总自由能 E 可表达为

$$E = K_1\cos^2\theta - \frac{3}{2}\lambda_{100}\sigma(3\cos^2\theta - 1) - u_0M_sH\cos\theta \tag{5-18}$$

式中，第一项是材料的磁晶各向异性（当 K_1 不完全为零时），第二项是磁弹性能，第三项是静磁能。当 $dE/d\theta = 0$ 时，磁矩将处于平衡状态的位置上。由式（5-18）求 $dE/d\theta = 0$，可得

$$K_1(-2\cos\theta\sin^3\theta + 2\cos^3\theta\sin\theta) + 3\lambda_{100}\sigma\cos\theta\sin\theta + u_0M_sH\sin\theta = 0 \tag{5-19}$$

由铁磁学基础理论（见 2.6.3 节）可知，磁矩由可逆转动转变为不可逆转动时，$d^2E/d^2\theta = 0$，对式（5-19）求 $d^2E/d^2\theta = 0$，可解得磁矩由可逆转动转变为不可逆转动时的 θ 角。

对式（5-19）求 $d^2E/d^2\theta = 0$，可以得到

$$K_1(2\sin^4\theta - 12\cos^2\theta\sin^2\theta + 2\cos^4\theta) + 3\lambda_{100}\sigma(\sin^2\theta - \cos^2\theta) + u_0M_sH\cos\theta = 0$$
$$\tag{5-20}$$

将式（5-19）和式（5-20）合并，并简化后可获得磁矩开始发生不可逆转动时的 θ 角为

$$\theta = \arctan\left(\frac{10K_1 + 3\lambda_{100}\sigma}{2K_1 - 3\lambda_{100}\sigma}\right)^{\frac{1}{2}} \tag{5-21}$$

将 θ 角的公式即式（5-21）代入式（5-20），就可求得 90°畴磁矩发生不可逆转动所需的临界磁场，即对应于图 5-83 的 B-H 曲线弯曲点的磁场 $H_{弯曲}$，

$$H_{弯曲} = \frac{\left[\frac{2}{3}\left(K_1 - \frac{3}{2}\lambda_{100}\sigma\right)\right]^{\frac{3}{2}}}{u_0M_sK_1^{\frac{1}{2}}} \tag{5-22}$$

由图 5-83 的 B-H 曲线可知，在有压应力作用下，磁化场达到 B-H 曲线弯曲点对应的磁场时，λ 立刻跳跃式地达到饱和值，即 λ_s。很明显式（5-22）就是饱和磁场的表达式。

本节系统地讨论了 19at.%Ga-Fe，[100] 取向单晶样品沿 [001] 方向的 λ-H 和 B-H 曲线的压应力效应。值得指出的是，24.7at.%Ga-Fe 和 29at.%Ga-Fe [100] 取向单晶样品的 λ-H 和 B-H 曲线压应力效应与 19at.%Ga-Fe 有相同之处，但也有明显的不同之处。鉴于在工程上后两种成分合金应用较少，因此对后两种合金的 λ-H 和 B-H 曲线的压应力效应不做详细的讨论。

5.13.3 Fe-Ga 合金单晶体<110>晶向的压应力效应

图 5-89 所示为 18at.%Ga-Fe 合金单晶<110>轴向取向样品，沿轴向加压力和

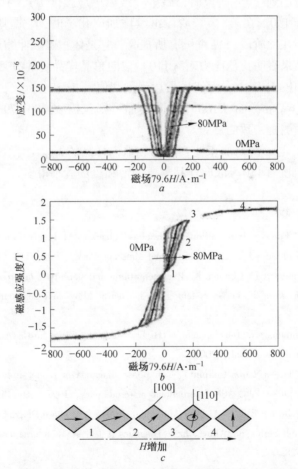

图 5-89 18at.%Ga-Fe 合金单晶<110>轴向取向样品，不同压力（σ=0MPa、15MPa、30MPa、45MPa、60MPa 和 80MPa）下，沿轴向测量的 λ-H(a) 和 B-H(b) 曲线与压应力的关系，以及在 B-H 曲线上不同阶段磁矩转动方向的示意图（c）

测量得到的 λ-H 和 B-H 曲线与压应力的关系。它与<100>取向单晶样品有所不同。<110>取向样品的 B-H 曲线有四个不同的阶段。在压应力下测量时，在"1"阶段，B-H 曲线和 λ-H 曲线都是线性的，即磁化前，在压力作用下，磁矩已处于与 σ 垂直的方向上；当施加磁场时，随磁场的增加，磁矩发生可逆转动并缓慢随磁场增加，而逐渐靠近磁场方向。此时样品的磁导率 μ 和 d_{33} 都很低。

当磁场增加到"2"阶段时，样品的磁矩由垂直方向转动到与<100>平行的方向上。此时，磁矩的转动是不可逆的。沿磁场方向磁矩有较大的增加，甚至是跳跃式的增加。在此阶段，磁导率升高，λ 值也有跳跃式的增加，见图 5-89a。

当磁化场增加到"3"阶段时，样品的磁矩由［100］方向逐渐地转动到［110］方向上。此时，磁矩的转动是可逆的。样品的 B 和 λ 均有所提高。

当磁化场增加到"4"阶段时，磁矩（或磁感应强度 B）的增加很小。此时磁导率已接近于 1.0。在第"4"阶段继续增加磁化场时，它是顺磁化过程或称力致伸缩过程。在此阶段，$λ_s$ 继续有所提高，它是体积磁致伸缩贡献的。

对比上述结果表明，压应力对［110］取向单晶样品的 λ-H 和 B-H 曲线的影响较小。在 60MPa 压应力，为使样品达到饱和值（B_s 和 $λ_s$），［110］取向单晶需要约 $150×79.6A/m$，而［100］取向样品，则仅需要 $200×79.6A/m$ 的磁场。这一点与理论预测是一致的。

磁弹性能 $E_σ$ 与 $λ_s · σ$ 成正比，［110］取向样品的 $λ_{110}$ 比［100］取向样品的 $λ_{100}$ 小得多。因此，［110］取向样品需要的饱和磁场就小得多。

参 考 文 献

［1］Okamoto H. "Fe-Ga（Iron-Gallium）" in phase diagrams of bianry iron alloys, monograph series on alloy phase［J］. ASM International Materials Park, 1993, 19：147-151.

［2］Ikeda O, Kainuma R I, Ohnuma K. Phase equilibria and stability of ordered b. c. c. phases in the Fe rich portion of the Fe-Ga system［J］. Journal of Alloys and Compounds, 2002（347）：198-205.

［3］Srisukhumbowornchai N. Development of Highly Magnetostrictive Fe-Ga And Fe-Ga-Al Alloys［D］. The University of Utah, 2001.

［4］Okamoto H. "Fe-Ga（Iron-Gallium）" in phase diagrams of bianry iron alloys, monograph series on alloy phase［J］. ASM International materials park, 1993, 19：149.

［5］Kattner U R, Burton B P. "Al-Fe（Aluminum -Iron）" in phase Diagrams of Binary Iron Alloys, Monograph Series on Alloy Phase Diagrams［J］. ASM International Materials Park, 1993, 9：12-28.

［6］Okamoto H, Tanner L E. "Be-Fe（Berylllium-Iron）" in Phase Diagrams of Binary Iron Alloys, Monograph Series on Alloy Phase Diagrams［J］. ASM International Materials Park, 1993, 9：49-61.

[7] Lograsso T A, Ross A R, Schlagel D L. Structural transformations in quenched Fe-Ga alloys [J]. Journal of Alloys and Compounds, 2003, 350: 95-10.

[8] 余永宁. 材料科学基础 [M]. 北京: 高等教育出版社, 2005.

[9] Srisukhumbowornchai N, Guruswamy S. Influence of ordering on the magnetostriction of Fe-27. 5 at.% Ga alloys [J]. Journal of Applied Physics, 2002, 9 (92): 5371-5379.

[10] Kawamiya N, Adachi K, Nakamura Y. J Phys Soc Jpa, 1972, 33 (5): 1318-1327.

[11] Holly M S. Experimental Investigation of the Mechanical Properties and Auxetic Behavior of Iron-Gallium Alloys [D]. University of Maryland , 2009.

[12] Kumagai A, Fujita A, Fukamichi K. Magnetocrystalline anisotropy and magnetostriction in ordered and disordered Fe-Ga single crystals [J]. Journal of Magnetism and Magnetic Materials, 2004, 272-276 : 2060-2061.

[13] Clark A E, Wun-Fogle M, Restorff J B, et al. Magnetostrietive Galfenol/Alfend single crystal alloys under large compressive stress [C]. Actuator 2000, 7th international Conference on new actuaters, Bremen, 2000: 111-115.

[14] Srisukhumbowornchai N, Guruswamy S. Influence of ordering on the magnetostriction of Fe-27. 5at.%Ga alloys [J] . Journal of Applied Physics, 2002, 9 (92): 5371-5379.

[15] Muaivarthic C S M, Rudolf S. Magnetic domain observations in Fe-Gaalloys [J]. Journal of Magnetism and Magnetic Materials, 2010, 322: 2023-2026.

[16] Clark A E, Hathaway K B, Wun-Fogle M. Extraordinary magnetoelasticity and lattice softening in bcc Fe-Ga alloys [J]. Journal of Applied Physics, 2003, 10 (93): 8621-8623.

[17] Summers E M, Lograsso T A, Wun-Fogle M. Magnetostriction of binary and ternary Fe-Ga alloys [J]. Journal of Material Science , 2007, 42: 9582-9594.

[18] Xing Q, Du Y, McQueeney R J. Structural investigations of Fe-Ga alloys Phase relations and magnetostrictive behavior [J]. ActaMaterialia, 2008, 56: 4536-4546.

[19] Restorff J B, Wun-Fogle M, Hathaway K B . Tetragonal magnetostriction and magnetoelastic coupling in Fe-Al, Fe-Ga, Fe-Ge, Fe-Si, Fe-Ga-Al, and Fe-Ga-Ge alloys [J]. Journal of Applied Physics, 2012, 111: 023905.

[20] Rafique S, Cullen J R, Wuttig M, et al. Magnetic anisotropy of Fe-Ga alloys [J]. 2004, 95: 6939.

[21] Kellogg R A , Russell A M, Lograsso T A. Tensile properties of magnetostrictive iron-gallium alloys [J]. Acta Materialia, 2004, 52: 5043-5050.

[22] Paes V Z C, Mosca D H. Magnetostrictive contribution to Poisson ratio of galfenol [J]. Journal of Applied Physics, 2013, 114: 123915.

[23] Khachaturyan A G, Viehland D. Structurally Heterogeneous Model of Extrinsic Magnetostriction for Fe-Ga and Similar Magnetic Alloys-Part I . Decompositionand Confined Displacive Transformation [J]. Metalluragical and Materials Transaction A, 2007, 38: 2308.

[24] Borrego J M, Blazquez J S, Conde C F. Structural ordering and magnetic properties of arc-melted Fe-Ga alloys [J]. Intermetallics, 2007, 15: 193-200.

［25］ Xing Q, Lograsso T A. Magnetic domains in magnetostrictive Fe-Ga alloys ［J］. Applied Physics Letter, 2008, 93: 182501.

［26］ Cao H, Bai F M, Li J F. Structural studies of decomposition in Fe-$x$at.% Ga alloys ［J］. Journal of Alloysand Compounds, 2008 , 465: 244-249.

［27］ Zhang J J, Ma T Y, Yan M. Anomalous phase transformation in magnetostrictive $Fe_{81}Ga_{19}$ alloy ［J］. Journal of Magnetism and Magnetic Materials, 2010 (322): 2882-2887.

［28］ Zhang J J, Ma T Y, Yan M. Magnetic force microscopy study of heat-treated $Fe_{81}Ga_{19}$ with different cooling rates ［J］. Physica B, 2010 , 405: 3129-3134.

［29］ Lograsso T A , Summers E M. Detection and quantification of DO_3 chemical order in Fe-Ga alloysusing high resolution X-ray diffraction ［J］. Materials Science and Engineering A , 2006, 416: 240-245.

［30］ Matsushitaa M, Matsushima Y, Fumihisa O. Anomalous structural transformation and magnetism of Fe-Ga alloys ［J］. Physica B, 2010, 405: 1154-1157.

［31］ Xing Q, Lograsso T A . Phase-identification-of-quenched-Fe-25at.% Ga ［J］. Scripta Materialia, 2009, 60: 373-376.

［32］ Bhattacharyya S, Jinschek J R, Khachaturyan A. Nanodispersed DO_3-phase nanostructures observed in magnetostrictive Fe-19%Ga Galfenol alloys ［J］. Physical Review B, 2008, 77: 104107.

［33］ Du Y, Huang M, Chang S. Relation between Ga ordering and magnetostriction of Fe-Ga alloys studied by X-ray diffuse scattering ［J］. Physical Review B, 2010, 81: 054432.

［34］ Guruswamy S, Jayaraman T V. Short range ordering and magnetostriction in Fe-Ga and other Fe alloy single crystals ［J］. Journal of Applied Physics, 2008, 104: 113919.

［35］ Liu L B, Fu S Y, Liu G D. Transmission electron microscopy study on the microstructure of $Fe_{85}Ga_{15}$ alloy ［J］. Physica B , 2005, 365: 102-108.

［36］ Bhattacharyya S, Jinschek J R, Li J F, Nanoscale precipitates in magnetostrictive $Fe_{1-x}Ga_x$ alloys for 0. 1 <x< 0. 23 ［J］. Journal of Alloys and Compounds, 2010, 501: 148-153.

［37］ Clark A E, Yoo J H, Cullen J R, et al. Stress dependent magnetostriction in highly magnetostrictive $Fe_{100-x}Ga_x$, 20<x<30 ［J］. Journal of Applied Physics, 2009, 105: 07A913.

［38］ Huang M L, Du Y Z. Effect of carbon addition on the single crystalline magnetostriction of Fe-X (X=Al and Ga) alloys ［J］. Journal of Applied Physics, 2010, 107: 053520.

［39］ Huang M L, Lograsso T A . Effect of interstitial additions on magnetostriction in Fe-Ga alloys ［J］. Journal of Applied Physics, 2008, 103: 07B314.

［40］ Hall R C, Single crystal magnetic anisotropy and magnetostrictive studied in iron-based alloys ［J］. Journal of Applied Physics, 1966, 31 (6): 1037.

［41］ Clark A E, Restorff J B, Wun-Fogle M, et al. Magnetostriction of ternary Fe-Ga-X (X=C, V, Cr, Mn, Co, Rh) alloys ［J］. Journal of Applied Physics, 2007, 101: 09C507.

［42］ Hall R C. Single crystal anisotropyanel magnetostriction constant of several ferromagnetic materials alloys of NiFe , SiFe, AlFe, CoNi and CoFe ［J］. Journal of Applied Physics, 1959, 30: 816.

［43］ Hall R C, Single-Crystal Magnetic Anisotropy and Magnetostriction Studies in Iron-Base Alloys

[J]. Journal of Applied Physics, 1960, 31: 1037.

[44] Restorff J B, Wun-Fogle M, Clark A E. Magnetostriction of ternary Fe-Ga-X alloys (X = Ni, Mo, Sn, Al) [J]. Journal of Applied Physics, 2002, 91 (10): 8225.

[45] Bai F M, Li J F, Viehland D. Magnetic force microscopy investigation of domain structures in Fe-$x$at.%Ga single crystals (12<x<25) [J]. Journal of Applied Physics, 2005, 98: 023904.

[46] Song II Z, Li Y X, Zhao K Y, et al. Influence of stress on the magnetic domain structure in $Fe_{81}Ga_{19}$ alloys [J]. Journal of Applied Physics, 2009, 105: 013913.

[47] Chikazumi S, Suzuki K. On the maze domain of silicon-iron crystal [J]. Journal of the Physical Society of Japan, 1955, 10: 523-534.

[48] Zhou J K, Li D D, Li J G, Magnetic force microscopy observation of under-cooled $Fe_{81}Ga_{19}$ magnetostrictive alloys [J]. Journal of PhysicisD: Applied Physics, 2008, 41: 205405.

[49] Hua L, Bishop J E L, Tucker J W. Simulation of transverse and longitudinalmagnetic ripple structures induced by surface anisotropy [J]. Journal of Magnetism and Magnetic Materials 1996, 163 (3): 285-291.

[50] Bozorth R M. Ferromagnetism [M]. New York: D Van Mostrand Company INC, 1951.

[51] 毛卫民, 杨平, 陈冷. 材料织构分析原理与检测技术 [M]. 北京: 冶金工业出版社, 2008.

[52] 余永宁. 材料科学基础 [M]. 北京: 高等教育出版社, 2006.

[53] Srisukhumbowornchai N, Guruswanmy S. Crystallographic Textures in Rolled and Annealed Fe-Ga and Fe-Al Alloys [J]. Metallurgical and materials transactions A, 2004, 35A: 2963.

[54] Wun-Fogle M, Restorff J B. Stress annealing of Fe-Ga transduction alloys for operation under tension and compression [J]. Journal of Applied Physics, 2005, 97: 10M301.

[55] Yoo J H, Restorff J B. Induced magnetic anisotropy in stress-annealed galfenol laminated rods [C]. ASME Conference on Smart Materials, Adaptive Structures and Intelligent Systems October 28-30, 2008.

[56] Yoo J H, Wunfogle M, Flatan A. "Performance Improvements in Galfenol Laminated Rods with Stress Annealing [J]. Proceedings of the 2008 SPIE Smart Structures and Materials Symposium, 2008, 6929.

[57] Wun-Fogle M, Restorff J B, Clark A E. Magnetomechanical Coupling in Stress-Annealed Fe-Ga (Galfenol) Alloys [J]. IEEE TRANSACTIONS ON MAGNETICS, 2006, 42 (10): 3120-3122.

[58] Du Y, Xing Q, Wun-Fogle M. Determination of Structural Anisotropy of Stress-Annealed $Fe_{80.5}Ga_{19.5}$ [J]. IEEE TRANSACTIONS ON MAGNETICS, 2009, 45 (10): 4142-4144.

[59] Restorff J B, Wun-Fogle M, Clark A E. Induced Magnetic Anisotropy in Stress-Annealed Galfenol Alloys [J]. IEEE TRANSACTIONS ON MAGNETICS, 2006, 42 (10): 3121.

[60] Armstrong W O. Burst magnetostriction in $Tb_{0.3}Dy_{0.7}Fe_{1.9}$ [J]. Journal of Applied Physics, 1977, 81: 2321-2326.

[61] Yoo J H, Restorff J B, Wun-Fogle M, et al. The effect of magnetic field annealing on single

crystal iron gallium alloy [J]. Journal of Applied Physics, 2008, 103: 07B325.

[62] Yoo J H, Na S M, Restorff J B, et al. The Effect of Field Annealing on Highly Textured Poly-crystalline Galfenol Strips [J]. IEEE TRANSACTIONS ON MAGNETICS, 2009, 45 (10): 4145-4148.

[63] Brooks M, Summers E, Restorff J B, et al. Behavior of magnetic field-annealed Galfenol steel [J]. Journal of Applied Physics, 2012, 111: 07A907.

[64] Atulasimha J, Flatau A B. Experimental actuation and sensing behavior of single-crystal iron-gallium alloys [J]. Journal of Intelligent Material Systems and Structures, 2008, 19 (12): 1371- 1381.

[65] Liu J H, Wang Z B, Jiang C B, et al. Magnetostriction under high prestress in $Fe_{81}Ga_{19}$ crystal [J]. Journal of Applied Physics, 2010, 108: 033913.

6　Fe-Ga 轧制薄板磁致伸缩材料

6.1　概述

6.1.1　薄板厚度与能量损耗的关系

Fe-Ga 系合金是潜在的换能器材料，它起到磁弹性能与声能、振动能或机械能相互转换的作用。根据能量守恒定律：

$$W_\text{入} = W_\text{出} + W_\text{损} \tag{6-1}$$

输入能量 $W_\text{入}$ 等于输出能量（机械能、振动能、声能）$W_\text{出}$ 与换能器能量损耗 $W_\text{损}$ 的总和。其中 $W_\text{损}$ 包括驱动器线圈的铜损 $W_\text{铜}$（焦耳热）和磁致伸缩材料的铁芯损耗 $W_\text{铁}$。即

$$W_\text{损} = W_\text{铜} + W_\text{铁} \tag{6-2}$$

磁致伸缩材料的工作原理与电工钢（3wt.%Si-Fe❶）的工作原理相同。其中 $W_\text{铁}$ 为铁芯损耗，它包括磁致伸缩材料的磁滞损耗和涡流损耗。对于 0.35mm 厚的电工钢板（3wt.%Si-Fe）在 50Hz 频率下工作时，磁滞损耗与涡流损耗大体上相等。当工作频率高于 60Hz 时，特别是高于 1.0kHz 以上的频率时，涡流损耗大大地增加（即涡流损耗比磁滞损耗大很多）。前面已指出（见 2.8.3 节），涡流损耗除与工作频率的平方、工作磁感应强度 B_m 的平方成正比以外，还与冷轧板（铁芯材料）的厚度的平方成正比、与冷轧板的电阻率成反比。可见，将 Fe-Ga 系合金轧成厚度小于 0.4mm 以下的薄板，对于提高其能量转换效率十分重要。

6.1.2　Fe-Ga 系合金冷轧板工艺流程

用传统轧制工艺制造 Fe-Ga 系合金冷轧薄板的工艺流程如下：

合金成分设计→配料→冶炼与铸造→锻造→热轧→表面清理→温轧→释放应力退火→冷轧→表面清洗（如酸洗等）→再结晶退火→精整（包括剪边）→表面涂层处理→性能检测→包装入库。

下面对工序流程做简要的介绍。

---

❶　质量分数，下同。

6.1.2.1　成分设计

根据第 5 章的论述，冷轧 Fe-Ga 系合金的成分可以表示为

$$Fe_{100-x-y}Ga_xM_y \tag{6-3}$$

式中，$x = 15at.\% \sim 19at.\%$，选择 $x = 15at.\% \sim 19at.\%$ 的原因是在此成分区，材料的 T_c 高，工作温度高，B_s 高，μ 高，$\frac{3}{2}\lambda_{100}$ 高，H_c 低，k_{33} 与 d_{33} 高。**M 为 B 或 B+ S 或 NbC 或 C 或 Nb 或 Y 等元素，M 的数值等于 0.05 ~ 2**。添加 M 元素的目的主要有三个：一是改善合金的塑性；二是形成 Fe_2B 或 NbC 等弥散细小的第二相质点，防止初次再结晶时的晶粒长大；三是通过晶粒表面能差，或晶界能量差，促进二次再结晶时反常晶粒长大，以形成有益的织构。

6.1.2.2　原材料与冶炼

一般选用 99.9% ~ 99.99%Fe，或选用合适的低碳钢和纯度 99.9% ~ 99.99% Ga。Ga 的熔点（29.78℃）较低，在高温区（高于 1300℃）Ga 的蒸气压较高，易挥发，一般将 Ga 在冰箱内冻成固体，装料时放在钻有孔的纯 Fe 料中，减少它的损失。B 以大于 20wt.%B-Fe 合金加入，C 以 Fe-C 钢的形式加入。NbC 的熔点较高，为了便于熔化，一般以 1 ~ 5μm 的粉末颗粒的形式添加。

选用真空感应炉冶炼。装料后先抽真空至 10^{-3}Pa 左右，充入一定压力的 Ar 气后再送电熔化。熔炼温度为 1550℃ 左右。熔炼时要求做到熔清，成分均匀、精确、纯净，掺杂物尽可能少。

6.1.2.3　锻造与均匀化退火

锻造前一般在 1200 ~ 1250℃ 附近进行均匀化退火处理。Fe-Ga 合金相图表明 15at.% ~ 19at.%Ga-Fe 合金为非一致熔化。先凝固的合金是贫 Ga 的 bcc 结构固溶体，后凝固的是富 Ga 的 bcc 结构固溶体。尤其是当凝固速度较慢时，bcc 结构固溶体的成分是不均匀的。因此在锻造前需要进行成分均匀化退火处理 5 ~ 10h。锻造开锻温度为 1000 ~ 1250℃ 左右，开锻时需要轻锻，防止开裂，随后可逐渐加大锻造冲击力。锻造至热轧机要求厚的方坯料，同时要求坯料表面光滑与清洁。

6.1.2.4　热轧

热轧可用 2 辊或 4 辊轧机。热轧温度约为 1000℃，加热 0.5 ~ 1.0h，热轧速度可为 0.1 ~ 1m/s。热轧坯料厚度约为 2mm，坯料表面打磨光亮。

6.1.2.5　温轧与释放应力退火

根据坯料变形抗力的大小，可分阶段地先在 500 ~ 600℃ 进行温轧，后在 350 ~ 450℃ 进行温轧；也可直接在 350 ~ 400℃ 进行温轧。温轧总变形量约 80% 左右。温轧坯料的厚度可视冷轧机的要求而定，一般是 0.6 ~ 1mm 左右。

温轧坯料在 Ar 气保护下在 800℃ 附近进行释放应力退火 1h 左右。退火后坯

料表面应进行酸洗，或采用打磨法去除凹凸不平的锈斑、油斑等污物，使其表面光亮洁净，方可进行冷轧。

6.1.2.6 冷轧

冷轧最好在 4 辊或 20 辊轧机上进行，冷轧至 0.20~0.30mm。冷轧板应进行除锈或除油处理。

6.1.2.7 再结晶退火处理

再结晶退火温度一般为 1100~1250℃，在流动 Ar 气下退火 2~8h 不等。根据需要可在 Ar 气中添加一定量的氧气（如 $40×10^{-6}$），或添加一定量的 H_2S 或 S 蒸气等，以便完成初次再结晶和二次再结晶，最终要求在冷轧板中形成高斯织构 {110} <001>或立方织构 {100} <001>，或 η-型纤维织构。

6.1.2.8 其他处理

根据产品要求可进行应力热处理、磁场处理、涂层处理和剪边与精整处理以及进行织构和性能检测。

6.1.2.9 生产过程与工艺控制

上述整个生产工艺过程应严格控制，使 Fe-Ga 合金处于 bcc 相区，严格防止发生 DO_3 相变和其他相转变，保证合金冷轧薄板具有良好的织构、板形、表面质量和一致性。

6.2 Fe-Ga 合金的脆性和塑性的改进

6.2.1 Fe-Ga 合金脆性的原因

材料在拉伸力的作用下只发生弹性变形，没有塑形变形，在弹性变形阶段就断裂。这种材料称为脆性材料。为使 Fe-Ga 合金能冷轧成薄板的前提条件是它具有宏观塑形变形的能力。

图 6-1 所示为 $Fe_{83}Ga_{17}$ 铸态多晶合金的应力-应变曲线。铸态 $Fe_{83}Ga_{17}$ 合金在拉伸力作用下，在弹性变形区就脆断，没有塑性变形，伸长率几乎为零，断裂强度为 $\sigma_b = 351MPa$。另有实验表明 $Fe_{83}Ga_{19}$ 铸态合金，为防止氧化用不锈钢板包套在 1000℃加热并进行热轧，在变形量和变形速度不大时就出现裂纹，这说明 Fe-Ga 合金很脆，很难将其冷轧成薄板。

图 6-2 所示为 $Fe_{83}Ga_{17}$ 铸态多晶合金

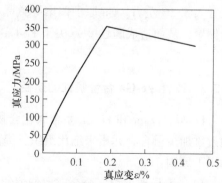

图 6-1 铸态多晶 $Fe_{81}Ga_{17}$ 合金的拉伸
应力-应变曲线[1]

断口的形貌。可见其断口凹凸不平，有立体感，呈冰糖状，说明铸态多晶 Fe-Ga 二元合金是沿晶断裂。属于典型的晶界弱化，表现为晶界脆性。

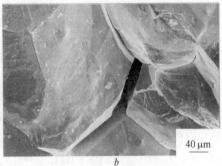

图 6-2　铸态多晶 $Fe_{81}Ga_{17}$ 合金不同放大倍数的断口形貌[1]

a—低倍；b—高倍

$Fe_{83}Ga_{17}$ 合金单晶体的断裂强度为 $\sigma_b = 580MPa$[2]，伸长率为 1.6%，属于解理断裂，也说明 Fe-Ga 二元合金晶粒内部的强度高于晶界的强度（$\sigma_b = 351MPa$）。

Fe-Ga 合金晶界脆性的本质是什么？可能有两个原因：

（1）Fe-Ga 二元合金铸态的晶粒粗大，最大的晶粒尺寸可达到 $500 \sim 600 \mu m$。晶粒尺寸对材料的性能有重要的影响。一般来说，晶粒越细，晶界的总长度越长，位错运动的阻力越大，材料的强度越高。粗晶粒将造成材料强度降低和粗晶粒脆性。

（2）Ga 原子在晶界的偏聚，造成晶界脆性。Fe-Ga 铸态合金的能谱分析表明，晶界的 Ga 含量比晶内 Ga 的含量高 7.1at.%。说明 Ga 原子存在晶界偏聚的倾向。Fe 原子的半径为 1.72Å，Ga 原子的半径为 1.81Å，Ga 原子尺寸比 Fe 原子尺寸大 5.2%左右。Ga 原子偏聚导致晶格畸变，晶界处原子畸变大，导致 Ga 原子偏聚，从而造成脆性[3]。关于 Fe-Ga 合金的晶界脆性的本质还需要进一步深入研究。

6.2.2　改善 Fe-Ga 合金脆性的途径

Fe-Al、Fe-Si 和 Fe-Ga 系金属化合物中降低脆性改善塑性的重要途径之一是通过添加少量合金元素来细化组织，提高晶界强度和结合力。选择合金元素应遵循以下原则：

（1）不导致 Fe-Ga 合金磁致伸缩的降低。

（2）可强化晶界。

（3）可形成弥散细小第二相质点，阻止初次再结晶晶粒的正常长大

（NGG）。

（4）有利于织构，包括高斯织构和立方织构的形成。

（5）不导致 Fe-Ga 合金成本的提高。

目前已对 NbC、B、S、Cr、V、Nb 等添加元素进行了研究。结果表明，添加上述元素均可降低 Fe-Ga 合金脆性，改善塑性，有利于冷轧，和在二次再结晶时形成高斯织构或立方织构。这些将在后续章节中论述。下面仅介绍添加 B、Cr、V 和 Nb，有利于降低 Fe-Ga 合金的脆性和改善塑性。

表 6-1 所示为 $(Fe_{83}Ga_{17})_{100-x}M_x$（$M = B$、Cr、Nb、V，$x = 0at.\%$、$0.5at.\%$、$1.0at.\%$、$2.0at.\%$）多晶铸态合金室温的力学性能。可见 B 的添加可显著地降低 Fe-Ga 合金的脆性。

表 6-1　$(Fe_{83}Ga_{17})_{100-x}M_x$（$M = B$、Nb、Cr、V，$x = 0at.\%$、$0.5at.\%$、$1.0at.\%$、$2.0at.\%$）合金的室温拉伸力学性能[1,4]

合　　金	抗拉强度/MPa	屈服强度/MPa	伸长率/%
$Fe_{83}Ga_{17}$	351	—	—
$(Fe_{83}Ga_{17})_{99.5}B_{0.5}$	524	401	0.6
$(Fe_{83}Ga_{17})_{99}B_1$	548	416	3.6
$(Fe_{83}Ga_{17})_{99}Nb_1$	515	415	0.6
$(Fe_{83}Ga_{17})_{98}Cr_2$	490	394	0.6
$(Fe_{83}Ga_{17})_{98}V_2$	253	—	—

可见，Fe-Ga 二元多晶合金的抗拉强度 σ_b 仅 351MPa，伸长率为零。添加 0.5at.%B 后，开始呈现屈服现象，伸长率提高到 0.6%，抗拉强度 σ_b 提高到 524MPa。当 B 的添加量增加到 1.0at.% 时，室温伸长率提高到 3.6%，σ_b 提高到 548MPa，已接近 $Fe_{83}Ga_{17}$ 单晶的水平（580MPa）。添加 Nb 和 Cr 也有不同程度地改善和提高。唯独是添加 2%V 时的效果不好。

表 6-2 所示为 $(Fe_{83}Ga_{17})_{100-x}M_x$（$M = B$、Cr、Nb、V，$x = 0at.\%$、$0.5at.\%$、$1.0at.\%$、$2.0at.\%$）多晶铸态合金在 350℃ 条件下的拉伸力学性能。可见，添加 2.0 at.%V 与 Fe-Ga 二元合金的伸长率相当。但添加 1.0 at.%B 可显著提高 350℃ 时的拉伸强度，伸长率可提高到 15.3%。添加 2.0 at.%Cr，350℃ 时的伸长率可提高到 8%。

图 6-3 所示为 $(Fe_{83}Ga_{17})_{99}B_1$ 多晶铸态合金的室温断口形貌。与图 6-2 相比，可以看出，添加 1.0at.%B 后，合金已明显地转变为穿晶断裂。断口不是晶体学上的解理面，似乎是准解理断裂，局部区域已出现韧窝，说明添加 1.0at.%B 后，

合金已转变为韧性断裂。

表 6-2 　 $(\mathbf{Fe_{83}Ga_{17}})_{100-x}\boldsymbol{M}_x$（$M$ = B、Cr、V，x = 0at.%、0.5at.%、1.0at.%、2.0at.%）
合金 350℃条件下的拉伸力学性能[1]

合　　金	抗拉强度/MPa	屈服强度/MPa	伸长率/%
$Fe_{83}Ga_{17}$	393	332	2.8
$(Fe_{83}Ga_{17})_{99}B_1$	577	375	15.3
$(Fe_{83}Ga_{17})_{98}Cr_2$	444	349	8.3
$(Fe_{83}Ga_{17})_{98}V_2$	482	336	2.5

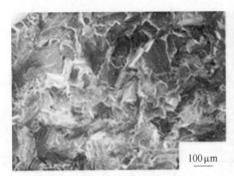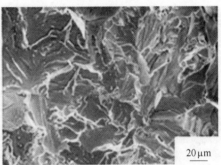

图 6-3 　 $(Fe_{83}Ga_{17})_{99}B_1$ 铸态多晶合金室温断口形貌

6.3 Fe-Ga 合金的形变、加工硬化与微结构储能

6.3.1 Fe-Ga 合金的形变

　　金属与合金在外力作用下发生形状及尺寸的改变，称为形变（或称变形）。形变有弹性形变和塑性形变。当外力超过一定限度，去掉外力后，形变金属的形状和尺寸不能恢复，而发生永久性的变化，称为塑性形变。金属的塑性变形通过滑移、孪生、产生形变带等方式进行，这些方式一般为位错运动。当作用力方式、温度、形变速度等因素变化时，形变可有多种不同的特点。

　　体心立方晶体结构见图 6-4。可见，（110）面上的原子密度最高，在<111>晶向上原子密度最大。它们的能量最低。因此 bcc 金属与合金形变时的滑移面可能是 {110}、{112}、{123} 等，而滑移方向可能是<111>晶向。事实上，任何一个以<111>为晶带轴的晶面都有可能是滑移面。例如，bcc 金属与合金有 8 个 {110} 面和<111>滑移方向，即滑移系是很多的。但是 Fe-Ga 合金的单晶和多晶体塑性形变时，它的滑移系有所不同。

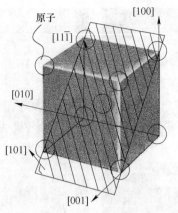

图 6-4 包括（101）面和 [11$\bar{1}$] 及<100>晶体
方向的体心立方金属晶体示意图[5]

下面简单介绍 $Fe_{83}Ga_{17}$ 合金塑性形变的滑移面和滑移方向以及滑移带。

6.3.1.1 Fe$_{83}$Ga$_{17}$ 合金单晶体的滑移面

拉伸试样如图 6-5a 所示。在常温常湿下进行拉伸试验，形变速度为 0.5μm/s，拉伸力沿棒面的 [110] 轴向，在拉伸力作用下，随拉伸力的提高，在主平面即（100）面上出现滑移线。滑移线与拉伸轴 [110] 呈 47.3°角。另外，在小平面（即（1$\bar{1}$0）面）上出现与拉伸轴呈 35°角的滑移线，见图 6-6。

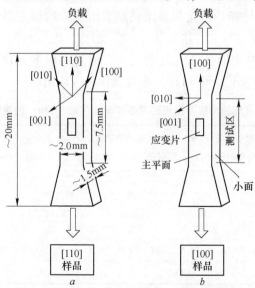

图 6-5 Fe$_{83}$Ga$_{17}$ 合金单晶样品在拉伸力作用下的形变，拉伸力分别
沿着[110](a)和[100](b)[5]

图 6-6   Fe$_{83}$Ga$_{17}$合金单晶体沿着拉伸轴呈一定角度出现的滑移线[5]

a—在主平面上的滑移线与拉伸轴呈 47.3°角；b—在小平面（即（1$\bar{1}$0）面上）的滑移面与拉伸轴呈 35°角

　　表 6-3 给出了 bcc 金属可能的四个滑移面，即 {110}、{112}、{123} 和 {100} 与拉伸轴的夹角的计算值和实验值。样品在主平面（110）面上和小平面 （1$\bar{1}$0）面上实验观察到的夹角分别是 47.3°和 35°。而理论计算值分别是 45°和 35.3°。两者的差别可能是由光学显微镜观察滑移线的误差引起的。说明 bcc 结构的 Fe$_{83}$Ga$_{17}$单晶合金的主滑移系是 {110} 面族。即 {110} 面族是优先的滑移面。但是在多晶体中变形条件（复杂受力、温度、形变速度等）发生变化时，不能排除 {211}、{321} 和 {110} 也可能作为滑移面。

表 6-3　bcc 金属四个可能的滑移面出现的滑移线与拉伸轴 [110] 的夹角的计算值与实验值

可能的滑移面	在小平面（100）面上出现的滑移线与拉伸轴 [110] 的夹角计算值/(°)	在小平面（1$\bar{1}$0）面上出现的滑移线与拉伸轴 [110] 的夹角计算值/(°)
{100}	45，90	0，90
{110}	0，45，90	35.3，90
{211}	0，18.4，71.6，90	0，35.3，64.8
{311}	11.3，18.4，26.6，63.4，71.6，78.7	13.3，35.3，54.7，74.2
实验观察值	47.3	35

　　图 6-5b 所示为拉伸力沿 Fe$_{83}$Ga$_{17}$单晶的 [100] 轴时，随拉伸力的增加，在样品的主平面，即（001）面和小平面，即（010）面上均出现滑移线。在两个

面上的滑移线均与拉伸轴［100］呈 63.2° 角。计算结果表明，当拉伸力沿［100］轴时，在样品中（见图 6-5b），四个可能的滑移面，即 {100}、{110}、{211} 和 {321} 面上出现的滑移线与拉伸轴的夹角如表 6-4 所示。由此可见，拉伸力沿单晶体的 ［100］晶轴时，其优先的滑移面可能是 {211}，也有可能是 {321}。下面将根据计算的 Schmid 因子来判断在 $Fe_{83}Ga_{17}$ 单晶情况下，优先的滑移面是 {211}（假定它的滑移方向是<111>）。

表 6-4 拉伸力沿 $Fe_{83}Ga_{17}$ 单晶的 ［100］轴时，四个可能的滑移面出现的滑移线与拉伸轴 ［110］ 的夹角的计算值与实验值

可能的滑移面	计算值/(°)	实验值/(°)	
		大平面	小平面
{100}	90		
{110}	45，90		
{211}	26.6，45，63.4	63.2	63.2
{311}	18.4，26.6，33.7，56.3，63.4，71.6，	(63.2)	(63.2)

上面的实验结果表明，沿 $Fe_{83}Ga_{17}$ 单晶体的 ［110］轴加拉伸力时，优先的滑移面是 {110}，而当沿单晶体的 ［100］轴加拉伸力时，优先的滑移面是 {211}。这说明，如果是多晶体，当形变条件复杂（如应力、温度、形变速度等）时，除了 {110} 和 {211} 面外，其他晶面，如 {100}，{123} 均有可能成为优先的滑移面。

6.3.1.2　$Fe_{83}Ga_{17}$ 合金单晶体的滑移方向

通常用 Schmid 因子的大小来判断晶体的滑移方向[6]。当拉伸力作用在晶体上时，只有驱动位错运动所需的剪切力达到某一个临界值时，才能引起晶体沿某一个晶面族发生滑移。此临界剪切应力与 Schmid 因子成正比，即

$$\tau = \sigma \cdot s \tag{6-4}$$

式中，τ 是引起晶面滑移的剪切应力；σ 是作用在晶体上的拉伸应力；s 是 Schmid 因子，它可表达为 $s = \cos\phi \cdot \cos\gamma$。式中 ϕ 角是滑移面的法线与拉伸轴的夹角，γ 是滑移方向与拉伸轴的夹角。在立方晶体中具有最大 Schmid 因子 s 的晶体方向是该晶体的滑移方向。s 可能的最大值为 0.5。根据式（6-4），可以计算 Schmid 因子。s 越大，越接近 0.5 的方向就是该晶体的滑移方向。

表 6-5 所示为当拉伸力 $\sigma = 536MPa$，并沿单晶体的 ［110］轴时，样品沿 {110} 面的三个可能的滑移方向滑移时的 s 因子和剪切应力。可见，在<111>晶体方向有最大的 Schmid 因子，并且在 <111>方向有最大的原子密度，因此 {110} <111>是优先的滑移系。在<100>和<110>方向的 Schmid 因子不等于零

（Schmid 因子为零的方向不可能是滑移方向）。但是它们的 Schmid 因子较小。说明不能完全排除<100>和<110>晶体方向也可成为滑移方向。

表 6-5　拉伸力沿 $Fe_{83}Ga_{17}$ 单晶的［100］轴，样品沿｛110｝面滑移时
三个可能滑移方向的临界剪切应力与 Schmid 因子[6]

三个可能的 滑移方向	在｛110｝面上的三个方向 的 Schmid 因子	当拉伸力 σ = 536MPa 时，沿着｛110｝ 面上三个可能方向的剪切应力/MPa
<111>	0.41	−220
<100>	0.35	−190
<110>	0.25	−130

当拉伸力沿［100］方向，样品沿｛211｝面滑移时，三个可能的滑移方向的剪切力和 Schmid 因子列于表 6-6。可见，在｛211｝面上，<111>晶体方向的 Schmid 因子有最大值（0.47）。而在<110>方向的 Schmid 因子较小（0.29），又不存在<100>晶体方向，在这种情况下，优先滑移系应是｛211｝<111>。另外，｛211｝<110>的滑移系也可能存在。

表 6-6　拉伸力沿 $Fe_{83}Ga_{17}$ 单晶（100）方向时，在滑移面｛211｝上的
三个可能的滑移方向的剪切力和 Schmid 因子[6]

滑移方向	在滑移面｛211｝上的 三个滑移方向的 Schmid 因子	在滑移面｛211｝上的 三个滑移方向的剪切力/MPa
<111>	0.47	240
<110>	0.29	148
<100>	在｛211｝上没有<100>方向	—

表 6-6 说明当拉伸力沿［100］轴时，在样品的大平面和小平面都观察到 63.4°的夹角。并且此夹角同时在｛211｝和｛321｝面存在。经计算证明，在｛321｝面族有 8 个晶面，这 8 个晶面沿<111>方向的 Schmid 因子均为 0.31。该数值比 0.47 小，因而可以断定在图 6-7 观察到的滑移线夹角 63.2°只能是在｛221｝面上的滑移线。

金属与合金在外力作用下发生变形时，其滑移系可能是单一的，也可能是多个滑移系同时发生。这决定于单晶体或多晶体和受力的状态等因素。

6.3.2　Fe-Ga 合金的加工硬化

bcc 结构的 Fe-Ga 合金薄板是通过热锻、热轧、温轧和冷轧的塑性加工而成的。轧制不是简单的压缩，而是平面应变压缩，是一种在约束条件下的塑性变形

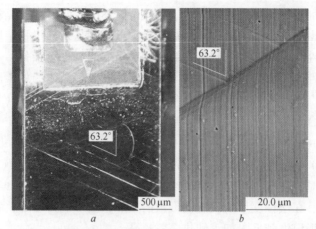

图 6-7　$Fe_{83}Ga_{17}$ 单晶体的 ［100］ 轴向施加拉伸力，在样品的大平面即 （001）
面上和小平面，即 （010） 面上出现的滑移线[5]

方式。一般把再结晶温度以上的轧制称为热轧，在再结晶温度以下存在明显加工
硬化的轧制称为冷轧。而在 100℃ 以上或者回复温度以上，再结晶温度以下的某
一温度进行的轧制称为温轧。

金属和合金在塑性变形的过程中，随塑性变形量的增加，继续变形时，所需
要的应力（或变形抗力）增加。这种现象称为**应变硬化**或**加工硬化**。

塑性变形过程实际上是晶体受外力作用，当在晶体的优先滑移面上产生的剪
切应力达到该晶面的临界切变的应力时，该晶面就会产生滑移。从本质上来说，
晶面的滑移是位错的运动和增殖。位错运动要是遇到阻力，就会产生加工硬化。
位错运动的阻力主要来自点阵阻力、位错应力场阻力、晶体内部的空位、晶界、
固溶原子、杂质元素和第二相沉淀质点等，其中晶界的作用尤为明显。因此单晶
体和多晶体的加工硬化有明显的差别。

单晶体的加工硬化可用应力-应变曲线
来表示，见图 6-8。可见，其加工硬化可分
成三个阶段。第一阶段首先在优先滑移面上
产生滑移，位错运动在优先滑移面上运动阻
力小，干扰小，应变硬化率低，称为易滑移
阶段。第二阶段是线性加工硬化阶段。单晶
体塑性变形主要在应力-应变线性区。因为
在线性区除了在优先滑移面上发生滑移外，
还启动了非优先滑移系，在多个滑移系中同

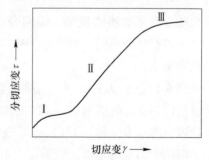

图 6-8　单晶体应力-应变曲线

时进行滑移。此阶段位错大量地增殖，并且位错相互干扰，硬化率迅速地增加。
第三阶段的应力-应变曲线近似抛物线形，主要由滑移系的交叉滑移引起。

多晶体的加工硬化更加明显。由于晶粒位向不同，同时存在晶粒边界，每个晶粒都不能自由均匀地发生滑移，而在晶界附近发生复杂的滑移，以保持晶界两边变形的连续性。晶界阻碍两侧晶粒的滑移，使变形过程复杂化，造成晶粒间变形量的不均匀性。不同晶粒的滑移系可能极不相同。多晶体的加工硬化率比单晶体的大许多倍。除晶界外，金属与合金的加工硬化率受多种因素（如变形速度和变形温度以及合金的显微结构）的影响。

图 6-9 所示为 $Fe_{81.4}Ga_{18.6}$ 多晶合金轴向压缩形变时的真应力-应变曲线。变形速度为 $2 \times 10^{-2}/s$。$Fe_{81.4}Ga_{18.6}$ 多晶合金在 500℃（500℃、430℃、350℃）以下进行热变形时，在应力-应变关系曲线的直线区为弹性变性区。偏离直线区时，开始塑性变形。在塑性变形阶段随变形量的增加，变形抗力增加，它是由加工硬化引起的。变形温度越低，加工硬化率就越高。

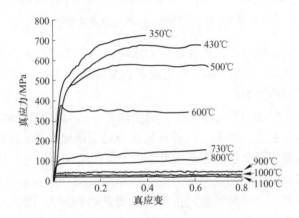

图 6-9 $Fe_{81.4}Ga_{18.6}$ 多晶合金轴向压缩形变时的真应力-应变曲线[7]

（变形速度为 $2 \times 10^{-2}/s$）

在 600℃和 600℃以上进行热变形，当开始出现热塑变形时，就不存在变形抗力随变形量增加的现象，说明合金在 600℃和 600℃以上，以变形速度为 $2 \times 10^{-2}/s$ 进行热变形时，则合金一边热变形，一边回复与再结晶，因此不出现加工硬化的现象。

图 6-10 所示为 $Fe_{81.4}Ga_{18.6}$ 多晶合金在 800℃以 10/s、1.0/s、0.1/s 三种变形速度进行热变形时的真应力-应变曲线。同样在 800℃进行热变形，当以较慢的变形速度（如 1.0/s 和 0.1/s）进行热变形时，合金一边热变形，一边回复与再结晶。随热变形量的增加，变形抗力不明显增加。合金处于动态的变形、回复与再结晶过程。但当以较快的变形速度，如 10/s 进行热变形时，合金变形量达到 0.25 之前，随热变形量的增加，合金来不及回复与再结晶，所以变形抗力有所增加，存在明显的加工硬化现象[7]。加工硬化与热变形速度的关系与合金变形

后的显微结构和储能有关。

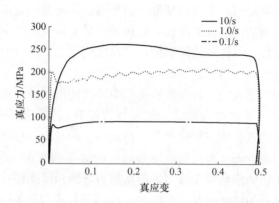

图 6-10 $Fe_{81.4}Ga_{18.6}$ 多晶合金在 800℃以 10/s、1.0/s、0.1/s
三种变形速度进行热变形时的真应力-应变曲线

6.3.3 Fe-Ga 合金变形后的显微结构与储能

图 6-11 所示为 $Fe_{81.4}Ga_{18.6}$ 多晶合金在 800℃以三种变形速度（10/s、1.0/s、0.1/s）进行热变形后的显微结构。其中 800℃、10/s 的显微结构比较复杂，它与冷轧后的显微结构相似。

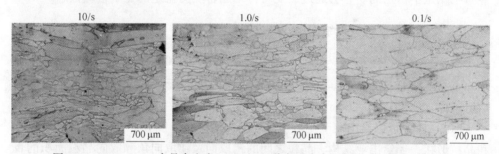

图 6-11 $Fe_{81.4}Ga_{18.6}$ 多晶合金在 800℃以三种变形速度（10/s、1.0/s、0.1/s）
进行热变形后的显微结构[7]

$Fe_{81.4}Ga_{18.6}$ 合金是 bcc 结构固溶体，它们与 α-Fe 和 Fe-3wt.%Si 钢的变形有共同之处。下面根据 α-Fe 和 Fe-3wt.%Si 钢变形后的显微组织特征，对图 6-11 的显微组织进行分析。Fe-Ga 多晶合金在铸态时，其晶粒是等轴的、多边形的（定向凝固除外），而经变形后其晶粒变呈伸长状。它是通过晶面的滑移和转动来实现的。这一过程的本质是位错运动，当变形量较大时，滑移系增加，位错增殖。就一般原理来说，bcc 合金的位错密度可以从 $10^7 lines/cm^2$ 增加到 $10^{10} \sim 10^{12} lines/cm^2$ 的数量级。由于位错密度的增加，形成位错网，将合金的显微结构分割成许多小区域。这些小区域称为胞状组织，或称为亚结构。胞与胞之间的位向不同，

其位向差一般为 $2°\sim6°$。这种亚结构在图 6-11 中均可观察到。另外，在晶粒内还存在条带组织、堆垛层错、微观形变带和切变条带。随变形量的增加，形变合金的密度降低，空位增加，空位的浓度 c 与真变形量 ε 的关系为 $c=10^{-4}\varepsilon$。可以想象，随变形量的增加，晶体的缺陷增加，晶格畸变增加，内应力增加等。

上面所说的位错、亚结构、条带结构、层错、晶格畸变、空位等属于晶体缺陷，它是形变过程中形成的。合金形变过程中要消耗机械能。机械能（轧机给的机械能）的一大部分已转变为热能，使轧材温度升高，一部分储存在形变材料中。在形变材料中的机械能主要储存在各种缺陷，如空位、位错、层错等晶体缺陷中。室温变形的冷轧态金属与合金薄板储存的能量约 $0.5\sim10MJ/cm^2$。形变薄板的储能比材料相变的潜热要小许多。但从热力学的角度来说，形变金属在形变态处于高能态，这样的高能态是不稳定的，有适当的动力学条件它会向低能态转变。习惯上把形变金属的高能态向低能态的转变分为回复、再结晶与晶粒长大三种形式。其中晶粒长大包括晶粒均匀长大和不均匀长大，后者又称为二次再结晶。这些内容将在后续章节进行讨论。

6.4　Fe-Ga 合金冷变形组织的回复与再结晶

上面已指出，金属与合金经变形过程后组织内部有能量储存。这种高能态的显微组织是不稳定的，它会通过回复与再结晶转变为稳定的显微组织状态。

6.4.1　冷轧变形态的显微结构

图 6-12 所示为（$Fe_{81.3}Ga_{18.7}$）$+0.5at.\%B+0.005at.\%S$ 合金先经温轧至 2.4mm，再经 18 道次冷轧至 $0.3\sim0.35mm$ 厚的冷轧板，在冷轧态的电子背散射衍射图像（EBSD）。

EBSD 图像可以给出关于变形合金微结构的信息。图 6-12 除了给出晶粒尺寸和晶粒形状，还给出亚结构、晶粒之间的错取向及错取向角和取向晶粒面积的百分数。例如，图 6-12a 所示的晶粒尺寸、晶粒形状、晶界和亚晶界。其中 D 区为亚晶界，亚晶界的错取向角约 $2°\sim4.9°$；A 区和 B 区之间的白色表示它们的错取向角为 $5°\sim9.9°$；黑色两侧晶粒错取向角大于 $10°$，亚晶粒是在变形时形成的，还未来得及再结晶。轧态的晶粒尺寸约 $40\mu m$，比铸态合金的晶粒尺寸（$500\sim800\mu m$ 以上）小许多。

图 6-12b 为织构图，其中黑色的 A 晶粒和灰色的 B 晶粒是 <100> 取向晶粒，它们的 <100> 取向与轧向夹角在 $20°$ 以内。约占扫描面积的 13.9% 左右。大部分晶粒内部存在亚结构，还未发生再结晶。

图 6-12c 所示再结晶的百分数，图中的深灰色晶粒 A 和晶粒 C 是亚晶粒；图中 D 区是变形区，存在亚结构。而 S 区为变形区，已部分再结晶，是再结晶的初

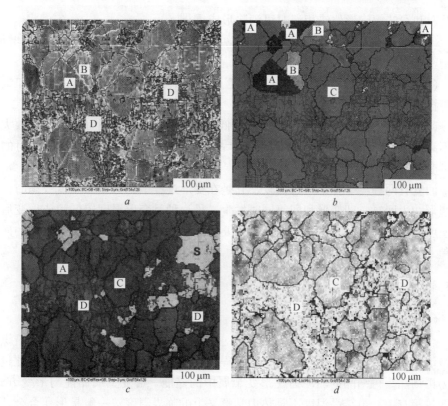

图 6-12 （$Fe_{81.3}Ga_{18.7}$）+0.5at.%B+0.005at.%S 合金，厚度为 0.3mm 的冷轧板，

在冷轧态的电子背散射衍射图像 （EBSD）[8]

a—形变带的衬图；b—织构分量图；c—再结晶百分数图；d—局部错取向图

期。D 区与 S 区中的亚晶粒间的错取向度为 2°。通常习惯将相邻晶粒之间的错取向度为 2° 的晶粒称为亚晶粒或称亚结构。

图 6-12d 所示变形晶粒，通常把具有局部错取向度的晶粒称为形变晶粒。在形变晶粒内部含有大量的亚晶粒边界，在扫描面积 （460μm×380μm） 范围内变形晶粒 （或称形变区） 约占 32%。图中 D 区与 C 区存在大量的亚晶粒边界，边界两侧的错取向度为 2°~5°；图 6-12d 中的 D 区与图 6-12a 中的 D 区是对应的，属于形变晶粒。

6.4.2 形变金属的回复

金属和合金经形变后，在 100~200℃ 的温度范围内，其高能态的显微结构发生以下微小的变化：

（1）通过空位的运动使部分空位消除。

（2）位错在热激活能的作用下，部分位错可消除，例如正、负的刃型位错以及左和右的螺旋形位错相遇时可消除形成重排。

(3) 位向角相差较小的相邻亚结构可能相互吞并，使其晶粒尺寸有所增加，位错密度有所降低。

(4) 在回复阶段，合金的屈服强度、硬度和电阻率有所降低，密度和塑性有所提高。

(5) 回复可使形变显微结构储能降低 1/4 左右。但在光学显微镜下和放大倍数不高的 SEM 下观察发现，晶粒尺寸、晶粒形状和晶界等基本维持形变时的状态不变。

回复有两种：一种是动态回复，它是在变形过程中，当变形温度较高时，一边变形一边回复，即变形和回复同时发生。另一种是变形温度较低，或形变后冷却速度较快，在变形时来不及回复，需要加热至 100~200℃ 才能发生上述的回复过程。

6.4.3 再结晶

6.4.3.1 再结晶概述

合金经冷加工（如冷轧）变形后，当再一次加热到一定温度，变形组织在热激活作用下，重新发生形核与长大过程，得到一种等轴晶的显微结构，此过程称为再结晶。再结晶的驱动力是形变金属中的储能。形变金属储能与形变方式、形变量等有关。再结晶温度不是热力学意义上的临界温度。一般是形变合金开始形成新等轴晶的温度，与全部形成等轴晶温度的技术平均值，称为再结晶温度。高熔点纯金属（如 Fe）的再结晶温度为 $(0.35~0.4)T_m$，T_m 是金属热力学熔点温度。

在热加工（如热轧）过程，当热加工温度在再结晶温度以上，并且热变形速度较慢时（如 0.1/s），在热变形过程中，一边热变形一边发生再结晶，它不存在加工硬化现象，见图 6-13a。热变形后得不到通常变形金属的显微组织，而得到的是等轴晶组织，见图 6-13b。这种现象称为动态再结晶现象。

通常，把新晶核的形成和均匀长大（晶粒长大）的过程称为初次再结晶。在初次再结晶的基础上进一步延长退火时间，或提高退火温度，则出现晶粒不均匀长大，这种现象，称为二次再结晶。

影响初次再结晶的主要因素有以下几点：

(1) 达到临界变形量才能有初次再结晶，不同材料的临界变形量不同。

(2) 初次再结晶的温度随变形量的增加而降低。当变形量达到某一定程度后，初次再结晶温度趋于稳定。例如 Cu 的变形量为 0.1、0.2、0.3 和 0.4 时，其再结晶温度分别为 450℃、400℃、350℃ 和 325℃。

(3) 初次再结晶完成时的晶粒尺寸，与形变量和退火温度有关。

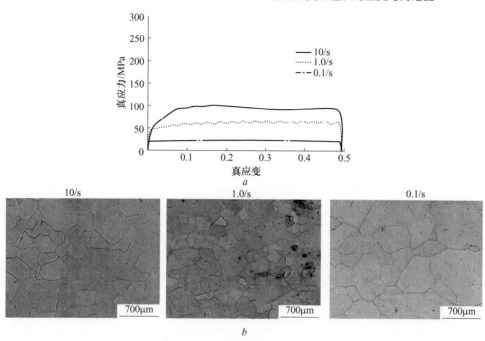

图 6-13 Fe$_{81.4}$Ga$_{18.6}$合金在 1000℃进行热轧的真应力-应变曲线（a）与相应的显微组织（b）[7]

（4）再结晶形核速度与变形织构有关。例如，对于 bcc 结构的 Fe，各种织构的组分，再结晶形核顺序与形核率的关系见图 6-14，它们与形变晶粒的储能有关。

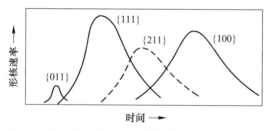

图 6-14 bcc 结构 Fe 形变再结晶时，各种织构组分形核速度与时间的关系[9]

（5）第二相弥散分布质点对形核率和初次再结晶的晶粒长大起阻碍作用，从而为二次再结晶打下基础。

6.4.3.2 Fe$_{82.2}$Ga$_{16.8}$B$_{1.0}$合金冷轧板的初次再结晶

厚度为 0.26mm 的 Fe$_{82.2}$Ga$_{16.8}$B$_{1.0}$合金冷轧板（冷轧变形量为 75%）分别在 550℃、600℃、650℃、700℃退火 1h 后水淬冷却的室温显微结构（EBSD 图像），如图 6-15 所示[10]。图 6-15a 表明在 550℃退火 1h 还保留变形的显微结构，但已开始初次再结晶，平均晶粒尺寸约 7.0μm，再结晶面积仅 39%。在 600℃退火 1h，见图 6-15b，再结晶面积已增加至 83%，平均尺寸增加至 9.0μm。在 650℃

退火 1h 时，再结晶面积已增加至 95%，平均晶粒尺寸增加至 14μm，并已开始有晶粒长大的现象。在 700℃ 退火 1h，平均晶粒尺寸增加至 38μm，已开始反常晶粒长大（AGG）（即二次再结晶）。结果表明，冷轧板厚度为 0.26mm，冷轧变形量大于 75% 时，$Fe_{82.2}Ga_{16.8}B_{1.0}$ 合金的再结晶温度约为 600℃。

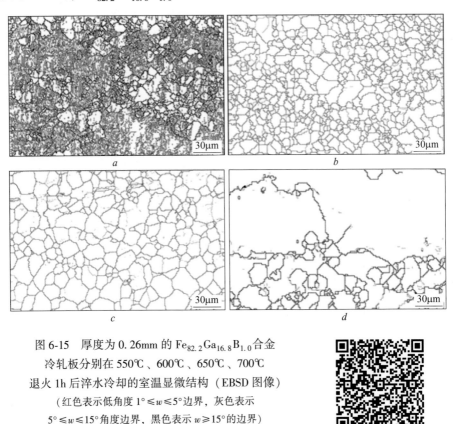

图 6-15   厚度为 0.26mm 的 $Fe_{82.2}Ga_{16.8}B_{1.0}$ 合金
冷轧板分别在 550℃、600℃、650℃、700℃
退火 1h 后淬水冷却的室温显微结构（EBSD 图像）
（红色表示低角度 $1° \leqslant w \leqslant 5°$ 边界，灰色表示
$5° \leqslant w \leqslant 15°$ 角度边界，黑色表示 $w \geqslant 15°$ 的边界）

6.5   Fe-Ga 合金的二次再结晶与再结晶织构

6.5.1   概述

初次再结晶完成后，虽然变形织构的储能已大部分释放，但材料仍未达到低能的稳定状态。因为晶粒尺寸还比较细，晶界的总长度还较大，晶界总能量还比较高，为降低总晶界能，晶粒力求长大。**晶粒长大的驱动力是总界面能**（力求减少）。晶粒长大可分为两大类，即**正常的晶粒长大**（NGG），或称**连续性的晶粒长大**；以及**异常的晶粒长大**（AGG），或称**二次再结晶**（也称为**不连续性晶粒长大**）。

某些材料初次再结晶完成后，继续延长退火时间，或提高退火温度与延长退火时间，在特定条件下，正常的晶粒长大被少数几个晶粒突然快速长大而中断。快速长大的晶粒不断地吞并近邻正常尺寸的晶粒，直至这些正常尺寸的晶粒全部被吞并为止。例如图 6-15d 右上角是二次再结晶早期迅速长大的大晶粒。

二次再结晶时迅速长大的大晶粒，可能是初次再结晶后的某些晶粒，也可能是重新形核迅速长大的晶粒。二次再结晶晶粒长大的驱动力可能来自多晶材料的第二相粒子、表面能、晶界能和织构。大角度晶界的迁移可能使某些晶粒成为二次再结晶时晶核而迅速异常长大。表面能小的一些晶粒也很容易异常长大。

在冷轧取向硅钢中，通过热轧、冷轧和钢中的微量元素以及二次再结晶退火条件与气氛的控制，可制造出高斯织构或立方织构电工钢。这种有织构的电工钢，磁感应强度大幅度提高，矫顽力降低，磁导率提高，铁芯损耗降低。**很多高牌号的电工钢都是具有高斯织构或立方织构的材料。**在冷轧取向电工钢中，已对二次再结晶退火、织构的形成规律做了大量的研究。Fe-Ga 和 Fe-Al 磁致伸缩材料若能通过热轧、冷轧与二次再结晶退火，使之形成高斯织构或立方织构或 η 型纤维织构，也会使 Fe-Ga 和 Fe-Al 磁致伸缩材料的性能大幅度提高。

6.5.2 Fe-Ga 合金二次再结晶织构和性能的研究进展

Fe-Ga 和 Fe-Al 与 Fe-Si（电工钢）都是 bcc 结构的固溶体，它们的晶体结构与二次再结晶织构的形成有许多共性，在研究 Fe-Ga 合金二次再结晶织构时，已将 Fe-Si 电工钢的二次再结晶织构形成的技术（工艺）和理论移植到 Fe-Ga 合金中来。自 2000 年发现 Fe-Ga 磁致伸缩材料以来，Fe-Ga 合金二次再结晶织构的形成与工艺技术，在短时间内得到很快发展。

2004 年，Srisukhumbowornchai 等人[11] 首次用传统热轧技术将 $(Fe_{85}Ga_{15})_{99}(NbC)_{1.0}$ 以及 $(Fe_{85}Al_{15})_{99}(NbC)_{1.0}$ 合金轧制成薄板，然后在 Ar 气中 1150℃退火 4h，制造出具有立方织构 {001} <100>为主的（Fe-Ga+NbC）薄板和（Fe-Al+NbC）薄板，但是没有给出磁致伸缩性能。

2005 年，Na 等人[8] 也成功地用传统热轧 + 温轧 + 冷轧技术将 A_1 合金 $((Fe_{81.3}Ga_{18.7})+0.5at.\%B)$ 和 B_1 合金 $((Fe_{81.3}Ga_{18.7})+0.5at.\%B+0.005at.\%S)$ 冷轧成 0.3~0.35mm 薄板，随后 B1 合金薄板在 1100℃退火 4h 后水淬冷却，得到部分 {100} 织构，其 $\frac{3}{2}\lambda_s$（RD）达到 165×10^{-6}。而 1200℃退火 2h 水淬冷却，得到部分立方织构 {100}<001>，<001>晶体方向与轧制方向（RD）的角度在 20°以下。该合金薄板的 $\frac{3}{2}\lambda_s$（RD）提高到 198×10^{-6}。

2006 年，Na 等人[12] 在 2005 年工作的基础上，进一步研究 $A_2(Fe_{81.3}Ga_{18.7}+$

0.5at.%B）和 B_2 合金（$Fe_{81.3}Ga_{18.7}$+1.0at.%B），用热轧+温轧+冷轧技术轧制成 0.3~0.35mm 的薄板，在 Ar 气中 1200℃ 退火 4h 后水淬冷却，A_2 合金的薄板的 $\frac{3}{2}\lambda_s$（RD）= $103×10^{-6}$。B_2 合金薄板在 1200℃，Ar 气中退火 4h，水淬冷却，$\frac{3}{2}\lambda_s$（RD）达到 $184×10^{-6}$。发现在 B_2 合金的晶界和晶粒内部有 Fe_2B 颗粒沉淀，尺寸约 2~4μm。B_2 合金中 B 原子有在晶界偏聚的现象。退火前 B_2 合金矫顽力为 480×80A/m，退火后降低到 14×80A/m。B_2 合金经二次再结晶退火后形成部分立方织构。

2006 年 Na 等人[13]还研究了 A_3 合金（$Fe_{81.3}Ga_{18.7}$+0.5at.%B+0.005at.%S）和 B_3 合金（$Fe_{81.3}Ga_{18.7}$+1.0at.%B+0.005at.%S）薄板，厚度为 0.3~0.35mm，A_3 合金在 1200℃ Ar 气中退火 2h 后水淬冷却，形成部分立方织构 {100}<001>，$\frac{3}{2}\lambda_s$（RD）达 $198×10^{-6}$，平均晶粒尺寸为 282μm。B_3 合金在 1100℃ Ar 气中退火 5h 后水淬冷却，$\frac{3}{2}\lambda_s$（RD）达 $173×10^{-6}$，平均晶粒尺寸为 195μm。A_3 合金经 1000℃ Ar 气中退火 6h+1200℃ Ar 气中退火 1h 的双退火，形成了 {100}<001>为主的织构，$\frac{3}{2}\lambda_s$（RD）最大值可达 $220×10^{-6}$。

2007 年 Na 等人[15]进一步研究了 B_1 合金薄板在 1200℃，在有 S 蒸气中的 Ar 气中退火，发现可得到部分高斯织构和部分立方织构，其 $\frac{3}{2}\lambda_s$（RD）达到 $201×10^{-6}$。

2008 年 Na 等人[16]在 $Fe_{81.0}Ga_{19.0}$ 合金的基础上，分别添加 0.5B、1.0B、0.5Mo、2.0Mo、0.5Nb 和 1.0NbC（原子分数），均可改善 Fe-Ga 合金塑性，经热轧、温轧和冷轧可制备出 0.18~0.35mm 厚的 Fe-Ga 薄板，经二次再结晶退火后，上述成分的合金薄板的 $\frac{3}{2}\lambda_s$（RD）可分别达到 $103×10^{-6}$、$160×10^{-6}$、$127×10^{-6}$、$88×10^{-6}$、$121×10^{-6}$ 和 $183×10^{-6}$。

2005~2010 年李纪恒等人[1]，研究了（$Fe_{83}Ga_{17}$）$_{100-x-y}$$B_x$$Cr_y$（$0.5 \leqslant x \leqslant 1.0$，$y=2.0$）合金，发现复合添加少量 B 和 Cr 可显著改善 Fe-Ga 合金的塑性，可用传统的冷轧技术制备厚度 0.05~0.3mm，宽 100mm 的 Fe-Ga 合金薄板。发现添加 0.5~1.0 at.%B 合金的塑性最好，B 的加入细化了晶粒，弥散分布的颗粒 Fe_2B 沿晶界分布，提高晶界强度，抑制了晶界脆性。

2009 年 Summers 等人[17]在 $Fe_{81.6}Ga_{18.4}$ 合金中添加 Mn、Si、Cr、Ni、P 和 S 等微量元素，冷轧薄板厚度为 0.38~0.43mm，在 1000℃ 退火 2h 后水淬冷却，形

成高斯织构，$\frac{3}{2}\lambda_s$ 可达 154×10^{-6}。

2009 年，李纪恒等人[18]研究 $(Fe_{81}Ga_{19})_{99}Nb_{1.0}$ 合金，冷轧成厚度为 0.6mm 薄板，在 1250℃ Ar 气中退火 2h，水淬冷却，形成近 {011}<100>高斯织构，$\frac{3}{2}\lambda_s$ 达 106×10^{-6}，在 1300℃ Ar 气中退火 2h，水淬冷却，获得部分 {001}<100> 织构，$\frac{3}{2}\lambda_s$ 达 134×10^{-6}。

2009 年，李纪恒等人[4]通过热轧、温轧、冷轧技术将 $(Fe_{81}Ga_{19})_{99.5}B_{0.5}$ 轧制成 0.18~0.33mm 薄板，其中 0.33mm 薄板在 1300℃，Ar 气中退火 2h 水淬冷却，形成部分 {100} <001>织构，$\frac{3}{2}\lambda_s$ 达 165×10^{-6}。

2010 年，李纪恒等人[19]，将 $(Fe_{81}Ga_{19})_{99}B_{1.0}$ 轧制成 0.05~0.3mm 薄板，其中 0.26mm 厚的薄板在 1100℃，Ar 气中退火 6h 水淬冷却，$\frac{3}{2}\lambda_s$(RD) 达 206×10^{-6}。相同的成分和厚度的薄板，在 1100℃纯 Ar 气中加入 4.0×10^{-6}氧气退火 5h 水淬，在 24MPa 下沿 RD 方向测定，$\lambda_s(RD)=170\times10^{-6}$。它有部分{001}<100> 立方织构。

2010 年 Chun 等人[20]制备出 $(Fe_{81}Ga_{19})$ +1.0mol.%NbC 冷轧厚度为 0.4mm 薄带，在 Ar 气中 1200℃退火 2h、3h 和 4h 后水淬冷却，研究了二次再结晶织构的形成规律与晶界特征的关系，以及与 $\frac{3}{2}\lambda_s$ 的变化规律。

2011 年 Meloy 等人[21]研究了 $(Fe_{82}Ga_{18})$ + 1.0 at.% NbC，冷轧厚度为 0.36mm 厚板，经大于 1100℃在流动 Ar 气中退火，水淬冷却。他们做了两个有趣的实验：

(1) 测量 59 纯样品，发现它们均形成了高斯织构 {011}<100>，但<100> 晶体方向与 RD 方向有不同的夹角 (δ 角)，即是 η-型纤维织构。发现当 δ 角为 45°时，$\frac{3}{2}\lambda_s$ 降低至 95×10^{-6}；当高斯织构的<001>与 RD 轴夹角为 0°时，其 $\frac{3}{2}\lambda_s$ 可达到 300×10^{-6}。其 $\frac{3}{2}\lambda_s$ 与夹角 δ 的关系符合 Goussin 函数规律，与单晶体的测量结果一致。

(2) 分别将具有高斯织构与没有织构的轧板制成 25mm×13mm×6.5mm 的叠片组合样品，用 OS 和 NonOS 分别代表有高斯织构和没有高斯织构的叠片样品。分别在 48.3MPa 的压力下测量其性能，其结果列于表 6-7。可见，高斯织构叠片样品的 $\frac{3}{2}\lambda_s$ 是非叠片样品的 3 倍，d_{33}高 5 倍，磁导率更高。

表 6-7　高斯织构叠片样品与没有高斯织构的叠片样品的性能

样品[①]	OS 叠片样品	Non OS 叠片样品
$\frac{3}{2}\lambda_s \,/\times 10^{-6}$	215	70
$d_{33}/\text{nm} \cdot \text{A}^{-1}$	20	4
B_s/T	1.3	1.2
μ	85	50

①测量预压应力 48.3MPa。

2012 年李纪恒等人[10]研究了 $Fe_{80.6}Ga_{18.4}B_{1.0}$ 合金，厚度为 0.05～0.4mm 的冷轧薄板，冷轧后在 600℃附近进行初次再结晶。随后在 Ar 气中 1100℃退火 5h（二次再结晶处理），后水淬冷却，其中厚度为 0.26mm 的冷轧薄板，在二次再结晶时，晶粒反常长大，晶粒尺寸比厚度还大，并形成立方织构 {100}<001>，在 24MPa 预压应力下测量 $\frac{3}{2}\lambda_s$，$\frac{3}{2}\lambda_s = 317\times 10^{-6}$，$\lambda_{//} = +191\times 10^{-6}$，$\lambda_{\perp} = -146\times 10^{-6}$，接近单晶水平。这是迄今为止冷轧 Fe-Ga 薄板所获得的最高性能。

上述结果表明，在 Fe-Ga 合金中适当添加微量元素，并通过冷轧和二次再结晶退火可形成高斯织构 {110}<001>或立方织构 {100}<001>，或 η-型纤维织构，并可获得优异的磁致伸缩性能。

6.6　（100）与（110）取向晶粒反常长大的机理

（100）或（110）取向晶粒是指晶粒的（100）或（110）面位于轧板面上的晶粒，包括该面与轧板平面存在一个不大的夹角的面。Fe-Ga 合金的相图，bcc 结构与 Fe-Si（3wt.%Si-Fe 合金）有很多的相同之处。在 Fe-Si 电工钢中，（100）或（110）取向晶粒在二次再结晶过程中的反常长大（AGG）的理论和工艺技术，可移植到 Fe-Ga 合金中来。基于这样的考虑，下面简单介绍 Fe-Si 合金二次再结晶晶粒反常长大的理论[22,23]。

6.6.1　第二相沉淀质点阻碍初次再结晶晶粒正常长大

第二相分散质点对晶界迁移产生钉扎作用，阻碍初次再结晶的正常长大。第二相质点对晶界的钉扎力为 $Z = \frac{3}{4} \cdot \frac{f\sigma}{r}$。式中，$\sigma$ 为晶界能（晶界表面张力）；r 为球状第二相质点的半径；f 为第二相质点的体积分数；Z 为 Zener 因子。可见，第二相质点的体积分数越大，质点半径 r 越小，第二相质点对晶界的钉扎力就越大。第二相质点尺寸 r 达到某一个临界尺寸 r_c 时，它才能对正常晶粒长大起阻碍作用。过细的第二相质点有可能回溶到合金 bcc 基体中。不同的材料，不同的第二相质点，其 r_c 是不同的。在 Fe-Si 合金中，一般情况下，存在 r_c 是几百纳米

（nm）、f 约 10^{13} 个/cm³ 量级的第二相，就有可能阻碍 Fe-Si 合金初次再结晶晶粒的 NGG。这就为二次再结晶晶粒的反常长大（AGG）打下基础。

6.6.2　晶粒表面能差

Fe-Ga 合金 bcc 结构相内，存在阻碍初次再结晶晶粒长大的第二相质点仅是一个前提条件，而最重要的是与冷轧板表面平行的（100）面或（110）面的晶粒的表面能低，才是驱动二次再结晶晶粒反常长大的驱动力。一般来说，不同晶粒的表面（指与薄板面平行的面）能是不同的。这与原子的密集程度有关。在 bcc 结构的合金中，（110）面的表面能最低，其次是（100）面，而（111）面的表面能最高。不过当晶粒表面吸附某些杂质元素时，会影响晶粒的表面能。例如，二次再结晶退火的气氛中存在少量氧原子、或 H_2S 分子或 S 原子时，有可能使（100）晶粒的表面能比（110）晶粒的表面能还低。存在表面能低的晶粒是晶粒 AGG 的驱动力，有可能出现二次再结晶晶粒的 AGG 现象。

6.6.3　晶界能（高能晶界与 csl 晶界）

在金属与合金中，晶体内点阵相同，而取向不同的两个晶粒之间的边界，称为晶粒边界。根据晶界两侧晶粒位向角（或称错取向角）的大小，有大角度晶界（错取向角大于 15° 的晶界）、小角度晶界（错取向角 θ 小于 15° 的晶界）和亚晶界（错取向角小于 2°）。晶界上有位错，有原子畸变能或位错能或空位能等。晶界能比晶粒内部的能量高的那一部分成为晶界能，或称晶界自由能。晶界能除了与原子畸变（空位、位错）能有关外，还与杂质元素和第二相质点在晶界的偏聚有关。按晶界能的高低，可分为高能晶界、低能晶界。高能晶界是不稳定晶界，它有比较高的晶界迁移率；低能晶界的迁移率较低。

一个晶粒被高能晶界包围时，则该晶粒容易长大。在电工钢中研究过两种晶界模型对高斯晶粒 AGG 的影响。第一是高能晶界（简称 HE 晶界）模型。它一般是错取向角为 20°~45° 的超大角度晶界。有实验指出，冷轧变形量大于 90% 时，初次再结晶后，{554}<225>和 {411}<148>织构组分增加，20°~45° 晶界数量增加，有利于促进 Goss 晶粒的 AGG[24,25]。第二是重位点阵晶界模型 csl（coindident site lattice），它是一种特殊的大角度晶界。当相邻晶粒间具有某种特殊的取向关系时，在晶界上的原子中，有一定数量的原子晶位与晶界两侧的点阵处在重合的位置上，晶界两侧的晶体在晶界处具有良好的匹配性，这称为重位点阵晶界（csl）。虽然这种晶界比一般大角度晶界的晶界能低，但它的晶界迁移率更大，对高斯晶粒的反常长大（AGG）有贡献[22]。

6.7　决定 Fe-Ga 合金冷轧薄板二次再结晶时(110)或(100)晶粒 AGG 的因素

Fe-Ga 合金冷轧薄板在二次再结晶退火时，（110）或（100）晶粒（它们是

指 (110) 晶面或 (100) 晶面与冷轧板面平行的晶粒。这些晶粒可能是冷轧形变时形成的。也可能是在初次再结晶时形成的)。出现 AGG 现象，一般会形成高斯织构 {011}<100>或立方织构 {001}<100>。这一过程的决定因素主要有：

(1) 二次再结晶退火的温度和时间。

(2) 在 bcc 结构的基体上，第二相质点弥散均匀分布，如 Fe_2B 或 NbC 等。它们起两个作用：

1) 阻碍初次再结晶晶粒正常长大 (NGG)；

2) 为二次再结晶时，(110) 或 (100) 晶粒的 AGG 长大打下基础。

(3) 退火气氛中或合金中添加某些杂质元素，如 O 原子、H_2S 分子或 S 原子，它们能使 (110) 或 (100) 晶粒的表面能降低，从而促进它们的长大。

(4) 晶界能和晶界结构 (如 csl 晶界)，使具有高迁移率晶界的晶粒长大。下面做简要介绍。

6.7.1　二次再结晶退火温度、时间和气氛的影响

图 6-16 所示为二次再结晶退火温度和时间对 A 合金和 B 合金 $\frac{3}{2}\lambda_s$ 的影响。可见，二次再结晶退火温度对 Fe-Ga 冷轧薄板的 $\frac{3}{2}\lambda_s$ 有重要影响。图 6-16 表明，B 合金 (0.3mm 厚) 在 1100℃ Ar 气中退火 5h 水淬冷却的 $\frac{3}{2}\lambda_s$ 才达到 165×10^{-6}，而在 1200℃ Ar 气中退火 2h 水淬后，$\frac{3}{2}\lambda_s$ 达到 198×10^{-6}，并且 1100℃ 退火获得的 $\frac{3}{2}\lambda_s$ 普遍比 1200℃ 退火的低。EBSD 分析表明，其重要原因是：冷轧态 B 合金 (0.3mm 厚) 的形变亚结构面积仅占总面积的 44% (因为温轧板厚为 0.4mm，冷轧至 0.3mm，冷轧总变形量仅 25%，因此说它是总变形过小造成的)。在 1100℃ 退火 4h 冷变形亚结构的面积降低到 20%，说明在 1100℃ 退火再结晶仅占一半左右。在 1200℃ 退火 2h，冷轧形变面积已降低到小于 1%。这说明 1200℃ 退火 2h 再结晶已基本完成。1200℃ 退火 2h 水淬后 B 合金样品的 $\frac{3}{2}\lambda_s$ 已达到最高值，约 198×10^{-6}，比 1100℃ 退火 2h 的 $\frac{3}{2}\lambda_s$ (165×10^{-6}) 高 20%。除了 1200℃ 已完成再结晶外，织构分析表明，在 1200℃ 退火 2h，已形成部分高斯织构 {110}<100> 和部分立方织构 {100}<001>。但是它的<001>晶体方向，与 RD 方向有较大的偏离角 (约 15°~20°)，因此不能获得较好的性能。

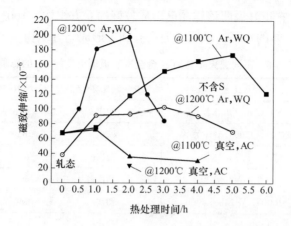

图 6-16　二次再结晶退火温度与时间对 A 和 B 合金 $\frac{3}{2}\lambda_s$ 的影响[8]

（A 合金为 $Fe_{81.3}Ga_{18.7}+0.5at.\%B$；$B$ 合金为 $Fe_{81.3}Ga_{18.7}+0.5at.\%B+0.005\ at.\%S$，

薄板厚度为 0.3mm，WQ 为水淬；AC 为空冷）

图 6-16 表明，不论是 A 合金（不含 S）还是 B 合金（含 0.005at.%S），在 1100℃

和 1200℃真空中退火，合金冷轧板（0.3mm）的 $\frac{3}{2}\lambda_s$ 均很低，几乎与纯 Fe(λ_s =

$(20\sim30)\times10^{-6}$) 的水平相当。能谱分析发现，在高温退火的过程中，薄板的 Ga

原子倾向于向板表面扩散，并且在高温和真空条件下 Ga 很容易挥发。因为在 1

大气压下 Ga 的熔化热（5.61kJ/mol）只有 Fe 的（15.4kJ/mol）的 1/3。在室温

（20℃）和 1 大气压下，Ga 的熔化热（256kJ/mol）只有 Fe 的（154kJ/mol）2/3

左右。可以想象，在高温和真空条件下，Ga 的蒸气压会很高，很容易蒸发。实

验与分析表明 Fe-Ga 薄板的名义含量为 18.7at.%Ga，在 Ar 气和大气压条件下 Fe-

Ga 薄板 Ga 的浓度为 16.1at.%~17.5at.%Ga，有所降低。这就是真空高温二次再

结晶退火后，Fe-Ga 薄板的 $\frac{3}{2}\lambda_s$ 低的原因。说明退火气氛对 Fe-Ga 薄板的 $\frac{3}{2}\lambda_s$

有重要的影响。

表 6-8 给出了 B 合金在不同退火温度和不同时间的 $\lambda_{//}$ 值（它是平行轧制方

向（RD）的磁致伸缩应变）。1 号~5 号样品的初次再结晶退火为 800℃，不论时

间长短，再进行二次再结晶退火，其磁致伸缩应变 $\lambda_{//}$ 均很低。

7 号样品在 1000℃进行初再结晶退火 24h，再在 1200℃退火 1h，尽管该样品

的 $\lambda_{//}$ 已由 71×10^{-6} 提高到 128×10^{-6}，但仍不够理想。8 号样品，先在 1000℃初

次退火 6h，然后再在 Ar 气中 1200℃进行二次再结晶退火 1h，其 $\lambda_{//}$ 达到 $220\times$

10^{-6} 的高水平。8 号样品的磁致伸缩应变与轧制方向的夹角 θ 呈 $\cos\theta$ 函数关系，

如图 6-17 所示。它正好说明该样品已形成较好的立方织构 {100}<001>。该样品的 $\lambda_{//}$ 已接近单晶体的水平，说明双退火有利于形成立方织构。

表 6-8 不同退火工艺对 B 合金冷轧板退火后的 $\lambda_{//}$ 的影响

样品号	退火工艺	初次或二次再结晶	$\lambda_{///}\times10^{-6}$	平均晶粒尺寸/μm
1	800℃ Ar 40h 水淬	初次	54	
2	800℃ 40h+1200℃ Ar1h 水淬	二次	103	
3	800℃ Ar 24h 水淬	初次	80	
4	800℃ Ar 48h 水淬	初次	40	
5	①：1000℃ Ar 24h 水淬	初次	100	
	②：①+1200℃ Ar 2h 水淬	二次	124	
6	①：800℃ Ar 24h 水淬	初次	113	
	②：①+1200℃ Ar 2h 水淬	二次	90	
7	①：1000℃ Ar 12h 水淬	初次	71	
	②：①+1200℃ Ar 1h 水淬	二次	128	
8	①：1000℃ Ar 6h 水淬	初次	113	
	②：①+1200℃ Ar 1h 水淬	双次退火	220	844

注：轧态平均晶粒尺寸 $d=40\mu m$。

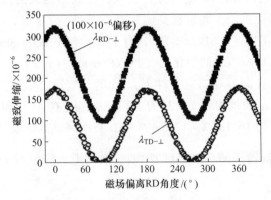

图 6-17 B 合金冷轧板（0.3mm）在 1000℃ Ar 中 6h 退火+1200℃ Ar 中 1h 退火

水淬（双退火）后，$\frac{3}{2}\lambda_s$ 与轧制方向夹角的关系[13]

6.7.2 升温速率对 Fe-Ga 合金二次再结晶织构发展的影响

添加 0.16wt.% NbC 的 $Fe_{82.5}Ga_{17.5}$ 合金 0.3mm 轧制薄板，经 850℃热处理 6min 完成初次再结晶后，快速升温至 900℃，在 900~1080℃按照不同升温速率，从 0.12~5℃/min，在 Ar 气氛下进行二次再结晶热处理。图 6-18 给出了热处理完成后，样品的饱和磁致伸缩随升温速率的变化，以及在 0.12℃/min、0.25℃/min 和 2℃/min 速率下（$\varphi_2 = 45°$）的 ODF 图。

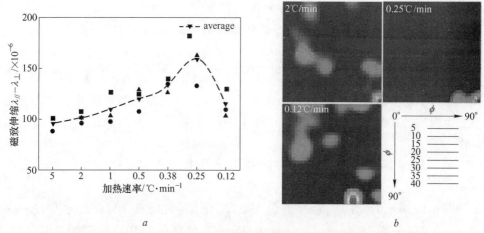

图 6-18 Fe$_{82.5}$Ga$_{17.5}$-0.16wt%NbC 合金冷轧板在 Ar 气氛下 900~1080℃

不同速率连续热处理后，薄板的磁致伸缩（a）和 ODF 图（b）[26]

可以看出，初次再结晶完成后，在随后的 900~1080℃控制升温速率热处理阶段，升温速率的变化，显著影响样品的饱和磁致伸缩系数。按照 5℃/min 的升温速率进行热处理，平均饱和磁致伸缩仅为 96×10^{-6}；随着升温速率的降低，饱和磁致伸缩系数逐渐升高，在 0.25℃/min 时，达到最大的 159×10^{-6}；继续降低升温速率至 0.12℃/min 时，饱和磁致伸缩系数则降低至 115×10^{-6}。从图 6-18b 的 ODF 可以看出，较快升温速率（2℃/min）下，尽管也形成了较强的二次再结晶 Goss 织构，但仍然保留着较强的 γ 织构和少量 {001}<130>织构；而在较低的升温速率（0.12℃/min）下，主要织构类型则显著偏离理想位相的 Goss 织构，接近{110}<113>织构；当升温速率为 0.25℃/min 时，热处理薄片准确位向的 Goss 织构占了主导，其他织构相对于 Goss 织构较弱，此时有利于合金薄片获得较大的磁致伸缩。

6.7.3 硫的偏聚对 Fe-Ga 合金二次再结晶晶粒 AGG 的影响

6.7.3.1 硫对 Fe-Ga 合金冷轧板二次再结晶退火晶粒 AGG 的影响

硫的添加有两种方式：一种是在 Fe-Ga 合金冶炼时添加；另一种是在 Fe-Ga 冷轧薄板二次再结晶退火的气氛加入 H$_2$S 或 S 的蒸气。首先讨论第一种情况。

不含硫的 Fe$_{81.3}$Ga$_{18.7}$+0.5at.%B（A 合金）的冷轧板（0.3mm）在 1200℃，Ar 气中退火 2h 水淬，其 $\frac{3}{2}\lambda_s$ 的最大值仅有 103×10^{-6}。而在冶炼时添加

0.005at.%S 的（B 合金）薄板（0.3mm）在 1200℃，Ar 气中退火 2h 水淬，其 $\frac{3}{2}\lambda_s$ 的最大值达到 198×10⁻⁶。这说明相同工艺条件下，含 S 仅 0.005at.% 的（B 合金）样品的 $\frac{3}{2}\lambda_s$ 最大值比不含 S 的样品的最大值（103×10⁻⁶）高 2 倍。而含 S 为 0.005at.% 的 Fe-Ga 合金冷轧板（0.3mm）经双退火后，其 $\frac{3}{2}\lambda_s$ 值（315×10⁻⁶）几乎是不含 S 的 3 倍。S 原子在（100）晶粒表面的偏聚促进了冷轧条件下立方织构 {100}<001> 的形成，并且（100）晶粒尺寸 AGG 可达 844μm（见表 6-8）。

6.7.3.2 二次再结晶退火时 S 或 H₂S 气氛对 Fe-Ga 冷轧板织构形成的影响[27]

图 6-19 所示为（Fe₈₁.₀Ga₁₉.₀）₉₉（NbC）₁.₀ 合金冷轧薄板（样品尺寸为 12mm×12mm×0.45mm 或 25.4mm×25.4mm×0.45mm）分别在 1250℃ 和 1200℃ 退火时，样品的 $\frac{3}{2}\lambda_s$ 与退火时间的关系，以及与在 Ar 气中添加 0.5%H₂S 气氛的影响。

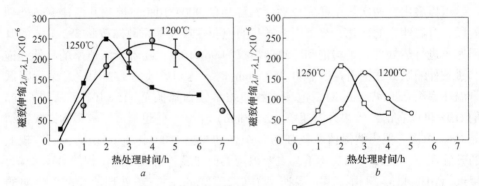

图 6-19 （Fe₈₁.₀Ga₁₉.₀）₉₉（NbC）₁.₀ 合金冷轧薄板厚度 0.45mm 分别在

1250℃ 和 1200℃ 退火时，样品的 $\frac{3}{2}\lambda_s$ 与退火时间的关系

a—Ar 气中添加 0.5%H₂S 气氛；b—纯 Ar 气

图 6-19a 是在 Ar 气加入 0.5%H₂S（下面称为 H₂S 退火），而图 6-19b 是在纯 Ar 气中退火（简称 **Ar 气退火**）。轧制态薄板的 $\frac{3}{2}\lambda_s$ 为 28×10⁻⁶。在 H₂S 气氛中，在 1200℃ 4h 和 1250℃ 2h 退火时，样品的 $\frac{3}{2}\lambda_s$ 分别增加到峰值为 245×10⁻⁶ 和 247×10⁻⁶。1250℃ 退火比 1200℃ 退火提前 2h 达到峰值。在纯 Ar 气中退火时，在

1200℃ 3h 和 1250℃ 2h，样品的 $\dfrac{3}{2}\lambda_s$ 的最大值才分别达到 163×10^{-6} 和 183×10^{-6}，分别比在 H_2S 中退火低约 1/3。

用 EBSD 对在 1200℃ Ar 气中和 H_2S 中退火 1h 和 3h 样品进行分析，得到取向成像图（OIM）和反极图（IPF），如图 6-20 所示。

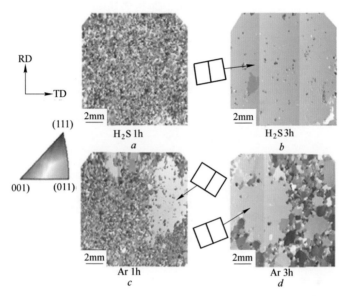

图 6-20　$(Fe_{81.0}Ga_{19.0})_{99}(NbC)_{1.0}$ 合金冷轧薄板
在纯 Ar 和 H_2S 中 1200℃ 退火 1h 和 3h 得到
取向成像图（OIM）和反极图（IPF）[27]
（观察面为冷轧板表面（ND 面），扫描面积为 12mm×12mm，红色、绿色、
黄色分别代表（001）、（011）、（111）晶粒）

从图 6-20a 可见在 H_2S 中 1200℃ 退火 1h 后没有观察到形变亚结构，说明此时已完成初次再结晶。此时（100）、（110）和（111）晶粒各占 1/3。初次再结晶完成后，三种晶粒是混乱取向的，它们不受退火气氛的影响。因为在 1200℃ 退火时，初次再结晶的主要驱动力是形变组织的储能，但在 1200℃ 退火时间延长至 3h，就发生了二次再结晶晶粒 AGG（见图 6-20b）。它是（110）晶粒的 AGG，几乎占据了整个样品的面积，约占总面积的 98.2%。而（001）和（111）晶粒以孤岛形式存在于（110）晶粒基体之中，它们的面积分别占 0.5% 和 1.3%。EBSD 分析的数据表明，在 H_2S 中退火时，（110）晶粒边界的迁移率达到 70.1μm/min。它有力地说明在 H_2S 中退火，不仅（110）晶粒 AGG，并且还促进它的 <001> 晶向转向 RD 方向。

在纯 Ar 气中退火，1200℃退火 1h 就开始（110）晶粒的 AGG。当退火时间达到 3h 时，（110）晶粒的 AGG 更加明显，（110）晶粒尺寸达到 8.47mm，其占扫描面积的 39%。在纯 Ar 气中 1200℃退火时，（110）晶界的位移受到 NbC 质点的钉扎。图 6-20d 表明，在 1200℃退火 3h，还存在非取向的（001）和（111）晶粒。根据 EBSD 观察数据计算得知，在纯 Ar 中 1200℃退火时，（110）晶界的迁移率仅为 1200℃在 H_2S 中退火的 1/10，即为 7.0μm/min。

6.7.3.3　硫在 Fe-Ga 冷轧板表面偏聚浓度与形成的织构类型和磁致伸缩应变的关系[28]

图 6-21 所示为 A 合金（$Fe_{81.3}Ga_{18.7}$ + 0.5at.%B + 0.005at.%S）和 B 合金（$Fe_{81.3}Ga_{18.7}$ + 1.0at.%B + 0.05at.%S）冷轧薄板（0.3mm 厚）分别在 1100℃ 和 1200℃的 Ar 气中再结晶退火，水淬冷却后样品的 $\frac{3}{2}\lambda_s$ 与退火时间的关系。

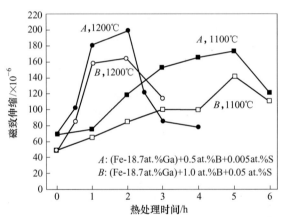

图 6-21　A 合金和 B 合金在 1100℃和 1200℃退火水淬冷却后冷轧板 $\frac{3}{2}\lambda_s$ 与时间的关系

B 合金的 S 含量比 A 合金的高一个数量级。A 合金在 1100℃退火 5h 和 1200℃退火 2h 水淬冷却后，样品的 $\frac{3}{2}\lambda_s$ 分别达到 173×10^{-6} 和 198×10^{-6}，比不含 S 的合金（$Fe_{81.3}Ga_{18.7}$ + 0.5at.%B）的 $\frac{3}{2}\lambda_s$ = 103×10^{-6} 高一倍。而 S 含量高一个数量级的 B 合金，其 $\frac{3}{2}\lambda_s$ 随退火时间的变化趋势与 A 合金相同。但 B 合金峰值较低，分别为 140×10^{-6} 和 160×10^{-6}。其降低的原因，可能与硼（B）和硫（S）的含量都较高有关。下面重点考察 S 的含量对二次再结晶织构的影响。

如图 6-22 所示，A 合金退火过程中，晶粒在不同阶段的取向分布函数（ODF）。可见，轧态样品的织构为 α 纤维织构 $\{hkl\}$ <011>。其中占优势的织构

为 $\{111\}<011>$ 和 $\{100\}<001>$。轧制态样品的 $\frac{3}{2}\lambda_s$ 为 -60×10^{-6}。经 1100℃ 退火

4h 水淬后，$\frac{3}{2}\lambda_s = 160\times10^{-6}$，冷轧板的主体（占优势）织构已转变为 $\{110\}<011>$。

经 1200℃ 退火 2h（图 6-22c）和双退火后（图 6-22d）薄板的立体织构已转变为

近 $\{100\}<011>$，样品的 $\frac{3}{2}\lambda_s$ 分别提高到 198×10^{-6} 和 220×10^{-6}。在 1200℃ 退火时

间延长至 3h 后，板的主体织构已转变为 $\{111\}<110>$ 和 $\{110\}<112>$，因此导致

其 $\frac{3}{2}\lambda_s$ 降低到 84×10^{-6}。

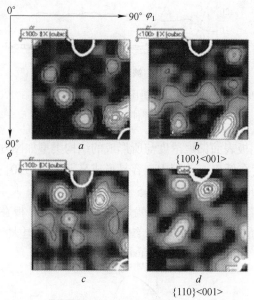

图 6-22　A 合金冷轧板在不同状态的 ODF 图[28]

a—轧制态；b—1100℃，4h；c—1200℃ 2h；d—双退火（1000℃ 6h +1200℃1h）

当 A 合金薄板经 1100℃ 6h +1200℃1h 退火（双退火）后，它的 $\frac{3}{2}\lambda_s$ 提高到

220×10^{-6}，接近了单晶的水平。

上面的数据说明，Fe-Ga 合金冷轧板的 $\frac{3}{2}\lambda_s$ 随织构的变化而变化，而织构的

变化与薄板表面上 S 的偏聚浓度有关。

X 射线光电子谱仪分析发现 1200℃ 退火过程中，S 原子倾向于由合金板的内

部向板的表面扩散，然后在表面处与 Fe 原子键合。因为 Fe-S 原子的键合能是

Fe-Fe 原子键合能的 2 倍[29,30]。

AES（俄歇电子能谱仪）分析发现，1200℃ 退火过程中 S 和 O（氧）原子倾

向于由板的内部向板的表面扩散并在表面偏聚。S 在 Fe-Ga 冷轧板表面偏聚的浓度可达到 10at.%S 左右[28]，O 原子在样品表面偏聚的浓度可高达 40%~50%，如图 6-23 所示。和在 Fe-Si 合金中一样，S 在板样品表面的偏聚促进了（110）晶粒和（100）晶粒的 AGG。

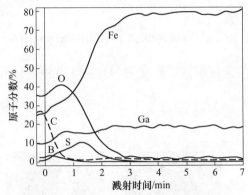

图 6-23　AES（俄歇电子能谱仪）分析图 6-21 中 A 合金样品在 1200℃退火过程中，
沿板表面深度各种元素的变化趋势[28]

S 在 Fe-Ga 冷轧板表面偏聚浓度与所形成的织构类型如图 6-24 所示。可见，在 Fe-Ga 板表面 S 浓度在低于 c_1 范围内，容易形成高斯织构{110}<001>，当 S 浓度在 $c_1 \sim c_2$ 范围内，容易形成立方织构。当 S 在板表面偏聚浓度大于 c_2 时，则织构将转变为{111}<011>和{110}<112>。这也就是含有 S 的 Fe-Ga 板在含有 S 或 H_2S 气氛中退火时，随再结晶退火时间的变化，织构的类型也会随退火时间而变化的原因。

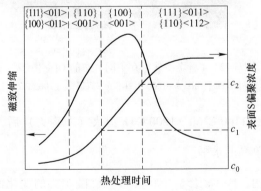

图 6-24　含有少量 S 的 Fe-Ga 合金板在 Ar 气中退火过程中，S 的表面偏聚浓度与
织构类型和板的磁致伸缩应变的关系[28]

6.7.4　氧原子在 Fe-Ga 合金冷轧板表面偏聚浓度对织构类型和 $\frac{3}{2}\lambda_s$ 的影响

Fe-Ga 合金冷轧板在含有氧的 Ar 气中进行二次再结晶退火时，和 Fe-Si 合金

板一样，氧原子（O）倾向于在板表面偏聚。氧原子偏聚的浓度与气氛中氧含量和退火温度、退火时间有关，而氧的偏聚浓度直接影响晶粒表面能。氧原子的表面偏聚能使（100）晶粒或（110）晶粒的表面能降低，从而会促进高斯晶粒或立方晶粒的 AGG，并形成高斯织构或立方织构。

图 6-25 为 $Fe_{82.2}Ga_{16.8}B_{1.0}$ 合金冷轧板（0.26mm 厚）在冷轧态 a，和在含有 $40×10^{-6}$ 氧气的 Ar 气中，在 1100℃ 退火 $3h b$、$5h c$、$6h d$ 的取向分布图（$\varphi_2=45°$）（ODF），和相应的 $\frac{3}{2}\lambda_s$ 的变化 e。可见在轧制态，板的织构为 $\{111\}<110>$ 和 $\{111\}<112>$ 织构，还有 $\{112\}<132>$ 织构。经 1100℃ 退火 3h 后，$\{111\}<110>$ 和 $\{111\}<112>$ 织构已基本消失，而出现了 $\{100\}<011>$ 和近似的立方织构 $\{100\}<001>$。相应地样品的 $\frac{3}{2}\lambda_s$ 由冷轧态的 $49×10^{-6}$ 提高到 $109×10^{-6}$。

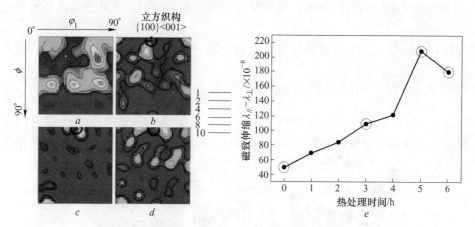

图 6-25　$Fe_{82.2}Ga_{16.8}B_{1.0}$ 合金冷轧板（0.26mm 厚）在含有 $40×10^{-6}$ 氧气的 Ar 气中，

在 1100℃ 退火不同时间的取向分布图（$\varphi_2=45°$）（ODF）和相应的 $\frac{3}{2}\lambda_s$ 的变化[19]

a—冷轧态；b—3h；c—5h；d—6h；e—冷轧板 $\frac{3}{2}\lambda_s$ 的变化

在 1100℃ 退火 5h，形成了以立方织构 $\{100\}<001>$ 为主体的织构和少量 $\{110\}<011>$ 织构。此时样品的 $\frac{3}{2}\lambda_s$ 进一步提高到最大值，即 $220×10^{-6}$。在 1100℃ 退火时间延长至 6h，还基本上保持立方织构 $\{100\}<001>$。但立方织构的 $<001>$ 晶向与轧向（RD）有所偏离，导致样品的 $\frac{3}{2}\lambda_s$ 有所降低。

$Fe_{82.2}Ga_{16.8}B_{1.0}$ 合金冷轧态和 1100℃ 退火及退火后水淬冷却，合金均保持 bcc 结构的 A2 相。一般来说，bcc 结构金属的（110）面的表面能最低，应倾向于形成高斯织构。合金中添加 1at.%B，B 在 Fe-Ga bcc 固溶体中的溶解度甚微，尽管 B 含量仅有 1.0at.%，但它与 Fe 原子形成十分细小的 Fe_2B 第二相质点（其尺寸约几纳米至几十纳米）。它在初次再结晶时起钉扎晶界的作用，从而阻碍初次再结晶晶粒的长大。图 6-23 已表明，氧原子倾向于在 Fe-Ga 板表面偏聚，使（100）晶粒的表面能降低，从而出现（100）晶粒 AGG 的现象，导致形成立方织构{100}<001>。这种现象在取向 Fe-Si 合金中常常观察到。

6.7.5 高能晶界与 csl 晶界对 Fe-Ga 合金冷轧板二次再结晶晶粒 AGG 和织构的影响

图 6-26 和表 6-9 所示为 $Fe_{81}Ga_{19}+1.0mol.\%NbC$ 合金冷轧板，在 1200℃，Ar 气退火不同时间，水淬冷却后用 EBSD 分析和样品的 $\frac{3}{2}\lambda_s$ 测量的结果[20]。这些结果是根据 EBSD 的分析数据，用 OIM 软件分析后得到的。在轧制态样品的 $\frac{3}{2}\lambda_s$ 为 28×10^{-6}。经 1200℃二次再结晶退火 2h、3h 和 4h 水淬冷却后，样品的 $\frac{3}{2}\lambda_s$ 分别增加到 63×10^{-6}、160×10^{-6}、106×10^{-6}。在 1200℃退火 3h 水淬后样品的 $\frac{3}{2}\lambda_s$ 达到最大值，即 160×10^{-6}，为什么？以往的工作表明，当晶粒边界错取向角（即晶界两侧晶粒的位向差）为 20°~45°时，其晶界能是最高的。错取向角小于 20°和大于 45°的晶界能较低，是相对较稳定的晶界[24,25]。

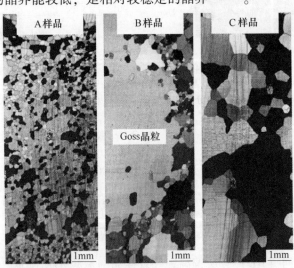

图 6-26　$Fe_{81}Ga_{19}+1.0mol.\%NbC$ 合金冷轧板，在 1200℃ Ar 气下退火不同时间，水淬冷却后用 EBSD 分析和样品的 $\frac{3}{2}\lambda_s$ 测量的结果[20]

表 6-9　图 6-26 中三个样品的退火条件、$\frac{3}{2}\lambda_s$、晶粒面积、高斯晶粒尺寸和晶粒边界状态

样品与退火条件	$\frac{3}{2}\lambda_s$ /×10⁻⁶	不同晶粒的晶粒面积		高斯晶粒尺寸/μm			整个样品晶界状态		
		晶粒类型	百分数/%	平均晶粒尺寸/μm	最大晶粒尺寸/μm	最小晶粒尺寸/μm	csl	晶粒边界角与百分数	
								错取向角/(°)	百分数/%
A 样品 1200℃，2h，水淬	63	(100)	41.3	152.2	789.8	33.8	10.9	2~20	17.6
		(110)	27.4					20~45	53.7
		(111)	34.0					45~65	28.7
B 样品 1200℃，3h，水淬	160	(100)	12.1	220.1	5037.5	35.5	12.2	2~20	12.5
		(110)	65.8					20~45	48.4
		(111)	22.2					45~65	39.1
C 样品 1200℃，4h，水淬	106	(100)	20.1	540.9	3453.4	35.2	7.95	2~20	10.9
		(110)	30.2					20~45	52.0
		(111)	49.7					45~65	37.1

为了能说明高斯晶粒的 AGG 现象，在 EBSD 实验中特地用 OIM 软件分析给出包围 {110} 晶粒、{111} 晶粒和 {100} 晶粒等三种晶粒的错取向角的百分数，其结果列于表 6-10。

表 6-10　与图 6-26 对应的包围 {110}、{111} 和 {100} 三种晶粒的错取向角为 20°~45° 的晶界百分数

晶粒类型	包围三种晶粒的错取向角为 20°~45° 角的晶界百分数/%		
	A 样品	B 样品	C 样品
{110}	74.74	73.02	58.54
{111}	68.89	25.55	70.04
{100}	55.4	55.96	23.0

综合分析图 6-26 和表 6-9 与表 6-10，可以看出，A、B、C 三种样品中，B 样品经 1200℃ Ar 气中退火 3h 水淬冷却后具有最高的 $\frac{3}{2}\lambda_s$，为 160×10⁻⁶。表 6-9 说明，三种样品中 B 样品的高斯晶粒的平均面积最大，为 65.8%，而 A 样品和 C 样品分别为 24.7% 和 30.2%。同时表 6-9 还给出高斯晶粒的最大晶粒尺寸达 5037.5μm，而 A 样品和 C 样品分别仅有 789.8μm 和 3453.4μm，说明 B 样品中高斯晶粒 {110} 的 AGG 现象比 A 样品和 C 样品的都大。另外，在 A 样品和 C 样品中 {111} 晶粒的 20°~45° 错取向角的晶粒边界的百分数也是比较大的，它们分别为 68.89% 和 70.04%，这说明高能晶界（错取向角为 20°~45° 的晶粒边界）在高斯晶粒的 AGG 中并不起重要的作用。

另外，A、B 和 C 三种样品的 csl 晶界的分数相差不明显，与它们的 $\frac{3}{2}\lambda_s$ 的变化不成比例。由此可以看出，在 Fe-Ga 合金中 csl 晶界对高斯晶粒的 AGG 的贡献很小。

6.8 Fe-Ga 合金织构的完整性对 $\frac{3}{2}\lambda_s$ 的影响

Fe-Ga 合金冷轧板的织构完整性或织构度，可用两个指标来表示：一是具有高斯织构或立方织构晶粒的百分数；二是高斯织构 {110}<001> 或立方织构 {100}<001> 中，<001>晶体方向与轧制方向的夹角 θ。假定样品全都是高斯织构或立方织构，下面考察<001>与轧向 RD 的偏离角 θ 对冷轧板样品 $\frac{3}{2}\lambda_s$ 性能的影响。

Fe$_{82}$Ga$_{18}$+x at.%（NbC）合金冷轧板（厚度 0.36mm）在 1000℃ 以上的温度、流动 Ar 气中退火 24h 水淬后，具有 η-型纤维织构，样品的 $\frac{3}{2}\lambda_s$ 与 θ 角（即 <001>与 RD 的夹角）之间的关系（图 6-27）。实验总共测量 59 片单片样品（尺寸为 10mm×15mm×0.36mm）。不同样品均具有高斯织构，但不同样品的<001>晶向与 RD 方向的夹角 θ 不同。

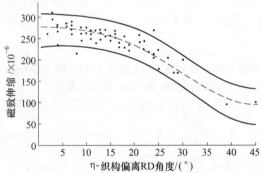

图 6-27   Fe$_{82}$Ga$_{18}$+x at.%（NbC）合金冷轧板（厚度 0.36mm）的

$$\frac{3}{2}\lambda_s \text{ 与 } \theta \text{ 角之间的关系}^{[21]}$$

（在 $\theta=45°$时，出现 $\frac{3}{2}\lambda_s$ 的最小值）

从图 6-27 可以看出，高斯晶粒的<001>方向与 RD 向的夹角为 0°左右时，样品的 $\frac{3}{2}\lambda_s$ 可达 278×10^{-6}；当 $\theta=45°$时，样品的 $\frac{3}{2}\lambda_s$ 为 95 ×10^{-6}。在此角度（$\theta=45°$）时，样品的 $\frac{3}{2}\lambda_s$ 具有最小值。这与单晶体的 $\frac{3}{2}\lambda_s$ 与<001>偏离角的规律符合。该关系与高斯函数符合得很好。这说明高斯织构的<001>方向与 RD 方向的偏离角 θ 越小越好，即样品的 $\frac{3}{2}\lambda_s$ 越高。该工作也说明同一批的 59 片样品的高斯织构的<001>晶向与 RD 方向的夹角 θ 的分散度很大。如何提高同一批产品不

同薄板 θ 角的一致性，是今后工作面临的难题。

Meloy 等人[21]同时将高斯织构取向样品（OS）和没有高斯织构（即非取向样品（Non OS））的样品，做成尺寸为 13mm×6.5mm×2.5mm 的长方形叠片样品（用固化剂把不同片贴在一起），然后测量其磁致伸缩性能，其结果列于表 6-11。可见，取向叠片样品的各项磁参数均优于非取向叠片样品。其中 $\frac{3}{2}\lambda_s$、μ、d_{33} 尤为突出。

表 6-11　取向叠片样品（OS）和非取向叠片样品（Non OS）的磁性

样品①	$\frac{3}{2}\lambda_s$ /×10^{-6}	B_s/T	μ②	d_{33}/nm·A^{-1}
OS	215	1.3	85	20
Non OS	70	1.2	50	4

①测量的预压力为 48.3MPa；
②相对磁导率。

图 6-28 所示为 $(Fe_{81}Ga_{19})_{99}(NbC)_{1.0}$ 冷轧板（0.45mm 厚）在 1200℃、含有 H_2S 的 Ar 气氛中退火不同时间，水淬冷却后样品的 $\frac{3}{2}\lambda_s$ 与三种纤维织构面积比例之间的关系。α-型（<110>型）、σ-型（<111>型）、η-型（<001>型）纤维织构晶粒面积比例根据 EBSD 实验观察的结果来确定。可见，样品的 $\frac{3}{2}\lambda_s$ 随 α-型、σ-型晶粒面积百分数的提高而降低，但它随 η-型纤维织构晶粒面积比例的提高而线性地增加。根据变化趋势，当 η-型纤维织构晶粒面积达到100%时，样品的 $\frac{3}{2}\lambda_s$ 可达到 300×10^{-6} 左右，这一点与单晶体的实验结果是一致的。

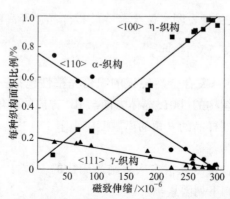

图 6-28　$(Fe_{81}Ga_{19})_{99}(NbC)_{1.0}$ 冷轧板（0.45mm 厚）在 1200℃含有 H_2S 的 Ar 气氛中退火不同时间，水淬冷却后样品的 $\frac{3}{2}\lambda_s$ 与三种纤维织构面积比例之间的关系[27]

$Fe_{82}Ga_{18-x}M_x$（$M=$Mn、Si、Cr、Ni、P、C 等，x 为微量，其中 M 代表的各种微量元素是由于用低碳钢代替纯 Fe 作原料时带入的，微量的 C 有利于提高晶界强度和 A2 相稳定性）合金冷轧板（厚度为 0.38~0.42mm）在 1100~1200℃退火 1~24h，随后炉冷（10℃/min）或水淬冷却后，用 EBSD 分析其织构，得到 η-型纤维织构晶粒面积比例（是<001>//RD，包括高斯织构和立方织构）与样品的 $\frac{3}{2}\lambda_s$ 关系，如图 6-29 所示。

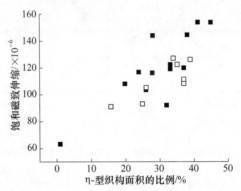

图 6-29　$Fe_{82}Ga_{18-x}M_x$（$M=$Mn、Si、Cr、Ni、P、C 等，x 为微量）冷轧板

（厚度为 0.38~0.42mm）η-型纤维织构晶粒面积的比例与样品的 $\frac{3}{2}\lambda_s$ 关系[17]

由图 6-29 可知，该合金冷轧板样品的 $\frac{3}{2}\lambda_s$ 与 η-型纤维织构晶粒面积的比例呈线性的关系。该直线的斜率约为 1.76，截距约为 63.03×10^{-6}。当 η-型纤维织构晶粒面积的比例为 45% 时，合金板样品的 $\frac{3}{2}\lambda_s$ 达到 160×10^{-6}。这一结果与图 6-28 是一致的。图 6-29 还表明，该合金冷轧板样品，经高温二次再结晶退火后水淬冷却比炉冷的 $\frac{3}{2}\lambda_s$ 要高一些。

上述结果表明，Fe-Ga 合金冷轧板的织构完整性包括三个含义：一是织构，包括高斯织构和立方织构的<001>晶体方向与 RD 方向的夹角 θ 尽可能趋近于零；二是同一批炉料，不同样品的 θ 角的离散度应小于 2°~3°；三是 α-型、σ-型纤维织构的百分数尽可能为零。

如何提高 Fe-Ga 合金冷轧板二次再结晶织构的一致性，可借鉴电工钢（Fe-Si）的制备经验来控制下列因素：

（1）生产的单次批量不能过小（如 500kg）。

（2）温轧、冷轧变形要均匀，尤其冷轧变形量应大于 80%，并且均匀。

（3）应严格控制再结晶退火温度（1200～1250℃）、时间（2～4h）和气氛（氧、H₂S、S 蒸气）。

（4）二次再结晶退火后应水淬冷却等。

6.9　柱状晶轧制薄板的二次再结晶

沿轧制方向具有择优<001>晶体学取向的织构，对获得高磁致伸缩性能轧制 Fe-Ga 薄板具有关键作用。前面所述关于 Fe-Ga 轧制薄板的制备工艺，首先通过普通冶炼与浇注获得设计成分的合金锭，合金锭经去表面氧化皮后，采用锻造加工制备成适合热轧的坯料，最后经过一系列不同的轧制和热处理工艺，获得最终的轧制薄板。其特点是在热轧开始前，锻造板坯为无取向的多晶基体，合金内部存在大量的晶界。

最近在 Fe-Ga 合金轧制领域，袁超等通过定向凝固方法，在热轧开始前的坯料中，引入了具有<001>初始取向的柱状晶组织，轧制过程中沿柱状晶生长方向进行轧制。结合热处理工艺的控制，能够同时达到提高加工性能和改善热处理织构[31,33]。下面介绍其相关方面的研究工作。

用 Fe（4N）、Ga（4N）纯金属及 Nb-Fe、Fe-C 中间合金作为原料，按照添加 0.1 at% NbC 的（Fe₈₃Ga₁₇）₉₉.₉（NbC）₀.₁ 的合金成分进行配料。采用定向凝固设备，在抽拉速率 720mm/h 下制备出定向凝固柱状晶合金，取向分析表明，合金沿定向生长方向具有<001>择优取向。板坯轧制沿定向生长方向进行，热轧开轧温度为 1150℃，热轧终轧厚度约 2mm，温轧温度 400～600℃，温轧板厚度约 1mm，温轧板经中间热处理后，进一步冷轧至 0.3mm，获得最终冷轧板。

图 6-30 为具有初始<001>取向的柱状晶，沿柱状晶生长方向轧制，热轧、温轧及温轧板中间热处理后，轧板侧面 EBSD 沿轧向取向成像图。定向凝固柱状晶合金轧制变形过程中，晶粒取向沿轧制方向接近<001>取向，即热轧板坯中的原始柱状晶的<100>取向，在轧制变形过程中，热轧和温轧变形阶段，一定程度上得以继承和保留。温轧板中间热处理发生再结晶后，仍然可以一定程度上保留<100>取向。通常，体心立方金属多晶体轧制变形，主要形成两种稳定的轧制变形织构：一类是法向平行于<111>轴，即 {111}<uvw>织构组分；另一类是轧向平行于<110>轴并在 {001}<110>附近漫散，即 {hkl}<110>织构组分。图6-30可以显著说明，具有初始取向的柱状晶热轧进料坯料，在轧制过程的形变织构区别于锻造多晶，可能导致最终织构的显著变化。

最终厚度为 0.3mm 的（Fe₈₃Ga₁₇）₉₉.₉（NbC）₀.₁ 合金定向凝固柱状晶冷轧板，样品在纯 Ar 气氛或单质 S（约 1mg/cm²）下封装在石英管内，经 850℃保温、6min 初次再结晶热处理完成后，在炉内快速升温至 900℃，900～1080℃温度区间，以 0.25℃/min 连续升温，中断温度点分别选取升温至 950℃、1000℃及终了

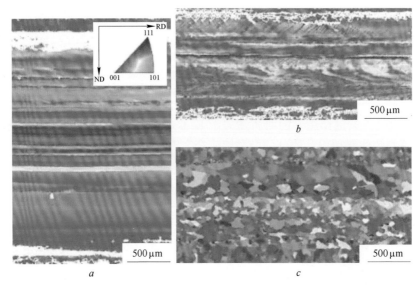

图 6-30　<001>取向柱状晶 $(Fe_{83}Ga_{17})_{99.9}(NbC)_{0.1}$
合金沿柱状晶生长方向轧制,
轧板轧向取向成像图[31]
a—热轧; b—温轧; c—温轧板中间热处理

温度 1080℃, 达到相应温度后, 空冷至室温。900~1080℃连续升温热处理完成后, 样品进一步在流动的 Ar/H$_2$ (H$_2$ 体积分数为 25%) 混合气氛下, 1200℃高温热处理 6 h, 消除可能析出物和促进晶粒生长。

与纯 Ar 气氛下热处理相类似 (如图 6-31 所示), 样品在 950℃时已经发生显著的二次再结晶, 同时, 在样品两侧表面附近还能观察到初次再结晶晶粒。随着温度的升高, 二次再结晶晶粒逐渐吞并初次晶粒, 在连续升温热处理结束后, 样品两侧表面仅残留少量的岛状晶粒。与纯 Ar 封管热处理过程中 Fe-Ga 二次再结晶显著不同的是, 在较低温度下, 950℃和 1000℃, Fe-Ga 薄片侧面呈现夹层结构, 反常长大的二次再结晶仅在薄片内部生长, 而靠近表面两侧则主要是原始的初次再结晶晶粒, 这些初次晶粒尺寸随着温度升高长大并不明显。随着温度的升高, 薄片两侧的小晶粒被生长的二次再结晶晶粒吞并, 在 1080℃时, 两侧仅存在少量孤立的小的岛状晶粒。同时, 在薄片两侧还存在大量的析出物, 尤其在低温 950℃和 1000℃, 富 S、富 Nb 析出物大量聚集在两侧。随着热处理温度的升高和时间的延长, S 元素在样品两侧聚集趋势减弱, 逐渐向样品中部扩散, 在样品内部与 Nb 元素形成大量的富 Nb、富 S 析出物。

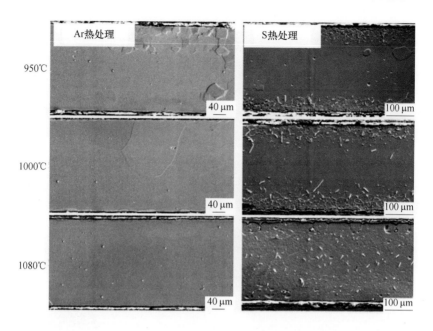

图 6-31 纯 Ar 和 S 气氛下，900~1080℃连续升温热处理阶段不同温度下的轧板截面[33]

图 6-32 为连续升温结束后，1080℃样品表面的纯 Ar 和 S 气氛下，热处理样品的 EBSD 表面取向成像图及 ODF 图。从取向成像图可以看出，连续升温热处理结束后，二者均发生了显著的（110）晶粒二次再结晶，最大反常晶粒的尺寸达到数毫米。从 ODF 图中可以看出，二者均形成了有利于磁致伸缩的准确位向 Goss 织构。另外，从取向成像图还可以看出，二者岛状晶粒尺寸大小存在显著区别，纯 Ar 气氛热处理样品，岛状晶粒尺寸达到数百微米，而 S 气氛热处理样品，岛状晶粒多而细小，平均约 44μm。S 处理样品，表面岛状晶粒细小的主要原因是由于 S 表面扩散进入基体，与合金内部 Nb 元素形成第二相析出，阻碍了表面晶界迁移。

经过高温 Ar/H$_2$热处理后，晶粒进一步生长，连续升温热处理后存在的岛状晶粒，被反常长大的二次晶粒吞并而完全消失，如图 6-33 所示。Ar 热处理样品，存在部分非 {110} 晶粒，可能是由于高温热处理前，岛状晶粒较大，如图6-32a所示，不易被生长的反常晶粒吞并，而是进一步长大导致非 {110} 晶粒的存在。而对于 S 气氛热处理样品，高温热处理前的岛状晶粒细小，如图 6-32c 所示，高温热处理过程中不能进一步生长，而是容易被反常长大的晶粒吞并而完全消失，最终导致形成类似单晶生长的轧制薄片，最大晶粒尺寸达到厘米量级，其晶体学取向偏离理想 Goss {110}<001>位向小于 20°内达到约 100%，形成了高一致性类似单晶的 Goss 织构 Fe-Ga 轧制薄片。

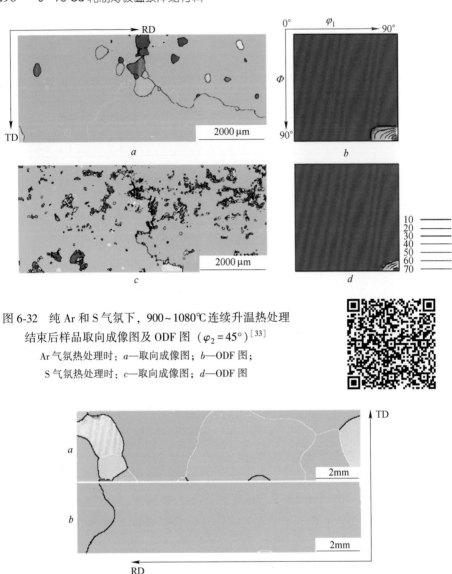

图 6-32　纯 Ar 和 S 气氛下，900~1080℃连续升温热处理
结束后样品取向成像图及 ODF 图（$\varphi_2 = 45°$）[33]

Ar 气氛热处理时：a—取向成像图；b—ODF 图；
S 气氛热处理时：c—取向成像图；d—ODF 图

图 6-33　最终高温 Ar/H$_2$热处理样品
的取向成像图（OIM）[32]

a—Ar 气氛热处理；b—S 气氛热处理

　　图 6-34a 所示为不同热处理阶段，Ar 和 S 气氛热处理后样品的磁致伸缩性
能。可以看出，初次再结晶 Fe-Ga 薄片饱和磁致伸缩性能接近 $90×10^{-6}$。随后
900~1080℃连续升温热处理阶段，Ar 气氛热处理样品，磁致伸缩均显著高于 S

气氛热处理。当升温至950℃，Ar 气氛和 S 气氛热处理样品磁致伸缩值均出现较大的波动，可以认为是由于二次再结晶还不充分造成的，温度继续升高，磁致伸缩测量值的波动显著减小。经过最后的1200℃高温 Ar/H₂ 混合气体热处理后，S 气氛热处理样品，饱和磁致伸缩达到 245×10^{-6}，并测量值波动小于 $\pm10\times10^{-6}$，可以认为是获得了高一致性的大磁致伸缩应变 Fe-Ga 轧制薄板样品。图 6-34b 所示为 S 气氛热处理样品，最终高温热处理后样品的磁致伸缩性能曲线。可以看出，部分样品饱和磁致伸缩超过 250×10^{-6}，样品的磁致伸缩曲线滞后小。同时，沿轧向即应用方向，具有大的磁致伸缩。

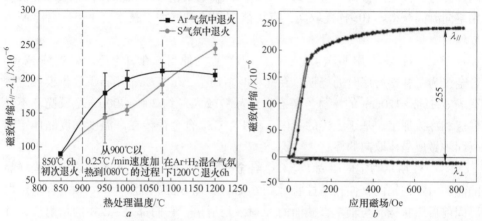

图 6-34　柱状晶 $(Fe_{83}Ga_{17})_{99.9}(NbC)_{0.1}$ 合金热处理样品性能

a—不同热处理阶段饱和磁致伸缩[33]；

b—S 气氛热处理样品最终高温热处理后磁致伸缩曲线[32]

6.10　Fe-Ga 合金冷拔丝材与魏德曼效应

6.10.1　概述

磁致伸缩丝材已广泛应用于制造各种传感器，如扭矩传感器、压力传感器、位移传感器、液面传感器等，其中扭矩传感器与液面传感器的原理是基于磁致伸缩合金丝的魏德曼效应。此前主要用 Fe-Ni、Fe-Ni-Co 合金丝材。因为这些合金的塑性好，有利于加工成丝材，但它们的磁致伸缩性能低、磁弹性能密度低、灵敏度低、精度低、测量范围小，限制了它们的应用。

材料工作者后来发展了稀土磁致伸缩 Tb-Dy-Fe 材料，但它的脆性大，不可能加工成丝材。为了适应各种传感器技术发展的需求，李纪恒等人[1, 34] 系统地研究了低场高磁致伸缩的 Fe-Ga 合金丝材的制备技术、显微结构、织构、磁致伸缩与魏德曼效应。

6.10.2 Fe-Ga 合金丝材的制备工艺

Na 等人[35]和 Cheng 等人[7]的研究表明，Fe-Ga 二元合金铸锭在热变形时容易沿晶界开裂和断裂。Al-Si 合金和 Ni_3Al 基化合物合金的脆性很大，但研究表明，用定向凝固取代模铸可改善 Al-Si 合金的拉伸强度，用定向凝固的柱晶合金可明显地改进 Ni_3Al 合金的塑性[36,37]。

Kellogg 等人[2]研究提出，将 $Fe_{83}Ga_{17}$ 合金制造成单晶，当单晶体的<110>方向拉伸时，其室温伸长率可达到 1.6%，并且其拉伸强度可提高到 580MPa。说明用定向凝固获得<110>择优取向，有可能用传统机械加工技术将 Fe-Ga 合金制造成丝材。

李纪恒等人[34]用 Fe（4N）、Ga（4N）作为原料，在真空感应炉熔炼 Fe-Ga 合金，为了补偿熔炼时的烧损，在配料时多加了 2wt.%Ga，用石英管做模具，铸造成 $\phi11mm \times 120mm$ 的棒材。铸态合金晶粒较大（约 $200 \sim 400\mu m$）较脆，不易锻造和冷拔加工。基于上述的考虑，将 $Fe_{83}Ga_{17}$ 合金铸棒在高温度梯度晶体定向凝固炉做成晶体取向的棒材。

图 6-35 所示为定向凝固 $Fe_{83}Ga_{17}$ 合金棒材的显微组织。可见，定向凝固样品的晶粒沿定向轴向，伸长呈柱状（图 6-35a），图 6-35b 所示为 $Fe_{83}Ga_{17}$ 合金定向凝固前后棒状样品与轴垂直截面的 X 射线衍射谱，它们都是 A2 相的衍射谱，其中 110 衍射峰为最强峰，但定向凝固后（110）面衍射峰比定向凝固前的高 2 倍以上，说明定向凝固棒状样品，具有<110>沿轴向择优生长的特点。随后将定向凝固圆棒（$\phi11mm \times 120mm$）放在无心磨床磨外圆，除去表面的皱皮，除去凹凸不平的表面，得到光滑的圆棒。然后在 950℃进行热旋锻，使定向凝固棒由 $\phi10mm$ 变成 $\phi2 \sim 4.5mm$，在高温热旋锻时，开始用力轻、慢，以免破坏其定向组织，使晶粒细化，以便改善其中低温加工的塑性。

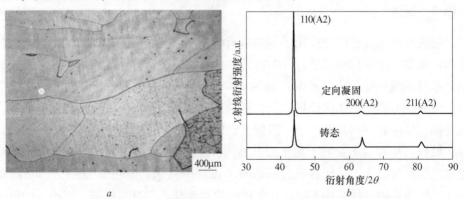

图 6-35 定向凝固 $Fe_{83}Ga_{17}$ 合金棒材的显微组织

a—平行轴向的光学显微组织；b—与轴垂直截面的 X 射线衍射谱

将热旋锻后的棒材（$\phi 2 \sim 4.5mm$）加热至 300~600℃，并在卧式拉拔机进行温拉拔。温拉拔时，用石墨乳做润滑剂，目的是减小拉拔阻力，保护丝材的表面，防止丝材的氧化。最后拉拔成 $\phi 0.6 \sim 0.8mm$ 的细丝，其截面缩减率达到90%~95%。

将温拉拔丝装入真空炉内，抽真空至 $5 \times 10^{-3} Pa$，充入高纯 Ar 气，采用两种工艺进行热处理：

（1）1150℃ 1h 的再结晶退火，水淬冷却。

（2）1150℃ 1h + T_a（T_a = 650℃、700℃、750℃、800℃、850℃、900℃）再结晶退火 15min 至 3h，水淬冷却。然后沿丝的长轴方向贴应变片，在未加压力条件下，测量丝轴向磁致伸缩应变 $\lambda_{//}$。

6.10.3 $Fe_{83}Ga_{17}$ 合金丝 $\lambda_{//}$ 与再结晶退火工艺的关系

图 6-36 所示为 $Fe_{83}Ga_{17}$ 合金丝（$\phi 0.6mm$）拉拔态，1150℃ 1h 再结晶后，和 1150℃ 1h + T_a（T_a = 650℃、700℃、750℃、800℃、850℃、900℃）再结晶退火 1h 后的 $\lambda_{//}$ 和磁致伸缩应变 $\lambda_{//}$ -H 曲线。可见，$Fe_{83}Ga_{17}$ 合金丝在冷拔态，其 $\lambda_{//}$ 仅 28×10^{-6}，经过 1150℃ 1h 再结晶后，丝材的 $\lambda_{//}$ 提高到 122×10^{-6}，而经过 1150℃ 1h + T_a 再结晶退火 1h 后，合金丝样品的 $\lambda_{//}$ 随 T_a 的不同而发生明显的变化。其中在 1150℃ 1h + 800℃ 1h 再结晶退火水淬冷却的样品的 $\lambda_{//}$ 最高，达到 160×10^{-6}，当 $T_a > 800℃$ 或 $T_a < 800℃$ 时，样品的 $\lambda_{//}$ 均降低。

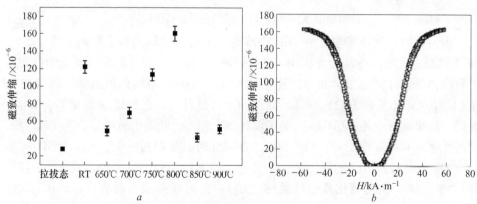

图 6-36 $Fe_{83}Ga_{17}$ 合金丝不同状态的 $\lambda_{//}$ 值（a）和 1150℃ 1h + 800℃ 1h 水淬
冷却丝（$\phi 0.6mm$）的 $\lambda_{//}$ -H 曲线（b）[6-34]

图 6-36b 所示为 1150℃ 1h + 800℃ 1h 水淬丝样品的磁致伸缩应变 $\lambda_{//}$ 与 H（测量磁场）的关系曲线。可见 $\lambda_{//}$ -H 曲线滞后十分小，两曲线几乎重合。说明其 $\lambda_{//}$ 在升高磁场与降低磁场时，$\lambda_{//}$ 随 H 的变化基本是可逆的。

6.10.4　Fe$_{83}$Ga$_{17}$合金丝 $\lambda_{//}$ 与显微组织及织构的关系

　　6.7 节已经提出，Fe-Ga 合金的磁致伸缩应变与样品的显微结构有密切关系，Fe-Ga 材料的显微结构与制造方法和热处理工艺有关。图 6-37 所示为 Fe$_{83}$Ga$_{17}$合金丝（ϕ0.6mm）在冷拔态和 1150℃1h 水淬冷却后的光学显微组织。在冷拔态丝的 $\lambda_{//}$ 与其显微组织有关。图 6-37a 所示表面冷拔态丝是变形显微结构，晶粒沿着丝轴向被拉长，存在滑移变形带、层错、位错、亚结构等缺陷。合金丝经 1150℃退火 1h 水淬冷却至室温后，它完成了再结晶，已转变为粗大的等轴晶（图 6-37b）。X 射线衍射分析表明（图 6-38），各种状态的合金丝的基体相均是 A2 相。

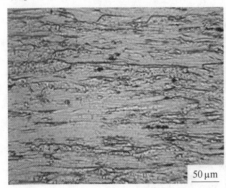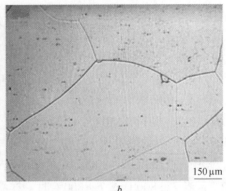

$$a \qquad\qquad\qquad\qquad b$$

图 6-37　Fe$_{83}$Ga$_{17}$合金丝（ϕ0.6mm）在冷拔态（a）和
1150℃1h 水淬冷却（b）后的光学显微组织[34]

　　因为它的衍射峰基本上是 110、200 和 211 峰，仔细观察会发现，经 1150℃1h 再结晶退火水淬冷却后（图中 RT 衍射峰），在 $2\theta = 30.36°$ 处出现一个微弱的衍射峰，根据计算在 $2\theta = 30.81°$ 处有 DO$_3$ 相：（200）超结构衍射峰，两者的 2θ 角相差 0.45°（见表 5-12），可能与合金 Ga 含量有关。表 5-12 是根据 Fe$_{81}$Ga$_{19}$计算的，这里的合金是 Fe$_{83}$Ga$_{17}$。如果说在 $2\theta = 30.36°$ 处的衍射峰是 DO$_3$（M）相，它可能存在 Ga-Ga 原子对，沿 [001] 方向排列引起四角畸变，它是将 RT 样品的 $\lambda_{//}$ 提高到 122×10^{-6} 的原因之一。另外，经 RT（1150℃1h 再结晶退火水淬冷却）的（200）衍射峰比其他样品的（200）衍射峰都强。说明合金经 RT 处理后，样品形成了部分 η-型纤维结构，这也是该样品的 $\lambda_{//}$ 提高到 122×10^{-6} 的另一个原因。图 6-38 表明，Fe$_{83}$Ga$_{17}$合金丝（ϕ0.6mm）经过 1150℃1h+800℃1h 再结晶退火的样品 $\lambda_{//}$ 达到 160×10^{-6}，主要是由于 η-型纤维结构的形成。

　　图 6-39 为 Fe$_{81}$Ga$_{19}$合金丝在不同状态，沿拉拔方向（DD）的反极图。可见，在拉拔态样品具有（110）织构，属于 α-型纤维结构，然而经过 1150℃1h+800℃1h 再结晶退火水淬冷却后，已转变为高度的 η-型纤维结构，但是 [001] 方向与

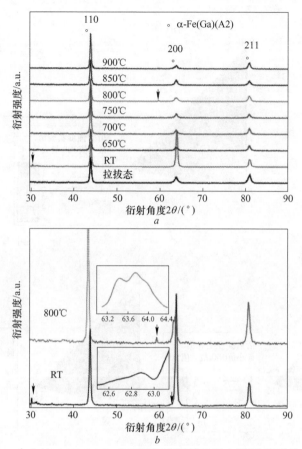

图 6-38　$Fe_{83}Ga_{17}$ 合金丝（$\phi0.6mm$）经不同温度再结晶退火处理 1h 后的 X 射线图谱[34]

拉拔方向（丝轴向）有较大的偏离角。而经过 1150℃ 1h + 900℃ 1h 再结晶退火后，（001）晶体方向与 DD 方向的偏离角进一步大大地扩大。以上实验结果表明，拉拔丝的 $\lambda_{//}$ 的高低，主要决定于 η-型纤维织构的完整程度。

6.10.5　Fe-Ga 合金丝的魏德曼效应

图 6-40 为磁致伸缩丝材魏德曼效应原理图。磁致伸缩丝材通以直流电流 I_2，在丝的表面产生一个圆周磁场 $H_周$。而丝的外表面缠有线圈，通以电流 I_1，它在丝的轴向产生一个轴向磁场 $H_轴$，磁致伸缩丝在周向磁场 $H_周$ 和轴向磁场 $H_轴$ 同时作用下，丝的磁矩转向 $H_周$ 和 $H_轴$ 的合磁场 $H_合$ 方向，从而使丝材沿合磁场 $H_合$ 方向产生一个扭转磁致伸缩应变，并使丝材产生扭转，其扭转角为 θ。魏德曼效应是在丝材的周向场 $H_周$ 和轴向磁场 $H_轴$ 同时作用下产生的扭转式磁致伸缩效应。它的扭转角 θ 与磁致伸缩丝材的磁致伸缩应变 $\lambda_{//}$ 有关。

　　磁致伸缩丝材的魏德曼效应已经应用于转矩传感器、压力传感器、位移传感

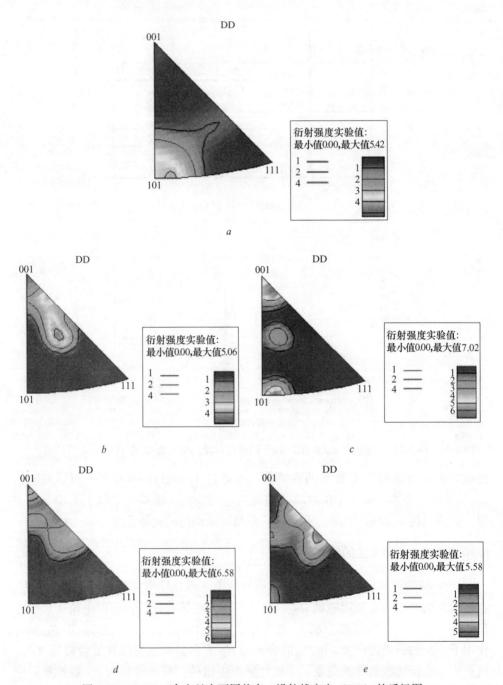

图 6-39　$Fe_{81}Ga_{19}$ 合金丝在不同状态，沿拉拔方向（DD）的反极图

a—拉拔态；b—1150℃ 1h+700℃ 1h；c—1150℃ 1h+750℃ 1h；

d—1150℃ 1h+800℃ 1h；e—1150℃ 1h+900℃ 1h 水淬冷却

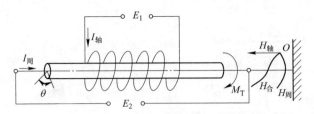

图 6-40 磁致伸缩魏德曼效应原理图

器、液面探测传感技术。此前应用较多的是 Fe-Ni 丝材、Fe-Ni-Co 丝材。但是，这些合金丝材的磁致伸缩应变 $\lambda_{//}$ 仅（50～70）×10^{-6}，用这种材料制造的扭矩传感器的扭转力矩小，扭转角小，灵敏度不高，精度低，限制了它们的应用。20世纪 60～70 年代发展了稀土磁致伸缩材料，虽然其 $\lambda_{//}$ 可达到（1500～2000）×10^{-6}，但是稀土 Tb-Dy-Fe 材料是以拉夫斯相化合物为基体的材料。它有类似金刚石的结构，它属于本质脆性，不能够做成丝材。21 世纪初，发现了 Fe-Ga 合金，它在低场下具有中等以上的磁致伸缩应变，$\frac{3}{2}\lambda_s$ 可达到（400～450）×10^{-6}。Fe-Ga 磁致伸缩丝材的出现将会极大地推动传感器技术的发展。

李纪恒等人[1,34]率先系统地研究了 Fe-Ga 合金丝的制造技术、丝的魏德曼效应、θ 角与合金成分、热处理工艺、显微组织、织构等相互关系规律。下面较系统地介绍李纪恒等在这方面的研究结果。

图 6-41 为测量磁致伸缩丝的魏德曼效应 θ 角的原理图。该装置由支架、光路、螺旋管、电源和外罩五大部分组成。磁致伸缩合金丝吊在螺旋管内部中央恒定磁场区，使之处于稳定状态。样品丝上、下两端用两根铜棒焊接固定，上端固定在支架上，下端自由悬垂。样品丝两端与电源线连接。螺旋管用铜丝缠绕在塑料管外面制成。由直流稳压电源供电。一路电流连接螺旋管，产生轴向磁场 $H_{轴}$，另一路电流与样品丝两端连接，产生周向磁场 $H_{周}$。光路由氦氖激光光源和反射装置组成，样品丝下端的铜棒上固定一个平面反射镜。样品丝扭转变形时，会带动平面镜一起转动。测量时，样品丝一旦出现扭转变形，就会带动平面反光镜同时转动。此时照射在反光镜上的激光光束的反射角度就会发生改变。光斑在投影屏上会发生位移。通过标尺可测量光斑位移 S 的大小，最后根据下式计算 θ 角。

$$\theta = 360S/4\pi R \tag{6-5}$$

式中，S 为光斑位移的距离，R 为光源与平面反射镜面的距离，魏德曼效应 θ 角是以单位长度的扭转角度 θ/L（″/cm）来表示。

6.10.6 魏德曼效应扭转角 θ 与合金成分，周向场及轴向场的关系

图 6-42～图 6-44 所示分别为 $Fe_{83}Ga_{17}$、$(Fe_{83}Ga_{17})_{99.5}B_{0.5}$ 和 $(Fe_{83}Ga_{17})_{98}Cr_2$ 合

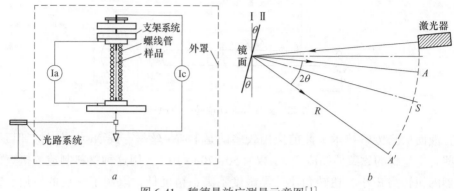

图 6-41   魏德曼效应测量示意图[1]

a—装置示意图；b—光路图

金丝拉拔态和 1150℃ 固溶炉冷至 800℃ 热处理 1h 后的魏德曼扭转角与周向场 $H_周$ 的关系曲线。从图 6-42a 可以看出，拉拔态 $Fe_{83}Ga_{17}$ 合金丝的扭转角度 θ/L 首先是随着 $H_周$ 的增加而增加，直至出现峰值，而后又随着 $H_周$ 的增加而降低，表明在较高的周向磁场 $H_周$ 作用下，合金丝发生了反向扭转，不同轴向场 $H_轴$ 条件下，峰值扭转角随着 $H_轴$ 的增加逐渐增大。当 $H_轴 = 0kA/m$ 时，即只加载周向场 $H_周$，合金的扭转角很小，$(\theta/L)_{max} = 35''/cm$，峰值扭转角对应的 $H_周$ 为 1.7kA/m；当 $H_轴$ 增加到 2.3kA/m 时，合金丝的峰值扭转角度最大，$(\theta/L)_{max} = 66''/cm$，对应的 $H_周$ 为 2.65kA/m。图 6-42b 给出了 1150℃ 固溶炉冷至 800℃ 热处理 1h 后 $Fe_{83}Ga_{17}$ 合金丝的魏德曼扭转角与周向场 $H_周$ 的关系曲线。固定轴向场 $H_轴$，扭转角随着磁场 $H_周$ 的变化趋势与拉拔态类似，但是与拉拔态相比，峰值扭转角对应的 $H_周$ 较大；且峰值扭转角随 $H_周$ 的变化与拉拔态不同，呈现先增加后减小的变化趋势。当 $H_轴 = 1.02kA/m$ 时，峰值扭转角最大，$(\theta/L)_{max} = 245''/cm$，继续增加到 $H_轴$ 到 2.04kA/m 时，峰值扭转角减小为 196''/cm。由此可见，采用固定 $H_轴$ 的方式测量合金丝魏德曼扭转，其扭转角度与 $H_周$ 和 $H_轴$ 密切相关。如图 6-43 和图 6-44 所示，拉拔态和退火态 $(Fe_{83}Ga_{17})_{99.5}B_{0.5}$ 和 $(Fe_{83}Ga_{17})_{98}Cr_2$ 合金丝的魏德曼扭转角与磁场 $H_周$ 的关系规律与 $Fe_{83}Ga_{17}$ 合金丝类似。对于 $(Fe_{83}Ga_{17})_{99.5}$ $B_{0.5}$ 合金丝，拉拔态时，最大的峰值扭转角 $(\theta/L)_{max}$ 为 66''/cm，1150℃ 固溶炉冷至 800℃ 热处理 1h 后，$(\theta/L)_{max} = 235''/cm$；对于 $(Fe_{83}Ga_{17})_{98}Cr_2$ 合金丝，拉拔态时，$(\theta/L)_{max} = 136''/cm$，1150℃ 固溶炉冷至 800℃ 热处理 1h 后，$(\theta/L)_{max} = 182''/cm$。

比较三种不同成分的合金丝可看出，再结晶退火态合金丝的魏德曼扭转角度比拉拔态的样品，都有大幅度的提高，具体而言，$Fe_{83}Ga_{17}$ 合金丝的扭转角度最大，$(Fe_{83}Ga_{17})_{99.5}B_{0.5}$ 合金丝次之，$(Fe_{83}Ga_{17})_{98}Cr_2$ 合金丝略小。与 Fe-Ni 合金丝（$(\theta/L)_{max} = 145''/cm$）相比，Fe-Ga 合金丝的魏德曼扭转角度有大幅度提高。

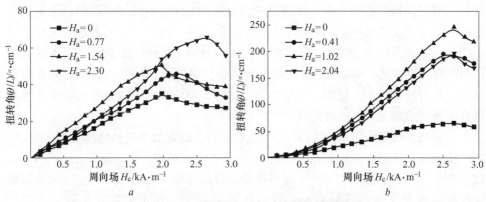

图 6-42 直径 0.6mm Fe$_{83}$Ga$_{17}$合金丝的魏德曼效应

a—拉拔态；b—1150℃固溶炉冷至 800℃热处理 1h

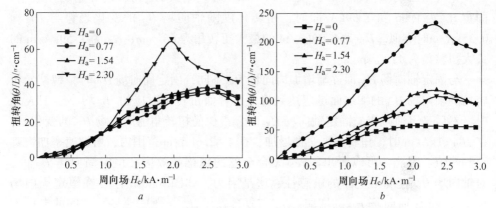

图 6-43 直径 0.6mm（Fe$_{83}$Ga$_{17}$）$_{99.5}$B$_{0.5}$合金丝的魏德曼效应

a—拉拔态；b—1150℃固溶炉冷至 800℃热处理 1h

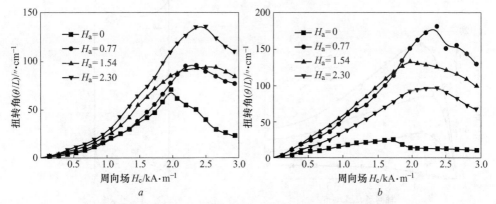

图 6-44 直径 0.7mm（Fe$_{83}$Ga$_{17}$）$_{98}$Cr$_2$合金丝的魏德曼效应

a—拉拔态；b—1150℃固溶炉冷至 800℃热处理 1h

另外，对于拉拔态的合金丝，峰值扭转角随轴向场 $H_{轴}$ 的增加而增加，但未出现峰值，如果继续增加 $H_{轴}$，峰值扭转角可能会继续增加。对于退火态合金丝，峰值扭转角随轴向场 $H_{轴}$ 的增大而增大，当轴向场 $H_{轴}$ 达到一定值时，出现最大峰值扭转角，继续增大 $H_{轴}$ 峰值扭转角再次减小。可能的原因是，对于拉拔合金丝而言，具有纤维状形变组织，大量的形变缺陷等组织因素导致合金的磁致伸缩的饱和磁场（也就是 $H_{轴}$）增大。

图 6-45 所示为固定周向场 $H_{周}$，$Fe_{83}Ga_{17}$ 合金丝魏德曼扭转角度随轴向场 $H_{轴}$ 的变化曲线。从图中可以看出，对样品只施加轴向场 $H_{轴}$ 时，即当 $H_{周} = 0$ kA/m 时，样品也出现了微小的扭转，这可能是由样品的内应力所导致的。在只施加轴向磁场的情况下，样品只会产生线性的磁致伸缩，而不会发生扭转。当固定 $H_{周} = 0.53$kA/m 时，扭转角度随 $H_{轴}$ 的增大而迅速增大，$H_{轴}$ 增大至 0.83kA/m 时，扭转角出现峰值，$(\theta/L)_{max} = 38''/cm$，继续增大 $H_{轴}$ 扭转角开始迅速减小。固定 $H_{周}$ 为 1.06 和 1.59kA/m 时，扭转角度随轴向场 $H_{轴}$ 的变化趋势与 $H_{周}$ 为 0.35kA/m 时类似。$H_{周}$ 为 1.06kA/m 的最大扭转角为 68''/cm；$H_{周}$ 为 1.59kA/m 的最大扭转角为 110''/cm。

与固定轴向场 $H_{轴}$ 而逐渐增加周向场 $H_{周}$ 不同，固定周向场 $H_{周}$ 时，魏德曼扭转角随轴向场 $H_{轴}$ 的增加而迅速达到峰值，峰值扭转角对应的 $H_{轴}$ 均小于 1kA/m 时，然后又迅速减小。固定轴向场 $H_{轴}$ 时，魏德曼扭转角随周向场 $H_{周}$ 的变化是：在 $H_{周} < 1$kA/m 时，扭转角度缓慢增加，在 1～2.6kA/m 范围内，增加速率加快直至到峰值。因此，可以看出，Fe-Ga 合金丝的魏德曼效应在恒定周向场 $H_{周}$ 时，对轴向场 $H_{轴}$ 表现出更高的敏感性。这是因为，如图 6-46 所示，在恒定周向场 $H_{周}$ 时，随着轴向场 $H_{轴}$ 的增加，$H_{轴}$ 与复合磁场 $H_{合}$（螺旋磁场）之间的夹角 ϕ

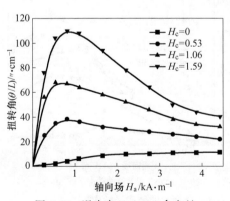

图 6-45　退火态 $Fe_{83}Ga_{17}$ 合金丝
魏德曼扭转随轴向场的变化

图 6-46　$H_{轴}$、$H_{合}$ 和 $H_{周}$
作用下的扭转示意图

逐渐趋于 0，复合磁场 $H_合$ 的方向也逐渐接近 $H_轴$，如果沿着复合磁场 $H_合$ 发生应变，当 $H_轴$ 很小时，由于此时的 θ 接近与 90°，$H_合$ 会很大；此时的 $H_合$ 虽然不能产生足够大的沿轴向的磁滞应变 d，但此时能产生大扭转变形；而在一个能产生最大轴向磁应变 d 的轴向磁场 $H_轴$ 的作用下，复合磁场 $H_合$ 变小以至于产生的扭转变形也会变小。Fe-Ga 合金丝的魏德曼扭转在恒定周向场 $H_周$ 时，对轴向场 $H_轴$ 具有高的敏感性，且可以通过控制周向场 $H_周$ 调节效应大小，这对于制造基于魏德曼效应的低场、高灵敏度的传感器是非常有利的。

6.10.7　磁致伸缩应变与魏德曼效应的关系

魏德曼效应是一种特殊的磁致伸缩效应。近角聪信在文献 [2] 中曾指出，在魏德曼效应中，电流产生的环形磁场和在轴向所加的磁场的合成磁场使得磁畴的排列发生变化，或引起自发磁化转动，扭转就是由此产生的磁致伸缩造成的。

1919 年，Pidgeon 等人[38]利用钴丝研究了磁致伸缩性能和魏德曼效应。在实验过程中，观察到了高磁场时丝材的反向扭转；研究了周向磁场以及轴向磁场对材料扭转角度的影响，发现轴向场作用较大；材料退火后扭转角度增加，认为这是由于退火影响了材料的磁导率从而影响魏德曼效应；还发现魏德曼效应具有不对称性，认为魏德曼效应不对称性的原因是不完全消磁、温度变化和各向异性所致。通过实验规律建立了魏德曼效应与磁致伸缩的关系式：

$$\theta = \frac{\lambda}{r} \cdot \frac{H_周}{\sqrt{H_轴^2 + H_周^2}} \tag{6-6}$$

当 $H_轴$ 远大于周向场 $H_周$ 时，关系式可简化为

$$\theta = \frac{\lambda}{r} \cdot \frac{H_周}{H_轴} \tag{6-7}$$

式中，θ 为金属丝的扭转角度；λ 为丝材的磁致伸缩应变；$H_轴$ 为轴向磁场；$H_周$ 为周向场。

但是，这个关系式并没有得到广泛的认可。

1949 年，Nagaoka 和 Honda 研究了铁、钴、镍的魏德曼效应[39]。他们对不同金属的魏德曼效应做了比较，发现铁丝的扭转角度随着轴向磁场的增加，出现先增加后减小的规律。但当轴向场初始值就很强时，铁丝初始扭转角度就是负值，这一现象与磁致伸缩现象是不一致的。William[40]通过分析前人的实验，试图解释产生魏德曼效应现象的机理，他认为是当复合磁场作用于金属丝时，会沿着丝表面切向并与复合磁场呈 45°角产生切应力，该应力使丝发生了扭转。1958年，Yamamoto 等人分析了在复合磁场作用下样品内部的应力分布情况，认为魏德曼效应是外磁场作用于样品产生应力的结果，得出样品扭转角度与外磁场存在函数关系并建立了数学模型[41]。

$$\frac{\theta}{L} = \frac{2}{r} \left[\lambda_1(H_{表}) - \lambda_t(H_{表}) \right] \frac{H_{轴} \, H_{周}}{H_{轴}^2 + H_{周}^2} \tag{6-8}$$

式中，θ 为金属丝的扭转角度；$H_{表}$ 为样品表面的磁场；L 为样品的长度；r 为样品的半径；λ_1 和 λ_t 分别为样品轴向和横向的磁致伸缩应变值。

1965 年，Smith 等人[42] 通过测量镍管在轴向和径向的磁致伸缩，发现 Yamamoto 的模型与自己的测量结果吻合得很好。

1983 年，Borodin[43] 将 Fe-Co-V、Fe-Ni 合金以及 Ni 制成螺线形弹簧，以扭转变形转化为易于测量的直线变形并加以放大，研究了它们的魏德曼效应及与磁致伸缩的关系，这三种材料对应的磁致伸缩应变分别为 $\lambda_s = 70 \times 10^{-6}$、$25 \times 10^{-6}$ 和 -26×10^{-6}。他研究分析了周向场和轴向场的变化对材料魏德曼效应影响以及二者同时作用于样品的情况，结果发现铁镍合金的魏德曼效应与磁致伸缩效应是不一致的。但是，通过实验得出结论：磁致伸缩系数大的魏德曼扭转效应就大。Borodin 还在理论方面分析了样品内应力分布对自由能、易磁化方向以及魏德曼效应的影响。

上述研究结果表明，1150℃ 固溶炉冷至 800℃ 热处理 1h 后，$Fe_{83}Ga_{17}$、$(Fe_{83}Ga_{17})_{99.5}B_{0.5}$ 和 $(Fe_{83}Ga_{17})_{98}Cr_2$ 合金丝对应的磁致伸缩系数分别为：160×10^{-6}、42×10^{-6} 和 26×10^{-6}，相应的魏德曼扭转角度 $(\theta/L)_{max} = 245''/cm$、$235''/cm$ 和 $182''/cm$，见表 6-12。表 6-12 给出了先前研究者在不同材料中获得的实验结果，从中也可以看到，合金丝的磁致伸缩应变是影响魏德曼效应的重要因素，整体上，磁致伸缩性能越高，扭转角度也越大，但二者之间的关系并不是线性的。合金丝的弹性模量、表面磁畴在复合磁场下的变化等都对魏德曼扭转有着重要的影响。Fe-Ga 材料具有大的 ΔE 效应，即使在外磁场作用下，材料的弹性模量会发生较大的变化，它也会对外磁场作用下的魏德曼扭转有较大影响。磁致伸缩材料魏德曼效应的影响因素和规律还有待进一步深入研究。

表 6-12 不同材料的魏德曼扭转角与磁致伸缩应变

样品及其状态		θ/L /$'' \cdot cm^{-1}$	磁致伸缩应变/$\times 10^{-6}$	
			λ_1	λ_t
$Fe_{83}Ga_{17}$	拉拔态	66	28	-13
	退火态	245	160	-37
$(Fe_{83}Ga_{17})_{98}Cr_2$	拉拔态	136	33	-9
	退火态	182	107	-22
$(Fe_{83}Ga_{17})_{99.5}B_{0.5}$	拉拔态	66	27	-11
	退火态	235	43	-24

样品及其状态		θ/L /″·cm^{-1}	磁致伸缩应变/×10^{-6}	
			λ_l	λ_t
Fe-Ni 丝（0.7mm）[44]	退火态	141	26	–
Fe 丝（1.0mm）[45]	退火态	27	4	–
Ni 丝（1.2mm）[45]	退火态	90	−46	–
Co 丝（0.9mm）[45]	退火态	20	−15	–
Ni 管	热加工态	3.45	−33	14

参 考 文 献

[1] 李纪恒. 取向 Fe-Ga 合金薄板与丝材的制备、织构与磁性能 [D]. 北京：北京科技大学，2010.

[2] Kellogg R A, Russell A M, Lograsso T A, et al. Tensile properties of magnetostrictive iron-gallium alloys [J]. Acta Materialia, 2004, 52 (17): 5043-5050.

[3] Gao X, Li J, Zhu J, et al. Effect of B and Cr on mechanical properties and magnetostriction of iron-gallium alloy [J]. Materials transactions, 2009, 50 (8): 1959-1963.

[4] Li J H, Gao X, Zhu J, et al. Ductility enhancement and magnetostriction of polycrystalline Fe – Ga based alloys [J]. Journal of Alloys and Compounds, 2009, 484 (1): 203-206.

[5] Kellogg R A, Russell A M, Lograsso T A, et al. Mechanical properties of magnetostrictive iron-gallium alloys [C] //Smart Structures and Materials. International Society for Optics and Photonics, 2003: 534-543.

[6] Dieter G E. Mechanical Metalergy, SI. Metric Edition (London, 1988): 126.

[7] Cheng L M, Nolting A E, Voyzelle B, et al. Deformation behavior of polycrystalline Galfenol at elevated temperatures [C] //The 14th International Symposium on: Smart Structures and Materials & Nondestructive Evaluation and Health Monitoring. International Society for Optics and Photonics, 2007: 65262N-65262N-9.

[8] Na S M, Flatau A B. Magnetostriction and surface-energy-induced selective grain growth in rolled Galfenol doped with sulfur [C] //Smart Structures and Materials. International Society for Optics and Photonics, 2005: 192-199.

[9] 余永宁. 材料科学基础 [M]. 北京：高等教育出版社，2005.

[10] Li J H, Gao X X, Xie J X, et al. Recrystallization behavior and magnetostriction under pre-compressive stress of Fe-Ga-B sheets [J]. Intermetallics, 2012, 26: 66-71.

[11] Srisukhumbowornchai N, Guruswamy S. Crystallographic textures in rolled and annealed Fe-Ga and Fe-Al alloys [J]. Metallurgical and Materials Transactions A, 2004, 35 (9): 2963-2970.

[12] Na S, Flatau A B. Effect of Boron Addition on Magnetostrictive and Mechanical Properties in

Rolled Polycrystalline Fe-18.7% Ga Alloy ［C］//MATERIALS RESEARCH SOCIETY SYM-POSIUM PROCEEDINGS. Warrendale, Pa.; Materials Research Society; 1999 ~ 2006, 888: 329.

［13］ Na S M, Flatau A B. Magnetostriction and crystallographic texture in rolled and annealed Fe-Ga based alloys ［C］//MRS Proceedings. Cambridge University Press, 2005, 888: 0888-V06-10.

［14］ Borrego J M, Blazquez J S, Conde C F, et al. Structural ordering and magnetic properties of arc-melted FeGa alloys ［J］. Intermetallics, 2007, 15 (2): 193-200.

［15］ Na S M, Suh S J, Flatau A B. Surface segregation and texture development in rolled Fe-Ga alloy ［J］. Journal of Magnetism and Magnetic Materials, 2007, 310 (2): 2630-2632.

［16］ Na S M, Flatau A B. Deformation behavior and magnetostriction of polycrystalline Fe-Ga-x (x=B, C, Mn, Mo, Nb, NbC) alloys ［J］. Journal of Applied Physics, 2008, 103 (7): 07D304.

［17］ Summers E M, Meloy R, Na S M. Magnetostriction and texture relationships in annealed gal-fenol alloys ［J］. Journal of Applied Physics, 2009, 105 (7): 07A922.

［18］ Li J H, Gao X, Zhu J, et al. Texture evolution and magnetostriction in rolled $(Fe_{81}Ga_{19})_{99}Nb_1$ alloy ［J］. Journal of Alloys and Compounds, 2009, 476 (1): 529-533.

［19］ Li J H, Gao X X, Zhu J, et al. Ductility, texture and large magnetostriction of Fe-Ga based sheets ［J］. Scripta Materialia, 2010, 63 (2): 246-249.

［20］ Chun H, Na S M, Mudivarthi C, et al. The role of misorientation and coincident site lattice boundaries in Goss-textured Galfenol rolled sheet ［J］. Journal of Applied Physics, 2010, 107 (9): 09A960.

［21］ Meloy R, Summers E. Magnetic property-texture relationships in galfenol rolled sheet stacks ［J］. Journal of Applied Physics, 2011, 109 (7): 07A930.

［22］ 何忠治, 赵宁, 罗海文. 电工钢 ［M］. 北京: 冶金工业出版社, 2008.

［23］ 毛卫民, 杨平, 陈冷. 材料织构分析原理与检测技术 ［M］. 北京: 冶金工业出版社, 2008.

［24］ Read W T, Shockley W. Dislocation models of crystal grain boundaries ［J］. Physical Review, 1950, 78 (3): 275.

［25］ Kirch D M, Jannot E, Barrales-Mora L A, et al. Inclination dependence of grain boundary en-ergy and its impact on the faceting and kinetics of tilt grain boundaries in aluminum ［J］. Acta Materialia, 2008, 56 (18): 4998-5011.

［26］ Yuan C, Li J, Bao X, et al. Influence of annealing process on texture evolution and magneto-striction in rolled Fe-Ga based alloys ［J］. Journal of Magnetism and Magnetic Materials, 2014, 362: 154-158.

［27］ Na S M, Flatau A B. Single grain growth and large magnetostriction in secondarily recrystallized Fe-Ga thin sheet with sharp Goss (011) ［100］ orientation ［J］. Scripta Materialia, 2012, 66 (5): 307-310.

[28] Na S M, Flatau A B. Secondary recrystallization, crystallographic texture and magnetostriction in rolled Fe-Ga based alloys [J]. Journal of applied physics, 2007, 101 (9): 09N518.

[29] Kramer J J. Nucleation and growth effects in thin ferromagnetic sheets: a review focusing on surface energy-induced secondary recrystallization [J]. Metallurgical Transactions A, 1992, 23 (7): 1987-1998.

[30] Lin S S, Kant A. Dissociation energy of Fe_2 [J]. The Journal of Physical Chemistry, 1969, 73 (7): 2450-2451.

[31] 袁超. 磁致伸缩 Fe-Ga 合金轧制薄板制备及性能 [D]. 北京: 北京科技大学, 2016.

[32] Yuan C, Li J, Zhang W, et al. Sharp Goss orientation and large magnetostriction in the rolled columnar-grained Fe-Ga alloys [J]. Journal of Magnetism and Magnetic Materials, 2015, 374: 459-462.

[33] Yuan C, Li J, Zhang W, et al. Secondary recrystallization behavior in the rolled columnar-grained Fe-Ga alloys [J]. Journal of Magnetism and Magnetic Materials, 2015, 391: 145-150.

[34] Li J H, Gao X X, Xie J X, et al. Large magnetostriction and structural characteristics of $Fe_{83}Ga_{17}$ wires [J]. Physica B: Condensed Matter, 2012, 407 (8): 1186-1190.

[35] Na S M, Flatau A B. Effect of Boron Addition on Magnetostrictive and Mechanical Properties in Rolled Polycrystalline Fe-18.7% Ga Alloy [C] //MRS Proceedings. Cambridge University Press, 2005, 888: 0888-V06-07.

[36] Drar H, Svensson I L. Improvement of tensile properties of Al-Si alloys through directional solidification [J]. MaterialsLetters, 2007, 61 (2): 392-396.

[37] Mawari T, Hirano T. Effects of unidirectional solidification conditions on the microstructure and tensile properties of Ni_3Al [J]. Intermetallics, 1995, 3 (1): 23-33.

[38] Pidgeon H A. Magneto-striction with special reference to pure cobalt [J]. Physical Review, 1919, 13 (3): 209.

[39] Nagaoka H, Honda K. Experiments on the Magnetostriction of Steel, Nickel, Cobalt, and Nickel Steels [J]. Phil. Magn., 1902, 4: 60-72.

[40] Thomson W. Reprint of papers on electrostatics and magnetism [M]. Macmillan & Company, 1872: 332-407.

[41] Yamamoto M, Nakamichi T. Magnetostriction Constants of Nickel-Copper and Nickel-Cobalt Alloys [J]. Journal of the Physical Society of Japan, 1958, 13 (2): 228-229.

[42] Smith I R, Overshott K J. The Wiedemann effect: a theoretical and experimental comparison [J]. British Journal of Applied Physics, 1965, 16 (9): 1247.

[43] Borodin V I, Ostanin V V, Zhakov S V. Investigation of the Twisting of Ferromagnetic Rods (the Wiedemann Effect). Experiment [J]. Phys. Met. Metallogr. (USSR), 1983, 56: 96-102.

[44] 夏天, 高学绪, 李纪恒, 等. 铁镍合金丝魏德曼效应测量与磁畴结构 [J]. 磁性材料与器件, 2008, 39 (2): 21-25.

[45] McCorkle P. Magnetostriction and Magnetoelectric effects. 1923, 3: 271-278.

7 Fe-Ga 系取向多晶块体材料

7.1 概述

Fe-Ga 系合金除了通过冷（温）轧加工成薄带（板）或丝材以外，也可以通过定向凝固（DS）或定向晶体生长（DG）制造成多晶取向材料，或通过其他技术措施制造成薄膜（二维）材料、纳米线（一维）和超细粉（零维）材料。Fe-Ga 系材料可以有块体材料和低维材料等多种形态，同时也可以用熔体快淬法制造成片材。快淬薄片材料过脆，且工作场过高，数据分散过大。本章介绍取向多晶块体材料。

前面已经指出，Fe-Ga 系合金单晶体材料具有很大的各向异性，即 $\lambda_{100} > \lambda_{110} > \lambda_{111}$，制造成单晶材料的工艺成本高，除科研或个别场合使用外，工业上很少应用到单晶材料。

多晶材料只有各个晶粒的 <100> 晶体方向沿着块体材料轴向择优取向时，即制造成 η-型纤维织构（$\{hkl\}<001>$，$<001>//$ 轴向）时，才能获得高 λ_s 的材料。

本书的第 4 章已经介绍过取向多晶材料的制造技术，它包括：

（1）提拉法或称丘克拉夫斯基（CZ）技术。

（2）布里奇曼（Bridgman）法。

（3）改进过的布里奇曼法（MB）。

（4）垂直悬浮区熔（FZM）技术。

（5）高温度梯度区熔定向凝固（HTGZM）技术等。

这 5 种制造方法可以制造单晶和取向多晶材料。制造单晶的成本高、效率低，大多用于材料研究；工程上大部分用来制造取向多晶块体材料。

上述 5 种用于制造取向多晶块体材料的工艺过程大体上是相同的（见图 7-1）。

图 7-1 取向多晶块体材料工艺过程示意图

上述工艺过程中最关键的是多晶定向生长（DG）。此工艺环节要严格控制冷却速度 v、温度梯度 G_L 和固/液相界面形态等，以便获得具有良好取向的多晶块体材料。这里所说的良好取向多晶块体材料应具备两个条件：

（1）取向多晶块体棒材从底部到顶部所有晶粒的<001>晶体方向均沿着棒材的轴向平行取向，各个晶粒的<001>晶体方向与棒材轴向偏离角 θ 越小越好。

（2）取向多晶棒材的成分处处均匀一致，即从底部到顶部，或从棒材的中心到边缘合金的成分均匀一致。

达不到上述两个条件，则取向多晶棒材的性能是不均匀的，并且棒材的 $\lambda_{//}$ 也达不到较高值。

7.2 取向多晶 Fe-Ga 合金棒材的制备方法与工艺

上节已经指出，取向多晶 Fe-Ga 合金棒材的制备可采用 5 种方法，其原理与工艺参数大同小异。有两种改进的布里奇曼法，第一种详见图 4-16，在此不做详细叙述。下面简单介绍第二种，其原理见图 7-2a。它由九个部分组成：

（1）加热炉；

（2）坩埚（Al_2O_3）；

（3）多晶母合金棒材；

（4）冷却隔板，与坩埚底部连接；

（5）固/液相界面（SLS）；

（6）真空泵；

（7）Ar 气进气口；

（8）步进电机，可使坩埚、冷却隔板上、下移动；

（9）测温元件。

加热炉接通电源使炉内温度分布如图 7-2b 所示。T_s 为坩埚底部（即结晶固体下端）温度；T_m 为母合金熔点；T_F 为加热炉的最高温度；Δl_L 为母合金熔区的长度；G_L 为固/液相界面液相的温度梯度，$G_L = (T_F - T_m)/\Delta l_L$；$G_S$ 为已结晶固体的温度梯度，$G_S = (T_m - T_s)/\Delta l_S$。

工艺流程大体上是将母合金棒装入 Al_2O_3 管状坩埚内，坩埚底部可放籽晶，也可以不放。将坩埚密封后，抽真空至 $10^{-3} \sim 10^{-4}$ Pa 后，通入高纯 Ar 气，接通加热炉电源，并控制炉内温度，使炉内温度梯度分布达到图 7-2b 所示状态。开始时通过步进电机把坩埚底部调控到与 T_m 对应的部位，使坩埚底部的母合金熔化，并使 $T_m \sim T_F$ 的 Δl_L 的母合金全部熔化。然后，通过步进电机使坩埚以一定速度，如以 $v = 10 \sim 600$ mm/h 向下移动。当坩埚底部降低到低于 T_m 时，熔体开始形核结晶成固体。此时上部可以保持熔体，热流只能向下移动，使晶体定向（由下往上）生长，生长成为一定尺寸的柱状晶。通过控制固/液相界面状态，温度梯

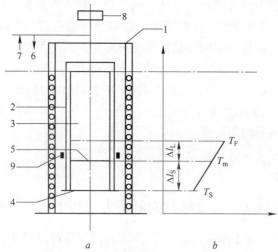

图 7-2　改进型布里奇曼法原理图[1]

a—设备结构示意图；*b*—温度分布图

1—加热炉；2—坩埚；3—样品；4—冷却器；5—固液相界面；6—真空系统；
7—氩气进口系统；8—步进电机；9—测温传感器

度 G_L、G_S 和坩埚向下降低的速度 v，可以控制晶体的定向生长。由于 Δl_L 区域内熔体的温度均在母合金熔点以上，这样就可以防止棒状样品横向（径向）的结晶，从而得到理想的柱状晶结构，这是改进的布里奇曼法最大的优点。

7.3　Fe-Ga 合金柱状晶生长过程中 Ga 浓度的变化

7.3.1　Fe-Ga 合金柱状晶生长过程中固/液 Ga 浓度的变化

由 Fe-Ga 二元平衡相图可知，$Fe_{100-x}Ga_x$ 二元合金已结晶固体 S（A2 相）和未结晶液体中 Ga 浓度的变化与是否是平衡凝固有关。例如，$Fe_{81}Ga_{19}$ 合金，当合金是平衡凝固时，则已结晶固体 S（A2 相）Ga 浓度 C_s 和未结晶液体（L）Ga 浓度 C_L 分别有 $C_{S1} \to C_{S2} \to C_{S3} \to C_{S4}$ 曲线（称为固相线）和 $C_{L1} \to C_{L2} \to C_{L3} \to C_{L4}$ 曲线（称为液相线）变化。它们的变化如图 7-3 所示。平衡凝固的动力学过程十分缓慢，因为它需要原子的扩散，在工业生产的过程中很难实现，实际上大多是非平衡凝固过程。此过程固相（C_s）和液相（C_L）Ga 浓度的变化是分别沿着 $C'_{S1} \to C'_{S2} \to C'_{S3} \to C'_{S4}$ 和 $C'_{L1} \to C'_{L2} \to C'_{L3} \to C'_{L4}$ 曲线（虚线）变化的，见图 7-3。说明单相固溶体合金一个晶粒内部的 Ga 浓度是不均匀的，即先结晶（部分）和后结晶（部分）固体的浓度是不同的。这种现象称为晶内偏析或显微偏析。

7.3.2　Fe-Ga 合金取向多晶（柱状）体生长过程溶质原子（Ga）的分配系数

我们假定在凝固过程中：

（1）固/液相界面是平面。

（2）在液相内溶质原子 Ga 完全均匀混合。

（3）用 C_S 和 C_L 分别代表固/液相界面两侧的固相和液相 Ga 原子的浓度。

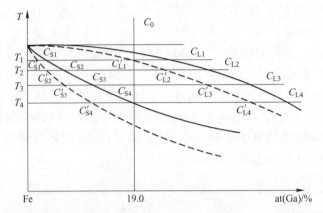

图 7-3　$Fe_{100-x}Ga_x$ 合金凝固过程中固相（S）和液相（L）Ga 浓度的变化

根据溶质原子守恒的原理可以求得：

$$\left.\begin{array}{l} C_L = C_0 f_L^{K_0-1} \\ C_S = K_0 C_0 (1-f_S)^{K_0-1} \end{array}\right\} \tag{7-1}$$

式中，$K_0 = C_S/C_L$，K_0 称为平衡溶质原子的分配系数；$f_L = 1-f_S$，f_L 和 f_S 分别为液相 L 和固相 S 的体积分数。

式（7-1）称为非平衡杠杆定律或 Scheil 方程（详见文献［2］）。式（7-1）是根据上述三个条件导出的，因为 C_L 总是大于 C_S，所以 $K_0 < 1$。在定向凝固条件下，刚开始结晶时的成分应是 $K_0 C_0$（C_0 是合金的成分）。

事实上在定向凝固的条件下，固/液相界面前沿液相内存在扩散对流，界面处液相浓度必然要低于无扩散对流时的浓度。在这种条件下，设固/液相界面两侧 Ga 的浓度分别为 C_S^* 和 C_L^*，则

$$C_S^* = C_L^* K_0 \quad 或 \quad C_S^*/C_L^* = K_0 \tag{7-2}$$

扩散边界层外液相的浓度不受扩散的影响，即距离边界 $x=\delta$ 处，$C_L = C_0$。同时基于溶质守恒定律，在此条件下，可以推导出：

$$C_L^* = C_0/[K_0 + (1+K_0)\exp(-v\delta D_L)] \tag{7-3}$$

或

$$K_e = C_S^*/\overline{C}_L = K_0/[K_0 + (1+K_0)\exp(-v\delta/D_L)] \tag{7-4}$$

式中，K_e 为溶质原子的有效分配系数，K_e 的数值为 $K_0 \sim 1$；$\overline{C}_L$ 为液相的平均浓度；v 为晶体生长速度；δ 为扩散边界层的厚度；D_L 为溶质原子在液相中的扩散系数。

7.3.3 Fe-Ga 合金取向多晶（柱状）棒状样品沿长度方向 Ga 浓度的变化

Li Chuan 等人[3]用图 4-18 所示的高温梯度区熔定向凝固法来制造 $Fe_{81}Ga_{19}$ 合金取向多晶（柱状）棒状样品。采用<001>取向的籽晶（籽晶尺寸为 $\phi6.5mm$ ×10mm），温度梯度控制在 $G_L \approx 1000K/cm$，晶体生长速度为 $v \approx 10mm/h$，熔区长度约为 65mm，采用液体金属（Ga-In-Sn）和冷却水复合强制冷却。采用保温措施保证固/液相界面以上的熔体的温度在合金熔点 T_m 以上，防止径向散热，以便保证固/液相界面是平面。当柱状晶生长到一定高度时，整个样品高速下降到冷却液中（相当于水淬冷却），直至冷却至室温。这样可以保证固/液相界面和液相区 Ga 的浓度。用电子探针（EPMA）测定固/液相界面两侧 Ga 在固相区（S）和液相区（L）的分布，所得的结果见图 7-4。

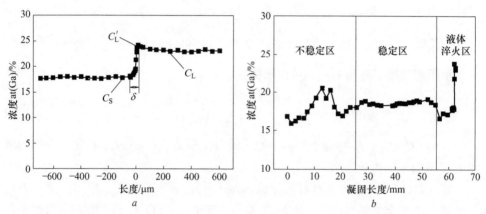

图 7-4 $Fe_{81}Ga_{19}$ 合金定向凝固时，固/液相界面 Ga 浓度分布（a）和
Ga 浓度随着棒状样品长度的变化（b）[3]

可见，已结晶的固体 Ga 的平均浓度为 17.98at.%。在固/液相界面扩散对流层 Ga 的最大浓度达到 24.28at.%，在液相区 Ga 的平均浓度为 $\overline{C}_L = 23.4at.\%$。在固/液相界面两侧，固相和液相 Ga 的临界浓度分别为 $C_S^* = 18.02at.\%$ 和 $C_L^* =$ 24.28at.%。固/液相界面溶质原子 Ga 的扩散边界层厚度为 $\delta = 55\mu m$（上述数据应与整个棒状样品长度中已结晶的长度和未结晶液体长度比有关，但该文献[3]并未给出）。

将上述数据代入式（7-2）和式（7-4），可计算出溶质分配系数 K_0 和 K_e 分别为 0.74 和 0.76。将上述的 δ、v、$\overline{C}_L$、C_S^*、K_e 等数据代入式（7-4），就可以计算出 Ga 原子在液相中的扩散系数为 $D_L = 1.04 \times 10^{-9} m^2/s$。

图 7-4b 表明，总长度为 65mm 取向多晶棒（柱状晶）样品开始端，首先结

晶的细晶粒区的长度约为 16mm，其成分不够均匀，当定向凝固长度到达 19mm 处时，Ga 的浓度开始稳定。结晶长度 20~55mm（约为 35mm）的定向凝固棒中，Ga 浓度平均为 18.5at.%，与目标成分十分接近。定向凝固棒最后阶段，即 55~65mm 处，Ga 浓度较富集，平均成分高于目标成分。这说明定向凝固棒两端（开始端约占全长的 1/3，结束端约占全长的 1/5），浓度与目标成分偏差较大，自然磁致伸缩应变也会有较大偏差，在使用时应切除。如何缩短开始端与终了端这两段成分与磁致伸缩应变不均匀区域的长度，目前仍是一个值得研究的问题。

7.4 Fe-Ga 合金定向凝固棒取向晶体（柱状）生长的条件

$Fe_{100-x}Ga_x$ 合金，当 $x = 15at.\% \sim 19at.\%Ga$ 时，由熔体结晶出来的晶体是具有 bcc 结构的 A2 相。表 5-19 表明，$Fe_{81.3}Ga_{18.7}$ 单晶体的 $\lambda_{100} = 395 \times 10^{-6}$，$\lambda_{111} = 42 \times 10^{-6}$（$Fe_{79.2}Ga_{20.8}$）。在 Ga 的浓度为 19at.%附近时，$\lambda_{110}$ 的数值变低，说明 Fe-Ga 合金单晶体的磁致伸缩应变具有明显的各向异性。为制造出沿棒材轴向具有优异磁致伸缩应变的 Fe-Ga 取向多晶大块材料，要求制造出沿轴向具有高度 η-型纤维织构的棒材，即要求各个晶粒的<100>晶体方向沿轴向取向。

前面已指出，Fe-Ga 合金中 bcc 结构的 A2 相的优先生长方向是<100>，其次是<110>，再其次是<111>晶向。从晶体生长的角度，在定向凝固条件下，怎样才能使各个晶粒的<100>晶体方向沿棒状样品轴向？大量的实践表明，获得具有高度 η-型织构的柱状晶，其生长应具备以下条件：

（1）合金凝固时热流方向（散热方向）应是定向的（即单方向的）。

（2）在固/液相界面前沿液相内有足够大的温度梯度，即 G_L 要足够大。

（3）固/液相界面应是平面，避免向下凹（向固体方向凹）或向液体方向凸。

（4）冷却速度 v（即晶体生长速度）要适当，要与 G_L 相匹配。

（5）在整个定向凝固的过程中，应保证固/液相界面前沿液相的温度高于合金的熔点 T_m，尽可能避免液相区横向散热。

（6）液相内应保持纯净，不存在外来形核的核心。

（7）结晶固体以胞状晶形态生长，而不出现胞枝晶，或树枝状晶的柱晶。

上述七个条件有些不是独立的，而是相互影响的。其中，温度梯度 G_L 与晶体生长速度 v 的比，即 G_L/v，固/液相界面是平面，以及柱状晶为胞状，这三条是最重要的条件。当 G_L/v 比值变化时，会影响柱状晶形貌。一旦出现树枝状晶，其一次晶轴与二次晶轴均是<100>方向，这样就会影响柱状晶体的取向。因此，在实验过程中应该避免树枝状晶的出现。

7.5 Fe-Ga 合金定向凝固（柱晶）棒材磁致伸缩性能与成分、微结构和工艺之间的关系

7.5.1 定向凝固（DS）和定向生长（DG）的研究进展

Srisukhumbowornchai 等人[1]于 2001 年用定向凝固（DS）和改进的布里奇曼法定向生长（DG）研究了 $Fe_{100-x}Ga_x$（$x=15at.\%$、$20at.\%$、$27.5at.\%Ga$）合金的性能与工艺的关系。其结果列于表 7-1，其中矫顽力 H_c 和饱和磁化强度 M_s 是用 2mm×2mm×2mm 样品在 VSM 上测量的。$\lambda_{//}$ 是用应变仪沿平行棒状样品轴向测量的磁致伸缩应变，是在不同压缩应力作用下测量得到的结果，表中给出的是它们的最大值。结果表明：

（1）DS 态样品的矫顽力偏高，DG 样品的矫顽力明显降低，热处理可降低矫顽力。

（2）样品的饱和磁化强度 M_s 仅与 Ga 含量有关，随 Ga 含量的增加合金的 M_s 降低，与单晶样品的规律一致。

（3）$\lambda_{//}$ 随 Ga 含量的增加而提高。

（4）用 DS 方法制备的 Fe-Ga 合金柱晶棒的 $\lambda_{//}$ 偏低，原因是 DS 的工作条件，不完全满足 7.4 节描述的柱晶生长的条件；用 DG 方法制备的柱晶棒的 $\lambda_{//}$ 比 DS 的明显高，DG 工艺条件符合 7.4 节描述的工艺条件：$x=20at.\%Ga$-Fe 合金柱晶棒的 $\lambda_{//}$ 与生长速度 v 有密切关系。当 $v=203mm/h$ 时，$\lambda_{//}$ 可达到 250×10^{-6}，这在当时算是创纪录的结果。$x=27.5at.\%$ Ga-Fe 合金柱晶棒（$v=22.5mm/h$）的 $\lambda_{//}$ 达到 271×10^{-6}，这在当时也是创纪录的结果。分析表明，该柱晶样品具有 η-型纤维织构，如图 7-5 所示，同时注意到 [001] 与棒状样品轴向的夹角较大，达到 14°左右。

表 7-1 $Fe_{100-x}Ga_x$（$x=15at.\%$、$20at.\%$、$27.5at.\%Ga$）定向凝固（DS）和定向生长（DG）柱晶棒性能与工艺因素之间的关系

合金成分与制造方法		样品状态	棒状样品的性能		
			H_c/Oe	$M_s/A\cdot m^2\cdot kg^{-1}$	$\lambda_{//}/\times10^{-6}$
$x=15$	DS	DS 态	21.96	165	53
	DS	DS 态+600℃ 1h	3.333	166	57
	DG	DG 态+1100℃ 1h+730℃ 1h	1.321	169	196
$x=20$	DS	DS 态	4.062	149	111
		DS 态+1100℃ 1h+600℃ 1h	2.493	152	117
	DG（22.5mm/h）	DG 态+1100℃ 1h+600℃ 1h	1.772	141	228
	DG（203mm/h）				250

续表 7-1

合金成分与制造方法		样品状态	棒状样品的性能		
			H_c/Oe	M_s/A · m² · kg⁻¹	$\lambda_{//}$/×10⁻⁶
$x=27.5$	DS	DS 态	1.879	110	77
	DS	DS 态+1100℃1h	1.790	114	84
	DS	DS 态+1100℃1h+875℃1h	1.705	115	132
	DG	DG 态+1100℃1h+730℃1h	1.307	102	271

注：1Oe=79.6A/m。

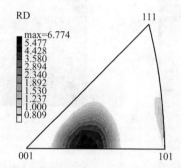

图 7-5   27.5at.%Ga-Fe 合金用布里奇曼法（v=22.5mm/h）
制造的取向多晶（柱晶）样的反极图

韩志勇[4]在 2001～2003 年用图 4-18 所示的方法系统地研究了 $Fe_{100-x}Ga_x$（x=16at.%、17at.%、18at.%、19at.%、21at.%、25at.%Ga）合金柱晶生长与 G_L、v、柱晶样品取向及后续热处理对取向多晶棒状样品性能的影响。其结果表明，棒状样品织构类型对 G_L 和 v 比值的关系比较敏感，EBSD 分析表明，样品内同时存在 α-型纤维织构和 η-型纤维织构。对于 x=17at.%Ga 的样品，当 v=12mm/min 和 G_L=478K/cm 时，以 α-型纤维织构为主；当 v 大于或小于 12mm/min 和 G_L 大于或小于 478K/cm 时，α-型纤维织构和 η-型纤维织构有所减少。另外，发现取向多晶（柱状）样品对热处理工艺比较敏感。例如 x=17at.%Ga 合金 DG 态样品的 $\lambda_{//}$ 为 287×10⁻⁶，经过 1100℃1h，炉冷至 1000℃、900℃、790℃、760℃、730℃、700℃、650℃ 和 600℃1h，淬火急冷到室温，样品 $\lambda_{//}$ 有很大变化，在高温和较低温热处理的样品性能相对较低，在 1100℃1h 炉冷到 730℃水淬冷却，样品的 $\lambda_{//}$ 可达到 320×10⁻⁶，创造了同时期 $\lambda_{//}$ 的最高值。同时期的样品，在 730℃3h 以炉冷或空冷到室温时，其样品的 $\lambda_{//}$ 均降低，说明 730℃3h 水淬冷却可获得最高的 $\lambda_{//}$ 值。

7.5.2   Fe-Ga 合金定向凝固样品的晶体取向与 $\lambda_{//}$ 的关系

Li 等人[3]用高温度梯度 G_L 感应区熔法将 $Fe_{81}Ga_{19}$ 合金定向生长（DG）出长

度约为 65mm 柱晶样品，工艺与 7.3.2 节描述的相同。图 7-6 所示为该柱晶（在 DG 态）纵截面的显微组织，可见从起始端到末端的晶体生长变化。在定向凝固起始过程中，籽晶区已部分熔化，在起始端 5mm 处，可观察到籽晶的柱晶，在籽晶与母合金棒连接处，籽晶已熔化并形成了小的柱状晶，并存在某些缺陷。随晶体生长，柱状晶数目减少，如图 7-6b 所示。

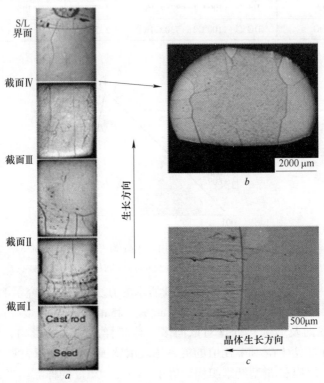

图 7-6　用高温度梯度 G_L 感应区熔制造 Fe$_{81}$Ga$_{19}$合金柱晶棒（生长态）纵截面显微结构（a）
和截面Ⅳ处显微结构（b）以及接近末端处固/液相界面形貌（c）

在末端 DG 态柱晶棒中心仅有约 3 个大柱状晶，而在定向凝固的边缘处还有几个小晶粒。图 7-6c 所示为固/液相界面形貌。它稍向下凹，说明末端径向还有可能存在少量热流，而不是单方向的热流，从而导致在边缘处有少数细小晶粒。

用 X 射线衍射分析了定向凝固棒材在截面面积为Ⅰ、Ⅲ、Ⅳ处晶体取向极图，其结果见图 7-7。图 7-7a、b 和 c 分别是对应离起始端 14mm、27mm 和 55mm处（100）和（110）（右边）的极图。它表明 Fe$_{81}$Ga$_{19}$合金按上述工艺定向凝固，已生长成取向柱状晶，并且柱状晶粒的 <001> 晶向平行定向凝固的轴向，形成了高度的 η-型织构。分析表明，在定向凝固的初始阶段（截面Ⅰ处）柱晶的 <001> 与定向凝固棒轴向偏离约 8°，到截面Ⅲ处，偏离角已减小到 5°，到截面Ⅳ处偏离角已降低到 3°左右。说明随定向凝固的柱晶生长过程，晶粒取向逐渐优化。

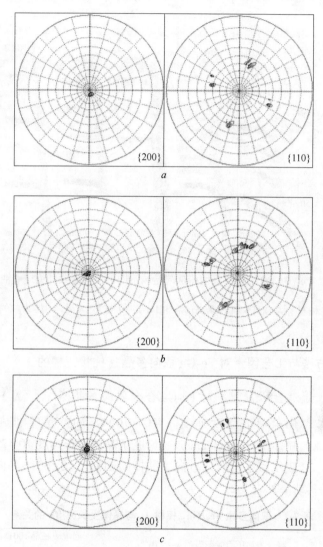

图 7-7　$Fe_{81}Ga_{19}$ 合金柱晶棒在截面为Ⅰ、Ⅲ、Ⅳ处的（100）和（110）面极图

a—截面Ⅰ；b—截面Ⅲ；c—截面Ⅳ

　　用应变仪在不同压力作用下，对定向凝固棒从开始端到末端进行测量。距离开始端 10mm 处，每隔 10mm 取样，测量它们纵向磁致伸缩应变与磁场的关系曲线，其结果如图 7-8 所示。可见，在离起始端为 10、20、30、40、50mm 处，在 -60MPa 应力下的磁致伸缩应变 $\lambda_{//}$（饱和值）逐渐地由 180×10^{-6} 提高到 305×10^{-6}，其饱和磁场 H_s 也逐渐提高。

　　这说明 Fe-Ga 合金取向多晶（柱状晶）棒状样品的 $\lambda_{//}$ 明显地依赖于合金的成分及柱晶的 <001> 取向度。其中柱晶的 <001> 取向度对（包括柱晶 <001> 晶粒

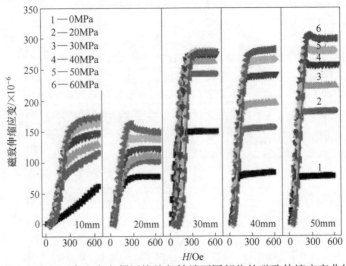

图 7-8　$Fe_{81}Ga_{19}$ 合金定向凝固棒从起始端不同部位的磁致伸缩应变曲线[3]

取向的百分数和柱晶<001>与棒状样品轴向夹角 θ 的大小）棒状样品的 $\lambda_{//}$ 值有决定性的影响。

7.5.3　制造方法与工艺因素对 Fe-Ga 取向多晶（柱状）棒的 $\lambda_{//}$（λ_s）的影响

7.5.3.1　晶体生长速度 v 对 Fe-Ga 合金取向多晶棒 $\lambda_{//}$（λ_s）的影响

Jiang 等人[5]用具有高温度梯度（400~700℃/cm）感应加热区熔法制造 $Fe_{81}Ga_{19}$ 合金取向晶体棒材（ϕ7.2mm），研究了晶体生长速度 10~720mm/h 对多晶取向棒材 $\lambda_{//}$（表示沿平行取向方向，即棒的轴向）及<001>晶向与棒材轴向夹角的影响，其结果见表 7-2。

表 7-2　取向多晶 $Fe_{81}Ga_{19}$ 棒材 λ_s 与晶体生长速度 v 的关系

晶体生长速度 v /mm·h^{-1}	测量施加压力时所得的 λ_s/×10^{-6}			柱晶<001>与棒状样品轴向的夹角 θ	
	0MPa	46.3MPa	74.1MPa	取向程度	θ/(°)
720	97	250	258	中等	—
240	72	108	115	弱	—
120	116	135	152	中	>12
20	169	254	271	强	~5
10	128	288	294	强	~3

可见，当温度梯度 G_L 为一定的情况下，随晶体生长速度 v 的提高，取向多晶

棒状样品的 $\lambda_{//}$ 逐渐降低。当生长速度为 $v=10mm/h$ 时，棒状样品的 λ_s 可达到 128×10^{-6}（0MPa）和 294×10^{-6}（74.1MPa）；当晶体生长速度为 240mm/h 时，棒状样品的 λ_s 分别降低到 72×10^{-6}（0MPa）和 115×10^{-6}（74.1MPa）。λ_s 的降低与 A2 相晶体（柱状）<001>晶向与棒材轴向夹角 θ 逐渐提高有关。当晶体生长速度为 10mm/h、20mm/h 和 120mm/h 时，晶体的<001>晶向与棒材轴向夹角分别由 3° 降低到 5° 和 12°。在 G_L 为一定的情况下，随生长速度 v 的提高，改变了晶体的生长条件。例如，它改变了固/液相界面形貌，使固/液相界面的曲率增加。当 v 由 10mm/h 提高到 720mm/h 时，固/液相界面的曲率由 0.75mm 提高到 1.15mm 左右。当区熔定向凝固时，其生长速度 v 要适当，以保持固/液相界面为平面，才能获得具有良好 η-型纤维织构和较高 λ_s 的棒状样品。当固/液相界面向下凹时，则定向凝固棒的外侧可能出现细小的取向不规则的晶粒，或细小晶体的<001>与定向凝固棒轴向有较大偏离角。

肖锡铭[6]的工作表明，用高温度梯度 G_L 感应区熔定向凝固法（原理见图4-18）将 $Fe_{83}Ga_{17}$ 合金制造出两种不同尺寸取向多晶棒状样品，其性能结果如表 7-3 所示。

表 7-3　感应区熔法制造两种不同尺寸的 $Fe_{83}Ga_{17}$ 取向多晶棒状样品性能的比较

合金成分	工艺参数	取向多晶样品直径尺寸 ϕ/mm	测量 λ_s 的压力与 λ_s		晶体取向
			0MPa	25MPa	
$Fe_{83}Ga_{17}$	$v=10mm/min$	40	70×10^{-6}	约 150×10^{-6}	<001>取向不好
		10	160×10^{-6}	约 285×10^{-6}	良好的<001>轴向取向

感应加热区熔法制造的小尺寸样品（ϕ10mm）和大尺寸样品（ϕ40mm）的 λ_s^{0MPa} 和 λ_s^{25MPa} 的数值分别为 160×10^{-6}、285×10^{-6} 和 70×10^{-6}、150×10^{-6}，它们横截面的 XRD 谱如图 7-9 所示。

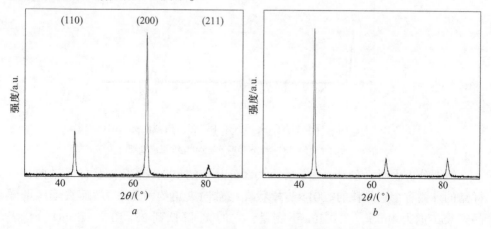

图 7-9　ϕ10mm（a）和 ϕ40mm（b）取向多晶棒横截面的 XRD 谱线

可见，大尺寸样品几乎没有<001>轴向取向，而小尺寸样品具有良好的<001>轴向取向。

7.5.3.2　H_2/O_2 火焰悬浮区熔 Fe-Ga 合金取向晶体棒

Hatchard 等人[7]用 H_2/O_2 火焰加热区熔法制造 $Fe_{81}Ga_{19}$ 合金具有高度 η-型织构的取向多晶棒材。在熔炼母合金时添加 1at.%～2at.%Ga 作为烧损，用真空吸铸法制造两种尺寸（$\phi1.0mm\times280mm$ 和 $\phi3.0mm\times280mm$）母合金棒。经 XRD 分析证明，母合金为 A2 相，不存在 DO_3 相。将母合金棒放在石英管内，用 H_2/O_2 火焰区熔进行悬浮定向凝固，熔区长度约为 10mm。从底部开始用 H_2/O_2 火焰使母合金熔化，熔区由下往上移动，移动的速度为 1200mm/h，比布里奇曼法区熔晶体生长速度（2~4mm/h）快很多。用电容膨胀仪测量 4mm 长棒状样品的磁致伸缩应变 λ_s。母合金的 λ_s 为 50×10^{-6}，并且磁致伸缩应变的滞后较大（达到 10×10^{-6}）。H_2/O_2 火焰区熔定向凝固棒在 DG 态，λ_s 达到 100×10^{-6}（0MPa）。经 XRD 织构分析证明：在 DG 态具有高度 η-型织构，如图 7-10 所示。

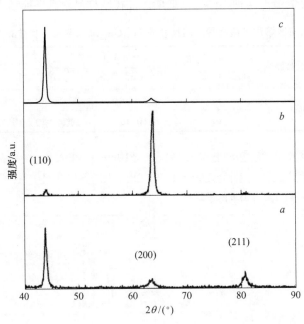

图 7-10　$Fe_{81}Ga_{19}$ 合金 H_2/O_2 火焰区熔 DG 态棒横截面的 XRD 谱线

a—母合金；b—DG 态；c—DG 态+650℃ 4h 退火处理

极图分析表明，在 DG 态样品的大部分晶粒的<001>平行棒状样品轴向，在样品的外侧有个别晶粒的<001>与棒状样品轴向夹角约为 10°，然而火焰区熔样品经 650°退火 4h 后，在 0MPa 下测量，它的 λ_s 降低到 25×10^{-6}。EBSD 分析表明，退火态样品已由 η-型织构转变为 γ-型织构和少量的 α-型织构。上述实验表明，$Fe_{81}Ga_{19}$合金棒状样品经过 H_2/O_2 火焰区熔定向凝固在 DG 态，具有 η-型织构，$\lambda_s^{0MPa} = 100 \times 10^{-6}$，预计 λ_s^{45MPa} 可达到 $(250 \sim 300) \times 10^{-6}$。这种方法的特点是设备简单，效率高（1200mm/h），工艺成本低，但是用这种方法制造大尺寸样品尚需要进一步研究。

7.5.3.3　触发过冷熔体快速定向凝固技术制造 Fe-Ga 取向多晶棒材

Zhou 等人[8]用触发过冷熔体快速定向凝固技术制造 $\phi 6mm \times 40mm$ 的 Fe_{81} Ga_{19} 合金棒材，其样品的饱和磁化场为 1.2T，零应力下，样品的 λ_s 达到 830×10^{-6}，相当于相同成分单晶样品的 $\frac{3}{2}\lambda_{100}$ 值的 2 倍，这是一个创纪录的结果。下面简单介绍其制造技术与工艺。

母合金用高纯 Fe 和 Ga 作为原料，用真空电弧炉冶炼，为保证成分均匀，反复多次进行熔化，随后用图 7-11 所示的设备进行过冷快速定向凝固。为使合金熔体获得过冷态，选用熔体的合适溶剂，其详细的成分及操作工艺，可参阅文献 [9]。

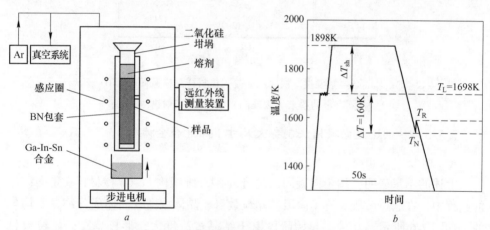

图 7-11　触发过冷熔体快速定向凝固法制造 $Fe_{81}Ga_{19}$ 合金棒材的
设备原理图（a）和获得过冷的工艺曲线（b）
（其中 ΔT 为过冷度，ΔT_{sh} 为实际过冷度，T_L 为 $Fe_{81}Ga_{19}$ 合金的液相线，
T_R 为再炽热的温度，T_N 为合金过冷熔体的形核温度）

熔体的冷却曲线（见图 7-11b）用红外线测温仪详细记录。用感应加热炉使母合金熔化，并过热至 1898K，保持约 100s 左右，随后冷却到 $\Delta T = 160K$ 时，用步进电机提升 Ga-Sn-In 冷却液，使之与合金熔体底部接触，使过冷合金熔体爆发式定向结晶凝固。

采用 XRD 测定了定向结晶凝固棒状样品横截面的 XRD 衍射谱，见图 7-12a；图 7-12b 所示为相同成分合金非取向粉末的 XRD 谱线。比较两者可以发现定向结晶凝固棒存在较强的 η-型纤维织构。根据应变仪测量结果：定向凝固棒在 1.2T

磁场和零压力下，样品的 λ_s 达到 800×10^{-6}。他们[9]认为，这是多晶取向块体棒材 λ_s 的最高纪录，认为这与两个因素有关：该样品具有较高的 η-型纤维织构；样品从高温区快速冷却 Ga-Ga 原子对沿着 <001>（即样品轴向）取向。这是一个令人鼓舞的结果，但此后未见后续工作的重复证实，并且 $Fe_{81}Ga_{19}$ 单晶体的 $\frac{3}{2}\lambda_{100}$ 也仅有 400×10^{-6}，可见该结果（$\lambda_s = 800\times10^{-6}$）需要进一步研究证实。

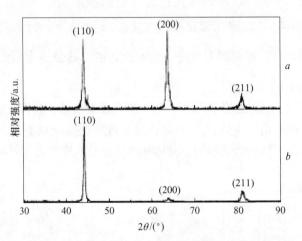

图 7-12 $Fe_{81}Ga_{19}$ 合金触发过冷快速定向凝固棒材样品横截面的 XRD 谱（a）和相同合金的粉末（未取向）的 XRD 衍射谱（b）

7.5.3.4 调速定向凝固法制备大尺寸 Fe-Ga 合金棒材

A 问题的提出

上述的结果表明：用定向凝固法制造 η-型纤维织构 Fe-Ga 棒材，在定向结晶的过程中，在起始阶段和终了阶段其晶粒数目、晶体取向、晶体成分都是不均匀的，如图 7-6 所示。其中，起始阶段由于结晶过冷度大，形核率高，晶粒数目多，晶粒取向变差。到了末端柱状晶粗大，晶粒取向度良好。如何才能做到起始和结束阶段晶粒尺寸、晶粒数目以及晶粒取向均匀一致？

B 解决上述问题的科学思路

合金熔体定向凝固时为非平衡的结晶凝固过程。一般来说，过冷度 ΔT 大，会导致形核率增大，热流方向为非单向，造成形核晶粒数目多，晶粒的 <001> 沿热流方向取向度降低，同时结晶体的储能高，不稳定性提高。另外，结晶时释放晶体潜热，使系统**再辉**（或称**再炽热**），从而使已结晶体能量升高，不稳定性增大，将发生再结晶。这种再结晶就有可能使那些 <001> 晶向与热流方向一致的晶粒吞并那些 <001> 晶向与热流方向不一致的晶粒，并继续长大，从而减少起始阶段的晶粒数目，并提高晶粒的取向度，这就是通常所说的**取向晶粒的竞争长大**。

基于上述的思路，在制造定向凝固设备时，把设备设计为可调节的结晶速度（即结晶器上升时可降低冷却速度）。这样的设计使得在定向凝固的起始阶段结晶器停留一段时间后再下降，或者以十分缓慢的速度下降，也就降低了散热速度，使固/液相系统再辉（或再炽热），结晶固体再结晶，<001>取向的晶粒竞争长大。这样就减少了起始凝固阶段的晶粒数目和晶体取向度变差的不足。

C 调速定向凝固法制造取向多晶 Fe-Ga 合金棒材的性能与组织结构的关系

Li 和 Gao 等人[10]基于上述思考并吸纳前人的经验，设计制造了调速定向凝固设备，其原理图见图 7-13。该设备由六个部分组成。定向凝固系统可制造 ϕ (20~100) mm×100mm 取向多晶 Fe-Ga 棒材。用该设备制造的 ϕ40mm×100mm Fe-Ga 合金取向多晶棒材，其 λ_s 可达到（300~330）×10^{-6}，已经可以进行产业化生产。

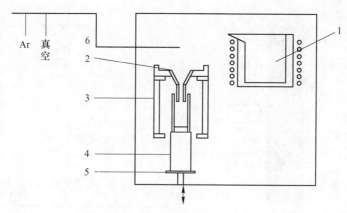

图 7-13 调速定向凝固设备原理图

1—熔炼系统，浇注时坩埚可倾斜；2—浇注系统；3—加热炉；4—定向凝固系统；
5—调速机构，可提升与降低水冷结晶器；6—真空与充 Ar 气系统

下面简要介绍调速定向凝固制造 $Fe_{83}Ga_{17}$ 取向多晶大尺寸棒材显微结构与性能。图 7-14 是 ϕ(60~100) mm×100mm 的 $Fe_{83}Ga_{17}$ 合金调速定向凝固棒材的光学显微结构。可见，其柱状晶直径可达到 3~6mm，长度可达到 10~20mm。XRD 分析该柱晶棒不同部分横截面的 XRD 谱，其结果见图 7-15b。可见，在 L/4 部位，具有良好的 η-型纤维织构。用 EBSD 分析表面在 L/2 部位横截面处，两个柱状晶粒的<001>晶向与棒状样品轴向的夹角分别为 3.61°和 9.85°。

柱晶棒样品不同部位的磁致伸缩应变如图 7-16 所示。和图 7-7 比较，表明调速定向凝固棒沿长度方向 λ_s 值比前者均匀了很多，后者沿长度方向的 λ_s 值为（253~285）×10^{-6}（测量压力 15MPa）。

7.5.3.5 热处理对 Fe-Ga 合金定向凝固棒 λ_s 的影响

韩志勇[4]用高温度梯度感应区熔制造了 $Fe_{83}Ga_{17}$ 定向凝固取向多晶棒材。所

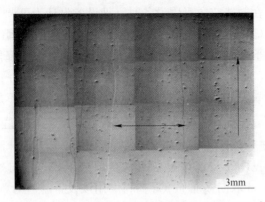

图 7-14 $Fe_{83}Ga_{17}$合金调速定向凝固棒材的柱晶形貌[10]

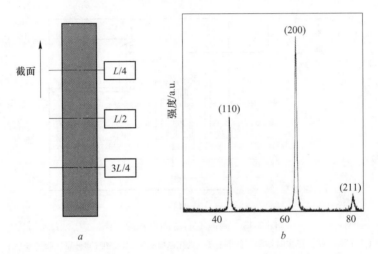

图 7-15 $Fe_{83}Ga_{17}$合金大尺寸柱晶棒（ϕ40mm×100mm）不同部位
横截面（a）和在 L/4 部位 XRD 衍射谱（b）

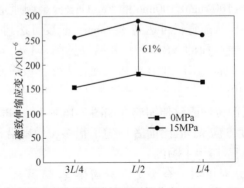

图 7-16 $Fe_{83}Ga_{17}$合金调速定向凝固棒材不同部分在 0MPa 和 15MPa 下测量的 λ_s 值

得样品经过1100℃1h炉冷至730℃保温3h进行炉冷、空冷和水冷处理，样品的磁致伸缩应变λ_s值列于表7-4中。可见，热处理工艺对$Fe_{83}Ga_{17}$合金定向凝固取向多晶棒状的λ_s值有一定的影响，热处理态比定向凝固态样品的λ_s值有略微提高。730℃保温3h热处理后水冷的样品具有较高的λ_s值（286×10⁻⁶）。

表7-4　$Fe_{83}Ga_{17}$合金定向凝固取向多晶棒样品λ_s值与热处理工艺的关系

测量压力/MPa	磁致伸缩应变λ_s值/×10⁻⁶			
	定向凝固态（DG态）	炉冷	空冷	水淬冷却
0	188	217	257	232
15	283	282	266	286

7.6　Ga含量与第三组元对取向多晶棒材性能与显微组织的影响

7.6.1　Ga含量对定向凝固取向多晶$Fe_{100-x}Ga_x$合金棒材λ_s的影响

Srisukhumbowornchai等人[1]采用布里奇曼法研究了$Fe_{100-x}Ga_x$合金取向多晶棒材样品λ_s与Ga浓度x的关系，其结果列于表7-5。

表7-5　$Fe_{100-x}Ga_x$合金取向多晶棒材样品λ_s与Ga浓度x的关系

合金Ga的含量 x/at.%	晶体生长速度 /mm·h⁻¹	棒材的矫顽力 H_c/Oe	质量磁化强度 σ_s/A·m²·kg⁻¹	λ_s/×10⁻⁶
15	22.5	1.321	169	196
20	22.5	1.772	141	228
27.5	22.5	1.307	102	271
20	203	2.013	146	250

注：1Oe=79.6A/m。

其中，λ_s是在不同压应力下测量的，这里仅给出最大值。定向凝固多晶棒材样品的矫顽力与Ga含量的关系不明显，但质量饱和磁化强度σ_s随着x的提高而降低。这与在单晶棒中的实验结果相似。同时注意到，λ_s与x的关系与Fe-Ga单晶体的$\frac{3}{2}\lambda_{100}$与x的关系有所不同，没有观察到双峰值的关系。表7-5中λ_s值是早期的实验结果，近期取向多晶$Fe_{81}Ga_{19}$合金棒材的λ_s值已达到300×10⁻⁶左右，有很大提高。

7.6.2　第三组元添加对Fe-Ga合金取向多晶棒材性能的影响

7.6.2.1　Al和Be的影响

Mungsantisuk等人[11]用改进的布里奇曼法（即定向生长法，DG法）制造了系列取向多晶合金棒材：

(1) $Fe_{85}Ga_{15-x}Al_x$（$x=2.5$、5、10、15）（下面简称 A 合金）。

(2) $Fe_{80}Ga_{20-y}Al_y$（$y=2.5$、7.5、10、12.5、17）（下面简称 B 合金）。

(3) $Fe_{72.5}Ga_{27.5-z}Al_z$（$z=3.5$、6.875、10、13.75）（下面简称 C 合金）。

(4) $Fe_{80}Ga_{20-n}Be_n$（$n=2.5$、7.5）（下面简称 D 合金）。

除四个合金系列的取向多晶合金棒材外，还研究了其 λ_s 值与添加第三组元的关系。用高纯 Fe、Ga、Al 作为原材料，用真空电弧炉冶炼母合金，铸成 $\phi6.5mm$ 圆棒，然后装入长度为 $75\sim80mm$ 的氧化铝坩埚，用 SiC 作加热元件（电阻炉），使母合金棒下端熔化，用步进电机以 $22.5mm/h$ 速度向下移动（结晶速度），使母合金定向凝固并形成 η-型织构。然后用应变仪沿棒状样品轴向测量其最大的饱和磁致伸缩应变 λ_s 值，得出的结果分别见图 7-17～图 7-20。

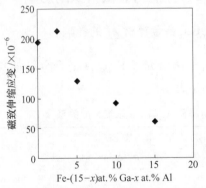

图 7-17　$Fe_{85}Ga_{15-x}Al_x$（$x=2.5$、5、10、15）（A 合金）取向多晶棒的 λ_s 值与 Al 含量 x（at.%）的关系

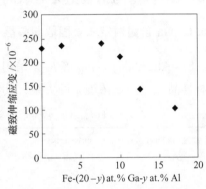

图 7-18　$Fe_{80}Ga_{20-y}Al_y$（$y=2.5$、7.5、10、12.5、17）（B 合金）取向多晶棒的 λ_s 值与 Al 含量 y（at.%）的关系

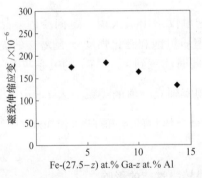

图 7-19　$Fe_{72.5}Ga_{27.5-z}Al_z$（$z=3.5$、6.875、10、13.75）（C 合金）取向多晶棒的 λ_s 值与 Al 含量 z（at.%）的关系

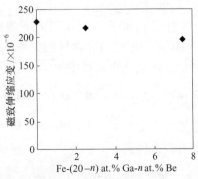

图 7-20　$Fe_{80}Ga_{20-n}Be_n$（$n=2.5$、7.5）（D 合金）取向多晶棒的 λ_s 值与 Be 含量 n（at.%）的关系

所得结果与 Fe-Ga-Al 合金单晶体的 $\frac{3}{2}\lambda_{100}$ 与 Al 含量关系图（图 5-50）进行对比，可以看出，在 $Fe_{87}Ga_{13-x}Al_x$ 和 $Fe_{85}Ga_{15-x}Al_x$ 合金单晶体中，Al 部分取代 Ga，这两个合金系单晶体的 $\frac{3}{2}\lambda_{100}$ 随 Al 含量的提高而均匀地降低。然而，在取向多晶 A 和 B 合金系中棒材的 λ_s 值与 Al 含量的关系不是均匀线性地降低。例如，在 A 合金中，当 Al 含量 $x=0$ 时，$Fe_{85}Ga_{15}$ 合金取向多晶棒的 $\lambda_s=195\times10^{-6}$，用 2.5at.%Al 取代 Ga 时，棒材的 λ_s 值提高到 214×10^{-6}，随后随 Al 含量的提高，取向多晶棒材的 λ_s 线性地降低。在 B 合金中，当 Al 含量取代量 $y=0$，$Fe_{80}Ga_{20}$ 合金棒材的 λ_s 为 228×10^{-6}，但当 Al 取代 Ga 的含量 $y=2.5at.\%$ 和 7.5at.%Al 时，B 合金取向多晶棒材的 λ_s 分别提高到 234×10^{-6} 和 239×10^{-6}，比纯的 $Fe_{80}Ga_{20}$ 合金棒材的 λ_s 分别提高 2.6% 和 4.8%。可见，在 B 合金系用少量 Al（2.5at.% ~ 9at.%）取代 Ga，不仅可提高取向多晶棒材的 λ_s，还可以降低原材料成本。

表 7-6 所示为上述 A、B、C 三个合金系中用少量 Al 取代 Ga 对 Fe-Ga-Al 取向多晶棒材的矫顽力和 M_s 的影响。可见，纯 Fe-Ga 二元合金取向多晶棒材的 H_c 偏高，用少量 Al 取代 Ga 可降低 H_c，并可适当提高 Fe-Ga-Al 系取向多晶棒材的 M_s。

表 7-6 在 A、B 和 C 合金系中用 Al 部分取代 Ga 对取向多晶棒材的矫顽力 H_c 和饱和磁化强度 M_s 的影响

合金系	参 数	Al 部分取代 Ga 对取向多晶棒材					
$Fe_{85}Ga_{15-x}Al_x$ （A 合金系）		$x=0$	$x=2.5$	$x=5$	$x=10$	$x=15$	—
	H_c/Oe	21.98	0.16	3.11	1.23	2.06	
	$M_s/\mathrm{A\cdot m^2\cdot kg^{-1}}$	168	183	182	187	194	
$Fe_{80}Ga_{20-y}Al_y$ （B 合金系）		$y=0$	$y=2.5$	$y=7.5$	$y=10$	$y=12.5$	$y=17.0$
	H_c/Oe	4.3	2.7	2.4	3.0	2.4	1.9
	$M_s/\mathrm{A\cdot m^2\cdot kg^{-1}}$	149	160	166	171	177	173
$Fe_{72.5}Ga_{27.5-z}Al_z$ （C 合金系）		$z=0$	$z=3.5$	$z=6.875$	$z=10$	$z=13.75$	—
	H_c/Oe	1.9	1.9	2.4	1.5	1.5	
	$M_s/\mathrm{A\cdot m^2\cdot kg^{-1}}$	110	114	113	121	115	

7.6.2.2 添加少量 B 对非取向多晶 Fe-Ga 棒材性能的影响

Basumatary 等人[12]研究了 $Fe_{77}Ga_{23}B_x$（$x=0$、0.025、0.05、0.075、0.1）合金取向多晶棒的 λ_s 与显微组织和 B 添加量 x 的关系。用高纯 Fe、Ga、B 作为原材料，在真空电弧炉冶炼，为使合金成分均匀，合金反复熔化数次。随后在真空（10^{-5}mbar），1000℃热处理10h，随后炉冷。用电阻应变仪测量棒状样品轴向 λ-H 关系曲线，其结果见图7-21。可见，当 $x=0$、0.025、0.05、0.075 和 0.1 时，铸态多晶合金的 λ_s 分别达到约 45×10^{-6}、60×10^{-6}、65×10^{-6}、90×10^{-6} 和 80×10^{-6}。随 x 的增加，铸态 Fe-Ga-B 系合金的 λ_s 有提高的趋势。XRD 分析表明，所有成分的合金的主相均为 A2 相。金相观察表明，A2 相为等轴晶。背散射 SEM 电镜分析表明，当 $x=0$ 时，在晶界处有 Fe_3Ga（$L1_2$）析出。Mossbauer 分析表明，当 $x=0\sim0.075$ 时，铸锭合金由主相 A2 相及少量 $L1_2$ 相和 DO_3 相组成。当 $x=0.1$ 时，铸态合金主相仍然是 A2 相，同时有少量的 DO_3 相、$L1_2$ 相和 Fe_2B 相。

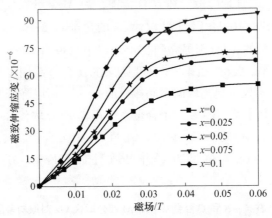

图 7-21　$Fe_{77}Ga_{23}B_x$ 铸锭多晶样品的磁致伸缩 λ-H 关系曲线与

B 含量（$x=0$、0.025、0.05、0.075、0.1）的关系

7.6.2.3   复合添加 C 和碳化物元素（Zr、Nb、Mo）对非取向多晶 Fe-Ga 合金 λ_s 与和强度 σ_b 的影响

大块 $Fe_{83}Ga_{17}$ 单晶体的强度 σ_b 为 580MPa[13]，但多晶非取向 $Fe_{83}Ga_{17}$ 合金的晶粒尺寸较大，达到 400μm，并且往往沿晶界断裂，其强度大大地降低。通过添加 Al 和 C 的 $(Fe_{82}Ga_{13}Al_5)_{98.5}C_{1.5}$ 合金的强度可提高到 $\sigma_b=667$MPa[14]，但是该合金由于有 $L1_2$ 相沉淀析出，而导致其磁致伸缩应变 λ_s 降低到 50×10^{-6}，因为 $L1_2$ 相（$Fe_3GaC_{0.5}$ 或 Fe_3Ga 相）会降低 Fe-Ga 合金 λ_s，为了提高 Fe-Ga 合金的强度 σ_b，而又不使其磁致伸缩应变 λ_s 降低，或使其升高，Takahashi 等人[15]研究了 $(Fe_{80}Ga_{15}Al_5)_{99}C_{0.5}X_{0.5}$（X=Zr、Nb、Mo）合金系的非取向多晶的 λ_s、σ_b 与显微组织的关系。他们用高纯 Fe、Ga、Al、C、Zr、Nb 和 Mo 作为原材料（纯度大于 99.9%），用真空电弧炉冶炼，随后在 1100℃退火 1h，以保证该合金处于平衡 A2 相状态。随后在冰水快淬冷却，随后再在 823K 退火 25h，然后炉冷至室温，以便得到平衡结构的 A2 相结构和消除内应力。合金的设计与分析成分分别列于表 7-7。样品切成 5.0mm×3.0mm×2.0mm 大小，在室温下测量 λ_s，测量磁场

达到 796kA/m。拉伸试验：变形速度为 $0.2s^{-1}$，用 SEM 观察断口形貌，λ_s 与 σ_b 都取三个样品的平均值，其结果见图 7-22。

表 7-7 $(Fe_{80}Ga_{15}Al_5)_{99}X_{0.5}C_{0.5}$（$X=Zr$、Nb、Mo）合金的设计成分与分析成分

合　　金	设计成分							分析成分						
	Fe	Ga	Al	C	Zr	Nb	Mo	Fe	Ga	Al	C	Zr	Nb	Mo
$(Fe_{80}Ga_{15}Al_5)_{99}Zr_{0.5}C_{0.5}$	78.92	14.85	4.95	0.5	0.5			78.9	14.97	5.02	0.59	0.52		
$(Fe_{80}Ga_{15}Al_5)_{99}Nb_{0.5}C_{0.5}$	78.92	14.85	4.95	0.5		0.5		79.0	15.0	4.93	0.56		0.50	
$(Fe_{80}Ga_{15}Al_5)_{99}Mo_{0.5}C_{0.5}$	78.92	14.85	4.95	0.5			0.5	79.0	15.0	4.92	0.51			0.51

所得三个合金磁致伸缩应变 λ_s 的平均值和拉伸强度 σ_b 的平均值见图 7-22。可见，A（Zr）合金和 C（Mo）合金的拉伸强度 σ_b 均接近或大于 800MPa。同时，非取向多晶样品的 λ_s 的平均值均大于 100×10^{-6}，这是迄今报道的同时具有高 λ_s 与高 σ_b 的非取向多晶合金的结果。

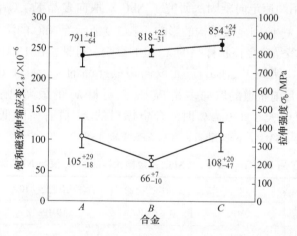

图 7-22 A（Zr）、B（Nb）、C（Mo）三个合金的 λ_s 与 σ_b 的平均值

XRD 和 SEM 观察分析表明，A 合金和 C 合金同时具有高 λ_s 与高 σ_b 是与其显微结构有关的。

表 7-8 给出了上述 A、B、C 三个合金的显微结构参数。可见，A、B 合金的晶粒尺寸分别为 79μm 和 78μm，然而 C 合金的晶粒尺寸为 455μm，相当于前两个合金晶粒尺寸的 4 倍。这是由于 A 和 B 合金分别有 ZrC 和 NbC 沉淀，它们起到阻碍晶粒长大的作用。C 合金也有较大的 λ_s 值（100×10^{-6}）和 σ_b 值（854MPa），这是由于 Mo 固溶到 A2 相中，起到固溶强化的作用。如果添加 Mo 也有碳化物沉淀的话，Mo 的碳化物沉淀物尺寸就会十分细小。

表 7-8 A 合金 (Zr)、B 合金 (Nb) 和 C 合金 (Mo) 显微结构的参数

合 金	A2 相的点阵常数和晶粒尺寸		沉淀相体积分数 f/%	沉淀相点阵常数
	点阵常数 /nm	晶粒尺寸 /μm		
A 合金 (Zr)	$a = 0.2902$	$d = 79$	4.9	ZrC: $a = 0.4703$; L1$_2$ (Fe$_3$GaC$_{0.5}$): $a = 0.3750$
B 合金 (Nb)	$a = 0.2906$	$d = 78$	6.0	NbC: $a = 0.4456$; L1$_2$ (Fe$_3$GaC$_{0.5}$): $a = 0.3725$
C 合金 (Mo)	$a = 0.2908$	$d = 455$	7.3	
D 合金 (C)	$a = 0.2904$		19.0	

7.6.2.4 添加 NbC 对取向多晶 Fe-Ga 棒状样品的影响

Li 等人[16]用调速定向凝固法研究了 NbC 对取向多晶 Fe$_{83}$Ga$_{17}$ + x at.%NbC 合金棒状样品的 λ_s 值和显微结构的影响。表 7-9 所示为 NbC 的添加量 (x at.%) 对 Fe$_{83}$Ga$_{17}$ 取向多晶合金棒状样品的 λ_s 值的影响。可见，在 15MPa 预压应力下，添加 0.1at.%NbC 比纯 Fe$_{83}$Ga$_{17}$ 二元取向多晶样品的 λ_s 高 11.6%，达到 $\lambda_s = 335 \times 10^{-6}$，这是目前报道的取向多晶 Fe-Ga 系材料 λ_s 的最高纪录。表 7-9 还表明，NbC 的添加量大于 1.0at.%时，合金棒材的 λ_s 值有所降低。例如，添加 1.0at.%NbC，在 15MPa 下测量，λ_s 已经降低到 158×10^{-6}。

表 7-9 取向多晶 Fe$_{83}$Ga$_{17}$+x at.%NbC 合金棒状样品的 λ_s 值与 NbC 添加量的关系

成 分	在预压力下测量的磁致伸缩应变/$\times 10^{-6}$			
	0MPa	5MPa	10MPa	15MPa
二元合金	269	286	294	300
0.1at.%NbC	235	302	326	335
0.2at.%NbC	183	277	303	311
0.5at.%NbC	173	221	237	241
1at.%NbC	99	122	138	158

显微结构分析表明，添加 0.1at.%NbC 合金取向多晶棒的柱状晶粒粗大，晶界较直。图 7-23a、b 和 c 分别是 $x = 0$、$x = 0.1$ 和 $x = 1.0$ 的 Fe$_{83}$Ga$_{17}$+x at.%取向多晶棒材横截面面积的 {001} 极图。可见，随 NbC 添加量的增加，η-型织构的完整性有所提高，这是添加 0.1at.%NbC 取向多晶棒材 λ_s 提高的重要原因，但

其机理有待进一步分析研究。

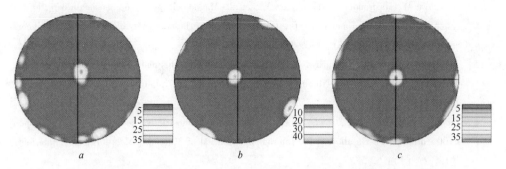

图 7-23　$Fe_{83}Ga_{17}+x$ at. %NbC 取向多晶棒材与轴向垂直的截面上的极图

$a—x=0$,　$b—x=0.1$,　$c—x=1.0$

参 考 文 献

［1］ Srisukhumbowornchai N, Guruswamy S. Large magnetostriction in directionally solidified FeGa and FeGaAl alloys ［J］. Journal of Applied Physics, 2001, 90 (11): 5680-5688.

［2］ 余永宁. 材料科学基础 ［M］. 北京: 高等教育出版社, 2012.

［3］ Li C, Liu J, Wang Z, et al. Crystal growth of high magnetostrictive polycrystalline $Fe_{81}Ga_{19}$ alloys ［J］. Journal of Magnetism and Magnetic Materials, 2012, 324 (6): 1177-1181.

［4］ 韩志勇. 磁致伸缩材料 Fe-Ga 合金的研究 ［D］. 北京: 北京科技大学, 2004.

［5］ Jiang C B, Liu J H, Gao F, et al. Large linear and volume magnetostriction in Fe-Ga alloys ［C］. Materials Science Forum, 2007, 561: 1117-1122.

［6］ 肖锡铭. 大尺寸取向 Fe-Ga 合金棒材的制备研究 ［D］. 北京: 北京科技大学, 2011.

［7］ Hatchard T D, George A E, Farrell S P, et al. Production and characterization of <100> textured magnetostrictive Fe-Ga rods ［J］. Journal of Alloys and Compounds, 2010, 494 (1): 420-425.

［8］ Zhou J K, Li J G. An approach to the bulk textured $Fe_{81}Ga_{19}$ rods with large magnetostriction ［J］. Applied Physics Letters, 2008, 92 (14): 1915.

［9］ Zhou J, Li J. Grain refinement in bulk undercooled $Fe_{81}Ga_{19}$ magnetostrictive alloy ［J］. Journal of Alloys and Compounds, 2008, 461 (1): 113-116.

［10］ Li J H, Gao X X, Xiao X M, et al. Magnetostriction of <100> oriented Fe-Ga rods with large diameter ［J］. Rare Metals, 2015, 34 (7): 472-476.

［11］ Mungsantisuk P, Corson R P, Guruswamy S. Influence of Be and Al on the magnetostrictive behavior of Fe-Ga alloys ［J］. Journal of Applied Physics, 2005, 98 (12): 123907.

［12］ Basumatary H, Palit M, Chelvane J A, et al. Beneficial effect of boron on the structural and magnetostrictive behavior of $Fe_{77}Ga_{23}$ alloy ［J］. Journal of Magnetism and Magnetic Materials, 2010, 322 (18): 2769-2772.

［13］ Clark A E, Wun-Fogle M, Restorff J B, et al. Effect of quenching on the magnetostriction on

Fe$_{1-x}$Ga$_x$ (0. 13<x<0. 21) [J]. IEEE Transactions on Magnetics, 2001, 37 (4): 2678-2680.

[14] Hasegawa M, Hashimoto K, Yoshimura W, et al. Magnetoelastic torque sensor utilizing Fe-Ga system magnetostriction material [J]. Transactions of the Japan Society of Mechanical Engineers Series A, 2007, 73 (735): 1309-1312.

[15] Takahashi T, Okazaki T, Furuya Y. Improvement in the mechanical strength of magnetostrictive (Fe-Ga-Al)-X-C (X= Zr, Nb and Mo) alloys by carbide precipitation [J]. Scripta Materialia, 2009, 61 (1): 5-7.

[16] Yuan C, Li J, Zhang W, et al. Microstructure and magnetostrictive performance of NbC-doped <100> oriented Fe-Ga alloys [J]. International Journal of Minerals, Metallurgy and Materials, 2015, 22 (1): 52-58.

8 Fe-Al 与 Fe-Co 磁致伸缩材料

8.1 Fe-Al 合金磁致伸缩材料

8.1.1 Fe-Al 二元合金相图、相结构与相转变

图 5-4 已给出了 Fe-Al 二元合金相图，可见在富 Fe 区，Fe-Al 与 Fe-Ga 二元合金相图十分相似。表 5-2 表明 Fe-Al 二元合金在富 Fe 区（Al<55at.%以下），仅存在 A2 相、B2 相和 DO$_3$ 相三个相，比 Fe-Ga 的富 Fe 区的相少。在 15at.%~20at.%Al 成分范围内，在 700℃ 以下，存在的平衡相转变与 Fe-Ga 合金也十分相似。通过比较 Fe-Al 与 Fe-Ga 二元合金的亚稳相图（图 5-6），可以看出二者的非平衡相转变也十分相似，这里不再赘述。

8.1.2 Fe-Al 二元合金的性能

Hall 于 1957 年研究了 Fe-Al 二元合金单晶的 λ_{100}、λ_{110}、λ_{111} 以及多晶体 λ_s 与 Al 含量的关系[1]，其结果列于表 8-1 和图 8-1。表 8-1 和图 8-1 中的符号存在式（8-1）的关系。

表 8-1 Fe$_{100-x}$Al$_x$ 合金单晶体和多晶体的磁致伸缩应变与 Al 含量的关系

x /at.%	h_1 /×10^{-6}	h_2 /×10^{-6}	λ_{100} /×10^{-6}	λ_{110} /×10^{-6}	λ_{111} /×10^{-6}	λ_s（多晶体）/×10^{-6}
6.0	43	−19	29	−2	−13	4
11.1	86	−11	57	9	−7	18
15.4	133	−3	89	21	−2	34
19.2	142	5	95	26	3	40
21.9	112	38	75	38	25	45
26.8	102	29	68	32	19	39
29.6	25	13	17	11	9	12

$$
\left.
\begin{aligned}
\lambda_{100} &= \frac{2}{3}h_1 \ \left(\text{或 } h_1 = \frac{3}{2}\lambda_{100}\right) \\
\lambda_{111} &= \frac{2}{3}h_2 \ \left(\text{或 } h_2 = \frac{3}{2}\lambda_{111}\right) \\
\lambda_{110} &= \frac{1}{6}h_1 + \frac{1}{2}h_2 \\
\lambda_{s(p)} &= \frac{4}{15}h_1 + \frac{2}{5}h_2
\end{aligned}
\right\}
\tag{8-1}
$$

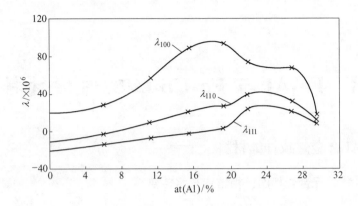

图 8-1　$Fe_{100-x}Al_x$ 合金单晶体的 λ_{100}、λ_{110}、λ_{111} 与 x 的关系

　　很明显，Fe-Al 合金单晶体的 λ_{100} 在 $x = 6.0$at. $\% \sim 29.6$at. $\%$Al 成分范围内都是正的，并且 $\lambda_{100} > \lambda_{110} > \lambda_{111}$。同时，可以看出当 $x > 15.4$at. $\%$Al 时，λ_{111} 是负的；当 $x > 19.2$at. $\%$Al 时，λ_{111} 由负转变为正。另外，当 $x < 6.0$at. $\%$Al 时，λ_{110} 是负的；当 $x > 11.1$at. $\%$Al 时，λ_{110} 由负转变为正。非取向多晶体的饱和磁致伸缩应变 $\lambda_{s(P)}$ 与 x 的关系，大体上与单晶体的 λ_{100} 与 x 的关系相似，它们均在 $x = 19.0$at. $\%$Al 处出现最大磁致伸缩应变，这一点与 Fe-Ga 合金相似。

　　Hall 于 1959 年[2] 研究了 $Fe_{100-x}Al_x$ 合金单晶体的 λ_{100} 和 λ_{111} 与 x 的关系，其结果见图 8-2。可见，Fe-Al 合金的 λ_{100} 和 λ_{111} 与 Al 含量 x 存在单峰的关系，这一点与 Fe-Ga 合金不同。当 $x = 18$at. $\% \sim 19$at. $\%$Al 时，λ_{100} 出现峰值。特别值得注意的，当 $x < 16.0$at. $\%$Al 时，Fe-Al 合金的 λ_{100} 与 x 的关系与冷却速度无关。当 $x > 17.0$at. $\%$Al 时，当样品在容器中冷却时，A2 主相部分地发生 DO_3 相转变（或称部分有序化），合金的 λ_{100} 可达到最高值，约 120×10^{-6}，代入式（8-1）可求得 $\frac{3}{2}\lambda_{100} \approx$

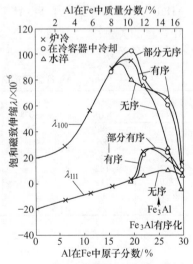

图 8-2　$Fe_{100-x}Al_x$ 合金单晶体的 λ_{100} 和 λ_{111} 与 x 的关系

180×10^{-6}。当样品水淬冷却时，样品保持 A2 单相状态，其 λ_{100} 仅 80×10^{-6}。当样品炉冷时，样品已经完成有序化，即完成了 DO_3 相转变，样品的 λ_{100} 仅达到 80×10^{-6} 左右。这种现象说明当 $x = 17$at. $\% \sim 19$at. $\%$Al 时，控速冷却可使样品部分有序化（DO_3），则可获得最大的 $\frac{3}{2}\lambda_{100}$（约可达到

$180×10^{-6}$）。

Hall[2]于 1959 年研究了 Fe-Al 合金的磁晶各向异性，其结果见图 8-3。可见，Fe-Al 合金的磁晶各向异性 K_1 随 Al 含量的提高而降低，这一点与 Fe-Ga 合金相似。特别值得指出的是，当 $x>17.0$at.%Al 时，Fe-Al 合金的 K_1 与冷却方式（冷却速度）有密切关系，或者说当 $x>17.0$at.%Al 时，合金的 K_1 对冷却速度十分敏感，这说明冷却速度会影响到 Fe-Al 合金（$x>17.0$at.%Al）的微结构，即有序和无序转变。当 x 约为 25.0at.%Al 时，即 Fe_3Al（DO_3）时，Fe-Al 合金具有很低的 K_1 值；当炉冷时，合金转变为有序或部分有序，在约为 22.0at.%Al 时，合金的 K_1 值由正转变为负；水淬冷却时，在 $x=27.0$at.%Al 时，合金的 K_1 值由正转变为负，此时 Fe-Al 合金是 A2 相，处于无序状态。

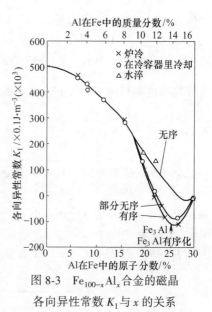

图 8-3　$Fe_{100-x}Al_x$ 合金的磁晶各向异性常数 K_1 与 x 的关系

8.1.3　决定 $Fe_{100-x}Al_x$ 合金 $\frac{3}{2}\lambda_{100}$ 的主要因素

前面已经指出，$Fe_{100-x}Al_x$ 合金的 $\frac{3}{2}\lambda_{100}$ 与 Al 含量 x 是单峰的关系，$Fe_{100-x}Ga_x$ 合金的 $\frac{3}{2}\lambda_{100}$ 与 Ga 含量 x 是双峰的关系。决定 $Fe_{100-x}Al_x$ 合金的 $\frac{3}{2}\lambda_{100}$ 的因素与决定 $Fe_{100-x}Ga_x$ 合金的 $\frac{3}{2}\lambda_{100}$ 第一个峰值的关键因素十分相似。在 5.8 节中已经讨论过，决定 $Fe_{100-x}Ga_x$ 合金的 $\frac{3}{2}\lambda_{100}$ 的第一个峰值（即 A 区和 B 区）的主要因素有四个：

（1）磁弹性能耦合系数（$-b_1$）。

（2）合金的剪切弹性系数 $c'=\frac{1}{2}(c_{11}-c_{12})$。

（3）短程有序 SRO。

（4）纳米 DO_3 相共格沉淀。在 5.13.2 节中已提及 SRO 与纳米 DO_3 相共格沉淀的关系。

下面只讨论 $Fe_{100-x}Al_x$ 合金的 $\frac{3}{2}\lambda_{100}$ 的主要影响因素。

Clark 等人[3]同时研究了 Fe-Al、Fe-Ga 和 Fe-Be 合金单晶体的室温磁弹性耦合系数 $(-b_1)$ 与溶质元素（Al、Ga、Be）浓度 x 的关系，其结果见图 8-4。可见，Fe-Al 与 Fe-Ga 两个合金系的 $(-b_1)$ 随 x 的变化趋势相同，均在 $x = 17.0\text{at.}\% \sim 19.0\text{at.}\%$ Ga 或 $x = 17.0\text{at.}\% \sim 19.0\text{at.}\%$ Al 附近出现峰值。$(-b_1)$ 出现峰值的浓度 x 与两个合金的 $\frac{3}{2}\lambda_{100}$ 的第一个峰值的浓度 x 是对应的。这说明不论是 Fe-Ga 还是 Fe-Al 合金在 $\frac{3}{2}\lambda_{100}$ 达到第一个峰值之前，$(-b_1)$ 对这两个合金的 $\frac{3}{2}\lambda_{100}$ 的贡献是主要的。Fe-Ga 合金的 $(-b_1)$ 值比 Fe-Al 合金的 $(-b_1)$ 值高很多，决定了 Fe-Ga 合金 $\frac{3}{2}\lambda_{100}$ 的第一个峰值比 Fe-Al 合金的 $\frac{3}{2}\lambda_{100}$ 峰值高，进一步佐证了 $(-b_1)$ 对 Fe-Ga 和 Fe-Al 合金 $\frac{3}{2}\lambda_{100}$ 峰值（第一个）的重要性。

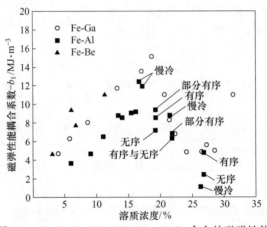

图 8-4　$\text{Fe}_{100-x}\text{Al}_x$（M = Al、Ga、Be）合金的磁弹性能
耦合系数 $(-b_1)$ 与溶质元素 M 浓度 x 的关系

Restorff 等人[4]也系统地研究了 Fe_xAl_y 合金的 $(-b_1)$、$c' = \frac{1}{2}(c_{11} - c_{12})$ 和 $\frac{3}{2}\lambda_{100}$ 与 Al 含量 y 的关系，其结果列于表 8-2 中。表中 $(-b_1)$ 随 Al 含量的变化趋势与图 8-4 相似。在 Al 含量 y 为 16.6at.% 附近，$(-b_1)$ 有最大值，此时 $(-b_1)$ 达到 11.4MJ/m³。当 Al 含量分别为 $y = 6.7\text{at.}\%$ 和 $y = 22.5\text{at.}\%$ 时，Fe-Al 合金的 $(-b_1)$ 分别降低到 4.7MJ/m³ 和 6.36MJ/m³；并且当 Al 含量在 6.7at.% ～ 19.4at.% 范围时，Fe-Al 合金的 λ_{100} 与 $(-b_1)$ 峰值相对应。这说明合金的磁弹性

能耦合系数 $(-b_1)$ 对 Fe-Al 合金的 $\frac{3}{2}\lambda_{100}$ 起到主要的关联作用。

另外，表 8-2 表明，Fe-Al 合金的弹性常数 c' 与合金的 $\frac{3}{2}\lambda_{100}$ 没有直接的关联。因为在 Al 含量为 $y = 6.7$at.%~22.5at.% 范围时，随 Al 含量的增加，c' 是线性降低的。

表 8-2 Fe_xAl_y 合金单晶体慢冷到室温各项参数与 y 的关系

样 品		e/a	$\frac{3}{2}\lambda_{100}/\times 10^{-6}$	$(-b_1)$ /MJ·m⁻³	J_s/T	$c' = \frac{1}{2}(c_{11}-c_{12})$
x	y					/GPa
100	0	1.00	35	3.4	2.08	48
93.3	6.7	1.13	57	4.7	2.02	41.8
86.6	13.4	1.27	112	8.11	1.83	36.2
86.2	13.8	1.28	141	10.1	1.81	35.7
85.9	14.1	1.28	112	7.87	1.79	35.3
83.4	16.6	1.33	179	11.4	1.67	31.6
82.8	17.2	1.34	181	11.2	1.64	30.7
81.5	18.5	1.37	184	10.6	1.56	28.7
80.5	19.5	1.39	174	9.46	1.50	27.2
79.8	20.2	1.40	158	8.31	1.45	26.2
78.6	21.4	1.43	147	7.24	1.37	24.6
78.2	21.8	1.44	156	7.56	1.34	24.2
77.5	22.5	1.45	136	6.36	1.29	23.4

8.1.4 $Fe_{100-x}Al_x$ 合金性能与温度的依赖关系

Clark 等人[3] 给出了富 Fe 区 Fe-Al 合金的 $\frac{3}{2}\lambda_{100}$ 与温度（从 77K 到室温）的依赖关系，如图 8-5 所示。可见，14.1at.%Al 和 16.6at.%Al 合金的 $\frac{3}{2}\lambda_{100}$ 几乎不随温度变化。这一点与 Fe 的 $\frac{3}{2}\lambda_{100}$ 与温度的关系十分相似[5]，与表 8-2 的结果一致，16.6at.%Al-Fe 合金有最大的 $\frac{3}{2}\lambda_{100}$ 值。值得指出的是，21.5at.%Al-Fe 合金的 $\frac{3}{2}\lambda_{100}$ 与温度（从 77K 到室温）的依赖关系是反常的，它随温度的升高而提高；其中 26.3at.%Al 的 $\frac{3}{2}\lambda_{100}$ 值最低，它与该合金的居里温度低有关。

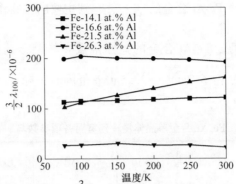

图 8-5   Fe-Al 合金富 Fe 区 $\frac{3}{2}\lambda_{100}$ 与温度（从 77K 到室温）的依赖关系

图 8-6 所示为 Fe-Al 合金富 Fe 区内的磁弹性能耦合系数（$-b_1$）与温度的依赖关系，其中（$-b_1$）是从（$-b_1$）$= -3\lambda_{100}c'$ 计算得到的。可见，在 Fe-Al 合金富 Fe 区，合金的（$-b_1$）与温度的依赖关系与 $\frac{3}{2}\lambda_{100}$ 的温度依赖关系的变化趋势是相似的。从这一点也可以说明，Fe-Al 合金的磁弹性能耦合系数（$-b_1$）对 $\frac{3}{2}\lambda_{100}$ 有重要的关联作用。

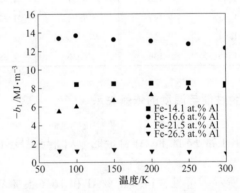

图 8-6   Fe-Al 合金富 Fe 区内的（$-b_1$）与温度（从 77K 到室温）的依赖关系

8.1.5   添加少量碳（C）对 Fe-Al 单晶合金磁致伸缩应变 λ_{100} 的影响

Huang 等人[6]研究了添加少量碳（0.03at.% ~ 0.19at%）对 Fe-Al 合金单晶体 $\frac{3}{2}\lambda_{100}$ 的影响，其结果见图 8-7。可见，Fe-Al–C 单晶体的 $\frac{3}{2}\lambda_{100}$ 与含量的关系与 Fe-Al 二元单晶的 $\frac{3}{2}\lambda_{100} \sim x$ 的变化趋势相同，它们的变化趋势与热处理后的冷

却速度有关。随 Al 含量提高到 18.6at.%时（此成分接近 Al 在 Fe 中的溶解度极限），合金的 $\frac{3}{2}\lambda_{100}$ 达到最大值，即 204×10^{-6}，添加少量 C（0.03at.% ~ 0.19at%）时，三元 Fe-Al-C 单晶的 $\frac{3}{2}\lambda_{100}$ 高于二元 Fe-Al 单晶样品的数值。由图 8-7 可看出，三元 Fe-Al-C 单晶样品比二元 Fe-Al 单晶样品高 30% ~ 45%[2] 或高 5% ~ 30%[3] 左右。研究表明，当 Al 含量小于约 18at.%时，单晶样品处于 A2 相区，此时不论单晶样品水淬冷却还是炉冷，它们的 $\frac{3}{2}\lambda_{100}$ 都相同。当 Al 含量大于 18at.%时，单晶样品处于 A2+DO$_3$ 相区或 DO$_3$ 相区，在两相区内，慢冷单晶样品的 $\frac{3}{2}\lambda_{100}$ 稍高于水淬样品的 $\frac{3}{2}\lambda_{100}$。根据文献［3］的结果，在 Fe-Al 二元系单晶样品也得到同样的结果。

添加少量的碳使三元 Fe-Al-C 单晶样品的 $\frac{3}{2}\lambda_{100}$ 有所提高，可能与 C 原子进入 Fe-Al 合金 A2 相的八面体间隙晶位有关。因为 C 原子进入八面体晶位后，使 A2 相发生四角畸变[7]。

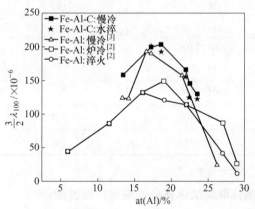

图 8-7　添加少量碳对 Fe-Al 单晶体 $\frac{3}{2}\lambda_{100}$ 的影响

（为便于比较，还给出了 Fe-Al 二元合金的性能）

8.1.6　Fe-Al 合金冷轧薄板的织构

Srisukhumbowornchai 和 Guruswamy[8] 系统地研究了（Fe$_{85}$Al$_{15}$）$_{99}$（NbC）$_{1.0}$ 的冷轧板工艺与织构的形成。其工艺过程为：用高纯 Fe 和 Al 作为材料，用真空电弧炉冶炼 30g 炉料。为避免 Al 的烧损，在电弧炉内装入少量 Ti 粒，以便吸收炉内的氧气和水汽。炉料反复熔炼几次，以保证 FeAl+NbC 成分均匀。最后将炉料浇注入水冷铜模内，得到 25mm×25mm×75mm 的铸锭。加入 NbC 是想使它在钢锭内形成细小的 NbC 颗粒沉淀，使钢锭在随后的热变形和再结晶过程中，NbC 颗粒能阻止 A2 晶粒的正常长大。铸锭首先热轧，然后在 400℃ 进行温轧，每次温轧后在 900℃ 退火 1h。温轧变形量为 60%~65%，若温轧变形量超过 65%，温轧坯料就会出现裂纹。随后进行冷轧，冷轧过程中在 900℃ 进行中间退火，最后在 900~1300℃ 进行再结晶退火。用光学显微镜观察晶粒尺寸，用电子背散射衍射图像仪（EBSD）做图像分析，并用 OIM 软件分析二次再结晶过程后的织构类型，其结果列于表 8-3。分析表 8-3 可见，在 1150℃ 和在 1300℃ 退火 2h 和 24h 均获得立方织构占优势的织构。文献 [8] 没有给出冷轧板样品的磁致伸缩应变值，但是根据 Fe-Al 合金 A2 相单晶体的各向异性，可推测立方织构占优势的样品将获得较高的磁致伸缩应变值。

表 8-3　$(Fe_{85}Al_{15})_{99}(NbC)_{1.0}$ 的退火条件和观察到的织构

退火工艺条件	占优势的织构组分	观察样品的晶粒数目	统计分析误差/%
轧 态	{001}<110> {111}<110>	916	3.3
900℃，2h	{111}<110>* {110}<110>* {112}<110>*	191	7.2
900℃，24h	{001}<100>* {123}<111>①	185	7.4
1150℃，24h	{001}<100>	161	7.9
1300℃，2h	{001}<100>	135	8.6
1300℃，24h	{001}<100>	108	9.6

①弱织构组分。

8.1.7　Fe-Al 合金晶体取向块体样品的磁致伸缩性能

Mungsantisuk 等人[9]在用改进的布里奇曼法研究 Fe-Ga、Fe-Ga-Al 和 Fe-Ga-Be 多晶取向大块样品的同时，还研究了 $Fe_{85}Al_{15}$ 合金定向凝固取向多晶样品的磁性能，其结果列于表 8-4。可见，此结果并不理想。在 Fe-Ga 合金中 $Fe_{81}Ga_{19}$ 合金单晶的 $\frac{3}{2}\lambda_{100}$ 达到约 $400×10^{-6}$，而相同成分的 Fe-Ga 轧制取向多晶或定向凝固取向的 λ_s，可达到 $(270~320)×10^{-6}$，即 λ_s 可达到 $\frac{3}{2}\lambda_{100}$ 的 67.5%~80%，而 $Fe_{85}Al_{15}$ 合金取向多晶样品的 $\lambda_s = 51×10^{-6}$，单晶体的 $\frac{3}{2}\lambda_{100} = 140×10^{-6}$ 的

36.4%，远不及 Fe-Ga 合金取向多晶样品的水平，其原因有待进一步研究。

表 8-4 Fe$_{85}$Al$_{15}$ 合金定向凝固取向多晶样品的磁性能（在不同压力下测量）

合金成分 /at. %	饱和磁化强度 M /A·m^2·kg^{-1}	矫顽力 H_c/A·m^{-1}	在不同压力下测量的磁致伸缩应变 λ_s/$\times 10^{-6}$					
			0MPa	5MPa	10MPa	20MPa	30MPa	50MPa
Fe$_{85}$Al$_{15}$	194	163.98	35	60	42	50	51	51

8.1.8 非取向多晶 Fe-Al 合金样品的磁性能与热处理工艺的关系

8.1.8.1 非取向多晶 Fe-Al 合金成分与性能的关系

非取向多晶合金的性能列于表 8-5。表中样品用高纯 Fe 和 Al 作原材料，在真空感应炉冶炼，然后在 750℃ 水淬冷却后再在 750℃ 处理以 30℃/h 冷却到 250℃，然后炉冷（冷却速度很慢）到室温，进行性能测量。由表可见：

（1）随 Al 含量的提高，合金的磁感应强度（B_s）线性地降低。

（2）当 Al 含量小于 19.8at. % 时，合金的弹性模量线性降低，当 Al 含量为 24.2at. % 时，合金的弹性模量急剧降低，从 $E = 2.00$kg/cm^2 降到 1.76kg/cm^2，其变化达到 12%。

（3）Al 含量为 24.9at. %（13.75wt. %）时，非取向多晶合金的 λ_s 达到最大值，即 $\lambda_s = 40.7 \times 10^{-6}$。

（4）和表 8-2 对比，单晶合金在 Al 含量为 16.6at. % ~ 20.2at. % 时，$\frac{3}{2}\lambda_{100}$ 达到最大值，然而多晶非取向 Fe-Al 合金在 Al 含量为 24.2at. % ~ 25at. % 时，λ_s 达到最大值，造成单晶与多晶体差异的原因还不清楚。

表 8-5 非取向多晶 Fe-Al（Fe$_{100-x}$Al$_x$（at. %）、Fe$_{100-y}$Al$_y$（wt. %））**合金成分与性能的关系**

y/wt. %	x/at. %	B_s/T	E/kg·cm^{-2}	λ_s/$\times 10^{-6}$
4.47	8.85	1.945	2.18	5.6
6.74	13.90	1.850	2.12	10.8
8.90	16.80	1.732	2.01	18.3
10.70	19.80	1.648	2.00	23.5
13.35	24.20	1.362	1.76	38.4
13.75	24.90	1.326	—	40.7
13.83	25.00	—	1.77	39.0
14.75	26.30	1.185	1.76	30.1
14.82	26.40	1.130	1.79	29.1
14.97	26.80	1.070	1.81	26.1
16.50	29.00	0.763	1.90	13.3

8.1.8.2 热处理工艺对 Fe-Al 合金非取向多晶样品 λ_s 的影响[10]

(1) 成分为 $Fe_{75}Al_{25}$（14.3wt.%Al）经过图 8-8 所示的热处理工艺后，非取向多晶样品的 λ_s 达到 $40×10^{-6}$。

(2) 等温热处理对 14.05wt.%Al-Fe 非取向多晶样品性能的影响：等温热处理温度与时间对 Fe-Al 合金（14.05wt.%Al-Fe）磁致伸缩应变 λ_s 的影响列于表 8-6。样品在 900℃ 热处理 2~4h 后，以一定的速度冷却到等温热处理温度进行等温热处理一段时间，水淬冷却到室温。可见，等温热处理温度对 λ_s 有重要影响。等温热处理温度不宜高于 350℃，在 250℃ 等温热处理 24h 后水淬冷却，样品的 λ_s 可达到 $48.5×10^{-6}$。也就是说，成分为 25.5at.%~26at.%Al 的 Fe-Al 合金经过 900℃ 热处理 2~4h 后（表 8-6），以一定速度冷却到 250℃ 等温处理 24h，使合金形成相当数量的有序相（DO_3）后，才能获得较高的 λ_s 值。

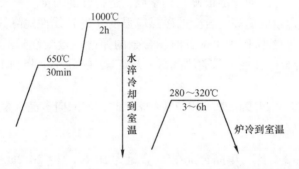

图 8-8 成分为 $Fe_{75}Al_{25}$（14.3wt.%Al）合金样品的热处理工艺

表 8-6 14.05wt.%Al-Fe 非取向多晶样品 λ_s 与等温热处理温度与时间的关系

热处理温度	冷却速度	等温热处理温度与时间	样品磁致伸缩应变 $\lambda_s / ×10^{-6}$
900℃，2~4h	以一定速度冷却到等温温度	550℃ 24h 水淬	18.9
		450℃ 72h 水淬	18.2
		400℃ 48h 水淬	22.8
900℃，2~4h	以一定冷却速度冷却	400℃ 120h 水淬	21.9
		350℃ 96h 水淬	28.9
		300℃ 24h 水淬	35.0
		250℃ 24h 水淬	48.5

8.1.9 Fe-Al 合金材料生产的难题[10]

Fe-Al 合金既是高磁导率软磁材料，也是大磁致伸缩材料。本节内容仅涉及磁致伸缩材料。通常 Fe-Al 磁致伸缩材料制造成块体材料和冷轧薄板材料。如果在静态或准静态（使用频率为 0.01kHz 以下）下使用，可用块体材料；在

0.01kHz 至若干 kHz 频率下使用，称为在动态下使用。在动态下使用通常要求轧制薄板材料。

块体材料的生产方法，通常用定向凝固制造成多晶取向圆棒状，它可在 0.01kHz 以下使用。若在高频下使用，先制造成取向多晶棒材，为降低功率损耗，可将棒材切成一定厚度的薄板，但这种方法的材料使用率低，且薄片也难以加工成整体材料，生产效率低。

在 0.01kHz 以上使用时，要求制造成薄板（厚度 0.3~0.005mm）材料。Fe-Al 薄板材料生产遇到的最大问题是脆性，很难冷加工。为改善 Fe-Al 合金的塑性，通常采取下列措施：

（1）随 Al 含量的提高，合金的脆性提高。作为 Fe-Al 磁致伸缩多晶材料，Al 含量通常为 13wt.%~14%wt.%（24at.%~25at.%）。单晶体 Fe-Al 合金 Al 含量为 16at.%~20at.%，这已属于高 Al 高脆性材料。

（2）气体和掺杂物对脆性有很大的影响。为此要选用高纯度的 Fe 和 Al 作为原料。

（3）要在真空感应炉内冶炼，尽可能减少气体含量和氧化铝等掺杂物。

（4）冶炼浇注时，尽可能降低浇注温度（1550℃）。

（5）Fe-Al 合金的热导率低，在热加工时避免急热和急冷。

（6）大晶粒是造成脆性的主要原因。

（7）热轧温度一般应高于 1000℃左右，热轧板厚度达到 3mm 以下，才能开始温轧。

（8）温轧温度为 600℃左右，温轧板厚度应小于 1mm，才能进行冷轧。含 25at.%Al 以下 Fe-Al 合金一般是在 600℃温轧成最终薄板的。

（9）为改善 25at.%~30at.%Al 合金的塑性，通常添加少量 Ti、V 或稀土元素，以细化晶粒，改善塑性。

8.2 Fe-Co 合金磁致伸缩材料

8.2.1 Fe-Co 合金的相图、相结构与相转变

Fe-Co 合金既是高磁感、高使用温度、高稳定的软磁材料，又是磁致伸缩材料。作为软磁材料，可参阅文献 [11，12]。本书主要讨论 Fe-Co 系磁致伸缩材料，因为迄今它仍然使用量较大，是普遍应用的磁致伸缩材料。

图 8-9 为 Fe-Co 合金二元相图。可见，在 0~100at.%Co 成分范围内的 Fe-Co 二元合金存在下列 7 个固体相：δ 相、γ 相、α 相、$α_1$ 相、$α_2$ 相、$α_3$ 相和 ε 相。其中：

（1）δ 相具有体心立方（bcc）结构，为无序相。

（2）γ 相为面心立方（fcc）结构相，为无序相，又称 A1 相。

（3）α 相具有 bcc 结构，无序相，又称为 A2 相。

（4）α_1 相是 Fe-Co（Fe 和 Co 原子比为 1∶1）有序相，具有 bcc 结构，又称为 B2 相。

（5）α_2 相是 $FeCo_3$ 化合物（具有 bcc 结构），有序相。

（6）α_3 相为 Fe_3Co 化合物，bcc 结构，有序相。

（7）ε 相是以 Co 为基的 CoFe 固溶体相，具有密排六方（hcp）结构。

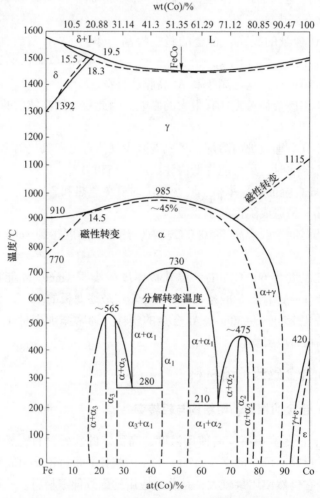

图 8-9   Fe-Co 二元系状态（不完全平衡的相图）[12]

由相图可知，不同成分的 Fe-Co 合金 γ 相转变为无序的 A2 相的温度是不同的。也就是说，不同成分的 γ 相（A1 相）的稳定性是不同的。例如，Fe 与 Co

原子比为 1∶1 的 Fe-Co 合金在 985℃附近转变为无序的 A2 相（α 相）。当 Co 含量高于 50at.%时，随 Co 含量的提高，γ 相→A2 相的转变温度逐渐降低。当 Co 含量为 90at.%～94at.%时，其转变温度甚至低于 200℃以下，或者不能发生转变，而以 γ（A1）相存在。

在低温区 A2 相（α 相）是不稳定的，它有可能转变为 Fe_3Co（$α_3$ 相）有序相，或 $FeCo_3$（$α_2$ 相）有序相或 Fe-Co（B2）有序相，或者两个有序相共存。例如，Co 含量为 24at.%～27at.%Co-Fe 合金在低于 565℃时，可能转变为 Fe_3Co 有序相。在低于 17at.%Co 时，在低温区甚至可能以 A2 相稳定存在。在 17at.%～24at.%Co 时，在低温区可能以 $A2+Fe_3Co$ 两个有序相存在。又例如，Co 含量为 45at.%～65at.%的成分范围内，A2 相可能转变为单一的 B2 有序相。此成分的左侧可能以 A2+B2 相两相共存；在右侧可能以 $B2+FeCo_3$ 两相共存。值得注意的是，在 72～75℃附近发生 A2 相到 $FeCo_3$（$α_2$ 相）相的相变，而在该成分的左侧可能是 $B2+FeCo_3$ 两相共存；在右侧可能是 $A2+FeCo_3$ 两相共存。

以上说明不同成分的 FeCo 合金相转变和低温区存在的相是不同的。了解这一点，有助于理解 Fe-Co 合金的性能与成分的关系。

8.2.2　Fe-Co 合金磁致伸缩应变与 Co 含量的关系

Fe-Co 合金单晶体的磁致伸缩应变 $λ_{100}$、$λ_{111}$ 与 Co 含量的关系如图 8-10 所示。可见，Fe-Co 合金单晶体的 $λ_{100}$ 是正的，$λ_{100}$ 随 Co 含量的提高而提高。当在 50wt.%Co 时，$λ_{100}$ 可达到 $150×10^{-6}$，当 Co 含量小于 20at.%附近 $λ_{111}$ 发生由负到正的转变。但到 50wt.%Co 时，$λ_{111}$ 仍然很低。多晶 Fe-Co 合金的 $λ_s$ 主要由 $λ_{100}$ 贡献。

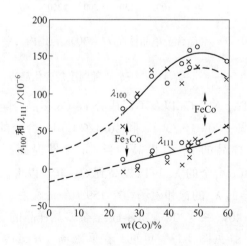

图 8-10　Fe-Co 合金单晶体 $λ_{100}$、$λ_{111}$ 与 Co 含量的关系

图 8-11 所示为 $Fe_{50}Co_{50}$ 合金单晶体在 77～300K（室温）范围内，$\frac{3}{2}\lambda_{100}$、

$c' = \frac{1}{2}(c_{11} - c_{12})$ 与磁弹性能耦合常数 $(-b_1)$ 随温度的变化趋势。可见，在 77～

300K 温度范围内，$Fe_{50}Co_{50}$ 单晶体的 $\frac{3}{2}\lambda_{100}$ 与 $(-b_1)$ 随温度变化趋势是相同的，

然而 $c' = \frac{1}{2}(c_{11} - c_{12})$ 随温度变化趋势是相反的，并且 c' 随温度变化的趋势不明

显。可以判断 $Fe_{50}Co_{50}$ 合金 $\frac{3}{2}\lambda_{100}$ 主要是由 $(-b_1)$ 贡献的。另外，在 300K 时，

$Fe_{81}Ga_{19}$、$Fe_{83.6}Ga_{16.4}$ 和 $Fe_{50}Co_{50}$ 合金单晶体的 $(-b_1)$ 分别为 $16MJ/cm^3$、$12MJ/$

cm^3 和 $32MJ/cm^{3[3]}$，它们的 $\frac{3}{2}\lambda_{100}$ 分别是 400×10^{-6}、200×10^{-6} 和 280×10^{-6}。此种

关系也可说明 $(-b_1)$ 对 $\frac{3}{2}\lambda_{100}$ 的贡献是主要的，但不是唯一的。

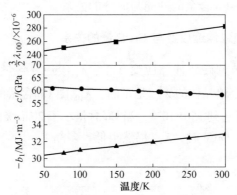

图 8-11 $Fe_{50}Co_{50}$ 合金单晶体在 77～300K 范围内，$\frac{3}{2}\lambda_{100}$、

$c' = \frac{1}{2}(c_{11} - c_{12})$ 与 $(-b_1)$ 随温度的变化趋势

图 8-12 所示为 Fe、Ni、Co 以及不同成分 Fe-Co 多晶合金样品的磁致伸缩应
变曲线（λ-H）。可见，90wt.%Co-Fe 和 10wt.%Co-Fe 合金的 λ_s 均较低。随 Co
含量的增加，合金样品的 λ_s 值提高。当 Co 含量提高到 40wt.%、50wt.%、
60wt.%时，多晶 Fe-Co 合金的 λ_s 可以提高到 60×10^{-6} 以上。另外，还表明不同
Co 含量的 Fe-Co 合金的 λ_s 的饱和磁场均在 15920A/m 左右。

另有实验指出，40wt.%～70wt.%Co-Fe 合金多晶样品的磁致伸缩应变 λ_s 值，
随测量磁场而变化，详见图 8-13。可见，在低磁场（$H < 11940A/m$）下测量时，
λ_s 值在 40wt.%Co 和 70wt.%Co 处出现峰值。当测量磁场高于 87560A/m 时，仅在

70wt.%处出现 λ_s 的峰值。70wt.%Co-Fe 合金样品的 λ_s 值对 Co 含量变化十分敏感。当 Co 含量稍高于 70wt.%时，多晶合金样品的 λ_s 值急剧降低。

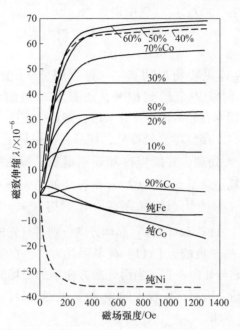

图 8-12 Fe-Co 多晶合金样品的 λ-H 曲线与 Co 含量的关系[13]

（为了对比，同时给出了纯金属 Fe、Ni、Co 多晶样品的 λ-H 曲线）

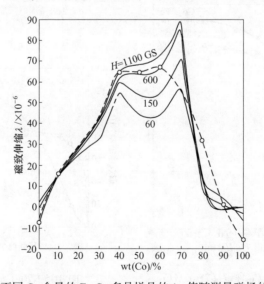

图 8-13 不同 Co 含量的 Fe-Co 多晶样品的 λ_s 值随测量磁场的变化[13]

图 8-14 所示为 75wt.%Co、70wt.%Co 和 65wt.%Co 的 Fe-Co 合金样品的 λ-H

曲线。这些样品是用不同方法制备的，但都是在冷轧态测量的。样品的制造方法有两种：第一种是用 Fe-Co 的氧化物粉末还原成 Fe 粉和 Co 粉，然后经过压型、烧结、热模锻，最后在 1000℃纯氢气中退火 2h，缓慢冷却到室温；第二种方法是电解 Fe 和电解 Co，加入 0.5wt.%Mn，在真空炉内熔炼、铸锭、锻造成棒材，经机械加工样品，杂质较少，然后在 1050℃真空退火 1.5h，缓慢冷却，最后经冷轧加工成薄板。在这里要指出两点：一是在测量 λ_s 值时，磁化磁场达到 103480A/m 时，λ-H 曲线还未达到饱和，还有上升的趋势。表明 65wt.% ~ 70wt.%Co-Fe 合金可能存在较大的顺磁化效应，即此效应产生较大的体积磁致伸缩效应。二是 70wt.%Co 合金尽管经冷轧，样品在高磁场下，λ_s 值可达到 130× 10^{-6}。但进一步经退火处理，并缓慢冷却到室温后，样品的 λ_s 已降低到 90× 10^{-6}，并且其饱和磁场也降低到 15920A/m 左右（如图 8-15 所示）。冷轧态样品 λ_s 值高达 $130×10^{-6}$，与冷轧态样品存在冷轧织构有关，其织构类型可能是 (011) 面平行轧面，$[\overline{2}11]$ 和 $[111]$ 晶体方向分别平行轧向和垂直轧向。因为 70wt.%Co-Fe 合金的 K_1 是负的，$[111]$ 是易磁化方向。在退磁状态，磁畴的磁矩沿 $[111]$ 方向，它与轧向垂直。当沿轧制方向施加磁场时，这一部分磁畴的磁矩发生 90°磁矩转动，因而产生较大的 λ_s 值。经退火后，上述织构遭到破坏，因此退火态样品的 λ_s 降低。

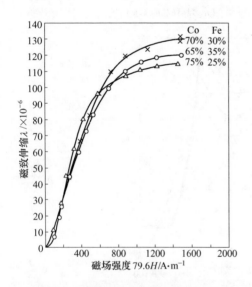

图 8-14　三种不同 Co 含量 (75wt.%Co、
70wt.%Co 和 65wt.%Co) 的 Fe-Co 合金
冷轧态样品的 λ-H 曲线[13]

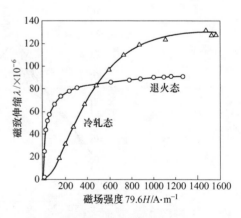

图 8-15　70wt.%Co-Fe 合金
冷轧态样品经退火
处理后的 λ-H 曲线

8.2.3　Fe-Co 合金其他性能与 Co 含量的关系

8.2.3.1　磁晶各向异性常数 K_1 与 Co 含量的关系

图 8-16 所示为 Fe-Co 合金磁晶各向异性常数 K_1 与 Co 含量的关系。可见，随着 Co 含量的提高，合金的 K_1 逐渐降低。在低 Co 区（Co<30wt.%），K_1 与成分的关系，不受热处理工艺的影响。但在高 Co 区（Co≥40wt.%~60wt.%），当合金水淬冷却到室温，合金保留 A2 相，处于无序状态，此时合金的 K_1 随着 Co 含量的提高而降低得快一些。当缓慢冷却时（冷速为 20℃/h），成分为 40wt.%~60wt.%Co-Fe 合金发生部分的 A2 相转变为 B2 相。此时合金的 K_1 比淬火冷却态的高。说明冷却速度对 Fe-Co 合金（40wt.%~60wt.%Co）的性能有重要的影响。在水淬态（无序态）Co 含量为 45wt.%时，K_1 接近 Co 含量

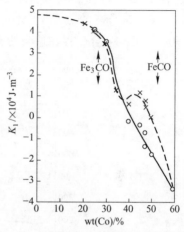

图 8-16　Fe-Co 合金磁晶各向异性常数
K_1 与 Co 含量的关系[11]

60wt.%时的 K_1，约为 -3.2×10^3 J/m³；若是缓慢冷却态，Co 含量为 50wt.%时，K_1 为零，Co 含量为 60wt.%时，K_1 约为 -3.0×10^4 J/m³。

8.2.3.2　磁极化强度（J_s）、磁导率（μ_0，μ_m）与 Co 含量的关系

在不同磁场下测量的退火态 Fe-Co 合金的磁极化强度 J_s 与 Co 含量的关系，如图 8-17 所示。可见，在低磁场下（$H<796$A/m）测量的 J_s 与 Co 含量存在复杂的关系。在 50wt.%Co 附近存在 J_s 的极大值，这与该成分处，合金（50wt.%Co）的 K_1 趋于零有关。因为合金成分为 70wt.%Fe 时，合金的 J_s 与测量磁场有密切关系。当测量磁场由 12736A/m 增加到 1194kA/m 时，合金样品的 J_s 还有明显的增加趋势。当测量磁场增加到 135.3kA/m 时，J_s 仍增加，出现这种现象的原因还不清楚，但这与 70wt.%Co-Fe 合金的 λ_s 的饱和磁场 H_s 逐渐增加的趋势是一致的（见

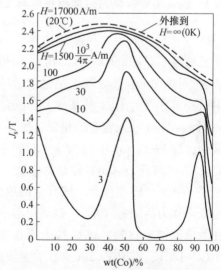

图 8-17　退火态 Fe-Co 合金在不同磁场下
测量的磁极化强度 J_s 与 Co 含量的关系

图 8-14）。但究其原因还不清楚，可能与显微组织有关。

图 8-18 所示为 Fe-Co 合金的起始磁导率（μ_0）与最大磁导率（μ_m）与 Co 含量和热处理工艺的关系。可见，在 Co 含量为 50wt.%Co 附近，Fe-Co 合金样品的 μ_0 与 μ_m 均存在峰值。另外，μ_m 还与热处理工艺有关。经 850℃ 退火热处理后，50wt.%Co-Fe 合金的 μ_m（约 500）比 1000℃ 退火处理后的 μ_m（约 400）高。说明 50wt.%Co-Fe 合金存在适当的有序度时，μ_m 可大幅度提高。

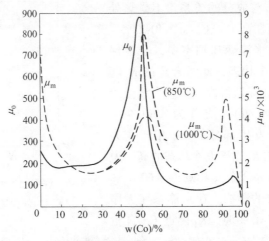

图 8-18   Fe-Co 合金的起始磁导率（μ_0）与最大磁导率（μ_m）与
Co 含量和热处理工艺的关系

8.2.4   Fe-Co-V 合金磁致伸缩性能与工艺的关系

尽管 70wt.%Co-Fe 合金在高磁场（1114.4kA/m）的 λ_s 可达到 130×10^{-6}，但在低磁场下（<1960A/m），其 λ_s 仍低于（70~90）$\times 10^{-6}$。其原因是 Fe-Co 合金的 λ_s 对热加工和热处理工艺过于敏感，使之难以控制。为克服此缺点，后来在 Fe 与 Co 比例为 1:1 的基础上，研究了添加第三组元 M（M=V、Cr、Ti、Mo 等）对 Fe-Co-M 三元合金的相变、加工性能、热处理工艺与性能的影响。研究结果表明，在 Fe 与 Co 比例为 1:1 的基础上，添加少量 V（V 的添加量小于 2wt.%），可改进 Fe-Co-V 合金的相变、电阻率、磁导率和磁致伸缩应变，从而发展了 Fe-Co-V 软磁合金。该合金的成分为 Fe:Co=1:1、添加 V<2wt.%，该合金既可作为高磁感（B_s）、高居里温度、高磁导率（μ_0, μ_m）的软磁合金，也可作为磁致伸缩材料。该材料的磁性能列于表 8-7。在表 8-7 中，合金 a 是指 Fe:Co=1:1、添加 V<2wt.%，合金 b 是指 Fe:Co=1:1、添加 V<2wt.%，但是它经过了纯净化处理，是指用高纯 Fe、高纯 Co 和高纯 V 作为原材料，在真空中冶炼，最后经氢气退火处理和磁场热处理。在我国，合金 a 和合金 b 均称为

Fe-Co-V 合金，我国国标牌号为 1J22，前苏联该合金称为 K50Φ2，在美国合金 *a* 称为坡明杜（pemendur）合金，合金 *b* 称为超坡明杜（superpemendur）合金。

表 8-7 Fe-Co-V 合金（Fe：Co=1：1、添加 V<2wt.%）**的性能**

磁性能参数	2V-FeCo 合金（合金 *a*）	2V-FeCo 合金经纯净化和磁场处理（合金 *b*）
相对最大磁导率 μ_m	8000	92500（在 $B=2.04T$ 时）
相对起始磁导率 μ_0 或 μ_i	1000	—
剩余磁感应强度 B_r/T	1.5	2.215
矫顽力 $H_c/A \cdot m^{-1}$（×79.6）	58.108	15.92
饱和磁感应强度 B_s/T	2.4	2.4
电阻率 $\rho/\Omega \cdot m$	2.5×10^{-8}	2.5×10^{-8}
磁致伸缩应变 $\lambda_s/\times 10^{-6}$	60~70	60~70

下面重点讨论在 Fe：Co=1：1 的 Fe-Co 合金中添加第三组元 V 的作用和加工与热处理工艺。

8.2.4.1 Fe-Co-V 合金添加 V 的作用

图 8-19 所示为添加少量 V（wt.%）对 Fe-Co=1：1 合金相图的影响。图中 γ 相是 A1 相，α 相是 A2 相，α′ 是 B2 有序相。对比 Fe-Co 二元相图（图 8-9）可以看出，在 49Fe-49Co 的合金中添加 2wt.% V，扩展了 A1+A2 两相共存的区域，并且随着 V 含量的增加，由 A1 相转变为 A2 相的转变温度有所降低。另外，实验发现 Fe-Co 合金中有序的 B2 相的出现使合金脆性增大，冷加工变得困难。Fe-Co-V 合金的脆性来自有序相，也可能是杂质元素，如氧、氢、硅、锰的影响。在真空中冶炼，采用高纯原材料和添加少量 V，可避免杂质元素对 Fe-Co 合金脆性的影响。添加 V 另外的作用是提高 Fe-

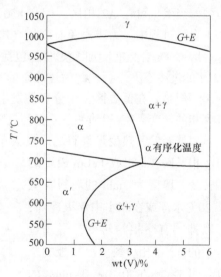

图 8-19 49Fe-49Co+*x* wt.%V （*x*=0~6wt.%）的准二元相图

Co-V 合金的电阻率（见图 8-20），可减少中、高频下使用涡轮损耗，提高磁弹性能转变为机械能的效率，如 k_{33} 等。

8.2.4.2 Fe-Co-V 合金的加工变形与热处理工艺

Fe-Co-V（Fe：Co=1：1、添加少于 2wt.%V）的热加工变形最好在 A1 相

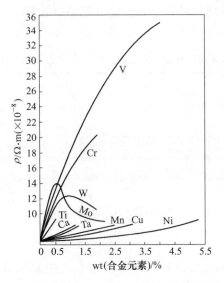

图 8-20 添加元素对 Fe∶Co=1∶1 合金电阻率的影响

区，即在 1000~1050℃进行。A1 相具有 fcc 结构，具有较多滑移系，塑性变形能力强。当然也可在 A2 相区，即在 850℃左右的单相区内进行热轧、热锻。在热加工变形过程中，力求避免有序相（B2 相或 Fe₃Co）的出现。

  Fe-Co-V 合金的冷加工变形（包括冷轧和冷拔）一般要求在 A2 单相区，即 A2 相的过冷态下进行。因为过冷态的 A2 相有较好的塑性变形能力，坯料不容易开裂。但是，在低温区，十分容易发生 A2 相到 B2 相（FeCo 有序相）或 Fe₃Co 有序相的转变。B2 相和 Fe₃Co 相都是脆性相，冷加工变形时很容易开裂。

  根据经验，热变形坯料的厚度大于 2mm 时，一般水淬冷却很难抑制有序相（B2 相、Fe₃Co 相或 FeCo₃ 相）的相转变。厚度为 2mm 的坯料在低于 20℃水淬或在冰水中淬火冷却，可以抑制有序相的转变，得到过冷态的 A2 单相材料。冷轧板的厚度，可控制在 0.3 ~ 0.5mm 的范围。

  冷轧的 Fe-Co-V 薄板，需要进一步退火热处理才能获得良好的性能。图 8-21 所示为退火温度和冷却速度对 Fe-Co-V 合金冷轧样品磁性能的影响。可见，在 800~

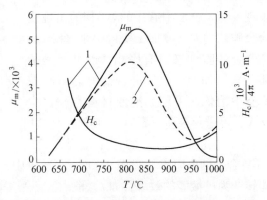

图 8-21 Fe-Co-V 合金冷轧板样品性能与退火温度和冷却速度的关系（图中曲线 1 为水冷样品的性能（μ_m 和 H_c），曲线 2 为缓慢冷却样品的 μ_m）

850℃热处理3~4h，然后快冷，可获得最高的 μ_m 和最低的 H_c。当缓慢冷却时，μ_m 有所降低。在 800~850℃进行热处理的目的是使合金完成再结晶和晶粒长大，并消除内应力。

参 考 文 献

[1] Hall R C. Magnetostriction of aluminum-iron single crystals in the region of 6 to 30 atomic percent aluminum [J]. Journal of Applied Physics, 1957, 28 (6): 707-713.

[2] Hall R C. Single crystal anisotropy and magnetostriction constants of several ferromagnetic materials including alloys of Ni-Fe, Si-Fe, Al-Fe, Co-Ni, and Co-Fe [J]. Journal of Applied Physics, 1959, 30 (6): 816-819.

[3] Clark A E, Restorff J B, Wun-Fogle M, et al. Temperature dependence of the magnetostriction and magnetoelastic coupling in $Fe_{100-x}Al_x$ ($x = 14.1$, 16.6, 21.5, 26.3) and $Fe_{50}Co_{50}$ [J]. Journal of Applied Physics, 2008, 103 (7): 07B310.

[4] Restorff J B, Wun-Fogle M, Hathaway K B, et al. Tetragonal magnetostriction and magnetoelastic coupling in Fe-Al, Fe-Ga, Fe-Ge, Fe-Si, Fe-Ga-Al, and Fe-Ga-Ge alloys [J]. Journal of Applied Physics, 2012, 111 (2): 023905.

[5] de Lacheisserie E T, Monterroso R M. Magnetostriction of iron [J]. Journal of Magnetism and Magnetic Materials, 1983, 31: 837-838.

[6] Huang M, Du Y, McQueeney R J, et al. Effect of carbon addition on the single crystalline magnetostriction of Fe-X (X = Al and Ga) alloys [J]. Journal of Applied Physics, 2010, 107 (5): 053520.

[7] Williamson G K, Smallman R E. X-ray evidence for the interstitial position of carbon in α-iron [J]. Acta Crystallographica, 1953, 6 (4): 361-362.

[8] Srisukhumbowornchai N, Guruswamy S. Crystallographic textures in rolled and annealed Fe-Ga and Fe-Al alloys [J]. Metallurgical and Materials Transactions A, 2004, 35 (9): 2963-2970.

[9] Mungsantisuk P, Corson R P, Guruswamy S. Influence of Be and Al on the magnetostrictive behavior of Fe-Ga alloys [J]. Journal of Applied Physics, 2005, 98 (12): 123907.

[10] 北京钢铁学院精密合金编写小组. 精密合金学 [M]. 北京钢铁学院教材.

[11] 何开元. 精密合金材料学 [M]. 北京：冶金工业出版社, 1991.

[12] 软磁合金手册编写组. 软磁合金材料学 [M]. 北京：冶金工业出版社, 1989.

[13] Bozorth R M. Ferromagnetism [M]. D. Van Nostrand Company Inc. Third Printing, 1951.

9 铁氧体磁致伸缩材料基础

9.1 概述

古老的中华民族早在公元前 2~3 世纪就已经发现了磁铁矿，它是天然存在的。其主要成分为 Fe_3O_4（$FeO \cdot Fe_2O_3$），是地球上存在的最简单铁氧体，具有永磁特性。将其应用于制造指南针，在古代对人类的航海事业作出了重要贡献。

在 20 世纪 20~30 年代，法、德、日和荷兰等国家在系统地研究了金属氧化物磁性的基础上，人工合成了磁性金属氧化物，并起名为 ferrite。我国早期将其翻译为铁淦氧，或磁性瓷，现在统一翻译为**铁氧体**。

铁氧体是由铁的氧化物和其他一种或两种以上金属氧化物组成的复合氧化物。例如，$MeFe_2O_4 = MeO \cdot Fe_2O_3$，其中 Me 代表二价金属离子，如 Mn^{2+}、Zn^{2+}、Cu^{2+}、Ni^{2+}、Mg^{2+}、Co^{2+} 等。由于 Me 的不同，可组成不同类型的铁氧体。

若按组分分类，可分为单组分、双组分与多组分铁氧体。例如以 Mn^{2+} 取代 Fe^{2+} 所组成的复合金属氧化物 $MnFe_2O_4$（$MnO \cdot Fe_2O_3$）称为**锰铁氧体**；以 Co^{2+} 取代 Fe^{2+} 所组成的复合金属氧化物 $CoFe_2O_4$（$CoO \cdot Fe_2O_3$）称为**钴铁氧体**。同样，还可能有 $ZnFe_2O_4$（$ZnO \cdot Fe_2O_3$）称为锌铁氧体，$NiFe_2O_4$（$NiO \cdot Fe_2O_3$）称为镍铁氧体，以上统称为**单组分铁氧体**。若有两种或两种以上的金属离子取代 Fe^{2+} 的铁氧体，则称为**双组分铁氧体或多组分铁氧体**（也称**复合铁氧体**）。例如锰锌铁氧体（$Mn\text{-}Zn\text{-}Fe_2O_4$）、镍锌铁氧体（$Ni\text{-}Zn\text{-}Fe_2O_4$）和锰镁锌铁氧体（$Mn\text{-}Mg\text{-}Zn\text{-}Fe_2O_4$）等[1]。

若按铁氧体的晶体结构类型，可分为尖晶石型铁氧体（$MeFe_2O_4$）、石榴石型铁氧体（$R_3Fe_5O_{12}$）、磁铅石型铁氧体（$MeFe_{12}O_{19}$）。

铁氧体材料大部分具有强磁性，它属于亚铁磁性。铁氧体磁性材料已在电子工业、自动化技术、通信技术、电工技术、水声技术、超声技术、传感器技术和驱动器技术领域得到广泛的应用。若按磁性，可将铁氧体磁性材料分为以下几种：

（1）软磁铁氧体。如锰锌铁氧体（$MnO\text{-}ZnO\text{-}Fe_2O_3$）、镍锌铁氧体（$NiO\text{-}ZnO\text{-}Fe_2O_3$）等，它们具有尖晶石型结构，属于立方晶系。

（2）硬磁铁氧体。如钡铁氧体（$BaO \cdot 6Fe_2O_3$）和锶铁氧体（$SrO \cdot 6Fe_2O_3$）等，它们具有磁铅石型结构，属于六角晶系。

（3）微波铁氧体。如镁锰铝铁氧体（$MgO\text{-}MnO\text{-}Al_2O_3\text{-}Fe_2O_3$）和锂镁钛铁氧体，这种材料常用于微波技术领域。

（4）矩磁铁氧体。如镁锰铁氧体（$MgO\text{-}MnO\text{-}Fe_2O_3$）和镍锌铁氧体（$NiO\text{-}ZnO\text{-}Fe_2O_3$）等，它们具有尖晶石型结构，属于立方晶系，矩磁铁氧体的磁滞回线是方形或矩形的，因此称为矩磁铁氧体。

（5）磁致伸缩铁氧体。如钴铁氧体（$CoO \cdot Fe_2O_3$）、镍锌铁氧体（$NiO\text{-}ZnO\text{-}Fe_2O_3$），它们具有尖晶石型结构，属于立方晶系。

铁氧体磁致伸缩材料与金属合金磁致伸缩材料相比，有以下几个优点：电阻率比金属磁致伸缩材料高 10^6 倍；磁导率高；能量损耗小，尤其在高频领域，其磁机电耦合系数 k_{33} 高。它适合在 $10^7 \sim 10^8$ Hz 高的频率下应用，可广泛地用于超声、水声、电声器件及电讯、通信器件，如水下电视、电子计算机、自动控制、滤波与延迟线等技术领域。金属磁致伸缩材料适合在静态或低频（<50Hz）下应用，两者具有互补性[2]。

铁氧体磁致伸缩材料具有尖晶石型结构，属于立方晶系。本书重点讨论它的性能、材料的组分、晶体结构、显微结构、制造方法与工艺参数。为便于讨论，首先介绍铁氧体磁性材料的自发磁化理论，即超交换作用与亚铁磁性，晶体结构与磁性能，制造方法与工艺，第 10 章将详细讨论钴铁氧体磁致伸缩材料。

9.2 金属氧化物的自发磁化——间接交换作用

铁磁性磁性材料的磁性起源于离子的自旋磁矩。因为轨道磁矩已冻结，对原子磁矩没有贡献，强磁性晶体中在小范围（磁畴）内原子磁矩 μ_J 是自发地平行或反平行排列的，这种现象称为**磁有序**。这种磁有序称为**自发磁化**。在第 2 章 2.4 节已经讨论指出，3d 金属合金的自发磁化主要来源于相邻离子（原子）的 3d 电子云是重叠的，产生直接交换作用；稀土金属与化合物的自发磁化主要来自相邻原子（离子）间电子自旋的间接交换作用，而产生自发磁化。

那么，金属氧化物的自发磁化是如何产生的？研究发现金属氧化物的自发磁化主要来自间接（或超）交换作用。金属氧化物中的超交换作用与稀土金属的超交换作用是不同的。下面以 MnO 为例，来说明金属氧化物的超交换作用或间接交换耦合作用，即自发磁化的起源。

在氧化铁中，Fe-Fe 原子间的距离是 0.428nm。由于铁原子间距过大，3d 电子云不重叠，3d 电子间不可能有直接交换作用。为了解释氧化物中的自发磁化，1934 年克拉莫尔斯（Kramers）提出了间接交换作用（又称超交换作用）。到了 1950 年安德森（Anderson）进一步完善了超交换理论。下面定性地作一简介。

图 9-1 所示是 MnO 的晶胞，这个 MnO 单胞是用中子衍射方法探测确定的，它不仅可确定离子的占位，而且可确定离子磁矩的方向。图中两个斜影线画出的

对角面把它分成两个磁矩取向相反的次晶格。
它的特点是 Mn^{2+} 和 O^{2-} 交替地占据晶格的位置。
任何一个 Mn^{2+} 的最近邻都是 O^{2-}，而每一个 O^{2-}
的周围又都是以 Mn^{2+} 作为最近邻。每一个 O^{2-}
两侧（上下，左右，前后）相距为 a 的 Mn^{2+} 的
磁矩都是反平行的。另一种情况是通过 O^{2-} 形成
$90°$ 角，间距为 $\frac{\sqrt{2}}{2}a$ 的 Mn^{2+} 的磁矩可能是反向
的，也可能是同向的。例如，图 9-1 中 1 离子和
2 离子同向，2 离子和 3 离子反向。显然，决定

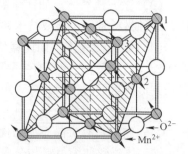

图 9-1 MnO 晶胞中 Mn^{2+} 和 O^{2-}
的分布及离子磁矩方向

离子磁矩相对取向的不是 Mn^{2+} 和 Mn^{2+} 间的直接交换作用，而是通过 O^{2-} 所产生
的一种间接交换作用。下面分析一下 Mn^{2+} 和 O^{2-} 的相互作用。

一对 Mn^{2+}、O^{2-} 离子处于基态时，外层电子自旋磁矩的方向可用式（9-1）
表示：

$$\underset{3d^5}{\overset{Mn^{2+}}{\rightarrow\rightarrow\rightarrow\rightarrow}} \quad \underset{2p^6}{(\rightleftarrows)(\rightleftarrows)(\rightleftarrows)} \tag{9-1}$$

这里 O^{2-} 的外层电子是满的，它不可能与周围的 Mn^{2+} 产生交换作用。但是，
由于 Mn^{2+} 的 3d 层没有填满电子，因而 O^{2-} 的 2p 电子就有可能跑到 Mn^{2+} 的 3d 层
中的空穴中去。当 O^{2-} 的一个电子一旦跑到 Mn^{2+} 的 3d 层中去时，这个 2p 态电子
就变成了 3d 态电子，因而系统就成了激发态。根据泡利原理，这个激发态的电
子自旋磁矩就要与 Mn^{2+} 的磁矩方向相反。当 O^{2-} 离子失去一个 2p 电子时，就变
成了 O^-，而成为一个具有一个电子自旋磁矩的磁性离子。O^- 的磁矩方向仍然和
激发到 3d 态电子的自旋磁矩的方向反向平行，这是因为我们考虑的激发态是一
级激发态，一级激发态的电子只改变位置，不改变方向。这时 Mn^{2+} 和 O^- 的磁矩
方向如式（9-2）所示：

$$\underset{3d^6}{\overset{Mn^+}{\rightarrow\rightarrow\rightarrow\rightarrow}(\rightleftarrows)} \quad \underset{2p^5}{\overset{O^-}{\rightarrow}(\rightleftarrows)(\rightleftarrows)} \tag{9-2}$$

这样就确定了 Mn^+ 和 O^- 的磁矩方向。
而 O^- 是磁性离子，它与邻近的别的磁性离
子 Mn^{2+} 发生交换作用，从而确定它与这些
近邻的 Mn^{2+} 磁矩的相对取向，再间接地确
定各 Mn^{2+} 之间的磁矩相对取向。

因为 p 态电子云的角分布是"哑铃"
状的，因此 O^{2-} 的电子云只与其两侧呈一直
线的两个 Mn^{2+} 的电子云有重叠，见图 9-2。

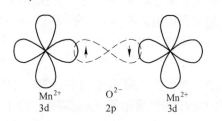

图 9-2 Mn^{2+}-O^{2-}-Mn^{2+} 电子云
角分布示意图

因此，O^{2-} 的 2p 电子只跑到两侧的 Mn^{2+} 中去，不会跑到垂直于"哑铃"方向的 Mn^{2+} 中去。当 O^{2-} 中的一个 2p 电子跑到左边的 Mn^{2+} 的 3d 层中去时，O^- 就要和右边的 Mn^{2+} 产生较强的交换作用，而在垂直于"哑铃"方向的交换作用很弱。这是因为 O^- 和它右边的 Mn^{2+} 的电子云重叠的较多，而和垂直于"哑铃"方向的邻近的 Mn^{2+} 的电子云几乎没有重叠。"哑铃"状分布的电子是磁量子数 m_1 相同而自旋方向相反的两个电子。计算证明，O^- 与右边 Mn^{2+} 的交换积分 A 是负的，因而和右边的 Mn^{2+} 的磁矩方向必定反平行。这样 $Mn^+ - O^- - Mn^{2+}$ 的磁矩方向如式（9-3）所示：

$$\underset{3d^6}{\overset{Mn^+}{\rightarrow\rightarrow\rightarrow\rightarrow}} \rightleftharpoons \underset{2p^1}{\overset{O^-}{\rightarrow}} \quad \underset{3d^5}{\overset{Mn^{2+}}{\leftarrow\leftarrow\leftarrow\leftarrow}} \tag{9-3}$$

因此，在 O^- 两侧呈一直线的两个 Mn^{2+} 的磁矩必然是反平行的。这种通过氧离子而确定 Mn 离子磁矩相对取向的交换作用，称为间接交换作用或超交换作用。这种交换作用就使得 MnO 中的 Mn^{2+} 磁矩，一半朝着一个方向，另一半朝着相反的方向，而总的磁矩为零。因此，MnO 是反铁磁性的[3]。

实验观察表明，金属氧化物中其晶体结构总是由两个次晶格（亚点阵）组成的，称为 A 亚点阵（或称 A 晶位）和 B 亚点阵（或称 B 晶位）。在同一个亚点阵内，离子磁矩同向平行排列，但 A 晶位和 B 晶位的离子磁矩方向是相反的。当两个晶位的磁矩不相等时，即 $M_A \neq M_B$ 时，整个氧化物的磁矩 $M_总 = M_B - M_A \neq 0$，这种情况称为亚铁磁性。正因为如此，固体（晶体）的原子磁矩（或分子磁矩）有如图 9-1 所示的反铁磁性和亚铁磁性的磁矩排列。铁氧体属于亚铁磁性，即强磁性。

9.3 铁氧体磁性材料的晶体结构

铁氧体有三种晶体结构，即尖晶石型、石榴石型、磁铅石型。尖晶石铁氧体的分子式与天然镁铝尖晶石的分子式（$MgAl_2O_4 = MgO \cdot Al_2O_3$）一样，因此而得名。磁致伸缩铁氧体材料与软磁铁氧体及部分其他铁氧体材料均具有尖晶石结构。它的代表性分子式为 $MeO \cdot Fe_2O_3 = MeFe_2O_4$。其中，Me 代表二价的金属阳离子，如 Mn^{2+}、Zn^{2+}、Cu^{2+}、Ni^{2+}、Mg^{2+}、Co^{2+} 等。

图 9-3 为尖晶石型结构晶体的一个晶胞的立体图。图中直径大的氧离子（0.265nm）占据了晶胞中大部分空间，直径比较小的金属离子 Mg^{2+}（0.156nm）和 Al^{3+}（0.116nm）嵌镶在氧离子之间的空隙里，而且有一定的规律。在 Mg^{2+} 的四周有四个最近邻的 O^{2-}，如果把这四个 O^{2-} 的中心连接起来，就构成了一个正四面体，Mg^{2+} 处在这四面体的中心位置。而 Al^{3+} 处于正八面体的中心位置，如图 9-4 所示。分析晶胞中所有离子的相对位置，就会发现 O^{2-} 之间的间隙只有两种。我们称四面体中心位置为 A 晶位，八面体的中心为 B 晶位。A 晶位的金属离子所

构成的晶格为 A 次晶格，占据 B 晶位的金属离子所构成的晶格为 B 次晶格。

根据图9-4可计算，A 晶位和 B 晶位的空间尺寸为：

$$r_A = \frac{\sqrt{3}}{8}a - R_0$$

$$r_B = \frac{1}{4}a - R_0 \tag{9-4}$$

式中，a 为尖晶石型立方晶体的点阵常数；R_0 为 O^{2-} 的离子半径。

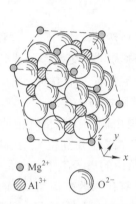

图9-3 尖晶石型晶体结构图

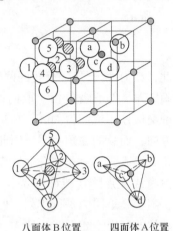

八面体B位置　　　四面体A位置

图9-4 四面体和八面体示意图

在大多数尖晶石型铁氧体中，$a = 8.5Å$，而 $R_0 = 1.32Å$，代入上式可得 $r_A = 0.52Å$，$r_B = 0.81Å$。大多数金属阳离子半径在 $0.6 \sim 0.8Å$ 的范围内。当半径较大的金属离子占据 A 晶位时，它会将周围的氧离子向外推，会造成晶格畸变，使畸变能上升。9.4节将提到的半径小的离子倾向于占据 A 晶位，而半径大的金属离子倾向于占据 B 晶位，道理就在于此。

尖晶石型晶体是复杂密排的立方结构，它的一个单胞由 8 个 $MeFe_2O_4$ 分子组成。一个单胞共有 64 个四面体晶位（A 晶位）和 32 个八面体（B 晶位）。实验和理论均证明，和上述的 MnO 晶体一样，在同一个晶胞上所有 A 晶位上离子磁矩同向平行排列，所有 B 晶位的离子磁矩也同向平行排列，但 A 晶位上的磁矩方向与 B 晶位上的磁矩方向相反。因为 A 晶位上的磁矩与 B 晶位上的磁矩不相等，所以，它们是亚铁磁耦合，属于亚铁磁性材料，也属于强磁性材料。

9.4 铁氧体材料金属阳离子的占位

尖晶石型铁氧体中阳离子的占位有三种情况：

(1) 所有二价金属离子占据 A 晶位（四面体晶位），所有三价金属阳离子占据 B 晶位（八面体晶位），称为正尖晶石结构。

（2）所有二价金属离子占据 A 晶位，一半三价金属阳离子占据 B 晶位，另一半三价金属阳离子占据 A 晶位，称为反型尖晶石结构。

（3）在 A 晶位上和 B 晶位上都有二价金属阳离子和三价金属阳离子，称为混合型（或中间型）尖晶石铁氧体。商品铁氧体大多数为混合型尖晶石铁氧体。从原理上来说，在平衡态钴铁氧体多数属于反型尖晶石铁氧体，但实际上制备的多数钴铁氧体属于混合型铁氧体。

影响阳离子占位的因素很多，如离子半径、电子层结构、离子价、温度、晶位的能量状态等。理论分析与实验结果证明，金属阳离子的占位有一定的倾向性。

（1）离子半径。A 晶位为四面体晶位，其空间尺寸较小，半径小的阳离子倾向于占据 A 晶位。B 晶位为八面体晶位，其空间尺寸较大，半径大的阳离子倾向于占据 B 晶位。低价离子倾向于占据 A 晶位，而高价离子倾向于占据 B 晶位。但是也有例外，表 9-1 给出了金属阳离子占据 A 晶位和 B 晶位的倾向性。

表 9-1　金属阳离子占据 A 晶位和 B 晶位的倾向性

倾向程度	占 B 晶位倾向 ⟶ 变弱 占 A 晶位倾向 ⟶ 变强
离子名称 （离子半径/Å）	$Zn^{2+}(0.82)$，$Cd^{2+}(1.03)$，$Ga^{3+}(0.62)$，$In^{3+}(0.92)$，$Ge^{4+}(0.44)$，$Mn^{2+}(0.91)$，$Fe^{3+}(0.67)$，$V^{3+}(0.65)$，$Cu^{+}(0.96)$，$Fe^{2+}(0.83)$，$Mg^{2+}(0.78)$，$Li^{+}(0.78)$，$Al^{3+}(0.58)$，$Cu^{2+}(0.78)$，$Co^{2+}(0.82)$，$Mn^{3+}(0.70)$，$Ti^{4+}(0.64)$，$Sn^{4+}(0.74)$，$Zr^{4+}(0.87)$，$Ni^{2+}(0.78)$，$Cr^{3+}(0.64)$

（2）负电性。A 晶位被四个 O^{2-} 离子包围，负电性较弱，低价金属阳离子倾向于进入 A 晶位；B 晶位被 8 个 O^{2-} 离子包围，负电性较强，高价金属阳离子倾向于占据 B 晶位。符合离子键晶体规律。

（3）温度。温度对金属阳离子的占位影响较大。在高温热波动的作用下，将使某些金属阳离子改变位置。例如，一般温度下，锌铁氧体（$ZnFe_2O_4$）为正型尖晶石型，但在高温下，Zn^{2+} 可能进入 B 晶位，Fe^{3+} 可能进入 A 晶位，也可能进入 B 晶位，但进入 A 晶位和 B 晶位的分数受温度影响很大。高温淬火时，有 26% 的 Mg^{2+} 在 A 晶位，再加热到 600℃ 时，Mg^{2+} 占据 A 晶位分数降低。例如，从 600℃ 保温 1h，缓慢冷却到室温，在 A 晶位上只有 16% Mg^{2+}，说明烧结和热处理对金属阳离子的占位有重要影响，从而影响铁氧体的磁性能。

事实上，某一种具体成分的铁氧体，不论是 A 晶位还是 B 晶位，都是部分金属阳离子占据，有许多是空位，这样就为改进铁氧体的性能提供了方法。我们可以有选择、有意识地添加某些金属离子，去占据那些空的 A 晶位或 B 晶位，从而达到改进铁氧体性能的目的。

9.5 铁氧体材料的分子磁矩

9.5.1 3d 金属离子的电子数和离子磁矩

在第 2 章的 2.3.5 节介绍了孤立原子的原子磁矩，2.3.6 节中讨论了晶体中的原子磁矩。以上章节已经指出，孤立的即自由状态的 3d 金属原子的总磁矩是电子轨道磁矩与电子自旋磁矩的向量和。但是在晶体中 3d 离子的 3d 电子处于晶格静电场中，它的 3d 电子轨道磁矩是被晶格静电场冻结的，它不能随外磁场而转动，即对 3d 离子的磁矩没有贡献，仅有 3d 电子的自旋磁矩对金属离子磁矩有贡献。根据洪德法则，3d 电子首先填满自旋向上半壳层，剩余的 3d 电子再填充自旋向下的半壳层。表 9-2 给出了 3d 金属离子的 3d 电子壳层的电子数，3d 电子自旋的方向及 3d 金属离子的自旋磁矩（以 μ_B 为单位）。例如 Fe^{2+}、Co^{2+}、Ni^{4+} 三种离子的 3d 电子数均为 6，这 6 个电子中有 5 个电子在自旋朝上的轨道上，剩余一个电子在自旋朝下的轨道上。这样，3d 电子不成对的电子数是 4，所以它们的离子磁矩是 $4\mu_B$，因为在晶体中一个 3d 电子自旋磁矩对原子磁矩的贡献是 $1\mu_B$。

表 9-2　铁氧体中几种 3d 金属离子 3d 电子层的电子数和 3d 离子磁矩数

离　　子						3d 电子数	电子基态（自旋方向）	电子自旋磁矩 μ_B
Sc^{3+}	Ti^{4+}	V^{5+}	Cr^{6+}			0	0	0
	Ti^{3+}	V^{4+}	Cr^{5+}	Mn^{6+}		1	↑	1
	Ti^{2+}	V^{3+}	Cr^{4+}	Mn^{5+}		2	↑ ↑	2
		V^{2+}	Cr^{3+}	Mn^{4+}		3	↑ ↑ ↑	3
			Cr^{2+}	Mn^{3+}	Fe^{4+}	4	↑ ↑ ↑ ↑	4
				Mn^{2+}	Fe^{3+} Co^{4+}	5	↑ ↑ ↑ ↑ ↑	5

离 子			3d 电子数	电子基态（自旋方向）	电子自旋磁矩 μ_B
Fe^{2+}	Co^{3+}	Ni^{4+}	6	↑ ↑ ↑ ↑ ↑↓	4
	Co^{2+}	Ni^{3+}	7	↑ ↑ ↑ ↑↓ ↑↓	3
		Ni^{2+}	8	↑ ↑ ↑↓ ↑↓ ↑↓	2
		Cu^{2+}	9	↑ ↑↓ ↑↓ ↑↓ ↑↓	1
	Cu^{+}	Zn^{2+}	10	0	0

9.5.2 铁氧体材料的分子磁矩

上面已指出，尖晶石铁氧体晶体由 A 晶位（A 次晶格）和 B 晶位（B 次晶格）组成和 MnO 化合物一样，A 晶位和 B 晶位的金属离子都是通过 O^{2-} 离子发生间接交换耦合作用。这种作用使铁氧体的 A 晶位和 B 晶位的离子磁矩各自平行排列，但 A 晶位与 B 晶位的离子磁矩彼此反方向平行排列。

首先用中子衍射实验定量地测定铁氧体中金属离子占据 A 晶位和 B 晶位的分数，并确定它们的磁矩取向。例如，单组分 $MeFe_2O_4$ 铁氧体中 Me^{2+} 和 Fe^{3+} 离子在 A 晶位和 B 晶位的分数以及它们磁矩的方向（表 9-3）。

表 9-3 单组分铁氧体 $MeFe_2O_4$ 离子占位

次晶格	A 晶位	B 晶位	氧离子
离子占位	$(Me_{1-x}^{2+}Fe_x^{3+})$	$(Me_x^{2+}Fe_{2-x}^{3+})$	O_4^{2-}
离子磁矩方向	←	→	

在 A 晶位上离子磁矩的总和为 $[5x+m_x(1-x)]\mu_B$。式中，x 为在 A 晶位的 Fe^{3+} 离子数；$5\mu_B$ 为 Fe^{3+} 的离子磁矩数；$m_x(1-x)$ 为金属离子 Me^{2+} 的磁矩数；x 为 Me^{2+} 离子的分数。

在 B 晶位上离子磁矩的总和为 $[m_x \cdot x + 5(2-x)]\mu_B$。式中，$x$ 为在 B 晶位上的 Me^{2+} 的离子数；m_x 为 Me^{2+} 的磁矩数；$2-x$ 为 Fe^{3+} 离子的分数。

由于 A 晶位和 B 晶位的磁矩反向平行排列，因此单组分铁氧体 $MeFe_2O_4$ 的分子磁矩 m 为 A 晶位和 B 晶位的磁矩差，即：

$$m_{分子} = [m_x \cdot x + 5(2-x)]\mu_B - [5x + m_x(1-x)]\mu_B$$
$$= 10(1-x)\mu_B + m_x(2x-1)\mu_B \tag{9-5}$$

又例如，双组分（复合）铁氧体即 Zn 与另一种金属离 Me 组成的铁氧体，其分子式为 $Zn_xMe_{1-x}Fe_2O_4$。经中子衍射实验确定 Zn^{2+} 离子和 Me^{2+}（Ni^{2+}、Mn^{2+}、Co^{2+}、Mg^{2+} 等）的占位及各自占位的分数 x、$1-x$ 分别列于表 9-4。

表 9-4　$Zn_xMe_{1-x}Fe_2O_4$ 铁氧体离子占位与磁矩方向

次晶格	A 晶位	B 晶位	氧离子
金属离子占位	$(Zn_x^{2+}Fe_{1-x}^{3+})$	$[Me_{1-x}^{2+}Fe_{1+x}^{3+}]$	O_4^{2-}
离子磁矩方向	←	→	

在 A 晶位上的磁矩数为 $m_A = [m_x \cdot x + (1-x)m_{Fe}]\mu_B$。式中，$m_x$ 代表 Zn^{2+} 离子磁矩数，x 代表 Zn 在 A 晶位的分数，因为 Zn^{2+} 离子的磁矩为零，不予考虑；$(1-x)$ 代表 Fe^{3+} 在 A 晶位上占据分数；m_{Fe} 代表 Fe^{3+} 离子的磁矩数，即 $5\mu_B$。

在 B 晶位上的磁矩数为 $m_B = [(1-x)m_{Me^{2+}} + (1+x)m_{Fe}]\mu_B$。式中，$x$ 代表离子 Me^{2+} 在 B 晶位上的分数；$m_{Me^{2+}}$ 代表离子 Me^{2+} 的磁矩数。

同理，双组分铁氧体 $Zn_xMe_{1-x}Fe_2O_4$ 的分子磁矩 $m_{分子}$ 为：

$$m_{分子} = m_B - m_A = [10x + (1-x)m_{Me^{2+}}]\mu_B \tag{9-6}$$

上述结果表明，在 $MeFe_2O_4$ 的反型铁氧体中，如果加入了非磁性的 Zn^{2+} 离子，它占据了 A 晶位，有一部分 Fe^{3+} 被赶到 B 晶位，因而 A 晶位的磁矩数减少了，B 晶位上的磁矩数增加了。非磁性二价离子（如 Zn^{2+}、Ca^{2+} 等）的加入形成的复合铁氧体的分子磁矩数反而增加了。按式（9-6）计算，分子磁矩随 x 的增加而线性地增加，以至于当 $x=1$ 时，分子磁矩达到 $10\mu_B$。

9.5.3　铁氧体饱和磁化强度与温度的关系及居里温度

在 2.7.5 节中，讨论了铁磁性物质的饱和磁化强度与温度的关系及居里温度。铁氧体的饱和磁化强度 M_s 决定于两个磁次晶格的饱和磁化强度 M_A 和 M_B。而 M_A 和 M_B 又是铁氧体内的超交换作用。对于尖晶石型铁氧体有 A-B、A-A 和 B-B 三种超交换作用。因为两种铁氧体也有三种以上的超交换作用。铁氧体的饱和磁化强度 M_s 与温度的依赖关系，不像铁磁金属的 M_s 与温度 T 的关系那么简单。

目前实用铁氧体材料的饱和磁化强度 M_s 随温度的关系有三种类型：Q 型、N 型和 P 型，如图 9-5 所示。

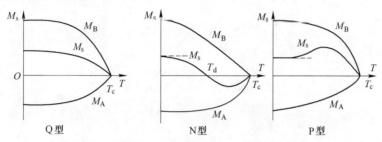

图 9-5 铁氧体饱和磁化强度 M_s 与温度的关系

例如，Q 型曲线，它与铁磁性金属的 $M_s(T)$ 曲线相似。因为 A 和 B 两个次晶格的饱和磁化强度 M_A 和 M_B 的温度特性基本相似，即随温度上升，饱和磁化强度的绝对值在降低。大多数尖晶石型铁氧体和一部分磁铅石型铁氧体属于这种类型。因为它们是亚铁磁性的，即 $M_A < M_B$，并且 M_B 是正的，M_A 是负的。所以，铁氧体整体的 $M_s(T)$ 曲线是 $M_B(T)$ 曲线减去 $M_A(T)$ 曲线的结果。$M_s(T) \to$ 零时的温度为铁氧体的居里温度。

又例如，N 型曲线，也同样是 $M_B(T) + M_A(T)$。但是随温度的升高，$M_B(T)$ 下降快，而 $M_A(T)$ 下降慢。当温度上升到 T_d 时，$M_A = M_B$，因而 $M_s = 0$；但这不是居里温度，因为温度上升到高于 T_d 时，$M_s \neq 0$，而是 $M_A > M_B$；当温度再上升到 T_c 时，$M_s = 0$，铁氧体变成顺磁性。T_c 才是 N 型铁氧体材料的居里温度，T_d 称为抵消点。表 9-5 列出了部分铁氧体材料的居里温度，可见单组分铁氧体具有较高的 T_c。但实验发现，在单组分铁氧体的基础上添加少量非磁性离子后，一般要引起其居里温度的降低。图 9-6 所示为添加非磁性 Zn 离子后，几种多组分（复合）铁氧体的 T_c 随 Zn 含量的变化。随非磁性离子 Zn^{2+} 的加入，减少了 A 晶位上磁性离子的数目，使 A–B 两个次晶格的超交换作用减弱，从而导致居里温度降低。

表 9-5 单组分铁氧体材料的居里温度与其他参数

材料名称	居里温度/℃	材料名称	居里温度/℃
$MnFe_2O_4$	300	$MgFe_2O_4$	440
$FeFe_2O_4$	585	$Li_{0.5}Fe_{2.5}O_4$	670
$CoFe_2O_4$	520		
$NiFe_2O_4$	585	$BaFe_{12}O_{19}$	450
$CuFe_2O_4$	455	$Mn_{0.5}Zn_{0.5}Fe_2O_4$	180

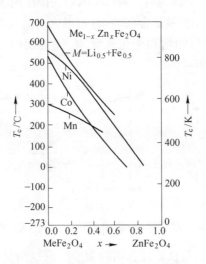

图 9-6 几种含 Zn 铁氧体的 T_c 随 Zn 含量的变化

9.6 单晶铁氧体的磁致伸缩应变、磁晶各向异性常数 K_1 和其他磁参数

衡量一种材料能否成为有实用意义的磁致伸缩材料，不仅要求它的磁致伸缩应变（λ_{100} 或 λ_{111} 或 λ_s）高，还要考虑它的磁晶各向异性常数 K_1（或 K_2 或 $K_1 + K_2$）小。因为磁致伸缩应变的饱和磁化场 H_s 与磁晶各向异性常数 K_1 有关。一般来说，在显微结构和畴结构相同的条件下，材料的 H_s 正比于 K_1 值。当 K_1 值很大时，尽管材料的 λ_s（λ_{100} 或 λ_{111}）很高，但其饱和磁场 H_s（即工作磁场）很高的材料在工程上也没有使用价值。为此，我们同时给出了材料的磁致伸缩应变 λ_s（λ_{100} 或 λ_{111}）和它们的磁晶各向异性常数 K_1 值或 $K_1 + K_2$（分别见表 9-6 和表 9-7）。

表 9-6 几种铁氧体单晶体的 λ_{100}、λ_{111} 和非取向多晶的 λ_s（室温）

铁氧体	化 学 组 成			$\lambda_{100}/\times10^{-6}$	$\lambda_{111}/\times10^{-6}$	$\lambda_s/\times10^{-6}$
	x	y	z			
Fe_xO_y	3	4	—	−19.5	+77.6	+41（40）
$Mn_xFe_yO_4$	0.1	2.9	—	−16	+75	+39
	0.4	2.6	—	−6	+63	+35
	0.6	2.4	—	−5	+45	+25
	0.85	2.15	—	−14	+16（−1）	+4
	0.98	1.86	—	−35	—	−15
	1	2	—	—	—	（−5）

铁氧体	化学组成			$\lambda_{100}/\times10^{-6}$	$\lambda_{111}/\times10^{-6}$	$\lambda_s/\times10^{-6}$
	x	y	z			
$Mn_xZn_yFe_zO_4$	0.536	0.377	2.186	−8	−2	−4.4 (0.5)
	0.6	0.3	2.1	−14	+14	+3 (0.5)
$Ni_xFe_yO_4$	0.8	2.2	—	−36	−4	−17
	1.1	1.9	—	−42.2	−13.7	(−26)
	1.0	2.0	—	—	—	(−26)
$Ni_xZn_yFe_zO_4$	0.3	0.4	2.25	−15	+11	+0.6
	0.36	0.64	2.9	—	—	−5 (−5)
	0.5	0.5	2.0	—	—	−11
	0.64	0.36	2.0	—	—	−16
	0.80	0.2	2.0	—	—	−21
$Co_xFe_yO_4$	0.8	2.2	—	−594	+120	−164
	1.1	1.9	—	−250	—	—
	1.0	2.0	—	—	—	(−110)
$Co_xZn_yFe_zO_4$	0.3	0.5	2.2	−210	+110	−18
$Mn_xCo_yFe_zO_4$	0.4	0.6	2.0	−200	+65	−40
$Mg_xFe_yO_4$	1.0	2.0	—	−10.5	+2.0	−3.0 (−6.0)
$Mn_xMg_yFe_zO_4$	0.7	0.44	1.86	−35.6	−11.4	−20.8
$Li_xFe_yO_4$	0.5	2.5	—	−28.7	+28.0	−8.9 (−8.0)
$Ti_xFe_y^{2+}Fe_z^{3+}O_4$	0.1	1.1	1.8	+4.0	+96	—
	0.18	1.18	1.64	+46	+109	—
$Ni_xCo_yFe_zO_4$	0.98	0.02	2.0			(−26)
$Ba_xFe_yO_4$	1.0	2.0	19			(−5)

注：括号内的数值是非取向多晶样品的实验值[4,7]。

表 9-7　几种铁氧体的磁晶各向异性常数 K_1[4,7]

铁氧体	化学成分			$K_1/J\cdot m^{-3}$ (×10⁴)	
	x	y	z	17~27℃	−183℃
Fe_xO_y	3	4	—	−1.10	0 (−143℃)
				−1.18 (27℃)	+0.2 (−150℃)
				−1.31 (−73℃)	

铁氧体	化 学 成 分			$K_1/\mathrm{J} \cdot \mathrm{m}^{-3}$ （×10⁴）	
	x	y	z	17~27℃	−183℃
$Mn_xFe_yO_4$	0	3.0	—	−1.4	
	0.1	2.9	—	−1.3	−0.6
	0.4	2.6	—	−0.45	−1.7
	0.6	4.0	—	−0.05	+0.5
	0.8	2.2	—	−0.05	+0.3
	1.0	2.0	—	−0.36	−2.0
	1.55	1.45	—	−0.2	−1.55
	1.90	1.1	—	−0.1	−3.20
	2.0	1.0	—	—	+2.29（−191℃）
$Ni_xFe_yO_4$	0	3.0	—	−1.18	—
	0.25	2.75	—	−0.72	+1.43（−185℃）
	0.50	2.50	—	−3.65	+0.39（−185℃）
	0.75	2.25	—	−4.8	−0.50（−185℃）
	1.00	2.00	—	−6.7	−1.06
$Mg_xFe_yO_4$	0	3.0	—	−1.18	—
	0.25	2.75	—	−0.775	+0.14（−185℃）
	0.50	2.50	—	−0.575	−0.60（−185℃）
	0.75	2.25	—	−0.048	−1.22（−185℃）
	1.00	2.00	—	−0.029	−1.50（−185℃）
$Zn_xFe_yO_4$	0.16	2.84	—	−0.90	−1.59
	0.30	2.70	—	−0.50	−2.31
	0.48	2.52	—	−0.12	−1.53
	0.61	2.39	—	−0.07	−0.92
$Co_xFe_yO_4$	0	3.0	—	−1.10	0（−143℃）
	0.01	2.99	—	0	+6.92（−143℃）
	0.04	2.96	—	+3.00	+25.60（−143℃）
	0.8	2.20	—	+29.0	+44.00（−196℃）
	1.0	2.0	—	+38.00	+17.5（−196℃）
	1.1	2.9	—	+18.00	
$Cu_xFe_yO_4$	1.0	2.0		−60，−63	−2.06（−196℃）

铁氧体	化 学 成 分			$K_1/J \cdot m^{-3}$ （$\times 10^4$）	
	x	y	z	17~27℃	−183℃
$Li_x Fe_y^{2+} Fe_z^{3+} O_4$	0.115	0.823	2.079	−83（有序）	−1.27（−196℃）
				−90（无序）	−1.62（−196℃）
$Mn_x Co_y Fe_z O_4$	1.03	0.019	1.94	−0.222	+0.1（−73℃）
	0.98	—	1.99	−0.407	−1.053（−73℃）
	0.99	0.009	1.98		+0.468（−73℃）
	0.99	0.01	2.00	−0.372	+1.980（−73℃）
	0.98	0.038	1.97	−0.07	+1.122（−73℃）
	0.96	0.056	1.91	+0.063	+2.10（−73℃）
	0.96	0.077	1.99	+0.291	—
	0.92	0.090	1.99	+0.373	+4.075（−73℃）
	0.91	0.094	1.97	+0.373	—
	0.878	0.141	2.068	+0.159	+1.729（−73℃）
	0.747	0.245	1.99	+1.76	
	0.750	0.250	2.00	+1.64	
	0.722	0.0371	2.234	+0.930	+2.38（−73℃）
	0.697	0	2.291	+0.006	−0.172（−73℃）
	0.647	0.0372	2.31	+1.18	—
$Mn_x Zn_y Fe_z O_4$	0.15	0.19	2.66	−0.76	−2.18（−73℃）
	0.28	0.19	2.53	−0.40	−1.96（−73℃）
	0.31	0.39	2.30	−0.02	−0.82（−73℃）
	0.42	0.43	2.15	+0.02	−0.33（−73℃）
	0.45	0.55	2.00	−0.38	—
	0.50	0.12	2.38	−0.02	−0.57（−73℃）
	0.66	0.30	2.04	−0.10	−1.20（−73℃）
	0.58	0.38	2.04	−0.02	−0.60（−73℃）
	0.86	0.20	1.91	−0.10	−1.60（−73℃）
	0.98	0.06	1.96	−0.40	−1.97（−73℃）
	1.01	0.21	1.78	−0.10	+1.52（−73℃）
$Mg_x Mn_y Fe_z O_4$	0.760	0.54	1.70	−1.08	−2.60
	0.750	0.54	1.71	−0.40	+2.60（−196℃）
	0.63	0.58	1.79	−3.77	—
	0.40	0.62	1.98	−2.35	—
	0.20	0.62	1.18	−1.09	—
	0.10	0.61	2.29	−0.47	—

铁氧体	化学成分			$K_1/\text{J} \cdot \text{m}^{-3}$ $(\times 10^4)$	
	x	y	z	17~27℃	-183℃
$Ni_xZn_yFe_zO_4$	0.3	0.45	2.25	-0.17	-1.60 (-73℃)
$Co_xZn_yFe_zO_4$	0.3	0.2	2.2	+15.00	—
	0.3	0.4	2.0	+11.00	—
$Mn_xNi_yFe_zO_4$	0.19	0.17	2.64	-0.59	-1.43
	0.20	0.40	2.40	-0.45	-0.62
	0.40	0.20	2.40	-0.39	-1.20
	0.57	0.20	2.20	-0.28	-0.95
$Y_xFe_yO_4$	3	5	12	-0.062	—
$Ba_xFe_yO_4$	1	12	19	+32.00	+35.00
	1	19	27	+30.00	+35.00

从表 9-6 可见，多晶非取向铁氧体（$FeO \cdot Fe_2O_3$）的 $\lambda_s = 40 \times 10^{-6}$，它与纯 Ni 相当，但其室温的 $K_1 = -(1.1 \sim 1.3) \times 10^4 \text{J/m}^3$ 偏高。Mn 铁氧体 $MnFe_2O_4$ 的 $\lambda_s = -5 \times 10^{-6}$，Ni 铁氧体 $NiFe_2O_4$ 的 $\lambda_s = -26 \times 10^{-6}$，Mg 铁氧体 $MgFe_2O_4$ 的 $\lambda_s = -6.0 \times 10^{-6}$，Li 铁氧体 $Li_{0.5}Fe_{2.5}O_4$ 的 $\lambda_s = -8 \times 10^{-6}$，Ba 铁氧体 $BaFe_{12}O_{19}$ 的 $\lambda_s = -5.0 \times 10^{-6}$ 的磁致伸缩应变很低。

综合分析表 9-6 和表 9-7 可以看出，Mn、Ni、Zn、Cu、Mg 等单组分铁氧体以及 Mn-Ni、Mn-Zn、Mg-Zn、Ni-Zn 等双组分铁氧体的 K_1 值很低，同时它们的 λ_{100} 和 λ_s 也很低。它们仅能作为软磁材料。Ba 铁氧体的 K_1 值很高，λ_s 很低，它仅能作为硬磁材料。

特别值得指出的是，钴铁氧体，如 $Co_{0.8}Fe_{2.2}O_4$ 的 $\lambda_{100} = -590 \times 10^{-6}$，又如 $Co_{1.1}Fe_{1.9}O_4$ 的 $\lambda_{100} = -250 \times 10^{-6}$，在所有铁氧体中，钴铁氧体单晶的 λ_{100} 是最高的，并且非取向多晶体的 λ_s 还可达到 -160×10^{-6}。另外，$Co_{0.6}Mn_{0.4}Fe_2O_4$ 的 $\lambda_s = -40 \times 10^{-6}$ 也是相当可观的。说明钴铁氧体的 λ_{100} 和 K_1 值虽然很高，但钴铁氧体的 λ_{100} 和 K_1 值对成分十分敏感，可通过调整成分和微结构及畴结构来降低其 K_1 值，提高其 λ_{100} 值。所以说钴铁氧体有可能成为有实用价值的高磁致伸缩应变的铁氧体材料。有人提出钴铁氧体材料可发展成为取代 Fe-Ga 材料和 Tb-Dy-Fe 的磁致伸缩新材料。同时，它的电阻率很高，可应用于高频领域，并且它的原材料成本低。

表 9-8 给出了几种尖晶石单组分铁氧体的基本参数，可见在室温（20℃）除了 $FeO \cdot Fe_2O_3$ 外，$CoFe_2O_4$ 有最高饱和磁极化强度 $J_s = 0.53T$，此外点阵常数 $a =$

0.838nm，密度为 5.290t/m^3。

表 9-8 几种尖晶石单组分铁氧体的 M_s 和 J_s[5]

铁氧体	0℃			20℃				
	σ_s /A·m^2·kg^{-1}	M_s /kA·m^{-1}	J_s /T	σ_s /A·m^2·kg^{-1}	M_s /kA·m^{-1}	J_s /T	点阵常数 /nm	密度 /t·m^{-3}
MnFe$_2$O$_4$	112	560	0.7	80	400	0.5	0.850	5.000
Fe$_3$O$_4$	98	510	0.64	92	480	0.6	0.839	5.240
CoFe$_2$O$_4$	90	475	0.6	80	425	0.53	0.838	5.290
NiFe$_2$O$_4$	56	300	0.38	50	270	0.34	0.834	5.380
CuFe$_2$O$_4$	30	160	0.20	25	135	0.17	0.844	5.420
MgFe$_2$O$_4$	31	140	0.18	27	120	0.15	0.836	4.520
Li$_{0.5}$Fe$_{2.5}$O$_4$	69	330	0.42	65	310	0.39	0.833	4.750

9.7 铁氧体磁性材料的制造原理、方法与工艺

9.7.1 制造铁氧体材料的步骤

研究的目的是制造出符合工程应用要求的性能，并具有一定形状与尺寸的磁致伸缩材料元件。使用的方法基本上是粉末冶金法。制造的基本步骤是：

第一步，化学反应合成铁氧体粉末

选择合适的金属氧化物或金属盐作为原材料。在一定的温度条件，通过化学反应合成具有特定的晶体结构的铁氧体粉末，如尖晶石型的 MeFe$_2$O$_4$ 粉末体，此步骤称为化学反应合成铁氧体粉末。

第二步，粉末的处理与压制成型

对铁氧体粉末进行处理，包括研磨到一定形状与尺寸，形成成分、结构、均匀的粉末体，然后通过模压压制成一定形状与尺寸的坯料（称为压坯）。某些工程要求直接应用粉末，如吸波材料、磁记录材料等。此步骤称为粉末加工处理，包括研磨、干燥、添加剂、造粒，某些铁氧体还要求磁场成型。

第三步，压坯的烧结与热处理

粉末坯料（压坯）在一定气氛条件下进行烧结，得到共价键结合的、致密的铁氧体元件，最后再进行适当的热处理与切割、磨光。此步骤称为烧结与热处理。

上述三个步骤中，最主要的是铁氧体反应合成和烧结与热处理。

9.7.2   铁氧体粉末的反应合成法

目前的铁氧体材料书籍或科技文献资料将铁氧体的反应合成法分为三大类：

第一类是固相反应合成法，或称传统陶瓷粉末法或称干法。用金属氧化物或金属盐作为原材料，在一定温度进行固相反应合成铁氧体，即传统的粉末冶金法。此方法的工艺过程比较成熟，目前大多数铁氧体磁性材料均采用此方法制造。

第二类是液相反应合成法，又称湿法。用金属盐类作为原料，在液态下进行反应合成铁氧体。目前发展的液相反应合成法有下列几种：

（1）溶胶–凝胶法（sol-gel）；

（2）化学共沉淀法；

（3）电解共沉淀法；

（4）冷冻干燥法；

（5）超临界法；

（6）微孔液法；

（7）水热法等。

液相反应合成法的优点是金属离子直接接触反应，反应完全，成分均匀，纯度高，合成反应温度低，合成粉末活性高，性能好，粉末形状与尺寸可调控等。

第三类是燃烧合成。将金属盐均匀混合，通过燃烧或反应热自发燃烧反应生成铁氧体粉末。这种方法可制造纳米粉末，粉末形状和尺寸均匀。

第二类和第三类方法是目前材料研究单位采用最多的方法。下面分别举例说明上述三类反应合成方法。

9.7.3   传统粉末冶金法

固相反应法又称传统陶瓷法或传统粉末冶金法，或称球磨法（BM 法）。这种方法是目前工业生产铁氧体材料较成熟、应用较广泛的方法，其工艺流程如图9-7 所示，共有 14 个工艺环节。上述铁氧体反应合成有三种，它们的不同点主要是工艺过程环节（5），即铁氧体相的反应合成，其他工艺环节均相同[4,6]。

下面对图9-7 中较重要的工艺流程环节作简要的说明：

（1）成分设计。按铁氧体材料的性能要求设计成分。例如 $CoFe_2O_4$，若选用三种成分，即 $Co_xFe_{3-x}O_4$（$x = 0.8$、1.0 和 1.1），可按照 $x = 0.8$、1.0 和 1.1 来进行配料。当 $x = 0.8$ 时，用 0.8mol 的 CoO，1.1mol 的 Fe_2O_3 的比例来进行配料，其余依此类推。

（2）原材料。根据制造铁氧体材料的性能要求，选用不同纯度（如 99.0% ~ 99.9%），不同粉末粒度（3 ~ 6μm），要求粒度均匀、粉末颗粒近似球状、水分

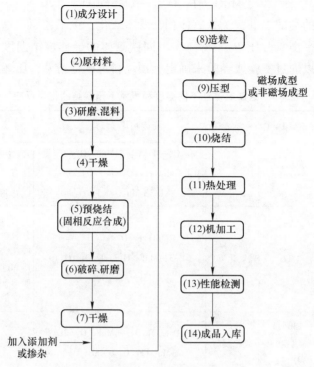

图 9-7 固相反应法（或称粉末冶金法）
制造铁氧体材料的工艺流程

低的原材料。

（3）研磨与混料。一方面使 CoO 和 Fe_2O_3 粉末进一步破碎，另一方面使 CoO 和 Fe_2O_3 粉末颗粒相邻接触，混合均匀，为固相反应创造条件，可用滚动球磨或振动球磨，可干磨或加水湿磨。

（4）干燥。目的是除去金属氧化物粉末颗粒的水分。

（5）预烧结（或称焙烧或煅烧）。将粉末加热到 600~1200℃ 烧结 1~2h，使 CoO 和 Fe_2O_3 粉末发生固相化学反应，生成铁氧体相（$CoFe_2O_4$）。预烧结的固相化学反应与温度、时间、气氛有密切关系。下面以锰铁氧体为例进行说明。表 9-9 给出了锰铁氧体在不同温度预烧结过程的固相化学反应和反应产物。可见，制造锰铁氧体的原材料以 MnO 和 Fe_2O_3 粉末为主。由于 MnO 在空气中不稳定，容易变价，所以有时用 MnO_2、Mn_3O_4 或 $MnCO_3$ 作为原材料。在空气中加热时，可以由 $Mn^{2+} \rightarrow Mn^{3+}$（氧化反应），也可由 $Mn^{3+} \rightarrow Mn^{2+}$（还原反应），Fe 也如此。预烧结气氛对铁氧体的形成至关重要。在烧结气氛的氧分压 $P(O_2)$ 适当时，固相化学反应主要是：

$$Mn_3O_4 + 3Fe_2O_3 \longrightarrow 3MnFe_2O_4 + 2O_2 \uparrow$$

或 $\qquad MnO + Fe_2O_3 \longrightarrow MnFe_2O_4$

仅是生成单一的纯的 $MnFe_2O_4$ 铁氧体相，既不氧化，也不还原。这时烧结气氛中的氧分压称为平衡氧分压 $P_平$（O_2）。不同铁氧体的最佳烧结温度、时间和气氛是不同的，可以通过实验或经验来确定。预烧料可以是粉末、压坯或造粒料。

表 9-9　锰铁氧体在不同温度和气氛下预烧结的化学反应

氧分压	气氛	烧结温度/℃	化学变化	固相化学反应	化学反应产物及对性能的影响
氧分压过高	过氧气氛	1000	剧烈氧化反应	$Mn_3O_4 + 3Fe_2O_3 \rightarrow 3MnFe_2O_4 + 2O_2\uparrow$ $MnO + Fe_2O_3 + 1/3[O] \rightarrow$ $1/3\beta\text{-}Mn_3O_4 + Fe_2O_3$	形成少量 $MnFe_2O_4$，还有少量 Fe_2O_3 和 $\beta\text{-}Mn_3O_4$ 出现
氧分压过高	过氧气氛	1300	强氧化反应	$MnO + Fe_2O_3 + x[O] \rightarrow$ $(1-3x)MnFe_2O_4 + x(\gamma\text{-}Mn_3O_4) +$ $3x(\gamma\text{-}Fe_2O_3)$	形成部分 $MnFe_2O_4$，并有少量 $\gamma\text{-}Mn_3O_4$ 和 $\gamma\text{-}Fe_2O_3$ 共存，如 x 过大并冷却过慢，将有 $\alpha\text{-}Fe_2O_3$ 脱溶而析出其他相，对磁性能有影响
平衡气压	正氧平衡气氛	1300，真空烧结	氧化反应	$Mn_3O_4 + 3Fe_2O_3 \rightarrow 3MnFe_2O_4 + 2O_2\uparrow$ $MnO + Fe_2O_3 \rightarrow MnFe_2O_4$	理想反应产物
氧分压较低	缺氧气氛	>1300，真空烧结	强还原反应	$MnO + Fe_2O_3 - x[O] \rightarrow$ $(1-x)MnFe_2O_4 + x(MnO \cdot 2FeO)$	有利于低价 Mn 和 Fe 离子存在，而形成 $MnFe_2O_4$ 和 $\gamma\text{-}Fe_2O_3 + Fe_3O_4$ 的固溶体，有 Fe^{2+} 存在，使电阻率降低
氧分压较低	过还原气氛	>1300，真空烧结	剧烈还原反应	$MnO + Fe_2O_3 - [O] \rightarrow MnO \cdot 2FeO$ $MnO + Fe_2O_3 - 3[O] \rightarrow MnO + 2Fe$ $MnO + Fe_2O_3 - 4[O] \rightarrow Mn + 2Fe$	更有利于低价 Mn 和 Fe 离子存在，而引起剧烈还原，产生 MnO 和 2FeO，甚至以金属 Fe 和金属 Mn 存在。不可能存在 $MnFe_2O_4$，磁性能恶化

（6）破碎。不论预烧料是粉末、压坯还是造粒料，预烧结后都要进行破碎。可采用间隙式、周期式或连续性破碎机进行破碎。不同铁氧体产品破碎的粒度不同。有破碎至 $1.0\mu m$（粗）、$0.5\mu m$（中）、$0.06\mu m$（细）或 $0.002\mu m$（超细）的。针对不同产品，由经验确定。在破碎过程中，根据不同的产品，添加少

量黏结剂、消泡剂、分散剂、絮凝剂及少量掺杂物等。

（7）造粒。

（8）压型。各向异性产品（如永磁铁氧体或磁致伸缩铁氧体）要在磁场中成型，软磁和微波铁氧体的多数为各向同性产品，在压型时不需要加磁场。

（9）最终烧结与热处理。不论何种铁氧体磁粉用什么方法来制造（固相反应，液相反应，燃烧反应），都要经最终烧结与热处理。钴铁氧体磁致伸缩材料的烧结与热处理工艺将在第10章讨论。

图9-7中（12）～（14）工艺环节不再赘述。

铁氧体磁致伸缩材料制造方法与工艺将在第10章中叙述。

参 考 文 献

［1］北京大学《铁磁学》编写组.铁磁学［M］.北京：科学出版社，1976.

［2］王润.金属材料物理性能［M］.北京：冶金工业出版社，1985.

［3］近角聪信.铁磁学物理［M］.葛世慧，译.兰州：兰州大学出版社，2002.

［4］周志刚.铁氧体磁性材料［M］.北京：科学出版社，1981.

［5］翟宏如，杨桂林，徐游.永磁铁氧体的磁晶各向异性［J］.磁性材料及器件，1979（4）：
　　1-10.

［6］王会宗，张正义，周文运，等.磁性材料制备技术［M］.中国电子学会应用磁学分会，
　　2004：153-164.

［7］翟宏如，杨桂林，徐游.铁氧体的单离子磁晶各向异性［J］.磁性材料及器件，1981
　　（4）：1-16.

10　钴铁氧体磁致伸缩材料

10.1　钴铁氧体磁致伸缩材料的特点与发展

钴铁氧体（$CoFe_2O_4$）是具有多功能特性的功能材料。例如，它可作为永磁材料、微波材料（如微波吸收材料或旋磁材料）、信息存储材料（如磁记录材料）、磁电阻材料、红外线发射材料和磁致伸缩材料等。其中，作为磁致伸缩材料是备受青睐的。其原因是它的磁致伸缩应变 λ_s 大，磁致伸缩应变对磁场的微分值（$d\lambda/dH$）$_m$（或称**压磁系数**）大，磁晶各向异性常数 K_1 可调控。此外，它的电阻率比金属和合金的高 10^6 倍，可在高频下工作，涡流损耗小；化学稳定性好，居里点高，温度特性好；它的各项性能指标可通过调节 Co 含量、添加元素及元素的占位在很宽的范围内调控；材料的制造设备和工艺简单，投资少，原材料成本低。

20 世纪 50 年代发现 $Co_{0.8}Fe_{2.2}O_4$ 单晶体的 λ_{100} 可达到 -515×10^{-6}[1]，接着发现 $CoFe_2O_4$ 单晶体，当沿 <100> 方向进行磁场退火处理后 λ_{100} 可达到 -800×10^{-6}[2]。除了 Tb-Dy-Fe（如 Terfenal-D 和 TDT-110）外，它的磁致伸缩应变 λ_s 最高。它是应用于制造非接触式传感器和驱动器的理想磁致伸缩材料。

近 10 多年来 $CoFe_2O_4$ 磁致伸缩材料的研究和开发工作迅速发展，受到世界范围的关注。1999 年，$CoFe_2O_4$ 非取向多晶材料的 λ_s 已达到 -230×10^{-6}[3,4]，2005 年用传统陶瓷粉末冶金方法（BM）制造的 $CoFe_2O_4$ 材料，在没有压应力的作用下，其 λ_s 达到 -200×10^{-6}，（$d\lambda/dH$）$_m$ 达到 1.5×10^{-9} A/m，而经磁场退火（AFA）后，λ_s 达到 -252×10^{-6}，（$d\lambda/dH$）$_m$ 达到 3.9×10^{-9} A/m，其中（$d\lambda/dH$）$_m$ 已远远高于 Terfenal-D 的数值[5]。2012 年用纳米尺寸的 $CoFe_2O_4$ 粉末烧结的非取向多晶材料的 λ_s 已提高到 -300×10^{-6}[6,7]。2012 年用 BM 制造的 $CoFe_2O_4$ 粉末，在 $150\sim239$MPa 下等静压成型，经磁场退火处理后 λ_s 达到 -395×10^{-6}[8]。这是目前所达到的最高水平。

现在，研究者们对钴铁氧体磁致伸缩材料取代稀土磁致伸缩材料已经充满期待，并加大了研究和开发力度。

10.2　钴铁氧体单晶体的磁晶各向异性和磁致伸缩

前面已指出，对磁致伸缩材料的基本要求是磁致伸缩应变值 λ_s 与磁晶各向

异性常数 K_1 的比值应尽可能的高。λ_s/K_1 比值越高，在低磁场下就可能有高的 $(d\lambda/dH)_m$（或称压磁系数）。本节重点讨论 K_1 值的实验值和理论值。磁晶各向异性的起源，讨论钴铁氧体单晶体的磁化过程，磁致伸缩应变 λ_{100} 和 λ_{111} 以及它们与成分的关系。

10.2.1　钴铁氧体（$CoFe_2O_4$）单晶体的磁晶各向异性

表 10-1 所示为几种尖晶石结构铁氧体的磁晶各向异性常数 K_1 和 K_2。可见，在 6 种单组分尖晶石铁氧体中只有钴铁氧体在室温附近各向异性常数较大，K_1 为 $27\times10^4 J/m^3$，K_2 为 $30\times10^4 J/m^3$，其他铁氧体的 K_1 和 K_2 都很小。为什么只有钴铁氧体具有高的磁晶各向异性？固体物理学家们提出单离子理论值[9]，并用这种理论来说明钴铁氧体的磁晶各向异性。翟宏如等[9,10]对钴铁氧体的单离子各向异性理论做了综述。钴铁氧体有尖晶石结构，Co^{2+} 离子占据 B 晶位，其最近邻和次近邻的离子见图 10-1。在大多数晶体中，金属离子的轨道磁矩是被晶场淬灭的，即其轨道磁矩完全被晶场所固定，它不能随外磁场而转动。但是在尖晶结构中 Co^{2+} 离子占据 B 晶位，它位于 6 个氧原子组成的八面体中心位置上。

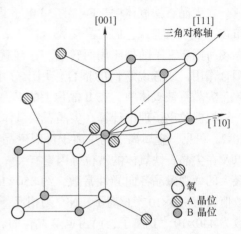

图 10-1　尖晶石铁氧体示意图

（在 B 晶位上 Co^{2+} 离子的最邻近有 6 个氧离子，在次近邻有 6 个 Fe^{3+}）

表 10-1　几种尖晶石铁氧体的磁晶各向异性常数 K_1 和 K_2[10]

铁氧体	温度/K	一级磁晶各向异性常数 K_1 /J·m^{-3}（×10^4）	二级磁晶各向异性常数 K_2 /J·m^{-3}（×10^4）
$MgFe_2O_4$	300	-0.375	—
$Li_{0.5}Fe_{2.5}O_4$	293	-0.85	—
$NiFe_2O_4$	293	-0.65	—
$MnFe_2O_4$	293	-0.34	0.0
$FeFe_2O_4$	293	-1.1	-2.80
$CoFe_2O_4$	293	27.0	30.0
$CuFe_2O_4$	293	-0.65	—

6 个氧原子在 B 晶位上产生的静电场是立方对称的。而 6 个次近邻的金属阳离子（Co^{2+} 或 Fe^{3+}）在 B 晶位上产生的晶场是三角对称的。也就是说，在 B 晶位上的 Co^{2+} 同时受到立方对称和三角对称的晶场的作用。但相对来说，立方对称

的晶场和三角对称的晶场都较弱，均不能使 Co^{2+} 的轨道磁矩完全淬灭，而只能部分湮灭。Co^{2+} 未被晶场湮灭的轨道磁矩沿 [111] 晶体方向，当自旋磁矩随外场而转向时，轨道与自旋磁矩的耦合作用就使轨道磁矩随外磁场而变化。由于晶场是各向异性的，在某些方向上，轨道磁矩与自旋磁矩的耦合能较高，而在另一方向上其耦合能较低，从而产生各向异性能。这是单离子的微观各向异性能。铁氧体的宏观各向异性能就是单离子的微观各向异性能的统计平均值。

在尖晶石铁氧体中，Fe^{3+} 的 3d 电子共有 5 个，在晶场作用下 5 个 3d 电子分布在 5 个轨道上，它们被晶场完全淬灭，即 Fe^{3+} 中 5 个 3d 电子的轨道磁矩已被晶场所固定，不随外磁场而转动。这样就没有 3d 电子的轨道磁矩与自旋磁矩的耦合作用，或者说它们的耦合作用十分小，即 Fe^{3+} 的微观各向异性能很小。因此，尖晶石铁氧体中，在 B 晶位上的 Fe^{3+} 对宏观各向异性能贡献很小。

根据单离子理论计算在尖晶石铁氧体中单个离子的微观各向异性常数，见表 10-2。可见，金属离子的单离子微观磁晶各向异性常数与离子价态，3d 电子数，以及在尖晶石铁氧体的占位等因素有关。例如，Co^{2+} 若占据 B 晶位时，单离子有最大的微观磁晶各向异性常数，约 $850×10^{-24}$J/离子。当它占据 A 晶位时，它的数值仅有 $-80×10^{-24}$J/离子。Ni^{2+} 则相反，占据 A 晶位时，Ni^{2+} 的微观各向异性常数为 $440×10^{-24}$J/离子，而占据 B 晶位时，它的数值约为零。

表 10-2　3d 金属离子在尖晶石结构铁氧体中单离子微观各向异性常数

离　子	3d 电子数	晶　位	单离子微观各向异性常数（10^{-24}J/离子）
Ni^{3+}	$3d^7$	B	540
Ni^{2+}	$3d^8$	A	440
Ni^{2+}	$3d^8$	B	0
Cu^{2+}	$3d^9$	B	−3.97
Fe^{2+}	$3d^6$	A	<0
Fe^{2+}	$3d^6$	B	4.31
Fe^{3+}	$3d^5$	A	0.67
Fe^{3+}	$3d^5$	B	−1.24
Co^{3+}	$3d^6$	A	−140
Co^{2+}	$3d^7$	A	−80
Co^{2+}	$3d^7$	B	850
Cr^{3+}	$3d^3$	B	<0
Cr^{2+}	$3d^4$	—	—
Mn^{3+}	$3d^4$	B	−7.54
Mn^{2+}	$3d^5$	B	−0.0924

另外，铁氧体的成分对磁晶各向异性常数 K_1 也有很大影响。例如 $Co_xFe_{3-x}O_4$ 铁氧体，当 $x=0$、0.01、0.8、1.0 和 1.1 时，它的磁晶各向异性常数 K_1 分别为 $-1.10×10^4$J/m³、$0.0×10^4$J/m³、$+29×10^4$J/m³、$+38×10^4$J/m³ 和 $+18×10^4$J/m³。可见，当 $x=1.0$ 时，即化学计量成分的 $CoFe_2O_4$ 时，它有最高的磁晶各向异性常数 K_1。

2012 年 Kriegisch 等人[2]进一步研究了 $Co_{0.8}Fe_{2.2}O_4$ 单晶体的磁晶各向异性常数 K_0、K_1、K_2 和 $K_多$（用趋近饱和定律测量磁化曲线，后拟合计算值）随温度的变化规律，其结果见图 10-2。其中，K_0 是沿 [100] 方向，磁化时所消耗的磁化功 W_{100}。在整个测量温度范围（$4.2 \sim 400K$）内，K_0 维持不变。$K_1 = 4(W_{110} - W_{100})$，式中，$W_{100}$ 和 W_{110} 分别是沿 [100] 和 [110] 晶体方向磁化时消耗的磁化功。由于 K_0 不随温度而变化，K_1 实际上是沿单晶体 [110] 方向的各向异性。$K_2 = 27(W_{111} - W_{100}) - 36(W_{110} - W_{100})$，当 W_{100} 较小时，K_2 实际上是反映沿 [111] 晶体方向磁化时消耗的磁化功。从图 10-2 可以看出，K_1 和 K_2 均在 150K 附近发生拐点性的变化，并且在室温（300K）附近 $K_2 = 6K_1$，K_1 值为（$0.3 \sim 0.4$）$\times 10^6 J/m^3$，与表 9-7 的数值相当。另外，在 150K 以上，K_1、K_2 和 $K_多$ 随温度变化的趋势是相同的。这些特征将对钴铁氧体的磁化行为有影响。

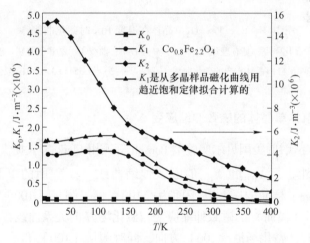

图 10-2　$Co_{0.8}Fe_{2.2}O_4$ 单晶体的磁晶各向异性常数
K_0、K_1、K_2 和 $K_多$ 随温度变化的规律

10.2.2　$Co_{0.8}Fe_{2.2}O_4$单晶体磁化行为

图 10-3 所示为 $Co_{0.8}Fe_{2.2}O_4$ 单晶体在温度 10K 时，沿 [100]、[110] 和 [111] 晶体方向的磁化曲线。磁化磁场 $\mu_0 H$ 为 $0 \sim 9.0T$。它表明 $Co_{0.8}Fe_{2.2}O_4$ 单晶体的 [100] 是易磁化方向，当 $\mu_0 H = 0.5 \sim 0.6T$ 时，$M(T)/M_{s100} \approx 1.0$，这说明当外磁场为 $0.5 \sim 0.6T$ 时，[100] 方向磁化达到饱和值，[111] 是难磁化方向。另外，在温度 10K 时，当外磁场 $\mu_0 H$ 达到 6.0T 时，要发生一级磁化过程（FOMP）。也就是说，在 $\mu_0 H = 6T$ 附近，在 [111] 方向的磁矩要自发地跳跃式转到 [110] 方向。它实际上是与 K_2 在 150K 附近发生跳跃式的降低相联系的。

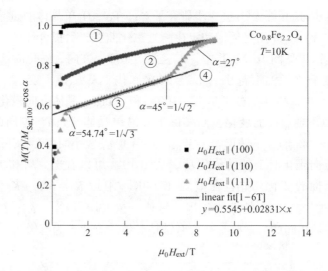

图 10-3 $Co_{0.8}Fe_{2.2}O_4$ 单晶体在温度 10K 时磁化曲线[2]

(纵坐标为磁化强度，是有理化的，$M(T)/M_s=\cos\alpha$，曲线①、②和③分别是沿<100>、

<110 >和<111>晶体方向的磁化曲线，直线④是按 $y=0.5545+0.02831x$ 拟合的)

10.2.3 钴铁氧体单晶体的磁致伸缩应变

20 世纪 50 年代初,美国贝尔实验室 Borzoth 等人用 Clark 等人提供的成分为 $Co_{0.8}$ $Fe_{2.2}O_4$ 单晶体测量了 λ_{100} 和 λ_{110} 的磁致伸缩曲线[1]。所用的单晶样品尺寸为 $\phi5.7mm\times1.9mm$。样品的圆片状平面为 (100) 面。测量 [100] 晶向 (纵向) 和 [010] 晶向 (横向) 的磁致伸缩应变与磁化场 H 的关系曲线，结果如图 10-4 所示。在测量时，磁化场沿 [100] 方向，同时测量 [100] 和 [010] 方向的 λ 值。如果是同一个样品，测量 λ_{100} 和 λ_{010} 后，要加热退磁，使样品处于热退磁状态才能再次测量 [110] 纵向和 [1$\bar{1}$0] 横向的磁致伸缩应变值。测量磁场为 398kA/m (0.5T)，可见，成分为 $Co_{0.8}Fe_{2.2}O_4$ 单晶体沿 [100] 晶向 (纵向) 的应变 $\lambda_{100}=-515\times10^{-6}$。这个数值比当时报道的所有材料的 λ_s 都高，并且 $\lambda_{100}/$ λ_{110} 的比值达到 11.0，这说明 $Co_{0.8}Fe_{2.2}O_4$ 单晶体的磁致伸缩应变的各向异性很大。

Kriegisch 和 Ren[2] 还研究了 $Co_{0.8}Fe_{2.2}O_4$ 单晶体的 λ_{100} 和 λ_{111} 与磁场 H 的关系曲线，如图 10-5 所示。测量场 μ_0H 为 0~9.0T。可见沿 [100] 方向测量时，磁场为 1T 时，λ_{100} 已达到约 -550×10^{-6}，λ_{111} 约为 $+80\times10^{-6}$。当测量场达 2T 时，λ_{100} 已接近饱和值，达到 -580×10^{-6}，进一步提高测量磁场到 9T 时，λ_{100} 已接近 -590×10^{-6}。这一结果与 Borzoth 等人[1] 的结果基本是一致的。图中还表明当测量

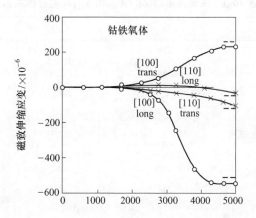

图 10-4 $Co_{0.8}Fe_{2.2}O_4$ 单晶体沿 [100] 和 [110] 的纵向和横向磁致伸缩应变曲线

（图中 long 为纵向，trans 为横向）

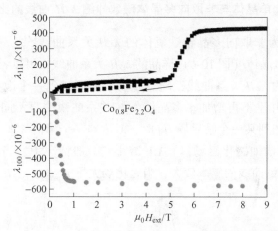

图 10-5 $Co_{0.8}Fe_{2.2}O_4$ 单晶体的 λ_{100} 和 λ_{111} 与磁场 H 的关系曲线

磁场 $\mu_0 H < 5.5T$ 时，λ_{111} 约为 $+(80\sim100)\times10^{-6}$。当 $\mu_0 H > 6T$ 时，λ_{111} 急剧地增加到 $+400\times10^{-6}$，表明在测量磁场在 $5\sim6T$ 时，λ_{111} 有一个较大的跳跃式的升高。

从表 9-6 可以看出，$Co_x Fe_{3-x} O_4$ 的 λ_{100} 和 λ_{111} 对 Co 含量 x 十分敏感，表 10-3 与表 9-6 的结果是一致的。可见，成分为 $Co_{0.8}Fe_{2.2}O_4$ 和成分为 $Co_{1.1}Fe_{1.9}O_4$ 的 λ_{100} 由 -590×10^{-6} 降低到 -250×10^{-6}。钴铁氧体的磁致伸缩应变的决定性因素是 B 晶位上的 Co^{2+} 的轨道磁矩与自旋磁矩耦合作用的强度来决定的。因此，Co^{2+} 占位以及它在 A 晶位和 B 晶位的浓度分布，以及材料的显微结构（包括晶粒尺寸、晶界状态、孔洞和密度等）和磁畴结构等都对钴铁氧体的磁致伸缩应变有重要影响。

表 10-3   铁氧体单晶体的 λ_{100} 和 λ_{111} 与成分的关系

成　分	$\lambda_{100}/\times10^{-6}$	$\lambda_{111}/\times10^{-6}$	$\bar{\lambda}/\times10^{-6}$
Fe_3O_4	−19	81	41
Fe_3O_4（124K）	−23	55	24
$Co_{1.1}Fe_{1.9}O_4$	−250	—	—
$Co_{0.8}Fe_{2.2}O_4$	−590	120	−210
$Co_{0.3}Zn_{0.2}Fe_{2.2}O_4$	−210	110	−18
$Co_{0.3}Mn_{0.4}Fe_{2.0}O_4$	−200	65	−40
$Ni_{0.8}Fe_{2.2}O_4$	−36	−4	−17
$Mn_{0.98}Fe_{1.86}O_4$	−35	−1	−15
$Mn_{0.6}Zn_{0.1}Fe_{2.1}O_4$	−14	14	3

10.2.4 钴铁氧体单晶体与非取向多晶体磁致伸缩 $\lambda\text{-}H$ 曲线的比较

图 10-6 所示为非取向多晶钴铁氧体的 $\lambda\text{-}H$ 关系曲线[11]，比较单晶体（图 10-5）和非取向多晶体（图 10-6）样品的 $\lambda\text{-}H$ 关系曲线，可以看出，两者有明显的不同。单晶体的 $\lambda\text{-}H$ 关系曲线，随着磁场增加而达到一个饱和值 λ_s，随后继续增加磁场，λ_s 几乎不再增加。多晶体 $\lambda\text{-}H$ 关系曲线明显不同。随磁化场的增加，当磁化场增加到某一个临界场 H_p 时，λ 达到一个峰值 λ_p。当磁化场大于临界场 H_p 时，继续增加磁化磁场，$|\lambda|$ 减小。一般情况下，当磁化场小于临界场 H_p 时，$\lambda\text{-}H$ 关系曲线的斜率较大，当磁化场大于 H_p 时，$\lambda\text{-}H$ 关系曲线的斜率

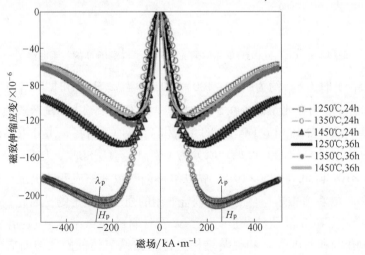

图 10-6   非取向多晶钴铁氧体材料的 $\lambda\text{-}H$ 曲线

较小。其主要原因是 λ_{100} 远大于 λ_{111}，也远大于 λ_{110}。上面已经指出，$Co_{0.8}Fe_{2.2}O_4$ 单晶体的 λ_{100} 约为 -590×10^{-6}，而 λ_{111} 仅为 $+80\times10^{-6}$，λ_{110} 约为 $+(30\sim40)\times10^{-6}$。它的绝对值相差 1~2 个数量级。当磁化场小于临界场 H_p 时，λ 值主要是由磁化强度转向 [100] 引起的。也就是说，主要是多晶体中 [100] 靠近外磁场的那些晶体方向磁化对 λ 的贡献。当外磁场大于 H_p 时，主要是由多晶中 [111] 晶向靠近外磁场方向的晶粒的磁矩转到 [111] 方向引起的。由于 [100] 是易磁化方向，磁矩转向 [100] 晶向较容易，因此磁化场 H 小于 H_p 时，λ-H 曲线斜率较大。而 [111] 是难磁化方向，磁矩转向 [111] 方向较困难，因此当磁化场 H 大于 H_p 时，λ-H 曲线斜率较小。

制造单晶体的成本高，实际上主要是应用非取向多晶体。本章主要讨论非取向多晶钴铁氧体的磁致伸缩行为，主要用 λ_p 代表不同材料的 λ 值的大小，用 H_p 代表材料的饱和磁化磁场和用 λ_p 代表饱和磁致伸缩应变。

10.3 钴铁氧体相图

钴铁氧体的相图如图 10-7 所示。它是用 Co/(Co+Fe)（原子比）$=y$ 与温度的关系，在空气中的相图。左端 $y=0$，代表 Fe_3O_4；右端 $y=1.0$，代表 Co_3O_4。因为钴铁氧体的分子式可写成 $Co_xFe_{3-x}O_4$（$x\leqslant3$），x 与 y 之间的关系如表 10-4 所示。可见，当 $y=0.333$ 时，Co 含量 $x=0.999$，它代表化学计量成分钴铁氧体，即 $CoFe_2O_4$。当 $y<0.333$ 时，代表贫 Co 的钴铁氧体 $(Fe,Co)_3O_4$，当 $y>0.333$ 时，代表富 Co 的钴铁氧体 $(Co,Fe)_3O_4$。假定图 10-7 是 $Co_xFe_{3-x}O_4$ 在空气中的平衡相图。它给出的是 $T\geqslant700\sim1400℃$ 的部分相图。在贫 Co 区，在 1300℃ 以下存在

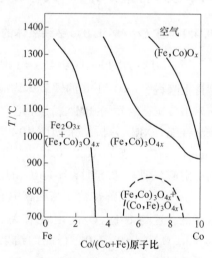

图 10-7 钴铁氧体在空气中的相图[12]

$Fe_2O_3+(Fe,Co)_3O_4$ 两相。在 $y=0.3\sim1.0$ 范围内和在 $700\sim1000℃$ 范围内存在单相 $(Co,Fe)_3O_4$。根据 $Fe_2O_3+(Fe,Co)_3O_4$ 与单相 $(Co,Fe)_3O_4$ 的边界线的变化趋势，对于成分位于化学计量的钴铁氧体 $CoFe_2O_4$ 在室温平衡态，不可避免地处于 $Fe_2O_3+CoFe_2O_4$ 两相区的状态。但是在 800℃ 以上，以一定速度冷却的 $CoFe_2O_4$ 可能以单相的亚稳态的 $CoFe_2O_4$ 存在。这种亚稳态在室温是长期稳定的，但是如果从 800℃ 快冷的 $CoFe_2O_4$ 样品，以缓慢的速度升温加热，或者在 800℃ 以下保温一段时间，化学计量的 $CoFe_2O_4$ 也可能出现少量的 Fe_2O_3 相，尤其是在真空条件下。

当 $y<0.333$ 时，且 y 偏离 0.333 越大，这种倾向就越大。

表 10-4 Co/(Co+Fe)(原子比)=y 与钴铁氧体中 Co 含量 x 的关系

y	0	0.1	0.2	0.3	0.333	0.4	0.5	0.6	0.8	1.0
x	0	0.3	0.6	0.9	0.999	1.2	1.5	1.8	2.4	3.0
Fe	3	2.7	2.4	2.1	2.001	1.8	1.5	1.2	1.6	0

注：y 代表 Co/Co+Fe 原子比；x 代表 $Co_xFe_{3-x}O_4$ 中 Co 的原子数；Fe 是代表分子式中 Fe 的原子数。

当 $y=0.5\sim0.85$，相当于 $x=1.5\sim2.7$ 时，在 800℃ 以下，在相图中存在一个以虚线画出的两相混溶间隙。当富 Co 铁氧体在 800℃ 以下保温一段时间，或在 800℃ 以下以十分缓慢的速度加热一段时间，或者从 800℃ 以下十分缓慢速度冷却时，则富 Co 铁氧体 $Co_{1.5\sim2.7}Fe_{1.5\sim0.3}O_4$ 就可能发生 spinodal 分解，这是一种平衡态的情况。如果是亚稳态，发生 spinodal 分解的成分可扩展到 $Co_{1.1\sim2.8}Fe_{1.9\sim0.2}O_4$，这一点已被实验证实，详见下节讨论。

10.4 Co 含量 x 对 $Co_xFe_{3-x}O_4$ 相结构、显微结构和性能的影响

10.4.1 贫 Co（$x<1.0$）钴铁氧体的结构与性能

当 $x=0$ 时，为 Fe_3O_4；当 $x=1$ 时，为 $CoFe_2O_4$，两者均具有尖晶石结构。从理论上来说，$x=0\sim1.0$ 的铁氧体均应具有尖晶石结构。Nlebedim 等人[13]用传统粉末冶金工艺（简称 BM 法）研究了 $x=0.2$、0.7、0.8 和 1.0 的 $Co_xFe_{3-x}O_4$ 的结构和性能。XRD 分析结果如图 10-8 所示。可见，当 $x=1.0$ 时，样品为单相的 $CoFe_2O_4$ 结构。当 $x=0.2$、0.7 和 0.8 时，在 $CoFe_2O_4$ 的基体上均观察到 α-Fe_2O_3 的衍射峰，但 $x=0.8$ 时，α-Fe_2O_3 的衍射峰极为微弱，与相图的结果一致。

$CoFe_2O_4$ 的点阵常数 a 与文献中的结果一致。但随着 Co 含量的降低，点阵常数降低，这与 α-Fe_2O_3 的出现有关。但是 Sorescu 等人[14]用共沉淀法制造的 $Co_xFe_{3-x}O_4$（$x=0\sim1.0$）样品的结果则不同，他们认为，在 $x=0\sim1.0$ 范围内，均是单相的 $Co_xFe_{3-x}O_4$（$x=0\sim1.0$）尖晶石结构，这可能与制造方法不同有关。若用 BM 制造法，在空气中烧结，当 $x<1.0$ 时，Fe_3O_4 是过量的。如果在氧化气氛中烧结，在约 180℃ 时，Fe_3O_4 先形成 γ-Fe_2O_3，当加热到 350℃ 时，γ-Fe_2O_3 要转化为 α-Fe_2O_3。当 $x=0.2$、0.7 和 0.8，并在氧化气氛中烧结时，有可能发生下列反应：

$$2.8Fe_3O_4 + 0.2Co_3O_4 + 0.6O_2 = 0.6CoFe_2O_4 + 3.6\alpha\text{-}Fe_2O_3 \quad (10\text{-}1)$$

$$2.3Fe_3O_4 + 0.7Co_3O_4 + 0.225O_2 = 2.1CoFe_2O_4 + 1.35\alpha\text{-}Fe_2O_3 \quad (10\text{-}2)$$

$$2.2Fe_3O_4 + 0.8Co_3O_4 + 0.15O_2 = 2.4CoFe_2O_4 + 0.9\alpha\text{-}Fe_2O_3 \quad (10\text{-}3)$$

可见，随 Co 含量的增加，α-Fe_2O_3 的数量将减少；当 $x=0.8$ 时，α-Fe_2O_3 的

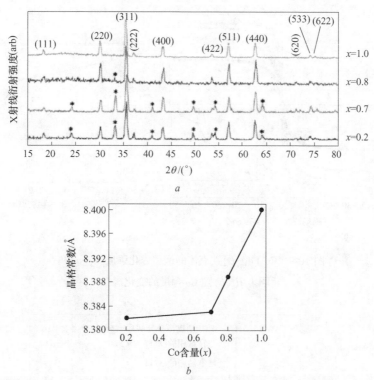

图 10-8　$Co_xFe_{3-x}O_4$（$x=0.2$、0.7、0.8 和 1.0）样品的 XRD 衍射谱图（a）以及根据 XRD 谱线计算的铁氧体的点阵常数 a 与 Co 含量的关系（b）

数量有可能减少到常规 XRD 分析无法发现的程度。$\alpha\text{-}Fe_2O_3$ 的出现将导致 $Co_xFe_{3-x}O_4$ 铁氧体的饱和磁化强度 M_s 和矫顽力 H_c 的变化，如图 10-9 所示。可见，随 x 降低，$\alpha\text{-}Fe_2O_3$ 数量增加，由于 $\alpha\text{-}Fe_2O_3$ 是弱磁性的，$\alpha\text{-}Fe_2O_3$ 的数量增加将导致样品的 M_s 降低，但随着 x 降低，样品的 H_c 有所提高。因为 $\alpha\text{-}Fe_2O_3$ 相的存在，起到钉扎畴壁运动的作用，从而使矫顽力 H_c 升高。另外，M_s 和 H_c 随 x 的变化，还可能与 Co^{2+}、Fe^{3+} 占位的变化有关。

10.4.2　富 Co 铁氧体 $Co_{1.73}Fe_{1.27}O_4$ 的斯皮诺朵（spinodal）分解

Trong 等人[15]用 XRD 分析了成分为 $Co_{1.73}Fe_{1.27}O_4$ 的样品，经过不同热处理后相结构的变化，结果如图 10-10 所示。可见，该成分钴铁氧体 900℃ 淬火至室温，为单相的尖晶石结构，即单相的钴铁氧体。900℃ 淬火 +700℃ 36h 退火，仅发生部分的斯皮诺朵分解，钴铁氧体由三个不同的相来组成：母体的钴铁氧体、富 Fe 的钴铁氧体和富 Co 的钴铁氧体。XRD 分析表明，此时富 Fe 相的 $x=1.23$，点阵常数为 $a=8.355$Å，富 Co 相的 $x=2.61$，点阵常数为 $a=8.143$Å。此时两个新的尖晶石铁氧体相的点阵常数、成分和摩尔分数列于表 10-5。

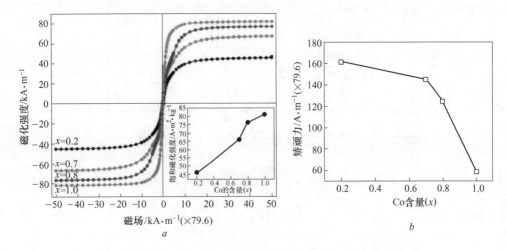

图 10-9 $Co_xFe_{3-x}O_4$ 铁氧体的饱和磁化强度 $M_s(a)$ 和
矫顽力 $H_c(b)$ 随 Co 含量的变化规律

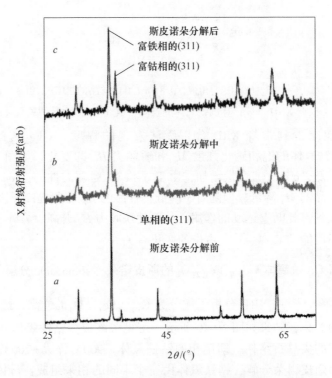

图 10-10 $Co_{1.73}Fe_{1.27}O_4$ 的 XRD 衍射谱图
a—900℃水淬冷却至室温；b—900℃水淬+700℃36h退火；
c—900℃水淬+700℃120h退火

表 10-5　$Co_{1.73}Fe_{1.27}O_4$ 铁氧体经过 900℃ 水淬+700℃120h 退火完成斯皮诺朵分解后两个新相的成分、点阵常数和摩尔分数

参　　数	富 Fe 相	富 Co 相
用 Rietveld 法计算的点阵常数/Å	8.366 (2)	8.128 (2)
用 Vegar 定律计算的两相成分	$Co_{1.16}Fe_{1.48}O_4$	$Co_{2.69}Fe_{0.31}O_4$
根据 XRD 分析计算的两相摩尔分数/%	60	40
根据相图计算 $Co_{1.73}Fe_{1.27}O_4$ 分解后两相的摩尔分数/%	62.8	37.2

可见，成分为 $Co_{1.73}Fe_{1.27}O_4$ 铁氧体斯皮诺朵分解完全后，由两个成分不同的钴铁氧体组成。它们的成分和点阵常数以及体积分数均不相同。这与它们离子占位和离子价态不同有关，详见表 10-6。可见，成分为 $Co_{1.73}Fe_{1.27}O_4$ 铁氧体 900℃ 淬火为混合型铁氧体，但 B 晶位上有 Co^{3+}，它们的磁矩为零（其原因见 10.4.3 节），所以它们的 M_s 降低。经过 700℃120h 退火后斯皮诺朵分解为两个相，其中富 Fe 相仍为混型铁氧体，但富 Co 相已转变为正型铁氧体。

表 10-6　$Co_{1.73}Fe_{1.27}O_4$ 在 900℃ 淬火和 900℃ 淬火+700℃120h 退火后钴铁氧体的离子占位和原子态

铁氧体成分及热处理状态	A 晶位		B 晶位			体积分数/%	M_s/A·m²·kg⁻¹（计算）	M_s/A·m²·kg⁻¹（实验）
	Co^{2+} (3.2μ_B)	Fe^{3+} (5μ_B)	Co^{2+} (3.2μ_B)	Fe^{3+} (5μ_B)	Co^{3+} (0μ_B)			
900℃淬火态 $Co_{1.73}Fe_{1.27}O_4$	0.61	0.39	0.39	0.88	0.73	100	40.9	39.3
900℃淬火+700℃120h 退火一次								
$Co_{1.16}Fe_{1.84}O_4$	0.30	0.70	0.70	1.14	0.16	62.8	66.2	58.9
$Co_{2.69}Fe_{0.37}O_4$	1.00	0.0	0.0	0.31	1.69	37.2	—	—
900℃淬火+700℃120h 退火两次								
$Co_{1.16}Fe_{1.84}O_4$	0.48	0.52	0.52	1.32	0.16	62.8	75.9	58.9
$Co_{2.69}Fe_{0.37}O_4$	1.00	0.0	0.0	0.31	1.69	37.2		

10.4.3　钴铁氧体 $Co_xFe_{3-x}O_4$（1.0≤x≤2.6）的离子占位与磁性能

在钴铁氧体中，金属离子在 A 晶位与 B 晶位的分布（或称占位）对钴铁氧体的磁性能，包括各向异性、磁化强度、磁致伸缩应变及微分值 $(d\lambda/dH)_m$，均有重要影响。实验表明，钴铁氧体可能是正型的、反型的或混型的铁氧体。它们属于哪一种，与铁氧体的合成反应方法、Co 含量、热处理工艺、相转变等因素有关。实际上多数情况下，钴铁氧体表现为中等程度的反型铁氧体，即两个晶位

均有一定浓度的 Co^{2+} 和 Fe^{3+}。其分子式可写成[16]：

$$(Co_{1-i}^{2+}Fe_i^{3+}) \quad [Co_i^{2+}Fe_{2-i}^{3+}]O_4 \qquad (10\text{-}4)$$
$$\text{A 晶位} \qquad\qquad \text{B 晶位}$$

式中，i 为 A 晶位中 Fe^{3+} 的百分数，i 的大小可反映其反型度。当 $i=0$ 时，称为正型铁氧体；当 $i=1.0$ 时，称为完全的反型铁氧体。当 $0<i<1.0$ 时，称为混型铁氧体。当 Co^{2+} 磁矩为 $3.0\mu_B$，Fe^{3+} 磁矩为 $5\mu_B$ 时，钴铁氧体的分子磁矩 $M_{分子}$ 可用下式表达：

$$M_{分子} = M_B - M_A = (7 - 4i)\mu_B \qquad (10\text{-}5)$$

事实上，不同研究者测量的 Co^{2+} 磁矩也不同。有的是 $3.0\mu_B$，有的是 $3.5\mu_B$ 或 $3.2\mu_B$，这与元素的取代和 Co^{2+} 含量有关。如果 Co^{2+} 磁矩为 $3.2\mu_B$ 或 $3.5\mu_B$，则式（10-5）中 i 的系数不同。当 Co^{2+} 磁矩为 $3.5\mu_B$ 时，钴铁氧体的分子磁矩为：

$$M_{分子} = M_B - M_A = (7 - 2.5i)\mu_B \qquad (10\text{-}6)$$

对钴铁氧体磁致伸缩材料来说，Co^{2+} 占据 B 晶位对磁致伸缩应变起到决定性的作用。一般希望有较高的 i 值，希望 i 控制为 $0.8\sim0.9$。

Trong 等人[15]用 MES 研究了 $Co_xFe_{3-x}O_4$（$x=1.0$、1.22、1.73 和 2.46）铁氧体的离子占位与磁性的关系。该研究指出，当 $1.0\leqslant x\leqslant2.6$ 时，从 800℃ 淬火冷却可得到单相的钴铁氧体。这与相图的结果一致。根据 MES 的结果，上述四种成分的钴铁氧体的离子占位列于表 10-7。可见，在 900℃ 淬火态，$x=1.0$、1.22 和 2.00 均为混型铁氧体，当 $x=2.46$ 时，转变为正型铁氧体。随 Co 含量的增加，占据 B 晶位的 Co^{2+} 逐渐减小，反型度 i 逐渐减小，占据 A 晶位的 Co^{2+} 逐渐增加。此外，从 $x\geqslant1.22$ 开始，在 B 晶位出现 Co^{3+}，并且随 Co 含量的增加 Co^{3+} 数目增加。当 $x=1.22$、1.73、2.0 和 2.46 时，Co^{3+} 分别为 0.22、0.73、1.0 和 1.46，另外，文献 [21] 指出，当 $x=1.00$ 时，也有少量（0.04）的 Co^{3+}。Co^{3+} 的出现与 B 晶位的晶场效应有关。B 晶位 Co^{3+} 由于受晶场作用，3d 电子排布不遵循洪德法则。因为洪德法则仅适用于自由态原子或离子，在晶场作用下，Co^{3+} 在 3d 壳层上的 6 个电子磁矩已湮灭，即 3d 轨道上的 6 个电子中 3 个电子自旋朝上，3 个电子自旋朝下，3d 电子自旋磁矩相互抵消，所以 Co^{3+} 的磁矩为零。以上结果说明，钴铁氧体中离子的占位、自旋态或价态对钴铁氧体的磁性，包括磁化强度、磁晶各向异性、磁致伸缩应变及微分值 $(d\lambda/dH)_m$，均有重要影响。

实验测定 Co^{2+} 磁矩为 $3.2\mu_B$，Fe^{3+} 磁矩为 $5.0\mu_B$，Co^{3+} 磁矩为零。根据表10-7 可以计算出单位点阵磁矩（以 μ_B 为单位）。另外，根据 Neel 亚铁磁性共线模型，可以计算出钴铁氧体的磁化强度 M_s，其结果列于表 10-8[15]。图 10-11 所示为根据表 10-7 MES 测定的结果（样品为 900℃ 淬火，在温度 5K 下测量）和 Neel 共线模型（温度 0K）计算出钴铁氧体的饱和磁化强度 M_s，并与实验值进行比较。

表10-7　MES测定的 $Co_xFe_{3-x}O_4$（$x=1.0$、1.22、1.73 和 2.46）的离子占位

铁氧体分子式	MES 实验的结果		文献中的结果			
	A晶位	B晶位	A晶位	B晶位	x值	文献
$Co_{1.00}Fe_{2.00}O_4$	$Co_{0.21}^{2+}Fe_{0.79}^{3+}$	$Co_{0.79}^{2+}Fe_{1.21}^{3+}$	$Co_{0.21}^{2+}Fe_{0.79}^{3+}$	$Co_{0.79}^{2+}Fe_{1.21}^{3+}$	1.00	[17]
			$Co_{0.23}^{2+}Fe_{0.77}^{3+}$	$Co_{0.77}^{2+}Fe_{1.23}^{3+}$	1.00	[18]
$Co_{1.22}Fe_{1.78}O_4$	$Co_{0.38}^{2+}Fe_{0.62}^{3+}$	$Co_{0.62}^{2+}Fe_{1.16}^{3+}Co_{0.22}^{3+}$	$Co_{0.38}^{2+}Fe_{0.62}^{3+}$	$Co_{0.62}^{2+}Fe_{1.34}^{3+}Co_{0.04}^{3+}$	1.04	[19]
$Co_{1.73}Fe_{1.27}O_4$	$Co_{0.61}^{2+}Fe_{0.39}^{3+}$	$Co_{0.39}^{2+}Fe_{0.88}^{3+}Co_{0.73}^{3+}$	$Co_{0.58}^{2+}Fe_{0.42}^{3+}$	$Co_{0.42}^{2+}Fe_{1.04}^{3+}Co_{0.54}^{3+}$	1.54	[19]
$Co_{2.00}Fe_{1.00}O_4$	—	—	$Co_{0.60}^{2+}Fe_{0.40}^{3+}$	$Co_{0.40}^{2+}Fe_{0.60}^{3+}Co_{1.0}^{3+}$	2.0	[18]
			$Co_{0.55}^{2+}Fe_{0.45}^{3+}$	$Co_{0.45}^{2+}Fe_{0.55}^{3+}Co_{1.0}^{3+}$	2.0	[21]
$Co_{2.46}Fe_{0.54}O_4$	$Co_{1.0}^{2+}$	$Fe_{0.54}^{3+}Co_{1.46}^{3+}$	$Co_{0.8}^{2+}Fe_{0.2}^{3+}$	$Co_{0.2}^{2+}Fe_{0.3}^{3+}Co_{1.50}^{3+}$	2.50	[20]
			$Co_{0.96}^{2+}Fe_{0.04}^{3+}$	$Co_{0.04}^{2+}Fe_{0.44}^{3+}Co_{1.52}^{3+}$	2.52	[19]
			$Co_{1.0}^{2+}$	$Fe_{0.5}^{3+}Co_{1.50}^{3+}$	2.50	[21]

可见，实验结果与计算值吻合得很好，只是 $Co_{2.46}Fe_{0.54}O_4$ 的计算值比实验值稍有偏高。其原因是在实验时，$x=2.46$ 的样品在 A 晶位存在少量的 Fe^{3+}。而穆斯堡尔谱线没有观察到。表 10-8 还表明当 Co 含量 x 由 1.0 提高到 2.3 时，随 Co 含量的提高，钴铁氧体的饱和磁化强度 M_s 急剧降低。当 $x>2.3$ 时，在 B 晶位上的 Co^{3+} 数量增加，由于 Co^{3+} 磁矩为零，具有抗磁性，引起 M_B 降低，使样品的 M_s 降低，从而使用 Neel 共线模型计算的结果与实验值偏离。

表 10-8 $Co_xFe_{3-x}O_4$ 经 900℃淬火，用 MES 实验测定 Co^{2+}，Fe^{3+} 和 Co^{3+} 离子磁矩，计算点阵磁矩 M_A、M_B 和钴铁氧体的磁化强度 M_s

| x | A 晶位 | | B 晶位 | | | M_A/μ_B | M_B/μ_B | M_s |
	Co^{2+} $(3.2\mu_B)$	Fe^{3+} $(5\mu_B)$	Co^{2+} $(3.2\mu_B)$	Fe^{3+} $(5\mu_B)$	Co^{3+} $(0\mu_B)$			/A·m²·kg⁻¹
1.0	0.21	0.79	0.79	1.21	0.00	4.62	8.58	94.1
1.22	0.38	0.62	0.62	1.16	0.22	4.32	7.78	82.5
1.73	0.61	0.39	0.39	0.88	0.73	3.90	5.65	40.9
2.46	1.00	0.00	0.00	0.54	1.46	3.20	2.70	11.7

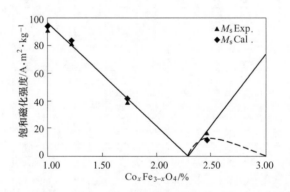

图 10-11 $Co_xFe_{3-x}O_4$（$x=1.0$，1.22，1.73 和 2.46）900℃淬火，温度 5K 下测量和根据 Neel 共线模型（温度 0K）计算的饱和磁化强度 M_s 的比较

Sawatzky 等人[22]用 MES 研究了共沉淀法制造的 $CoFe_2O_4$ 样品，发现从高温以不同速度冷却至室温，样品中离子分布也是不同的。A 样品在 1250~1400℃烧结 24h 后水淬冷却到室温，其离子分布为：

$$(Co^{2+}_{0.24\pm0.02}Fe^{3+}_{0.76\pm0.02})\ [Co^{2+}_{0.76\pm0.02}Fe^{3+}_{1.24\pm0.02}]O_4$$
$$A\ 晶位 \qquad\qquad B\ 晶位 \qquad\qquad\qquad (10\text{-}7)$$

而 B 样品在 1250℃烧结 24h 后，以 4℃/h 速度炉冷至室温，其离子分布为

$$(Co^{2+}_{0.07\pm0.02}Fe^{3+}_{0.93\pm0.02})\ [Co^{2+}_{0.93\pm0.02}Fe^{3+}_{1.07\pm0.02}]O_4$$
$$A\ 晶位 \qquad\qquad B\ 晶位 \qquad\qquad\qquad (10\text{-}8)$$

比较 A 样品（水淬冷却）和 B 样品（炉冷）离子分布，可以看出，炉冷样品（B 样品）的反型度 i 可达到 0.93，而水淬冷却（A 样品）的反型度仅为 0.79。前面已指出，反型度 i 接近 0.9 的样品，具有较高的磁致伸缩应变。说明钴铁氧体经 1250~1400℃烧结后，以缓慢冷却的速度冷却到室温较好。因为钴铁氧体在高温烧结 24h 后，若以缓慢速度冷却，在冷却过程中处于 A 晶位上的 Co^{2+} 有可能迁移到 B 晶位上，而水淬冷却的样品却保留了高温时的离子分布状态。

10.5 元素取代对钴铁氧体结构和性能的影响

元素取代（或称掺杂）对钴铁氧体结构和性能有重要影响。目前已经研究了 Al、Cr、Ge、Ga、Mg、Zn、Ni 和稀土元素（如 Ce、Pr、Sm、Nd、Gd、Er、Ho 和 Dy）等对钴铁氧体结构与性能的影响。

10.5.1 Al 取代对 $CoAl_xFe_{2-x}O_4$ 的影响

Nlebedim 等人[23]系统地研究了 $CoAl_xFe_{2-x}O_4$ 性能与 Al 含量的关系，如图 10-12 所示。可见，$x=0$ 时，即 $\lambda_p = \lambda_s = -212 \times 10^{-6}$，$H_p = 328kA/m$，$x=0.1$ 时，λ_p 已降低到 $\lambda_p = -140 \times 10^{-6}$，$H_p = 171kA/m$。很明显，随 Al 含量 x 的增加，$CoAl_xFe_{2-x}O_4$ 的 λ_p 降低，饱和磁化场 H_p 也降低。

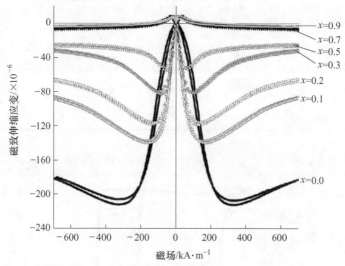

图 10-12　$CoAl_xFe_{2-x}O_4$ 的 λ-H 曲线与 Al 含量 x 的关系

这是由于 Al^{3+} 离子的磁矩 $2p^6$ 电子已填满，它是非磁性离子，Al^{3+} 离子的磁矩为零，不论 Al^{3+} 是进入 A 晶位还是进入 B 晶位，它都会降低 A-B 亚点阵之间的交换作用，因此降低钴铁氧体的磁晶各向异性，也降低 λ_p 值。图 10-13 所示

为 $CoAl_xFe_{2-x}O_4$ 的 $(d\lambda/dH)_m$ 对应磁场 H_p (kA/m) 与 Al 含量 x 的关系。可见，当 $x = 0.1$ 和 0.2 时，$CoAl_xFe_{2-x}O_4$ 的 $(d\lambda/dH)_m$ 对应磁场 H_p 分别为 101kA/m、19kA/m 和 11kA/m。表 10-9 给出了部分添加元素（Al、Ge、Ga、Mn 和 Cr）对钴铁氧体 λ_p 值和 $(d\lambda/dH)_m$ 的影响。添加少量 Al（如 $x = 0.1$ 和 0.2），钴铁氧体的 λ_p 稍有降低，但 $(d\lambda/dH)_m$ 显著提高。另外，Nlebedim 等人[24]指出，$CoAl_xFe_{2-x}O_4$ 样品经 XRD 分析证明，当 $x = 0 \sim 0.9$

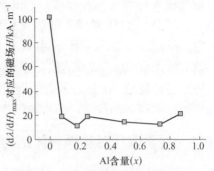

图 10-13　$CoAl_xFe_{2-x}O_4$ $(d\lambda/dH)_m$ 对应磁场 H_p 与 Al 含量 x 的关系

时，$CoAl_xFe_{2-x}O_4$ 都维持共晶单相结构，没有第二相出现。但是随着 Al 含量的增加，$CoAl_xFe_{2-x}O_4$ 的点阵常数 a 降低，并且居里温度明显降低，如图 10-14 所示。

表 10-9　几种添加元素对 $CoM_xFe_{2-x}O_4$ 的 λ_p 值和 $(d\lambda/dH)_m$ 的影响

铁 氧 体	$\lambda_p/\times10^{-6}$	$(d\lambda/dH)_m/A \cdot m^{-1}$ $(\times10^{-9})$
$CoFe_2O_4$	-212	1.37
$CoAl_{0.1}Fe_{1.9}O_4$	-140	-2.90
$Co_{1.1}Ge_{0.1}Fe_{1.8}O_4$	-241	-2.60
$CoAl_{0.2}Fe_{1.8}O_4$	-120	-2.63
$CoMn_{0.2}Fe_{1.8}O_4$	-150	-2.5
$CoCr_{0.2}Fe_{1.8}O_4$	-80	-1.5
$CoGa_{0.2}Fe_{1.8}O_4$	-100	-3.2

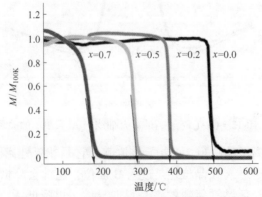

图 10-14　$CoAl_xFe_{2-x}O_4$ 的 M-T 曲线随 x 的变化

10.5.2　Zn 取代对 $CoZn_xFe_{2-x}O_4$ 结构与性能的影响

Somaiah 等人[25]研究了 $CoZn_xFe_{2-x}O_4$（$x=0$、0.1、0.2 和 0.3）铁氧体结构与 Zn 含量 x 的相互关系。样品用自发燃烧技术（auto-com）制造，XRD 分析表明，在制备态（即燃烧态）样品还存在杂相，经过 800℃焙烧 3h 后，不再存在杂相。单组分锌铁氧体（$ZnFe_2O_4$）是正型铁氧体，钴铁氧体（$CoFe_2O_4$）是反型尖晶石铁氧体，而 $CoZn_xFe_{2-x}O_4$ 是混型尖晶石结构。随 x 的增加，其点阵常数 a 增加。因为 Zn 金属离子半径比较大，如表 10-10 所示。表中的数据是自发燃烧态粉末，经过 800℃焙烧 24h，压型后再经 1300℃烧结 12h 制得样品。可见，$x=0$ 即 $CoFe_2O_4$ 的 $a=8.3941Å±0.0008$，与文献报道相近。随 x 增加，Co-Zn 铁氧体的 a 增加，但不遵循 Vegard 定律，为非线性关系。这表明 Co-Zn 铁氧体既不是正型尖晶石铁氧体，也不完全是反型尖晶石结构，而是具有混型尖晶石结构。

表 10-10　$CoZn_xFe_{2-x}O_4$（$x=0$、0.1、0.2 和 0.3）烧结态的点阵常数 a 及磁性能

材　料	$a/Å$	$M_s/A \cdot m^2 \cdot kg^{-1}$	$H_c/A \cdot m^{-1}$（×79.6）	$\lambda_p/10^{-6}$	$(dB/d\sigma)_H/A \cdot m^{-1}$（×$10^{-9}$）
$CoFe_2O_4$	8.3941	81.6	539	−183	57.5
$CoFe_{1.9}Zn_{0.1}O_4$	8.4036	84.3	165	−148	105
$CoFe_{1.8}Zn_{0.2}O_4$	8.3991	86.6	87	−103	85
$CoFe_{1.7}Zn_{0.3}O_4$	8.4011	81.2	105	−57	50

图 10-15 为 $CoZn_xFe_{2-x}O_4$ 样品（经 800℃焙烧 3h，压型后再 1300℃烧结 12h）的 SEM 照片。可见，所有成分的 $CoZn_xFe_{2-x}O_4$ 样品的平均晶粒尺寸均为 2~4μm，并且随着 Zn 含量 x 的增加，平均晶粒尺寸有增加的趋势，这说明 Zn 的添加可改变钴铁氧体的烧结动力学。

图 10-16 所示为在 298K 测量的 $CoZn_xFe_{2-x}O_4$ 样品的磁滞回线与 Zn 含量的关系。M_s 与 H_c 的数值列于表 10-10。$CoFe_2O_4$（$x=0$）样品的 $M_s=82A \cdot m^2/kg$，与其他的结果相近。但当 $x=0.1$ 和 0.2 时，随 Zn 含量 x 的增加，样品的 M_s 分别为 84.3A · m^2/kg 和 86.6A · m^2/kg，但当 $x=0.3$ 时，M_s 又降低到 81.2A · m^2/kg。这与 Zn 含量变化时，Zn^{2+} 占位变化有关。另外，随着 Zn 的添加，样品的 H_c 也有变化。它与 Zn^{2+} 占位变化引起样品的磁晶各向异性的变化有关。因为 Zn^{2+} 的 $3d^{10}$ 已填满了 10 个电子，其为抗磁性离子，不论 Zn^{2+} 占据 A 晶位还是 B 晶位，均会导致 A-B 两个亚点阵之间的交换耦合作用能降低。

图 10-17 所示为 $CoZn_xFe_{2-x}O_4$（1300℃12h）样品室温时磁致伸缩应变 λ-H 曲线，不同 Zn 含量的样品的 λ_p 列于表 10-10。可见随 Zn 含量 x 的增加，λ_p 逐渐降低。这与 Zn^{2+} 是非磁性离子有关。不论 Zn^{2+} 占据 A 晶位还是 B 晶位，它都

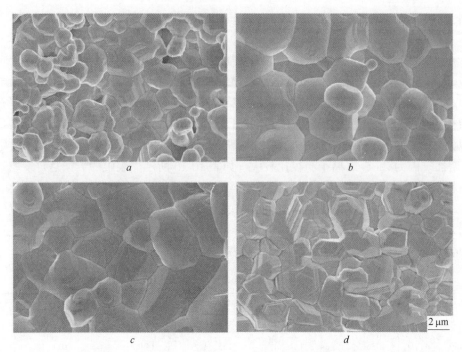

图 10-15 CoZn$_x$Fe$_{2-x}$O$_4$样品（经 800℃焙烧 3h，压型后再 1300℃烧结 12h）的 SEM 照片

a—$x=0$; b—$x=0.1$; c—$x=0.2$; d—$x=0.3$

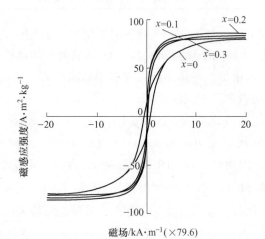

图 10-16 CoZn$_x$Fe$_{2-x}$O$_4$样品的磁滞回线与 Zn 含量的关系

会降低轨道与自旋之间的交换耦合作用强度。

CoZn$_x$Fe$_{2-x}$O$_4$样品不同 Zn 含量 x 的样品 $(d\lambda/dH)_m$ 值列于表 10-10。因为 $(dB/d\sigma)_H = (d\lambda/dH)_m$。可见，$x=0.1$ 和 0.2 的 $(dB/d\sigma)_H$ 分别为 8358A/m 和 6766A/m，均比 $x=0$ 的值 4577A/m 高。另外，CoZn$_x$Fe$_{2-x}$O$_4$样品出现 $(d\lambda/dH)_m$

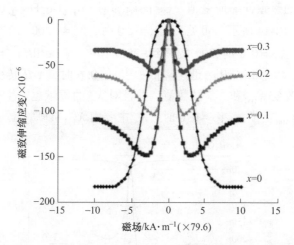

图 10-17 $CoZn_xFe_{2-x}O_4$（1300℃ 12h）样品室温时 λ-H 曲线

值对应的磁场也逐渐地降低。因为 $(d\lambda/dH)_m$ 对应的磁场与样品的矫顽力 H_c 成正比，或者说相当，见图 10-18。很明显，随 Zn 含量的提高，H_c 和 H_m 均同步地降低。

Chen 等人[26]指出，$(d\lambda/dH)_m$ 与 λ_p 之间存在以下的关系：

$$(d\lambda/dH)_m = (dB/d\sigma)_H = 2\mu_0 \lambda_p M/KN \tag{10-9}$$

式中，$(d\lambda/dH)_m$ 为磁致伸缩应变对磁场微分值（或称压磁系数），$dB/d\sigma$ 为样品磁感强度 B 对应力 σ 的微分值，或者说是 B 对应力 σ 的敏感性，两者

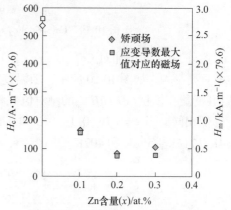

图 10-18 $CoZn_xFe_{2-x}O_4$ 样品 H_c 和 $(d\lambda/dH)_m$ 对应的磁场与 Zn 含量的关系

是等同的；μ_0 为样品的起始磁导率；λ_p 为样品磁致伸缩应变的峰值；K 为样品的磁晶各向异性常数；N 为常数。

当 $x=0.1$ 和 0.2 时，$(d\lambda/dH)_m$ 值较大。这与 Zn 的添加降低了样品的磁晶各向异性常数有关。

10.5.3 Ge 取代对 $Co_{1+x}Ge_xFe_{2-2x}O_4$ 结构与性能的影响

Ranvan 等人[27]研究了添加 Ge 对 $Co_{1+x}Ge_xFe_{2-2x}O_4$（$x=0.1$、0.1、0.3 和 0.6）的结构与性能的影响。样品用传统粉末冶金工艺（BM）制造。实验发现，Ge 的添加可改变 CoGe 铁氧体的居里点，磁晶各向异性常数 K_1 和 K_2 以及 [100]

和 [111] 晶向的磁致伸缩应变值。Ge 的添加对 $Co_{1+x}Ge_xFe_{2-2x}O_4$ 铁氧体的 λ-H 曲线的影响如图 10-19 所示。可见，当 $x=0.0$ 时，$\lambda_p=-200\times10^{-6}$，$(d\lambda/dH)_m=1.7\times10^{-9}A/m$；当 $x=0.1$ 时，λ_p 提高到 -250×10^{-6}，$(d\lambda/dH)_m=2.5\times10^{-9}A/m$；当 $x=0.3$ 时，λ_p 和 $(d\lambda/dH)_m$ 迅速降低；当 $x=0.6$ 时，λ-H 转变为正值。这说明 Ge 的取代将改变 λ_{100} 和 λ_{111} 的数值，并且对 λ_p 的贡献也产生变化。当 $x<0.3$ 时，λ_p 主要由 λ_{100} 贡献，当 $x=0.6$ 时，λ_p 主要由 λ_{111} 贡献。

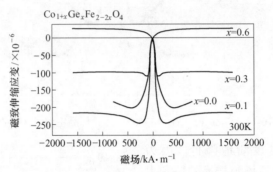

图 10-19 $Co_{1+x}Ge_xFe_{2-2x}O_4$ 的 λ-H 曲线（室温）

此外，Ge 的添加对 $Co_{1+x}Ge_xFe_{2-2x}O_4$ 铁氧体的 λ_p 和 $(d\lambda/dH)_m$ 的温度特性也有重要影响。如图 10-20 所示，随温度升高，$Co_{1+x}Ge_xFe_{2-2x}O_4$ 铁氧体的 $|\lambda_p|$ 数值降低，并且 $(d\lambda/dH)_m$ 的绝对值也降低。这与随 Ge 取代量的增加，居里温度降低相同。当 $x=0.0$、0.1、0.3 和 0.6 时，CoGe 铁氧体的居里温度 T_c 分别为 784K、715K、558K 和 407K。

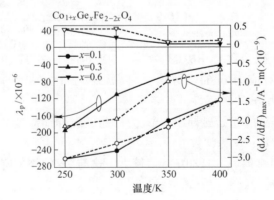

图 10-20 $Co_{1+x}Ge_xFe_{2-2x}O_4$ 铁氧体的 λ_p 和 $(d\lambda/dH)_m$ 随温度的变化

10.5.4 Ni 取代对 $Co_{1-x}Ni_xFe_2O_4$ 结构与性能的影响

Mathe 等人[28]研究了添加 Ni 对 Co-Ni 铁氧体结构与性能的影响。样品用化学共沉淀法制造。首先得到纳米尺寸（30~35nm）粉末颗粒，压型后在800℃烧结8h。样品的成分为$Co_{1-x}Ni_xFe_2O_4$（x=0.0、0.2、0.4、0.6、0.8和1.0），烧结样品的平均晶粒尺寸为33~50nm，所得样品的性能列于表10-11，λ_p值列于表10-12。可见，用化学共沉淀法制造的纳米尺寸的粉末压型后在800℃烧结成的Co-Ni铁氧体的M_s比用传统粉末冶金法制造的$CoFe_2O_4$的M_s（80~82A·m²/kg）低很多，约为37.31A·m²/kg，不到传统粉末冶金样品M_s的50%。但由此不能判定用化学沉淀法不行，而是在压型后烧结温度偏低，未完全合成$CoFe_2O_4$或$Co_{1-x}Ni_xFe_2O_4$铁氧体。由于平均晶粒尺寸小于50nm，部分小尺寸晶粒处于超顺磁状态。表10-11和表10-12仅供参考。另外Bahshayesh和Dhghani等人[29]用水热合成法制造的纳米尺寸（10~100nm）的$NiFe_2O_4$和$CoFe_2O_4$粉末具有软磁性能，可用于取代Pb^{2+}，作为电磁波吸收材料。

表 10-11 纳米 Co-Ni 铁氧体的性能

铁 氧 体	SEM 观察的晶粒尺寸/nm	饱和磁化磁场 H_p/kA·m⁻¹	剩余磁化强度 M_r/A·m²·kg⁻¹	矫顽力/kA·m⁻¹	质量饱和磁化强度 M_s/A·m²·kg⁻¹
$CoFe_2O_4$	33	0.7	20.18	0.133	37.31
$Co_{0.8}Ni_{0.2}Fe_2O_4$	50	0.65	19.51	0.1177	26.66
$Co_{0.6}Ni_{0.4}Fe_2O_4$	50	0.60	24.69	0.1119	45.12
$Co_{0.4}Ni_{0.6}Fe_2O_4$	40	0.50	13.35	0.0603	34.15
$Co_{0.2}Ni_{0.8}Fe_2O_4$	40	0.42	7.47	0.0263	27.14
$NiFe_2O_4$	33	0.40	29×10^{-3}	0.0208	12.61

表 10-12 样品在 716.4kA/m 磁场下的 λ_p 值与 Ni 含量 x 的关系

$Co_{1-x}Ni_xFe_2O_4$中 x 的含量	0.0	0.2	0.4	0.6	0.8	1.0
$Co_{1-x}Ni_xFe_2O_4$的 λ_p 值/×10⁻⁶	−65	−45	−35	−25	−15	−10

10.5.5 Cr 取代对 $CoCr_xFe_{2-x}O_4$ 结构与性能的影响

Lee 等人[30]研究了 Cr 取代对 $CoCr_xFe_{2-x}O_4$（x=0.0、0.14、0.38、0.53和0.79）铁氧体结构和性能的影响。随 Cr 含量的提高，Co-Cr 铁氧体的 λ_p 急速降低，见图10-21。其降低的速度比任何其他元素取代都快。图10-21表明，Cr^{3+}有可能是非磁性离子（抗磁性）。MES 研究证明，Cr^{3+}倾向于进入 B 晶位，而迫使部分 Co^{2+}由 B 晶位迁移至 A 晶位[31,32]，从而降低 λ_p，也降低了 B 亚点阵之间超交换耦合作用能，导致 Co-Cr 铁氧体居里点 T_c 和各向异性常数降低，见图10-22。由于随着 Cr 含量的提高，Co-Cr 铁氧体居里点 T_c 和各向异性常数 K_1 降低，矫顽力也降低，从而使 $CoCr_xFe_{2-x}O_4$ 在 x 较低的情况下，$(d\lambda/dH)_m$ 有较高的数值。例如，当 $x=0.38$ 时，$(d\lambda/dH)_m$ 可达到 $2.0\times10^{-9}A/m$。这也就使得含有少量 Cr 的 Co-Cr 铁氧体有很好的应力敏感性，适合于制造非接触式的传感器。

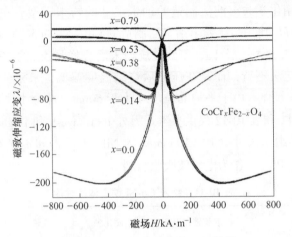

图 10-21 $CoCr_xFe_{2-x}O_4$ 的 λ-H 曲线

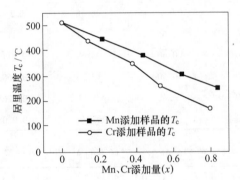

图 10-22 $CoCr_xFe_{2-x}O_4$ 和 $CoMn_xFe_{21-x}O_4$ 样品 T_c 与 x 的关系

10.5.6 Nb 取代对 Co-Nb 铁氧体结构和性能的影响

Kiran 等人[33]用传统粉末冶金法制造了 $CoFe_2O_4$（A 样品）和 $Co_{1.1}Fe_{1.85}Nb_{0.05}O_4$（B 样品）。研究分析发现，Co-Nb 铁氧体的点阵常数 a 大于 A 样品的 a。用趋近饱和定律分析表明，B 样品的 K_1 值比 A 样品的 K_1 低。在 175.12kA/m 磁场下，在室温 $Co_{1.1}Fe_{1.85}Nb_{0.05}O_4$ 样品的 λ_p 为 -123×10^{-6}，这比 A 样品的低。XRD 分析表明，Co-Nb 铁氧体具有铁电性和磁电特性。

10.5.7 稀土元素取代对 $CoRe_xFe_{2-x}O_4$ 结构与性能的影响

Dascalu 等人[34]用传统粉末冶金法制造了 $CoFe_2O_4$ 和 $CoRe_{0.2}Fe_{1.8}O_4$（Re=

Dy、Ga、La）样品。各种金属氧化物按比例混合干燥后，在 950℃ 煅烧 5h 固相反应法合成。用 $9.8×10^6 N /m^2$ 压力成型，样品尺寸为 $\phi17mm×3mm$ 圆片，最后在 1250℃ 烧结 5h（以 1000℃/h 速度加热，炉冷至室温）。XRD 分析样品的结果，如图 10-23 所示，实验数据列于表 10-13 中。

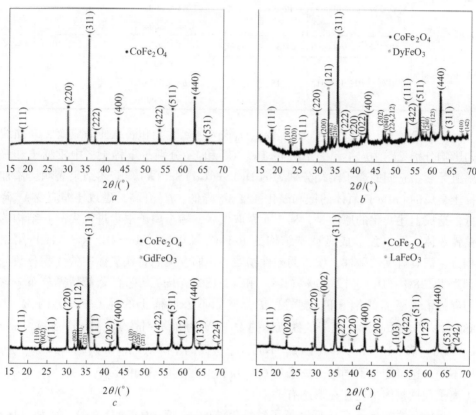

图 10-23 烧结样品的 XRD 衍射谱图

a—$CoFe_2O_4$； b—$CoDy_{0.2}Fe_{1.8}O_4$；

c—$CoGd_{0.2}Fe_{1.8}O_4$； d—$CoLa_{0.2}Fe_{1.8}O_4$

表 10-13 XRD 对 $CoFe_2O_4$ 和 $CoRe_{0.2}Fe_{1.8}O_4$（Re=Dy、Ga、La）烧结样品的分析结果

样 品	样品内存在的相	体积分数 /%	平均晶粒尺寸/nm	点阵常数 /Å	理论密度 /t·m⁻³	实验密度 /t·m⁻³	样品孔隙率
$CoFe_2O_4$	尖晶石结构：$CoFe_2O_4$	100	284.29	8.3849	5.287	5.19	1.83
$CoDy_{0.2}Fe_{1.8}O_4$	尖晶石结构：$CoFe_2O_4$	87.62	72.78	8.4011		3.81	27.93
	钙钛矿结构：$DyFeO_3$	12.38		$a=5.5843$ $b=5.2987$ $c=7.6105$		4.05	

样　品	样品内存在的相	体积分数 /%	平均晶粒 尺寸/nm	点阵常数 /Å	理论密度 /t·m⁻³	实验密度 /t·m⁻³	样品 孔隙率
CoGd$_{0.2}$Fe$_{1.8}$O$_4$	尖晶石结构：CoFe$_2$O$_4$	87.8	278.26	8.3855		4.05	23.34
	钙钛矿结构：GdFeO$_3$	12.2		$a = 5.3455$ $b = 5.6002$ $c = 7.6604$			
CoLa$_{0.2}$Fe$_{1.8}$O$_4$	尖晶石结构：CoFe$_2$O$_4$	84.82	249.48	8.3862		4.19	20.75
	钙钛矿结构：LaFeO$_3$	15.18		$a = 5.5475$ $b = 5.5518$ $c = 7.8380$			

添加 Dy、Gd 和 La 对 CoRe$_{0.2}$Fe$_{1.8}$O$_4$ 铁氧体磁性能和磁致伸缩应变 λ-H 曲线的影响分别见图 10-24 和图 10-25。Dy、Gd 和 La 分别是重稀土、中重稀土和轻稀土元素。它们的离子半径分别为 $r(\text{Dy}) > r(\text{Gd}) > r(\text{La})$。上述结果表明，添加稀土金属的 CoRe 铁氧体的饱和磁化强度 M_s 降低，H_c 升高，磁致伸缩应变 λ_p 降低。造成上述变化的原因是，稀土元素取代后，稀土离子很少进入尖晶石结构的钴铁氧体，而单独形成钙钛矿结构的 ReFeO$_3$ 氧化物（Re = Dy，Gd，La）第二相，它们具有反铁磁性，属于弱磁性物质。它们在尖晶石铁氧体中的体积分数分别为 12.38%（Dy）、12.20%（Gd）和 15.18%（La）。它们沿着晶界分布。它们降低了铁氧体的饱和磁化强度 M_s，例如不添加稀土的纯 CoFe$_2$O$_4$ 的 M_s 为 88A·m^2/kg，添加稀土离子的铁氧体的 M_s 分别为 80A·m^2/kg（Dy）、50A·m^2/kg（Gd）和 38A·m^2/kg（La）。不同稀土金属离子降低 Co-Re 铁氧体的 M_s 的程度不同。这可能与不同稀土离子对 Co^{2+} 和 Fe^{3+} 占位有不同的影响有关，并且与稀土离子在铁氧体中的存在形态有关。

另外，添加稀土离子后降低了钴铁氧体的 λ_p 值，CoFe$_2$O$_4$ 的 λ_p 值为 -148×10^{-6}，而添加 $x = 0.2$ 的 Dy、Ga 和 La 后，样品的 λ_p 值分别降低到 -138×10^{-6}、-130×10^{-6} 和 -120×10^{-6}。同时，与 λ_p 对应的磁化场 H_p 分别为 159.2kA/m、278.6kA/m、318.4kA/m 和 398kA/m。这与添加稀土金属后，样品的矫顽力提高是一致的。

Zhao 等人[35]研究了添加稀土金属 Nd 对 CoNd$_x$Fe$_{2-x}$O$_4$（$x = 0.0$、0.1、0.15 和 0.2）的影响。样品采用化学共沉淀法制造成纳米颗粒粉末。另外，Nikumbh 等人[36]也用化学共沉淀法制造 CoRe$_x$Fe$_{2-x}$O$_4$（Re = Nd、Sm、Gd，$x = 0.0$、0.1 和 0.2）。研究结果表明，所有样品都是单一的尖晶石铁氧体，没有观察到第二相析出。随着 Re 元素的添加，Co-Re 铁氧体的 M_s 有所降低，矫顽力有所提高，剩磁比 M_r/M_s 也有所降低。同时，还研究了样品的电学性能，介电常数等其他

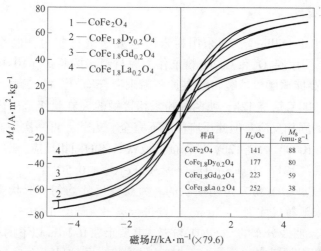

样品	H_c/Oe	M_s/emu·g^{-1}
CoFe$_2$O$_4$	141	88
CoFe$_{1.8}$Dy$_{0.2}$O$_4$	177	80
CoFe$_{1.8}$Gd$_{0.2}$O$_4$	223	59
CoFe$_{1.8}$La$_{0.2}$O$_4$	252	38

图 10-24 CoFe$_2$O$_4$ 和 CoRe$_{0.2}$Fe$_{1.8}$O$_4$（Re=Dy、Ga、La）铁氧体的磁滞回线
并列出样品的矫顽力和饱和磁化强度

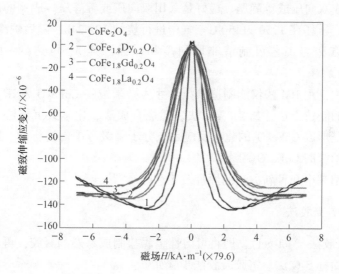

图 10-25 CoFe$_2$O$_4$ 和 CoRe$_{0.2}$Fe$_{1.8}$O$_4$（Re=Dy、Ga、La）铁氧体的磁致伸缩曲线

性能。这些都是粉末样品的特性，没有经过压型烧结成块体材料。这些结果与前者的差别可能与样品的状态有关。

10.6 制备方法与工艺对钴铁氧体结构与性能的影响

大量实践证明，相同成分的钴铁氧体由于制造方法与工艺的不同，样品的结构和性能相差很大。这说明钴铁氧体的性能与制造方法和工艺有密切的依赖关系。

10.6.1　球磨法

球磨法（Ball milling），即采用粉末冶金方法进行制粉，也称粉末冶金法（简称 BM 法）。用 Fe_2O_3 和 Co_3O_4 粉末作为原材料，按照式（10.10）的摩尔比进行配料，用高能球磨机球磨 8h，使原料粉末混合均匀，粉末颗粒尺寸减至 1～3μm，然后在 900℃ 焙烧 12h，使两种粉末相接触的（在量级范围内）部分发生式（10.10）的固相反应。但此反应可能不完全。为此，再一次用高能球磨机球磨 8h，接着在 1000℃ 煅烧 12h，以保证完成铁氧体的固相反应，即

$$3Fe_2O_3 + Co_3O_4 \longrightarrow 3CoFe_2O_4 + 0.5O_2 \uparrow \tag{10-10}$$

此时得到 $CoFe_2O_4$ 粉末是团块状的。为获得尺寸均匀、形状规则（接近球状），平均粉末颗粒尺寸为 1～2μm，需要进行第三次球磨 6～10h，以便获得粉末颗粒尺寸按正态曲线分布的 $CoFe_2O_4$ 粉末。并要求在 0.1μm 以下的粉末分数小于 3%，在 2μm 以上的粉末的分数小于 3%，平均粉末颗粒尺寸为 0.1～1.5μm 的颗粒占大多数。这被称为是较理想的粉末颗粒尺寸分布。此后进行模压成型，可以是单向压，或双向压或等静压。最好是采用双向压或等静压。成型的压力一般为 10～200MPa。压坯在 1250～1450℃ 空气中进行烧结 10～24h，随后炉冷至室温。

用上述方法与工艺可制造非取向多晶样品，其 λ_p 可达到 -150×10^{-6} ～ -225×10^{-6}。

一般来说，用 BM 法仅能制造颗粒尺寸为微米级的 $CoFe_2O_4$ 粉末。近年来发展了很多新的制造方法，如 sol-gol 法、燃烧合成法、化学共沉淀法等。这些新方法的特点是形成 $CoFe_2O_4$ 的化学反应是在分子量级范围内进行的。因此这些方法可制造纳米级的 $CoFe_2O_4$ 粉末。

下面介绍其中几种新方法的原理及工艺[6,37～39]。

10.6.2　溶胶-凝胶法

溶胶-凝胶法（sol-gel），即将可溶性金属盐制成易燃的凝胶，再经煅烧得到目标粉体，简称 S-G 法。溶胶凝胶法步骤如下：

（1）选用下列物质作为原材料，即硝酸钴（结晶水）$Co(NO_3)_2 \cdot 6H_2O$，柠檬酸（$C_6H_8O_7 \cdot 2H_2O$）和硝酸铁 $Fe(NO_3)_3 \cdot 9H_2O$。

（2）按照 Co^{2+}/Fe^{3+} 摩尔比为 0.6/2.4、0.8/1.2 和 1/2 的比例备料，并添加适量的柠檬酸。

（3）研磨破碎并使它们充分混合均匀，并形成中间态胶状体，加入一定数量的乙二醇（$HOCH_2CHCH_2OH$），并充分研磨搅拌混合均匀。

（4）放在 70℃ 的恒温水浴中搅拌 30min 左右，静置约 2h，使它们完成下列反应：

$$3Co(NO_3)_2 \cdot 6H_2O + 2C_6H_8O_7 \cdot 2H_2O \longrightarrow$$
$$18H_2O + Co_3(C_6H_5O_7)_2 \cdot 2H_2O(粉末) + 6HNO_3 \tag{10-11}$$
$$Fe(NO_3)_3 \cdot 9H_2O + C_6H_8O_7 \cdot 2H_2O \rightarrow 5H_2O + Fe(C_6H_5O_7) \cdot 5H_2O + 3HNO_3 \tag{10-12}$$

并得到黏稠的凝胶。

(5) 将上述粉末在 120℃ 干燥箱中干燥 2h，得到干燥的凝胶。

(6) 将上述凝胶加热到 360℃ 煅烧 1h。

(7) 进一步在 600 ~ 700℃ 煅烧 2h，在煅烧的过程中完成铁氧体化学反应，即

$$Co_3(C_6H_5O_7)_2 \cdot 2H_2O + 6Fe(C_6H_5O_7) \cdot 5H_2O + 36O_2 \longrightarrow$$
$$3CoFe_2O_4(黑色粉末) + 48CO_2\uparrow + H_2O\uparrow(气体) \tag{10-13}$$

由于上述化学反应放出大量气体，所得到的是十分疏松、细小的颗粒 $Co_xFe_{3-x}O_4$（$x=0.6$、0.8 和 1.2），它们是钴铁氧体疏松粉末。溶胶凝胶法制造铁氧体，实际上是胶体在低温煅烧时完成铁氧体的化学反应。得到的钴铁氧体粉末，随后还需要进行破碎、造粒、压型、烧结与热处理。

10.6.3 燃烧合成法

燃烧合成（auto-com）法，简称 A-C 法。用一定纯度的（根据需要可以是分析纯或工业纯）硝酸钴（结晶水）$Co(NO_3)_2 \cdot 6H_2O$ 和硝酸铁 $Fe(NO_3)_3 \cdot 9H_2O$，下面统称为硝酸盐，用 N 代表。分别溶于去离子水或蒸馏水，待硝酸盐（N）溶解后，加入氨基乙酸（NH_2CH_2COOH）（下面用 G 代表）作为燃料，使 G 与 N 按照一定比例，例如 G/N = 0.2 ~ 0.5，使 G 与 N 混合均匀，作为母液。将这些母液放在开放的平板上，将平板加热至 200℃，使水蒸发掉，然后氨基乙酸自发地燃烧，并放出大量的热量，从而引起硝酸钴和硝酸铁在分子量级范围内发生下列化学反应：

$$18Fe(NO_3)_3 + 9Co(NO_3)_2 + 32NH_2CH_2COOH + 52O_2 \longrightarrow$$
$$9CoFe_2O_4 + 16N_2\uparrow + 75NO_2\uparrow + 32O_2\uparrow + 80H_2O\uparrow \tag{10-14}$$

XRD 分析表明，燃烧态的 $CoFe_2O_4$ 粉末还残存有 NO_3^- 离子，经过 400℃ 加热 1h 后，NO_3^- 离子已经消除，从而得到纯的具有单相尖晶石结构的 $CoFe_2O_4$ 粉末。

图 10-26 为用 BM 法和 A-C 法制造的 $CoFe_2O_4$ 粉末颗粒尺寸的 SEM 照片。很明显，BM 法制造的粉末尺寸是微米（μm）级的，而 A-C 法制造的是纳米量级（小于 20nm）的粉末。

燃烧反应温度对 $CoFe_2O_4$ 粉末颗粒尺寸有重要的影响。调节 G/N 的比例，可控制燃烧反应温度，从而可控制 $CoFe_2O_4$ 粉末颗粒（或晶粒）尺寸。

图 10-27 所示为燃烧后并在 400℃ 加热 1h 后，不同 G/N 比的 $CoFe_2O_4$ 粉末的

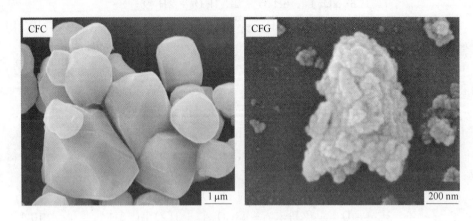

图 10-26   用 BM 法和 A-C 法制造的 $CoFe_2O_4$ 粉末颗粒尺寸形貌的 SEM 照片

XRD 谱线。可见，所有的衍射峰都是 $CoFe_2O_4$ 尖晶石结构的衍射峰。当 G/N 比为 37/27 时，衍射峰变得比较宽，但是仍可分辨它们是 $CoFe_2O_4$ 的衍射峰。随着 G/N 比的提高，衍射峰的半高宽（FWHM）变窄。用 Schemer 方程根据 FWHM 可以计算出样品的晶粒尺寸，因为它是纳米级的，实际也就是粉末颗粒的尺寸。计算结果列于表 10-14。可见，当 G/N<1.0 时，可以制造出平均颗粒尺寸小于 100nm 的 $CoFe_2O_4$ 粉末。已用 A-C 法制造的 $CoFe_2O_4$ 粉末颗粒尺寸在 10nm 以下的粉末，在 8MPa 压力成型。在 1450℃ 烧结 10~30min 的块体 $CoFe_2O_4$ 样品，其 λ_p 达到 -315×10^{-6}，$(d\lambda/dH)_m$ 为 1.97×10^{-9}A/m，这是目前报道的最高水平。

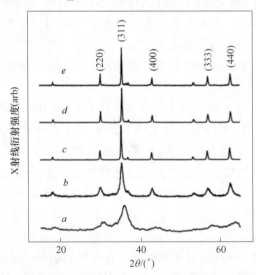

图 10-27   燃烧态并经过 400℃ 1h 后不同 G/N 比的 $CoFe_2O_4$ 粉末的 XRD 谱线[37]

a—G/N=0.2；b—G/N=0.5；c—G/N=1.0；d—G/N=1.5；e—$CoFe_2O_4$ 粉末标准 XRD 谱线

表 10-14　根据 XRD 衍射峰 *FWHM* 计算图 10-27 中 *a~d* 样品的粉末颗粒尺寸

样品	G/N	311	400	333	440	平均晶粒尺寸/nm
a	0.2	4	4	4	4	4
b	0.5	13	11	16	13	13
c	1.0	80	86	90	86	85
*d*①	1.5	>100	>100	>100	>100	—

注：表中 311、400、330 和 440 与图 10-27 中 *e* 对应。

① 颗粒尺寸大于 100nm，其误差较大。

10.6.4　化学共沉淀法

化学共沉淀（Co-prec）法，简称 C-P 法。用三价硝酸铁和二价硝酸钴作为原料（也有用 $FeCl_3 \cdot 6H_2O$ 和 $CoCl_2 \cdot 6H_2O$ 作为原料），按照 Fe/Co 比为 2:1 的摩尔比配料，并使之溶于蒸馏水。将上述溶液加热至 100℃，并持续搅拌，以便得到均匀混合的溶液；加入适量的 NaOH 溶液，边加入边搅拌，使溶液的 pH 值达到 12。NaOH 溶液的加入是促进褐色沉淀物的沉淀。此后用蒸馏水冲洗与过滤多次，去掉杂质离子（NO^{2-}、Na^+、Cl^- 等），使滤液的 pH 值降低到 7.0。过滤完成后得到湿褐色的泥浆，将它加热到 100℃，保温 8~10h，去除水分和残留的其他离子，便得到细小的褐色粉末，称为制备态粉末。

将制备态粉末加热到 200~600℃，热处理 6~8h，以便形成纳米的 $CoFe_2O_4$ 粉末。$CoFe_2O_4$ 粉末颗粒尺寸与热处理有关。实验表明，在 100℃、2h 得到的粉末颗粒尺寸约 12nm，在 700℃、2h 热处理粉末颗粒尺寸为 20~50nm，粉末颗粒大部分呈球状。

最后将这些 $CoFe_2O_4$ 纳米粉末压制为一定形状的样品，进一步将这些压坯在 800~1450℃烧结 30~60min，以便得到致密化的块状 $CoFe_2O_4$。

10.7　成型压力对钴铁氧体性能的影响

Muhammad[8] 系统地研究了等静压成型时不同压力（87~278MPa）对烧结钴铁氧体性能的影响。用 BM 法制粉，用高弹性的聚硅氧烷模具等静压成型，在压力分别为 87MPa、127MPa、167MPa、199MPa、239MPa 和 278MPa 下压制成型，样品的尺寸为 $\phi 8.2mm \times 4.2mm$ 圆片，在 1350℃空气中烧结 24h，随后炉冷至室温。XRD 分析表明，样品为单相尖晶石结构。测量样品的三维方向的磁致伸缩应变，如图 10-28 所示。测量磁场 $H_测$ 沿 *x* 轴方向，同时测量三个方向的应变 *λ* 值。*x* 轴方向的为 long（纵向），*y* 轴方向的为 trans（横向），*z* 轴方向的为 perp（垂直方向）。

1350℃烧结态样品不同成型压力对三个方向的 *λ-H* 曲线的影响如图 10-29 所示。可见，纵向 λ_{long} 是负的，横向和垂直方向都是正的。这是由 $CoFe_2O_4$ 的 λ_{100}

是负值决定的。对各向同性（非取向多晶）样品，在 2.5T 的磁场下，三个方向的应变值是相同的，因为 λ 是焦耳效应，是线性的，不存在体积效应，磁场引起的纵向焦耳效应在不同方向的效应是等同的。Mathe 等人[10-30]在 1.5T 磁场下测量 $CoFe_2O_4$ 块体样品三维方向的 λ 值是等同的。但是图 10-29 中除了压力为 239MPa 的样品外，三维方向的 λ 值是不同的。另外，压力为 199MPa 和 167MPa 的样品的 λ_{long} 接近 -200×10^{-6}，但压力过低，如

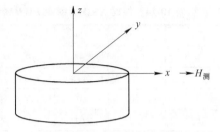

图 10-28　圆片状样品的三维方向
（测量磁场 $H_{测}$ 沿着 x 轴方向，同时测量
三个方向的应变，x 轴方向为纵向（long），
y 轴方向为横向（Trans），z 轴方向
为垂直方向（perp））

87MPa 和压力过高，如 278MPa，横向与垂直的 λ 均较小。

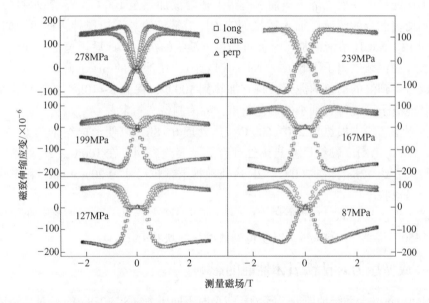

图 10-29　等静压不同压力对烧结态样品三个方向的磁致伸缩 λ-H 曲线的影响

等静压力为 150MPa 附近时，烧结态样品的 K_1 较高，可达到 $(4.75 \sim 5.0) \times 10^5 J/m^3$，而过高或过低压力时，其 K_1 值均比较低，为 $(4.5 \sim 3.5) \times 10^5 J/m^3$。压力的大小对样品的饱和磁化强度 M_s 没有明显的影响。M_s 均为 $80 \sim 85 A \cdot m^2/kg$，但是在压力为 150MPa 附近时，样品的矫顽力较高，为 19900A/m，而过高和过低压力时，样品的 H_c 偏低，约为 7960A/m。

SEM 观察表明，随压力的增大，压坯的粉末颗粒之间接触面积增加，孔洞数目降低，对烧结动力学过程有影响，有利于晶粒长大。也就是说，压力的增大有

利于烧结。总之，等静压压力为 120~170MPa，可获得较高的 λ_p 值和较大的 $(d\lambda/dH)_m$ 值。

10.8 烧结条件对钴铁氧体结构与性能的影响

10.8.1 微米量级粉末与纳米量级粉末具有不同的烧结行为

用 BM 法一般仅能获得微米级（0.1~3μm）粉末，用 A-C 法、S-G 法或 C-P 法均可得到纳米量级（小于 100nm）的粉末。这两种粉末的压坯的烧结行为是不同的，如图 10-30 所示。纳米量级粉末比表面积大，在相同的成型压力下，压坯的相对密度较低（约为 40%），粗粉（微米量级）的相对密度可达到 50%~60%。在加热速度（5℃/min）和冷却速度（20℃/min）相同的情况下，达到相同的收缩率（如 3%），纳米粉末在 600℃ 烧结 10min 就可达到，可粗粉需要在 1300℃ 烧结 10min 才能达到。纳米粉末在 1450℃ 烧结

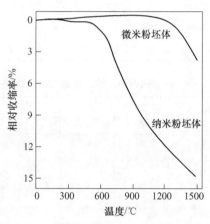

图 10-30 粗粉末（微米级）、纳米级粉末压坯烧结的相对收缩率随烧结温度的变化

10min，其相对密度才达到 80%，而粗粉末在 1050~1400℃ 烧结可达到 96%，这说明两种颗粒尺寸不同的粉末压坯的烧结动力学是不同的。

Mohaideen 等[6]用 A-C 法制造了 $CoFe_2O_4$ 纳米粉末，用 8MPa 压力成型，样品尺寸为 $\phi10mm \times 15mm$ 圆柱体，在空气中 1100~1500℃ 烧结 10min，烧结体的磁性能列于表 10-15。在 1450℃ 在空气中烧结不同时间，烧结体的性能列于表 10-16。SEM 观察表明，在制备态粉末颗粒尺寸为几微米，基本为球状。在 1300℃ 烧结 10min 晶粒尺寸达 3μm，几乎比制备态的粉末颗粒大 1000 倍，形状基本上保持球状。烧结体的相对密度随烧结温度的提高而提高，但在 1450℃ 以上，烧结 10min，相对密度才达到 75%。在 1450℃ 烧结 2h，相对密度达到 85%。但是微米级的粉末压坯在 1450℃ 烧结 1h，相对密度就可达到 96%。SEM 观察表明，在晶界处或晶粒内存在孔洞，因为在烧结过程中有氧气放出。随着烧结温度的增加，孔洞增加。

表 10-15 $CoFe_2O_4$ 在不同温度烧结 10min 的磁性能

烧结温度 /℃	时间 /min	相对密度 /%	晶粒尺寸 /μm	M_s /A·m²·kg⁻¹	H_c /kA·m⁻¹	T_c /℃	λ_p /×10⁻⁶	$(d\lambda/dH)_m$ /A·m⁻¹ (×10⁻⁹)
1100	10	50	0.7	80.6	35.6	525	−160	−0.68

烧结温度 /℃	时间 /min	相对密度 /%	晶粒尺寸 /μm	M_s /A·m²·kg⁻¹	H_c /kA·m⁻¹	T_c /℃	λ_p /×10⁻⁶	$(d\lambda/dH)_m$ /A·m⁻¹ (×10⁻⁹)
1200	10	63	1	80.2	28.2	525	−201	−0.88
1300	10	72	3	80.1	18.4	522	−232	−1.01
1400	10	75	6	82.5	15.1	521	−278	−1.63
1450	10	80	9	81.6	12.4	519	−315	−1.97
1500	10	83	15	80.5	7.6	515	−276	−1.67

表 10-16　纳米粉末 $CoFe_2O_4$ 在 1450℃ 空气中烧结不同时间的磁性能

烧结时间 /min	相对密度 /%	晶粒尺寸 /μm	M_s /A·m²·kg⁻¹	H_c /kA·m⁻¹	T_c /℃	λ_p /×10⁻⁶	$(d\lambda/dH)_m$ /A·m⁻¹ (×10⁻⁹)
0	79	6	80.6	15.6	513	−302	−1.58
5	80	8	81.1	14.4	515	−311	−1.73
10	80	9	81.1	12.4	519	−315	−1.97
30	84	10	80.8	11.9	515	−308	−1.57
60	85	15	80.9	11.1	513	−285	−1.42
120	85	17	81.4	8.2	510	−287	−1.45

在 1450℃ 烧结 10min，烧结体的 λ_p 值，$(d\lambda/dH)_m$ 和 H_c 均达到最佳值，它们分别为 $-315×10^{-6}$、$1.97×10^{-9}$ A/m 和 12.4kA/m。一般情况下，$(d\lambda/dH)_m$ 对应的磁场 H_p 与 H_c 接近，这说明在此时烧结体可在 12.4kA/m 下工作。

表 10-16 还表明，在 1450℃ 烧结时，随烧结时间的延长，λ_p 值、$(d\lambda/dH)_m$ 均在烧结 10min 时出现最佳值。此时相对密度为 80%，晶粒尺寸为 9μm，H_c、λ_p 值和 $(d\lambda/dH)_m$ 都出现最佳值。随烧结时间的进一步延长，相对密度和晶粒尺寸虽进一步增加，但 H_c 降低，同时 λ_p 值、$(d\lambda/dH)_m$ 都有所降低。

上述情况说明，纳米粉末颗粒在 1450℃ 烧结 10min（时间短），就可以达到最佳性能。烧结时间为 0min，是以相同的加热速度加热到 1450℃，立刻以相同的冷却速度冷却，此时相对密度已由 40%~45% 提高到 79%。晶粒尺寸为 6μm，λ_p 值和 $(d\lambda/dH)_m$ 分别提高到 $-302×10^{-6}$，$1.54×10^{-9}$ A/m。这说明纳米粉末烧结体在加热升温过程和冷却过程就已经起到烧结作用。

在不同温度烧结 10min 和在 1450℃ 烧结不同时间，烧结体的 M_s 和 T_c 均没有明显变化。这说明纳米量级粉末压结体在烧结过程，Co^{2+} 和 Fe^{3+} 的占位变化不大。因为 M_s 和 T_c 对 Co^{2+} 的占位变化是十分敏感的。这就出现一个问题，纳米量级粉末烧结体，λ_p 值和 $(d\lambda/dH)_m$ 的最佳值是由什么因素决定的？这个问题还有待进一步研究。

10.8.2 微米量级粉末制备钴铁氧体结构与显微组织的变化

Nlebedim 等人[40]研究了 BM 法制造的 $CoFe_2O_4$ 粉末，用 87MPa 和 127MPa 压型，在 1250℃、1350℃ 和 1450℃ 烧结 24h 和 36h，样品的结构和显微组织的变化。其结果见图 10-31 和图 10-32。XRD 分析的结果表明，微米级粉末用 87MPa 和 127MPa 压型再经过图 10-30 所示的工艺烧结，所有样品都是单相的尖晶石结构。并且所有的衍射峰的 2θ 角都没有位移，这说明上述工艺条件下烧结，样品的点阵常数没有发生变化。

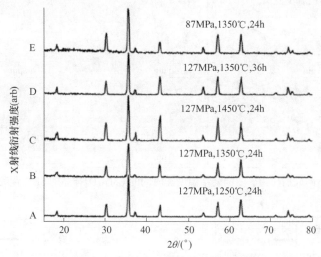

图 10-31 A、B、C 分别是在 1250℃、1350℃ 和 1450℃ 烧结 24h 的 XRD 衍射谱，
D 和 E 都在 1350℃ 烧结 36h 和 24h，成型压力分别为 127MPa 和 87MPa

图 10-32 是样品的 SEM 背散射电子像。可见不同成型压力、不同烧结时间，样品的背散射图像衬度相同。这说明它们的成分是均匀的、单相的，与 XRD 的分析结果一致，所有样品的成分均为 $Co_{1.03}Fe_{1.97}O_4$。但是，SEM 背散射电子像还表明样品存在空洞，并且晶粒尺寸大小不同。随烧结温度的提高和烧结时间的延长，晶粒尺寸增大，空洞的数量增加。在 1250℃ 烧结 24h，晶粒尺寸比较小，约为几微米，在 1450℃ 烧结 36h，平均晶粒尺寸增加到几十微米。比纳米量级粉末在 1450℃ 烧结 10min 的晶粒（9μm）大了很多。显微组织的变化将对样品的 λ_p 值、$(d\lambda/dH)_m$ 和 H_c 有影响。

图 10-33 所示为微米量级 $CoFe_2O_4$ 粉末在 87MPa 和 127MPa 压型，在不同温度烧结不同时间后的 λ-H 曲线。可见，成型压力是 87MPa 还是 127MPa，样品的 λ_p 值均在 1250℃ 和 1350℃ 烧结 24h 有最大值。例如，成型压力为 87MPa 样品在

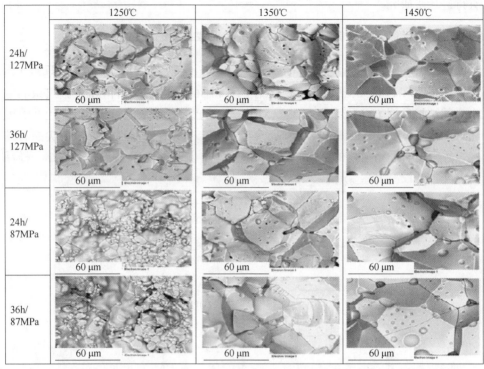

图 10-32　不同成型压力、不同烧结温度和时间的 $CoFe_2O_4$ 样品的 SEM 背散射电子图像

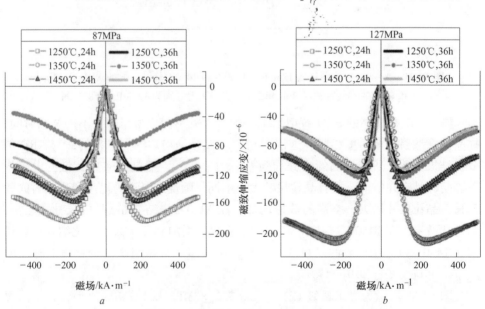

图 10-33　微米 $CoFe_2O_4$ 粉末压坯经 87MPa 和 127MPa 压型，
在不同温度烧结不同时间后的 λ-H 曲线

1250℃烧结 24h 和 1350℃烧结 24h，λ_p 值均为最大值，约为 $\lambda_p = -180 \times 10^{-6}$；而成型压力为 127MPa 的样品，也是在 1250℃和 1350℃烧结 24h，λ_p 有最大值，均可达到 -200×10^{-6}。然而纳米量级 $CoFe_2O_4$ 粉末，成型压力为 8MPa，在 1450℃烧结 10min，烧结体的 λ_p 值达到 -315×10^{-6}。

图 10-34 所示为微米量级粉末压结体的烧结温度、烧结时间、成型压力对 $CoFe_2O_4$ 粉末烧结体 H_c 的影响。可见，所有微米量级粉末的烧结体的 H_c 随烧结温度的提高而降低。这与 SEM 的观察是一致的。随烧结温度的提高，烧结体的晶体长大，从而导致 H_c 的降低。成型压力为 87MPa 的样品在任何烧结温度烧结，烧结 36h 的 H_c 均比烧结 24h 的 H_c 低。样品的 H_c 与工艺参数的关系还存在

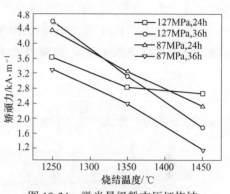

图 10-34 微米量级粉末压坯烧结温度、时间及成型压力对 $CoFe_2O_4$ 样品矫顽力的影响

一些反常的现象。因为 $CoFe_2O_4$ 样品的磁性能，还包括 λ_p 值和 $(d\lambda/dH)_m$ 等，它们除了与工艺参数有关外，还与 Co^{2+} 和 Fe^{3+} 的占位及显微组织有关，它们的关系比较复杂，很多问题有待进一步研究。

10.8.3 微米量级粉末压结体在真空中烧结的结构与性能的关系

Nlebedim 等人[41]研究了 BM 法制造 $CoFe_2O_4$ 粉末压结体在真空中（10^{-5}托）的烧结温度与烧结时间对烧结体结构与性能的影响。结果表明，在 1200℃烧结 24h，烧结体密度达到 5090kg/m³，达到理论密度的 96.7%。这说明在真空烧结的致密化过程比空气中烧结要快，如图 10-35 所示。另外，XRD 分析表明（图 10-36），

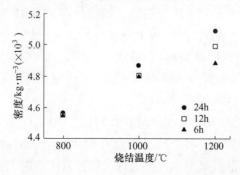

图 10-35 微米量级粉末压结体的烧结体密度与烧结温度和时间的关系

微米量级的 $CoFe_2O_4$ 粉末压结体样品是纯的尖晶石结构。而经过 800℃ 24h、1000℃ 24h 和 1200℃ 24h 烧结后，随烧结温度的提高，样品的 K_1 降低，例如在 800℃ 24h 烧结体样品的 $K_1 = (3.6 \sim 4.1) \times 10^5 \, J/m^3$，在 1200℃ 24h 样品的 K_1 降低到 $(3.2 \sim 3.4) \times 10^5 \, J/m^3$。与此同时，样品的矫顽力 H_c 也相应地降低。烧结体样品的最大 λ_p 值仅达到 $-(100 \sim 120) \times 10^{-6}$。XRD 分析发现，在 800℃、1000℃ 和 1200℃ 烧结时出现了 CoO 第二相（图 10-36）。它相当于 $Co_{0.67}Fe_{0.33}O$ 的固溶体。它可能是导致真空烧结样品 λ_p 值降低的主要原因。

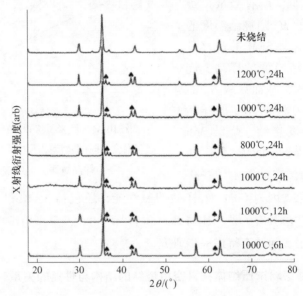

图 10-36　微米量级 $CoFe_2O_4$ 粉末压结体在不同温度真空烧结后样品的 XRD 谱线

10.9　一般热处理对钴铁氧体结构与性能的影响

　　Nlebedim 等人[41]研究了热处理温度对微米量级粉末烧结体的磁性、磁弹性和显微结构的影响。样品用 BM 法制造，压结体在 1350℃ 烧结 24h 炉冷至室温，作为样品的原始态。样品尺寸为 $\phi 9.05mm \times 10.2mm$ 圆棒。将上述样品再一次加热进行热处理。分别将样品加热到 600℃、800℃、1000℃、1200℃ 和 1400℃ 保温 24h，后水淬冷却至室温（作为热处理态）。研究了样品原始态和热处理态的结构与磁性能及磁弹性能。

　　XRD 分析结果见图 10-37。所有衍射峰均是 $CoFe_2O_4$ 尖晶石结构的衍射峰，没有附加的第二相衍射峰。各个样品的点阵常数 $a = (8.37 \pm 0.002)$ Å，说明原始态和热处理态所有样品都是单相。热处理过程没有出现第二相。不同状态样品断面 SEM 图像见图 10-38。SEM 图像也证明，不同状态也是单相的。EDX 分析表明，所有样品的成分均相同。它们的 Co/Fe 比为 1.02/1.98，说明热处理前后样品没有成分的变化。

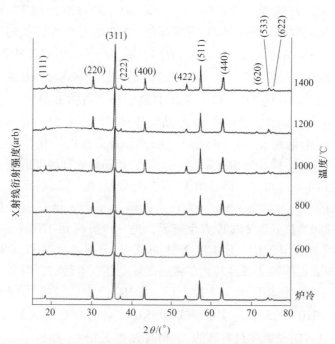

图 10-37 CoFe$_2$O$_4$ 烧结态和热处理态样品的 XRD 谱线

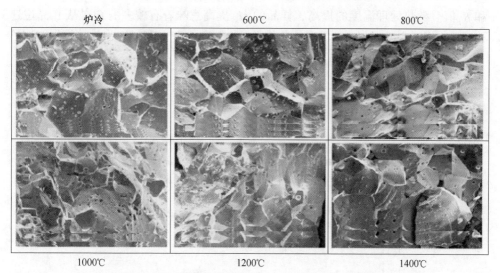

图 10-38 CoFe$_2$O$_4$ 不同状态样品断口的 SEM 照片（标尺为 50μm）

热处理后样品的 λ-H 曲线和 (dλ/dH)$_m$ 与热处理的关系分别见图 10-39 和图

10-40。可见，在600℃热处理样品有较高的λ_p值（约-160×10^{-6}），比原始态（烧结态）的λ_p值（约-140×10^{-6}）还高。原始态样品的$(d\lambda/dH)_m$最高，约为4.34×10^{-9}A/m，600℃热处理后样品的$(d\lambda/dH)_m$约为3.5×10^{-9}A/m。随着热处理温度的提高，样品的$(d\lambda/dH)_m$逐渐减低，1400℃热处理样品的$(d\lambda/dH)_m=$ 2.1×10^{-9}A/m。样品的λ_p值和$(d\lambda/dH)_m$，除了与样品的宏观显微组织有关外，还与Co^{2+}和Fe^{3+}的占位有关。而Co^{2+}和Fe^{3+}的占位分布直接与样品的M_s和K_1有关。众所周知，$CoFe_2O_4$的λ_s和K_1主要取决于Co^{2+}占据B晶位的分数。当Co^{2+}由B晶位迁移到A晶位，而Fe^{3+}由A晶位迁移到B晶位时，要影响$CoFe_2O_4$的M_s和K_1。为了弄清楚λ_s和$(d\lambda/dH)_m$随热处理温度的变化，Nlebedim等人进一步研究了$CoFe_2O_4$样品的M_s和K_1（包括H_c）随热处理温度的变化，其结果见图10-41和图10-42。可见，样品的M_s随热处理温度的提高而提高。原始态（烧结态）样品的M_s为420kA/m，600℃热处理24h淬火至室温，其M_s提高到440kA/m，1400℃热处理24h淬火至室温，进一步提高到470kA/m。$CoFe_2O_4$的饱和磁化强度为$M_s=\sum M_B-\sum M_A$。$\sum M_B$和$\sum M_A$分别表示B和A亚点阵的饱和磁化强度。B亚点阵和A亚点阵内的离子磁矩是相互平行的，但是B亚点阵与A亚点阵的磁矩方向是相反的。一般来说，$\sum M_B>\sum M_A$，它们是亚铁磁性耦合。已知Co^{2+}是$(3.0\sim3.5)\mu_B$，Fe^{3+}磁矩是$5\mu_B$，原始态Co^{2+}大部分占据B晶位（它是决定$CoFe_2O_4$铁氧体具有高的λ_s和高K_1的关键），在A晶位上，Fe^{3+}占大部分。根据式（10-6），当反型度为0.85~0.9时，$CoFe_2O_4$铁氧体有最大的λ_p和K_1值。随热处理温度的提高，样品的M_s提高意味着有较多的Co^{2+}从B晶位迁移至A晶位，从而导致M_s提高，K_1值及λ_p降低。这与实验结果是一致的。这说

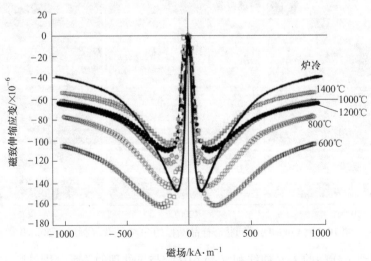

图10-39 $CoFe_2O_4$不同状态样品的λ-H曲线

明样品的 λ_p，M_s 和 H_c 随热处理温度的提高，有更多的 Co^{2+} 迁移至 A 晶位，同时它迫使更多的 Fe^{3+} 从 A 晶位迁移至 B 晶位。当然样品的 H_c 的变化可能更多地与晶粒大小有关，随晶粒尺寸的长大，样品的 H_c 降低。

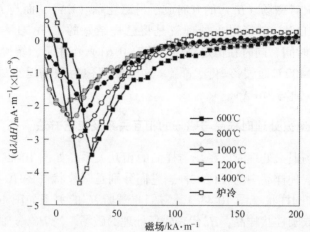

图 10-40　$CoFe_2O_4$ 的 $(d\lambda/dH)_m$ 随热处理温度的变化

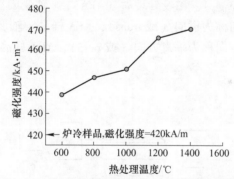

图 10-41　$CoFe_2O_4$ 的饱和磁化强度 M_s 与热处理温度的关系

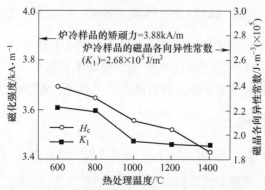

图 10-42　$CoFe_2O_4$ 的磁晶各向异性常数 K_1 值及 H_c 与热处理温度的关系

10.10 磁场退火处理（FA）对钴铁氧体结构与磁性的影响

早在 60 年以前人们已经知道，经磁场退火处理后，样品形成了单轴各向异性，沿磁场退火时磁场（H_t）的方向成了易磁化轴（EA），而与 H_t 垂直方向成了难磁化轴（HA）。磁场退火处理就是将已烧结好的 $CoFe_2O_4$ 样品，在 300～400℃加热一段时间，同时在恒定磁场（0.3～0.6T）作用下，缓慢冷却，或者在磁场中从 300～400℃缓慢冷却至室温。这样处理称为磁场退火处理（magnetic field annealing，简写为 FA）。

10.10.1 磁场退火处理时样品与磁场的相互关系及工艺方法

样品在磁场退火处理时，磁场与样品的相互关系，如图 10-43 所示。磁场处理时，可采用三种样品中的任何一种。它们分别是圆片状（图 10-43a），方块状（图 10-43b）和圆柱状（图 10-43c）。它们与磁场 H_t 的关系如图 10-43 所示。一般选用圆片状或圆柱状样品，H_t 代表磁场处理的磁场。当 $H_t \parallel x$ 轴方向，并测量应变值，测量磁场 H_m 沿 x 轴方向时，则 x 轴称为纵向（或 long），沿 x 轴的应变 λ 称为 $\lambda_纵$（或 $\lambda_\parallel$ 或 λ_{long}）。磁场处理后（AFA），x 轴变成易磁化场轴，或称易轴（EA）。沿 y 轴方向称为横向（或 trans），AFA 样品 y 轴变成难磁化轴，简称难轴（HA），沿 z 轴方向称为垂直方向（或 perp），AFA 样品 z 轴也是难磁化轴。

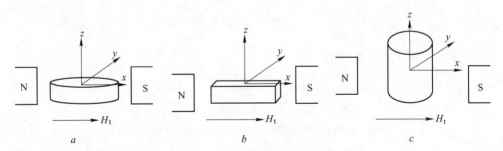

图 10-43　$CoFe_2O_4$样品磁场处理的示意图

测量磁性能或测量磁致伸缩应变 λ 时，一般是在开路条件下进行的。上述三种样品沿不同方向有不同的退磁场 H_d，对测量结果有影响。如果选用图 10-43 所示的 a 和 c 样品，在 x 轴和 y 轴方向的退磁因子相同，便于测量结果的比较。

10.10.2 单晶体的磁场处理

1955 年 Bozorth 等人[42]用 $Co_{0.8}Fe_{2.2}O_4$ 单晶体（$\phi5.7mm×1.9mm$）样品，从 400℃在 796000A/m 磁场中慢冷到室温。样品的平面为（100）面，磁场 H_t 平行于圆片状样品的 x 轴方向，即［100］方向。AFA 沿 y 轴方向施加测量磁场 H_m，

并沿 [100] 方向测量的磁致伸缩应变时，得 $\lambda_{100} = +800 \times 10^{-6}$（未磁场退火（BFA）前沿 [100] 方向即 x 轴方向测量 $\lambda_{100} = -515 \times 10^{-6}$）。若测量磁场 H_m 沿 y 轴方向测量时，而仍测量 [100] 应变时，则 λ_{100} 也近似达到 -800×10^{-6}。

10.10.3　FA 对微米量级粉末烧结样品结构与性能的影响

Lo 等人[43]用 BM 法制得微米量级 $CoFe_2O_4$ 粉末，并获得非取向多晶烧结样品（$\phi 5.1mm \times 0.7mm$）。在空气中 400℃、318kA/m 磁场退火 36h 并冷却到室温，样品的磁滞回线和 λ-H 曲线分别见图 10-44 和图 10-45。磁场处理时，H_t 沿 x 轴方向见图 10-43a。可见，AFA 后样品沿 x 轴方向变为易轴（EA），y 轴方向变为难磁化轴（HA），AFA 样品变为各向异性。但是 AFA 样品和 BFA 样品的饱和磁化强度 M_s 没有变化，只是矫顽力有变化。原始态样品的 H_c 为 5.4kA/m，而 AFA 样品沿 EA 方向的矫顽力降低到 2.6kA/m，难磁化轴（HA）方向矫顽力提高到 6.9kA/m。比较 BFA 和 AFA 样品的 λ-H 曲线，BFA 和 AFA 样品的各项性能指标列于表 10-17。可见，用 BM 法制造的非取向多晶 $CoFe_2O_4$ 材料，AFA 样品沿易轴方向测量的 λ_p 为 -252×10^{-6} 或 $+240 \times 10^{-6}$，均比 BFA 样品的 $\lambda_p = -200 \times 10^{-6}$ 有明显提高。它们的 $(d\lambda/dH)_m$ 也由原来的 1.5×10^{-9} A/m 提高到 3.3×10^{-9} A/m 或 3.9×10^{-9} A/m。另外，λ_p 对应的磁场 H_p 也有明显的降低。由 BFA 样品的 H_p 约为 400kA/m，降低到 AFA 样品的 $H_p = 150 \sim 160$kA/m。这说明磁场退火处理可明显改进微米量级 $CoFe_2O_4$ 粉末烧结体的各项性能指标。

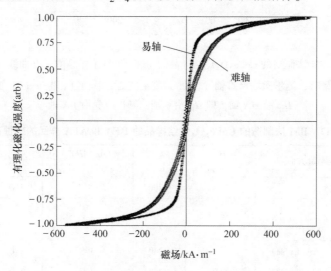

图 10-44　用 BM 法制造 $CoFe_2O_4$ 非取向多晶烧结样品，
经磁场退火处理前（BFA）和磁场退火后（AFA）的磁滞回线

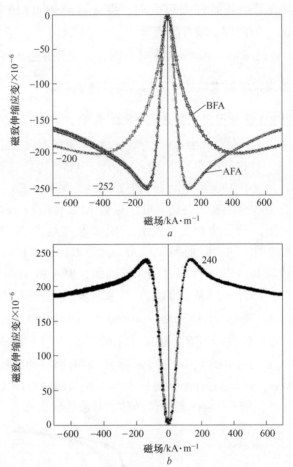

图 10-45 用 BM 法制造的 $CoFe_2O_4$ 烧结样品的 BFA 和 AFA 样品的 λ-H 曲线 (a)，其中
AFA 样品在测量时，测量磁场沿难轴（y 轴），测量应变沿易轴（x 轴）；(b) 为 AFA 样品，
H_m 沿 HA 轴，即 H_m 沿 y 轴，测量应变沿 EA 轴

表 10-17 BM 法制造的 $CoFe_2O_4$ 烧结样品的 BFA 和 AFA 样品的磁性比较

样品状态及测量方向		H_c /kA·m⁻¹	λ_p /10⁻⁶	$(d\lambda/dH)_m$ /A·m⁻¹ (×10⁻⁹)	M/M_s	H_p /kA·m⁻¹
BFA		5.4	−200	−1.5	1.0	~400
AFA						
测量时磁场方向	测量应变方向					
HA（y 轴）	EA（x 轴）	—	+240	3.3	1.0	~150
HA（y 轴）	HA（y 轴）	6.9	−252	3.9	1.0	~160
EA（x 轴）	EA（y 轴）	2.6	+84	—	—	—
EA（x 轴）	HA（y 轴）	—	−38	—	1.0	—

Muhammad 等人[8]也研究了 BM 法制造 $CoFe_2O_4$ 粉末，经 87～239MPa 不同压力等静压成型样品（ϕ8.2mm×4.2mm 圆片状）在空气中，10T 磁场退火 3h。他们分别测量了圆片状样品的易轴和难轴三维方向的磁致伸缩 λ-H 曲线和磁场退火效果与等静压成型压力的关系。

图 10-46 所示为 $CoFe_2O_4$ 烧结体 AFA 样品，测量磁场 H_m 先后分别沿着易轴（x 轴）和难轴（y 轴）方向，同时测量三维方向的 λ-H 曲线。可见，当测量磁场 H_m 沿易轴方向且 H_m = 1.0T 时，三个方向的 λ 值、λ_{long}（x 轴），其中 λ_{trans}（y 轴）、λ_{perp}（z 轴）都是正值。它们的峰值 λ_p 几乎相等，即 λ_{trans}（y 轴）≈ λ_{perp}（z 轴）= 280×10^{-6}，但是 λ_{long}（x 轴）直到 H_m 达到 3.0T 时 λ_{long}（x 轴）才达到 +120×10^{-6}。而在 y 轴和 z 轴的 H_p 相等，约为 1.0T 左右（见图 10-46 上部）。

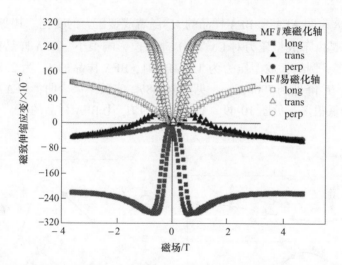

图 10-46　$CoFe_2O_4$ 烧结体 AFA 样品，测量磁场 H_m 先后分别沿着易轴（x 轴）和难轴（y 轴）方向，同时测量三维方向 λ_{long}（x 轴）、λ_{trans}（y 轴）、λ_{perp}（z 轴）的 λ-H 曲线

当测量磁场 H_m 沿难轴（y 轴）在 0.5T 时，λ_{long}（y 轴）达到最大值 $(\lambda_{long})_p$ = −310×10^{-6}，相应的 H_p = 0.5T。但是 λ_{perp}（z 轴）总是负值，而 λ_{trans}（x 轴）先是正值，当 H_m 达到 1.2T 时，λ_{trans}（x 轴）转变为负值（见图 10-46 下部）。上述的结果说明，沿着易轴磁化和沿着难轴磁化，AFA 样品的磁弹性行为是不同的。它与 AFA 样品已经形成磁畴结构有关，沿不同方向磁化，其磁化行为不同，即磁矩转动或磁畴位移的方式不同。

图 10-47a、b 所示分别为 AFA 和 BFA 样品的 λ_p 与 $(d\lambda/dH)_m$ 与等静压成型压力的关系。可见，在成型压力为 87～267MPa 的范围内，AFA 样品的 λ_p 均高于 BFA 样品。当成型压力约为 150MPa 时，AFA 样品的 λ_p 可达到 −395×10^{-6}。这是

迄今为止所报道的 $CoFe_2O_4$ 材料的最高值。AFA 样品的 $(d\lambda/dH)_m$ 也均高于 BFA 的样品，AFA 样品的 $(d\lambda/dH)_m$ 似乎与成型压力关系不大。

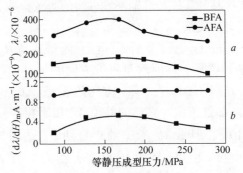

图 10-47　AFA 和 BFA 样品的 λ_p 与 $(d\lambda/dH)_m$ 与等静压成型压力的关系

图 10-48 表明 AFA 和 BFA 样品的 M_s 随着成型压力的变化。其变化在误差范围内，可能是由于成型压力对 Co^{2+} 和 Fe^{3+} 占位影响很小。AFA 样品比 BFA 样品的 H_c 低很多。例如，成型压力为 150MPa 时，BFA 样品的 H_c 为 23880A/m，但 AFA 样品的 H_c 降低到 7960A/m，见图 10-48b。实验结果表明，AFA 样品的 K_1 比 BFA 样品的低很多，见图 10-49。AFA 样品的 H_c 比 BFA 样品的低，与其 K_1 的降低有关。

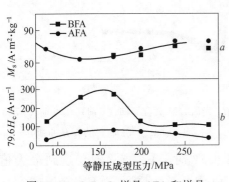

图 10-48　$CoFe_2O_4$ 样品 AFA 和样品 BFA 的 M_s 随着成型压力的变化

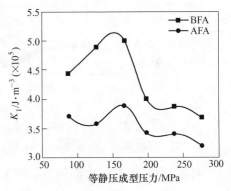

图 10-49　$CoFe_2O_4$ 样品 AFA 和样品 BFA 的 K_1 与成型压力的关系

10.10.4　FA 对纳米量级粉末烧结样品的结构与性能的影响

Mohaideen 和 Joy 等人[6] 用自发燃烧法（A-C）制造 $CoFe_2O_4$ 粉末，颗粒尺寸约为 4nm。粉末用 8MPa 的压力成型，样品尺寸为 ϕ10mm×15mm 圆柱体。样品以 4℃/min 的速度升温加热到 1450℃烧结 10min，随后以 20℃/min 的速度冷却到室温。样品的相对密度为80%，然后样品在300℃的空气中，0.5T磁场退火30min，并缓慢冷却到室温。FA时磁场 H_t 方向与样品轴向的相对取向关系如图10-43c所示。

对AFA圆柱体样品，沿 z 轴方向加磁场 H_m，沿 z 轴方向的应变 λ_{long}（z 轴）和 x 轴方向应变 λ_{perp}（x 轴）。测量磁场 H_m 约800kA/m，所得结果见图10-50。可见，BFA样品沿 z 轴方向的 λ_p 为 -320×10^{-6}，与 λ_p 对应的磁场 H_p 为800kA/m。沿 x 轴方向的 λ_p 为 -25×10^{-6}，相应的磁场为800kA/m。但是对于AFA样品，沿 z 轴方向 λ_p 增加到 -350×10^{-6}，相对的磁场 H_p 降低到300kA/m。H_m 平行于 x 轴方向的应变 λ_p 几乎为零。

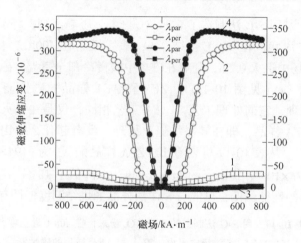

图 10-50 纳米量级 $CoFe_2O_4$ 粉末烧结体 BFA 和 AFA 样品的 λ-H 曲线

（1、2曲线代表BFA样品的 λ-H 曲线，3、4曲线代表AFA样品的 λ-H 曲线。1曲线代表 H_m 沿 x 轴方向，并沿 x 轴方向测量的应变。2曲线代表 H_m 平行于 z 轴，并沿 z 轴测量的应变曲线。3曲线代表AFA样品 H_m 平行于 x 轴，并沿 x 轴测量的应变曲线。4曲线代表AFA样品 H_m 平行于 y 轴，并沿 y 轴测量的应变曲线）

Muhammad 等人[8]用A-C法制造了 $CoFe_2O_4$ 纳米粉末，用8MPa的压力成型，在1000℃、1200℃和1450℃烧结不同时间（升温速度为5℃/min，冷却速度为20℃/min）。当冷却到300℃时加400kA/m磁场，保温30min，随后在磁场中缓慢冷却。磁场处理时，H_t 方向见图10-43c，得到结果列于表10-18。可见，BFA 3号样品的 $\lambda_p = -315 \times 10^{-6}$，$(d\lambda/dH)_m = -1.97 \times 10^{-9}A/m$，AFA 3号样品 $\lambda_p = -345 \times 10^{-6}$，$(d\lambda/dH)_m = -2.12 \times 10^{-9}A/m$，两者分别比BFA样品提高了9.5%和7.6%。另外，从表10-18还可以看出，不论是BFA还是AFA样品，制造方法都相同，烧结温度和烧结时间对样品性能均有较明显的影响。在1450℃烧结10min，均可取得较高的磁致伸缩性能。

表 10-18 纳米粉末，成型压力为 8MPa，在不同温度烧结，冷却至 300℃，在 400kA/m 磁
场退火 30min，随后在磁场中炉冷至室温，样品的尺寸为 ϕ10mm×15mm，磁场退火时 H_t
与样品轴（z 轴）垂直，H_m 平行于 z 轴（或 y 轴），沿 z 轴应变，BFA 和 AFA 样品的磁性能

样品编号	烧结温度 /℃	烧结时间 /h	样品的相对密度 /%	BFA（$H_t=0$，H_m 平行于 x 轴，沿 x 轴应变）		AFA（$H_t=$平行于 x 轴，H_m 平行于 y 轴，沿 y 轴应变）	
				$\lambda_p/\times10^{-6}$	$(d\lambda/dH)_m/A\cdot m^{-1}$ $(\times10^{-9})$	$\lambda_p/10^{-6}$	$(d\lambda/dH)_m/A\cdot m^{-1}$ $(\times10^{-9})$
1	1000	20	58	−241	−1.18	−272	−2.03
2	1100	20	61	−268	1.58	−286	−2.14
3	1450	10min	80	−315	−1.97	−345	−2.12
4	1200	10min	63	−201	−0.88	−295	−1.72

Zheng 等人[44]用 S-G 法制造了 $CoFe_2O_4$ 粉末，压制成型，样品尺寸为 12mm
×10mm×1mm 方片状，在 950℃烧结 24h，随后样品在 400℃，在真空中 $4.6\times$
$79.6kA/m$ 的磁场中退火 0.5h，随后在磁场中缓慢冷却至室温，磁场处理时磁场
H_t 与样品表面平行（见图 10-43b）。ZFA 和 AFA 样品的磁性能列于表 10-19。
ZFA 为零磁场处理，它的处理工艺与 AFA 工艺相同，仅是在退火处理时不加磁
场。它相当于 BFA 样品，即在零磁场退火处理，没有起什么作用，其磁畴结构
状态与 BFA 相同。从表 10-19 可以看出，ZFA 样品的 λ_p 为 -194×10^{-6}，而 AFA
样品的 λ_p 为 -273×10^{-6}，提高了约 41%，同时 H_c 降低了 13%，磁场处理的效果
非常明显。但总的性能偏低，可能与 S-G 法样品的烧结温度偏低有关。

表 10-19 用 S-G 法制造的 $CoFe_2O_4$ 粉末，在 400℃真空中，
366.16kA/m 磁场中退火，ZFA 和 AFA 样品的磁性能

样品状态	矫顽力 H_c /A·m^{-1}（×79.6）	磁化强度 /A·m^2·kg^{-1}	$\lambda_{p//}\times10^{-6}$	$\lambda_{p\perp}\times10^{-6}$
ZFA	626	23.5	−194	+94
AFA				
H_m // y 轴，y·轴应变	543	11.9	−273	
H_m // y 轴，x 轴应变			+244	
H_m // x 轴，x 轴应变	447	41.4	−55	
H_m // x 轴，y 轴应变			+43	

10.10.5 FA 提高钴铁氧体材料性能的原因分析

综上所述，$CoFe_2O_4$ 材料，BFA 和 AFA 样品的磁性能的变化，与材料的制造
方法、粉末颗粒尺寸、成型压力、烧结工艺、磁场退火工艺参数等因素有关，其
结果列于表 10-20。可见，AFA 样品样品的磁特性发生很大变化。

表10-20 CoFe₂O₄材料，BFA和AFA样品的磁性能的变化与工艺参数的关系

编号	成分	制备方法与工艺	BFA样品				AFA样品				FA效果	
			λ_p /×10⁻⁶ /A·m⁻¹	H_p /kA·m⁻¹	$(d\lambda/dH)_m$ /A·m⁻¹(×10⁻⁹)	H_c /kA·m⁻¹	λ_p /×10⁻⁶ /A·m⁻¹	H_p /kA·m⁻¹	$(d\lambda/dH)_m$ /A·m⁻¹ (×10⁻⁹)	H_c /kA·m⁻¹	$\Delta\lambda_p/\lambda_p$/%	$\dfrac{\Delta(d\lambda/dH)_m}{(d\lambda/dH)_m}$/%
1	Co₀.₈Fe₂.₂O₄	单晶体，φ57mm×19mm；在400℃，10×79.6kA/m 中冷却至室温，H_t∥[100]	−515				−800				55	
2	CoFe₂O₄	BM 法，φ5.1mm×8.7mm；空气中，318kA/m，36h	−200		1.5	5.4	−252		3.9	2.5	27	169
3	CoFe₂O₄	BM 法，φ8.2mm×4.2mm；230MPa 等静压，1350℃ 24h，300℃空气中，10T，3h	−200		0.628		−395		1.26		97	
4	CoFe₂O₄	A-C 法，φ10mm×15mm；8MPa，1450℃10min，300℃空气中，0.5T，30min，磁场冷却	−315	500			−350	300			11	
5	CoFe₂O₄	BM 法，φ10mm×15mm；8MPa，1450℃10min，磁场冷却，300℃空气中，0.5T，30min，磁场冷却	−150	700			−275	380			83	
6	CoFe₂O₄	A-C 法，φ10mm×15mm；8MPa，1450℃10min，300℃空气中，400kA/m，30min，磁场冷却	−315				−345				9.5	7.6
7	CoFe₂O₄	S-G 法，950℃24h，12mm×10mm×1mm，真空中，400℃，4.6×79.6kA/m，30min磁场冷却	−194				−273				41	34

（1）由 BFA 的各向同性变成 AFA 的各向异性，沿平行 H_t（磁场退火的磁场）方向变成易磁化轴，垂直 H_t 方向变成难磁化轴。

（2）沿易磁化轴方向：

1）剩余磁化强度 M_r 提高。

2）矫顽力降低。

3）各向异性常数 K_1 降低。

4）λ_p 提高，单晶体 λ_p 提高到 -800×10^{-6}，提高了 55%，多晶非取向样品 λ_p 有不同程度的提高，约提高 10%~97%，与样品的制造方法和工艺参数有关。

5）$(d\lambda/dH)_m$ 提高 7.6%~169%。

6）与 λ_p 对应的磁场 H_p 降低，例如 4 号和 5 号分别由 500kA/m 降到 300kA/m，由 700kA/m 降到 380kA/m。

7）BFA 和 AFA 样品的饱和磁化强度 M_s 几乎没有变化。

（3）用 A-C 法制造 $CoFe_2O_4$ 纳米粉末和高压力（约 139MPa）等静压成型，有利于制造高性能的 $CoFe_2O_4$ 材料。例如，3 号样品，由 BM 制粉经过 239MPa 等静压成型，再经过 10T 磁场处理，BFA 和 AFA 样品的 λ_p 分别达到 -200×10^{-6} 和 -395×10^{-6}。又例如，4 号样品用 A-C 法制粉，8MPa 成型，经 0.5T 磁场退火，BFA 和 AFA 样品的 λ_p 分别达到 -315×10^{-6} 和 -345×10^{-6}，均是目前的最佳水平，但需要进一步实验证实。

上述各项性能指标的变化，最主要的是 AFA 样品变化为各向异性。为弄清楚 AFA 样品各向异性的起源，Bozorth 等人[42]、Lo 等人[43]、Muhammad 等人[8] 和 Zheng 等人[44] 分别研究了 AFA 样品各向异性的起源。

Zheng 等人用 XRD 研究了 ZFA 和 AFA 样品与 H_t 平行的平面（即与 z 轴垂直平面）和与 y 轴垂直的平面 XRD 的衍射谱图，结果见图 10-51。可见，ZFA 样品的 XRD 谱线与 AFA 的 XRD 谱线，两个样品且两个平面的 XED 谱线几乎相同，排除了 AFA 样品在磁场退火过程中的第二相的析出和形成晶体织构的可能性。另外，SEM 观察的结果也与 XRD 的结果一致，证明磁场处理过程中没有第二相形成，也没有晶体择优取向的可能性。

那么，$CoFe_2O_4$ 材料 AFA 样品的单轴各向异性的起源是什么？根据 AFA 样品的显微结构及畴结构的观察，综合前人的研究结果，他们认为是 AFA 样品在沿 H_t 方向形成了磁畴织构。研究者还提出了磁畴织构的模型，如图 10-52 所示。$CoFe_2O_4$ 铁氧体材料的单晶体 $K_1>0$，<100> 是易磁化轴，<100> 轴是沿所示方向统计分布的。对于非取向多晶体来说，它没有畴织构，如图 10-52a 所示。对于非取向多晶体 AFA 来说，H_t 代表磁场退火时磁场的方向，见图 10-52c。在 H_t 的作用下，为降低静磁能 E_H，磁弹性能 E_σ 和磁晶各向异性共同作用，使样品中第 i 个晶粒的磁矩转动到与 [010] 轴呈最小角度 θ_i 的方向上。并在磁场退火过程

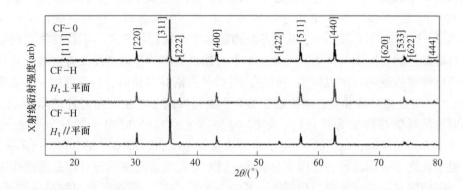

图 10-51 CoFe$_2$O$_4$材料 ZFA 和 AFA 样品的 XRD 谱线

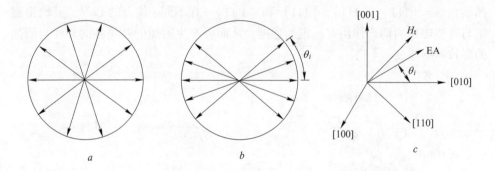

图 10-52 CoFe$_2$O$_4$铁氧体 AFA 样品中形成的磁畴织构的示意图

a—BFA 样品为非取向多晶体，各个晶粒的<100>随机分布，没有畴织构；

b—AFA 样品经磁场退火后，各个晶粒的磁矩均沿着 H_t 的方向 [010] 轴向取向，形成了沿 [010]

方向的畴织构；c—AFA 的第 i 个晶粒在靠近 H_t 方向形成的第一易磁化轴

中被磁弹性应变固定下来。该方向就是第 i 个晶粒磁场退火感生的第一易磁化轴，也就是磁场退火处理感生的易磁化方向。Bozorth 等人[42]和 Penoyer 等人[45]指出，磁场退火处理感生的单轴各向异性能 E_u 比 CoFe$_2$O$_4$材料各向异性常数 K_1小一些。非取向多晶体不同晶粒磁场退火感生的第一单轴各向异性轴与 [010]轴的夹角 θ_i 将会小于或等于 $\frac{1}{2}\left(\cos^{-1}\frac{1}{\sqrt{3}}\right) = 27.5°$。

AFA 样品除了磁场退火时，感生的畴结构导致单轴各向异性外，还可能与CoFe$_2$O$_4$样品由于磁场退火而感生的 Co^{2+} 的定向分布，即与形成方向有序有关。CoFe$_2$O$_4$材料具有反型尖晶石结构，Co^{2+} 大多数占据 B 晶位，根据单离子理论，它对 CoFe$_2$O$_4$材料的磁晶各向异性和磁致伸缩应变起决定性的作用。B 晶位上最近邻的 6 个氧离子 O^{2-} 产生立方对称的晶场，而次近邻有 6 个金属阳离子（Co^{2+} 或 Fe^{3+}），其中 Fe^{3+} 离子 3d 电子层有 5 个电子，在基态时，它的自旋量子数为 $S=5/2$，轨道角量子数 $L=0$，相当于轨道磁矩完全被晶场湮灭。不存在轨道磁矩与自旋磁矩的交换耦合作用，也就是 Fe^{3+} 对钴铁氧体的各向异性没有贡献，并且对磁致伸缩应变的贡献也很小。但是，当 Co^{2+} 占据 B 晶位时，最近邻的 6 个氧离子 O^{2-} 产生立方对称晶场，而次近邻的 6 个金属阳离子产生三角对称的晶场。三角对称晶场的对称轴为 [111]，如图 10-53 所示。Co^{2+} 3d 电子层有 7 个电子。由于立方晶场较弱，Co^{2+} 的 3d 电子轨道没有完全湮灭，即 Co^{2+} 的 3d 电子层的 7 个电子在立方对称晶场的作用下分裂为 e_g 和 t_{2g} 能级。而在三角对称晶场的作用下，t_{2g} 能级进一步分裂成三个能级，其中 $L_z=0$，又进一步被三角对称晶场湮灭。只有 $L_z=\pm\alpha$ 没有被三角对称晶场湮灭。没有被湮灭的 3d 电子的轨道角动量 L 与 [111] 轴平行。这样就使得 B 晶位的 Co^{2+} 有可能有四种分布，即 B_i（i 代表三个晶轴），$i=$ [111]、[$\bar{1}$11]、[1$\bar{1}$1] 和 [1$\bar{1}$1]。在不同 i 位上的 Co^{2+}，其轨道磁矩与自旋磁矩的耦合作用有一定的强度，从而可产生附加的磁晶各向异性与附加的磁致伸缩应变。

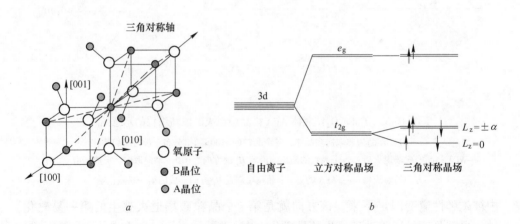

图 10-53 在尖晶石结构中，Co^{2+} 占据 B 晶位的晶场分布
和 Co^{2+} 的 3d 电子的能级分裂示意图

在零磁场退火过程中，Co^{2+} 在 B 晶位上沿任何方向分布都是无序的。对钴铁氧体的磁致伸缩应变没有影响。当在磁场中退火时，外磁场 H_t 对没有冻结的 Co^{2+} 的 3d 电子轨道磁矩与自旋磁矩存在相互作用。在 H_t 的作用下，当 H_t 与 B_i 三角晶场对称轴最近时，Co^{2+} 有可能沿 B_i 能量最低的方向迁移，从而引起附加的磁场退火的感生各向异性的效应。这一点已由 Na、Lee 等人[46] 采用穆斯堡尔谱实验方法观察到。

参 考 文 献

［1］ Borzoth R M, Walker J G. Magnetostriction of Single Crystals of Cobalt and Nickel Ferrites ［J］. Physical Review, 1952, 8 (5): 1209.

［2］ Kriegisch M, Ren W J, Sato-Turtelli R, et al. Field-induced magnetic transition in cobalt-ferrite ［J］. Journal of Applied Physics, 2012, 111.

［3］ Chen Y, Snyder J E, Schwichtenberg C R, et al. Metal-bonded Co-Ferrite composites for magnetostrictive torque sensor applications ［J］. IEEE Transactions on Magnetics, 1999, 35 (5): 3652-3654.

［4］ Bhame S D, Joy P A. Magnetic and magnetostrictive properties of manganese substituted cobalt ferrite ［J］. Journal Physics D: Applied Physics, 2007 (40): 3263-3267.

［5］ Lo C C H, Ring A P, Snyder J E, et al. Improvement of magnetomechanical properties of cobalt ferrite by magnetic annealing ［J］. IEEE Trans. Magn. , 2005, 41 (10): 3676-3678.

［6］ Mohaideen K K, Joy P A. High magnetostriction and coupling coefficient for sintered cobalt ferrite derived from superparamagnetic nanoparticles ［J］. Applied Physics Letters, 2012, 101 (7): 2405.

［7］ Mohaideen K K, Joy P A. Studies on the effect of sintering conditions on the magnetostriction characteristics of cobalt ferrite derived from nanocrystalline powders ［J］. Journal of the European Ceramic Society, 2014, 34 (3): 677-686.

［8］ Muhammad A, Sato-Turtelli R, Kriegisch M, et al. Large enhancement of magnetostriction due to compaction hydrostatic pressure and magnetic annealing in $CoFe_2O_4$ ［J］. Journal of Applied Physics, 2012, 111 (1): 013918.

［9］ 翟宏如, 杨桂林, 徐游. 永磁铁氧体的磁晶各向异性 ［J］. 磁性材料及器件, 1979 (4): 1-10.

［10］ 翟宏如, 杨桂林, 徐游. 铁氧体的单离子磁晶各向异性 ［J］. 磁性材料及器件, 1981 (4): 1-16.

［11］ Nlebedim I C, Snyder J E, Moses A J, et al. Dependence of the magnetic and magnetoelastic properties of cobalt ferrite on processing parameters ［J］. Journal of Magnetism and Magnetic Materials, 2010, 322 (24): 3938-3942.

［12］ Pelton A D, Schmalzried H, Sticher J. Thermodynamics of Mn_3O_4-Co_3O_4, Fe_3O_4-Mn_3O_4, and Fe_3O_4-Co_3O_4 Spinels by Phase Diagram Analysis ［J］. Berichte der Bunsengesellschaft für physikalische Chemie, 1979, 83 (3): 241-252.

［13］ Nlebedim I C, Snyder J E, Moses A J, et al. Effect of deviation from stoichiometric composition on structural and magnetic properties of cobalt ferrite, $Co_xFe_{3-x}O_4$ (x = 0. 2 to 1. 0) ［J］. Journal of Applied Physics, 2012, 111 (7): 07D704.

［14］ Sorescu M, Grabias A, Tarabasanu-Mihaila D, et al. From magnetite to cobalt ferrite ［J］. Journal of Materials Synthesis and Processing, 2001, 9 (3): 119-123.

［15］ Le Trong H, Presmanes L, De Grave E, et al. Mössbauer characterisations and magnetic properties of iron cobaltites $Co_xFe_{3-x}O_4$ ($1 \leqslant x \leqslant 2.46$) before and after spinodal decomposition [J]. Journal of Magnetism and Magnetic Materials, 2013, 334: 66-73.

[16] Turtelli R S, Atif M, Mehmood N, et al. Interplay between the cation distribution and production methods in cobalt ferrite [J]. Materials Chemistry and Physics, 2012, 132 (2): 832-838.

[17] Sawatzky G A, Van Der Woude F, Morrish A H. Cation distributions in octahedral and tetrahedral sites of the ferrimagnetic spinel $CoFe_2O_4$ [J]. Journal of Applied Physics, 1968, 39 (2): 1204-1205.

[18] Ferreira T A S, Waerenborgh J C, Mendonça M, et al. Structural and morphological characterization of $FeCo_2O_4$ and $CoFe_2O_4$ spinels prepared by a coprecipitation method [J]. Solid State Sciences, 2003, 5 (2): 383-392.

[19] Murray P J, Linnett J W. Cation distribution in the spinels $Co_xFe_{3-x}O_4$ [J]. Journal of Physics and Chemistry of Solids, 1976, 37 (11): 1041-1042.

[20] Takahashi M, Fine M E. Magnetic behavior of quenched and aged $CoFe_2O_4$-Co_3O_4 alloys [J]. Journal of Applied Physics, 1972, 43 (10): 4205-4216.

[21] Smith P A, Spencer C D, Stillwell R P. Co_{57} and Fe_{57} mössbauer studies of the spinels $FeCo_2O_4$ and $Fe_{0.5}Co_{2.5}O_4$ [J]. Journal of Physics and Chemistry of Solids, 1978, 39 (2): 107-111.

[22] Sawatzky G A, Van Der Woude F, Morrish A H. Mössbauer study of several ferrimagnetic spinels [J]. Physical Review, 1969, 187 (2): 747.

[23] Nlebedim I C, Ranvah N, Melikhov Y, et al. Magnetic and Magnetomechanical Properties of CoAlFeO for Stress Sensor and Actuator Applications [J]. Magnetics, IEEE Transactions on, 2009, 45 (10): 4120-4123.

[24] Nlebedim I C, Ranvah N, Melikhov Y, et al. Effect of temperature variation on the magnetostrictive properties of $CoAl_xFe_{2-x}O_4$ [J]. Journal of Applied Physics, 2010, 107(9): 09A936.

[25] Somaiah N, Jayaraman T V, Joy P A, et al. Magnetic and magnetoelastic properties of Zn-doped cobalt-ferrites-$CoFe_{2-x}Zn_xO_4$ ($x=$ 0, 0.1, 0.2, and 0.3) [J]. Journal of Magnetism and Magnetic Materials, 2012, 324 (14): 2286-2291.

[26] Chen Y, Kriegermeier-Sutton B K, Snyder J E, et al. Magnetomechanical effects under torsional strain in iron, cobalt and nickel [J]. Journal of Magnetism and Magnetic materials, 2001, 236 (1): 131-138.

[27] Ranvah N, Nlebedim I C, Melikhov Y, et al. Temperature Dependence of Magnetostriction of $Co_{1+x}Ge_xFe_{2-2x}O_4$ for Magnetostrictive Sensor and Actuator Applications [J]. Magnetics, IEEE Transactions on, 2008, 44 (11): 3013-3016.

[28] Mathe V L, Sheikh A D. Magnetostrictive properties of nanocrystalline Co – Ni ferrites [J]. Physica B: Condensed Matter, 2010, 405 (17): 3594-3598.

[29] Bakhshayesh S, Dehghani H. Nickel and cobalt ferrites nanoparticles: synthesis, study of magnetic properties and their use as magnetic adsorbent for removing lead (Ⅱ) ion [J]. Journal of

the Iranian Chemical Society, 2014, 11 (3): 769-780.

[30] Lee S J, Lo C C H, Matlage P N, et al. Magnetic and magnetoelastic properties of Cr substituted cobalt ferrite [J]. Journal of Applied Physics, 2007, 102 (7).

[31] Krieble K, Schaeffer T, Paulsen J A, et al. Mössbauer spectroscopy investigation of Mn substituted Co-ferrite ($CoMn_xFe_{2-x}O_4$) [J]. Journal of applied physics, 2005, 97 (10): 10F101.

[32] Krieble K, Lo C C H, Melikhov Y, et al. Investigation of Cr substitution in Co ferrite ($CoCr_xFe_{2-x}O_4$) using Mossbauer spectroscopy [J]. Journal of applied physics, 2006, 99 (8): 08M912.

[33] Kiran R R, Mondal R A, Dwevedi S, et al. Structural, magnetic and magnetoelectric properties of Nb substituted Cobalt Ferrite [J]. Journal of Alloys and Compounds, 2014, 610: 517-521.

[34] Dascalu G, Popescu T, Feder M, et al. Structural, electric and magnetic properties of $CoFe_{1.8}RE_{0.2}O_4$ (RE= Dy, Gd, La) bulk materials [J]. Journal of Magnetism and Magnetic Materials, 2013, 333: 69-74.

[35] Zhao L, Yang H, Zhao X, et al. Magnetic properties of $CoFe_2O_4$ ferrite doped with rare earth ion [J]. Materials letters, 2006, 60 (1): 1-6.

[36] Nikumbh A K, Pawar R A, Nighot D V, et al. Structural, electrical, magnetic and dielectric properties of rare-earth substituted cobalt ferrites nanoparticles synthesized by the co-precipitation method [J]. Journal of Magnetism and Magnetic Materials, 2014, 355: 201-209.

[37] Yan C H, Xu Z G, Cheng F X, et al. Nanophased $CoFe_2O_4$ prepared by combustion method [J]. Solid State Communications, 1999, 111 (5): 287-291.

[38] Mathe V L, Kamble R B. Anomalies in electrical and dielectric properties of nanocrystalline Ni-Co spinel ferrite [J]. Materials Research Bulletin, 2008, 43 (8): 2160-2165.

[39] 邵海成, 戴红莲, 黄健, 等. 化学共沉淀法合成 $CoFe_2O_4$ 纳米颗粒及其磁性能 [J]. 硅酸盐学报, 2005, 33 (8): 959-962.

[40] Nlebedim I C, Ranvah N, Williams P I, et al. Influence of vacuum sintering on microstructure and magnetic properties of magnetostrictive cobalt ferrite [J]. Journal of Magnetism and Magnetic Materials, 2009, 321 (17): 2528-2532.

[41] Nlebedim I C, Ranvah N, Williams P I, et al. Effect of heat treatment on the magnetic and magnetoelastic properties of cobalt ferrite [J]. Journal of Magnetism and Magnetic Materials, 2010, 322 (14): 1929-1933.

[42] Bozorth R M, Tilden E F, Williams A J. Anisotropy and magnetostriction of some ferrites [J]. Physical Review, 1955, 99 (6): 1788.

[43] Lo C C H, Ring A P, Snyder J E, et al. Improvement of magnetomechanical properties of cobalt ferrite by magnetic annealing [J]. Magnetics, IEEE Transactions on, 2005, 41 (10): 3676-3678.

[44] Zheng Y X, Cao Q Q, Zhang C L, et al. Study of uniaxial magnetism and enhanced magneto-

striction in magnetic-annealed polycrystalline CoFe$_2$O$_4$ [J]. Journal of Applied Physics, 2011, 110 (4): 043908.

[45] Penoyer R F, Bickford Jr L R. Magnetic annealing effect in cobalt-substituted magnetite single crystals [J]. Physical Review, 1957, 108 (2): 271.

[46] Na J G, Lee T D, Park S J. Migration path and charge conversion of cations in Co-substituted spinel ferrite thin films during magnetic annealing [J]. Japanese journal of applied physics, 1994, 33 (11R): 6160.

附　　录

附录 A　磁学及相关物理量的单位换算表

物理量名称及符号	国际单位制（SI）单位名称及符号	CGS 单位制单位名称及符号	换算因子 g[①]（以此因子乘 SI 单位中的量得到 CGS 制中的量值）
长度 l, L	米（m）	厘米（cm）	10^2
质量 m	千克（kg）	克（g）	10^3
力 F	牛顿（N）	达因（dyne）	10^5
力矩 M	牛顿·米（N·m）	达因厘米（dyne·cm）	10^7
功 W, (A)	焦耳（J）	尔格（erg）	10^7
功率 P	瓦特（W）	尔格/秒（erg/s）	10^7
压强 p	牛顿/米^2，帕斯卡（Pa）	达因/厘米^2（dyne/cm^2）	10
密度 ρ	千克/米^3（kg/m^3）	克/厘米^3（g/cm^3）	10^{-3}
电流 I	安培（A）	emu	10^{-1}
电压 U	伏特（V）	emu	10^8
电感 L	亨利（H）	emu	10^9
电阻 R	欧姆（Ω）	emu	10^{10}
磁场 H	安/米（A/m）	奥斯特（Oe）	$4\pi \times 10^{-3}$
磁通量 Φ	韦伯（Wb）	麦克斯韦（Mx）	10^8
磁通量密度(磁感应)B	韦/米^2，特斯拉（T）	高斯（Gs）	10^4
磁极化强度 J	韦/米^2（Wb/m^2）	高斯（Gs）	$10^4/4\pi$
磁化强度 M	安/米（A/m）	高斯（Gs）	10^{-3}
磁化强度 σ	Am^2/kg	emu/g	1
磁极强度 m	韦伯（Wb）	emu	$10^8/4\pi$
磁偶极矩 j_m	韦伯·米（Wb·m）	（磁矩）	$10^4/4\pi$
磁矩 M_m } 磁势 Φ_m }	安·米^2（A·m^2）	（磁矩）	10^3
磁通势 V_m	安·匝（A）	奥·厘米（Oe·cm）	$4\pi \times 10^{-1}$
磁化率（相对）χ			$1/4\pi$
磁导率（相对）μ			1
真空磁导率 μ_0	$4\pi \times 10^{-7}$ 亨利/米（H/m）		$10^7/4\pi$

续附录 A

物理量名称及符号	国际单位制（SI） 单位名称及符号	CGS 单位制 单位名称及符号	换算因子 g[1]（以此因子乘 SI 单位中的量得到 CGS 制中的量值）
退磁因子（$N = -H/M$）			4π
磁阻 R_m	安匝/韦伯（A/Wb）	奥·厘米/麦克斯韦	$4\pi \times 10^{-9}$
磁导 A	韦伯/安匝（Wb/A）	麦克斯韦/奥·厘米	$10^9/4\pi$
能量密度 E 磁各向异性常数 K	焦耳/米^3（J/m^3）	尔格/厘米^3（erg/cm^3）	10
旋磁比 γ	米/(安·秒)(m/(Am·s))	1/(奥·秒)	$10^3/4\pi$
磁能积 $(BH)_m$	焦耳/米^3（J/m^3）	高斯·奥（Gs·Oe）	$4\pi \times 10$
	千焦耳/米^3（kJ/m^3）	兆高斯·奥（MGs·Oe）	$4\pi \times 10^{-2}$
绝对磁导率 μ_0/μ	亨利/米（H/m）	高斯/奥（Gs/Oe）	$10^7/4\pi$

① 举例说明磁学量的单位换算：

(1) 磁通量 Φ：$1\text{Wb} = 10^8 \text{Mx}$；

(2) 磁场强度 H：$1\text{A/m} = 4\pi \times 10^{-3} \text{Oe}$；

(3) 磁感应强度 B：$1\text{T} = 10^4 \text{Gs}$；

(4) 磁极化强度 J：$1\text{T} = 10^4/4\pi \text{Gs}$；

(5) 磁能量密度，如磁晶各向异性 K_1：$1\text{J/m}^3 = 10\text{erg/cm}^3$；

(6) 磁能积 $(BH)_m$：$1\text{J/m}^3 = \dfrac{100}{4\pi}\text{MGs·Oe}$。

附录 B 元素周期表

原子序数 ——— 92 U ——— 元素符号：红色
元素名称 ——— 铀 ——— 指放射性元素
注：带 * 的是 ——— 5f³6d¹7s²
人造元素 ——— 238.0 ——— 相对原子质量（加括号的数据
外围电子层排布，括号
指可能的电子层排布
为该放射性元素半衰期最
长同位素的质量数）

非金属　金属

过渡元素

周期	I A 1	II A 2	III B 3	IV B 4	V B 5	VI B 6	VII B 7	VIII 8	VIII 9	VIII 10	I B 11	II B 12	III A 13	IV A 14	V A 15	VI A 16	VII A 17	0 18
1	1 H 氢 1s¹ 1.008																	2 He 氦 1s² 4.003
2	3 Li 锂 2s¹ 6.941	4 Be 铍 2s² 9.012											5 B 硼 2s²2p¹ 10.81	6 C 碳 2s²2p² 12.01	7 N 氮 2s²2p³ 14.01	8 O 氧 2s²2p⁴ 16.00	9 F 氟 2s²2p⁵ 19.00	10 Ne 氖 2s²2p⁶ 20.18
3	11 Na 钠 3s¹ 22.99	12 Mg 镁 3s² 24.31											13 Al 铝 3s²3p¹ 26.98	14 Si 硅 3s²3p² 28.09	15 P 磷 3s²3p³ 30.97	16 S 硫 3s²3p⁴ 32.06	17 Cl 氯 3s²3p⁵ 35.45	18 Ar 氩 3s²3p⁶ 39.95
4	19 K 钾 4s¹ 39.10	20 Ca 钙 4s² 40.08	21 Sc 钪 3d¹4s² 44.96	22 Ti 钛 3d²4s² 47.87	23 V 钒 3d³4s² 50.94	24 Cr 铬 3d⁵4s¹ 52.00	25 Mn 锰 3d⁵4s² 54.94	26 Fe 铁 3d⁶4s² 55.85	27 Co 钴 3d⁷4s² 58.93	28 Ni 镍 3d⁸4s² 58.69	29 Cu 铜 3d¹⁰4s¹ 63.55	30 Zn 锌 3d¹⁰4s² 65.41	31 Ga 镓 4s²4p¹ 69.72	32 Ge 锗 4s²4p² 72.64	33 As 砷 4s²4p³ 74.92	34 Se 硒 4s²4p⁴ 78.96	35 Br 溴 4s²4p⁵ 79.90	36 Kr 氪 4s²4p⁶ 83.80
5	37 Rb 铷 5s¹ 85.47	38 Sr 锶 5s² 87.62	39 Y 钇 4d¹5s² 88.91	40 Zr 锆 4d²5s² 91.22	41 Nb 铌 4d⁴5s¹ 92.91	42 Mo 钼 4d⁵5s¹ 95.94	43 Tc 锝 4d⁵5s² [98]	44 Ru 钌 4d⁷5s¹ 101.1	45 Rh 铑 4d⁸5s¹ 102.9	46 Pd 钯 4d¹⁰ 106.4	47 Ag 银 4d¹⁰5s¹ 107.9	48 Cd 镉 4d¹⁰5s² 112.4	49 In 铟 5s²5p¹ 114.8	50 Sn 锡 5s²5p² 118.7	51 Sb 锑 5s²5p³ 121.8	52 Te 碲 5s²5p⁴ 127.6	53 I 碘 5s²5p⁵ 126.9	54 Xe 氙 5s²5p⁶ 131.3
6	55 Cs 铯 6s¹ 132.9	56 Ba 钡 6s² 137.3	57~71 La-Lu 镧系	72 Hf 铪 5d²6s² 178.5	73 Ta 钽 5d³6s² 180.9	74 W 钨 5d⁴6s² 183.8	75 Re 铼 5d⁵6s² 186.2	76 Os 锇 5d⁶6s² 190.2	77 Ir 铱 5d⁷6s² 192.2	78 Pt 铂 5d⁹6s¹ 195.1	79 Au 金 5d¹⁰6s¹ 197.0	80 Hg 汞 5d¹⁰6s² 200.6	81 Tl 铊 6s²6p¹ 204.4	82 Pb 铅 6s²6p² 207.2	83 Bi 铋 6s²6p³ 209.0	84 Po 钋 6s²6p⁴ [209]	85 At 砹 6s²6p⁵ [210]	86 Rn 氡 6s²6p⁶ [222]
7	87 Fr 钫 7s¹ [223]	88 Ra 镭 7s² [226]	89~103 Ac-Lr 锕系	104 Rf 𬬻* (6d²7s²) [261]	105 Db 𬭊* (6d³7s²) [262]	106 Sg 𬭳* (6d⁴7s²) [266]	107 Bh 𬭛* [264]	108 Hs 𬭶* [277]	109 Mt 鿏* [268]	110 Ds 𫟼* [281]	111 Rg 𬬭* [272]	112 Uub 鿔* [285]						

镧系	57 La 镧 5d¹6s² 138.9	58 Ce 铈 4f¹5d¹6s² 140.1	59 Pr 镨 4f³6s² 140.9	60 Nd 钕 4f⁴6s² 144.2	61 Pm 钷 4f⁵6s² [145]	62 Sm 钐 4f⁶6s² 150.4	63 Eu 铕 4f⁷6s² 152.0	64 Gd 钆 4f⁷5d¹6s² 157.3	65 Tb 铽 4f⁹6s² 158.9	66 Dy 镝 4f¹⁰6s² 162.5	67 Ho 钬 4f¹¹6s² 164.9	68 Er 铒 4f¹²6s² 167.3	69 Tm 铥 4f¹³6s² 168.9	70 Yb 镱 4f¹⁴6s² 173.0	71 Lu 镥 4f¹⁴5d¹6s² 175.0
锕系	89 Ac 锕 6d¹7s² [227]	90 Th 钍 6d²7s² 232.0	91 Pa 镤 5f²6d¹7s² 231.0	92 U 铀 5f³6d¹7s² 238.0	93 Np 镎 5f⁴6d¹7s² [237]	94 Pu 钚 5f⁶7s² [244]	95 Am 镅* 5f⁷7s² [243]	96 Cm 锔* 5f⁷6d¹7s² [247]	97 Bk 锫* 5f⁹7s² [247]	98 Cf 锎* 5f¹⁰7s² [251]	99 Es 锿* 5f¹¹7s² [252]	100 Fm 镄* 5f¹²7s² [257]	101 Md 钔* (5f¹³7s²) [258]	102 No 锘* (5f¹⁴7s²) [259]	103 Lr 铹* (5f¹⁴6d¹7s²) [262]

注：相对原子质量录自 2001 年国际原子量表，并全部取 4 位有效数字。

附录 C 元素周期表中各元素孤立（基态）原子的电子分布

元素		K	L		M			N				O				P			Q	
		1s	2s	2p	3s	3p	3d	4s	4p	4d	4f	5s	5p	5d	5f	6s	6p	6d	7s	7p
1	H	1																		
2	He	2																		
3	Li	2	1																	
4	Be	2	2																	
5	B	2	2	1																
6	C	2	2	2																
7	N	2	2	3																
8	O	2	2	4																
9	F	2	2	5																
10	Ne	2	2	6																
11	Na	2	2	6	1															
12	Mg	2	2	6	2															
13	Al	2	2	6	2	1														
14	Si				2	2														
15	P				2	3														
16	Si				2	4														
17	Cl				2	5														
18	Ar				2	6														
19	K	2	2	6	2	6		1												
20	Ca	2	2	6	2	6		2												
21	Sc	2	2	6	2	6	1	2												
22	Ti						2	2												
23	V						3	2												
24	Cr						5	1												
25	Mn						5	2												
26	Fe						6	2												
27	Co						7	2												
28	Ni						8	2												
29	Cu						10	1												
30	Zn						10	2												
31	Ga	2	2	6	2	6	10	2	1											
32	Ge								2											
33	As								3											
34	Se								4											
35	Br								5											
36	Kr								6											
37	Rb								6			1								
38	Sr								6			2								

元素		电子壳层																		
		K	L		M			N				O				P			Q	
		1s	2s	2p	3s	3p	3d	4s	4p	4d	4f	5s	5p	5d	5f	6s	6p	6d	7s	7p
39	Y	2	2	6	2	6	10	2	6	1		2								
40	Zr									2		2								
41	Nb									4		1								
42	Mo									5		1								
43	Tc									5		2								
44	Ru									7		1								
45	Rh									8		1								
46	Pd									10										
47	Ag									10		1								
48	Cd									10		2								
49	In	2	2	6	2	6	10	2	6	10		2	1							
50	Sn												2							
51	Sb												3							
52	Te												4							
53	I												5							
54	Xe												6							
55	Cs	2	2	6	2	6	10	2	6	10		2	6			1				
56	Ba											2	6			2				
57	La											2	6	1		2				
58	Ce										1	2	6	1		2				
59	Pr										3	2	6			2				
60	Nd										4	2	6			2				
61	Pm										5	2	6			2				
62	Sm										6	2	6			2				
63	Eu										7	2	6			2				
64	Gd										7	2	6	1		2				
65	Tb										9	2	6			2				
66	Dy										10	2	6			2				
67	Ho										11	2	6			2				
68	Er										12	2	6			2				
69	Tu										13	2	6			2				
70	Yb										14	2	6			2				
71	Lu													1		2				
72	Hf													2		2				
73	Ta													3		2				
74	W													4		2				
75	Re													5		2				
76	Os													6		2				

元素		电子壳层 K	L		M			N				O				P			Q	
		1s	2s	2p	3s	3p	3d	4s	4p	4d	4f	5s	5p	5d	5f	6s	6p	6d	7s	7p
77	Ir													7		2				
78	Pt													9		1				
79	Au													10		1				
80	Hg													10		2				
81	Tl	2	2	6	2	6	10	2	6	10	14	2	6	10		2	1			
82	Pb															2	2			
83	Bi															2	3			
84	Po															2	4			
85	At															2	5			
86	Rn															2	6			
87	Fr															2	6		1	
88	Ra															2	6		2	
89	Ac	2	2	6	2	6	10	2	6	10	14	2	6	10		2	6	1	2	
90	Th															2	6	2	2	
91	Pa														2	2	6	1	2	
92	U														3	2	6	1	2	
93	Np														4	2	6	1	2	
94	Pu														6	2	6		2	
95	Am														7	2	6		2	
96	Cm														7	2	6	1	2	
97	Bk														9	2	6		2	
98	Cf														10	2	6		2	
99	Es														11	2	6		2	
100	Fm														12	2	6		2	
101	Ma														13	2	6		2	
102	No														14	2	6		2	
103	Lw														14	2	6	1	2	

附录 D　相关术语缩写、中英文对照表及索引

缩写词	英　　文	中译文	页码
AE or AB	auxetic effect	拉胀效应（行为）	3，174
AES	auger electron spectroscopy	俄歇电子能谱	285，286
AFA	after magnetic field annealing	磁场退火后	378，420，426，427
AGG	abnormal grain growth	反常晶粒长大	272，277，281，288，289
APB	anti-phase boundary	反相畴边界	177
ATOC	acaustic thermometry of ocean climate	海洋气候声学温度测量系统	10
A-C	auto-combustion	自动燃烧法	406，409，426
BFA	before magnetic field annealing	磁场退火前	419，420，422，423，427
BM	ball milling method	球磨法或传统粉末冶金法	405，409，426
C-P	chemical co-precipitation method	化学共沉淀法	407，409
CGM	concentration gradieand method	浓度梯度法	153
CSL	coincident site lattice	重位点阵晶界	288
DC	diffusion coupling	扩散耦法	153
DG	directional growth	定向生长	312，313，318
DS	directional solidification	定向凝固	312，318
EA	easy axis	易磁化轴	418
EBSD	electron backscattering diffraction	电子背散射衍射	269，272
EH	energy harvester	能量收集器	I
EPMA	electron probe microanalysis	电子探针微区分析仪	316
FM	floatgone melting	悬浮区熔法	111，312
FOMP	first order magnesium process	一级磁化过程	381
FSZM	free standing zone melting	垂直磁悬浮区熔（法）	129，231
FWHM	full width at half maximum	衍射峰的半高宽	185，186，194，406
HA	hard axis	难磁化轴	419

续附录 D

缩写词	英　文	中译文	页码
HET-XRD	high energy transmission X-ray diffractionmeter	高能透射 X 射线衍射仪	180，193
HFD	hyperfine field distribution	超精细场分布	175，176
HRTEM	high resolution transmission electron microscopy	高分辨率透射电镜	198，203，204，206
HRXRD	high resolution X-ray diffraction	高分辨 X 射线衍射	181，183，191
HTGZM	high temperature gradiend gone melting	高温度梯度区熔法	111，312
IPF	inverse pole figure	反极图	283，319
LRO	long range ordering	长程序	177，233
LTEM	Lorentz TEM	洛伦兹透明电镜	221
MB	modified bridgeman	改进布里奇曼法	110，312
MEDL	magneto-elastic delays line	磁弹性延迟线	3
MES	mossbauer effect spectroscopy	穆斯堡尔效应谱	176，183，391
MFA，FA	magenetic field annealing	磁场退火	238，239
MFM	magnetic force microscope	磁力显微镜	215，216，217
MKM	magneto-optical Kerr microscopy	克尔磁光显微镜	221
NGG	normal grain growth	正常晶粒长大	272
ODF	orientation distribution function	取向分布函数	225，281，285
OIM	orientation imaging map	取向成像图	283，296
OTA	ocean acoustic topography	海洋声学断层分析系统	10
PF	pole figure	极图	223
PZT	lead zirconate titanate piezoelectric ceramics	锆钛酸铅压电陶瓷	7
RD	rolling direction	轧制方向	274，287
S-G	sol-gel method	溶胶–凝胶法	404，409
SA	stress annealing	应力退火	242
SAED	selected area electron diffraction	选区电子衍射	183
SEAM	scanning electron acoustic microscopy	电声扫描显微镜	220
SEM	scanning electron microscopy	扫描电镜	411，413

缩写词	英　　文	中译文	页码
SLS	solid-liquid surface	固/液相界面	313
SRO	short range ordering	短程序	195
TD	transverse direction	横向	223
TF	transgranular fracture	穿晶断裂	259
VSM	vibration sample magnetometer	振动样品磁强计	239
XRD	X-ray diffraction meter	X 射线衍射仪	401
ZFA	zero magnetic field annealing	零磁场退火	424，426
<100>//RD	η-fiber texture	η-型纤维织构	225
<110>//RD	α-fiber texture	α-型纤维织构	225
<111>//RD	γ-fiber texture	γ-型纤维织构	225
<112>//RD	ε-fiber texture	ε-型纤维织构	225

附录 E　化学元素名称英汉对照表

（按英文字母顺序排列）

元素符号	元素英文名称	元素名称（中文读音）	原子序数	相对原子质量
A（Ar）	argon	氩	18	39.948
Ac	actinium	锕	89	227.0278
Ag	silver	银	47	107.8682（2）
Al	aluminium	铝	13	26.981539（2）
Am	americium	镅	95	（243）
As	arsenic	砷	33	74.92159（2）
At	astatine	砹	85	（210）
Au	gold	金	79	196.96654（3）
B	boron	硼	5	10.811（5）
Ba	barium	钡	56	137.327（7）
Be	beryllium	铍	4	9.0121823（3）
Bh	bohrium	𨏧（bō）	107	264
Bi	bismuth	铋	83	208.98037（3）
Bk	berkelium	锫	97	（247）
Br	bromine	溴	35	79.904
C	carbon	碳	6	12.011
Ca	calcium	钙	20	40.078（4）
Cd	cadmium	镉	48	112.411（8）
Ce	cerium	铈	58	140.15（4）
Cf	calfornium	锎	98	（251）
Cl	chiorine	氯	17	35.4527（9）
Cm	curiun	锔	96	（247）
Cn	copernicium	鎶（gē）	112	277
Co	cobalt	钴	27	58.93320（1）
Cr	chromiun	铬（gè）	24	51.9961（6）
Cs	caesium	铯	55	132.90543（5）
Cu	copper	铜	29	63.546（3）
Db	dubnium	𨧀（dù）	105	262
Ds	darmstadtium	𫟼（dá）	110	269
Dy	cysprosium	镝（dī）	66	162.50（3）
Er	erbium	铒	68	167.26（3）
Es	einsteinium	锿	99	（252）
Eu	europium	铕	63	151.965（9）
F	fluorine	氟	9	18.9984032（9）
Fe	iron	铁	26	55.847（3）

元素符号	元素英文名称	元素名称（中文读音）	原子序数	相对原子质量
Fl	flerovium	铁（fú）	114	289
Fm	fermium	镄	100	(257)
Fr	francium	钫	87	(223)
Ga	gallium	镓	31	69. 723（4）
Gd	gadolinium	钆	64	157. 25（3）
Ge	germanium	锗	32	72. 61（2）
H	hydrogen	氢	1	1. 00794（7）
He	helium	氦	2	4. 002602（2）
Hf	hafnium	铪	72	178. 49（2）
Hg	mercury	汞	80	200. 59（3）
Ho	holmium	钬	67	164. 93032（3）
Hs	hassium	𨭆（hēi）	108	265
I	Iodine	碘	53	126. 90447（3）
In	indium	铟	49	114. 82
Ir	iridium	铱	77	192. 22（3）
K	potassium	钾	19	39. 0983
Kr	krypton	氪	36	83. 80
La	lanthanum	镧	57	138. 9055（2）
Li	lithium	锂	3	6. 941（2）
Lr	lawrencium	铹	103	(260)
Lu	lutetium	镥	71	174. 97
Lv	livermorium	钰（lì）	116	293
Mc	moscovium	镆（mò）	115	289
Md	mendelevium	钔	101	(258)
Mg	megnesium	镁	12	24. 3050（6）
Mn	manganese	锰	25	54. 93805（1）
Mo	molybdenum	钼	42	95. 94
Mt	meitnerium	鿏（mài）	109	266
N	nitrogen	氮	7	14. 006747（7）
Na	sodium	钠	11	22. 989768（6）
Nb	niobium	铌	41	92. 90638（2）
Nd	neodymium	钕	60	144. 24（3）
Ne	neon	氖	10	20. 1797（6）
Nh	nihonium	你（nǐ）	113	286
Ni	nickel	镍	28	58. 69
No	nobelium	锘	102	(259)
Np	neptunium	镎	93	237. 0482

元素符号	元素英文名称	元素名称（中文读音）	原子序数	相对原子质量
O	oxygen	氧	8	15. 9994 (3)
Og	oganesson	鿫（ào）	118	294
Os	osmium	锇	76	190. 2
P	phosphorus	磷	15	30. 973762 (4)
Pa	protoactinium（同 protactinium）	镤（pú）	91	231. 0359
Pb	lead	铅	82	207. 2
Pd	palladium	钯	46	106. 42
Pm	promethium	钷（pǒ）	61	(147)
Po	polonium	钋（pō）	84	(209)
Pr	praseodymium	镨	59	140. 90765 (3)
Pt	platinum	铂	78	159. 08 (3)
Pu	plutonium	钚	94	(244)
Ra	radium	镭	88	226. 0254
Rb	rubidium	铷	37	85. 4678 (3)
Re	rhenium	铼	75	186. 207
Rf	rutherfordium	𬬻（lú）	104	261
Rg	roentgenium	轮（lún）	111	272
Rh	rhodium	铑	45	102. 90550 (3)
Rn	radon	氡	86	(222)
Ru	ruthenium	钌	44	101. 07 (2)
S	sulphur	硫	16	32. 066 (2)
Sb	antimony	锑	51	121. 75 (3)
Sc	scandium	钪	21	44. 955910 (9)
Se	selenium	硒	34	78. 96 (3)
Sg	seaborgium	𬭳（xǐ）	106	263
Si	silicon	硅	14	28. 0855 (3)
Sm	samarium	钐	62	150. 36 (3)
Sn	tin	锡	50	118. 710 (7)
Sr	strontium	锶	38	87. 62
Ta	tantalum	钽	73	180. 9479
Tb	terbium	铽（tè）	65	158. 92534 (3)
Tc	technetium	锝	43	(99)
Te	tellurium	碲	52	127. 60 (3)
Th	thorium	钍	90	232. 0381
Ti	titanium	钛	22	47. 88 (3)
Tl	thallium	铊	81	204. 3833 (2)

续附录 E

元素符号	元素英文名称	元素名称（中文读音）	原子序数	相对原子质量
Tm	thulium	铥	69	168.93421（3）
Ts	tennessine	鿬（tián）	117	294
U	uranium	铀	92	238.0289
V	vanadium	钒	23	50.9415
W	tungsten	钨	74	183.85（3）
Xe	xenon	氙	54	131.29（2）
Y	yttrium	钇	39	88.90585（2）
Yb	ytterbium	镱	70	173.04（3）
Zn	zinc	锌	30	65.39（2）
Zr	zirconium	锆	40	91.224（2）

注：1. 相对原子质量中括弧内数据是天然放射性元素较重要的同位素的质量数。

2. 2017 年 1 月 15 日，全国科学技术名词审定委员会联合国家语言文字工作委员会组织化学、物理学、语言学界专家召开了鿭（113 号）、镆（115 号）、鿬（117 号）、鿫（118 号）4 个新元素中文定名会，并形成了 113 号、115 号、117 号、118 号元素中文定名方案。❶

❶ 来源：2017-02-15 全国科学技术名词审定委员会网站。